목재가공 및 재질 개량

wood processing and modification

강 춘 원 · 엄 영 근 공저

SEOWOO PUBLICATIONS

서 언

21세기가 시작되면서 환경에 대한 관심이 높아져, 지구온난화, 친환경주거 그리고 친환경재료에 대한 관심도 높아지고 있다. 대표적인 친환경재료의 하나인 목재는 이를 原料로 인류생활에 유용한 재료와 도구를 다양한 형태로 만들 수 있어 인류의 발전에 유익한 역할을 하여 왔다. 목재는 인간에게 원시시대에서는 주거와 각종 도구 그리고 무기재료 등을 제공하였고 현대에는 생활용구, 건축용재, 산업용재, 가구, 공예재, 종이 등의 원재료 등을 제공하여 인류문명 발전에 크게 이바지하였다. 여러 분야에서 최신 재료가 목재의 용도를 대체해 나가고 있음에도 고유의 물성때문에 최신재료로도 대체가 불가능한 경우가 있으며 그 용도가 더욱 다양해지고 있다. 또한, 최근의 높은 환경에 대한 관심 때문에 친환경성 소재로서 목재의 용도가 더욱 확대되고 있는 실정이다.

오늘날 산업의 발달과 함께 등장한 시멘트, 철제, 플라스틱류와 같은 인공 또는 합성재료가 소재로서 많이 사용되고 있지만 목재는 이들 재료에 비하여 감촉이 부드럽고, 온화한 느낌을 제공함과 동시에 쾌적한 분위기를 연출할 수 있다. 또한 목재는 가벼우면서 강인하여 비강도가 높고 절삭가공이 용이하며, 전기, 열, 수분 등에 대하여 절연적 또는 조절적인 성질을 나타내는 등 다른 재료에서는 찾아 볼 수 없는 특성을 가지고 있다.

이처럼 인류생활에의 영향이 지대하고 재료로서의 가치가 높은 목재를 효율적으로 이용하기 위해서는 목재의 성질을 정확하게 파악하여야 할 필요가 있으며 목재의 단점을 개선 또는 감소시키는 기술이 필요하다. 목재는 여러 종류의 세포가 모여 이루어진 집합체로, 구조가 복잡하며 수종 간, 수종 내 그리고 임목 내에서도 변이가 크고 수분에 의해 치수가 변화하며 가연성이 있고 방향에 따라 물성이 다른 등의 여러 단점이 있다.

이에 다년간의 목재관련 강의와 연구를 통하여 얻어진 지식들을 토대로 목재가공과 개질 서적을 출간하게 되었다. 이 책은 목재의 물성을 나타내고 목재가 여러 분야의 재료로 사용되어질 때를 상정하여 이때 필요한 가공기술들을 저술하고 목재의 단점을 개선 또는 감소시킬 수 있는 기술들을 저술한 목재가공과 개질에 대한 일반적이고 개괄적인 지식을 서술한 기초 전문서적이다. 이 책이 학문과 전공분야가 세분화하는 요즘, 전공인을 위한 입문서의 역할을 하고, 비전공인에게는 목재가공과 이용에 관련되는 관심과 지식을 높여 주기를 기대하며 학계, 연구계 그리고 산업계 현장의 건전한 발전에 일조하기를 바란다.

저자 **강 춘 원 · 엄 영 근**

목　차

1.

목재의 해부학적 특성

1. 1. 수목의 분류와 생장

1. 1. 1. 식물의 분류와 목본식물의 위치

식물을 분류의 분류는 일반적으로 어떤 공통적인 특징을 가지고 있는 큰 부류의 집단으로 우선 묶게 되고 그 다음에 또 다른 공통적인 특징들을 차례로 찾아내 점차 작은 부류의 집단인 속과 종으로까지 묶어 나가게 된다. 분류학 상 식물계는 진화 정도에 따라 엽상식물문(thallophyte), 선태식물문(bryophyte), 양치식물문(pteridophyte) 및 종자식물문(spermatophyte)의 4개 집단으로 크게 나눌 수 있다.

오늘날 지구상에서 우세한 힘을 가지고 여러 지역에 분포하고 있는 식물은 침엽수와 활엽수를 포괄하고 있는 종자식물문이다. 종자식물문은 어느 것이나 뿌리(root), 줄기(樹幹, stem), 그리고 잎(leaf)의 3기관으로 구성되어 있으며 이들은 꽃을 피우고 종자를 만들어 번식에 이용하고 있기 때문에 이를 현화식물(phanerogamae)이라고 하는 반면 앞에서 언급한 엽상식물문, 선태식물문 및 양치식물문에 속하는 부류들은 하등식물로써 꽃을 피우지 못하고 포자로 번식하기 때문에 이들을 통틀어 은화식물(cryptogamae)이라 한다.

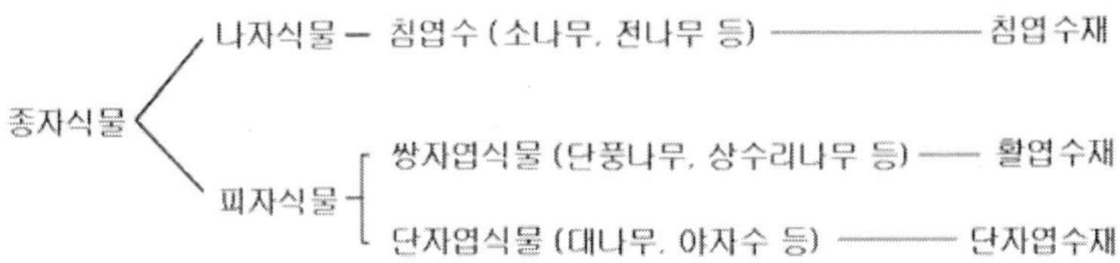

그림 1-1-1. 종자식물의 분류

또한 종자식물문은 고등식물로써 종자를 지니고 있는 상태에 따라 나자식물(겉씨식물, gymnospermae)과 피자식물(속씨식물, angiospermae)로 나누어진다(그림 1-1-1). 즉, 나자식물은 자방(ovary)을 형성하지 않고 배주(ovule)가 드러나 있는 식물이며 피자식물은 배주가 드러나 있지 않고 자방 속에 싸여 있는 식물을 일컫는다. 나자식물은 피자식물에 비하여 대단히 수가 적은 식물 집단으로써 석탄기에 발생하여 삼첩기에 번성하였으나 지금은 약 700종만 지구상에 생존하고 있다. 나자식물의 많은 종류가 바늘 모양의 잎을 가지고 있기 때문에 침엽수(coniferous tree)로 불리고 있으며 이들은 주로 북반구의 북부 지역에 군락을 이루고 있다. 침엽수의 줄기는 1차목부(primary xylem)와 1차사부(primary phloem)가 서로 마주보고 있는 형태의 병립유관속(collateral vascular bundle)이 반지 모양으로 배열되어 있는 진정중심주(eustele)를 지니는 것으로써 형성층(cambium) 또는 유관속형성층(vascular cambium)이라고 불리는 분열조직이 발달되기 때문에 2차목부가 형성된다. 피자식물은 약 25만종의 거대한 집단으로 종자식물문의 대부분을 차지하고 있다. 이들은 단자엽식물(외떡잎식물, monocotyledon)과 쌍자엽식물(쌍떡잎식물, dicotyledon)로 분류된다. 이렇게 분류되는 단자엽식물과 쌍자엽식물의 뚜렷한 차이는 배(embryo)에 붙어 있는 자엽(cotyledon)의 수에 있지만 식물해부학적인 면에서도 서로 크게 다르다. 즉, 식물해부학적인 면에서 볼 때 단자엽식물의 줄기는 병립유관속이 줄기에 산재되어 있는 부정중심주(atactostele)를 지니는 것으로써 형성층이 발달되지 못하기 때문에 2차목부가 형성되지 못하는 점과는 달리 쌍자엽식물의 줄기는 유관속이 반지모양으로 배열되는 진정중심주를 지니는 것으로써 형성층이 발달되기 때문에 2차목부가 형성된다는 점에 있어 서로 다르다(그림 1-1-2와 1-7-1의 B). 단자엽식물은 쌍자엽식물로부터 분화된 것으로 약 5만종을 내포하고 있는 집단이다. 이에 비해 쌍자엽식물은 약 20만종을 내포하고 있는 거대한 집단으로 대부분의 비목본식물(초본류)과 목본식물이 이 집단에 속하게 된다.

목재는 식물로부터 생산된다. 그러나 식물이라고 할지라도 모두 목본성 줄기를 지니는 것이 아니며 또한 목본성 줄기를 지닌다고 할지라도 모두 목재 자원을 생산할 수 있는 것은 아니다. 목재를 생산할 수 있는 목본식물은 다음과 같은 특징을 지녀야 한다.

첫째, 목본식물은 유관속 식물이어야 한다. 즉, 2차목부(목재)와 2차사부(수피)라고 하는 특수한 통도조직을 지녀야만 한다. 2차목부는 리그닌의 퇴적에 의해 목화되며 성숙한 식물로부터 생산되는 목재가 바로 2차목부 부분이다. 따라서 유관속 조직을 지니지 않는 식물은 목재를 생산할 수가 없다.

둘째, 목본식물은 여러 해 동안 생장하는 다년생 식물이어야 하며 아울러 매년 생장하는 줄기를 지녀야만 한다. 지상부인 줄기는 가을에 고사하나 지하부인 뿌리가 겨울을 견뎌내고 이듬해 봄에 다시 줄기가 생겨나게 되는 다년생 식물은 목본식물이 될 수가 없다.

셋째, 상업적으로 가치가 있는 목재를 생산하는 교목과 같은 전형적인 목본식물은 지름방향으로의 비대생장을 통해 줄기가 굵어지게 된다. 이는 줄기나 가지 및 뿌리의 끝 부분에 위치하는 1차분열조직인 생장점의 활동에 의한 것이 아니라 목재와 수피 사이에 위치하는 형성층이라고 불리는 2차분열조직의 활동에 의하게 된다. 따라서 형성층의 세포분열에 의해 새롭게 생성된 목재와 수피 조직이 전해에 생긴 기존의 목재와 수피에 매년 추가되는 과정이 되풀이 된다. 교목의 경우 이러한 과정을 통해 결국 제재목이나 기타 제품용으로 충분히 이용할 수 있을 정도의 지름으로 줄기가 자라게 되는 것이다.

예를 들면, 대나무는 나무처럼 보이지만 유관속 조직을 지니며 다년생 식물로써 매년 생장하는 줄기를 지니나 비대생장을 이루는 형성층이 존재하지 않기 때문에 위의 조건을 고려해 볼 때 목본식물이 아니라 비목본식물, 즉 초본류인 풀로 분류되는 것이다.

목본식물인 수목(나무)은 그 크기와 형태에 따라 교목(high tree, tree), 관목(shrub) 그리고 목본성 덩굴(woody liana)의 3종류로 대별할 수 있다. 교목은 키가 최소한 6m(20ft) 이상인 목본식물로써 대개 단일 줄기(樹幹)를 지니는 것을 그리고 관목은 키가 6m(20ft) 이하인 목본식물로써 대개 다수의 줄기를 지니는 것이 큰 특징이다. 한편, 목본성 만류는 기어오르는 덩굴을 일컫는데 열대우림의 특징이 되고 있는 목본식물이다.

또한 쌍자엽식물 가운데에서 목본식물을 활엽수(broad-leaved tree)라고 부르며 대부분의 목재는 활엽수와 함께 앞에서 설명한 나자식물인 침엽수(coniferous tree)로부터 생산된다(그림 1-1-1). 그리고 활엽수나 침엽수에 관계없이 겨울철에 잎이 떨어지는 수목을 낙엽수(deciduous tree)라고 하고 1년 내내 푸른 잎을 가지고 있는 수목을 상록수(evergreen tree)라고 부른다.

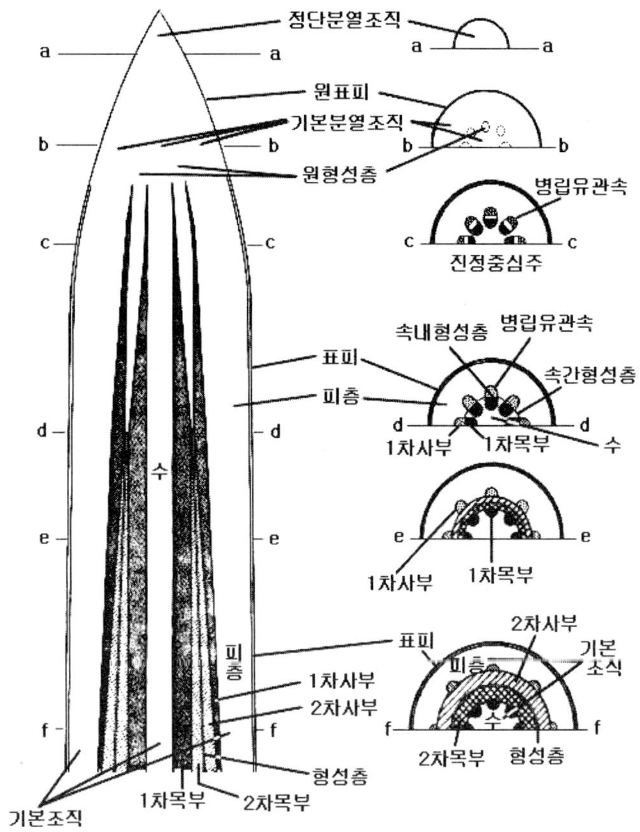

그림 1-1-2. 줄기 선단부의 조직 발달 모식도

목재는 일반적으로 연재(軟材, softwood)라고도 불리고 있는 침엽수재와 경재(硬材, hardwood)라고도 불리고 있는 활엽수재의 두 부류로 크게 나누어지고 있는데 이들 연재와 경재라는 용어는 중세 목재시장에서 유래된 명칭이다. 나자식물의 목재인 침엽수재는 소량의 유세포를 제외하고는 대부분 가도관으로 구성되어 있다. 따라서 가문비나무(Picea jezoensis), 소나무(Pinus densiflora), 전나무(Abies holophylla) 등과 같은 침엽수 목재는 조직이 균일하기 때문에 가공하기가 비교적 용이한 편에 속한다. 한편 피자식물 가운데 쌍자엽식물에 속하는 고로쇠나무(Acer mono), 벚나무(Prunus serrulata var. spontanea), 상수리나무(Quercus acutissima) 등과 같은 활엽수 목재는 두꺼운 세포벽을 지니는 목섬유 이외에도 다양한 종류의 세포를 지니고 있기 때문에 침엽수재보다도 상대적으로 가공하기 어려운 경우가 많아 목재시장에서는 전통적으로 경재라고 불려 왔다. 그러나 단단한 조직의 목재나 연한 조직의 목재는 침엽수나 활엽수에 관계없이 이들 모두에 존재하기 때문에 연재와 경재라는 용어는 실제적으로 잘못 붙여진 명칭이다. 예를 들면, 발사 목재(balsa wood, Ochroma lagopus)는 매우 연한 조직의 목재에 해당되나 피자식물에 속하기 때문에 정의상 침엽수의 목재를 지칭하는 연재가 아니라 활엽수의 목재를 지칭하는 경재로 분류되고 있다. 목재를 구성하는 세포벽 물질의 비중은 모든 목본식물에 있어 큰 차이 없이 다소 일정함으로 특정 목재의 밀도와 경도는 두꺼운 세포벽을 지니는 세포의 양에 의해 주로 좌우된다. 따라서 발사는 얇은 세포벽을 지니는 유세포가 다량 존재하기 때문에 매우 가벼운 부류의 목재에 속하게 되지만 같은 활엽수종의 목재라고 할지라도 아까시나무(black locust, Robinia pseudoacacia)처럼 두꺼운 세포벽의 목섬유를 다량 지니는 목재일수록 그만큼 더 무겁고 단단해지게 된다(그림 1-1-3).

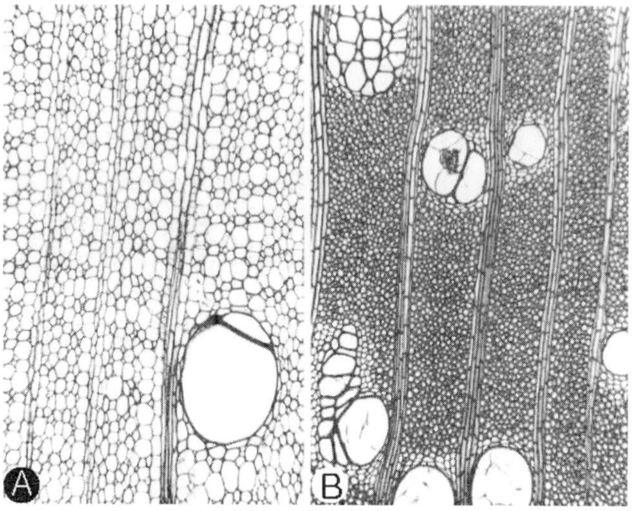

그림 1-1-3. 발사(A)와 아까시나무(B)의 현미경적 조직 특성 차이

1. 1. 2. 수목의 생장과 형상

수목의 줄기와 가지 및 뿌리는 1차생장인 신장생장과 2차생장인 비대생장에 의해 점점 크기가 증대된다. 줄기와 가지 및 뿌리의 신장생장은 각각의 선단에 있는 1차분열조직인 정단분열조직(apical meristem)에서 유래된 조직의 증가에 의해 그리고 비대생장은 목재와 수피 사이에 있는 2차분열조직인 형성층(cambium)에서 유래된 조직의 증가에 의해 이루어지게 된다.

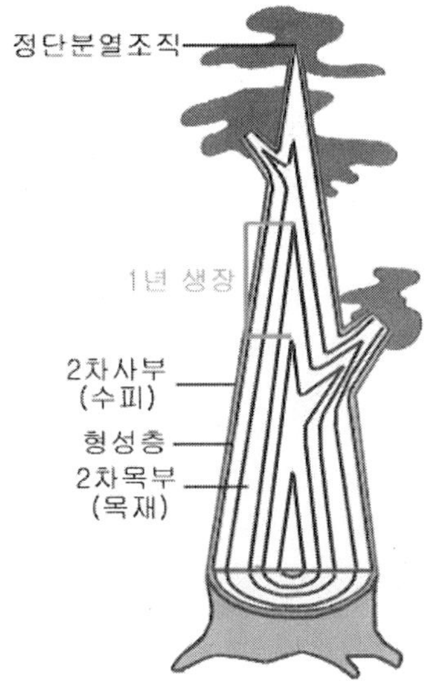

그림 1-1-4. 수목의 발달 모식도

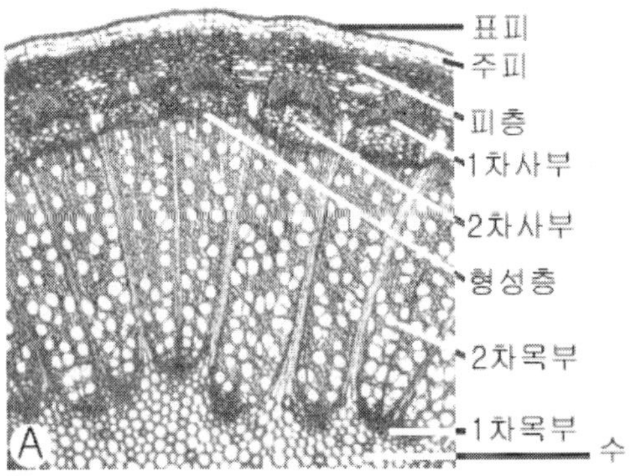

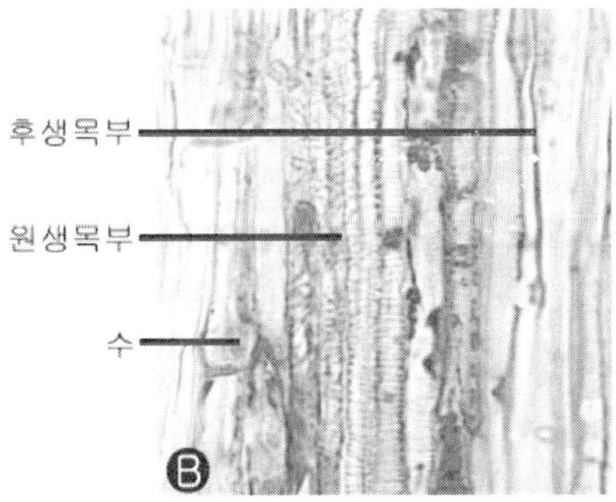

그림 1-1-5. 양버즘나무 가지의 조직 구조(A) 및 스트로브잣나무 목재의 1차조직(B)

정단분열조직에 의해 생성된 조직을 1차조직이라고 부르는데 1차목부와 1차사부가 여기에 해당된다. 1차목부 가운데 생성초기에 발달된 것으로 수(pith)에 가까운 부분은 원생목부(protoxylem) 그리고 생성초기에 발달된 것으로 속내형성층(fascicular cambium)에 가까운 부분은 후생목부(metaxylem)로 불리고 있다. 원생목부는 환문비후(annular thickening) 또는 나선문비후(spiral thickening)를 지니는 가도관이나 도관요소로 이루어져 있는 반면 후생목부는 벽공이 발달되어 있는 가도관이나 도관요소로 이루어져 있다. 후생목부의 형성 단계에 도달하게 되면 신장생장은 정지되고 유관속 내의 속내형성층과 유관속 사이의 속간형성층(interfascicular cambium), 즉 형성층이 될 부분을 제외한 모든 1차조직은 분열기능을 잃어버린 영구조직(permanent tissue)으로 바뀌게 된다. 따라서 1차조직의 최종 완성 단계에 이르면 형성층이 발달되고 그에 따라 비대생장이 시작되는데 이 단계에서는 더 이상의 새로운 1차조직 형성은 중단되고 2차조직만 형성된다. 이처럼 형성층에 의해 형성된 2차조직으로는 2차목부(secondary xylem)와 2차사부(secondary phloem)가 있다. 형성층은 일생 동안 분열기능을 계속 유지하기 때문에 매년 2차목부와 2차사부가 반복적으로 형성되지만 2차사부는 바깥쪽의 오래된 조직부터 차례대로 외수피로 변화된 다음 떨어져 나가기 때문에 대량으로 축적되지 못하게 된다. 그러나 2차목부는 비대생장에 따라 수간의 대부분을 차지하게 되기 때문에 목재 이용의 대상이 되고 있다(그림 1-1-2와 1-1-4~1-1-6).

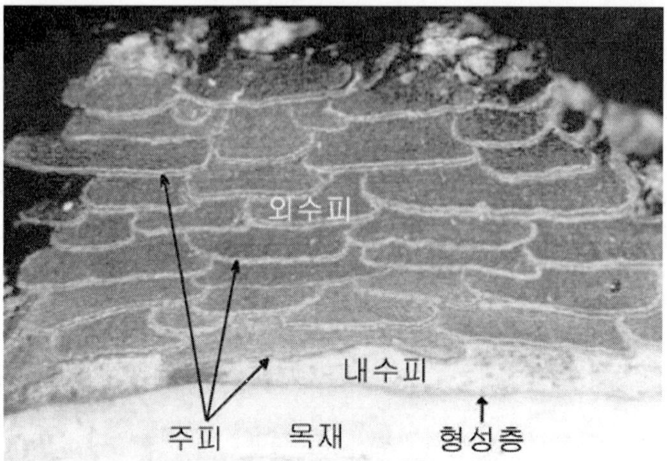

그림 1-1-6. 소나무 주피의 반복적인 발달과 탈락

대부분의 목본식물은 목재와 수피 사이에 존재하는 형성층 이외에도 수피 내부에서 필요에 따라 주피(periderm)를 발달시키는 코르크형성층(phellogen, cork cambium)이라고 불리는 2차분열조직을 지닌다. 어린 수목이 형성층의 활동에 따라 2차조직을 생성하기 시작하면 그 지름이 커져가는 비대생장을 이루게 되고 결국 표피는 안쪽으로부터의 압력 때문에 곳곳에 균열이 생기게 된다. 이러한 균열 때문에 표피가 보호층의 기능을 잃어버리게 되면 수목은 건조로 인하여 고사되기 때문에 표피가 파괴되기 직전에 영구조직화 되어 있던 표피 안쪽의 피층 세포 가운데 일부가 일시적인 분열기능을 지니는 코르크형성층으로 바뀌게 됨으로써 새로운 보호층인 주피가 발달하게 된다. 차후의 비대생장에 따라 수목의 지름이 점점 더 커져 감에 따라 이와 같이 형성된 주피 역시 파괴, 탈락되기 때문에 그 이전에 또 다른 새로운 주피가 안쪽으로 계속 발달하게 되는데 이러한 주피의 발달과 탈락은 수목이 살아있는 동안 계속 반복되기 때문에 결국 2차사부에서도 주피의 발달과 탈락이 반복적으로 일어나게 된다. 즉, 세월이 지남에 따라 1차조직 가운데 수(髓, pith)와 1차목부를 제외한 다른 조직은 수목에서 모두 탈락하게 되고 결국 수목은 그 대부분이 2차조직으로 이루어진 형상을 나타내게 된다(그림 1-1-6과 1-6-1).

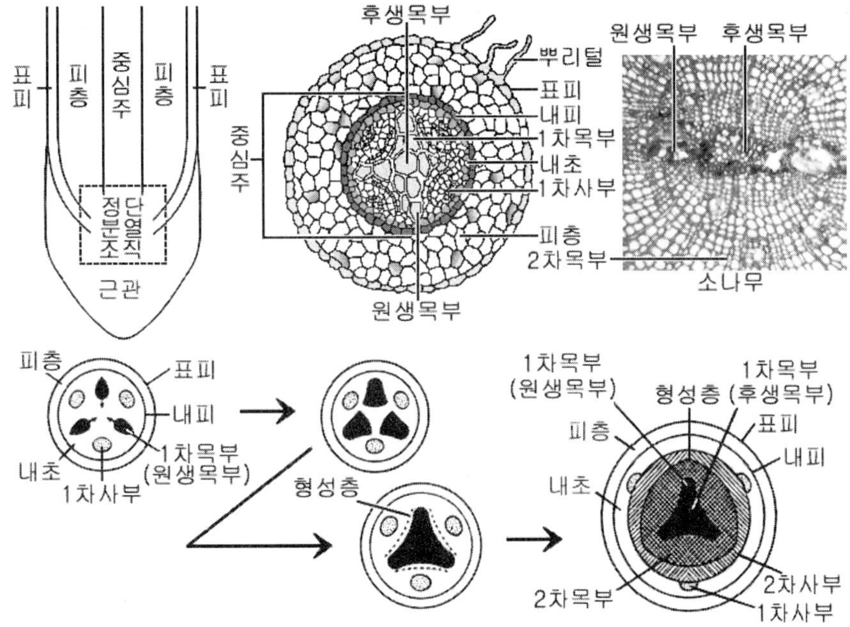

그림 1-1-7. 뿌리 선단의 조직 발달 과정과 구조

한편, 뿌리에 있어서는 신장생장 과정이 수간이나 가지와 차이를 보이는 반면 비대생장은 수간이나 가지와 동일하다. 뿌리의 정단분열조직은 근관(root cap)에 의해 보호를 받고 있는데 이 근관은 정단분열조직에서 유래된 특수한 보호층으로써 토양과 접촉하게 되는 부분의 세포가 죽어 일정한 모양의 크기를 유지하게 된다. 따라서 근관은 토양의 성질에 따라 발달 정도에 차이가 나타나게 되는데 토양과의 마찰이 거의 없는 수경재배와 같은 경우에는 대개 근관의 크기가 작아지게 된다. 그리고 뿌리에 있어서는 피층의 가장 안쪽 층에 수간이나 가지에는 존재하지 않는 내피(endodermis)라고 불리는 세포층이 분화되어 피층과 중심주의 경계를 명확히 나타내 보이고 있다. 또한 내피의 안쪽에는 수간이나 가지에 존재하지 않는 내초(pericycle)라는 유세포의 조직이 중심주의 가장 바깥쪽 층으로 매우 현저하게 발달되어 있다. 뿌리의 경우 수간이나 가지와 가장 큰 차이를 보이는 특징으로는 중심주에 있어서의 유관속 구조와 배열을 들 수 있다. 즉, 뿌리의 중심주는 유관속이 수간이나 가지의 경우처럼 병립유관속에 의한 진정중심주가 아니라 1차목부, 특히 원생목부와 1차사부가 동일 원주 상에서 교호로 배열되어 있는 방사유관속(radial vascular bundle)에 의한 방사중심주(actinostele)를 이루고 있다. 1차목부의 발달 과정을 비교해 보면 수간이나 가지의 병립유관속에 있어서는 원생목부가 항상 수 근처의 안쪽에 있고 1차목부가 안쪽에서부터 바깥쪽을 향해 분화가 진행되기 때문에 내원형 목부(endarch xylem)라고 부르는 반면 뿌리의 방사유관속에 있어서는 원생목부는 수간이나 가지의 경우와 반대로 항상 바깥쪽에 있고 1차목부가 바깥쪽에서부터 안쪽을 향해 분화가 진행되기 때문에 외원형 목부(exarch xylem)라고 부르게 된다. 따라서 뿌리의 1차목부는 바깥쪽의 원생목부로부터 안쪽을 향해 후생목부의 분화가 진행되어 완성되기 때문에 수간이나 가지와는 달리 수가 존재하지 않게 된다. 수간이나 가지의 경우와 마찬가지로 1차조직이 완성될 무렵 형성층이 발달되고 그에 따라 안쪽으로는 2차목부를 그리고 바깥쪽으로는 2차사부가 형성되는 비대생장이 이루어지기 시작한다(그림 1-1-2, 1-1-5와 1-1-7).

그림 1-1-8. 수목의 형상

수목의 형상은 이러한 신장생장과 비대생장의 결과에 따른 외부 형태에 의해 신정성(excurrent)과 분지성(decurrent, deliquescent)의 2종류로 구분된다. 신정성은 가문비나무, 소나무, 전나무 등과 같이 침엽수에서 흔히 볼 수 있는 것으로써 대개 하나의 큰 줄기로부터 옆으로 곁가지가 많이 뻗어 나와 있는 형상을 띠는 것을 그리고 분지성은 고로쇠나무, 벚나무, 상수리나무 등과 같이 활엽수에서 흔히 볼 수 있는 것으로써 커다란 줄기가 여러 갈래로 분지되어 그물 형상을 띠는 것을 일컫는다. 목본성 단자엽식물의 형상은 대나무와 야자수에서 흔히 볼 수가 있다(그림 1-1-8). 어린 나무에 있어서 줄기의 분지성은 지상에 가까운 부분으로부터 분지하는 경향이 강하지만 일반적으로 분지성이 큰 수목이라 할지라도 가지가 모두 같은 높이로 자라는 것은 드문 일이며 이들 가운데에서 특별히 양분을 많이 취한 것이 보다 큰 가지인 줄기로 생장하는 것이 보통이다. 이와 같은 상태로 자라게 되면 많은 작은 가지는 자라는 도중에 탈락하게 되어 결국 중심부의 우량한 가지만 남게 되어 튼튼하고 큰 줄기로 자라게 된다.

1. 2. 수목의 구조와 수간의 특성

모든 수목은 줄기(樹幹, stem), 잎(leaf) 및 뿌리(root)의 3기관으로 구성되어 있지만 목재를 다루는 사람에게 있어서 가장 큰 관심이 되고 있는 것은 침엽수와 활엽수의 줄기인 수간이다. 수간은 뿌리에 의해 토양에서 흡수된 수분과 무기물(mineral)을 잎으로 수송하여 주고 또한 잎에서 형성된 광합성 산물인 양분 물질을 식물체의 각 부분으로 수송하는 통도기관의 역할을 하는 동시에 광합성이 일어나는 장소인 잎이 햇빛을 충분히 이용할 수 있도록 수관(crown)을 지지하여 주는 기관이며 광합성물질의 일부와 여러 대사 생성물질을 저장하는 저장기관이기도 하다(그림 1-2-1).

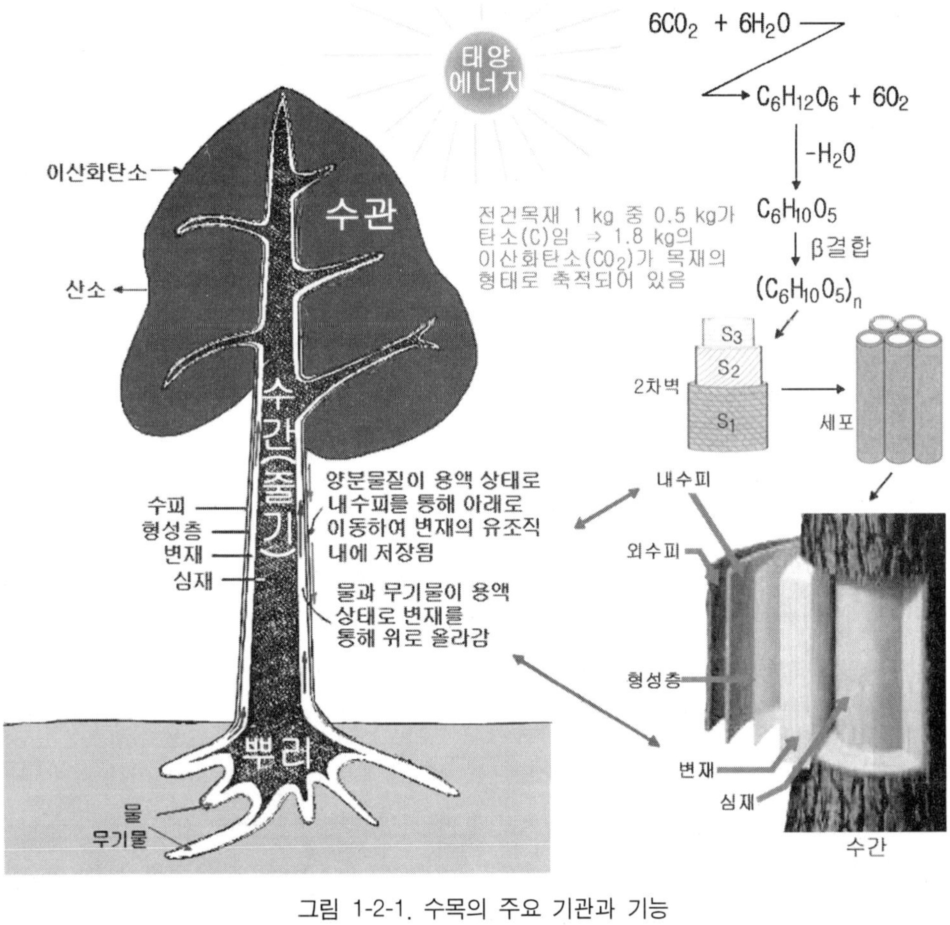

그림 1-2-1. 수목의 주요 기관과 기능

수간의 대부분은 중심부에 가느다란 수(pith)가 내포되어 있는 2차목부(secondary xylem), 즉 목재(wood)의 원주체가 차지하고 있는데 이 원주체는 형성층(cambium)으로 불리는 2차분열조직의 얇은 층과 2차사부(secondary phloem), 즉 수피(bark)에 의해 차례로 완전히 둘러싸여 있게 된다. 목재는 중심부의 심재(heartwood)와 주변부의 변재(sapwood)로 나누어지는데 변재는 뿌리로부터 잎으로 물질을 이동시키는 통도기능과 수체를 지지시켜 주는 기계적 지지기능 그리고 물질을 저장하는 저장기능을 함께 지닌다. 그러나 심재는 변재가 생활기능을 소실함에 따라 생긴 조작으로써 통도기능이나 저장기능은 없고 다만 기계적으로 수체를 지지하는 기능만을 지니게 된다(그림 1-2-1~1-2-2).

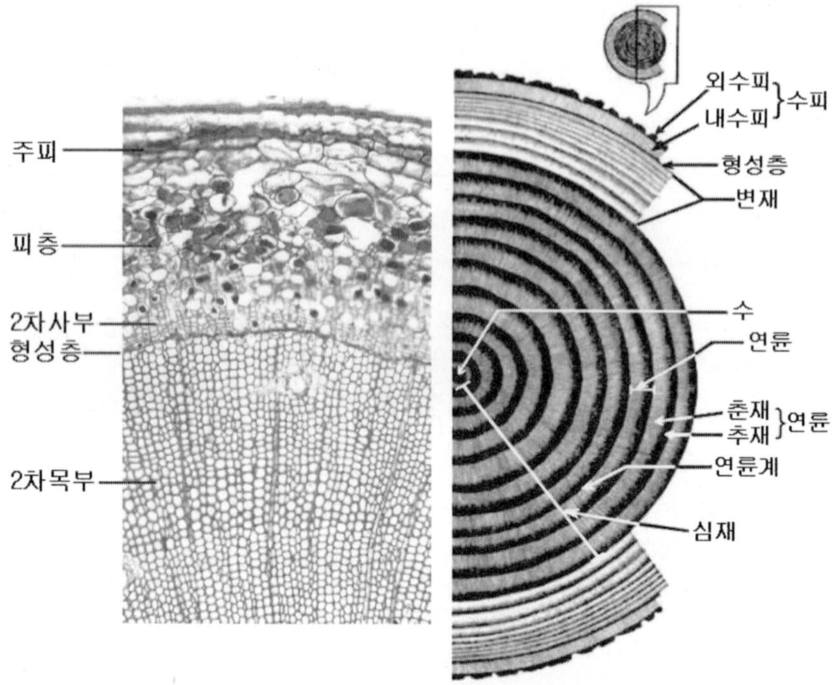

그림 1-2-2. 수간의 구조

수간의 횡단면을 관찰해 보면 목재에 비해 수피가 매우 얇음을 알 수가 있다. 이는 목재인 경우 방추형시원세포에서 파생된 1개의 목부모세포(xylem mother cell)로부터 4개의 2차목부 구성 세포가 생성되는 반면 수피인 경우 방추형시원세포에서 파생된 1개의 사부모세포(phloem mother cell)로부터 2개의 2차사부 구성 세포가 생성되기 때문이고 또한 형성층의 활동에 따른 비대생장으로 인해 수피가 갈라 터져 보호기능을 상실하기 이전에 새로운 보호층인 주피(periderm)가 수피 내부에서 안쪽을 향해 주기적으로 형성되지만 시간의 경과에 따라 바깥쪽 주피부터 차례로 떨어져 나기기 때문에 그런 것이다. 수피는 생활기능을 지니고 있는 내수피(inner bark)와 그렇지 못한 외수피(outer bark, rhytidome)로 구분되는데 가장 안쪽에 위치하는 주피를 경계로 하여 그 내부의 수피가 내수피 그리고 그 외부의 수피가 외수피가 된다. 내수피는 잎에서 생산된 광합성물질을 각 부분으로 수송하는 통도기능과 저장하는 저장기능을 갖고 있는데 비해 외수피는 식물체를 외부의 고온과 저온 그리고 건조와 같은 물리적 상해와 외부로부터 받는 기계적인 상해로부터 보호하는 기능을 지니고 있다(그림 1-1-5~1-1-6과 1-2-1~1-2-2).

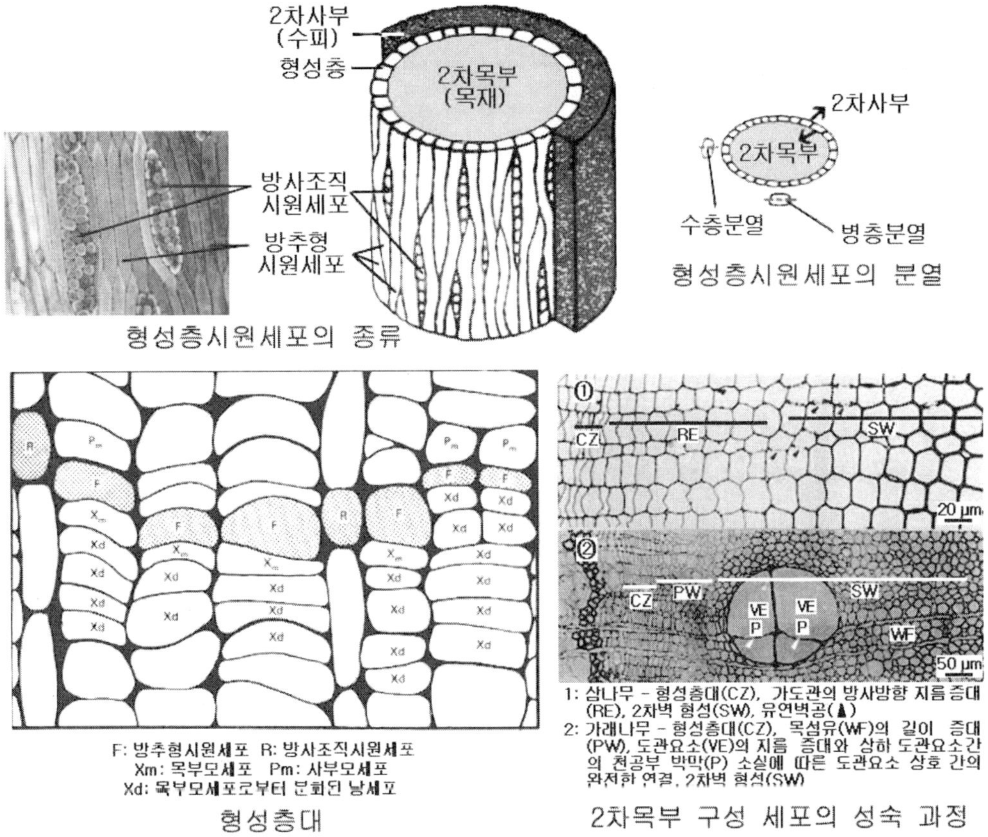

그림 1-2-3. 형성층시원세포의 종류와 분열, 형성층대 및 2차목부 세포의 성숙 과정

목본식물의 수간을 횡단한 면을 세심하게 관찰해 보면 목재(2차목부)와 수피(2차사부)가 서로 맞닿는 경계부에서 접선방향으로 배열되는 단 1열의 세포층이 있음을 확인할 수 있다. 이것이 세포분열을 통해 목재와 수피를 구성하는 새로운 세포를 생성하게 되는 것으로써 형성층이라고 불리는 2차분열조직이다(그림 1-2-2~1-2-3).

형성층은 일단 수목 내에서 발달된 다음에는 수목의 일생 동안 영원히 분열기능을 유지하게 되며 형성층에서의 새로운 세포들의 생성으로 인하여 수목의 지름이 커지게 되기 때문에 성숙한 수목이 지니게 되는 큰 원주 모양의 수체는 형성층에서의 세포분열에 의해 가능해지게 되는 것이다. 이러한 형성층의 주위에는 형성층과 쉽게 구분되지 않는 여러 층의 세포 무리가 함께 존재하기 때문에 이 부분을 통틀어 형성층대(cambial zone)라고 부르고 있다. 형성층대는 형성층을 구성하는 개개의 세포인 형성층시원세포(cambial initial)와 이들로부터 파생된 세포로 이루어져 있기 때문에 그 폭이 일정하지 않다(그림 1-2-3).

형성층시원세포를 접선단면에서 관찰해 보면 2종류가 있음을 알 수 있다. 이들 가운데 하나는 수간의 축에 대해 평행한 방향인 축방향으로 길이가 긴 모양을 지니는 방추형시원세포(fusiform initial)이며 또 다른 하나는 수간의 축에 대해 직각인 방향인 수평방향으로의 방사조직을 구성하는 소형의 방사조직시원세포(ray initial)이다. 이러한 형성층시원세포로부터 유래된 각종 세포를 간단하게 살펴보면 다음과 같다. 방추형시원세포는 형성층의 안쪽으로 도관요소, 가도관, 목섬유, 축방향유세포와 같은 목재의 축방향 요소를 그리고 바깥쪽으로 사관요소, 사세포, 축방향유세포, 인피섬유와 같은 수피의 축방향의 요소를 형성한다. 반면, 소형의 방사조직시원세포는 안쪽으로 목재의 방사조직을 그리고 바깥쪽으로 수피의 방사조직을 형성한다. 따라서 목재의 접선단면에 나타나는 방추형시원세포와 방사조직시원세포의 배열은 수고방향의 축방향 조직 및 수평방향의 방사조직과 어떤 관련성을 지니게 된다(그림 1-2-3, 1-5-1~1-5-2, 1-5-12~1-5-13과 1-6-2~1-6-3).

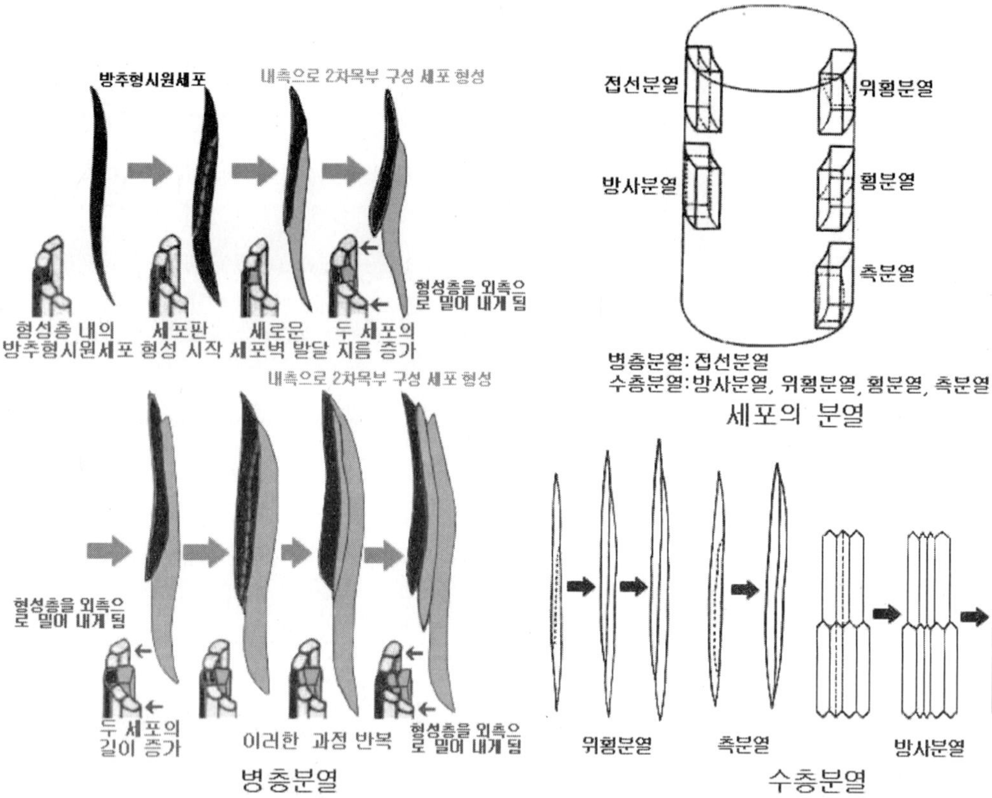

그림 1-2-4. 방추형방사조직의 비대생장을 위한 병층분열과 원주 증대를 위한 수층분열

형성층의 구성 요소인 형성층시원세포는 수목의 생장에 적합한 봄철에 그 활동을 활발히 시작하나 생장에 적합하지 못한 늦여름이나 초가을에 접어들게 되면 그 활동을 일시 정지하게 된다. 이와 같이 형성층시원세포는 활동할 수 있는 조건이 주어지거나 또는 조건이 적당해지면 세포분열의 기능을 나타내기 때문에 주위의 다른 세포와는 형태적으로 어느 정도 구별이 되고 있다. 형성층시원세포의 병층분열(periclinal division)에 의해 2개의 세포가 형성되는데 이 가운데 1개의 세포는 형성층시원세포로 그대로 남게 되고 다른 나머지 1개의 세포는 제한된 분열기능을 지니는 모세포(mother cell)가 되는데 이 모세포가 형성층의 바깥쪽에 위치하는 경우 사부모세포(phloem mother cell) 그리고 안쪽에 위치하는 목부모세포(xylem mother cell)라고 한다. 방추형시원세포로부터 파생된 1개의 목부모세포는 병층분열에 의해 2개의 낭세포(daughter)가 그리고 이들 2개의 낭세포 역시

병층분열에 의해 4개의 2차목부 구성세포가 되는 반면 1개의 사부모세포는 병층분열에 의해 그대로 2개의 2차사부 구성세포가 된다. 한편, 방사조직시원세포로부터 파생된 1개의 목부모세포와 사부모세포는 더 이상의 분열 없이 그대로 2차목부와 2차사부를 구성하는 1개의 세포가 된다. 이처럼 형성층시원세포의 병층분열, 즉 접선분열(tangential division)을 통하여 새로운 2차목부(목재)와 2차사부(수피)가 생성됨으로써 수목은 지름이 커지는 비대생장을 이루게 되는데 2차목부의 바깥쪽에 있는 형성층 자체도 수목의 비대생장에 따라 원주를 확대시킬 필요가 생기게 된다. 형성층의 원주는 형성층시원세포의 수층분열(anticlinal division)을 통해 세포의 수가 많아짐에 따라 커지게 된다. 수층분열 중에서도 방사분열(radial division)은 층계상형성층(storied cambium)을 지니는 활엽수에서만 일어나게 되며 비층계상형성층(unstoried cambium)을 지니는 침엽수 및 대부분의 활엽수에서는 대개 위횡분열(pseudotransverse division)을 통해 원주를 확대시켜 나가게 된다. 형성층의 원주 확대가 측분열(lateral division)에 의해서도 일어날 수 있지만 매우 드문 편이다(그림 1-2-3~1-2-4).

형성층시원세포로부터 형성된 목재 구성 세포의 성숙 과정은 세포의 확대, 세포벽의 비후 및 목화라는 3단계로 구분된다. 세포 확대의 1단계로 지름의 증대가 일어나게 된다. 이 시기에 있어서 세포의 세포벽은 1차벽(primary wall)으로만 되어 있으며 가소성이 풍부하다. 세포 확대기의 1차벽에서는 그물 모양의 셀룰로오스 마이크로피브릴 사이에 새로운 마이크로피브릴이 삽입되는 삽입생장(intussusception growth)에 의해 면적이 확대되어 나가게 된다. 세푸의 확대가 현저하게 일어나는 대표적인 세포로 침엽수재의 춘재 가도관과 활엽수재의 도관요소를 들 수가 있는데 전자의 경우 주로 방사방향으로 지름이 증대되지만 후자의 경우에는 방사방향과 접선방향으로 모두 지름의 증대가 일어나게 된다. 세포 확대의 2단계로는 축방향으로의 길이 증대가 일어나게 된다. 축방향으로의 길이 증대를 가장 현저하게 일으키는 세포는 활엽수재의 목섬유인데 형성층시원세포보다 평균 140% 정도 길이가 증대하게 된다. 그 다음으로 침엽수재의 가도관이 10~15% 정도의 길이 증대를 보이게 되지만 활엽수 가운데 환공재의 춘재 도관요소에서는 길이 증대가 거의 일어나지 않게 된다. 세포의 확대가 거의 끝나갈 무렵 세포벽의 비후가 시작된다. 세포벽의 비후는 1차벽의 안쪽에 셀룰로오스 마이크로피브릴이 퇴적되어 가는 부가생장(apposition growth)에 의해 이루어지게 된다. 이러한 부가생장에 의해 1차벽의 안쪽에 퇴적된 두꺼운 세포벽을 2차벽(secondary wall)이라고 부르는데 마이크로피브릴의 경각이 다른 3층 구조로 되어 있다. 또한 2차벽 퇴적 과정 중에 벽공(pit), 천공(perforation), 나선비후(spiral thickening) 등과 같은 구조가 세포벽에 발달하게 된다. 2차벽의 비후가 시작됨과 거의 동시에 인접하고 있는 세포 사이의 진정중간층(true middle lamella) 가운데 모서리 부분에서 목화(lignification), 즉 리그닌이 침착되기 시작한다. 목화는 진정중간층의 모서리 부분에서부터 일어나기 시작해 진정중간층 전역으로 확대된 다음 후 1차벽과 2차벽의 순서로 진행되어 나가지만 활발한 목화는 2차벽의 비후 종료 후 일어나게 된다. 이처럼 2차벽의 비후와 목화가 완료됨에 따라 목재 구성 세포의 성숙이 끝나게 된다(그림 1-2-3, 1-4-4의 A~B, 1-4-5, 1-5-5, 1-5-17과 1-5-20).

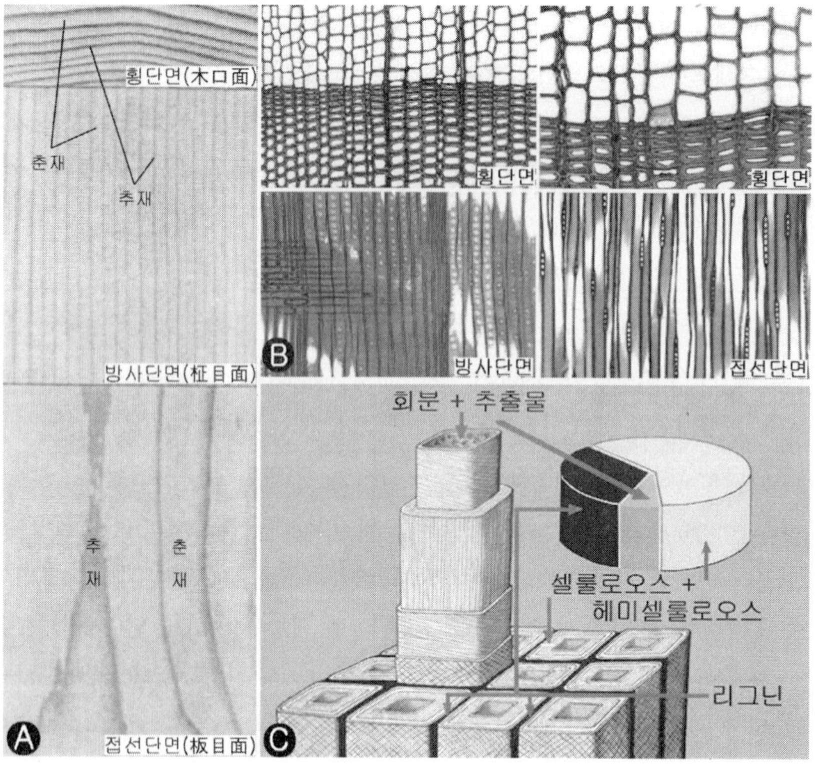

그림 1-2-5. 백전나무 목재의 육안적 구조(A)와 현미경적 구조(B) 및 목재 세포벽 구성 성분의 분포 모식도(C)

이처럼 모든 침엽수 및 활엽수의 생장 과정 중에 생산된 목재는 구조적으로 여러 종류의 세포로 구성되어 있는데 이와 같이 목재를 구성하는 세포는 빈 공간인 세포내강과 이를 둘러싸는 세포벽으로 이루어져 있기 때문에 다공성을 나타내게 된다. 또한, 세포벽이 셀룰로오스(cellulose), 헤미셀룰로오스(hemicellulose) 및 리그닌(lignin)으로 이루어진 복합체 구조를 이루고 있기 때문에 목재가 탄성과 소성을 함께 나타내게 된다. 이러한 각종 세포들의 형태와 배열 상태 및 추출물 등이 함께 어우러짐으로써 목재는 각기 나름대로의 독특한 자연적인 목리와 문양 및 재색을 지니는 아름다운 외관의 재료적 특성을 보이게 된다(그림 1-2-5, 1-4-1, 1-4-2와 1-8-3 및 표 1-4-2). 한편, 목재는 축방향, 방사방향 및 접선방향의 3방향에 따라 각기 다른 물리적 및 기계적 성질을 나타내는 이방성 재료인데 이는 세포벽의 미세 구조, 목재를 구성하고 있는 세포의 형태 및 배열 상태 등에 기인한 것이다. 예를 들면, 목재의 수축률 및 팽창률은 접선방향 : 방사방향 : 축방향 = 100 : 60 : 4 정도이며 축방향의 강도는 횡방향(방사방향 또는 접선방향)의 강도보다 훨씬 큰 편이다(그림 1-2-6~1-2-7 및 표 2-1-1~2-1-2).

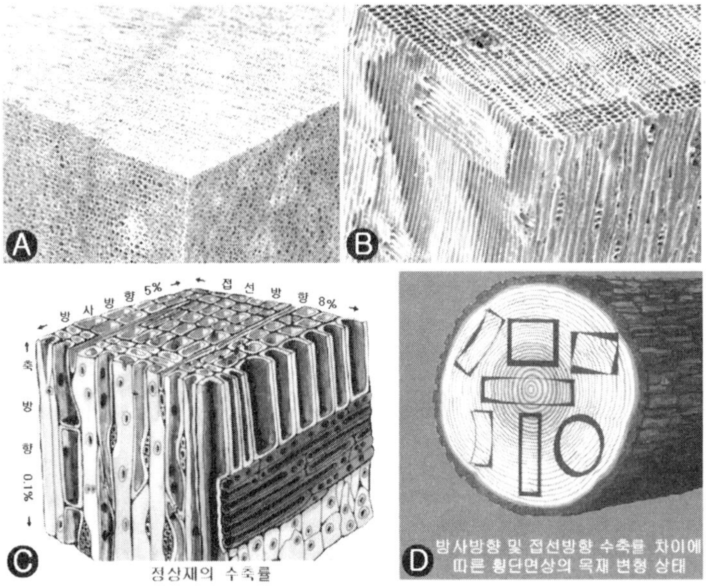

그림 1-2-6. 코르크(A)와는 달리 3단면 별로 서로 각기 다른 세포 형태와 배열을 나타내는 라디아타소나무 목재(B) 및 3방향에 따른 목재의 치수 변동 이방성과 변형 모식도(C~D)

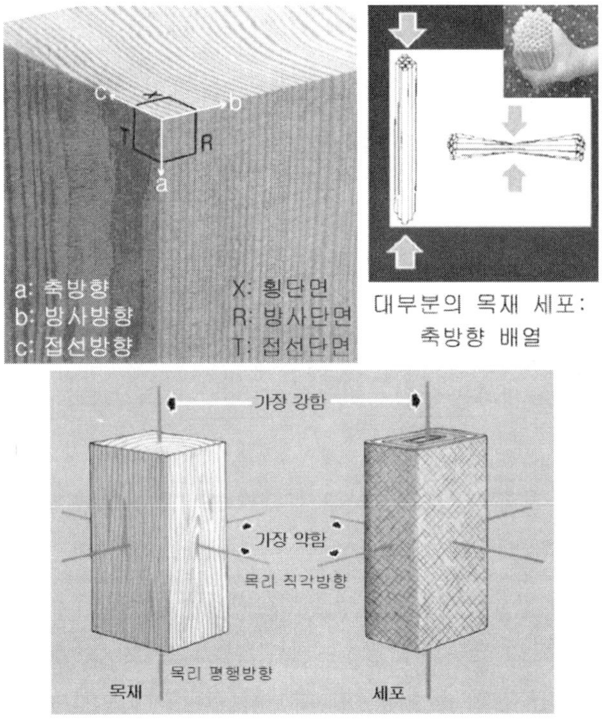

그림 1-2-7. 목재의 3단면과 3방향 및 방향에 따른 강도 이방성

1. 3. 목재의 육안적 구조

수목은 외관상으로 줄기(stem), 잎(leaf) 및 뿌리(root)의 3부분으로 구성되어 있으며 목재 이용상 가장 중요한 것은 줄기인 수간 부분으로 수피에 의해 둘러싸여 있다.

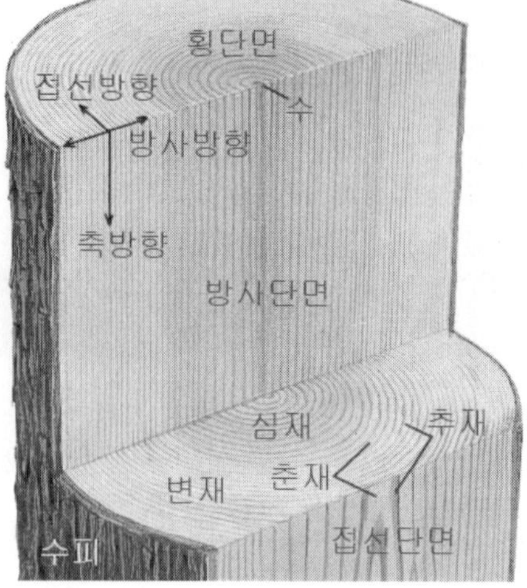

그림 1-3-1. 목재의 3방향과 3단면

수목을 벌채한 다음 조재하여 생산한 일정한 길이의 나무토막을 원목(log)이라고 한다. 이 원목에서 뿌리 쪽의 횡단면을 원구(butt end) 그리고 그 반대쪽의 지름이 작은 횡단면을 말구(top end)라고 부른다. 이와 같이 생산된 원목은 필요에 따라 원래 상태 그대로 이용되는 경우도 있으나 대부분 판재, 각재, 화장단판 등으로 다시 가공되어 적재적소에 효과적으로 이용된다.

목재에는 3방향이 있는데 수목의 높이 방향을 축방향(longitudinal direction), 수(pith)를 통과하면서 연륜에 대해 직각 그리고 방사조직에 대해 평행인 방향을 방사방향(radial direction), 연륜에 대해 접선 그리고 방사조직에 대해 직각인 방향을 접선방향(tangential direction)이라고 부른다. 또한 3방향에 따라 각기 다른 형상의 절단면인 3단면이 나타나게 되는데 수목의 높이 방향에 대해 직각이 되도록 절단한 단면을 횡단면(cross or transverse surface), 수목의 높이 방향에 대해 평행하도록 그리고 방사방향을 따라 절단한 단면을 방사단면(radial surface), 수목의 높이 방향에 대해 평행하도록 그리고 접선방향을 따라 절단한 단면을 접선단면(tangential surface)이라고 한다. 또한, 축방향의 세포에 대해 직각인 방향으로 절단하였을 때 나타나는 단면인 횡단면을 목구면(end grain) 그리고 축방향의 세포에 대해 평행인 방향으로 절단하였을 때 나타나는 단면인 방사단면과 접선단면을 통틀어 종단면(side grain)이라고 부르기도 한다. 횡단면에서는 연륜이 동심원상의 고리 모양으로 그리고 방사조직은 수(pith)를 통과하면서 방사상으로 뻗어있는 형상을 보이게 된다. 방사단면에서는 연륜이 축방향으로 평행한 직선상의 줄무늬 형상을 보이는 반면 방사조직은 이 축방향의 연륜과 직각인 방향으로 누워 있는 띠의 형상을 보이게 된다. 접선단면에서는 연륜이 타원형, U형, V형 등의 다양한 형태를 보이는 반면 방사조직은 축방향으로 짧은 직선상의 줄무늬 형상을 보이게 된다(그림 1-2-5~1-2-7, 1-3-1과 1-8-2의 B).

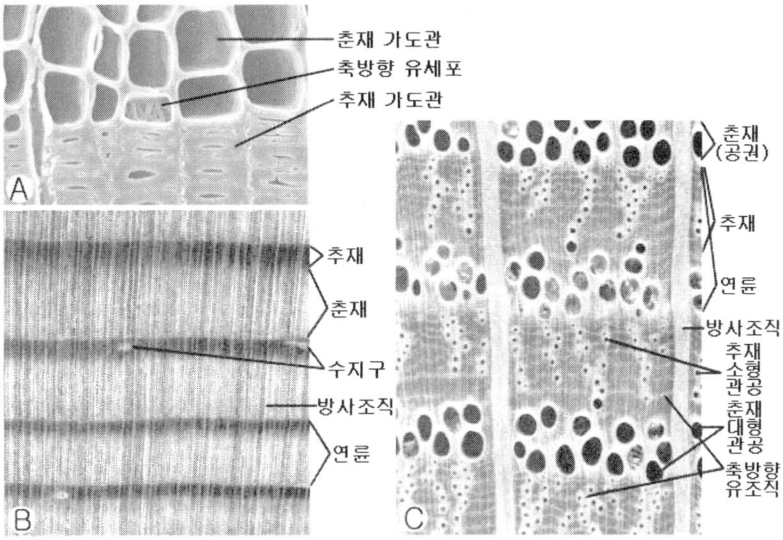

그림 1-3-2. 침엽수재(A~B) 및 활엽수 환공재(C)의 연륜 구조

우리나라처럼 온대지역에 생장하고 있는 수목은 수종에 따라 약간의 차이는 있으나 일반적으로 뚜렷한 연륜(annual ring)을 형성한다. 온대지역에서의 생장은 초봄에 매우 빠르나 늦여름에 느려지고 가을에는 정지됨으로 계절에 따른 생장 상태가 매년 하나의 연륜 형태로 나타나게 된다. 연륜은 춘재(springwood, earlywood)와 추재(summerwood, latewood)로 구성되는 하나의 윤층을 말하는 것으로 온대지역에서는 정상적으로 1년에 단 하나의 연륜이 형성된다. 춘재는 따뜻한 봄에서 초여름까지 생장한 조직으로 세포벽이 얇고 횡단면 상 지름이 큰데 비하여 추재는 초여름부터 늦여름 내지 냉랭한 초가을까지 생장한 조직으로 세포벽이 두껍고 횡단면 상의 지름도 작은 특성을 지닌다(그림 1-3-2). 연륜은 항상 뚜렷한 춘재와 추재의 띠 형태로 나타나는 것만은 아니다. 예를 들면, 온대산 활엽수 가운데 산공재인 경우 하나의 연륜 내에 발달되는 관공의 지름에 거의 차이가 나타나지 않아 연륜과 연륜의 경계부인 연륜계(annual ring boundary)의 구분이 어려워지는 경우도 있다(그림 1-3-5의 B). 더욱이 가뭄, 냉해 등과 같은 원인에 의해 형성층의 활동이 위축되거나 또는 중단됨으로써 가짜 연륜인 위연륜(false ring)이 그리고 수관이 매우 작거나 대부분의 잎이 탈락되는 등의 원인에 의해 형성층 가운데 일부분만이 분열하여 새로운 세포를 생성하기 때문에 완전한 하나의 동심원상의 띠를 이루지 못하는 연륜인 불연속연륜(discontinuous ring)이 발달되는 경우도 있다(그림 1-3-3). 또한 수목에 있어서는 위로부터 아래를 향해 형성층이 자극을 받기 때문에 수간의 상부에 발달된 연륜이 수간의 하부에 이르러서는 그 폭이 더 좁아지거나 심지어는 존재하지 않는 경우도 더러 생기게 된다.

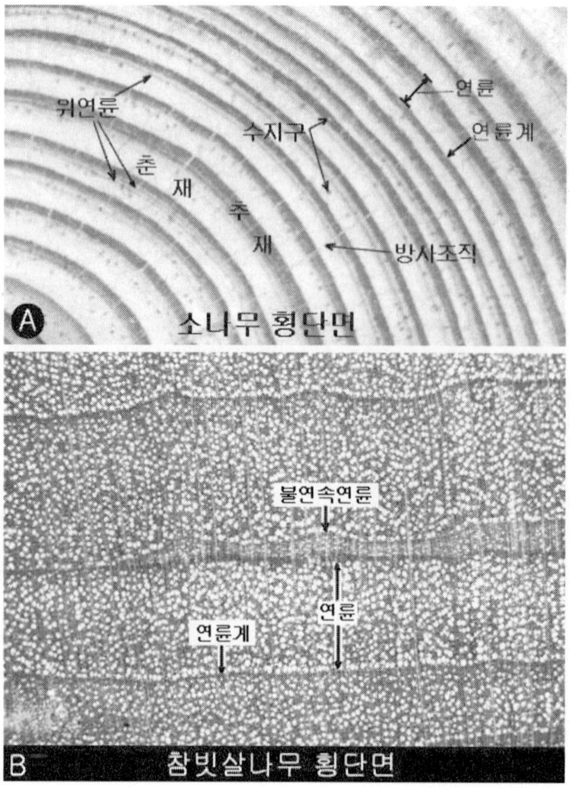

그림 1-3-3. 위연륜(A)과 불연속연륜(B)

한편, 계절적인 기후 차이가 별로 없는 열대지역에서는 환경조건이 덜 제약적이기 때문에 온대지역에서보다도 수목의 생장기간이 더 긴 경향이 있다. 그러나 이처럼 조건이 더 양호하다고 할지라도 수목의 생장이 항상 연속적인 것만은 아니다. 열대산 수목의 경우 동면이라는 1년 단위의 주기성(週期性)보다는 우기와 건기라는 생장조건의 영향을 더 많이 받기 때문에 동면에 따른 연륜 대신 생장조건의 차이에 따른 생장층(growth layer, growth increment)이 발달되는 것이 보통인데 온대지역에서의 정상 연륜처럼 한 해에 단 1개만 발달되는 것이 아니라 우기와 건기의 반복에 따라 한 해에 여러 개의 생장층들이 발달될 수가 있다. 그러나 매우 균일한 생장조건 아래에서는 생장층이 전혀 구분되지 않는 경우도 생길 수 있다.

연륜폭의 크기에 관계없이 침엽수재의 경우에는 세포벽이 두꺼운 가도관으로 이루어져 있어 실질(wood substance)의 밀도가 높은 추재가 일정한 폭을 유지하는 경향을 보이는 반면 활엽수재 가운데 환공재의 경우에는 지름이 큰 도관요소가 모여 있어 실질의 밀도가 낮은 춘재가 일정한 폭을 유지하는 경향을 보인다. 이러한 이유로 인하여 침엽수에서는 연륜폭이 커질수록 추재율이 작아지게 되며 반대로 활엽수재 가운데 환공재에서는 연륜폭이 커질수록 추재율이 커지게 된다. 따라서 침엽수재에서는 연륜폭이 커질수록 비중이 작아지고 강도가 낮아지게 되지만 환공재에서는 연륜폭이 커질수록 오히려 비중이 커지고 강도가 높아지게 된다(그림 1-3-4). 그러나 활엽수재 가운데 산공재인 경우 지름이 비슷한 도관요소가 연륜 전역에 걸쳐 균등하게 분포되어 있는 특성을 지니기 때문에 연륜폭의 크기에 따른 비중과 강도의 차이를 거의 나타내지 못하게 된다.

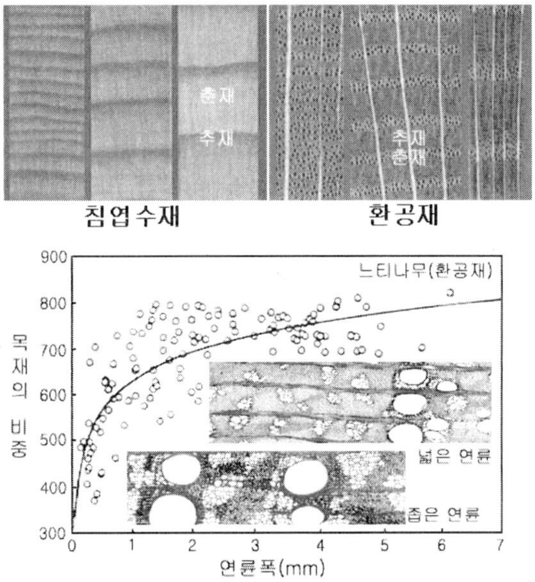

그림 1-3-4. 연륜폭과 비중 사이의 관계

야구 방망이를 예로 들어보면 전통적으로 탄성과 비강도(강도/비중) 등이 좋은 백물푸레나무(white ash, Fraxinus americana)를 함수율 6~8% 수준으로 건조한 것을 사용하여 만들어 왔다. 백물푸레나무는 춘재와 추재 사이의 관공(도관) 크기가 매우 뚜렷하게 다른 환공재로써 지름이 큰 관공이 모여 있는 춘재가 일정한 폭을 유지하는 경향을 보이기 때문에 연륜폭이 클수록 조직이 치밀한 추재가 차지하는 비율이 높아져 목재가 강해지고 반대로 연륜폭이 작을수록 조직이 엉성한 춘재가 차지하는 비율이 높아져 목재가 약해지게 된다. 따라서 백물푸레나무 방망이의 경우 연륜의 수가 적은 것일수록 높은 등급의 판정을 받게 된다. 그러나 춘재에 큰 관공이 열을 지어 존재하는 백물푸레나무의 경우 조직이 불균일해 잘 부러지는 결점을 보이기 때문에 오늘날에는 경단풍나무(hard maple, Acer saccharum) 방망이를 사용하는 선수들이 점점 늘어나는 추세에 있다. 이는 백물푸레나무와는 달리 경단풍나무는 지름이 작은 관공이 연륜 전역에 걸쳐 고르게 분포되어 있는 산공재로써 균일한 조직을 지니고 있기 때문에 방망이가 잘 갈라지거나 부러지지도 않을 뿐만 아니라 연륜폭에 따른 재질 변이도 그리 심하지 않기 때문에 방망이의 품질에도 큰 차이가 존재하지 않아 그렇게 된 것이다(그림 1-3-5).

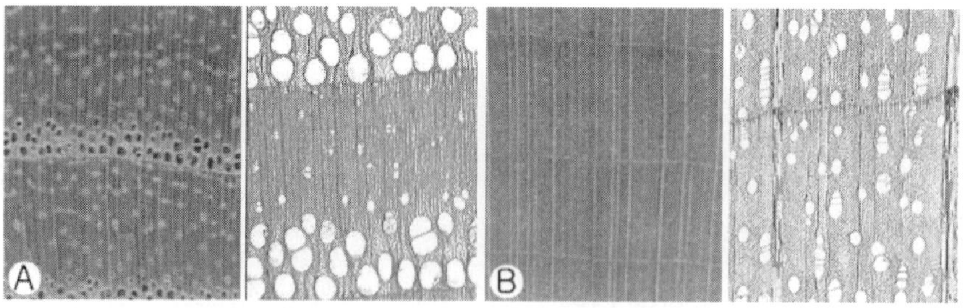

그림 1-3-5. 백물푸레나무(A)와 경단풍나무(B) 목재의 육안적 및 현미경적 구조

수목의 수간 부위에서 횡단면을 살펴보면 바깥쪽에 위치하고 있는 목재의 여러 연륜은 살아있는 유세포가 존재하기 때문에 양분의 저장 등과 같은 생리적인 기능을 지니게 된다. 이와 같이 생활기능을 지니고 있는 바깥쪽 부분의 조직을 변재(sapwood)라고 한다. 그러나 수목이 성숙함에 따라 변재에 존재하던 살아있는 유세포가 시간의 경과에 따라 원형질을 소실하게 됨으로써 죽은 상태에 도달하게 된다. 따라서 생활기능을 잃어버린 세포로만 이루어진 목재 조직이 변재 안쪽에 생기게 되는데 이 심층 부위의 조직을 심재(heartwood)라고 한다(그림 1-3-6의 A). 또한, 단풍버즘나무(European plane, Platanus acerifolia) 등처럼 정상적인 착색 심재를 지니지 않는 수종에서 수간 내부에 불규칙한 윤곽의 착색부가 관찰되는 경우도 있는데 이는 상해심재(wound heartwood) 또는 위심재(false heartwood)라고 불리는 것으로써 상처나 균의 침해에 의하여 형성되는 것으로 알려져 있다(그림 1-3-6의 B). 정상적인 심재의 폭은 수종에 따른 고유 특성이 될 수 있는데 침엽수 가운데 연필향나무(Juniperus virginiana), 주목(Taxus cuspidata) 등이 그리고 활엽수 가운데 밤나무(Castanea crenata), 아까시나무(Robinia pseudoacacia) 등이 심재의 폭이 매우 넓은 수종에 속한다.

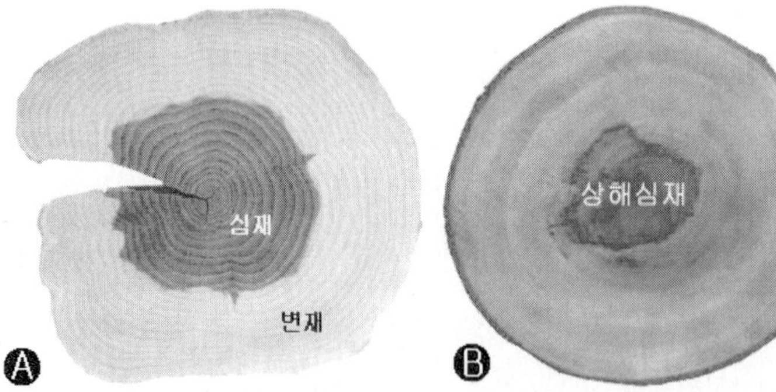

그림 1-3-6. 연필향나무의 정상 착색 심재(A)와 단풍버즘나무의 상해심재(B)

한편, 심재의 형성 상태에 따라 정상적인 착색 심재를 지니는 수종을 심재수(heartwood tree), 오리나무(Alnus japonica) 등의 경우처럼 착색 심재의 형성이 매우 지연되기 때문에 변재와 심재의 재색이 동일할 뿐만 아니라 수(pith) 주위에서 살아있는 유세포가 관찰되는 수종을 변재수(sapwood tree) 그리고 전나무(Abies holophylla) 등의 경우처럼 변재수와 비슷한 것으로써 심재 부위의 유세포가 죽어 있으나 추출물이 착색을 나타내지 못한 수종을 숙재수(ripewood tree)라고 부른다.

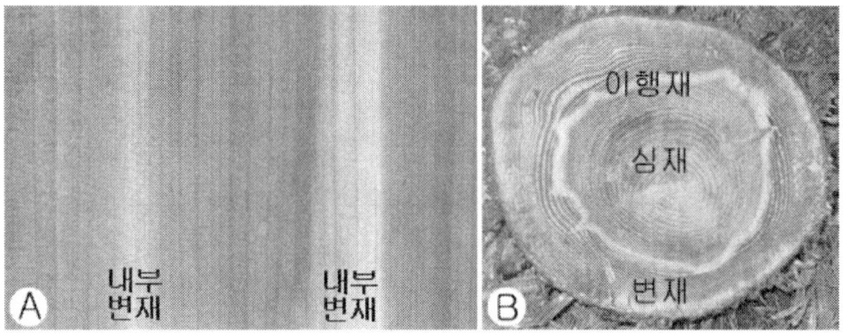

그림 1-3-7. 연필향나무의 내부변재(A)와 삼나무의 이행재(B)

이처럼 변재는 시간의 경과에 따라 심재로 이행하여 가게 되는데 이것을 심재화라고 부르는데 삼나무처럼 수종에 따라서는 변재로부터 심재로의 이행 단계를 나타내는 조직으로써 이행재(intermediate wood)가 관찰되는 경우도 있는데 이행재에는 여전히 일부 유세포가 살아있기 때문에 심재가 아니라 변재의 일부로 취급되어야 할 것이다(그림 1-3-7의 B). 일단 심재가 형성되면 생활기능 면에서 생리적인 작용을 잃게 되는 큰 변화가 일어나지만 타일로시스(tyloses)의 발달, 벽공폐쇄, 추출물의 퇴적 등과 같은 일부 변화를 제외하고는 조직에는 아무런 차이가 생기지 않게 된다(그림 1-3-8, 1-5-3과 1-5-21).

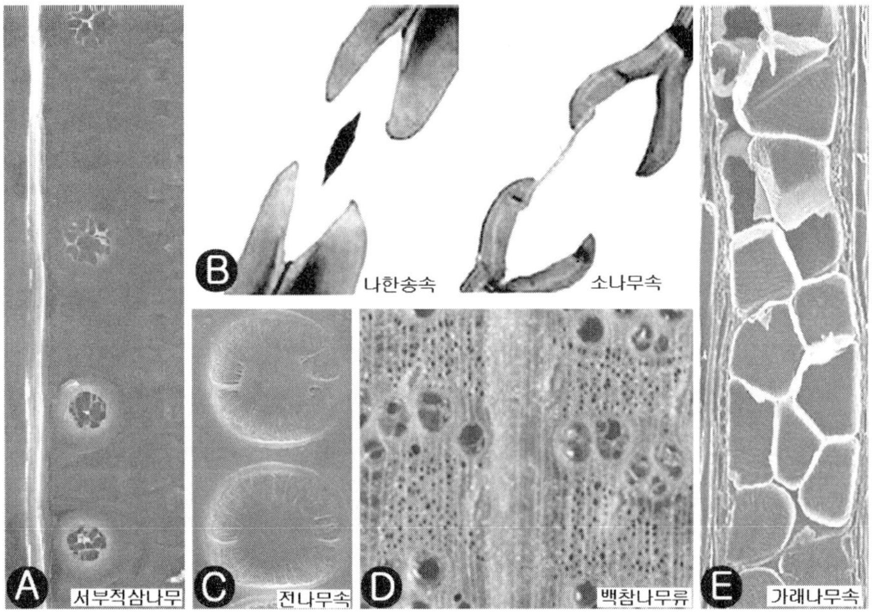

그림 1-3-8. 심재화에 따른 침엽수재 가도관 유연벽공에 있어서의 추출물 퇴적(A)과 벽공막 이행에 따른 벽공폐쇄(B~C) 및 활엽수재 도관 내의 타일로시스 발달(D~E)

변재의 재색은 심재에 비교하여 보통 옅은 색을 띠지만 심재는 짙은 색을 띠게 된다. 이것은 심재화 현상으로 인한 목재 내의 색소(pigment) 물질의 침지에 따른 것으로 수목은 수종 고유의 재색을 띠게 된다. 한편, 연필향나무처럼 짙은 색의 심재 내부에 변재를 닮은 옅은 색의 부위가 내포되어 있는 경우도 관찰될 수 있는데 이는 내부변재 또는 심재내침변재(included sapwood)라고 불리지만 실제로는 유세포를 비롯한 모든 세포가 죽어 있기 때문에 변재라는 명칭을 붙인 것은 잘못된 것으로 여겨진다(그림 1-3-7의 A).

변재로부터 심재로 이행되더라도 기본적인 세포 구조는 변하지 않기 때문에 조직적인 면에서 볼 때 변재와 심재 사이의 목재 성질에 뚜렷한 차이가 나타날 이유는 없으나 실제로는 차이가 나타나게 되는데 이는 양자 간의 함수율 차이와 조직 내에 함유되어 있는 추출물의 성분 및 함량 차이에 기인한다. 어떤 특정 수종에 있어서는 색소 이외에 검(gum), 수지(resin) 등의 물질이 세포 내에 침지되어 목재의 중량을 높이는 일이 있고 도관요소 내강으로 압출되어 형성된 타일로시스(tyloses) 내의 유세포 내용물과 목재 내 저장양분의 잔류물이 점차 타닌(tannin) 또는 그 밖의 다른 물질로 변화되어 심재의 재색을 변화시키며 중량을 증가시키는 경우도 많다. 예를 들면, 서부적삼나무(western redcedar, Thuja plicata), 세쿼이아(redwood, Sequoia sempervirens), 아까시나무 등의 경우처럼 상당히 많은 양의 추출물을 지니는 목재에서는 무게와 압축강도가 다소 증가하는 경우도 있다. 또한, 부후균이나 곤충의 침해에 대한 저항성도 이와 같은 원인에 의해 증대되는 것으로 알려져 있으며 심재가 지니는 독특한 냄새 역시 대개 방향성 추출물의 존재에 의한 것이다.

또한, 심재화에 따라 추출물의 퇴적 이외에도 액상 물질의 이동 통로가 되는 벽공이나 도관의 막힘 현상이 발생하기 때문에 목재의 건조나 약액 등의 주입이 곤란한 결점도 보이기도 한다. 즉, 침투성이 나쁜 수종의 부류인 경우 침엽수재에서는 가도관의 벽공의 폐쇄가 그리고 활엽수재에서는 타일로시스에 의한 도관의 막힘이 그 원인이 되고 있다(그림 1-3-8, 1-5-3과 1-5-21).

목재를 할렬시킬 경우 목리에 평행한 방향으로는 쉽게 쪼개지지만 목리의 직각방향으로는 잘 쪼개지지 않는 특성이 매우 강하다. 이와 같은 현상은 다음과 같이 설명할 수 있다. 목재는 수많은 세포의 집합체로 이루어져 있다. 일반적으로 목재를 구성하는 대부분의 세포는 폭보다는 길이가 큰데 길이가 폭의 100배 이상에 달하는 경우도 드물지 않으며 이와 같이 길이가 긴 다수의 세포가 축방향으로 길게 배열되어 있기 때문에 축방향으로는 잘 쪼개지지만 직각방향으로는 잘 쪼개지지 않는다. 그러나 목재를 구성하고 있는 세포 가운데에는 방사방향으로 배열되어 있는 유일한 수평조직이 있는데 이를 방사조직이라고 한다. 방사조직은 방사단면에서 볼 때 축방향에 대하여 직각인 방사방향으로 리본 또는 띠 모양을 나타내고 있으며 수간의 횡단면에서 보면 수피에서 수(pith) 또는 중심부를 향해 길게 뻗어 있기 때문에 목재는 방사방향으로 잘 쪼개진다. 따라서 목재는 축방향 세포와 방사방향 세포의 배열 특성으로 인해 축방향-방사방향으로 쉽게 할렬이 일어나게 되는 것이다(그림 1-3-9).

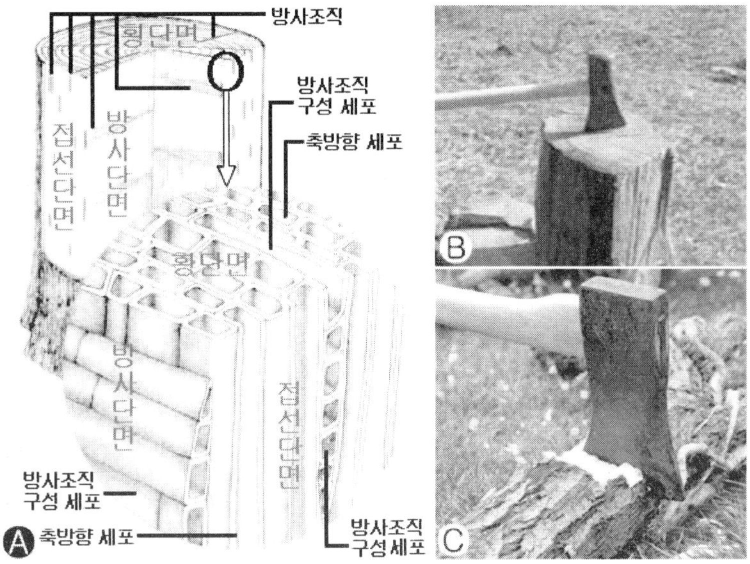

그림 1-3-9. 목재의 조직 구조(A)에 따른 축방향(B)과 횡방향(C) 사이의 할렬 이방성

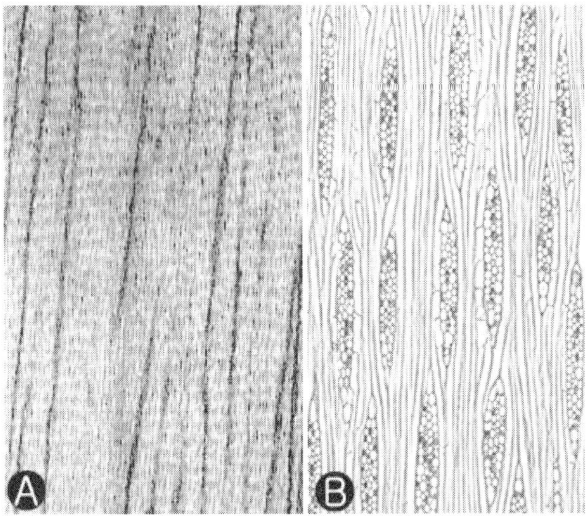

그림 1-3-10. 아메리카마호가니 접선단면 상 방사조직의 층계상 배열(B)에 따른 리플마크(A)

또한, 접선단면에서는 방사조직의 면적이 가장 적게 나타나는데 육안으로 보이는 경우도 있으나 활엽수 목재와는 침엽수 목재에서는 보이지 않을 정도로 작은 것이 보통이다. 열대산 활엽수재 가운데 아메리카마호가니(American mahogany, Swietenia macrophylla), 미얀마 자단(Burmese rosewood, Dalbergia bariensis), 흑단처럼 목재의 접선단면 상에서 높이가 같은 방사조직이 수평으로 밀집 배열되어 층계상을 나타내는 경우가 일반적으로 나타나는데 이를 리플마크(ripple mark, 波狀紋, 漣紋)라고 하며 공예적으로 중요한 가치를 지닌다(그림 1-3-10).

1. 4. 목재 세포의 성분과 세포벽의 구조

1. 4. 1. 목재 세포의 성분

목재는 기본적으로 탄소, 수소 및 산소로 이루어져 있다. 무게 기준으로 볼 때 탄소가 양이 가장 많은 원소임을 알 수 있다. 이외에도 목재는 고온 조건에서 다량의 산소 존재 아래 열분해된 다음 남게 되는 무기물이 존재하는데 이렇게 남게 된 잔류물은 회분(ash)으로 불리고 있다. 회분은 칼슘, 칼륨, 마그네슘, 망간 및 규소와 같은 원소를 함유하는 불연성 화합물에 의한 것이다(표 1-4-1). 목재를 구성하는 원소들은 결합을 통해 다양한 종류의 고분자, 즉 셀룰로오스, 헤미셀룰로오스 및 리그닌을 형성하게 된다. 목재에 있어 아마 가장 중요한 성분으로 여겨지고 있는 셀룰로오스는 활엽수재와 침엽수재에 관계없이 그 무게의 절반에 약간 못 미치는 정도를 차지하고 있다. 리그닌과 헤미셀룰로오스가 차지하는 비율은 수종에 따라 그리고 침엽수재와 활엽수재에 따라서도 다양한 차이를 나타내게 된다(표 1-4-2).

표 1-4-1. 목재의 원소 조성 비율.

원소	전건무게에 대한 비율(%)
탄소(C)	49
수소(H)	6
산소(O)	44
질소(N)	>0.1
회분(ash)	0.2~0.5

표 1-4-2. 목재의 주성분.

종류	셀룰로오스(cellulose)	헤미셀룰로오스(hemicellulose)	리그닌(lignin)
	전건무게에 대한 비율(%)		
활엽수재	40~44	15~35	18~25
침엽수재	40~44	20~32	25~35

광합성은 녹색 식물의 잎에서 태양 광선의 에너지 도움을 받아 물과 이산화탄소가 결합되어 포도당 등의 단당류가 생산되고 부산물로 산소가 배출되는 과정을 말한다. 포도당은 생산된 다음 전분으로 전환되거나 또는 포도당 6-인산(glucose 6-phosphate)이나 과당 6-인산(fructose 6-phosphate)을 거쳐 자당(sucrose, $C_{11}H_{22}O_{11}$)으로 전환된다. 자당 등의 당들은 수액의 형태로 줄기와 가지의 정단분열조직으로 운반되며 또한 내수피를 통해 뿌리의 정단분열조직뿐만 아니라 줄기, 가지와 뿌리를 둘러싸고 있는 형성층으로도 운반된다. 이들 조직에 존재하는 세포의 세포질에 도달하게 되면 자당은 포도당(glucose, $C_6H_{12}O_6$)과 과당(fructose, $C_6H_{12}O_6$)으로 가수분해되며 수

목은 이들 당을 잎, 목재 및 수피를 만드는 원료로 이용하게 된다(그림 1-2-1).

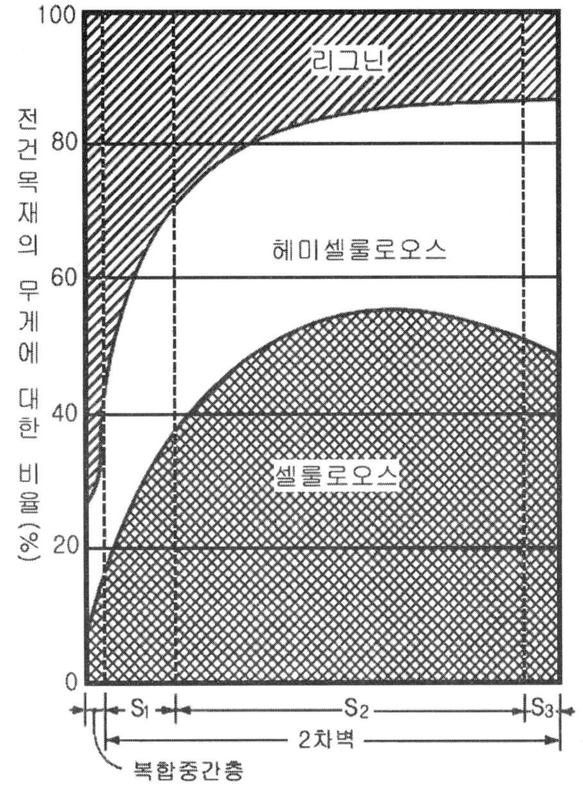

그림 1-4-1. 침엽수재 가도관 세포벽의 벽층에 따른 주성분 분포 모식도

셀룰로오스는 살아있는 세포 내에서 포도당계의 당 뉴클레오티드(nucleotide)로부터 합성된다. 뉴클레오티드는 당과 인산기 그리고 염기로 결합된 화합물로써 리보핵산(RNA, ribonucleic acid)과 디옥시리보핵산(DNA, deoxyribonucleic acid)의 구성 성분이 되고 있다. 복잡하면서도 독립적인 기작들이 셀룰로오스 사슬의 형성, 신장 및 중지라는 생합성 과정을 조절하는 것으로 여겨지고 있다. 이러한 생합성 과정을 통해 포도당 분자들은 그 말단과 말단이 서로 연결되어 셀룰로오스를 형성하게 되는데 이 때 인접한 단위 포도당 사이에는 물분자 하나가 제거된 상태로 화학결합이 일어나게 된다. 헤미셀룰로오스는 위에서 언급한 것과 비슷한 순서에 의해 합성되지만 다른 뉴클레오티드로부터 출발하게 된다. 과당이 포도당으로 전환되어 셀룰로오스의 합성에 이용되거나 또는 만노오스(mannose) 등의 당으로 전환되어 헤미셀룰로오스나 여타 화합물 합성에 이용될 수 있다는 점을 알아둘 필요가 있다.

목재는 세포벽과 세포내강으로 이루어진 세포들의 집합체이다. 세포벽은 셀룰로오스, 헤미셀룰로오스 및 리그닌이라는 주성분으로 이루어져 있는데 이들 주성분은 세포벽 내에 균일하게 분포되어 있지 않고 세포벽의 벽층에 따라 각기 다르게 분포되어 있다. 그리고 미량으로 존재하고 있는 부성분으로는 세포벽 내의 공극이나 세포내강의 표면에 퇴적되어 있는 유기물인 추출물(extractives)과 세포내강에 함유되어 있는 무기물인 회분(ash)이 있다(그림 1-2-5의 C, 1-4-1, 1-5-7의 A~C,

1-5-11, 1-5-21의 G~H, 1-5-31의 C~H과 1-5-33~1-5-34).

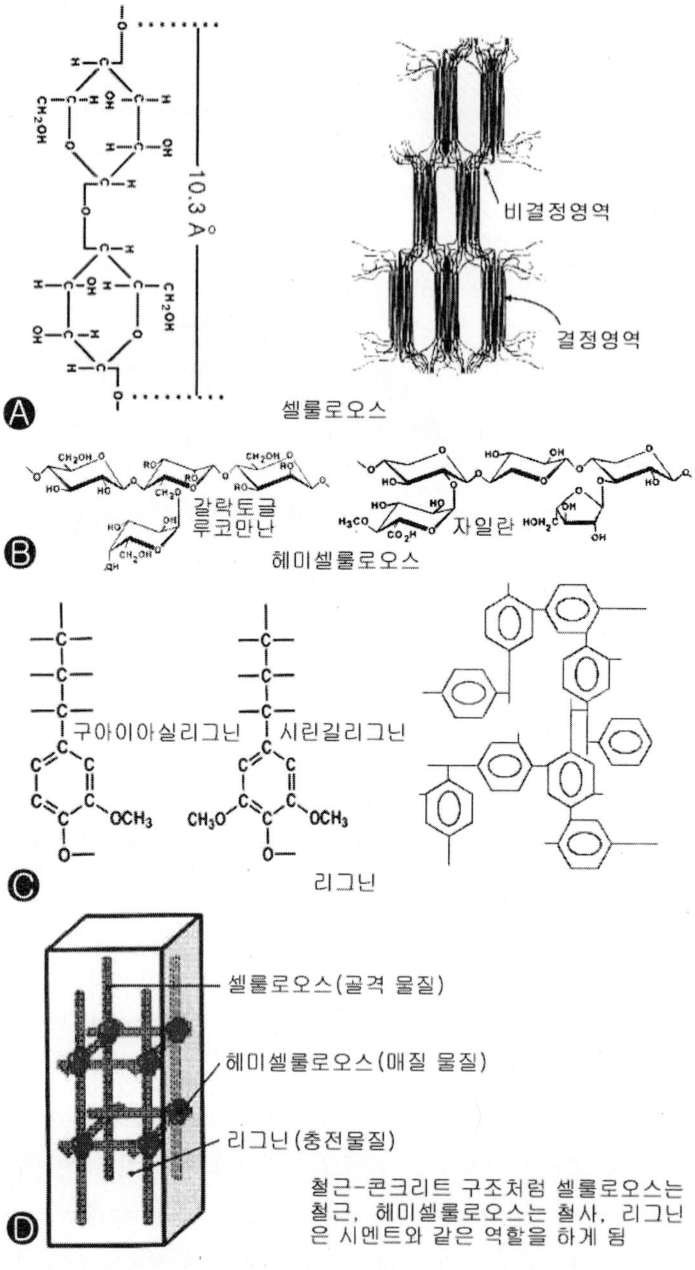

그림 1-4-2. 목재 주성분의 화학적 구조(A~C) 및 세포벽의 복합재 구조(D)

셀룰로오스는 세포벽을 구성하고 있는 화학 성분 가운데 그 양이 가장 많은 것으로 세포벽의 구조를 이해하는데 있어 가장 기본이 되는 것이다. 셀룰로오스는 1개의 포도당 잔기의 1번 탄소와 다른 포도당 잔기의 4번 탄소가 결합되어 이루어진 것이다. 동일한 포도당 잔기를 가졌으나 1번 탄소와 4번 탄소 사이에서 α결합을 이루는 아밀로오스(amylose)가 환상을 나타나는데 비하여 β결합을 이루는 셀룰로오스는 긴 사슬모양의 구조를 나타낸다(그림 1-4-2의 A). 목재 내의 셀룰로오스는 그 중합도가 10,000~15,000이며 원소조성은 탄소가 44.2%, 수소가 6.3% 그리고 산소가 49.5%임으로 분자식이($(C_6H_{10}O_5)_n$)으로 표시되며 분자량은 162이다. 또한 포도당 잔기 1개에는 2, 3, 6의 위치에 유리된 수산기(-OH)가 존재한다. 또한 목재 조직 내의 세포벽에서 셀룰로오스가 모여 결정구조를 형성하고 있으며 형태적으로는 셀룰로오스가 세포벽의 골격 물질 역할을 하게 된다. 셀룰로오스는 사람들에게 다소 친숙한 물질인데 순수한 셀룰로오스가 99%를 차지하고 있는 면화를 예로 들 수가 있다. 또한, 고급 필기용지 제조에도 주로 목재의 셀룰로오스 성분이 이용된다. 셀룰로오스는 탄수화물이지만 인간이나 여러 동물들의 식량이 될 수 없다. 셀룰로오스에 있어 그 구성단위가 되는 포도당들은 β결합을 통해 서로 연결되는데 여기 β결합이란 포도당 결합 방식 가운데 어떤 특정의 공간적인 배열을 일컫는 것이다. 여기에서 흥미 있는 점은 다당류인 전분의 포도당 잔기들과 셀룰로오스의 포도당 잔기들이 서로 동일하나 셀룰로오스와는 달리 전분의 경우 포도당 잔기들이 α결합을 통해 연결된다는 점에서만 차이를 보이게 된다. 목재 또는 면화에 존재하는 셀룰로오스는 자당만큼 식량으로써 가치를 지니고 있으나 체액 내의 효소가 α 결합을 가수분해 할 수가 있지만 β 결합은 가수분해할 수 없기 때문에 셀룰로오스는 인간에 의해 소화될 수 없다. 그러나 반추동물들은 셀룰로오스를 식량으로 이용할 수가 있는데 이는 이들 동물의 장 내부에 셀룰로오스를 분해하여 유용한 포도당으로 만들어 주는 셀룰레이즈(cellulase)라는 효소를 생산할 수 있는 미생물들이 서식하고 있기 때문이다. 흰개미(termite)의 장 내부에도 이와 비슷한 기능을 지니는 원생동물이 서식하고 있다.

광합성 과정을 통해 생산되는 주요 당으로 포도당이 있지만 이 포도당만 생산되는 것은 아니다. 갈락토오스(galactose)나 만노오스와 같은 6탄당 그리고 목당(xylose)이나 아라비노오스(arabinose)와 같은 5탄당 역시 잎에서 생산되고 있다. 포도당과 함께 이들 당 및 글루쿠론산(glucuronic acid)과 같은 다른 당의 유도체들이 생장 과정 중의 세포 내에서 저분자량의 다당류인 헤미셀룰로오스를 합성하는데 이용된다. 이처럼 세포벽을 구성하고 있는 성분 가운데 셀룰로오스 이외에도 여러 종류의 다당류가 존재하게 되는데 물에는 추출되지 않으나 약알칼리에 용해되는 다당류를 통틀어 헤미셀룰로오스라고 한다. 직선 모양의 사슬 구조를 지니는 고분자인 셀룰로오스와는 달리 대부분의 헤미셀룰로오스는 분지상 사슬 구조를 지니는 고분자로써 고작 수백 개 정도의 당들이 모여 이루어지는 것이 일반적이다. 침엽수재의 헤미셀룰로오스는 갈락토오스, 포도당과 만노오스로 구성된 갈락토글루코만난(galactoglucomannan)이 그리고 활엽수재의 헤미셀룰로오스는 목당과 글루쿠론산으로 구성된 자일란(xylan)이 주류를 이루고 있다(그림 1-4-2의 B). 결정과 비결정 상태 모두로 이루어져 있는 셀룰로오스와는 달리 헤미셀룰로오스는 보통 비결정의 상태로만 이루어져 있다.

셀룰로오스 및 헤미셀룰로오스는 단당류로 구성되어 있지만 리그닌은 페닐프로판(phenyl propane)을 기본물질로 하여 구성되어 있다. 리그닌은 목본 및 초본식물의 세포벽 내 및 세포 사이에 모두 분포되어 있으며 보통 침엽수, 활엽수, 초본식물의 세 등급으로 크게 분류될 수 있다. 침엽수 리그닌은 대체로 구아이아실리그닌(guaiacyl lignin)으로 구성되어 있고 활엽수 리그닌은 구아이아실리그닌과 시린길리그닌(syringyl lignin)의 두 가지로 구성되어 있다(그림 1-4-2의 C). 인접한 세포 사이의 중간층에 존재하는 리그닌은 이들 세포를 서로 붙여주는 접착제 역할을 하게 되며 세포벽 내에 존재하는 리그닌은 셀룰로오스 및 헤미셀룰로오스와 매우 정교하게 얽혀 세포에 강고성을 부여해 주게 된다. 리그닌은 함수율 변화에 따른 치수 변동을 줄여 주는 역할도 하는 것으로도 믿어지고 있으며 목재에 독성을 부여해 부후균이나 곤충에 대한 저항성을 지니도록 만들어 주는 것으로 알려져 있다. 리그닌에 의해 부여되는 세포의 강고성은 목재의 성질을 결정해 주는 중요한 요인이 되고 있다. 거의 99% 정도 순수한 셀룰로오스로 이루어져 있는 면화가 매우 연약한 성질을 보이는 것으로부터 리그닌이 목재의 강도에 어떠한 영향을 미치게 되는지 이해할 수 있을 것으로 여겨진다. 리그닌은 본래 수목 내에서는 거의 무색투명한 물질이다. 그러나 리그닌은 공기 중, 특히 햇볕 아래에서 노출되는 경우 황변 또는 갈변을 일으키게 되는데 시간의 경과에 따른 황변 현상은 헤미셀룰로오스에 의해서도 약간 일어나게 된다.

추출물은 유기물로써 세포벽 사이의 틈새 또는 세포내강의 표면에 퇴적되어 있는 것으로 상당히 많은 종류가 있다. 양적인 면과 경제적인 면에서 볼 때 가장 중요한 것은 수지(oleoresin, resin, pitch, 송진)와 폴리페놀(polyphenol, 다가 석탄산 물질)인데 올레오레진은 터펜틴(turpentine), 송지유(tall oil), 로진(rosin), 호박(amber) 등의 원료가 되는 것이며 폴리페놀은 타닌(tannin), 안토시아닌(anthocyanin), 플라본(flavone), 카테킨(catechin), 키노(kino) 및 리그난(lignan) 등을 내포하고 있다. 다른 형태의 유기물로는 검(gum), 트로폴론(tropolon), 지방(fat), 지방산(fatty acid), 왁스(wax) 그리고 휘발성 탄화수소(volatile hydrocarbon) 등이 있다. 이런 물질들은 대개 서로 중합된 상태의 복합물질로 존재하는데 예를 들면, 휘발성 오일(volatile oil)은 3~35개의 물질이 중합되어 형성된 것이다. 일반적으로 추출물은 목재의 전건중량 가운데 불과 몇 % 정도만을 차지하고 있으나 수종에 따라 변이가 심한 것으로서 때로는 40% 이상의 것까지 보고되어 있다(그림 1-5-11, 1-5-21의 G~H와 1-5-33). 이렇게 양이 적음에도 불구하고 추출물은 재색, 향기, 방부방충성, 액체 침투성, 비중, 경도, 압축강도 등과 같은 목재의 성질에 큰 영향을 미친다. 한편, 목재에 존재하는 무기물인 회분의 양은 대개 목재 전건중량의 0.1~0.5% 정도를 차지하고 있는데 중요한 것으로는 칼슘 성분의 결정(crystal)과 규소 성분의 실리카(silica)를 들 수가 있다(그림 1-5-7의 B~C, 1-5-8의 C, 1-5-31의 E~J와 1-5-34). 이 가운데에서도 실리카는 톱날은 물론 각종 공구를 마모시키는 원인이 되는 것으로 알려져 있다.

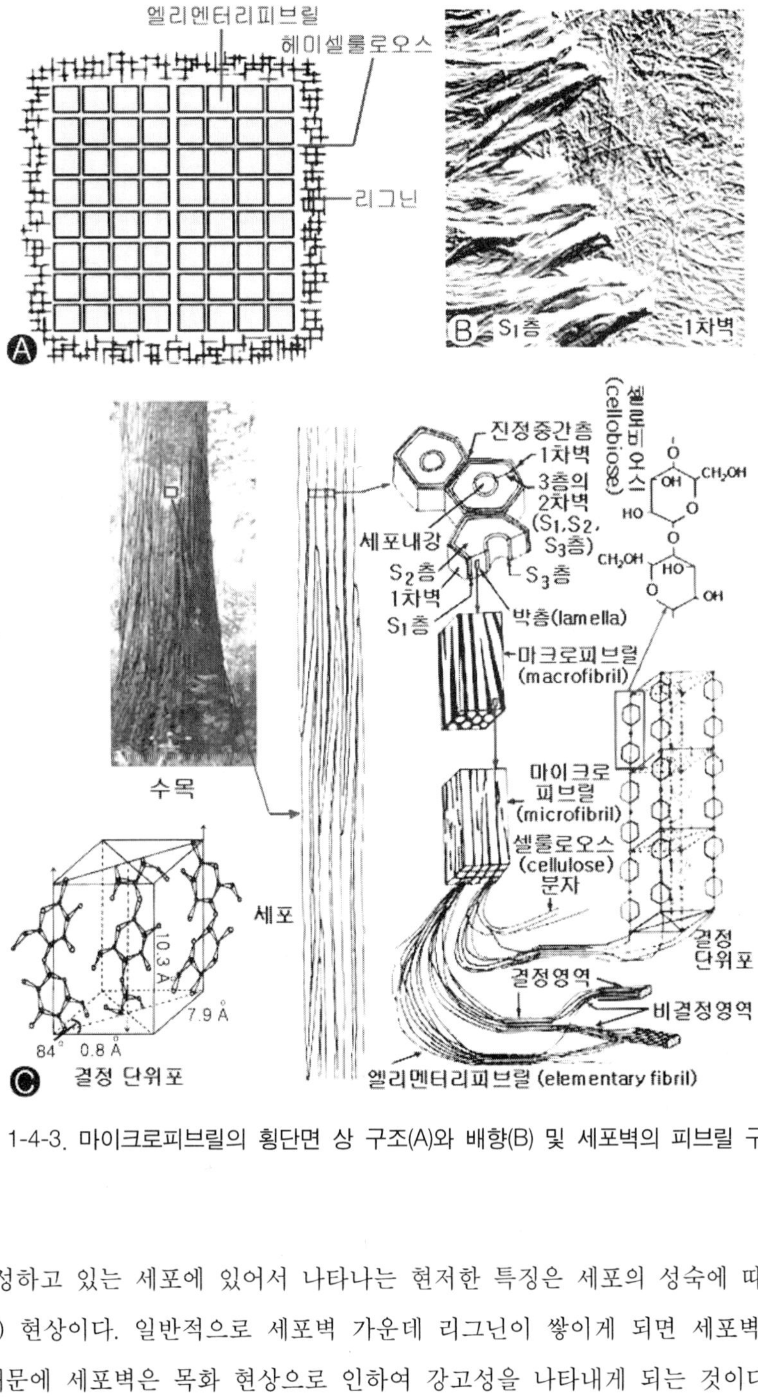

그림 1-4-3. 마이크로피브릴의 횡단면 상 구조(A)와 배향(B) 및 세포벽의 피브릴 구조(C)

수체를 구성하고 있는 세포에 있어서 나타나는 현저한 특징은 세포의 성숙에 따른 세포벽의 목화(lignification) 현상이다. 일반적으로 세포벽 가운데 리그닌이 쌓이게 되면 세포벽의 강고성이 증가하게 되기 때문에 세포벽은 목화 현상으로 인하여 강고성을 나타내게 되는 것이다. 이와 같이 강고성을 유지할 수 있는 것은 철근-콘크리트 복합재를 예로 들어보면 쉽게 이해할 수 있을 것이다. 셀룰로오스는 세포벽 내에서 철근과 같은 기질의 역할, 헤미셀룰로오스는 철근을 붙들어 매어주는 가는 철사와 같은 매질 물질의 역할을 그리고 리그닌은 시멘트와 같은 충전 물질의 역할을 하게 됨으로써 세포벽이 그 강고성을 유지할 수 있는 것으로 알려져 있다(그림 1-4-2의 D).

1. 4. 2. 목재의 세포벽 구조

세포벽의 미세구조를 살펴보면 셀룰로오스 분자가 결정 단위포(unit cell)라는 결정구조를 지니고 있는데 1개의 단위포 내에는 4개의 포도당 잔기가 함유되어 있고 축방향으로 포도당 잔기 1번 탄소와 4번 탄소가 β결합을 통해 연결된 사슬 모양의 셀룰로오스 분자가 서로 반대 방향으로 주향하고 있다. 이러한 셀룰로오스 분자는 분자간 수소결합에 의해 규칙적으로 밀집 배열되어 있는 부분으로써 길이가 600Å 정도 되는 결정영역뿐만 아니라 셀룰로오스 분자가 분자간 수소결합을 이루지 못해 불규칙적으로 밀집 배열되어 있지 못한 부분으로써 길이가 일정하지 못한 비결정영역을 통과하게 되는데 결정영역이 차지하는 비율은 60~70% 정도 된다. 분자간 수소결합에 의한 셀룰로오스의 결정영역에서는 물분자가 내부로 침투할 수 없고 표면에만 침투할 수 있는 반면 분자간 수소결합에 의하지 못한 비결정영역에서는 물분자가 내부와 표면 모두에 침투할 수 있기 때문에 흡습이나 흡수에 따른 세포벽의 팽창은 주로 이 비결정영역에 의해 발생하게 된다. 이처럼 결정영역과 비결정영역을 통과하는 셀룰로오스 분자가 서로 모여 실 모양(絲狀)의 집합체인 피브릴(fibril) 형상의 구조를 이루고 있음을 알 수가 있다. 엘리멘터리피브릴(elementary fibril)은 세포벽을 구성하게 되는 셀룰로오스 분자 다발의 실 모양 집합체 가운데 최소 단위로써 36~40개 정도의 셀룰로오스 분자가 모여 이루어진 대략 폭 35Å, 두께 약 30Å 그리고 길이가 일정하지 않은 것을 일컫는다. 마이크로피브릴(microfibril)은 전자현미경에 의해 일반적으로 관찰되는 실 모양의 셀룰로오스 분자 다발로써 엘리멘터리피브릴이 헤미셀룰로오스에 의해 접착되어 이루어진 대략 폭 100~300Å, 두께 50~100Å 그리고 길이가 일정하지 않은 것을 일컫는다. 마크로피브릴(macrofibril)은 광학현미경으로 해체된 세포벽을 관찰할 때 나타나는 셀룰로오스 분자 다발의 실 모양 집합체로써 마이크로피브릴이 헤미셀룰로오스와 리그닌에 의해 접착되어 이루어진 대략 폭 0.4~1.5μm 그리고 길이가 일정하지 않은 것을 일컫는다. 이러한 마크로피브릴이 모여 박층(薄層; lamella)을, 박층이 모여 벽층을 그리고 벽층이 모여 세포벽을 이루게 된다(그림 1-4-3).

수목의 조직은 방추형시원세포 및 방사조직시원세포의 분열에 의하여 형성된 각종 세포가 모여 이루어진 집합체인데 세포가 그 모양을 유지할 수 있는 것은 세포벽(cell wall)을 지니고 있기 때문이다. 세포벽은 형성 초기에 매우 얇고 연약하지만 그 내면과 표면에 새로운 미립자가 추가되어 두께를 증가시키는 비후생장에 따라 강화되기 때문에 결국 수체가 강고성을 유지할 수 있게 된다. 목재를 구성하고 있는 세포의 벽 사이에는 진정중간층(true middle lamella)이라고 불리는 얇은 층이 존재하며 이 진정중간층을 중심으로 1차벽(primary wall)과 2차벽(secondary wall)이 차례로 세포내강 쪽을 향해 존재하고 있다(그림 1-4-4의 A~B).

진정중간층은 인접한 세포의 1차벽 사이에 존재하는 것으로 세포간층(intercellular layer)이라고도 한다. 이와 같은 진정중간층은 세포벽과는 달리 등방성의 성질을 지니는 펙틴(pectin)질로 주로 이루어져 있는데 나중에 목부 세포는 리그닌의 퇴적에 따라 목화(木化, lignification)되지만 사부 세포는 상당 기간 목화되지 않은 상태로 남아 있게 된다. 한편 진정중간층과 1차벽은 실제로 쉽게 구별이 되지 않기 때문에 진정중간층과 인접하는 양쪽 2개의 1차벽을 통틀어 편의상 복합중간층

(compound middle lamella)이라고 부르고 있다.

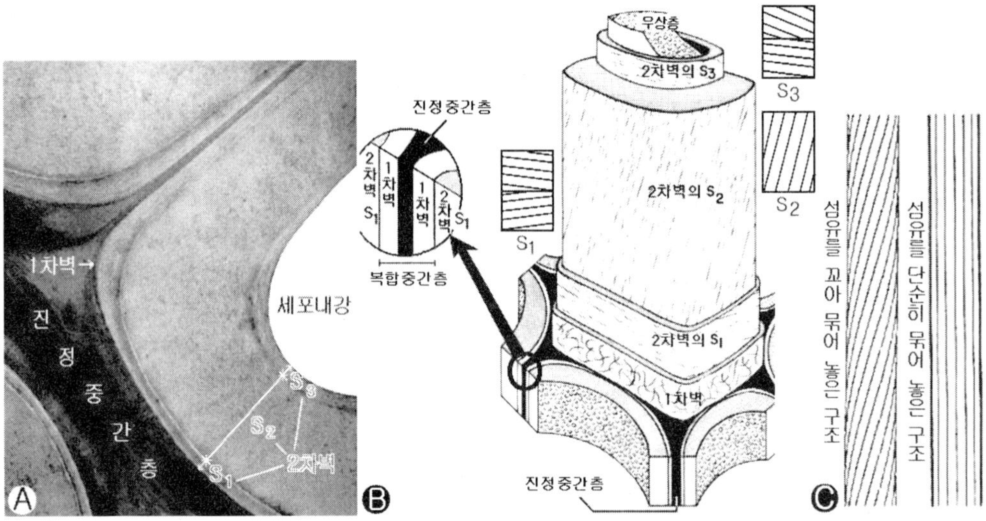

그림 1-4-4. 라디아타소나무 가도관의 세포벽 구조(A), 가도관의 세포벽 미세 구조 모식도(B) 및 마이크로피브릴의 나선꼬임 구조(C)

1차벽은 세포분열의 결과로 형성된 벽으로 세포가 성숙하여 감에 따라 구조와 성분에 약간 변화가 일어나게 되는데 살아있는 세포의 1차벽의 두께는 약 0.1㎛이며 그 성분은 헤미셀룰로오스, 펙틴질, 리그닌, 셀룰로오스와 수분으로 구성되어 있다. 세포의 성숙 초기에는 리그닌보다 펙틴질이 많으나 세포가 점차로 성숙하여 감에 따라 펙틴질보다 리그닌의 양이 많아지게 된다. 1차벽을 구성하고 있는 마이크로피브릴은 엉성하고 느슨하게 짜인 그물 모양의 형태를 나타내고 있는데 이것이 수분의 흡수에 따른 세포벽의 지나친 팽창을 억제하는 역할을 하게 된다.

2차벽은 마이크로피브릴의 배향 상태에 따라 3개의 벽층으로 구분되고 있다. 즉, 세포의 축에 대해 거의 직각으로 마이크로피브릴이 배향되어 있는 얇은 층을 외층(outer layer), 세포의 축에 대해 거의 평행하게 마이크로피브릴이 배향되어 있는 가장 두꺼운 층을 중층(middle layer)이라고 하며 그리고 외층의 것과 매우 비슷하게 마이크로피브릴이 배향되어 있는 얇은 층을 내층(inner layer)이라고 한다. 이와 같이 2차벽은 3개의 벽층으로 구성되어 있는데 학술적인 용어로는 외층이 S1층, 중층이 S2층 그리고 내층이 S3층으로 불리고 있다.

S1층은 두께 0.2~0.3㎛ 정도로 매우 얇은데 S나선 및 Z나선의 마이크로피브릴에 의한 박층 4~6개가 교호로 배열되어 있는 다층 교차구조를 지니고 있으면서 마이크로피브릴이 세포의 축에 대해 50~70o의 경각을 이루고 있다. 그리고 S1층은 1차벽으로부터 S2층으로의 이행 상태를 나타내는 층이기 때문에 이행층(transitional layer)이라고도 부르고 있다. 2차벽 가운데 가장 두꺼운 층으로써 세포벽의 대부분을 차지하고 있는 S2층은 Z나선의 마이크로피브릴이 세포의 축에 대해 10~30o의 경각을 이루고 있다. 이와 같은 S2층은 두께의 변이가 매우 다양한데 특히 춘재와 추재를 구성하고 있는 세포 사이의 차이가 더욱 뚜렷하다. 춘재 가도관의 S2층은 두께 1㎛ 정도로 30~40개의 박층 그리고 추재 가도관의 S2층은 두께 5 ㎛ 정도로 150개 이상의 박층으로 이루어져 있다. 한편, 2차벽

가운데 가장 얇은 층인 S3층은 두께 0.1㎛ 정도인데 마이크로피브릴이 세포의 축에 대하여 60~90o의 경각을 이루고 있다. 그러나 S나선 및 Z나선의 마이크로피브릴에 의한 박층이 교호로 배열되어 있는 S1층과는 달리 S3층은 S나선의 마이크로피브릴만에 의한 소수의 박층이 20~30o 각도로 약간 엇갈리게 교호로 배열되어 있는 다층 교차구조를 지니고 있다. 세포벽 전체 부피에 대해 복합중간층은 2% 정도를 그리고 S1층, S2층 및 S3층은 각각 16%, 74% 및 8% 정도를 차지하고 있다.

목재가 가볍지만 강한 성질을 지니고 있는 비밀은 목재를 구성하고 있는 조직의 미묘한 구조에 기인한다. 즉, 목재를 구성하는 세포의 수는 대략 1cm3당 침엽수재인 경우 35~50만 개 그리고 활엽수재인 경우 200~300만 개 정도 되는데 이들 가운데 대부분, 즉 부피 면에서 볼 때 침엽수재의 경우 90~95% 정도 그리고 활엽수재의 경우 70~90% 정도가 수목의 줄기 방향인 축방향으로 배열되어 있는 속이 빈 섬유 또는 관 모양의 세포이기 때문에 가능해 진다. 동일한 무게 조건 아래에서는 막대기보다는 파이프(pipe)가 강하다는 사실은 잘 알려져 있다. 목재는 단순한 다공성 재료가 아니라 무수히 많은 파이프를 묶어 놓은 듯한 구조로 되어 있다. 이 구조는 벌집과도 비슷한 구조이기 때문에 벌집(honeycomb) 구조로도 불리고 있다. 간단하게 속이 빈 관으로 시험해 보면 바로 알 수 있겠지만 관 모양의 것은 종방향의 힘에 대해서는 강하지만 횡방향으로부터의 힘에는 쉽게 구부러지게 된다. 이러한 점이 목재가 방향에 따라 서로 다른 강도를 나타내는 원인의 하나가 되고 있다. 셀룰로오스는 사슬 모양의 긴 고분자로써 인장에 대해 매우 강한 성질을 지니고 있는데 침엽수재의 구성 세포인 가도관이나 활엽수재의 구성 세포인 목섬유의 세포벽에서는 셀룰로오스의 다발인 마이크로피브릴에 의한 실 모양의 구조체가 세포내강을 둘러싸는 형태로 되어 있다. 게다가 나선상으로 배향되어 있는 마이크로피브릴 사이를 헤미셀룰로오스와 리그닌이라고 하는 물질이 메우고 있어 세포벽은 강고해지게 된다. 또한, 인접한 세포의 사이에서는 리그닌이 이들 세포를 서로 붙여 주는 접착제의 역할을 하고 있기 때문에 목재는 압축력에 대해서도 큰 저항을 나타내게 되는 것이다. 이처럼 마이크로피브릴이 나선상으로 배향되어 있는 구조를 나선꼬임(helical winding) 구조라고 부른다. 섬유를 단순한 다발 모양으로 묶어 놓은 것이 아니라 섬유를 서로 꼬아 놓음으로써 밧줄 등이 강해지는 것과 마찬가지로 나선 꼬임 구조는 역학적으로 우수한 것이 되고 있다. 이처럼 파이프가 다발 모양으로 묶여 있는 듯한 모양의 벌집 구조 그리고 특히 섬유 모양의 세포벽 가운데 가장 두꺼운 층인 중층에서 셀룰로오스 마이크로피브릴이 세포의 축에 대해 거의 평행한 방향으로 배향되어 있으면서 나선 꼬임 구조를 이룸에 따라 목재는 섬유방향으로 가해진 외부의 힘에 대해 동일한 무게의 다른 재료에서는 얻어지지 못하는 강도를 나타내게 되는 것이다(그림 1-2-7, 1-4-2의 D와 1-4-4의 C).

수목 중에는 지름 수 m, 키 100m 이상이나 되는 것도 있다. 예를 들면, 지름 2m, 키 50m 정도 되는 수목인 경우 무게가 100ton 이상에 이를 것으로 추정되는데 수간은 이처럼 거대한 몸체를 지지할 뿐만 아니라 꼭대기까지 수액을 계속 끊임없이 보내기 위한 파이프를 가지고 있지 않으면 안 될 것이다. 이러한 목재의 구조는 수목의 생장 목적에 잘 들어맞을 뿐만 아니라 거대한 몸체가 모진 풍상에 견디어 낼 수 있도록 만들어 주기 위해서도 반드시 필요한 것으로 여겨진다.

양분 물질의 저장과 운반 기능을 맡게 되는 목재 세포들의 집합체는 유조직으로 불리고 있다.

이 유조직의 구성 요소인 유세포들은 대개 얇은 2차벽을 지니며 심재가 형성되기 이전까지 살아남아 그 기능을 수행하게 된다. 이와는 달리 다른 종류의 세포들은 살아있는 나무 내부에서 수액의 이동 통로 역할을 하게 되는데 이들은 두꺼운 2차벽을 지니기 때문에 나무의 줄기를 기계적으로 지지해 주는 기능도 함께 지니는 중요한 세포들이 되고 있다.

모든 종류의 세포는 연속적이지 못한 2차벽을 지니고 있는 특징을 보이게 된다. 즉, 세포벽은 2차벽이 쌓이지 못해 생긴 개구부인 벽공(pit)에 의해 단절되어 있다. 하나의 세포에 발달되어 있는 벽공은 인접 세포의 벽공과 마주보게 되는 것이 정상이다. 따라서 인접한 두 세포 사이의 벽공은 서로 마주보고 있는 벽공의 쌍인 벽공대(pit pair)로 발달되는 경향이 있다. 벽공대를 형성하고 있는 두 세포의 1차벽들과 그 사이에 존재하는 진정중간층은 벽공막(pit membrane)을 이루게 된다. 이와 같이 벽공은 벽공막을 지니고 있기 때문에 두 세포 사이에 발달하게 되는 완전한 개구부인 천공과는 차이가 있다. 벽공은 2차벽이 쌓이지 못한 곳으로 이들은 사실상 세포벽 가운데 얇은 부분에 해당된다. 이러한 이유로 액체나 가스가 이들 벽공을 통해 쉽게 침투할 수가 있기 때문에 벽공대는 세포내강과 세포내강을 연결해 주는 통로 역할을 하게 된다(그림 1-4-7의 A).

벽공은 세포벽의 발달 과정 중에 형성되는데 벽공이 형성될 부분의 복합중간층은 두께가 얇은 1차벽공역(primary pit-field)을 형성하게 되고 이 벽공역에서는 1차벽의 마이크로피브릴이 정상적인 형태인 그물 모양의 배열과는 다른 형태로 퇴적된다. 그 후 2차벽은 이와 같이 변형된 벽공역의 바로 근방을 제외하고는 1차벽 위에 퇴적된다. 2차벽의 퇴적에 의해 형성된 벽공도(pit canal)가 2차벽의 두께 방향으로 벽공막과 거의 동일한 직경을 나타내는 경우 단벽공 그리고 2차벽이 아치(arch) 모양으로 벽공막 위에 퇴적됨으로써 벽공막보다 좁은 벽공구(pit aperture)를 형성하게 되는 경우 유연벽공이라고 부른다. 유연벽공에 있어 벽공 내부의 빈 공간 전체를 벽공강(pit cavity) 그리고 이 벽공강 중에서도 아치 모양의 구조인 벽공연(pit border)과 벽공막 사이의 빈 공간을 벽공실(pit chamber)이라고 부른다. 유연벽공은 정면에서 보았을 때 벽공구가 벽공연에 의해 둘러싸여 있는 모양으로 나타나기 때문에 이러한 명칭이 붙여졌다. 그리고 벽공구 가운데 세포내강 쪽의 내공구(inner aperture) 크기가 벽공실 쪽의 외공구(outer aperture) 크기보다 크거나 내공구의 윤곽이 벽공연의 윤곽 밖으로 돌출되어 있는 경우 윤출공구(extended aperture) 그리고 반대로 내공구의 크기가 외공구의 크기보다 작거나 내공구의 윤곽이 벽공연의 윤곽 내에 갇혀 있는 경우 윤내공구(included aperture)라고 부른다(그림 1-4-7의 C와 1-5-10의 C~F).

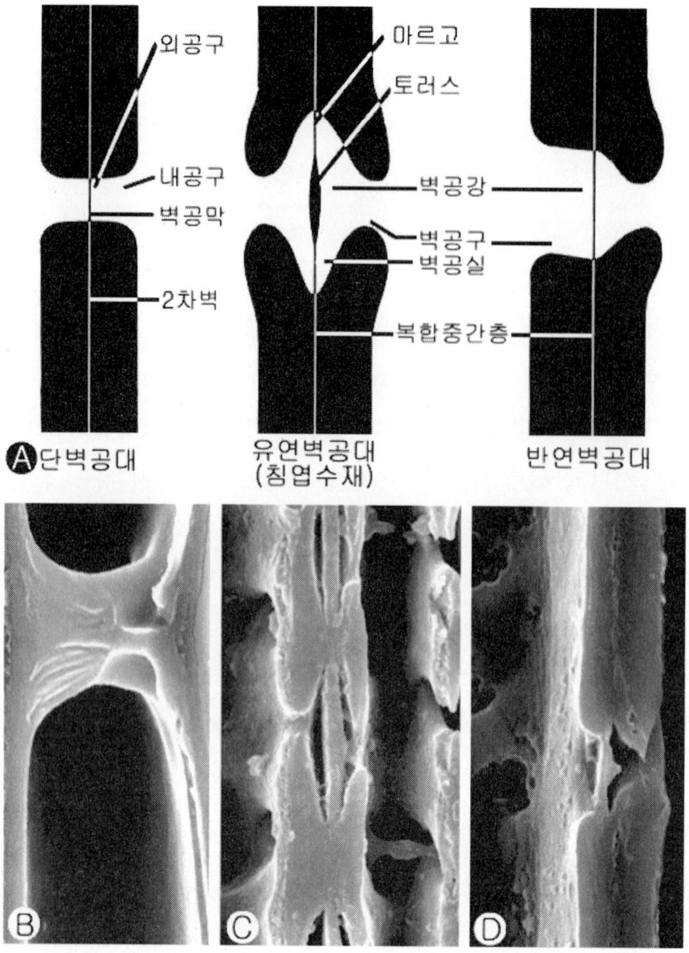

그림 1-4-5. 벽공대의 모식도(A), 백전나무 축방향유세포 스트랜드 사이의 단벽공대(B), 흑호두나무 도관요소 사이의 토러스와 마르고를 지니지 않는 유연벽공대(C) 및 백전나무의 가도관과 축방향유세포 사이의 반연벽공대(D)

마주보고 있는 한 쌍의 벽공이 모두 단벽공(simple pit)일 때 이것을 단벽공대(simple pit pair), 모두 유연벽공(bordered pit)일 때 유연벽공대(bordered pit pair) 그리고 하나는 단벽공이고 마주보는 다른 나머지 하나가 유연벽공일 때를 반연벽공대(half-bordered pit pair)라고 부른다(그림 1-4-5). 가끔 한 세포의 벽에 존재하는 여러 작은 벽공이 인접한 세포의 벽에 발달해 있는 하나의 큰 벽공과 마주보는 형태로 나타나는 경우가 있는데 이것을 편복벽공(unilaterally compound pit)이라고 한다. 만약 하나의 벽공이 인접하고 있는 다른 세포의 벽공과 서로 마주보지 못하거나 또는 세포간극과 마주보는 경우 맹벽공(blind pit)을 형성하게 된다(그림 1-4-7의 F).

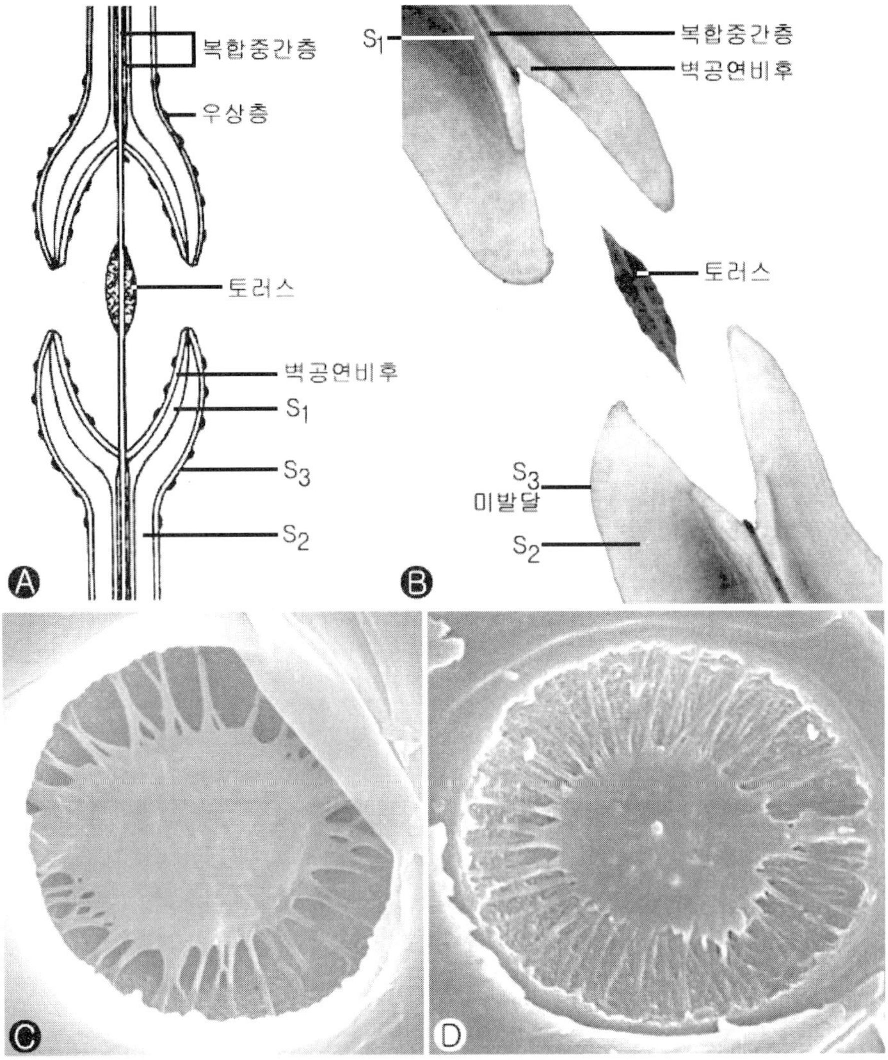

그림 1-4-6. 침엽수 정상재 가도관의 유연벽공대 단면 모식도(A), 카히카테아 압축이상재 가도관의 유연벽공대 구조(B) 및 발삼전나무의 소나무형 벽공막(C)과 남부적삼나무의 삼나무형 벽공막(D)

침엽수재와 활엽수재의 축방향유세포, 방사유세포 및 활엽수재의 진정목섬유 세포벽에는 단벽공이 발달되어 있다. 따라서 이들 세포 사이에서는 단벽공대가 발달하게 된다. 두 세포의 1차벽과 그 사이에 존재하는 진정중간층으로 이루어진 벽공막이 두 세포를 서로 갈라놓고 있다. 진정목섬유의 경우 대개 내공구의 크기가 외공구의 크기보다 큰 윤출공구를 지니게 된다(그림 1-4-7의 C). 그러나 라디아타소나무의 방사유세포처럼 세포벽의 두께가 매우 얇아 벽공도가 사실상 인지되지 않는 경우도 있는데 일부 학자들은 이러한 경우의 단벽공을 맹벽공으로 취급하기도 한다(그림 1-4-7의 E).

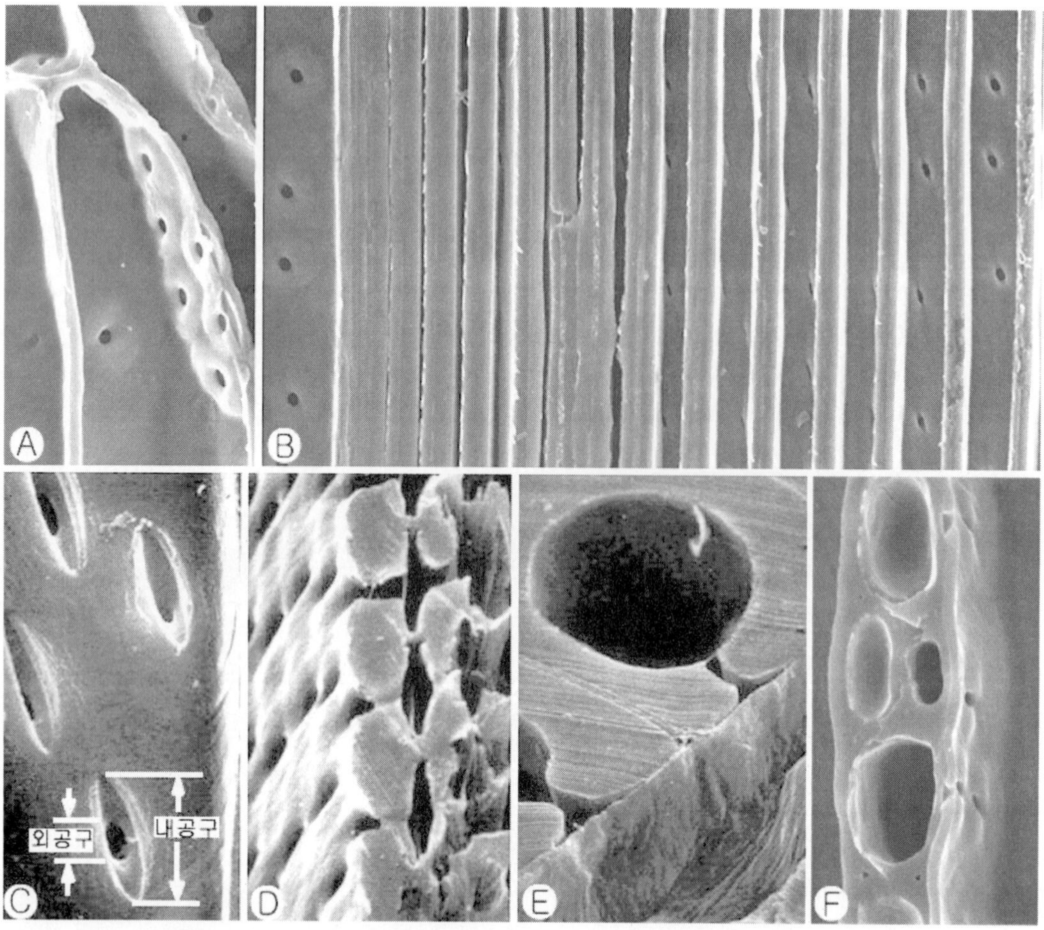

그림 1-4-7. 서부적삼나무 가도관 선단부의 유연벽공대(A), 춘재와 추재 가도관 측벽의 유연벽공대(B) 및 가도관과 방사유세포 사이의 맹벽공(F), 남부목련 섬유상가도관의 윤출공구(C), 타와 도관요소 사이의 유연벽공대(D) 및 라디아타소나무 가도관과 방사유세포 사이의 반연벽공대(E)

침엽수재의 가도관뿐만 아니라 활엽수재의 도관요소, 도관상가도관, 주위상가도관 및 섬유상가도관도 유연벽공을 지니고 있기 때문에 이들 세포 사이에서는 유연벽공대가 발달하게 된다. 유연벽공은 2차벽 내에 단순한 모양의 개구부로 발달되어 있는 것이 아니라 중간층 쪽으로 움푹 파여 있는 원추형 모양을 나타내며 세포내강으로 통하게 되는 개구부를 하나 지니고 있다. 2차벽이 1차벽 위에 아치(arch) 모양의 벽공연을 형성하고 있기 때문에 내부에는 벽공실이 형성됨을 알 수가 있다. 단벽공의 경우처럼 인접한 세포 사이의 두 개의 1차벽과 그 사이에 존재하는 진정중간층이 벽공막을 형성하게 된다. 그리고 단벽공을 지니는 세포와 유연벽공을 지니는 세포 사이에서는 반연벽공대가 발달하게 된다.

침엽수재에 있어 유연벽공대의 벽공막은 단벽공대나 반연벽공대의 것과 완전히 다른 모습을 보이게 된다. 단벽공대나 반연벽공대의 벽공막의 경우 펙틴이 풍부하며 그물 모양의 마이크로피브릴을 지니는 1차벽이 변형되지 않은 상태 그대로 존재하게 된다. 그러나 침엽수 가도관 사이의 유연벽공대에서는 복합중간층이 벽공의 발달에 따라 상당한 변형을 겪게 된다. 카히카테아(kahikatea,

Dacrycarpus dacrydioides)의 예에서 볼 수 있듯이 유연벽공의 발달은 S1층의 퇴적이 개시되기 이전에 1차벽 위에 원 모양의 마이크로피브릴 배열을 지니는 벽공연비후(border thickening)라고 불리는 특수한 층이 쌓이면서 시작되는데 이 벽공연비후가 벽공의 바깥쪽 윤곽을 형성하게 된다. 그 후 2차벽의 퇴적이 시작됨에 따라 벽공막은 변형을 겪게 된다. 벽공막의 중앙부는 마이크로피브릴과 충전 물질의 퇴적에 따라 두꺼워지게 된다. 이런 벽공막의 중앙부 비후부를 토러스(torus)라고 부른다. 토러스를 둘러싸고 있는 부분을 마르고(margo)라고 부르는데 정상적인 1차벽과는 완전히 다른 모양을 보이게 된다. 기존의 1차벽 위에 마이크로피브릴들이 방사방향으로 쌓여 토러스를 지탱해 주게 된다. 이와 거의 동시에 복합중간층의 매질 물질인 펙틴이 효소에 의해 분해되어 구멍이 다소 뚫려 있는 그물 모양의 구조체로 변하게 된다. 마지막으로 마이크로피브릴 층들의 계속적인 퇴적에 따라 2차벽의 비후가 완성되고 따라서 아치(arch) 또는 원추형의 벽공연 구조가 만들어지게 되는 것이다(그림 1-4-6). 침엽수재 가도관의 벽공막은 그 형상에 따라 토러스가 비후되어 있는 반면 마르고가 엉성하게 얽혀 있는 소나무형과 토러스가 그리 비후되어 있지 않은 반면 마르고가 치밀하게 얽혀 있는 삼나무형의 두 부류로 구분되고 있다. 소나무형의 것은 가문비나무, 미송, 서부솔송나무, 일본잎갈나무, 전나무 등에서 그리고 삼나무형의 것은 비자나무, 삼나무, 은행나무, 주목, 퀸즐랜드카우리, 패러나소나무, 편백 등에서 관찰되고 있다.

미르고에 존재하는 개구부는 1차벽과 진정중간층의 비셀룰로오스성 성분이 제거됨에 따라 생긴 것으로써 수액은 마르고와 벽공구를 통하여 하나의 가도관에서 다른 가도관으로 이동하게 된다. 색전(embolism)이나 건조와 같은 특정 응력 조건 하에서는 침엽수재 가도관의 벽공막은 벽공실의 어느 한쪽으로 처져 토러스가 벽공구를 막게 됨으로써 결국 벽공대를 폐쇄하게 된다. 이러한 벽공폐쇄는 불가역적인 과정으로써 마르고의 마이크로피브릴 망이 늘어나기 때문에 벽공폐쇄가 발생되는 것으로 여겨지고 있다. 이 벽공폐쇄는 심재화에 따른 정상적인 특징이 될 뿐만 아니라 변재의 상해부에서도 역시 관찰되기도 하는 것으로써 보존제의 침투성을 저하시키거나 건조를 방해하는 원인이 되는 것으로 알려져 있다(그림 1-3-8의 B~C와 1-5-3).

침엽수재 추재 가도관에는 대개 춘재 가도관에서 관찰되고 있는 독특한 형태의 유연벽공이 발달되어 있지 않다. 서부적삼나무의 경우처럼 추재 가도관의 유연벽공은 원형의 벽공구보다는 오히려 폭이 좁은 타원형의 벽공구를 지니는 경향이 있으며 춘재 가도관의 특징이 되고 있는 융기된 벽공연이 대개 발달되어 있지 않다. 비록 추재 가도관이 유연벽공의 특성을 지니고 있다고 할지라도 벽공실은 작아져 있으며 벽공막은 뚜렷한 토러스와 마르고의 구조체로 분화되어 있지 않은 경우도 더러 있는데 이러한 차이점은 가도관의 주된 기능이 춘재에서의 통도작용으로부터 추재에서의 지지작용으로 이행되는 것을 반영하는 것으로 여겨지고 있다. 추재 가도관에 있어서는 벽공에 의한 세포벽의 손실이 작기 때문에 그들의 강도 저하가 작아지게 되며 그리고 벽공막에 마르고가 발달되어 있지 않기 때문에 통도기능이 약화되는 것으로 여겨지고 있다(그림 1-3-2의 A, 1-4-7의 B와 1-5-4의 A).

활엽수재와 침엽수재의 유연벽공 구조는 벽공막의 형태만 다를 뿐 서로 비슷하다. 활엽수재에 있어 모든 종류의 벽공대에 발달되어 있는 벽공막은 침엽수재의 단벽공대 및 반연벽공대의 벽공막과 비슷하게 토러스와 마르고라는 구조체를 지니지 않는다. 벽공막에 토러스가 발달되어 있지 않으면서 크기가 작은 유연벽공이 발달되어 있는 활엽수재의 대표적인 세포로는 목섬유의 한 종류로 취급되고 있는 섬유상가도관을 들 수가 있다. 섬유상가도관의 벽공 역시 벽공실과 벽공도로 구분되어 있으나 대개 벽공도가 상당히 길기 때문에 세포내강 쪽에 내공구를 그리고 벽공실 쪽에 외공구를 형성하게 된다(그림 1-5-24의 J). 내공구의 크기가 외공구의 크기보다 클 경우 윤출공구 그리고 반대인 경우 윤내공구가 형성되는데 남부목련(southern magnolia, Magnolia grandiflora)의 경우처럼 내공구가 윤출되어 있는 경우 대개 내공구가 타원형이나 슬릿(slit) 모양을 나타내게 된다(그림 1-4-7의 C). 벽공구의 장축은 S2층의 마이크로피브릴 경각과 대체로 일치하기 때문에 인접한 두 개의 섬유상가도관 사이에서는 내공구의 장축이 일반적으로 서로 교차되어 있는 교차벽공대를 형성하게 된다.

활엽수재의 도관요소 세포벽에 발달되어 있는 유연벽공은 타와(tawa, Beilschmedia tawa)나 흑호두나무 등의 경우처럼 2차벽이 아치 모양으로 돌출되어 벽공실을 형성하게 되지만 벽공도는 대개 매우 짧으면서 넓은 편이고 벽공막은 두께가 균일한 편이다(그림 1-4-5의 C, 1-4-7의 D와 1-5-18의 E). 세포벽의 벽층이 퇴적에 의해 연속적으로 부가됨에 따라 인접한 두 개 이상의 벽공도가 점차 서로 가까워져 하나로 합쳐짐에 따라 단 하나의 벽공도를 형성하게 됨으로써 분지벽공(branched pit, ramiform pit)이 발달하게 된다. 이러한 분지벽공은 목섬유나 후벽세포(sclereid)에서만 관찰되고 있으며 도관요소의 경우에는 인접한 벽공 사이의 내공구 결합에 의한 결합공구(coalescent aperture)가 형성되기도 한다(그림 1-5-20의 F).

한편, 도관요소나 섬유상가도관 등은 벽공강과 벽공구에 퇴적 또는 돌출되어 있는 물질인 베스쳐가 발달되어 있는 베스쳐드벽공을 지니기도 하는데 도관요소 사이의 벽공대에서 가장 일반적으로 관찰되고 있다(그림 1-5-18의 E~G와 1-5-24의 J).

1. 5. 목재의 현미경적 구조

1. 5. 1. 침엽수재

침엽수재의 가장 큰 특징으로는 도관요소가 존재하지 않는다는 점을 들 수가 있다. 이와 같이 도관요소를 지니지 않아 횡단면에서 비교적 큰 구멍인 관공(pore)이 관찰되지 않기 때문에 침엽수재는 대개 무공재(non-porous wood)로도 불리고 있다. 침엽수재의 축방향과 수평방향의 배열에 따른 세포의 종류를 살펴보면 표 1-5-1과 같은데 목재의 기초조직으로써 가도관이라는 한 종류의 세포가 대략 90~95% 정도를 차지하고 있어 조직이 매우 단순한 편이다(그림 1-5-1~1-5-2).

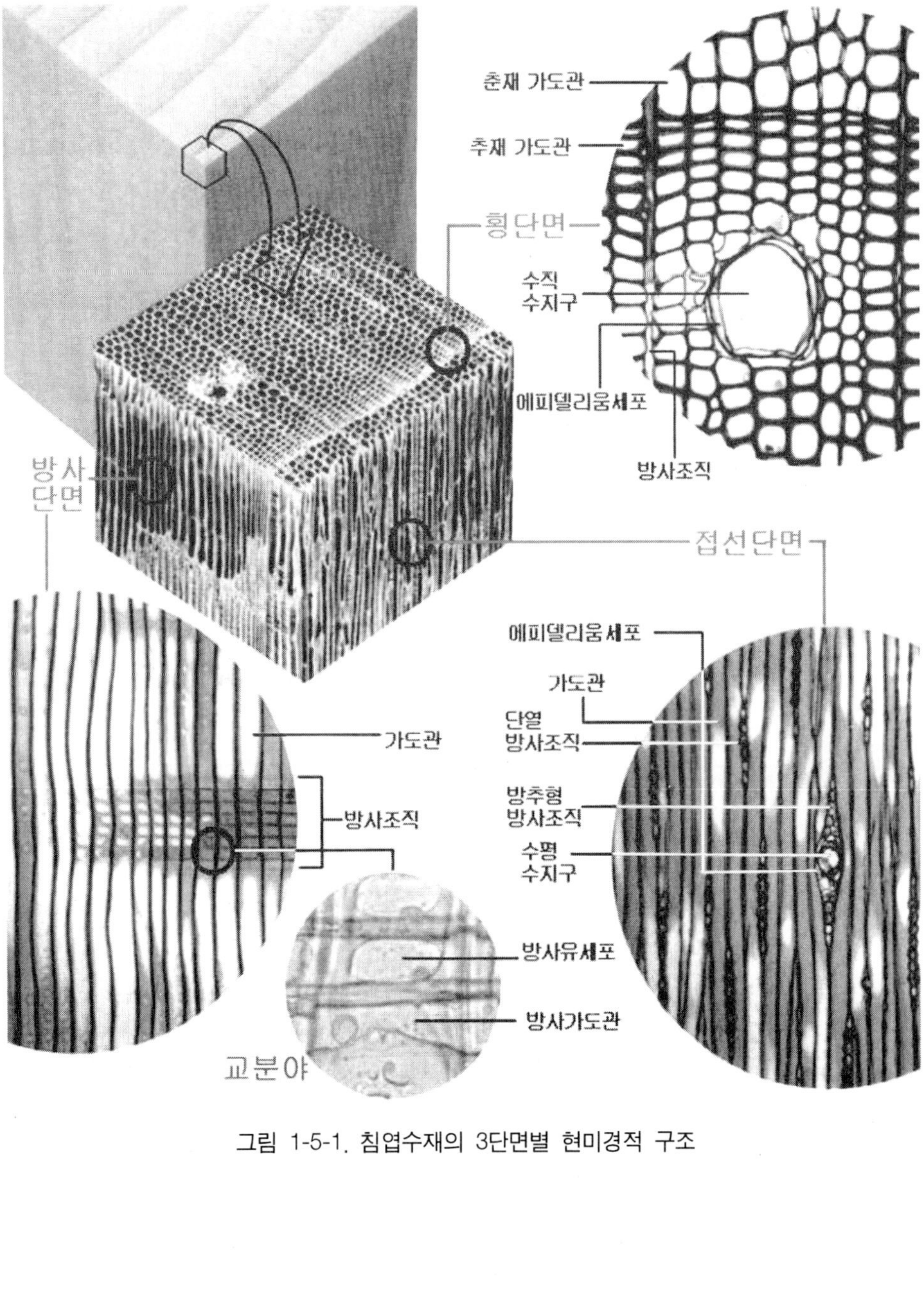

그림 1-5-1. 침엽수재의 3단면별 현미경적 구조

표 1-5-1. 방향에 따른 침엽수재 구성 세포의 종류.

배열방향	세포의 종류
축방향	가도관(tracheid) 스트랜드가도관(strand tracheid) 축방향유세포(axial parenchyma cell) 에피델리움세포(epithelial cell): 수직수지구(axial resin canal)를 둘러쌈
수평방향	방사가도관(ray tracheid) 방사유세포(ray parenchyma cell) 에피델리움세포: 수평수지구(horizontal resin canal)를 둘러쌈

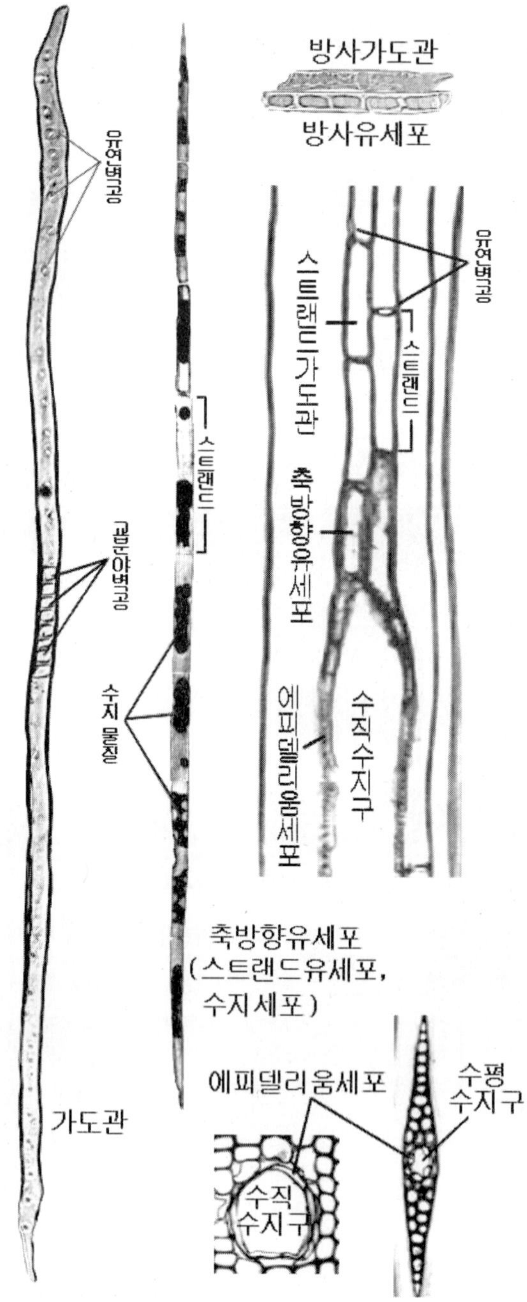

그림 1-5-2. 침엽수재를 구성하는 세포의 종류

가도관은 침엽수재를 구성하는 중요한 세포이지만 활엽수재에 있어서도 퇴화한 세포로써 도관요소(vessel element)나 목섬유(wood fiber)의 보조 기능을 담당하는 세포로 일부 수종에 국한되어 존재하는 경우도 있다. 침엽수재의 가도관은 축방향으로 길이가 긴 방추형을 나타내는 세포로써 선단부는 둔한 모양을 하고 있다. 수종이나 존재 부위에 따라 차이가 있지만 대략 길이 2~4mm 그리고 지름 20~40㎛, 즉 지름과 길이의 비가 1 : 100 정도 되는 것으로써 길이에 비해 지름이 매우 작은 세포인데 춘재와 추재 가도관 사이에 큰 차이를 보이지 않는 접선방향의 지름과는 달리 방사방향의 지름은 춘재 가도관이 추재 가도관보다 큰 반면 길이는 춘재 가도관이 추재 가도관보다 약간 짧은 편이다. 가도관을 횡단면에서 관찰해 보면 춘재로부터 추재로의 이행이 삼나무, 주목 등처럼 완만하거나 소나무, 일본잎갈나무(Larix kaempferi) 등처럼 급한 수종이 있는데 이들 가도관은 각형, 원형, 타원형 등 매우 다양한 형상을 보이고 있지만 직사각형의 형상을 띠는 것이 가장 일반적이다. 또한 횡단면 상에서 가도관이 불규칙적인 배열을 이루는 경우도 있으나 일반적으로 방사방향을 향하여 비교적 규칙적인 배열을 이루고 있으며 연륜계 부근의 추재 가도관은 접선방향으로 긴 장방형의 편평한 모양을 띠고 있다(그림 1-5-7의 A와 1-5-23의 A).

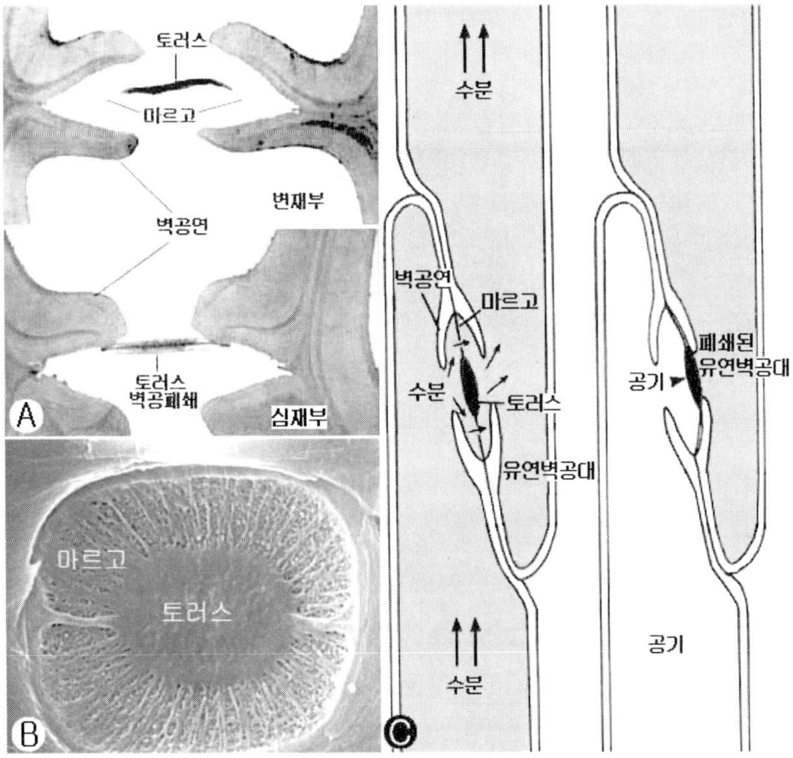

그림 1-5-3. 라디아타소나무(A)와 서부솔송나무(B) 가도관의 유연벽공대 구조와 벽공폐쇄(A~B) 및 벽공폐쇄에 따른 수분 통도 정지 모식도(C)

가도관에는 도관요소와 마찬가지로 수분의 통도에 필요한 벽공이 세포벽에 존재한다. 가도관에 발달되어 있는 대부분의 벽공들은 유연벽공(bordered pit)의 형태를 띠고 있는데 이들 유연벽공은 가도관과 가도관 사이의 통로 역할을 하게 되기 때문에 인접한 가도관들 사이에는 서로 마주보는 한 쌍의 벽공대(pit pair)인 유연벽공대가 발달하게 된다. 그러나 활엽수재의 도관요소의 경우와는 달리 침엽수재 유연벽공대의 벽공막(pit membrane)은 두껍게 비후되어 있는 중앙부의 토러스(torus)와 그 가장자리를 둘러싸는 그물 모양의 마이크로피브릴 집합체인 마르고(margo)로 이루어져 있다(그림 1-4-6). 심재화에 따라 중앙부의 토러스가 정상 위치에서 벗어나 한 쪽으로 이행되어 벽공구(pit aperture)를 막게 됨으로써 액상 물질의 이동 통로가 되는 벽공의 막힘 현상이 발생하게 된다. 따라서 변재와는 달리 심재의 경우 건조나 약액 등의 주입이 곤란한 결점이 흔히 나타나게 되는데 침투성이 나쁜 침엽수재는 대개 이러한 가도관의 벽공폐쇄(pit aspiration)가 그 원인인 것으로 알려져 있다(그림 1-3-8의 B~C와 1-5-3). 벽공폐쇄는 벽공이 작은 추재 가도관보다는 벽공이 큰 춘재 가도관에서 더 자주 발생하게 된다. 이것은 횡단면에 약제를 처리하는 경우 목리방향을 따라 추재로 어느 정도 깊이 침투되지만 인접하고 있는 춘재로는 거의 침투되지 않는 이유를 설명해 주는 근거가 될 수 있다.

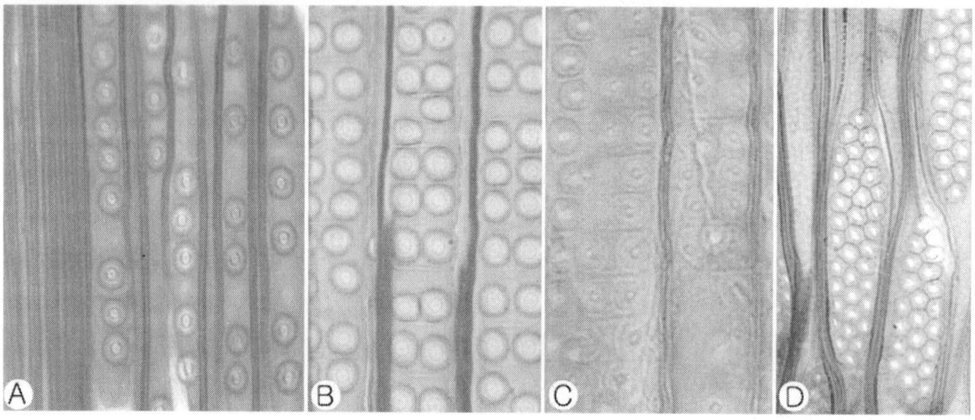

그림 1-5-4. 소나무(A), 일본잎갈나무(B), 낙우송(C) 및 패러나소나무(D) 가도관 방사벽 상의 유연벽공 배열

가도관에 발달되어 있는 유연벽공은 주로 방사벽에서 관찰되고 있는데 춘재 가도관의 경우 그 크기도 크고 수도 많지만 추재 가도관의 경우 그 크기가 작을 뿐만 아니라 수도 적은 편이다. 이들 방사벽 상의 유연벽공은 소나무속(Pinus)의 경우처럼 대부분의 수종에서 주로 1열 배열을 이루고 있으나 은행나무, 잎갈나무속(Larix) 등에서는 주로 2열 배열을 그리고 세쿼이아(Sequoia sempervirens), 낙우송속(Taxodium), 남양삼나무과(Araucariaceae) 등에서는 3~4열의 배열을 이루고 있다. 낙우송(Taxodium distichum)이나 일본잎갈나무처럼 다열의 유연벽공을 지니는 수종의 경우 대개 대상(opposite) 배열을 나타내지만 퀸즐랜드카우리(Queensland kauri, Agathis robusta), 패러나소나무(parana pine, Araucaria angustifolia) 등과 같은 남양삼나무과의 수종은 교호상(alternate) 배열을 이루고 있다(그림 1-5-4).

가리비상벽공(scalloped pit)이라는 것은 토러스가 거치상의 가장자리를 지니고 있는 유연벽공을 일컫는데 주로 개잎갈나무속(Cedrus)에서 관찰되고 있으나 캘리포니아적전나무(Abies magnifica)

등과 같은 전나무속(Abies), 편백과(Cupressaceae) 등의 수종에서도 그 존재가 확인되고 있다. 신장토러스(torus extension)는 유연벽공 벽공막에 있어 토러스로부터 마르고의 가장자리까지 봉상 비후부(margo strap)가 방사상으로 뻗어 있는 것으로써 전나무속, 솔송나무속(Tsuga), 향나무속(Juniperus) 등에서 그리고 절입상벽공연(notched border)은 유연벽공의 바깥 벽공연 가장자리에 부분적인 절입부가 존재하는 것으로써 세쿼이아속(Sequoia), 비자나무속(Torreya) 등에서 쉽게 관찰되고 있다(그림 1-5-5의 D~E).

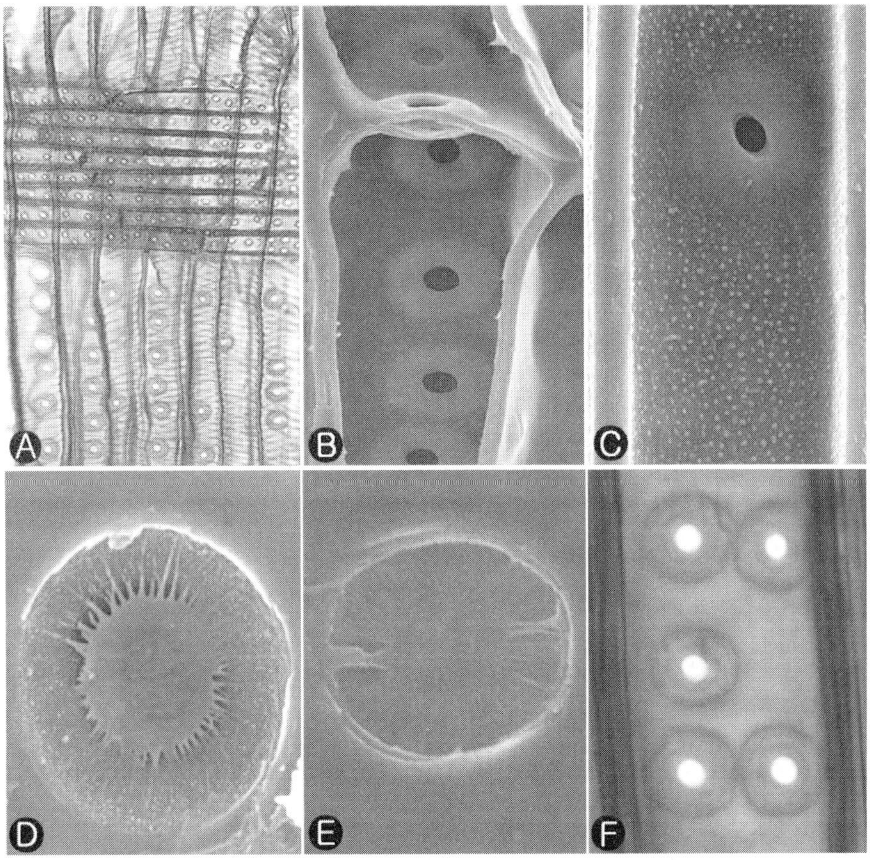

그림 1-5-5. 미송 춘재 가도관의 나선비후(A), 소나무의 스트랜드가도관(B), 연필향나무 가도관의 우상층(C), 캘리포니아적전나무의 가리비상벽공(D), 남부적삼나무의 신장토러스(E) 및 서부적삼나무의 절입상벽공연(F)

일부 침엽수재에 있어서는 2차벽의 최내층이 퇴적된 다음 세포내강 쪽의 2차벽 위에 마이크로피브릴 다발에 의한 융기부가 나선상으로 발달되는 경우가 있는데 이를 나선비후(helical or spiral thickening)라고 부른다(그림 1-5-5의 A). 나선비후는 개비자나무속(Cephalotaxus), 미송속(Pseudotsuga), 비자나무속 및 주목속(Taxus)의 가도관에 발달하는 정상적인 특징으로 알려져 있듯이 단지 몇몇 수종에서만 관찰되기 때문에 수종 식별에 있어 중요한 가치를 지니게 된다. 그러나 미송(Pseudotsuga menziesii)에 있어서는 나선비후가 춘재 가도관에 명확하게 발달되어 있으나 추재 가도관에서는 종종 관찰되지 않는 경우도 더러 있으며 방사가도관에도 일반적으로 발달되어 있다.

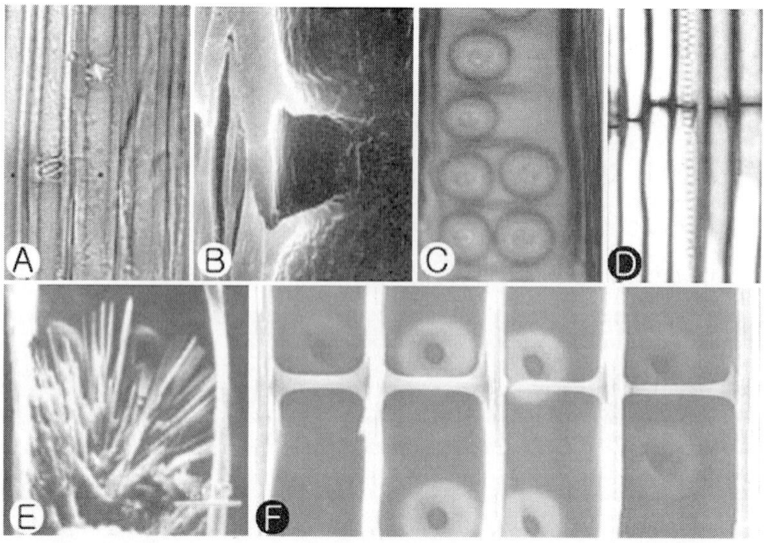

그림 1-5-6. 리기다소나무(A)와 편백송(B)의 칼리트리스형비후(A~B), 백전나무의 크라슐레(C), 카우리의 수지가도관(D), 서부솔송나무의 플로코소이드(E) 및 구주적송의 트라베큘레(F)

또한, 연필향나무(Juniperus virginiana)의 예처럼 거의 모든 침엽수재의 가도관에는 리그닌과 헤미셀룰로오스가 주성분인 우상층(warty layer)이 발달되어 있지만 주목, 비자나무(Torreya nucifera) 등과 같은 일부 침엽수재에는 존재하지 않은 것으로 알려져 있다. 활엽수재에 있어서도 우상층이 도관요소, 가도관 및 목섬유에 모두 존재하는 것으로 알려져 있으나 진화도가 높은 활엽수재의 도관요소와 진정목섬유에는 존재하지 않는 경향이 있다. 우상층의 사마귀 모양 돌기물(wart)은 2차벽 최내층의 마이크로피브릴 퇴적과 세포벽의 목화가 대부분 완료된 다음 원형질막의 외측에 퇴적된다(그림 1-5-5의 C).

벽공연(pit border)을 가로지르는 한 쌍의 비후부인 칼리트리스형비후(callitroid or callitrisoid thickening)는 편백송(cypress-pine)으로 불리는 칼리트리스속(Callitris)의 가도관 유연벽공에 주로 발달되어 있는데 우발적으로 리기다소나무(Pinus rigida) 등에서도 관찰되기도 한다. 이와 비슷하지만 가도관 방사벽 상의 벽공연 상하에 발달되어 있는 눈썹 모양의 비후부인 크라슐레(crassulae)는 남양삼나무과의 수종을 제외한 거의 모든 침엽수재에서 관찰되고 있다. 또한 구주적송(Scots pine, Pinus sylvestris)의 경우처럼 세포벽의 일부분으로써 세포내강을 방사방향으로 가로지르는 막대기 또는 실패 모양의 구조체인 트라베큘레(trabeculae)가 가도관에서 종종 관찰되기도 하는데 그 발달 원인은 명확하게 밝혀져 있지는 않으나 형성층대가 균사의 침해를 받아 발달하는 것으로 추측되고 있다. 그 밖에도 남양삼나무속(Araucaria)과 아가티스속(Agathis)의 경우 방사조직과 접한 부위의 가도관에 세포내강을 가로막는 격벽 모양의 수지판(resin plate)이 존재하는 수지가도관(resinous tracheid)이 관찰되기도 하며 서부솔송나무(western hemlock, Tsuga heterophylla)의 가도관 내에 존재하는 플로코소이드(floccosoid)라고 불리는 유기물은 재면에서 백색 분말상 물질로 보이게 된다(그림 1-5-6).

침엽수재의 가도관은 그 고유의 기능면에서 볼 때 활엽수재의 목섬유와 도관요소의 기능을 모두 지니고 있다. 즉, 활엽수재의 도관요소가 지니는 수분 통도기능과 목섬유가 지니는 수체 지지기능을 침엽수재에서는 가도관이 모두 담당하고 있다. 수분의 통도기능과 관련해서는 세포내강이 넓고 천공을 지니는 도관요소는 원거리 수송에 그리고 세포내강이 좁고 천공을 지니지 않는 가도관은 근거리 수송에 적합한 것으로 생각된다. 한편, 춘재 가도관은 세포벽이 얇으면서 세포내강이 넓고 유연벽공이 현저하게 발달되어 있는 반면 추재 가도관은 세포벽이 두꺼우면서 세포내강이 좁고 유연벽공이 그리 잘 발달되어 있지 않다. 춘재 가도관에 비해 추재 가도관에 유연벽공이 덜 발달되어 있다는 것은 그만큼 세포벽의 손실이 작아 강도 저하가 작게 일어나고 통도기능 역시 약화되는 것과 관련 있는 것으로 여겨지고 있다. 이러한 차이점이 가도관의 주기능이 춘재에서의 통도기능으로부터 추재에서의 수체 지지기능으로 이행됨을 그리고 춘재 가도관의 양이 많아지면 침엽수재의 강도가 낮아짐을 설명할 수 있는 근거가 될 수 있다(그림 1-3-2의 A, 1-4-7의 B, 1-5-4의 A와 1-5-14).

방추형시원세포로부터 병층분열에 의해 파생된 다음 또 다시 횡분열을 통해 형성된 세포인 스트랜드가 축방향으로 연결되어 있는 가도관이 스트랜드가도관인데 축방향유세포와 매우 비슷하게 생겼지만 두꺼운 세포벽을 지니며 그 측벽과 말단벽에 유연벽공이 존재한다는 점에서 차이가 있다. 스트랜드가도관은 원래 방추형시원세푸에서 유래된 세푸로써 성숙하는 동안 비교적 빨리 원형질체를 잃게 되며 가도관에서 에피델리움세포 또는 축방향유세포로 이행되는 과정 중에 있는 세포로 여겨진다(그림 1-5-2와 1-5-5의 B).

유세포는 양분의 저장과 배분 그리고 대사물질을 저장하는 기능을 지니는 세포로써 단벽공(simple pit)을 지닌다. 침엽수재의 경우 방사유세포가 모든 수종에 존재하는 것과는 달리 축방향유세포는 일부 수종에만 존재하며 그 양도 목재의 전체 부피 가운데 1~2% 미만을 차지하기 때문에 귀중한 식별적 가치를 지니게 된다. 축방향유세포는 스트랜드가 상하로 여러 개 연결되어 있는 유세포로써 스트랜드가도관과 비슷하게 생겼지만 측벽과 말단벽에 단벽공이 존재한다는 점에서 차이가 있다. 횡단면에서 관찰해 보면 축방향유세포는 일반적으로 가도관보다는 세포벽이 얇은데 낙우송, 개비자나무과(Cephalotaxaceae) 등처럼 단독 또는 쌍을 이루어 연륜 전역에 걸쳐 가도관 사이에 고르게 흩어져 있는 산재상(diffuse), 편백과 등처럼 연륜계에 다소 평행하게 접선상의 짧거나 긴 선모양으로 집합되어 있는 접선방향으로의 대상(tangentially zonate) 그리고 전나무속, 잎갈나무속, 솔송나무속 등처럼 연륜계를 따라 춘재의 첫 번째 열 또는 추재의 마지막 열에 단독으로 존재하는 연륜계상(marginal)으로 배열되어 있기도 한다. 수종에 따라서는 접선단면이나 방사단면에서 염주를 꿰어놓은 모양의 말단벽이 관찰되기도 하는데 이런 염주상말단벽(nodular end wall)은 가문비나무속(Picea), 미송속, 솔송나무속, 잎갈나무속, 전나무속 등에 현저하게 발달되어 있다. 또한, 축방향유세포는 삼나무, 편백(Chamaecyparis obtusa), 향삼나무(incense cedar, Calocedrus decurrens) 등처럼 수지를 닮은 짙은 색의 내용물을 지니는 경우가 많기 때문에 수지세포(resin cell)로도 종종 불리고 있으며 그 밖에도 은행나무 또는 발삼전나무(balsam fir, Abies baslamea) 등을 제외한 일부 북미산 전나무속 수종처럼 결정을 지니는 이형세포(idioblast) 그리고 수직수지구 주위에 존재하며 수지를 생성, 분비하는 에피델리움세포가 있다(그림 1-3-2의 A~B, 1-5-7, 1-5-9의 B~D와 1-5-11).

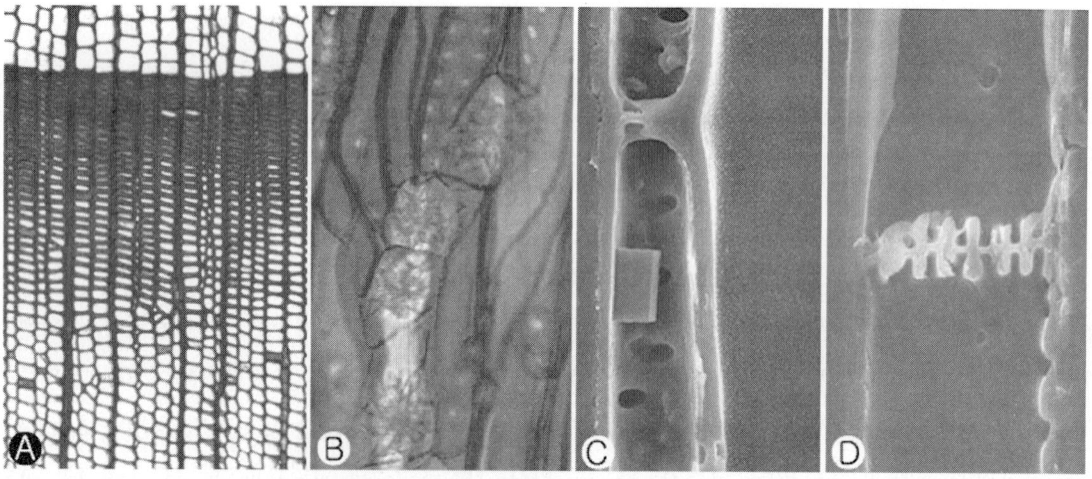

그림 1-5-7. 수지 모양의 짙은 내용물을 지니는 삼나무(A), 결정을 지니는 은행나무(B)와 백전나무(C) 및 염주상말단벽이 발달되어 있는 서부솔송나무(D)의 축방향유세포

침엽수재에서 방사조직이 차지하는 비율은 대략 5~7% 정도인데 방사조직을 구성하는 세포로는 방사유세포와 방사가도관이 있다. 방사가도관(ray tracheid)은 세포벽이 두껍고 유연벽공이 발달되어 있다는 면에서 가도관과 비슷하다. 한편, 방사유세포는 세포벽이 얇거나 또는 두꺼운데 얇은 세포벽을 지니는 방사유세포는 대개 벽공을 지니지 않는 반면 두꺼운 세포벽을 지니는 방사유세포는 대개 단벽공을 지니게 된다. 가문비나무속, 미송속, 소나무속, 잎갈나무속 등의 경우 방사조직의 아래, 위 가장자리에서 유연벽공을 지니는 방사가도관을 관찰할 수 있다. 소나무속의 방사가도관에 있어서는 세포벽이 평활한 섬잣나무(Pinus parviflora), 스트로브잣나무(Pinus strobus), 잣나무(Pinus koraiensis) 등의 연송류(soft pines)와는 달리 곰솔(Pinus thunbergii), 소나무, 캐나다적송(Canadian red pine, Pinus resinosa) 등의 경송류(hard pines)는 세포벽이 세포내강을 향해 거치상비후(dentate thickening)라고 하는 톱니 모양의 돌기를 지니고 있기 때문에 양자를 식별하는데 유용하게 쓰일 수 있다. 방사유세포 가운데에는 가문비나무속, 솔송나무속, 잎갈나무속, 전나무속 등처럼 염주를 꿰어 놓은 듯한 형상의 염주상말단벽이 그리고 삼나무, 남부적삼나무(southern redcedar, Juniperus silicicola), 향나무속, 낙우송속 등처럼 방사유세포의 수평벽이 수직벽인 말단벽과 접하는 부분에서 凹 형상으로 함몰되어 있는 인덴처(indenture)가 뚜렷하게 발달하는 경우도 있다. 방사유세포의 수평벽 역시 전나무속, 잎갈나무속, 미송속, 솔송나무속 등처럼 단벽공의 발달로 인해 평활하지 못한 경우가 있지만 다른 대부분의 침엽수재는 단벽공이 발달되어 있지 않은 평활한 수평벽을 지니고 있다. 이외에도 수평방향으로 배열하는 유세포로써 수평수지구 주위에 존재하며 수지를 생성하는 에피델리움세포, 축방향유세포와 마찬가지로 은행나무 또는 백전나무(white fir, Abies concolor) 등의 일부 전나무속 수종처럼 결정을 지니는 이형세포가 있다. 방사유세포 또는 방사가도관 가운데 어느 한 종류의 세포로만 구성된 것을 동성방사조직(homocellular ray) 그리고 방사유세포와 방사가도관 모두로 구성된 것을 이성방사조직(heterocellular ray)이라고 한다(그림 1-5-8).

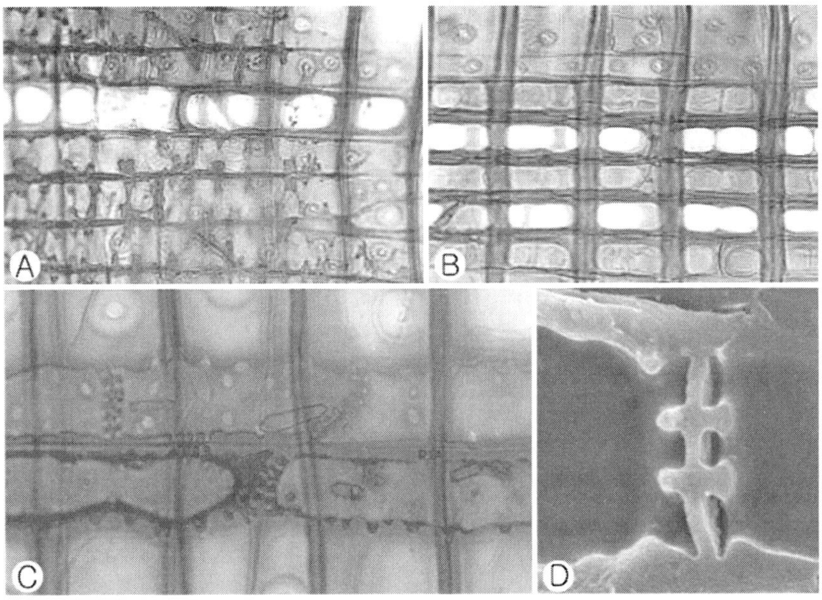

그림 1-5-8. 이성방사조직(A~B)과 동성방사조직(C), 거치상비후를 지니는 나무(A)와 평활한 세포벽을 지니는 잣나무(B)의 방사가도관(A~B) 및 염주상말단벽과 결정을 지니는 백전나무(C)와 염주상말단벽과 인덴쳐를 지니는 남부적삼나무(D)의 방사유세포(C~D)

방사조직은 구성 세포의 폭이 1열인 경우 단열방사조직(uniseriate ray), 2열인 경우 복열방사조직 (biseriate ray) 그리고 중앙에 수평수지구가 발달되어 있어 방추형을 띠는 경우 방추형방사조직(fusiform ray)이라고 부른다(그림 1-5-9).

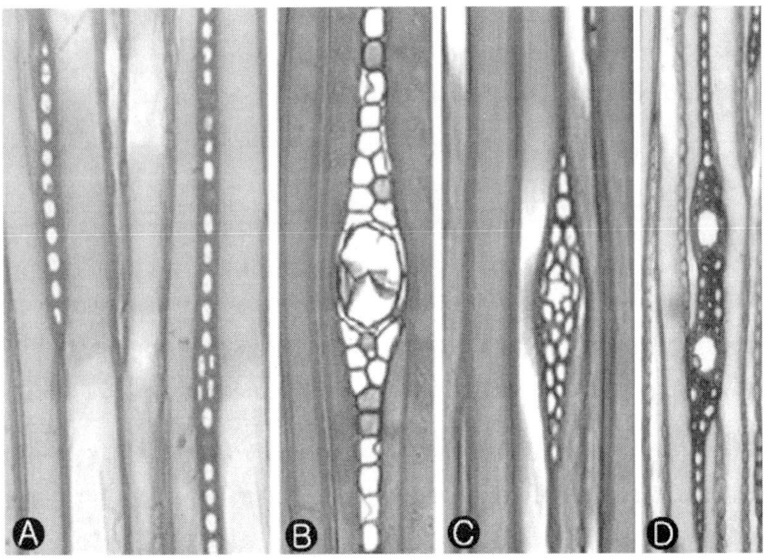

그림 1-5-9. 백전나무의 단열방사조직과 복열방사조직(A) 및 잣나무(B), 가문비나무(C)와 일본잎갈나무(D) 방추형방사조직 내의 수평수지구(B~D)

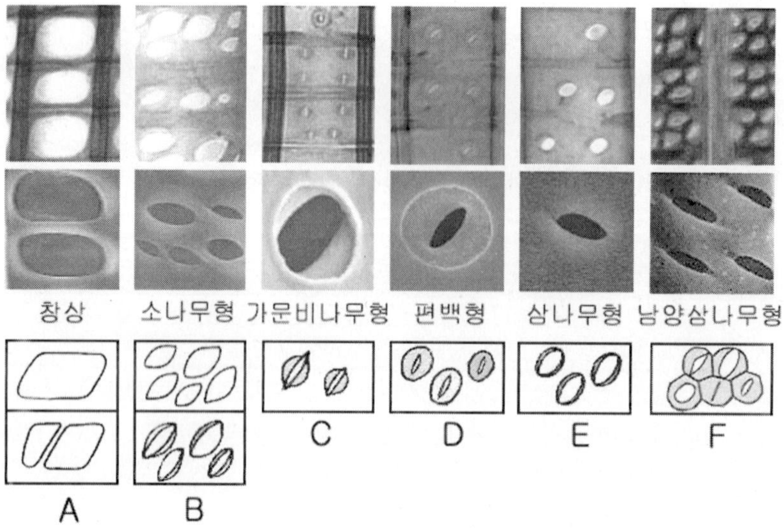

그림 1-5-10. 소나무(A), 라디아타소나무(B), 가문비나무(C), 연필향나무(D), 백전나무(E) 및 남양삼나무속(F)의 교분야벽공

침엽수재의 춘재부 방사단면에 있어서 축방향의 가도관과 방사유세포가 서로 직교하는 부분을 교분야(cross-field)라고 한다. 이 교분야에는 수종에 따라 독특한 형태의 벽공이 발달되기 때문에 침엽수재의 식별에 있어 매우 중요한 가치를 지니게 된다. 교분야벽공(cross-field pitting)의 종류로는 연송류(soft pines)인 섬잣나무, 잣나무 등과 경송류 가운데에서도 곰솔, 소나무 등에서 관찰되는 것으로써 단벽공 내지 외관상 단벽공처럼 보이는 큰 창문 모양의 벽공이 발달되어 있는 창상벽공(window-like pitting), 곰솔과 소나무를 제외한 라디아타소나무(Pinus radiata), 리기다소나무 등의 경송류에서 관찰되는 것으로써 창상벽공보다 크기가 작을 뿐만 아니라 불규칙한 모양을 띠면서 벽공연이 인지되는 벽공 또는 인지되지 않는 벽공이 발달되어 있는 소나무형벽공(pinoid pitting), 가문비나무속, 솔송나무속, 잎갈나무속 등에서 관찰되는 것으로써 폭이 좁은 슬릿(slit) 모양의 윤출공구보다 매우 넓은 벽공연을 지니는 벽공이 발달되어 있는 가문비나무형벽공(piceoid pitting), 삼나무속(Cryptomeria), 전나무속, 측백나무속(Thuja) 등에서 관찰되는 것으로써 계란형 내지 원형의 윤내공구를 지니면서 벽공구의 폭이 넓어 벽공구와 벽공연 사이의 폭이 매우 좁은 벽공이 발달되어 있는 삼나무형벽공(taxodioid pitting), 비자나무속, 편백속(Chamaecyparis), 향나무속 등에서 관찰되는 것으로써 슬릿 모양이 아닌 다소 타원형의 윤내공구를 지니면서 벽공구의 폭이 좁아 벽공구와 벽공연 사이의 폭이 더 넓은 벽공이 발달되어 있는 편백형벽공(cupressoid pitting) 그리고 퀸즐랜드카우리, 패러나소나무 등에서 관찰되는 것으로써 개개의 벽공이 대부분 편백형벽공이지만 보통 3개 이상이 밀집되어 교호상 배열을 이루고 있는 남양삼나무형벽공(araucarioid pitting)이 있다(그림 1-5-10).

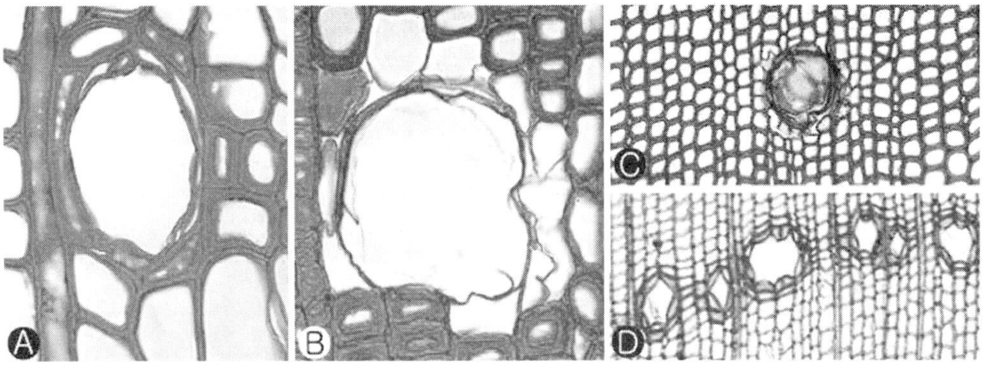

그림 1-5-11. 수직수지구를 둘러싸고 있는 일본잎갈나무의 후벽 에피델리움세포(A)와 잣나무의 박벽 에피델리움세포(B), 수직수지구 내에 발달되어 있는 소나무의 타일로소이드(C) 및 수직수지구의 형태로 발달되어 있는 전나무의 상해수지구(D)

수지구는 세포와 세포 사이의 틈새인 세포간구로써 수지를 분비하는 특수한 유세포로 둘러싸여 있는데 이처럼 수지를 분비하는 유세포를 에피델리움세포 그리고 이들 에피델리움세포의 층상 집합체를 에피델리움(epithelium)이라고 부른다. 수지는 피해를 입은 조직의 치유와 곤충 등의 침입자를 물리치는데 있어 중요한 역할을 하는 것으로 여겨지고 있다.

정상수지구(normal resin canal)는 침엽수재의 일부 수종에서 관찰되고 있는데 배열 방향에 따라 수직수지구와 수평수지구의 2종류로 나뉘게 된다. 가문비나무속, 미송속, 소나무속 및 잎갈나무속에서는 같은 수종의 목재 내에 이들 모두가 함께 발달되지만 유삼속(油杉屬, Keteleeria)의 경우에는 수직수지구만 형성되는 것으로 알려져 있다. 수직수지구는 축방향으로 배열되기 때문에 횡단면에서 그리고 수평수지구는 방사방향으로 배열되는 것으로써 방추형방사조직의 중앙부에 존재하기 때문에 접선단면서 쉽게 관찰된다. 소나무속의 경우 수직수지구는 고립, 산재되어 있으나 그 이외의 속에서는 접선방향으로 때때로 여러 개씩 연속되어 나타나기도 한다. 수직수지구의 접선 지름은 소나무속의 것이 120~200μm 정도 그리고 그 이외의 속의 것이 40~90μm 정도로써 소나무속의 것이 상당히 크다. 방추형방사조직 내에는 수평수지구가 대개 1개 존재하지만 드물게 2개 존재하는 경우도 있다. 수평수지구의 크기는 수직수지구에 비해 작은 편으로 대략 지름이 20~50μm 정도 된다. 에피델리움세포의 세포벽은 소나무속의 것이 얇은 박벽(薄壁)인 반면 가문비나무속, 미송속 및 잎갈나무속의 것은 두꺼운 후벽(厚壁)이다. 에피델리움세포는 변재 기간 동안 수지를 생성해 수지구 중으로 분비하는 생활기능을 지니지만 심재화 또는 상해에 의해 이러한 생활기능을 잃어버리게 되면 소나무속의 경우처럼 얇으면서 목화되지 않은 세포벽을 지니는 에피델리움세포는 팽창되어 수지구를 막게 되는데 이는 타일로시스(tyloses)와 모양이 비슷한 것으로써 타일로소이드(tylosoid)로 불리고 있다(그림 1-5-9의 B~D와 1-5-11의 A~C).

한편, 정상수지구를 지니지 않은 수종에서도 곤충이나 균에 의한 피해, 기계적인 상해 등에 의해 상해수지구(traumatic resin canal)가 발달되는 경우도 있는데 서부솔송나무, 세쿼이아, 전나무(Abies holophylla), 시베리아소나무(Siberian pine, Pinus sibirica) 등이 정상수지구를 지니지 않으나 상해에 대한 반응으로 상해수지구가 빈번하게 관찰되는 수종들의 예가 되고 있다. 이러한 상해수지구는 주로 수직수지구의 형태로만 발달되지만 개잎갈나무속의 경우 수직수지구 및 수평수지구 모두가 형성되는 것으로 보고되어 있다. 상해수지구는 정상수지구와는 달리 대개 윤곽과 크기가 일정하지 않은 것이 밀집되어 접선방향으로 길게 연속 배열되는 특징을 지니기 때문에 정상수지구와 쉽게 구분될 수 있다(그림 1-5-11의 D와 1-9-9의 A).

1. 5. 2. 활엽수재

침엽수재에 비해 활엽수재는 그 구성 세포의 종류가 다양할 뿐만 아니라 조직의 변이성도 크며 특히 침엽수재에는 존재하지 않는 도관요소와 목섬유가 발달되어 있다는 점이 활엽수재의 가장 큰 특징이 되고 있다(그림 1-3-2, 1-5-1~1-5-2와 1-5-12~1-5-13). 즉, 침엽수재에서는 가도관이 수분 통도기능과 수체 지지기능을 모두 담당하게 되지만 활엽수재의 경우 수분 통도기능은 도관요소가 그리고 수체 지지기능은 목섬유가 각각 나누어 맡게 된다(그림 1-5-14). 이처럼 활엽수재는 도관요소의 존재로 인해 횡단면에서 비교적 큰 구멍인 관공이 관찰되기 때문에 유공재(porous wood)로도 불리고 있다.

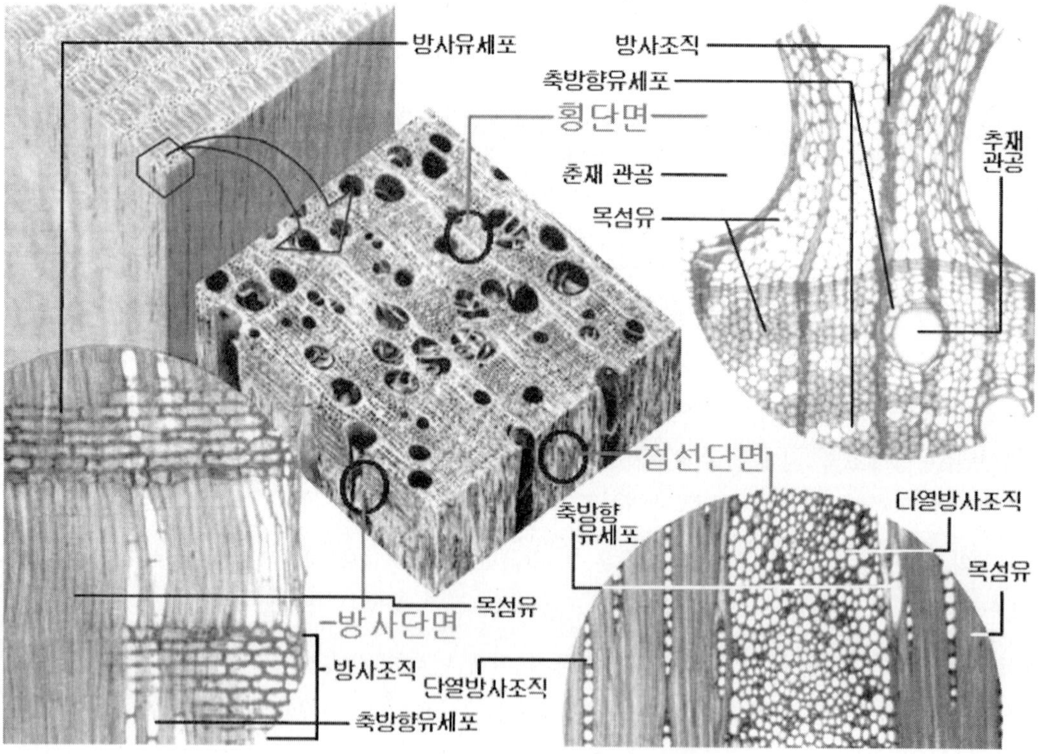

그림 1-5-12. 활엽수 환공재의 3단면별 현미경적 구조

표 1-5-2. 방향에 따른 활엽수재 구성 세포의 종류.

배열방향	세포의 종류
축방향	도관요소(vessel element) 가도관(tracheid) 　주위상가도관(vasicentric tracheid) 　도관상가도관(vascular tracheid) 목섬유(wood fiber) 　섬유상가도관(fiber tracheid) 　진정목섬유(libriform fiber) 　격벽목섬유(septate fiber) 　젤라틴목섬유(gelatinous fiber) 축방향유세포(axial parenchyma cell) 　방추형유세포(fusiform parenchyma cell) 　스트랜드유세포(parenchyma strand) 에피델리움세포(epithelial cell): 수직검구(axial gum canal)를 둘러쌈
수평방향	방사유세포(ray parenchyma cell) 　평복세포(procumbent cell) 　직립세포(upright cell) 　방형세포(square cell) 에피델리움세포: 수평검구(horizontal gum canal)를 둘러쌈

활엽수재를 구성하는 세포의 종류를 방향에 따라 살펴보면 표 1-5-2와 같은데 수종에 따라 다양한 차이가 있으나 대략 도관요소 5~50%, 목섬유 30~75%, 축방향유세포 및 방사유세포 4~50%의 구성 비율을 지니고 있다. 한편, 침엽수재의 춘재 가도관이 주로 지니는 수분 통도기능과 추재 가도관이 주로 지니는 수체 지지기능을 각각 분담하게 되는 도관요소와 목섬유가 대략 활엽수재의 70~90% 정도를 차지하고 있기 때문에 침엽수재의 90~95%를 차지하고 있는 가도관처럼 활엽수재에 있어서는 도관요소와 목섬유가 기초조직이 되고 있다. 또한 활엽수재에서도 특정 수종에 한해 소량의 가도관이 존재하는데 침엽수재의 가도관과는 달리 활엽수재의 가도관은 도관요소의 기능을 도와주는 보조 역할을 하는 것으로 알려져 있다.

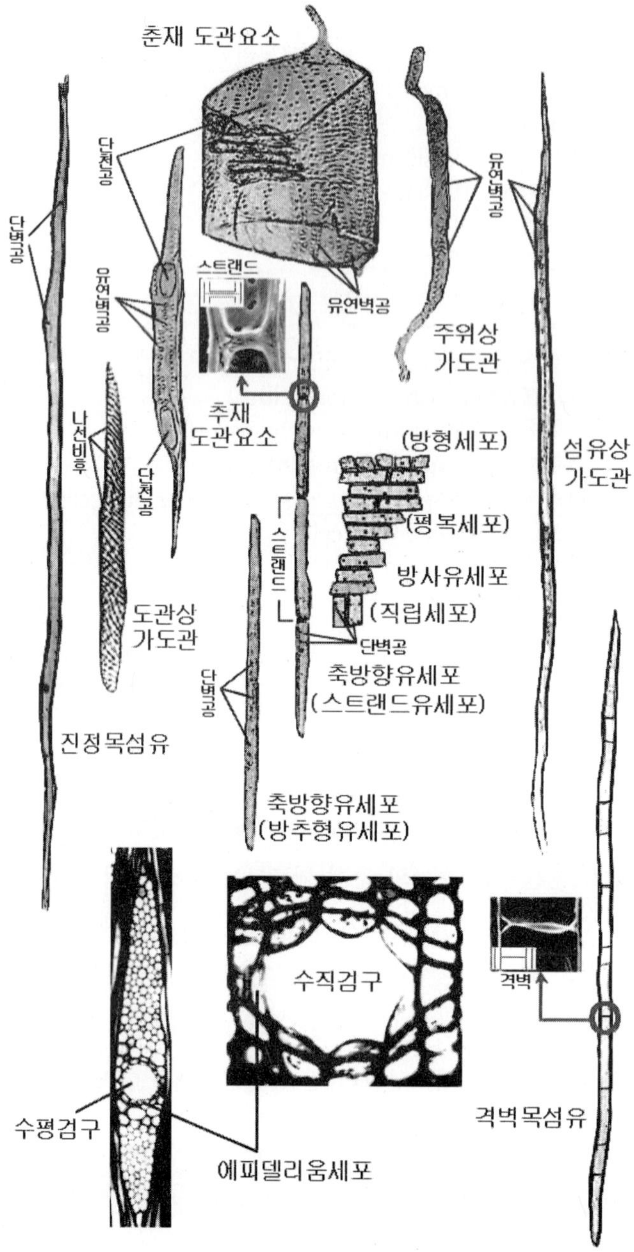

그림 1-5-13. 활엽수재를 구성하는 세포의 종류

도관(vessel)은 축방향으로 길게 연속 배열된 관 모양의 구조를 지니는 것으로써 수분 통도기능을 담당하는 세포의 무리를 일컫는다. 이러한 도관을 구성하는 세포를 도관요소라고 부른다. 도관을 통한 수액의 이동은 도관요소의 말단벽(end wall)에 발달되어 있는 천공(perforation)을 통하여 비교적 자유롭게 이루어진다(그림 1-5-17). 또한, 도관요소의 측벽에는 다수의 유연벽공(bordered pit)이 발달되어 있기 때문에 가로로 인접하는 도관요소와 도관요소 사이에는 이 유연벽공을 통해 수액이 서로 이동할 수 있도록 되어 있다. 도관이 횡단면 상에서 절단된 것을 관공(pore) 그리고 접선단면과 방사단면에서 절단된 것을 도관구(vessel line)라고 부르는데 도관구는 재면에서 매우 가는 골 모양을 나타낸다. 도관상가도관의 절단면 역시 소형 도관과 쉽게 구분되지 않기 때문에 관공과 도관구로 불리고 있다. 관공으로는 도관 주위가 다른 종류의 세포로 둘러싸여 있어 단독으로 고립되어 있는 고립관공(solitary pore)과 2개 이상의 관공이 서로 밀접히 복합되어 있는 복합관공(pore multiple)이 있다. 후자의 경우 방사방향으로 복합 배열되어 있는 방사복합관공(radial pore multiple)과 소형 도관이 도관상가도관과 함께 불규칙하게 모여 있는 집합관공(pore cluster)이 있다. 대부분의 활엽수재에 있어서는 고립관공과 복합관공이 함께 존재하지만 산악물푸레나무(mountain ash, Eucalyptus regnans), 유럽야생사과나무(European wild apple, Malus sylvestris) 등처럼 90% 이상의 관공이 고립관공인 경우도 있다. 그리고 넉스보미카(nux vomica, Strychnos nux-vomica), 발삼횃불나무(balsam torchwood, Amyris balsamifera) 등처럼 4개 이상의 복합관공을 보통 지니는 것 그리고 느티나무(Zelkova serrata), 뽕나무(Morus alba) 등처럼 집합관공을 보통 지니는 것이 있다. 횡단면에서 고립관공은 여러 가지 모양을 나타내지만 방사방향으로 약간 긴 타원형인 경우가 많고 완전히 원형인 경우는 드문데 연륜 전역에 걸친 계수나무(Cercidiphyllum japonicum)의 고립관공, 졸참나무(Quercus serrata)의 추재 소형 고립관공 등처럼 각형의 윤곽을 띠는 경우도 있다(그림 1-5-15과 1-5-16의 A~E).

그림 1-5-14. 목재 구성 세포의 기능과 세포벽 두께

도관요소는 수종이나 존재 부위에 따라 차이가 심하지만 대략 길이 0.1~2.0mm 그리고 지름과 길이의 비가 1 : 1.5~6.0 정도로써 일반적으로 길이에 비해 지름이 비교적 큰 세포인데 지름은 춘재 도관요소가 추재 도관요소보다 큰 반면 길이는 춘재 도관요소가 추재 도관요소보다 짧다. 산공재는 춘재에서 추재로 이행함에 따라 관공의 지름 변동이 심하지 않으나 환공재는 춘재 관공의 지름이 크고 추재 관공의 지름이 매우 작은 것이 특징이다. 환공재의 경우 대형 관공이 모여 있는 춘재 부위를 공권(pore zone)이라고 한다. 관공의 지름은 목련속(Magnolia), 사시나무속(Populus), 층층나무속(Cornus) 등과 같이 육안으로 거의 관찰할 수 없을 정도로 작은 것이 있는가 하면 느릅나

무속(Ulmus), 밤나무속(Castanea), 참나무속(Quercus) 등의 공권에 존재하는 관공처럼 육안으로도 충분히 관찰할 수 있을 정도로 큰 것까지 다양하다.

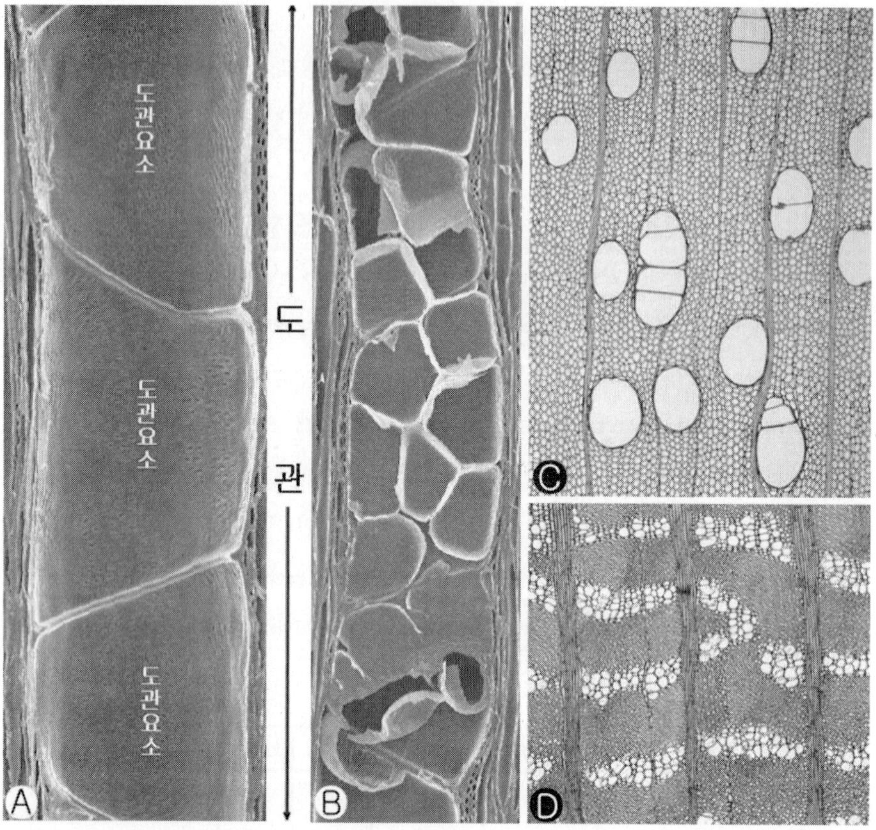

그림 1-5-15. 백호두나무의 도관 구조(A)와 도관 내 타일로시스(B), 가래나무의 고립관공과 방사복합관공(C) 및 느티나무의 집합관공(D)

또한, 관공은 느릅나무(Ulmus davidiana var. japonica), 느티나무 등처럼 방사조직에 대해 직각으로 배열되어 있으면서 짧거나 긴 접선상 또는 사선상 내지 파상의 띠를 이루는 것, 붉가시나무(Quercus acuta), 오리나무(Alnus japonica) 등처럼 방사상 내지 사선상의 배열을 이루는 것 그리고 갈매나무(Rhamnus davurica), 졸참나무 등처럼 관공이 존재하지 않는 영역에 의해 격리된 상태에서 화염상 내지 분지상의 배열을 이루는 것이 있다(그림 1-5-15의 D와 1-5-16의 A, D~E).

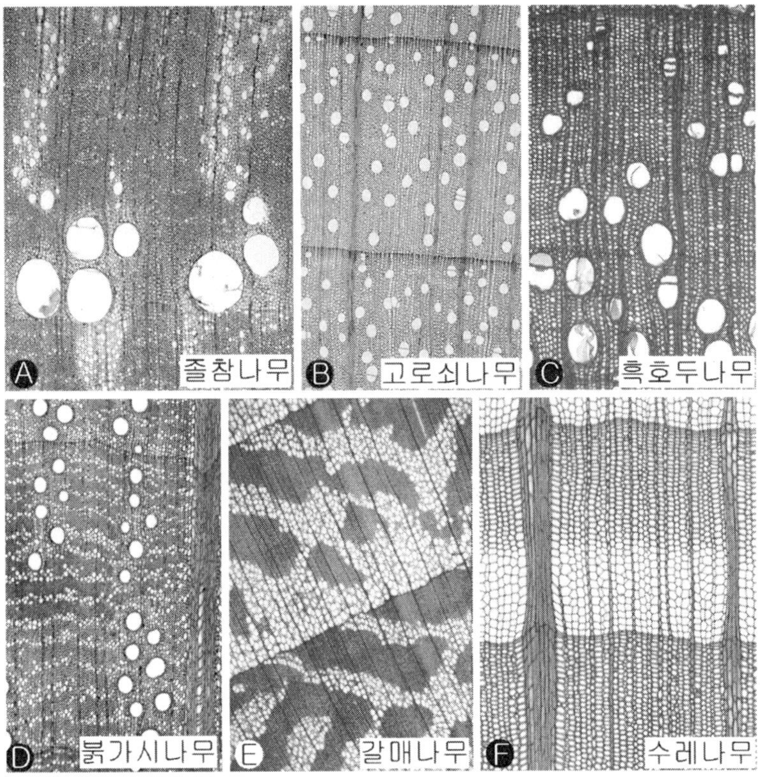

그림 1-5-16. 관공의 분포 상태에 따른 환공재(A), 산공재(B), 반환공재(C), 방사공재(D), 문양공재(E) 및 무공재(F)

활엽수재는 도관요소가 횡단면 상에서 절단되어 나타난 공극인 관공의 분포 상태에 따라 다음과 같이 분류된다. 느릅나무, 물푸레나무(Fraxinus rhynchophylla), 신갈나무(Quercus mongolica), 음나무(Kalopanax pictus), 팽나무(Celtis sinensis) 등과 같이 연륜 내에 대형 관공과 소형 관공이 있는데 연륜계에 접한 생장 초기 부분인 권공에만 현저하게 큰 대형 관공이 1~여러 열 배열되어 있는 환공재(ring-porous wood), 대부분의 열대산 활엽수재, 단풍나무(Acer palmatum), 버드나무(Salix koreensis) 등과 같이 연륜 전역에 걸쳐 크기가 거의 동일한 관공이 균등하게 분포되어 있는 산공재(diffuse-porous wood), 감나무(Diospyros kaki), 참오동나무(Paulownia tomentosa), 흑호두나무(black walnut, Juglans nigra) 등과 같이 생장 초기의 큰 관공으로부터 생장 말기의 작은 관공으로의 이행이 매우 완만한 반환공재(semi-ring-porous wood), 가시나무(Quercus myrsinaefolia), 붉가시나무 등과 같이 거의 고립관공만을 지니는 것으로써 관공이 방사조직과 평행한 방향으로 방사상 배열을 이루는 방사공재(radial-porous wood) 그리고 갈매나무, 구골나무(Osmanthus heterophylla) 등과 같이 연륜 내에서 작은 관공이 부분적으로 밀집되어 화염이나 X자 모양 등의 배열을 이루는 문양공재(figured-porous wood)가 있다. 한편, 활엽수재 가운데 수레나무(Trochodendron aralioides) 등처럼 도관요소를 지니지 않는 무공재는 매우 드문 편인데 크기가 큰 방사조직을 지닌다는 점에서 침엽수재와의 구별이 가능해진다(그림 1-5-16).

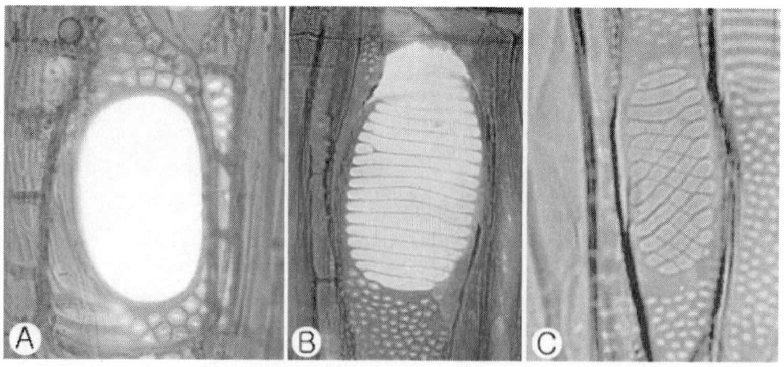

그림 1-5-17. 도관요소에 있어 흑호두나무의 단천공판(A), 오리나무의 계단상 천공판(B) 및 때죽나무의 망상천공판(C)

도관요소의 축방향 양단에 있는 말단벽의 전체 또는 일부가 소실됨으로써 형성된 개구부인 천공은 천공판을 형성하게 된다. 말단벽의 대부분이 소실됨으로써 가장자리의 천공연(perforation rim)만 남아 단 하나의 큰 개구부로 발달된 것을 단천공판(simple perforation plate)이라고 부르는데 80% 이상의 활엽수재에 발달되어 있듯이 가장 일반적인 형태의 것이 되고 있다. 여러 개의 개구부가 서로 모여 있는 경우 다공천공판(multiple perforation plate)을 형성하게 되는데 막대기 모양의 세포벽 부분인 바(bar)에 의해 개구부가 규칙적인 평행상의 틈새 모양으로 배열되어 있는 계단상천공판(scalariform perforation plate)은 오리나무속(Alnus), 자작나무속(Betula) 등에 그리고 불규칙적이거나 또는 그물 모양으로 배열되어 있는 망상천공판(reticulate perforation plate)은 동백나무(Camellia japonica), 때죽나무(Styrax japonicus) 등에 발달되어 있다(그림 1-5-17).

도관을 구성하는 세포인 도관요소의 측벽에는 다수의 유연벽공이 발달되어 있는데 서로 마주보는 한 쌍의 벽공인 벽공대를 형성하게 되는 인접 세포의 종류의 따라 벽공의 형상과 배열에 차이가 나타나게 된다. 도관상호간벽공(intervessel pit)은 벽공막(pit membrane)의 윤곽에 따라 대개 원형, 각형 및 계단상의 3부류로 크게 분류된다. 원형이나 각형의 것은 대각선 방향으로 다수의 열을 이룬 교호상벽공(alternate intervessel pit) 또는 수평 방향으로 다수의 열을 이룬 대상벽공(opposite intervessel pit)을 형성하게 되는데 벽공이 밀집되어 있는 경우 교호상벽공과 대상벽공은 원형이 아니라 각각 육각형과 사각형의 윤곽을 띠게 된다. 반면, 계단상의 것은 계단상천공판의 개개 개구부와 모양이 비슷한 것으로써 사다리 모양으로 배열되어 있는 계단상벽공(scalariform intervessel pit)을 형성하게 된다(그림 1-5-18의 A~D). 이들 도관상호간벽공 가운데 가장 일반적인 것이 교호상벽공이지만 어느 한 종류의 벽공이 단독으로 존재하기보다는 서로 다른 종류의 벽공이 혼재되어 있는 경우가 보통인데 단천공판이 발달되어 있는 수종은 교호상벽공과 대상벽공을 그리고 계단상천공판이 발달되어 있는 수종은 계단상벽공과 대상벽공을 함께 지니는 경향이 있다. 교호상벽공은 버드나무속(Salix), 사시나무속, 단풍나무과(Aceraceae), 멀구슬나무과(Meliaceae) 등에, 대상벽공은 튤립나무속(Liriodendron), 자작나무과(Betulaceae) 등에 그리고 계단상벽공은 계수나무속(Cercidiphyllum), 목련과(Magnoliaceae) 등에 발달되어 있다. 한편, 아까시나무(Robinia pseudoacacia), 자작나무(Betula platyphylla var. japonica), 티크(teak, Tectona grandis) 등의 도관요소의 경우에는 인접한 벽공 사이의 내공구 결합에 의한 결합공구(coalescent pit aperture)가 형성되기도 한다(그림 1-5-20의 F).

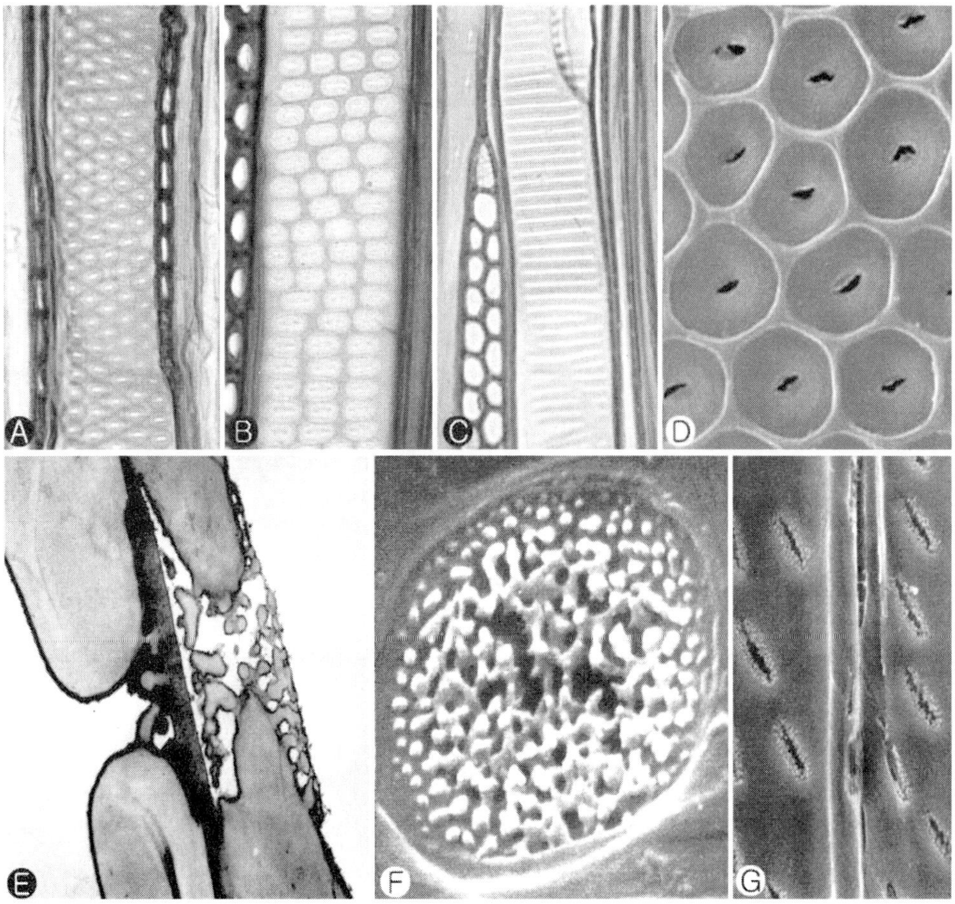

그림 1-5-18. 황철나무 도관요소의 교호상벽공(A), 튤립나무 도관요소의 대상벽공(B), 일본목련 도관요소의 계단상벽공(C), 흑호두나무 도관요소의 원형 벽공막 윤곽(D), 뉴질랜드크리스마스트리 도관요소(E)와 목섬유(G) 및 마누카 도관요소(F)의 베스쳐드벽공(E~G)

마누카(manuka, Leptospermum scoparium), 카누카(kanuka, Kunzea ericoides), 토루(toru, Persoonia toru) 등처럼 우상층이 도관요소, 가도관 및 목섬유에 모두 존재하는 것으로 알려져 있다. 뉴질랜드크리스마스트리(pohutukawa, Metrosideros excelsa)의 예처럼 도관상호간벽공 중에는 벽공강(pit cavity) 또는 벽공구(pit aperture)의 전면 또는 일부가 2차벽으로부터의 돌기물인 베스쳐로 덮여있는 것이 있는데 이를 베스쳐드벽공(vestured pit)이라고 부른다. 온대산 활엽수재의 경우 콩과(Leguminosae)의 개물푸레나무(Maackia amurensis var. buergeri), 자귀나무(Albizia julibrissin) 등에 존재하며 열대산 활엽수재에서는 콩과 수종 이외에도 나왕(lauan)과 같은 이우시과(Dipterocarpaceae) 등의 많은 수종에서 그 존재가 확인되고 있다. 베스쳐는 세포벽의 퇴적이 종료된 다음 발달되는 것으로 알려져 있는데 세포가 생명력을 잃어버리게 되는 과정에서 벽공 주위의 원형질체가 활동을 더 오랜 기간 유지하게 됨으로써 결국 이러한 베스쳐가 발달되는 것으로 제안되어 있다. 그 모양은 침엽수재의 가도관에서 흔히 관찰되고 있는 우상층의 입자 모양 돌기물과 매우 비슷하나 일반적으로 크기가 더 크며 구조도 더 복잡한 편이다. 우상층의 돌기물과 베스쳐를 형태나 화학적인 성분 측면에서 구분하기가 불가능한 경우가 많은데 특히 베스쳐가 벽공구로부터 세포내강의 표면으로까지 퍼져 있는 경우 더욱 그 구분이 어려워진다. 이와 같은 베스쳐와 우상층의 돌기물은 형태가 서로 비슷하기 때문에 동일한 발생 기원을 갖는 것으로 여겨지고 있으나 베스쳐는 살아있는 세포질에 의해 형성되는 반면 우상층의 돌기물은 죽은 원형질체의 잔사가 퇴적되어 형성된 것으로 여겨지고 있다(그림 1-5-5의 C와 1-5-18의 E~G).

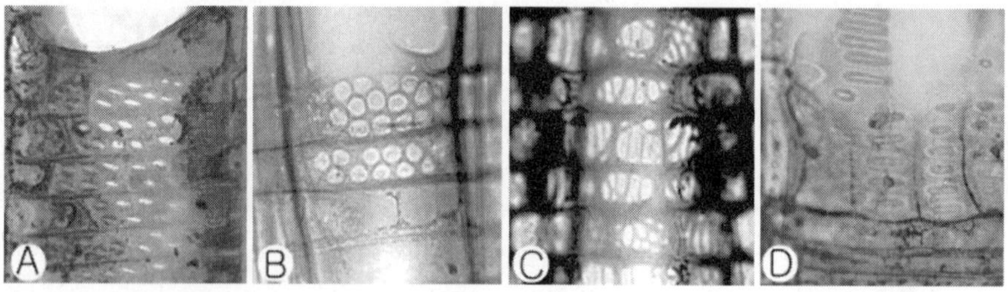

그림 1-5-19. 흑호두나무(A), 황철나무(B),가시나무(C) 및 노각나무(D)의 도관방사조직간벽공

도관을 구성하는 세포인 도관요소와 방사조직 구성 세포인 방사유세포 사이의 교분야에 발달되는 도관방사조직간벽공(vessel-ray pit)은 대개 벽공연이 좁고 벽공구가 넓은 계란형 내지 타원형을 띠는 경우가 많다(그림 1-5-19). 그 종류로는 개벚지나무(Prunus maackii), 백호두나무(butternut, Juglans cinerea), 신나무(Acer ginnala), 오리나무 등처럼 벽공연이 명확할 뿐만 아니라 크기와 형상면에서도 도관상호간벽공과 유사한 것, 서어나무(Carpinus laxiflora), 음나무(Kalopanax pictus), 황철나무(Populus maximowiczii) 등처럼 벽공연이 좁거나 외관상 단벽공을 닮은 벽공이 원형 내지 각형을 띠고 있는 것, 노각나무(Stewartia koreana), 일본목련(Magnolia obovata) 등처럼 벽공연이 좁거나 외관상 단벽공을 닮은 긴 타원형의 벽공이 수평으로 계단상 배열을 이루고 있는 것, 참나무속 등처럼 벽공연이 좁거나 외관상 단벽공을 닮은 긴 타원형의 벽공이 수직으로 책상(柵狀: 울타리같이 생긴 모양) 배열을 이루고 있는 것 등등이 있다. 한편 버드나무, 사시나무 등의 도관방사조직간벽공처럼 도관요소와 방사조직의 상하 가장자리에 존재하는 직립세포 사이에서만 발달하는 경우도 있는데 이러한 직립세포를 접촉세포(contact cell)로 불리고 있다(그림 1-5-19의 B).

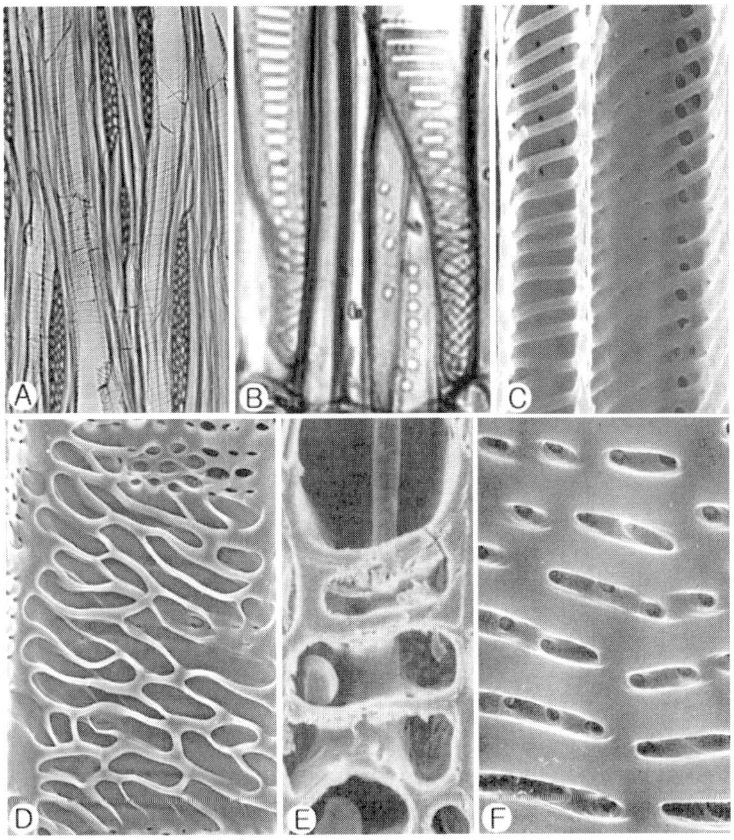

그림 1-5-20. 피나무(A), 계수나무(B)와 느티나무(C) 도관요소의 나선비후(A~C), 흑호두나무 도관요소의 망상비후(D), 뉴질랜드월계수의 트라베큘레(E) 및 티크 도관요소의 결합공구(F)

침엽수재의 가도관에서 발견되는 것과 마찬가지로 도관요소의 세포벽 안쪽 표면에 나선상이나 수평상의 줄무늬 모양으로 비후된 부분이 있는데 이를 나선비후(helical or spiral thickening)라고 부른다. 단풍나무속(Acer), 벚나무속(Prunus), 피나무속(Tilia) 등과 같은 산공재인 경우 연륜 전역에 걸쳐 도관요소에 나선비후가 발달되는 반면 느릅나무속, 다릅나무속(Maackia), 아까시나무속(Robinia), 팽나무속(Celtis) 등과 같은 환공재에서는 추재 소형 도관요소에만 나선비후가 발달되는 경향이 있다. 그러나 계수나무, 미국풍나무(sweetgum, Liquidamber styraciflua) 등의 경우에는 도관요소 전체가 아니라 초리(tail) 부분에만 나선비후가 발달되어 있다. 한편, 가래나무속(Juglans)의 도관요소는 그물 모양의 비후부인 망상비후(reticulate thickening)를 지니기도 한다(그림 1-5-20의 A~D).

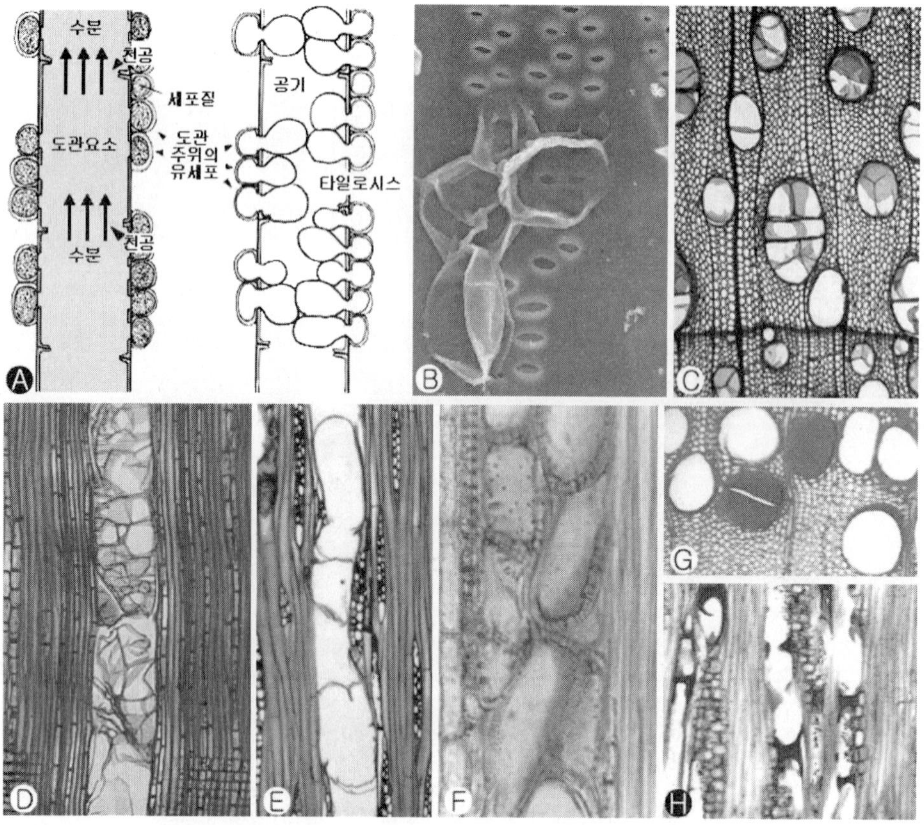

그림 1-5-21. 타일로시스의 발달에 따른 도관 폐쇄 모식도(A), 벽공을 통해 도관의 내강으로 침입, 생장 중에 있는 흑호두나무의 타일로시스 싹(B), 백호두나무(C)와 흑호두나무(D)의 도관 내 포상 타일로시스(C~D), 후박나무의 도관 내 격벽상 타일로시스(E), 서어나무의 도관 내 후벽 타일로시스(F) 및 회화나무(G)와 산벚나무(H)의 도관 내 검 물질(G~H)

일부 활엽수재의 경우 도관요소의 수분 통도기능이 쇠퇴해 감에 따라 인접한 축방향유세포 또는 방사유세포의 벽이 세포질과 함께 벽공을 통해 도관요소의 내강으로 침투하여 팽윤된 돌출물인 타일로시스(tyloses)가 발달하게 된다. 도관요소 내강으로 침입한 후 타일로시스의 벽은 다층의 2차벽이 더욱 퇴적됨으로써 매우 두꺼운 벽을 지니는 후벽 타일로시스(sclerotic tyloses)로까지 발달되는 경우도 있다. 일반적으로 타일로시스는 변재로부터 심재로의 이행 과정인 심재화에 따라 발달되기 때문에 심재의 도관요소에서 주로 관찰되지만 기계적인 상해 또는 균 등의 감염에 의해 변재 내의 도관요소에서도 발달되는 것으로 알려져 있다. 이러한 타일로시스는 밤나무(Castanea crenata), 아까시나무, 참죽나무(Cedrela sinensis) 등처럼 포상이나 너도밤나무(Fagus crenata var. multinervis), 일본목련 등처럼 격벽상의 형상을 띠게 된다. 타일로시스는 도관을 부분적으로 또는 전체적으로 막아 버린다는 점에서 중요한 의미를 지니게 되는데 타일로시스가 발달되어 있는 목재를 어떠한 용도로 사용하느냐에 따라 단점이 될 수도 있고 반대로 장점이 될 수도 있다. 백참나무(white oak, Quercus alba)의 심재 도관에는 타일로시스가 발달되어 있으나 적참나무(red oak, Quercus rubra)의 심재 도관에는 타일로시스가 거의 발달되어 있지 않기 때문에 액체 저장용 통으로 백참나무가 선호되고 있는 것이다. 예를 들면, 도관이 꽉 막혀 있는 백참나무의 심재는 위스키 숙성용 통으로 많이 사용되는 반면 그렇지 못한 적참나무 심재는 이런 용도로 사용할 수가 없다. 이러한 장점과는 대조적으로 타일로시스가 잘 발달되어 있는 목재는 건조하기가 곤란하며 또한 보존제나 치수안정제를 주입하기가 어려운 단점을 지니게 된다. 또한, 검 물질(gummy substance)로 알려져 있는 유기물이 단풍나무속, 벚나무속 등과 같은 특정 활엽수재의 도관요소 등에 함유되어 있는데 이것이 세포벽의 미세한 통로를 막고 있기 때문에 목재 이용 측면에 있어 타일로시스와 비슷한 장단점을 보이게 된다(그림 1-3-8의 D~E, 1-5-21과 1-5-23의 B).

뉴질랜드월계수(New Zealand laurel, Coprosma repens)의 경우처럼 방사방향으로 나란히 배열되어 있는 도관요소, 축방향유세포, 목섬유 등을 포함한 여러 종류의 세포의 내강을 가로지르는 막대기 모양의 구조체인 트라베큘레가 활엽수재에서도 관찰되고 있는데 침엽수재보다는 드물게 발달되는 것으로 알려져 있다. 침엽수재와 활엽수재의 트라베큘레가 서로 비슷한 형상을 지니기 때문에 발달 원인이 되는 기작(mechanism)은 아마 동일할 것이라는 추측을 낳게 하고 있다. 활엽수재에 있어서 트라베큘레의 지름은 숙주 세포의 내강 지름 및 벽 두께와 관련성이 있는데 얇은 벽과 큰 내강을 지니는 세포에서는 얇은 원통형을 보이는 반면 두꺼운 벽과 좁은 내강을 지니는 세포에서는 두꺼운 실패 모양을 보이는 경향이 있다(그림 1-5-6의 F와 1-5-20의 E).

한편, 다릅나무(Maackia amurensis), 카라카(karaka, Corynocarpus laevigatus) 등처럼 도관요소가 층계상 배열을 이루고 있는 경우가 있는데 층계상형성층(storied cambium)에서 유래된 것으로써 진화도가 높은 활엽수재에서 주로 관찰되고 있다(그림 1-5-22의 E).

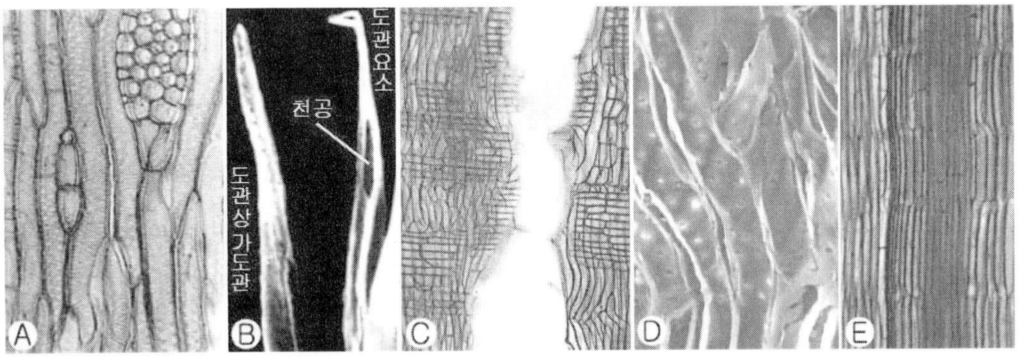

그림 1-5-22. 팽나무의 도관상가도관(A), 음나무의 추재 도관요소와 도관상가도관(B), 밤나무(C)와 갈참나무(D)의 주위상가도관(C~D) 및 다릅나무 추재 도관요소의 층계상 배열(E)

활엽수재의 가도관으로는 도관상가도관, 주위상가도관 및 섬유상가도관이 있지만 섬유상가도관은 목섬유의 한 종류로 취급되고 있다(그림 1-5-22의 A~D 및 표 1-5-2). 도관상가도관과 주위상가도관은 특정 수종에 한해 소량 발달되어 있는 것으로써 도관요소의 수분 통도기능을 보조하는 역할을 지니는 것으로 알려져 있는데 침엽수재의 가도관과는 달리 길이가 짧고 형상도 일정하지 않을 뿐만 아니라 방사방향으로 나란한 배열을 이루지도 못하고 있다. 그러나 침엽수재의 가도관과 마찬가지로 세포벽에는 다수의 유연벽공이 발달되어 있지만 토러스와 마르고의 구조체로 변형되지 않은 벽공막을 지니는 유연벽공대가 방사벽과 접선벽에 다소 균등히 발달되어 있다는 점에서 침엽수재의 가도관과 차이가 있다.

느릅나무속, 팽나무속 등에 존재하는 도관상가도관은 추재 소형 도관요소와 마찬가지로 세포벽에 나선비후가 발달되어 있을 뿐만 아니라 전체적인 형상도 소형 도관요소와 매우 비슷하게 닮은 세포이다. 이러한 도관상가도관은 소형 도관요소와 함께 집합관공을 이루는 경우가 많은데 천공판이 발달되어 있지 않다는 점에서만 도관요소와 차이가 있기 때문에 횡단면 상에서 소형 도관요소와 도관상가도관을 서로 구별해 내는 것은 사실상 불가능하다. 그러나 방사단면이나 접선단면에서는 추재 소형 도관요소가 축방향으로 연결된 관 모양의 구조로 되어 있는 반면 도관상가도관은 서로 연결되어 있지 않은 단독의 세포로 되어 있기 때문에 구별이 가능해진다. 주위상가도관은 물푸레나무속(Fraxinus), 참나무속 등처럼 대개 환공재의 공권에 존재하는 대형 도관요소 부근에 발달되는 것으로써 도관요소를 둘러싸면서 접해 있는 세포이다. 양단이 낚시 바늘처럼 굽어져 있는 불규칙한 형상을 띠는데 횡단면에서는 편평한 절단면을 드러내게 된다. 일반적으로 주위상가도관이 도관상가도관보다 길이가 더 긴 것으로 알려져 있다.

도관요소를 지니지 않는 활엽수재의 경우 가도관이 목재의 기초조직을 이루게 된다(그림 1-5-16의 F). 수레나무의 경우 춘재를 구성하는 축방향 세포는 모두 가도관으로 계단상 배열을 이루는 유연벽공을 갖고 있어 침엽수재에서 관찰되고 있는 유연벽공과는 형태에 차이가 있다. 반면, 추재를 구성하는 축방향 세포의 대부분은 섬유상가도관이다.

도관요소를 지니는 활엽수재에서는 기초조직을 이루는 세포로 진정목섬유와 섬유상가도관이 있는데 이들은 그 치수 및 형상이 매우 비슷해 서로 잘 구별되지 않기 때문에 대개 통틀어 목섬유라고 부르고 있다. 그러나 진정목섬유는 섬유상가도관보다 길이가 길면서 단벽공이 발달되어 있는 세포로써 어느 정도 두껍거나 매우 두꺼운 세포벽을 지니고 있는데 비해 섬유상가도관은 진정목섬유만큼 길지 못하면서 렌즈 내지 슬릿 모양의 벽공구를 지니는 유연벽공이 발달되어 있는 세포로써 얇거나 어느 정도 두꺼운 세포벽을 지니고 있다. 이러한 특성 때문에 활엽수재에 있어 진정목섬유가 수체 지지기능의 역할을 담당하는 반면 섬유상가도관은 주로 지지기능의 역할을 담당하나 어느 정도 통도기능의 역할도 함께 담당하는 것으로 여겨지고 있다. 따라서 섬유상가도관은 형태적 및 진화적인 측면에서 볼 때 지지기능을 지니는 진정목섬유와 통도기능 및 지지기능을 모두 지니는 침엽수재 가도관 사이의 중간 이행 단계에 있는 세포로 간주되고 있는데 일반적으로 침엽수재의 가도관보다 세포벽은 두꺼우나 유연벽공의 벽공연이 훨씬 미약하게 발달되어 있는 특징을 지닌다(그림 1-5-14와 1-5-24의 A~C).

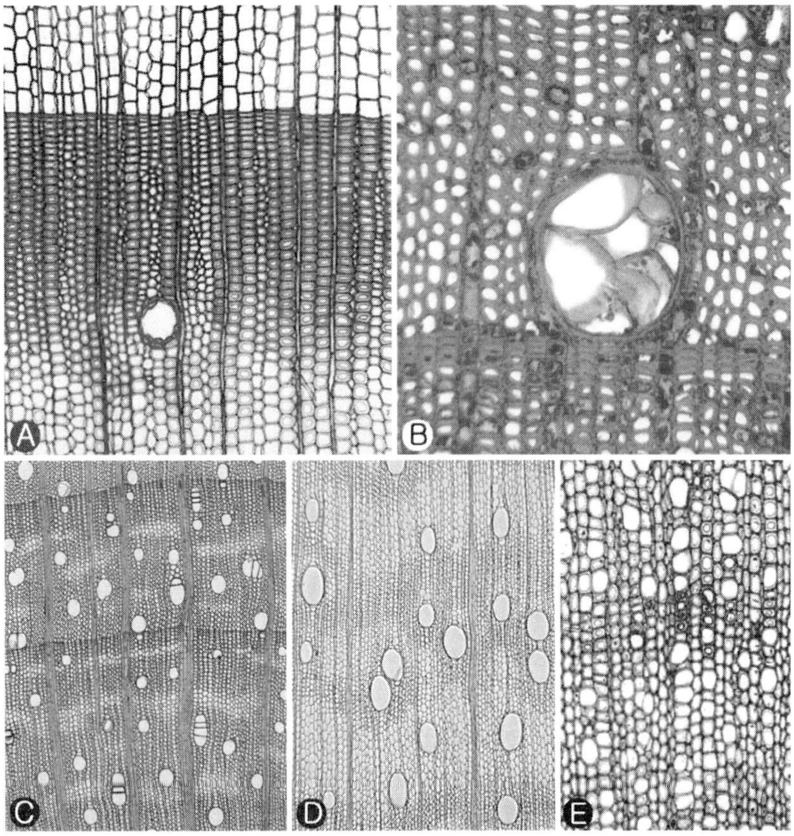

그림 1-5-23. 일본잎갈나무 춘재와 추재 가도관 및 수직수지구(A), 흑호두나무 춘재와 추재 목섬유 및 도관 내 타일로시스(B), 축방향유조직처럼 보이는 단풍나무 목섬유의 접선상 띠(C), 아모레스세코스의 목화되지 않은 축방향유조직의 띠(D) 및 방사조직이 발달되어 있지 않는 히비(E)

활엽수재의 목섬유는 침엽수재의 가도관과 마찬가지로 축방향으로 길이가 긴 방추형의 세포이지만 길이는 침엽수재의 가도관보다 훨씬 더 짧은 편이다. 또한, 침엽수재의 가도관이 둔한 혀 모양의 선단부를 지니는 것과는 달리 목섬유의 선단부는 뾰족하거나 분지되어 있다. 그리고 횡단면에서 대개 직사각형의 형상을 나타내는 침엽수재의 가도관과는 달리 목섬유는 둥근 형상을 보이는 경향이 강하지만 생장 말기에 발달된 목섬유들은 침엽수재의 추재 가도관처럼 방사방향으로 평평하게 눌린 듯한 모양을 나타내기도 한다. 그러나 목섬유는 횡단면이나 종단면에서 볼 때 크기가 큰 관공이나 방사조직 등으로 인해 상당히 흐트러져 있어 가지런한 배열 형태를 보이지 못하는 것이 보통이지만 멀구슬나무(Melia azedarach var. japonica), 암베로이(amberoi, Pterocymbium beccarii) 등처럼 종단면 상에서 층계상 배열을 이루고 있는 경우도 더러 있다(그림 1-3-2의 A, 1-5-2, 1-5-13, 1-5-23의 A~B와 1-5-24의 K~L).

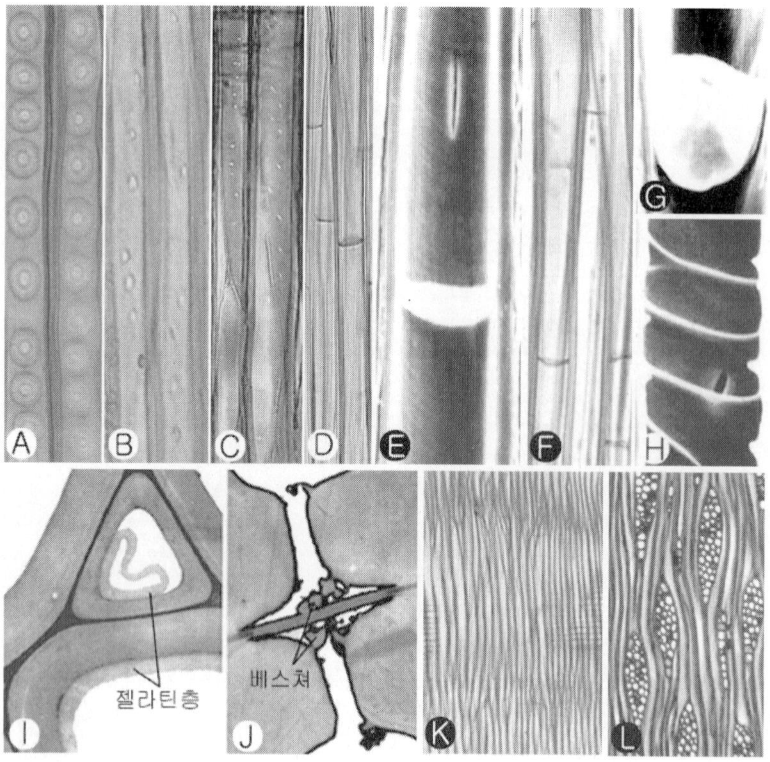

그림 1-5-24. 백전나무의 가도관(A), 흑호두나무의 섬유상가도관(B), 버드나무의 진정목섬유(C), 티크(D)와 마토아(E)의 격벽목섬유(D~E), 후박나무(F)와 일본목련(G) 목섬유의 격벽상 타일로시스(F~G), 꽝꽝나무 목섬유의 나선비후(H), 아까시나무 정상재의 젤라틴목섬유(I), 뉴질랜드 크리스마스트리 목섬유의 베스쳐드벽공(J) 및 멀구슬나무 목섬유의 층계상 배열(K)과 흑호두나무 목섬유의 비층계상 배열(L)

일반적으로 목섬유는 세포벽이 두꺼운 세포로써 길이와 세포벽 두께가 대략 1~2mm 및 2~10μm 정도 된다. 수분 통도기능을 지니는 도관요소가 발달되어 있는 활엽수재에 있어서는 수체 지지기능을 지니는 세포인 목섬유가 차지하는 비율과 그 평균 세포벽 두께는 활엽수재의 밀도를 좌우하는 중요한 인자로 작용하게 된다. 즉, 매우 무거운 목재는 목섬유가 차지하는 비율이 높을 뿐만 아니라 이들의 세포벽 역시 두껍거나 매우 두꺼운 반면 매우 가벼운 목재는 목섬유가 차지하는 비율이 낮을 뿐만 아니라 이들의 세포벽 역시 얇은 특징을 보이는 경향이 있다. 이들 양자의 중간에 속하는 밀도를 지니는 목재의 경우에는 이런 인자들의 복잡한 조합에 의해 결정되어 진다. 오리나무, 피나무(Tilia amurensis) 등의 목섬유는 세포내강의 지름이 인접하는 2개의 세포벽 두께인 공통 세포벽 두께(double wall thickness)의 3배 이상 정도가 될 만큼 세포벽이 매우 얇으며 백버드나무(white willow, Salix alba), 감탕나무속(Ilex) 등의 목섬유는 세포내강의 지름이 공통 세포벽 두께(double wall thickness)의 3배 이하로 세포내강이 명확하게 드러나 보일 만큼 세포벽이 얇거나 두꺼운 편이다. 그러나 참나무속, 적맹그로브(red mangrove, Rhizophora mangle) 등의 목섬유는 세포내강이 거의 완전히 막혀 잇을 만큼 매우 두꺼운 세포벽을 지니고 있다. 한편, 얇은 세포벽의 목섬유에 의한 접선상 띠가 두꺼운 세포벽의 목섬유에 의한 띠와 교호로 배열되어 있어 마치 축방향유 조직처럼 보이는 경우도 있는데 야생아키(wild ackee, Cupania americana), 단풍나무속 등에서 관찰되고 있다(그림 1-1-3, 1-5-14와 1-5-23의 C).

마호가니속(Swietenia), 물푸레나무속, 사시나무속 등에는 단벽공을 지니는 진정목섬유 내지 벽공연이 좁은 유연벽공을 지니는 섬유상가도관이 그리고 감탕나무속, 동백나무속(Camellia), 붓순나무속(Illicium) 등에는 명확히 발달된 유연벽공을 지니는 섬유상가도관이 발달되어 있다.

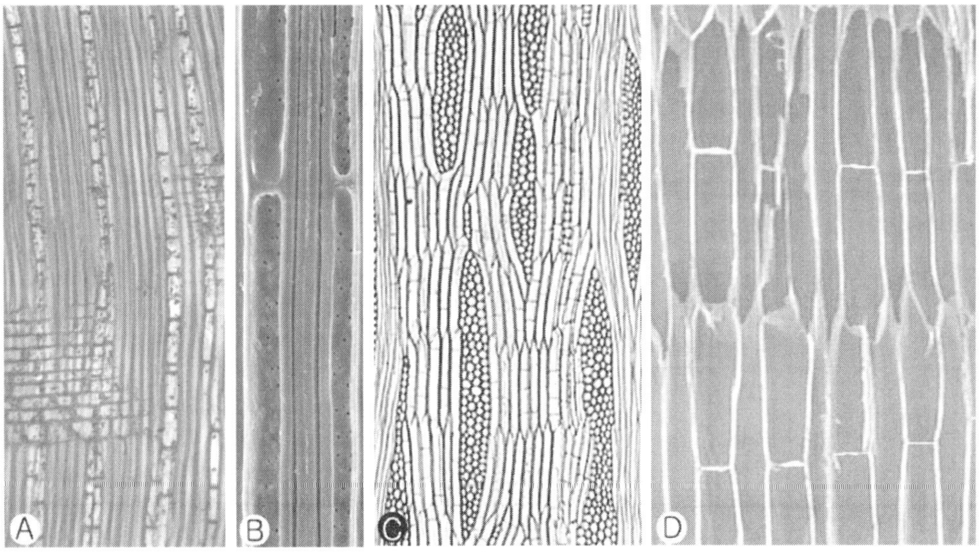

그림 1-5-25. 흑호두나무(A)와 백호두나무(B)의 스트랜드유세포(A~B) 및 아까시나무(C)와 발사(D)의 스트랜드유세포와 방추형유세포(C~D)

격벽목섬유는 마토아(Matoa, Pometia pinnata), 아메리카마호가니, 티크 등에서 관찰할 수 있는 것처럼 세포내강을 수평방향으로 가로지르는 얇은 격벽(septum)을 지니는 목섬유를 일컫는데 일본목련, 후박나무(Machilus thunbergii) 등의 목섬유에 발달되어 있는 타일로시스와 혼동을 일으키지 않도록 주의하여야 한다. 섬유상가도관에 격벽이 존재하는 경우를 특별히 따로 구분하고자 할 때에는 격벽섬유상가도관(septate fiber tracheid)이라고 부르게 된다. 목섬유 중에는 꽝꽝나무(Ilex crenata), 돌개회나무(Syringa reticulata) 등처럼 나선비후가 그리고 뉴질랜드 크리스마스트리 등처럼 베스쳐드벽공이 발달되어 있는 경우도 있다. 그리고 목화되지 않은 젤라틴층(gelatinous layer)이 세포벽의 가장 안쪽에 발달되어 있는 젤라틴목섬유는 인장이상재(tension wood)의 특징이 되고 있으나 아까시나무, 참나무속 등의 정상재 목섬유에서도 젤라틴층이 확인되고 있다(그림 1-5-18의 G와 1-5-24의 D~J).

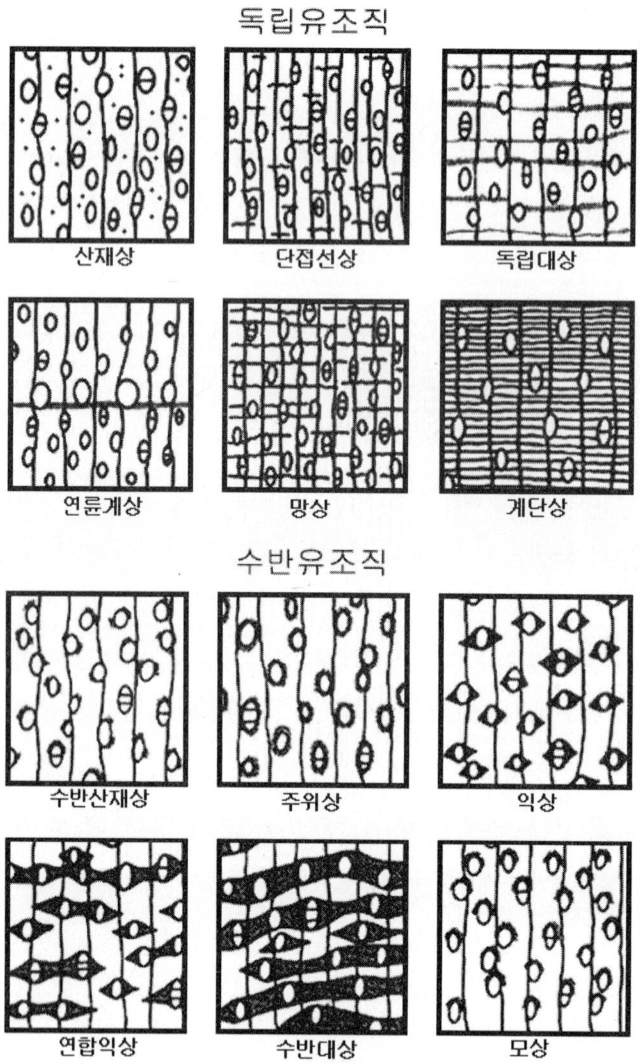

그림 1-5-26. 축방향유조직의 배열형 모식도

양분의 저장이나 배분 그리고 대사물질을 저장하는 기능을 지니는 세포로써 단벽공이 발달되어 있는 유세포로는 축방향유세포와 방사유세포가 있다. 수분 통도 및 수체 지지 기능을 지니는 도관요소, 목섬유, 가도관 등의 사이에서 축방향으로 배열되어 있는 축방향유세포의 집합체를 축방향유조직(axial parenchyma) 그리고 방사방향으로 배열되어 있는 방사유세포의 집합체를 방사조직(ray)이라고 부른다.

축방향유세포는 얇은 세포벽을 지니는 것으로써 축방향으로 길이가 긴 세포인데 변재에서는 살아있지만 심재화에 따라 기능이 쇠퇴해져 죽은 세포로 바뀌어 가게 된다. 방추형시원세포로부터 병층분열에 의해 파생된 다음 또 다시 횡분열을 통해 형성된 세포인 스트랜드가 축방향으로 여러 개 배열을 이루고 있는 유세포가 스트랜드유세포이다. 스트랜드유세포를 구성하는 스트랜드의 수는 수종에 따라 차이가 있으나 대개 5~12개 정도인데 아까시나무, 발사(balsa, Ochroma pyramidale) 등처럼 층계상 배열을 이루고 있는 목재에서는 스트랜드의 수가 2~4개 정도로 적을 뿐만 아니라 스트랜드유세포의 전체적인 길이도 짧은 편이다. 한편, 방추형시원세포로부터 파생된 다음 재분열 과정을 겪지 않아 방추형을 띠게 된 유세포도 있는데 이런 유세포를 방추형유세포라고 부른다. 스트랜드유세포와는 달리 방추형유세포는 보편적이지 못한 것으로써 아까시나무, 다릅나무, 발사, 오비치(obeche, Triplochiton scleroxylon, 유창목(lignum vitae, Guaiacum officinale) 등처럼 대개 층계상 배열 및 길이가 짧은 축방향 세포를 지니는 목재에 발달되는 경향이 있다(그림 1-5-13과 1-5-25).

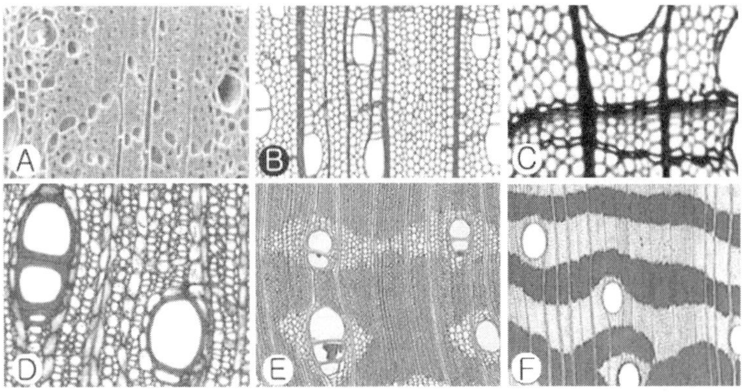

그림 1-5-27. 갈참나무의 산재상유조직(A), 황자작나무의 접선상유조직(B), 개굴피나무의 독립대상유조직과 연륜계상유조직(C), 감나무의 주위상유조직(D), 두씨에이의 익상유조직 내지 연합익상유조직(E) 및 웬게이의 수반대상유조직(F)

침엽수재와는 달리 활엽수재의 축방향유조직은 비교적 그 양이 많아 횡단면에서 육안적으로도 옅은 색의 층이나 선으로 드러나 보이기도 한다. 횡단면 상에서의 배열 상태에 따라 관공과 접촉되어 있지 않은 독립유조직(apotracheal parenchyma)과 관공과 접촉되어 있는 수반유조직(paratracheal parenchyma)의 2부류로 크게 나뉜다(그림 1-5-26~1-5-27).

산재상유조직(diffuse parenchyma)은 목섬유 사이에 단일의 유세포가 불규칙적으로 산재되어 있는 것으로 갈참나무(Quercus aliena), 구실잣밤나무(Castanopsis cuspidata var. sieboldii), 오리나무 등에, 단접선상유조직(diffuse-in-aggregate parenchyma)은 방사조직과 방사조직 사이에서 짧은 접선상으로 분포되어 있는 것으로 가래나무(Juglans mandshurica), 피나무, 황자작나무(Betula alleghaniensis) 등에, 독립대상유조직(apotracheal banded parenchyma)은 동심원상 또는 접선상으로 길게 연속 배열되어 있는 것으로 개굴피나무(Pterocarya rhoifolia), 붉가시나무, 조록나무 등에, 연륜계상유조직(marginal parenchyma)은 연륜계에 있어 생장 초기나 말기 부위에 다소 연속된 층을 이루고 있는 것으로 일본목련, 황철나무 등에, 망상유조직(reticulate parenchyma)은 인접한 방사조직 사이의 간격과 단접선상 또는 독립대상유조직 사이의 간격이 거의 균일한 것으로 가래나무 등에 그리고 계단상유조직(scalariform parenchyma)은 인접한 방사조직 사이의 간격보다 단접선상 또는 독립대상유조직 사이의 간격이 명백하게 좁은 것으로 암베로이 등에 존재한다.

수반산재상유조직(scanty paratracheal parenchyma)은 관공의 주위를 칼집 모양으로 완전히 둘러싸지 못하는 것으로 너도밤나무, 느릅나무, 월계수(bay laurel, Laurus nobilis) 등에, 주위상유조직(vasicentric parenchyma)은 관공의 주위를 칼집 모양으로 완전히 둘러싸면서 원형 또는 타원형을 띠는 것으로 감나무, 녹나무(Cinnamomum camphora), 임부이아(imbuia, Phoebe porosa) 등에, 익상유조직(aliform parenchyma)은 접선방향을 따라 관공을 새의 날개 모양으로 둘러싸는 것으로 두씨에이(doussié, Afzelia africana), 자귀나무, 참오동나무 등에, 연합익상유조직(confluent parenchyma)은 익상유조직이 접선상 내지 사상으로 다수 연합된 것으로 푸조나무(Aphananthe aspera), 퍼스틱(fustic, Chlorophora tinctoria) 등에, 수반대상유조직(paratracheal banded parenchyma)은 관공을 둘러싸면서 접선상 또는 동심원상의 대상 배열을 이루는 것으로 웬게이(wengé, Millettia laurentii), 참오동나무, 티크 등에 그리고 모상유조직(unilaterally paratracheal parenchyma)은 관공의 외측 또는 내측에만 편중 배열되어 있어 모자 모양을 닮은 것으로 자심(purpleheart, Peltogyne confertiflora) 등에 존재한다.

한편, 아모레스세코스(Amores secos, Heliocarpus popayannensis) 등과 같은 소수의 수종에서는 목화되지 축방향유조직(unlignified parenchyma)이 보통 폭이 넓은 대상의 형태로 관찰되고 있다(그림 1-5-23의 D).

이외에도 수직검구 주위에 존재하며 검을 생성하는 에피델리움세포가 있다. 그리고 같은 축방향유조직을 구성하는 유세포 가운데 형상과 내용물이 다른 축방향유세포와 차이를 보이는 것을 이형세포라고 부르는데 기름 성분의 물질을 지니는 기름세포(油細胞, oil cell), 대개 수산칼슘(calcium oxalate) 결정을 지니는 결정세포(crystalliferous cell) 등이 이러한 특수한 축방향유세포에 해당된다(그림 1-5-31의 C~F).

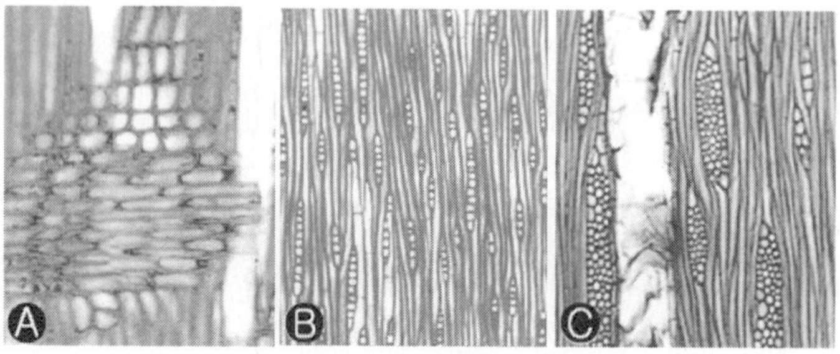

그림 1-5-28. 산딸나무의 평복세포, 직립세포와 방형세포(A), 실잣밤나무의 단열방사조직(B) 및 뽕나무의 폭이 다른 여러 종류의 방사조직(C)

히비(hebe, Hebe traversii) 등처럼 방사조직을 지니지 않고 축방향의 세포로만 구성되어 있는 경우도 더러 있으나 대부분의 활엽수재에는 방사조직이 잘 발달되어 있다(그림 1-5-23의 E와 1-5-28). 활엽수재의 방사조직은 방사유세포만으로 구성되어 있는데 대개 침엽수재의 방사조직보다 크기가 더 클 뿐만 아니라 종류도 무척 다양한 편이다. 접선단면에서 볼 때 대부분의 활엽수재에는 세포 2열 이상의 폭을 지니는 방사조직이 발달되어 있는데 폭이 다른 여러 종류의 방사조직이 함께 발달되어 있는 경우도 있다.

방사단면 상의 형상에 따른 활엽수재 방사유세포의 종류로는 방사방향으로 길이가 긴 평복세포, 축방향으로 길이가 긴 직립세포 및 정사각형에 가까운 방형세포가 있다. 이들 가운데 직립세포와 방형세포는 대개 방사조직의 상하 가장자리에 배열되어 있다.

접선단면에서 관찰되는 방사조직의 폭에 따른 종류로는 세포의 폭이 1열인 단열방사조직(uniseriate ray), 2열인 복열방사조직(biseriate ray) 그리고 3열 이상인 다열방사조직(multiseriate ray)이 있다. 구실잣밤나무, 밤나무, 버드나무속, 사시나무속 등은 주로 단열방사조직만을 지니며 계수나무, 구골나무, 까치박달(Carpinus cordata), 회양목(Buxus microphylla var. koreana) 등에는 상당히 많은 복열방사조직이 발달되어 있다. 다열방사조직은 대다수의 활엽수재에서 관찰되고 있는데 너도밤나무, 참나무속 등의 활엽수재에는 폭과 높이가 모두 매우 큰 다열방사조직이 잘 발달되어 있다. 이처럼 폭이 매우 큰 다열방사조직을 편의적으로 광방사조직(broad ray)이라고 부르기도 한다. 그리고 메르사와(mersawa, Anisoptera laevis), 양버즘나무(Platanus occidentalis) 등처럼 높이 1mm 이상인 방사조직을 지니는 경우도 있는데 특히 미국산 백참나무의 경우 방사조직의 높이가 3.8cm(1.5inch) 이상인 것이 흔히 관찰되고 있는 반면 적참나무의 경우 그렇지 못하기 때문에 양자의 수종 식별 인자로도 이용되고 있다. 또한 미국서어나무(American hornbeam, Carpinus caroliniana), 적오리나무(red alder, Alnus rubra) 등의 집합방사조직 역시 육안적으로 보았을 때 긴 줄무늬 모양의 높은 방사조직처럼 보이게 된다(그림 1-5-28~1-5-29).

한편, 접선단면 상 방사조직의 분포 상태에 따른 종류로는 크기에 차이가 거의 없는 방사조직이 비교적 균등하게 분포되어 있는 산재방사조직(diffuse ray), 개개의 방사조직이 서로 밀집되어 있어 마치 하나의 큰 방사조직처럼 보이는 집합방사조직(aggregate ray) 그리고 폭뿐만 아니라 통상 높이의 차이에 따라서도 명확하게 2부류로 분류되는 방사조직이 함께 존재하는 명확히 크기가 다른 2계급방사조직(rays of two distinct sizes)이 있다. 명확히 크기가 다른 2계급방사조직 가운데 폭과 높이가 매우 큰 방사조직이 존재하는 경우 이 대형의 방사조직을 복합방사조직(compound ray)이라고 부르기도 한다. 산재방사조직은 대다수의 활엽수재에서 관찰되고 있으며 집합방사조직은 개암나무속(Corylus), 서어나무속(Carpinus), 오리나무속 등에 그리고 명확히 크기가 다른 2계급방사조직은 너도밤나무속(Fagus), 참나무속 등에 발달되어 있다. 특히, 미국산 단풍나무의 경우 연단풍나무(soft maple, Acer rubrum)와는 달리 경단풍나무는 명확히 크기가 다른 2계급방사조직을 지니고 있기 때문에 양자의 수종 식별 인자로도 이용되고 있다(그림 1-5-29).

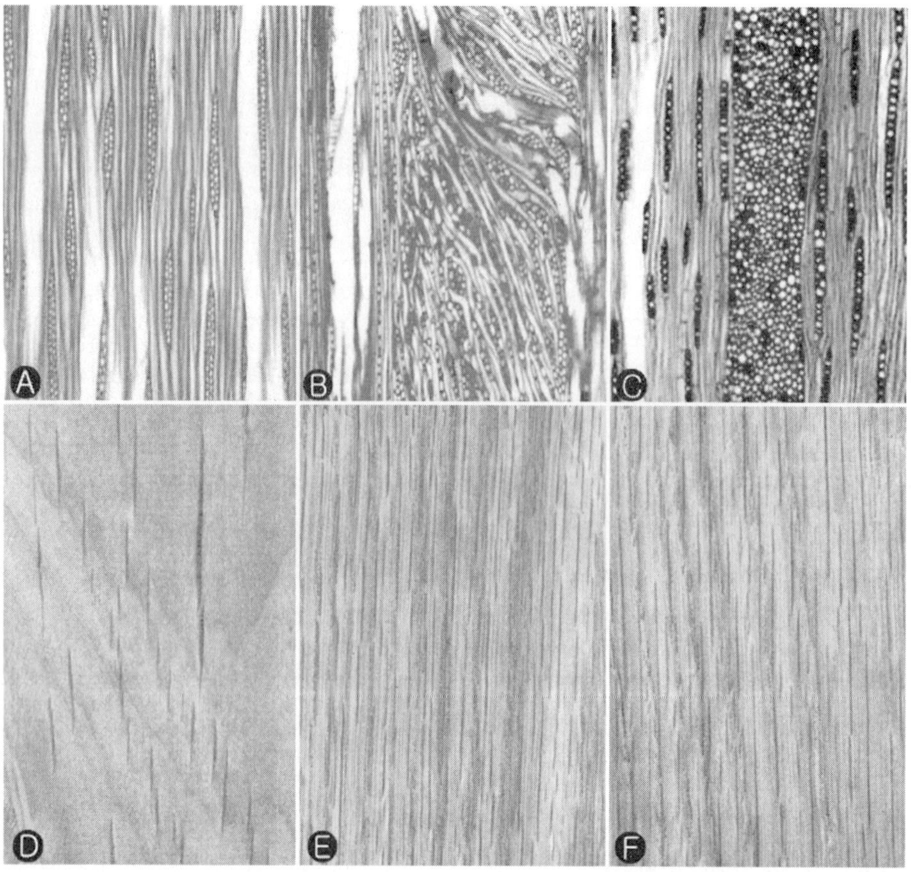

그림 1-5-29. 일본목련의 산재방사조직(A), 개암나무의 집합방사조직(B), 졸참나무의 명확히 크기가 다른 2계급방사조직(C), 적오리나무의 집합방사조직(D) 및 적참나무(E)와 참나무(F)의 복합방사조직(E~F)

구성세포의 종류에 따른 분류의 경우 어느 한 종류의 세포로만 구성되어 있는 경우 동성방사조직(homocellular ray) 그리고 두 종류의 이상의 세포로 구성되어 있는 경우 이성방사조직(heterocellular ray)이라고 부른다. 이성방사조직의 경우 대개 중앙에 평복세포가 그리고 상하 가장자리에서 방형세포 또는 직립세포가 배열되는 형태를 띠고 있다(그림 1-5-30).

평복세포로만 구성되어 있는 단열동성방사조직은 사시나무속, 밤나무속, 오리나무속, 잣밤나무속(Castanopsis) 등에 그리고 단열이성방사조직은 꾸지뽕나무속(Cudrania), 버드나무속, 사람주나무속(Sapium), 예덕나무속(Mallotus) 등에 발달되어 있다. 한편, 평복세포로만 구성되어 있는 다열방사조직은 단풍나무속, 자귀나무속(Albizia) 등에, 직립세포나 방형세포 단독 또는 양자 모두로 구성되어 있는 다열방사조직은 식나무(Aucuba japonica) 등에, 다열부는 평복세포로 그리고 상하 가장자리의 단열부가 1열의 직립세포 또는 방형세포로 구성되어 있는 다열방사조직은 음나무, 녹나무속(Cinnamomum), 자작나무속, 서어나무속 등에, 다열부는 평복세포로 그리고 상하 가장자리의 단열부가 2~4열의 직립세포 또는 방형세포로 구성되어 있는 다열방사조직은 동백나무, 말오줌때속(Euscaphis) 등에 그리고 다열부는 평복세포로 그리고 상하 가장자리의 단열부가 5열 이상의 직립세포 또는 방형세포로 구성되어 있는 다열방사조직은 때죽나무, 커피나무속(Coffea) 등에 발달되어 있다(그림 1-5-30의 B~E).

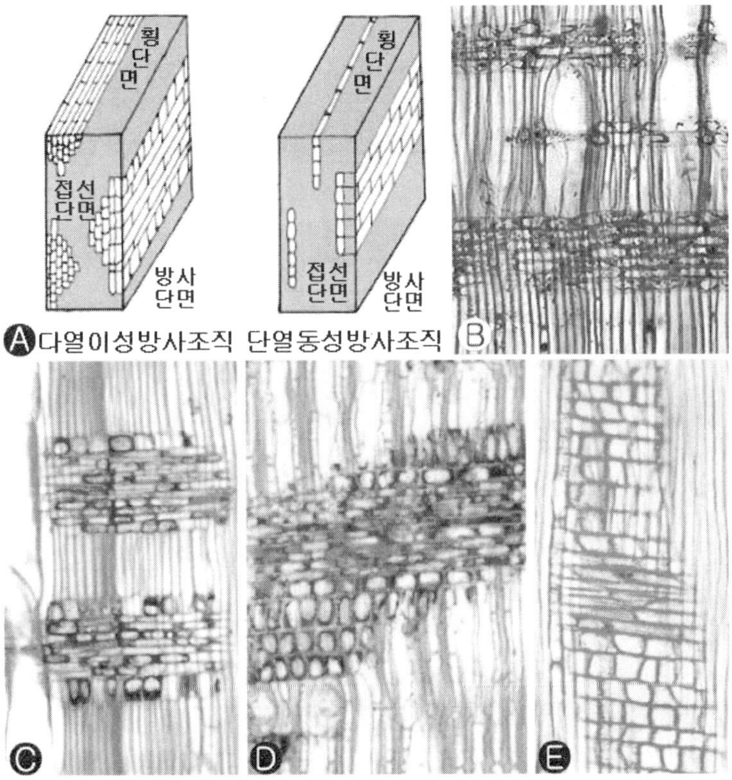

그림 1-5-30. 구성 세포의 종류에 따른 방사조직의 종류 예시도(A), 오리나무의 동성방사조직(B) 및 생달나무(C), 동백나무(D)와 때죽나무(E)의 이성방사조직(C~E)

한편, 접선단면에서 볼 때 감나무, 아메리카마호가니, 칠엽수(Aesculus turbinata), 흑단 등처럼 대략 높이가 비슷한 방사조직이 수평방향으로 나란히 열을 지어 있는 층계상 배열을 나타내고 있는 경우도 있다(그림 1-3-10).

천공을 지니는 방사조직세포(perforated ray cell)는 인접하고 있는 세포와 크기가 같거나 또는 더 큰 방사조직 구성 세포로써 특이하게도 도관요소처럼 천공뿐만 아니라 도관상호간벽공과 유사한 유연벽공을 지니는 것을 일컫는 것으로써 백당나무(Viburnum sargentii), 예덕나무(Mallotus japonicus) 등에서 관찰되고 있다. 천공은 대개 방사조직의 양쪽에 존재하는 2개의 도관요소와 서로 접하는 측벽에 발달되어 있는데 방사조직세포는 단천공판, 계단상천공판, 망상천공판 등을 지니지만 같은 목재의 도관요소에 발달되어 있는 천공판의 종류와 반드시 일치하지는 않는다(그림 1-5-31의 A~B). 그리고 라고스명주고무나무(Lagos silk rubber tree, Funtumia africana), 유럽회양목(European box, Buxus sempervirens) 등처럼 방사유세포가 부분적으로 분리되어 있으나 세포 상호간의 결합이 관상 내지 복잡한 벽 돌기부에 의해 유지되고 있는 이접방사유세포(disjunctive ray parenchyma cell)도 있다(그림 1-5-32의 G).

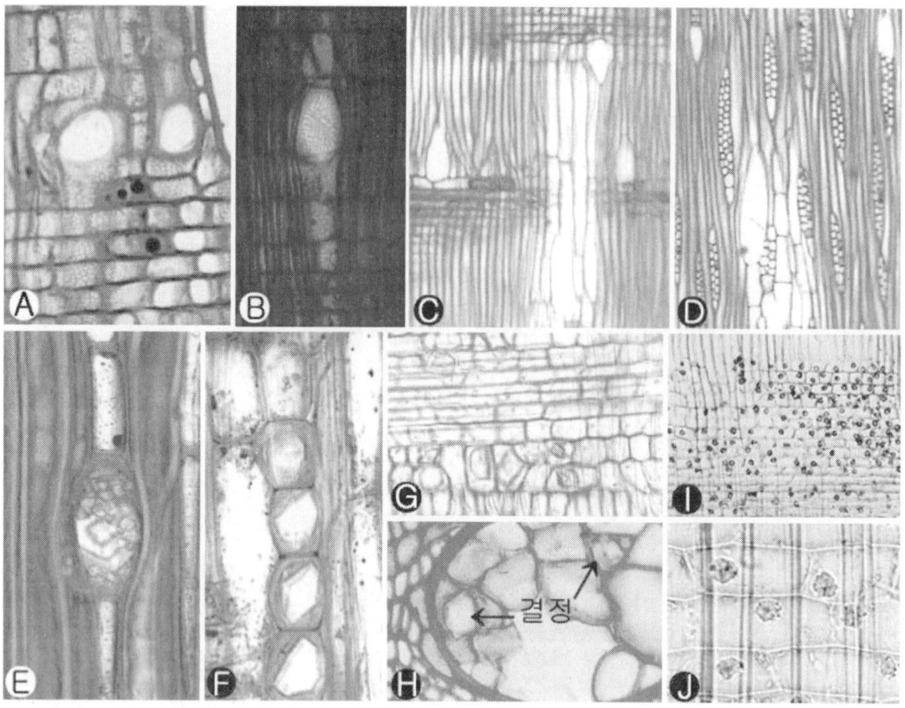

그림 1-5-31. 단천공판을 지니는 예덕나무(A)와 망상천공판을 지니는 백당나무(B)의 사조직 구성 세포(A~B), 녹나무의 기름세포(C~D), 흑호두나무 축방향유세포 내의 결정(E), 붉가시나무의 다실결정세포(F), 팽나무 방사유세포 내의 결정(G) 오구나무 타일로시스 내의 결정(H) 및 백메런티 방사유세포 내의 실리카(I~J)

이외에도 수평방향으로 배열하는 유세포로써 수평검구 주위에 존재하며 검을 생성하는 에피델리움세포가 있으며 기름세포, 결정세포, 초상세포, 타일세포, 방사유관, 타닌관, 유적 등은 방사조직과 관련 있는 특수한 유세포나 조직에 해당된다.

축방향유조직 및 방사유조직 중에 존재하는 기름세포는 스트랜드유세포의 일부 또는 방사조직 상하 가장자리의 일부 세포에 기름 성분의 물질이 함유되어 있는 것으로써 상당히 대형화되어 있으며 녹나무, 생달나무(Cinnamomum japonica), 후박나무 등에 존재한다. 축방향유세포 및 방사유세포 중에는 결정을 지니는 세포인 결정세포가 있는데 온대산 활엽수재보다도 열대산 활엽수재에 더 많이 존재하는 것으로 알려져 있다. 특히, 격벽(septum) 또는 얇거나 두꺼운 세포벽(cell wall)에 의해 더욱 분할된 소실(小室) 내에 결정이 함유되어 있는 것을 다실결정세포(chambered crystalliferous cell)라고 부른다. 이러한 결정은 유세포 이외에도 오구나무(Sapium sebiferum) 등처럼 타일로시스 내에 그리고 석류(Punica granatum) 등처럼 격벽목섬유 내에 존재하는 경우도 있다(그림 1-5-31의 C~H).

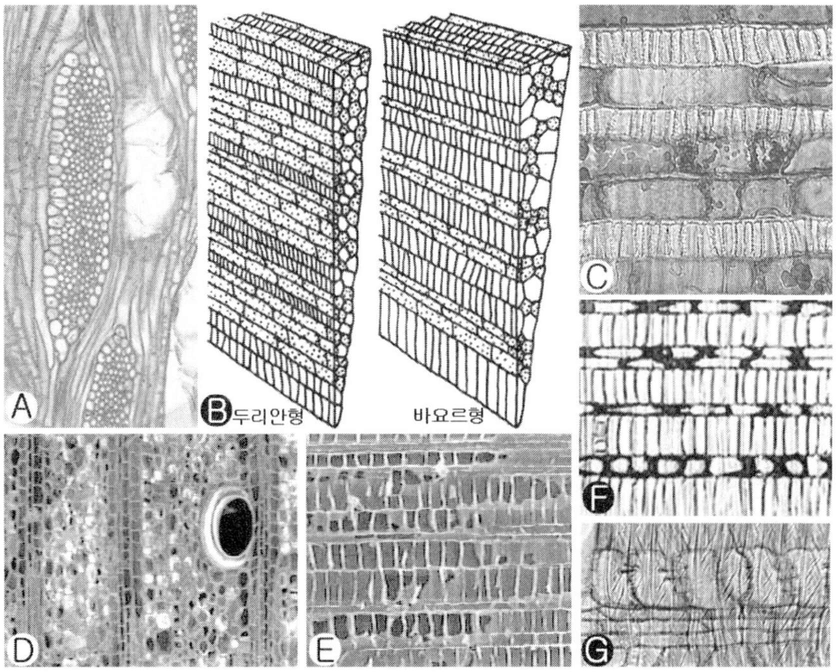

그림 1-5-32. 풍게나무의 초상세포(A), 타일세포의 모식도(B), 두리안(C), 발사(D~E)와 바요르(F)의 타일세포(C~F) 및 유럽회양목의 이접방사유세포(G)

벽오동(Firmiana simplex), 팽나무, 풍게나무(Celtis jessoensis), 암베로이 등의 접선단면에서 볼 수 있듯이 다열방사조직의 가장자리에 존재하면서 안쪽의 평복세포를 마치 칼집 모양으로 둘러싸면서 배열되어 있는 직립세포가 있는데 이를 초상세포(sheath cell)라고 한다. 그리고 방사단면에서 볼 때 평복세포와 높이가 거의 동일하거나 또는 다소 더 높은 직립세포로써 내용물을 전혀 지니지 않는 특수한 방사유세포인 타일세포(tile cell)가 일부 활엽수재의 방사조직에 발달되어 있는데 횡단면상에서 다소 규칙적인 방형으로 나타나기 때문에 이러한 이름으로 불리게 되었다. 타일세포는 일반적으로 평복세포 사이에 존재하면서 방사방향으로 연속 배열을 이루고 있는데 벵간(benggan, Neesia altissima), 두리안속(durian, Durio) 등처럼 세포의 높이가 평복세포와 거의 동일한 두리안형 그리고 발사, 바요르속(bayor, Pterospermum) 등처럼 평복세포보다 높은 바요르형이 있다(그림 1-5-32).

방사유관(latex tube)은 방사조직 내에 발달되어 있는 유관(laticifer)을 일컫는데 관 모양의 세포가 단독으로 또는 연속 배열되어 있는 것으로 대개 무색 또는 담황색 내지 갈색의 유액이 함유되어 있다. 그리고 방사유관을 지니는 수종의 건조재에서는 방사방향으로 관통하는 렌즈 모양의 통로인 유적(latex trace)도 관찰되고 있다. 타닌관(tanniferous tube)은 형태적으로 방사유관과 동일하지만 내용물로써 적갈색의 타닌 물질이 함유되어 있다. 방사유관은 젤루통(jelutong, Dyera costulata), 뿔라이(pulai, Alstonia scholaris) 등에서 그리고 타닌관은 페나라한(penarahan, Horsfieldia subglobosa) 등에서 관찰되고 있다. 이들 방사유관과 타닌관은 특수한 유세포 종류 가운데 하나이지 세포와 세포 사이의 빈 틈새인 수평검구가 아니라는 사실에 주의하여야 한다(그림 1-5-33의 F~G).

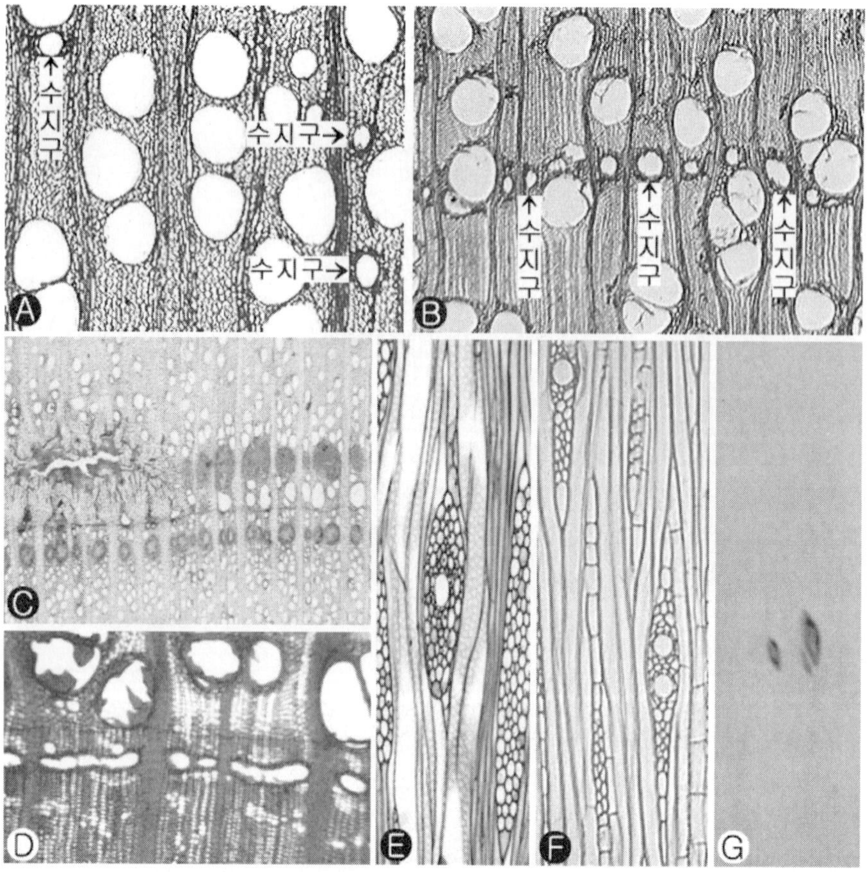

그림 1-5-33. 메르사와(A)와 방키라이(B)의 정상 수직검구(A~B), 살구나무(C)와 가죽나무(D)의 상해 수직검구(C~D), 황칠나무의 정상 수평검구(E) 및 젤루통의 방사유관(F)과 유적(G)

침엽수재의 경우와 마찬가지로 에피델리움세포로 둘러싸여 있는 분비성의 정상검구(normal gum canal)가 일부 활엽수재에서 관찰되고 있는데 배열 방향에 따라 수직검구와 수평검구의 2종류로 나뉘게 된다. 그러나 대부분의 침엽수재 정상수지구와는 달리 같은 수종의 목재 내에 이들 모두가 함께 발달되기 보다는 이들 가운데 어느 하나만 발달되어 있는 경우가 많은데 수직검구에 비해 수평검구를 지니는 수종이 더 많은 것으로 알려져 있다.

수직검구는 국내산 활엽수재에서 찾아볼 수가 없지만 열대산 활엽수재 중에서는 이우시과에 속하는 대부분의 수종에 발달되어 있으며 그 밖에도 세파티아(sepetir, Sindora wallichi) 카티보(Cativo, Prioria copaifera) 등에서 관찰되고 있다. 이들은 횡단면 상에서 레삭(resak, Cotylelobium burckii), 메르사와 등처럼 산재상으로 그리고 방키라이(bankirai, Shorea laevis), 암적메런티(dark red meranti, Shorea curtisii) 등처럼 단접선상 내지 동심원상으로 배열되어 있기도 한데 특히 접선상으로 길게 배열되어 있는 동심원상 배열의 수직검구는 대개 대상유조직에 둘러싸여 있게 된다. 한편, 수평검구는 침엽수재의 수평수지구와 마찬가지로 방추형방사조직 내에 발달되어 있는데 국내산 활엽수재 가운데에서는 송악(Hedera rhombea), 황칠나무(Dendropanax morbifera) 등처럼 소수의 수종에만 한정되어 발달되어 있으나 열대산 활엽수재 중에서는 검보-림보(gumbo-limbo, Bursera gummifera), 타피리리카(tatapiririca, Tapirira guianensis), 황메런티(yellow meranti, Shorea acuminatissima) 등과 같은 감람과(Burseraceae), 이우시과 및 옻나무과(Anacardiaceae)의 많은 수종에서 관찰되고 있다(그림 1-5-33의 A~B와 E).

상해에 의해 발달되는 것으로 알려져 있는 상해검구(traumatic gum canal)는 침엽수재의 상해수지구와 마찬가지로 특정 수종의 목재에서 빈번하게 관찰되는 경향이 있는데 일반적으로 윤곽과 크기가 일정하지 않은 것이 접선상의 열로 길게 배열되어 있으면서 짙은 색의 높은 점착성 검을 지니기 때문에 정상검구와 쉽게 구분될 수 있다. 이들 상해검구는 침엽수재의 상해수지구와는 달리 수직수지구의 형태로만 발달되고 있는데 국내산 활엽수재 중에서는 가죽나무(Ailanthus altissima), 살구나무(Prunus armeniaca var. anzu) 등에서 그리고 열대산 활엽수재 중에서는 안디로바(andiroba, Carapa procera), 인도아몬드(Indian almond, Terminalia procera), 파우 마핌(pau marfim, Balfourodendron riedelianum) 등에서 관찰되고 있다(그림 1-5-33의 C~D).

유세포에 함유되어 있는 결정 가운데 가장 빈번하게 그리고 가장 많은 수종의 활엽수재에서 관찰되고 있는 형상의 것은 단독의 사방육면체 또는 팔면체인 능형결정(prismatic crystal)이다. 그 이외에도 길이가 폭의 4배 이상인 기둥 모양의 것으로써 선단이 뾰족하거나 사각형 모양인 주정(styloid), 길이가 폭의 2~4배 정도 되는 것으로써 선단이 뾰족한 세장형결정(elongate crystal), 바늘처럼 생긴 것으로 다발을 이루지 못한 침정(acicular), 침정이 다수 밀집되어 다발 모양을 이루고 있는 속정(raphid), 공 모양의 덩어리로써 별사탕처럼 생긴 집정(druse) 그리고 매우 작은 미립자 모양의 것이 모여 있는 사정(crystal sand)이 있다(그림 1-5-31의 E~G와 1-5-34). 능형결정은 서어나무, 서인도수자목(West Indian satinwood, Fagara flava), 아프리카마호가니(African mahogany, Khaya ivorensis), 졸참나무, 팽나무 등에서, 주정은 멜라위스(melawis, Gonystylus bancanus) 등에서, 세장형결정은 블랙베리나무(blackberry tree, Vitex glabrana), 유럽 쥐똥나무(European privet, Ligustrum vulgare) 등에서, 베르돌라고(verdolago, Terminalia amazonica), 황벽나무(Phellodendron amurense) 등에서, 침정은 멜리나(Gmelina, Gmelina arborea), 황딱총나무(yellow elder, Tecoma stans) 등에서, 속정은 셈퍼(sempur, Dillenia reticulata), 포도나무(Vitis vinifera) 등에서, 집정은 벽오동, 산벚나무(Prunus sargentii), 아프리카자두나무(African plum, Dacryodes edulis) 등에서 그리고 사정은 과라니나(guaranina, Bumelia obtusifolia), 피사(pisa, Actinodaphne hookeri) 등에서 관찰되고 있다.

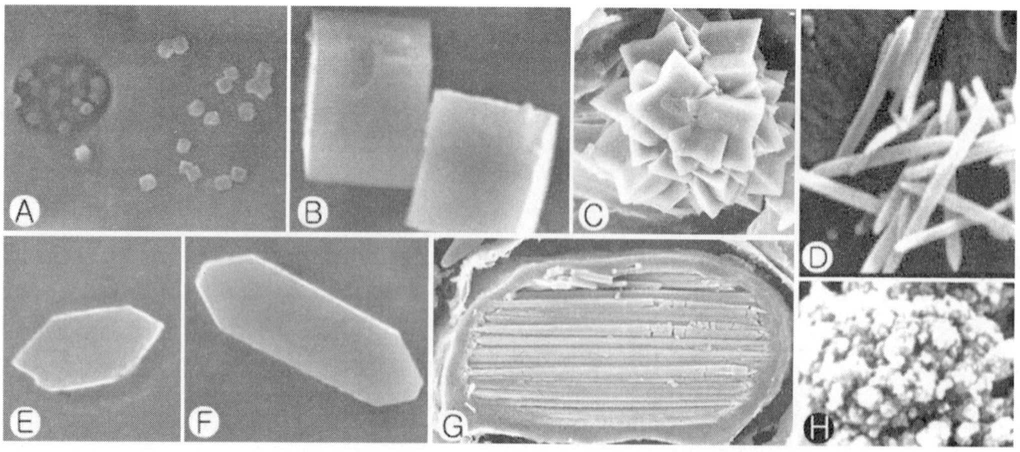

그림 1-5-34. 사정(A), 능형결정(B), 집정(C), 침정(D), 세장형결정(E), 주정(F), 속정(G) 및 실리카(H)

화학적으로 이산화규소(SiO2)로 통칭되고 있는 실리카(silica)는 온대산 활엽수재에서 찾아볼 수 없지만 열대산 활엽수재 가운데 이우시과의 백메런티(melapi, Shorea assamica)를 비롯한 많은 수종에 존재하고 있다(그림 1-5-31의 I~J와 1-5-34의 H). 실리카가 가장 많이 관찰되고 있는 세포는 방사유세포이며 그 다음이 축방향유세포인데 티크 등처럼 도관요소에 그리고 미리피리(milipiri, Canarium hirsutum) 등처럼 격벽목섬유에 존재하는 경우도 있다. 실리카의 형태로는 작은 입자들이 모여 구상(球狀) 덩어리를 이루고 있는 입괴상(粒塊狀), 작은 입자들이 모여 있으나 완전한 구상의 덩어리를 이루고 있지 못한 응집상(凝集狀) 및 유리(glass) 모양으로 세포내강을 피복하고 있는 유리상의 3종류가 있는데 입괴상의 것이 가장 많이 관찰되고 있다. 응집상의 것은 망가시노로(manggasinoro, Shorea philippinensis) 등에서 그리고 유리상의 것은 메타케리(meta keli, Gynotroches axillaris) 등에 존재하고 있다. 실리카가 다량 존재하는 경우 톱날이나 대팻날 등과 같은 칼날의 마모가 심하게 일어나 목재의 제재나 절삭 가공 등에 있어 장해를 일으키는 원인으로 작용하게 된다. 그러나 해양 천공충류에 대한 저항성이 부여되기 때문에 이들에 의한 목재의 피해가 줄어드는 이점도 있는 것으로 알려져 있다. 따라서 실용적인 목적에서 백나왕(white lauan, Pentacme contorta), 안티포로(antipolo, Artocarpus blancoi) 등처럼 실리카의 함량이 0.05% 이상인 경우 실리카를 지니는(silica accumulating) 목재 그리고 백세라야(white seraya, Parashorea plicata), 적나왕(red lauan, Shorea negrosensis) 등처럼 실리카의 함량이 0.05% 이하인 경우 실리카를 지니지 않는(silica free) 목재라고 부르고 있다.

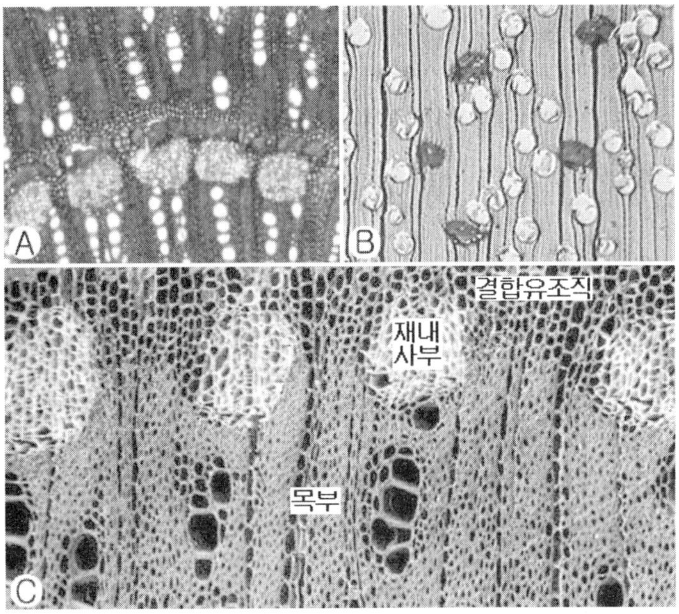

그림 1-5-35. 맹그로브의 동심형(A와 C) 및 파우 리파의 산재형(B) 재내사부

본래 형성층의 바깥쪽에 있어야 할 사부가 목부 내에 존재하는 것을 재내사부라고 하는데 일부 활엽수재에 있어서는 형성층의 비정상적인 활동으로 인하여 속상 또는 층상의 사부가 목부 내에 매몰되어 있는 경우가 있다. 재내사부는 횡단면 상에 나타나는 분포 형태에 따라 2부류로 대개 분류된다. 넉스보미카, 파우리파(pau ripa, Mouriri) 등처럼 목부에 다소 불규칙적으로 흩어져 있는 것을 산재형 재내사부(diffuse included phloem) 그리고 맹그로브(mangrove, Avicennia) 등처럼 목부에 명확한 동심원상으로 배열되어 있는 것을 동심형 재내사부(concentric included phloem)이라고 일컫는데 이들은 모두 결합유조직(conjunctive tissue)과 밀접히 연결되어 있다. 동심형은 형성층이 단명하고 새로운 분열조직이 발달되는 과정이 반복됨으로써 목부와 사부가 교호로 배열되어 있는 형태를 그리고 산재형은 단일의 형성층이 영속적인 분열기능을 계속 유지하나 형성층 가운데 일부분이 활동을 중지하게 됨으로써 목부 형성에 부분적으로 이상이 생겨 목부 내에 속상(束狀)의 사부가 산재되어 있는 형태를 나타내는 것으로 알려져 있다(그림 1-5-35).

1. 6. 수피의 해부학적 특성

수피(bark)는 수간, 가지 및 뿌리에 있어 형성층의 바깥쪽에 존재하는 전체의 조직을 통틀어 일컬을 때 사용하는 용어인데 수종, 수령 등에 따라 차이가 있지만 대략 원목의 5~30% 정도를 수피가 차지하게 된다.

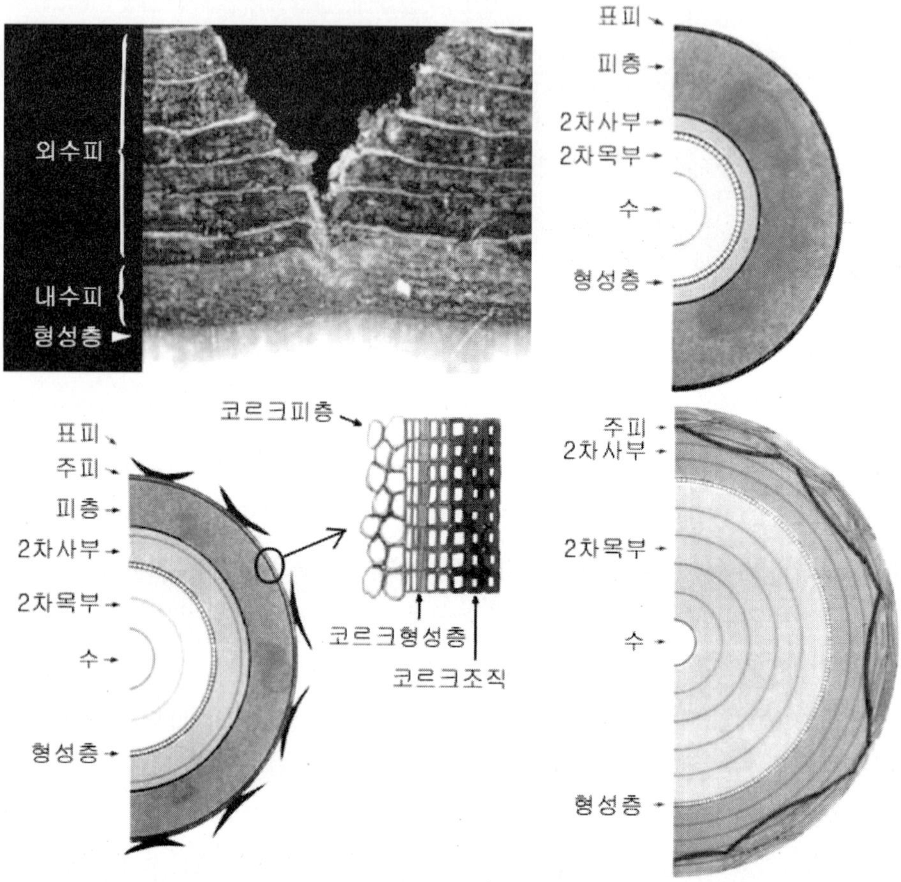

그림 1-6-1. 수피의 조직 구조

대부분의 목본식물은 2종류의 2차분열조직을 지니고 있는데 그 하나는 형성층(cambium)이라고도 흔히 불리는 유관속형성층(vascular cambium)이고 다른 나머지 하나는 코르크형성층(phellogen, cork cambium)이다. 형성층은 목재와 수피 사이에 존재하는 분열조직으로써 안쪽으로는 2차목부(secondary xylem), 즉 목재를 그리고 바깥쪽으로는 2차사부(secondary phloem), 즉 수피를 생성하는 기능을 담당하고 있다. 반면 코르크형성층은 수피 내부의 분열조직으로써 안쪽으로는 코르크피층(phelloderm) 그리고 바깥쪽으로는 코르크조직(phellem)을 생성하는 기능을 지니고 있는데 이처럼 코르크형성층, 코르크피층 및 코르크조직으로 이루어진 것을 통틀어 주피(periderm)라고 부른다(그림 1-1-6과 1-6-1).

수피를 구성하는 조직은 시간의 경과에 따라 변화되는데 2차생장인 비대생장이 시작되는 매우 어린 줄기의 경우 수피는 바깥쪽으로부터 안쪽을 향해 정단분열조직(apical meristem)에서 유래된 1차조직인 표피(epidermis), 피층(cortex), 1차사부(primary phloem)와 형성층에서 유래된 2차조직인 2차사부의 순서로 구성되어 있다. 일반적으로 표피 세포의 벽은 매우 두꺼우며 동시에 큐틴(cutin)으로 피복되어 있기 때문에 내부의 생활조직으로부터의 수분 손실과 외부로부터의 물리적 및 기계적인 상해를 방지할 수 있다. 그러나 표피는 기공(숨구멍, stomata)을 지니고 있기 때문에 내부의 생활조직과의 적당한 통기가 가능해지게 된다. 이와 같은 표피는 죽은 세포로 구성되어 있기 때문에 수목의 비대생장에 따라 여러 곳에서 파괴되어 보호기능을 잃어버리게 된다. 이러한 보호층인 표피가 파괴되기 직전에 표피의 바로 밑에 존재하는 피층의 최외층 유세포가 일제히 접선분열을 일으켜 주피를 형성하게 되는데 이 주피는 수베린(suberin)으로 피복되어 있기 때문에 표피 대신 새로운 보호층 역할을 맡게 된다. 따라서 주피 역시 표피의 기공처럼 내부 생활조직과의 적당한 통기를 위해 세포간극이 풍부한 피목(lenticel)이라는 구조체가 발달되어 있는데 수피가 성숙해 감에 따라 서서히 불명확해지게 된다(그림 1-1-5의 A와 1-6-3의 H).

매년 이어지는 수목의 비대생장에 의해 이와 같이 형성된 주피가 파괴, 탈락되기 이전에 또 다른 새로운 주피들이 피층의 안쪽 부분 및 2차사부에서도 연속적으로 발달하게 되는데 이러한 주피의 형성과 탈락은 수목이 살아있는 동안 계속 반복적으로 일어나게 된다 따라서 성숙한 수목의 수피에 있어서는 1차조직이 모두 탈락되어 존재하지 않게 된다.

새로운 주피의 발달은 밖을 향해 달리는 방사조직이 오래된 수피와 연결되는 것을 끊어놓아 양분물질이 공급되는 것을 차단하기 때문에 가장 안쪽에 발달되는 주피를 경계로 하여 그 바깥쪽의 수피는 죽게 된다. 따라서 수피는 발생과 기능에 따라 외수피(outer bark, rhytidome)와 내수피(inner bark)로 구분된다. 외수피는 가장 안쪽의 주피를 경계로 하여 그 바깥쪽 위치하는 것으로써 죽은 조직으로 이루어져 있으며 수목을 보호해 주는 역할을 담당하게 된다. 각각의 주피는 일정 기간 동안만 보호기능을 담당하게 된다. 수목이 비대생장에 의해 몸집이 점점 커져감에 따라 새로운 주피가 그 안쪽에 생겨 기존의 주피가 지녔던 보호기능을 대신해 나가게 된다. 이렇게 연속적으로 발달되는 주피들이 외수피를 형성하게 된다. 새로운 코르크형성층은 내수피 내의 다양한 깊이 부위에서 발달되고 외수피는 가장 바깥쪽 주피를 경계로 하여 차례로 탈락되어 나간다. 새로운 주피의 발달 형태에 따라 수종에 따른 특징적인 수피의 겉모습이 결정된다. 그리고 수목에 있어 수피(2차사부)가 목재(2차목부)보다 항상 얇은 이유는 형성층시원세포에서 유래된 1개의 목부모세포(xylem mother cell)로부터 4개의 목부 구성 세포가 생성되는 반면 수피인 경우 형성층시원세포에서 유래된 1개의 사부모세포(phloem mother cell)로부터 2개의 사부 구성 세포가 생성될 뿐만 아니라 목화되지 않은 얇은 세포벽을 지니고 있는 내수피의 세포가 외수피로 변화되는 과정 동안 뭉개져 버리게 되며 또한 외수피가 주피를 경계로 하여 일정 주기마다 바깥쪽부터 차례로 벗겨져 나가기 때문에 그런 것이다(그림 1-1-6과 1-6-1).

표 1-6-1. 수피 구성 세포의 종류.

<table>
<tr><th>침엽수</th><th>활엽수</th><th>기능</th><th>구분</th></tr>
<tr><td>사세포(sieve cell)</td><td>사관요소(sieve tube element):
반세포(companion cell)를 동반함</td><td>양분물질의 운반</td><td rowspan="3">연수피</td></tr>
<tr><td>축방향유세포(axial parenchyma cell)</td><td>축방향유세포</td><td rowspan="2">양분물질의 저장 및 이동</td></tr>
<tr><td>방사유세포(ray parenchyma ell)</td><td>방사유세포</td></tr>
<tr><td>인피섬유(bast fiber)</td><td>인피섬유</td><td rowspan="2">강고성을 지님</td><td rowspan="2">경수피</td></tr>
<tr><td>후벽세포(sclereid)</td><td>후벽세포</td></tr>
</table>

내수피는 광합성에 의해 생산된 양분물질의 통로 역할을 하는 중요한 기능을 지니고 있는데 침엽수의 내수피에는 사세포, 인피섬유(사부섬유), 축방향유세포 및 방사유세포가 그리고 활엽수의 내수피에는 사관요소, 반세포, 인피섬유, 축방향유세포 및 방사유세포가 존재한다. 한편, 외수피는 일련의 주피들과 죽은 사부 조직으로 이루어져 있는 것으로써 수목을 보호해 주는 역할을 지니고 있는데 내수피와는 달리 축방향유세포 및 방사유세포가 변형 및 후벽화를 통해 후벽세포(sclereid)로 변화되어 있다(그림 1-6-2 및 표 1-6-1). 코르크참나무(cork oak, Quercus suber)의 경우 외수피가 주기적으로 채취되어 산업적으로 널리 이용되고 있는데 외수피만 제거된다면 일생 동안 새로운 코르크형성층이 계속 발달되어 이미 채취된 외수피의 역할을 계속 대신해 나가게 된다.

침엽수에는 사세포가 그리고 활엽수에는 사관요소는 존재한다. 사세포와 사관요소는 양분물질의 운반 기능을 담당하고 있으나 그 기능은 대개 당해 연도에 생성된 조직에 한정되고 있는데 목재 내의 가도관과 도관이 수분이나 양분이 위쪽으로 운반되는 통로 역할을 하고 있는 것과는 달리 잎에서 광합성에 의해 생산된 양분물질이 아래쪽으로 운반되는 통로 역할을 하게 된다. 사세포는 침엽수 목재의 가도관과 모양이 비슷하나 다소 길이가 더 짧으며 세포벽은 목화되는 경우가 드물며 또한 2차벽도 쌓이지 않는다. 사세포의 측벽에는 약간 함몰되어 있는 모양의 매우 얇은 세포벽 부분인 사역(sieve area)이라는 것이 발달되어 있는데 이 사역에는 사공(sieve pore)이라는 작은 구멍들이 모여 있기 때문에 인접한 사세포 사이에는 정상적으로 발달되어 있는 사역을 통해 물질이 서로 연락될 수가 있다. 사관요소는 활엽수 목재의 도관요소와 모양이 비슷한 것으로 사세포와 마찬가지로 세포벽은 목화되는 경우가 드물며 또한 2차벽도 쌓이지 않는다. 이러한 사관요소가 축방향으로 길게 연속 배열되어 사관(sieve tube)이라고 하는 관 모양의 구조체를 이루게 되는데 사관은 작은 사공들이 모여 이루어진 말단벽의 사판(sieve plate)과 측벽의 사역을 통해 물질이 서로 연락될 수가 있다(그림 1-6-3의 F~G). 사관요소의 측벽에는 축방향으로 배열되는 유세포의 한 종류인 소형의 반세포가 반드시 동반되고 있는데 이 반세포는 사관요소와 항상 짝을 이루고 있다. 사관요소와 반세포는 하나의 형성층시원세포로부터 거의 동시에 생성되는 것으로 알려져 있으며 반세포는 사관요소의 기능을 조절해 주는 역할을 담당하고 있는 것으로 여겨지고 있다.

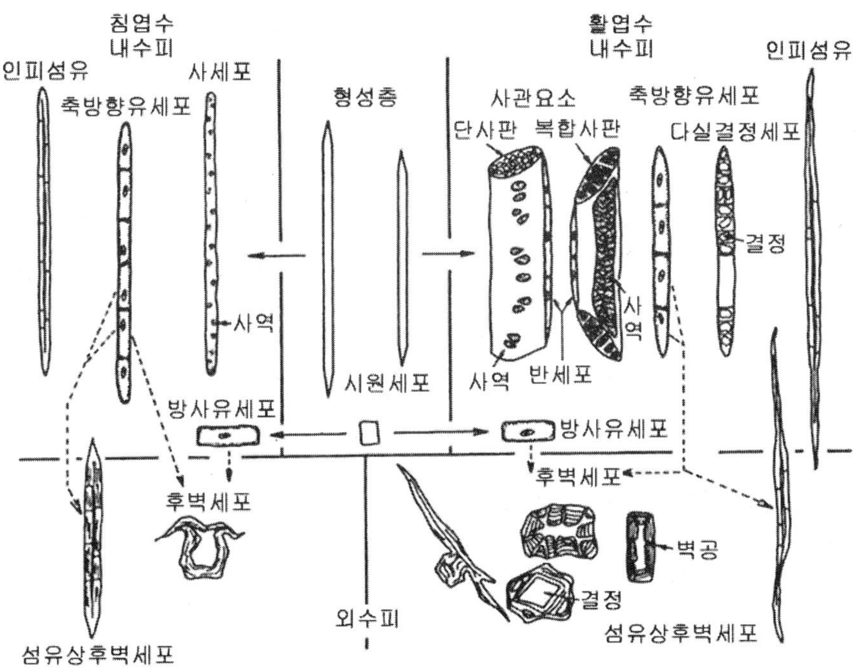

그림 1-6-2. 침엽수와 활엽수 2차사부 구성요소의 개체 발생 과정 모식도

사부 축방향유조직과 방사조직은 각각 축방향유세포와 방사유세포로 이루어져 있는데 이들의 세포벽은 목화되는 경우가 드물며 또한 2차벽도 쌓이지 않는다. 축방향유세포는 대개 스트랜드로 구성되어 있는 스트랜드유세포 형태 그리고 방사유세포는 대개 방사방향으로 길이가 긴 평복세포의 형태를 띠고 있다. 침엽수의 경우 축방향유세포는 목재에 매우 소량으로 존재하고 있으나 수피에는 많이 발달되어 있는 편인데 특히 세월이 경과해 기능을 잃어버리게 되면 축방향유세포가 비대해질 뿐만 아니라 세포벽도 두꺼워진 후벽세포로 변형되어 사세포를 방사방향으로 짓눌러 뭉개버리기 때문에 축방향유세포가 현저하게 많아 보이게 된다. 이들 축방향유세포와 방사유세포의 세포내강에는 전분, 지방, 수지, 결정 등과 같은 양분물질이나 대사물질을 함유되어 있다. 그리고 침엽수의 소나무속, 솔송나무속, 잎갈나무속, 전나무속 등의 사부에 있어서는 사세포와 생리적으로 밀접히 연결되어 있는 직립형의 단백세포(albuminous or Strasburger cell)가 방사조직의 상하 가장자리에 존재한다. 한편, 사부 방사조직은 형성층을 경계로 하여 목부 방사조직과 연결되어 있지만 목부 방사조직이 방사방향으로 통직하게 뻗어 있는 것과는 달리 사부 방사조직은 만곡 또는 사행되어 있는 경우가 있다. 사부 방사조직의 폭은 처음에는 목부 방사조직의 폭과 동일하지만 형성층으로부터 바깥쪽을 향해 나감에 따라 접선방향으로 확대되는 경향이 있는데 특히 이태리포플러(Italian poplar, Populus euramericana), 피나무, 튤립나무(yellow-poplar, Liriodendron tulipifera) 등처럼 횡단면에서 보았을 때 부채처럼 확장되어 있는 선형방사조직(扇形放射組織, dilated ray)도 있다(그림 1-6-3의 A와 C).

인피섬유는 구조적인 지지기능을 담당하게 되는 세포로써 길이가 길고 지름이 작으며 세포벽이 두껍고 고도로 목화되어 있는데 목재의 추재 가도관과 비슷한 모양을 나타내는 경우가 많다(그림 1-6-3의 B와 E). 사부를 구성하는 중요한 세포 가운데 하나가 인피섬유이지만 수종에 따라 존재하지 않는 경우도 있다. 침엽수 중에서는 삼나무, 소나무, 은행나무, 주목, 편백 등을 제외한 수종에서 찾아볼 수가 있으며 활엽수 중에서는 가래나무, 계수나무, 느릅나무, 밤나무, 버드나무, 일본목련, 자귀나무, 졸참나무, 피나무, 황철나무 등에 발달되어 있다. 특히, 닥나무(Broussonetia kazinoki), 삼지닥나무(Edzeworthia papyrifera) 등의 인피섬유는 한지의 원료로 귀중하게 쓰이고 있다.

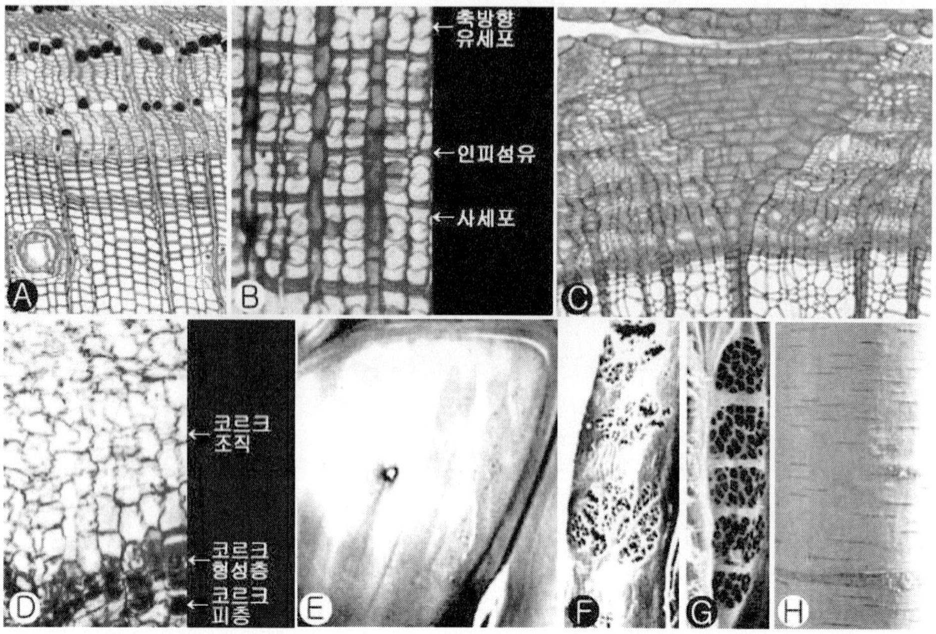

그림 1-6-3. 캐나다적송(A), 낙우송(B)과 튤립나무(C)의 수피 조직(A~C), 백느릅나무의 주피 조직(D), 이태리포플러의 인피섬유(E), 향삼나무 사세포의 사역(F), 백물푸레나무 사관요소의 복합사판(G) 및 자작나무의 피목(H)

후벽세포는 세포벽이 두껍고 모양도 불규칙한 경우가 많으며 고도로 목화되어 있는 세포인데 축방향유세포, 방사유세포 등이 재분화된 것으로써 집단을 이루어 배열되는 경우가 많다. 그러나 모든 수종에 인피섬유가 반드시 발달되어 있는 것은 아니다. 침엽수 가운데 소나무속 수종에는 인피섬유와 후벽세포가 존재하지 않지만 일본잎갈나무, 미송 등의 후벽세포는 대개 길이가 긴 섬유상후벽세포(fiber-sclereid, sclerotic fiber)의 형상을 띠고 있다. 그리고 활엽수 가운데 섬유상후벽세포가 발달되어 있는 수종으로는 물푸레나무, 산벚나무, 칠엽수 등을 들 수가 있다. 인피섬유나 후벽세포와 같은 강고세포(strengthening cell)로 구성되어 있는 수피부를 경수피(hard bark) 그리고 사세포, 사관요소, 축방향유세포, 방사유세포와 같은 강고세포 이외의 세포로 구성되어 있는 수피부를 연수피(soft bark)라고 한다(그림 1-6-3의 B). 대부분의 침엽수와 활엽수에 있어서는 접선상의 띠 모양으로 집합되어 있는 연수피와 경수피가 교호로 배열되어 있지만 느릅나무, 닥나무, 삼지닥나무 등처럼 단독 또는 작은 집단을 이루어 산재되어 있는 경우도 있다.

주피를 구성하는 세포는 내수피의 세포와 모양이 아주 다르다(그림 1-6-3의 D). 코르크조직의 세포는 그 길이가 짧은데 방사방향으로는 편평하게 눌려져 있는 모양을 그리고 접선방향으로는 4각형, 6각형 또는 심지어는 사슬 바퀴의 모양을 보이게 된다. 세포는 얇은 벽에서부터 매우 두꺼운 벽을 지니고 있는 것까지 있는데 코르크세포(cork cell)로 불리고 있는 벽이 얇은 세포는 대개 왁스(wax) 모양의 물질인 수베린(suberin)으로 덮여 있는 반면 펠로이드세포(phelloid cell)로 불리고 있는 벽아 두꺼운 세포는 목화되어 있으나 수베린으로 덮여있지 않게 된다. 이처럼 목화되고 수베린으로 덮여 있는 코르크조직은 표피 대신 수분의 손실로부터 줄기를 보호해 주게 된다. 주피의 가장 안쪽에 위치하는 코르크피층 역시 접선방향으로 4~6각형 모양을 띠는 세포로 이루어져 있는데 대개 방사방향으로 편평하게 눌려져 있는 모양을 보이게 된다. 이들이 수분 손실로부터 보호해 주게 된다. 코르크피층의 다른 세포는 벽이 얇고 횡단면에서 매우 팽창된 모양을 보이게 되는데 이들은 기온과 관련 있는 보호막 역할을 하게 되는 것으로 여겨지고 있다. 오랫동안 기능을 유지하게 되는 주피는 단풍나무속이나 너도밤나무속 수종 등처럼 평활한 수피를 지니고 있는 수종에서 대개 관찰되고 있다. 그러나 평활한 수피보다는 거칠고 울퉁불퉁한 비늘처럼 벗겨지는 수피가 일반적으로 훨씬 더 많은데 거친 수피를 지니고 있는 수목에서는 2차사부에 새로운 주피가 발달되기 이전까지 대개 1~2년이라는 짧은 기간 동안 주피가 기능을 유지하게 된다. 그리고 거의 대부분의 경우 주피는 완전한 하나의 동심원상보다는 오히려 짧은 접선상으로 차례대로 발달되어 조각들이 서로 중첩되어 있는 듯한 모양을 나타내게 된다.

아마도 오늘날 가장 친숙한 수피 제품이 포도주 병마개용 코르크일 것으로 여겨진다. 여기서 말하는 코르크라는 용어는 포르투갈, 스페인, 프랑스, 이탈리아, 알제리, 모로코 등 지중해 연안 국가에 자생하는 코르크참나무(cork oak, Quercus suber)의 외수피를 지칭하는 것이다(그림 1-6-4의 A). 이러한 코르크는 나무에 나쁜 영향을 주지 않으려면 8~10년마다 한 번 채취하여야 한다. 코르크는 시기적으로 5월부터 8월에 걸쳐 채취되는데 원구 부분으로부터 위쪽으로 2m 정도 높이가 되도록 줄기 둘레를 따라 자른 다음 줄기의 높이 방향을 따라 반으로 나누어 코르크를 벗겨 낸다. 코르크는 수령이 20~40년, 즉 줄기의 직경이 약 20cm 정도 되었을 때부터 채취가 가능하며 수령 200년 정도 될 때까지 대략 10년 간격으로 계속 채취가 가능한데 어린 나무에서 처음으로 채취한 코르크보다는 두 번째로 채취한 것의 품질이 더 양호하고 세 번째 채취부터 우수한 품질의 코르크가 생산된다. 나무 한 그루당 생산량은 20~200 kg이며 코르크의 두께는 2~6cm이다. 채취된 코르크는 구리 용기에서 30분 정도 삶아 타닌이나 이물질을 제거해 주는데 이러한 처리에 의해 바깥쪽의 울퉁불퉁하게 갈라진 수피부가 연화되어 쉽게 제거되는 효과 역시 얻어지게 된다. 그리고 생재 무게의 2/3 정도가 될 때까지 코르크를 건조시키고 결점을 제거한 다음 손질하여 등급 기준에 따라 분류하여 묶는다.

그림 1-6-4. 코르크참나무로 수확된 코르크(A)와 코르크로 제조된 마루판(B)

코르크는 대개 14면체 모양의 매우 작은 세포들로 이루어져 있는데 코르크 1cm3당 대략 3,000만 개 정도의 세포가 포함되어 있다(그림 1-2-6의 A). 생장 초기에 형성된 코르크 세포는 높이가 30~40μm 그리고 벽 두께가 1~1.5μm 정도이나 생장 후기에 형성된 코르크 세포는 높이가 10μm 이상으로 훨씬 더 작으며 세포벽 두께도 거의 2배 정도 더 두껍다. 이러한 차이로 인해 포도주 마개에서 볼 수 있듯이 코르크에서는 뚜렷하게 연륜이 구분되고 있다. 생장 초기에 형성되는 코르크 세포는 생장응력으로 인해 이전 해의 생장 후기에 형성된 코르크 세포에 의해 압축되어 주름진 형상을 나타내게 되는데 이러한 주름 모양의 변형 역시 연륜이 뚜렷하게 구분되는 원인이 되고 있다. 그러나 심하게 주름진 세포의 벽에서도 파괴의 흔적이 존재하지 않은데 이는 코르크가 상당량의 왁스(wax)와 수베린(suberin)을 지니고 있기 때문이다. 코르크 세포의 벽은 리그닌과 셀룰로오스가 풍부한 중간층 및 수베린에 의한 박층과 왁스에 의한 박층이 서로 교호로 배열되어 있는 형태의 다소 두꺼운 2차벽으로 이루어져 있다.

코르크는 밀도가 0.5~0.25g/cm3 정도로써 가볍고 물에 뜨는 성질을 지니며 수분 등의 액체가 침투할 수 없고 열이나 음향에 대한 절연성이 있으며 높은 마찰계수로 인하여 쉽게 밀리지 않고 압축성이 좋으며 강성이 낮다. 또한 코르크는 적참나무보다 훨씬 높을 정도로 내구성이 우수할 뿐만 아니라 물, 기름, 벤젠 등의 유기용제 및 일산화탄소, 수소, 질소 등의 가스에 의한 영향을 받지 않으며 약산성 용액에 대한 저항성도 높다.

코르크는 고대 그리스, 로마 등 예전부터 이미 알려져 온 재료로써 구명대, 고기잡이용 그물, 용기의 마개, 신발, 주택의 단열재, 마루판 등으로 이용되어 왔으며 흙과 코르크 조각을 혼합한 것은 건축재료로도 이용되었다. 오늘날에도 코르크는 포도주 병이나 유리 용기 등의 마개, 구명대, 부표, 그물용과 같은 어구, 스포츠용품, 신발류, 문구류 등으로 널리 쓰이고 있다. 코르크를 조각내고 분쇄한 다음 접착제를 이용하여 제품을 생산하는 기술이 발달됨에 따라 그 용도는 더욱 넓어지게 되었다(그림 1-6-4의 B). 이러한 복합재 제조 방식에 의해 개스킷(gasket), 냉장고용 절연 코르크판, 교회나 도서관 등의 마루판, 벽과 마루용 피복 물질, 게시판, 문구용품 등이 생산되고 있다. 또한 코르크 분말을 접착제의 사용 없이 고온에서 압체하여 판상재료를 만들고도 있으며 리놀륨(linoleum) 역시 원래 코르크로 만들어진 제품이었는데 이것은 대마나 황마, 삼배 따위로 성기게 짠 천인 즈크(doek) 위에 미세하게 분쇄한 코르크 분말과 산화, 중합된 아마인유의 혼합물로 적층되어 있는 구조의 제품이었다.

1. 7. 대나무의 해부학적 특성

대나무는 지하부 줄기인 지하경(地下莖, rhyzome)과 지상부 줄기인 간(稈 또는 眞稈, culm) 그리고 이들 사이를 연결해 주는 부분인 간병(稈柄, culm stalk) 및 간기(稈基, culm base)로 이루어져 있다. 특히 재료로 널리 쓰이고 있는 지상부 줄기인 간은 속이 빈 원통형의 절간(節間, internode)과 횡단벽인 격벽(nodal diaphragm)으로 막혀 있는 절(節, node)로 구성되어 있다(그림 1-7-1의 A).

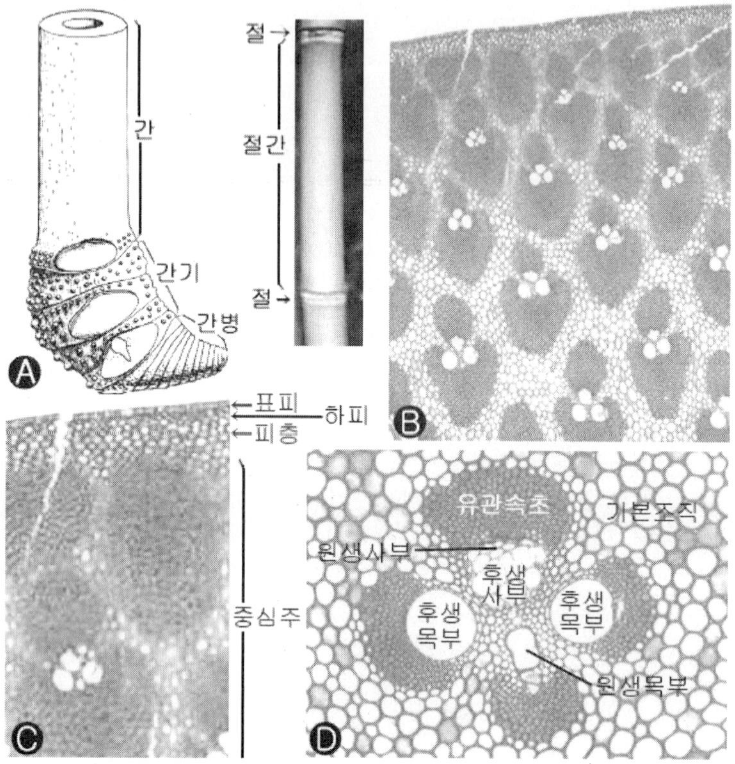

그림 1-7-1. 대나무의 주요 기관(A) 및 맹종죽의 부정중심주(B), 절간의 조직 구조(C)와 병립유관속(D)

절간의 횡단면을 관찰하여 보면 가장 바깥층에 두꺼운 세포벽을 지니고 있는 1층의 표피(epidermis)가 존재하며 그 안쪽으로는 표피와 마찬가지로 세포벽이 두꺼운 1~3층의 하피(하표피, hypodermis) 연속되어 있음을 알 수가 있다. 이 하피 바로 아래에는 어느 정도 직경이 큰 유세포로 이루진 여러 층의 조직인 피층(cortex)이 존재하는데 피층은 그 안쪽에 위치하는 중심주의 기본조직으로의 이행이 완만하기 때문에 피층과 중심주의 경계가 불분명한 상태를 보이게 된다. 대나무의 중심주는 유관속(vascular bundle), 유관속초(vascular bundle sheath) 및 기본조직(ground tissue)으로 구성되어 있는데 1차목부(primary xylem)와 1차사부(primary phloem)가 서로 마주보고 있는 형태의 병립유관속(collateral bundle)이 불규칙적으로 산재되어 있는 부정중심주(atactostele)가 발달되어 있다. 1차목부는 후생목부(metaxylem)인 1쌍의 대형 망문도관요소(reticulate vessel element)와 원생목부(protoxylem)인 1~여러 개의 소형 환문도관요소(annular vessel element) 또는 나선문도관요소(spiral vessel element)로 그리고 1차사부는 사관요소와 유세포로 구성되어 있다. 생장이 완료된 간에서는 원생목부의 도관요소 주위에 세포간극이 생기는데 이 세포간극은 종종 타일로소이드(tylosoid)로 채워져 있는 경우도 있다. 개개의 유관속은 그 주위가 유관속초라고 하는 세포벽이 두꺼운 섬유 조직에 의하여 보호를 받고 있다. 이 유관속초의 발달 정도와 유관속의 발달 정도는 서로 상반되는데 간의 바깥쪽에서처럼 유관속초의 발달이 현저해지면 유관속의 발달이 미약해지고 반대로 간의 안쪽에서처럼 유관속초의 발달이 미약해지면 유관속의 발달이 현저해지는 특징을 보이게 된다. 기본조직은 유세포로 구성되어 있는데 이들 유세포는 모두 축방향의 세포로써 스트랜드로 이루어져 있으며 세포벽은 두꺼운 다층구조를 지니고 있다. 중심주는 대개 유세포 50%, 섬유 40% 및 통도조직 10% 비율로 구성되어 있다(그림 1-7-1의 ㅊ와 1-7-2의 A).

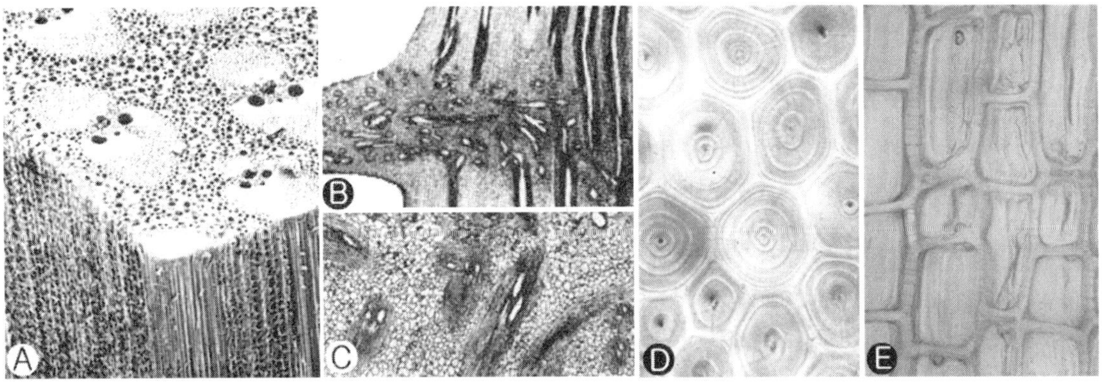

그림 1-7-2. 절간(A), 절(B)과 격벽(C)의 조직 구조(A~C), 유관속초의 섬유(D) 및 기본조직의 축방향유세포(E)

횡단면과 종단면에서 간의 중심주를 관찰해 보면 유관속, 유관속초 및 기본조직으로 구성되어 있음을 알 수가 있는데 대나무가 강하면서 할렬성이 풍부한 이유는 두꺼운 세포벽을 지니고 있는 세포의 양이 많고 아울러 방사조직 없이 축방향의 세포로만 이루어져 있기 때문에 그런 것이다. 특히, 다층 구조의 매우 두꺼운 세포벽이 발달되어 있는 섬유가 모여 이루어진 강하고 단단한 조직인 유관속초가 지상부 줄기인 간의 안쪽보다 바깥쪽에 더 많이 발달되어 있다는 점은 외부에서 가해진 하중에 대해 충분히 버텨낼 수 있도록 만들어 주는 매우 합리적인 구조가 되는 것으로 여겨지고 있다(그림 1-7-1의 B 및 1-7-2의 A와 D). 대나무는 탄력성, 할렬성 및 통직성 등의 특성으로 인하여 지금까지 건축재, 가구재, 낚싯대, 죽세공품 등의 특수한 용도로 이용되어 왔으며 또한 두꺼운 세포벽을 지니고 있는 다량의 세포로 인하여 펄프의 원료로도 이용되고 있다.

유관속의 종류로는 맹종죽(孟宗竹, Phyllostachys edulis) 등처럼 한 덩어리의 유관속으로 이루어져 있으며 유관속초에 의해 둘러싸여 있는 것, 향나죽(香糯竹, Cephalostachyum pergracile) 등처럼 한 덩어리의 유관속으로 이루어져 있으며 유관속초에 의해 둘러싸여 있지만 원생목부 부근의 유관속초는 나머지 3개의 유관속초보다도 현저하게 큰 것, 소백죽(小白竹, Oxytenanthera albociliata) 등처럼 두 덩어리로 나누어져 있는데 유관속초에 의해 둘러싸여 있는 유관속과 고립되어 있는 1개의 유관속초로 이루어져 있는 것 그리고 대태죽(大泰竹, Thyrsostachys oliveri) 등처럼 세 덩어리로 나누어져 있는데 유관속초에 의해 둘러싸여 있는 유관속과 안쪽 및 바깥쪽으로 고립되어 있는 2개의 유관속초로 이루어져 있는 것이 있다(그림 1-7-3).

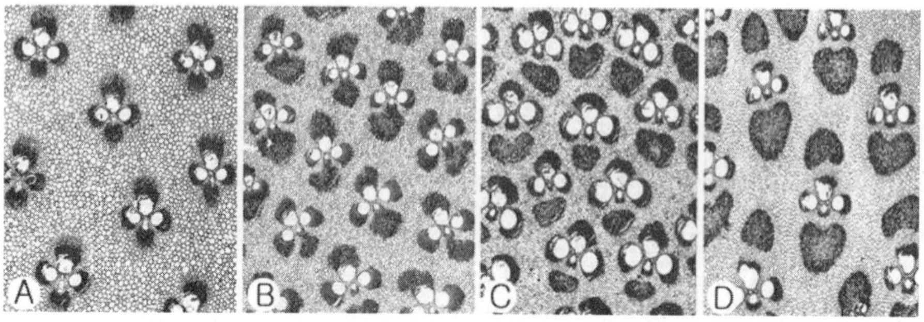

그림 1-7-3. 맹종죽(A), 향나죽(B), 소백죽(C) 및 대태죽(D)의 유관속

간의 발생 초기 단계에서는 중심부가 수(pith)의 조직으로 가득 차 있지만 생장된 간에서는 그 내부가 비어 있다. 이러한 수의 조직은 주위의 조직에 비해 세포분열의 기능이 약하기 때문에 주위 세포의 분열과 증대에 따른 비대생장 및 절간의 신장생장을 따라 발달되지 못하기 때문에 세포간극이 생기고 결국 중심부에 수강(pith cavity)이라는 큰 빈틈이 형성되는데 그 내벽에는 파괴된 수 조직의 잔류물인 죽지(竹紙)가 얇은 막 모양으로 부착되어 있다. 그런데 대나무에 있어서의 비대생장은 형성층의 활동에 따른 세포 수의 증가에 의한 것이 아니라 1차조직의 성숙과정을 따라 일시적으로 나타나는 비대생장이기 때문에 1차비대생장이라고 부르고 있다.

간이 성숙되지 않았을 때에는 절간의 기부에 세포분열이 왕성한 조직이 있어 각 절간은 이 부분의 세포분열에 의해 신장생장을 이루어 나가게 되는데 이처럼 세포분열을 일으키는 부분을 절간분열조직(intercalary meristem) 그리고 이러한 신장생장을 절간생장(intercalary growth)이라고 부르고 있다.

절에는 횡단벽인 격벽이 있기 때문에 간의 할렬 방지에 도움을 주게 된다. 격벽의 조직에는 불규칙한 형태의 유세포가 존재하는데 특히 중심부에는 세포간극이 많은 통기조직이 잘 발달되어 있다. 또한 절의 부분에서는 수평방향의 많은 소형 유관속이 절간의 축방향 유관속으로부터 분지되어 나와 격벽을 가로질러 반대쪽 절간의 축방향 유관속과 연결되어 있지만 격벽 중의 유관속은 불규칙하게 굽어져 있거나 접합 또는 분지되어 있는 망상의 구조를 보이고 있다(그림 1-7-2의 B~C).

1. 8. 목재의 공예적 특성

목재가 세포의 집합체라고 하는 것은 지금까지 여러 가지로 설명하여 왔다. 이와 같은 세포의 집합에 의한 조직이 외부로 나타내는 성질과 그 모양에 따라 목리, 문양, 나무갖 등으로 구별할 수 있다.

목리(木理, 나뭇결, wood grain)란 목재를 구성하고 있는 세포의 배열과 방향이 재면에 나타난 상태를 일컬을 때 사용하게 되는 용어이다. 그리고 수간의 높이 방향, 즉 축방향으로 배열되어 있는 세포의 장축과 평행한 방향을 목리방향(섬유방향)이라고 한다. 정상적인 목재에서는 대부분의 구성세포가 축방향을 따라 나란히 배열되어 있기 때문에 세포의 배열 방향이 축방향과 평행한 직선으로 나타나게 되는데 이와 같은 상태의 목리를 직선목리(통직목리, straight grain)라고 한다. 그러나 세포가 축방향을 따라 나란히 배열되지 않고 오히려 축방향에 대해 약간 기울어진 각도로 배열되는 경우도 드물지 않은데 이처럼 정상적인 배열로부터 이탈되어 축방향과 어떤 각도를 이루는 목리를 통틀어 교주목리(cross grain)라고 부른다. 사실 어떤 각도로 기울어져 있는 교주목리는 예외라기보다는 오히려 더 일반적인 특징이 될 수가 있다.

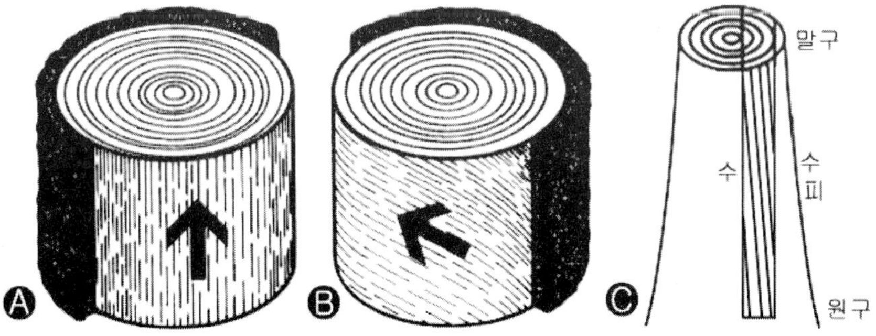

그림 1-8-1. 직선목리(A), 나선목리(B) 및 사주목리(C)의 모식도

교주목리에는 세포의 배열 상태에 따라 나선목리(spiral grain), 사주목리(diagonal grain), 교착목리(interlocked grain), 파상목리(wavy grain) 등 여러 가지가 있다. 나선목리라는 것은 축방향을 따라 세포가 나선상으로 휘감아 올라가 있는 형태로 배열되어 있는 목리로 선회목리로도 불리고 있는데 특히 일본잎갈나무에서 흔히 볼 수가 있다. 이러한 나선목리는 형성층에서 새로운 세포가 수층분열에 의해 어느 한 쪽 방향으로만 생성됨에 따라, 즉 방추형시원세포들의 분열 과정 중에 생긴 세포벽이 어느 한 쪽 방향으로만 기울어지게 됨에 따라 발달되는 것으로 여겨지고 있다. 목질성 덩굴류가 수목의 수간을 휘감아 있는 경우 그리고 작업자가 부주의하게 수피가 아니라 수(pith)에 평행하게 제재하게 되는 경우 생산된 제재목의 목리는 재제목의 길이 방향으로 나란하지 못한 사주목리를 나타내게 된다. 나선목리와 사주목리를 지니는 제재목은 대개 강도와 강성이 약하며 건조에 따라 틀어짐 현상이 일어나게 된다. 마코레이(Makoré, Tieghemella heckelii), 서피리(sapele,

Entandrophragma cylindricum), 인도자단(Indian rosewood, Dalbergia latifolia), 흑검(black gum, Nyssa sylvatica) 등처럼 일부 수종의 목재에 있어서는 목리가 처음 몇 해 동안 어느 한 쪽 방향으로 나선을 이루다가 그 다음 몇 해 동안에는 그 반대 방향으로 나선을 이루는 경우가 있는데 이러한 과정에 의해 생산된 목재는 교착목리(interlocked grain)를 지닌다고 불리고 있다. 일부 수종에서는 목리의 나선 방향 역전이 매우 흔하게 발달되는 반면 다른 일부 수종에서는 거의 찾아볼 수 없기 때문에 이러한 교착목리의 발달 여부는 유전 인자에 의해 결정되는 것으로 여겨지고 있다. 느릅나무 등처럼 교착목리를 지니는 목재는 할렬이 잘 일어나지 않기 때문에 집에서 장작용으로 패기가 곤란한 것으로 알려져 있다. 미관적인 가치 측면에서는 교착목리의 발달이 오히려 바람직할 수도 있다. 방사단면에서는 교대로 엇갈려져 있는 목리 배향으로 인해 광반사가 다양하게 일어나게 되고 이에 따라 줄무늬 모양의 리본문양(ribbon figure)이 나타나게 된다. 교착목리의 발달이 매우 현저한 경우 단판의 미관적 가치가 매우 높아질 수가 있다. 파상목리라는 것은 세포가 축방향으로 파도 모양의 배열을 이루고 있기 때문에 종단면에서 파형을 보이는 것을 일컫는다(그림 1-8-1, 1-8-2의 A와 1-8-3-의 E~F).

목재 이용 상 사주목리와 나선목리가 발달되어 있는 목재는 강도가 약하고 틀어짐 등과 같은 건조 결함이 쉽게 발생하는 등 적합하지 못한 성질을 지니기 때문에 불량재로 취급되는 때가 많으며 교착목리, 파상목리 등을 지니고 있는 목재 역시 건조 결함이 발생하는 경향이 크기 때문에 특별한 조치를 취하지 않는 한 좋은 결과를 얻기가 쉽지 않다.

또한, 목재에 있어서는 3가지 기본 단면인 횡단면, 방사단면 및 접선단면에 따라 특징적인 목리가 나타나게 되는데 이들을 각각 목구(木口, end grain), 정목(柾目, edge grain) 및 판목(板目, flat grain)이라고 부르기도 한다. 일반적으로 재면에 대한 연륜의 각도가 45° 이하(이상적으로는 0°, 즉 접선방향일 때임)일 때를 판목 그리고 45° 이상(이상적으로는 90°, 즉 방사방향일 때임)일 때를 정목이라고 단순히 부르기도 하지만 0~30°인 것을 판목, 30~60°인 것을 추정목(追柾目, bastard grain) 그리고 60~90°인 것을 정목으로 더 세분해 취급하는 경우도 적지 않다. 정목은 곧은결을 얻기 위하여 방사방향으로 제재하는 것을 그리고 판목은 무늬결을 얻기 위하여 접선방향으로 제재하는 것을 일컫는다. 한편, 추정목은 곧은결을 지니지만 방사조직에 의한 조각 모양의 반점을 피하면서 빗으로 곱게 단장한 처녀의 머리카락 모습을 닮은 방사조직을 보이는 빗살 목리(comb grain)를 얻기 위하여 정목의 위치로부터 15° 정도 벗어나도록 방향을 주기적으로 변화시키면서 제재해 나가게 된다(그림 1-2-7, 1-3-1과 1-8-2의 B).

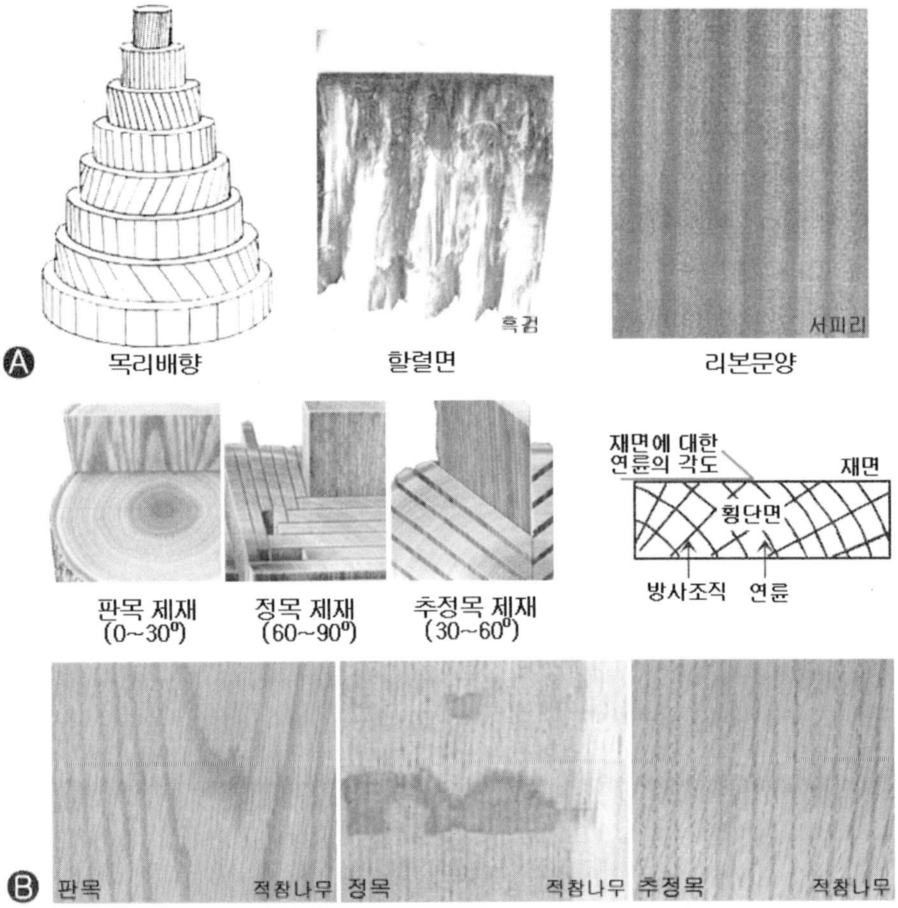

그림 1-8-2. 교착목리와 리본문양(A) 및 연륜 각도에 따른 목리의 종류(B)

일반적으로 방사방향으로 제재된 정목의 목재는 접선방향으로 제재된 판목의 목재보다 수분의 출입에 따른 치수안정성이 더 우수한 성질을 보이게 되는데 그 원인으로는 다음과 같은 것을 들 수가 있다. 정목으로 제재된 목재가 판목으로 제재된 목재보다도 단위면적당 적은 면적의 추재를 지니고 있기 때문에 수축과 팽창이 더 작게 일어날 뿐만 아니라 방사조직이 축방향 세포 사이에 짧은 직선상의 줄무늬 형태로 끼어 있는 판목의 경우와는 달리 정목의 것에서는 방사조직이 축방향 세포와 직교되어 있어 마치 반창고(band)처럼 방사조직이 축방향 세포가 방사방향으로 수축과 팽창하는 하는 것을 억제하기 때문에 그런 것이다. 또한, 비중이 크고 강한 추재는 비중이 작고 약한 춘재보다 더 큰 치수 변동을 일으키기 때문에 접선방향에 있어서는 추재에 붙어 있는 춘재가 추재의 수축과 팽창을 따르게 되는 반면 방사방향에 있어서는 춘재와 추재가 층상 구조를 이루고 있어 서로 독립적인 수축과 팽창을 일으키기 때문에 이들의 평균적인 수축과 팽창을 나타내게 된다는 점 역시 또 다른 원인의 하나로 받아들여지고 있다(그림 1-3-9, 1-5-1, 1-5-12와 1-8-2의 B).

문양(紋樣, 나무무늬, wood figure)이란 재면에 나타난 재색 또는 목재 세포의 특수한 배열로 인하여 아름다운 모양을 나타내는 상태를 일컫는 것인데 목재 이용에 있어서 특별한 공예적 가치를 지니게 된다.

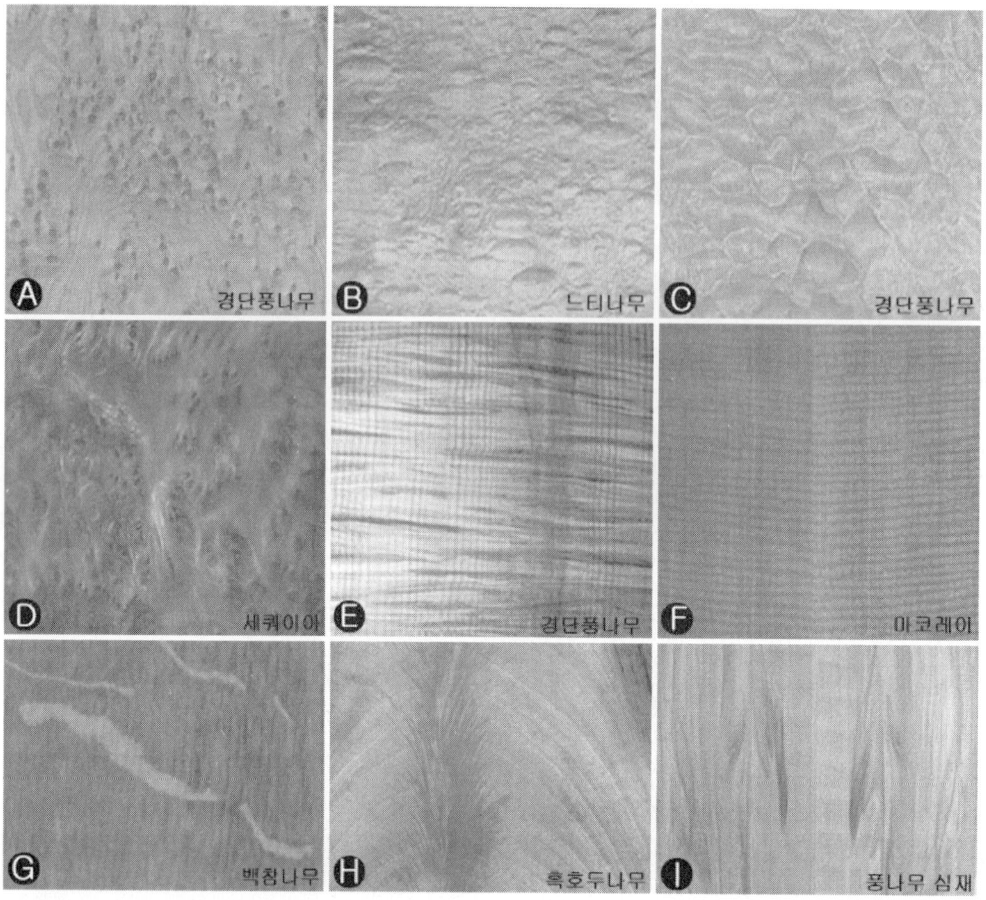

그림 1-8-3. 조안문양(A), 포상문양(B), 누비문양(C), 절류문양(D), 권모문양(E), 파상문양(F), 방사반점문양(G), 우상문양(H) 및 색소문양(I)

중요한 문양으로는 파상목리를 지니고 있는 목재에서 생산되는 것으로써 수평방향으로 명암을 달리하는 줄무늬가 비교적 규칙적인 파도 모양을 나타내는 파상문양(wavy figure)과 불규칙적인 파도 모양을 나타내거나 고수머리처럼 보이는 권모문양(curly figure), 비교적 작은 원형 모양이 산재되어 있는 것으로써 수중에서 떠오르는 물방울을 닮은 포상문양(blister figure), 포상문양의 물방울보다 크기가 더 큰 것으로 주름이나 파도 또는 이따금 직사각형의 모양을 보이는 누비문양(quilted figure), 작은 새의 눈처럼 작은 원형의 반점이 재면에 다수 산재되어 있는 조안문양(bird's eye figure, dimple figure), 교착목리를 지니고 있는 목재에서 생산되는 것으로써 목리방향으로 어둡고 짙은 줄무늬가 교호로 나타나는 리본문양(ribbon figure), 수간이 갈라져 있는 부분인 아귀(fork)를 목리방향으로 절삭하는 경우 양쪽으로 갈라져 위쪽으로 펼쳐져 있는 듯한 아름다운 깃털을 닮은 우상문양(crotch figure), 수간에 형성된 비정상적으로 볼록 튀어나온 혹(burr, burl) 부위에서 생산된 것으로써 고리나 점 모양의 어린 싹이 꽉 들어차 있는 듯한 형상의 매혹적인 무늬를 보이는 절류문양(burl's figure), 목재의 정목면에서 큰 방사조직이 줄무늬 모양의 반점으로 나타나는 방사반점문양(ray-fleck figure), 목재 내에 함유되어 있는 색소 물질에 의해 교차된 줄무늬가 형성되어 있는 색소문양(pigment figure) 등이 있다. 특히 권모문양과 파상문양은 단풍나무속의 수종에서 많이 관찰되는 것으로써 바이올린의 배판에 많이 이용되기 때문에 제금배문양(fiddle-back figure)라고 한다. 이외에도 재면에 나타나는 문양 중에는 활엽수재에서 나타나는 것이지만 방사조직이 층계상배열을 이룸으로써 나타나는 리플마크(波狀紋, 漣紋, ripple mark)도 훌륭한 무늬가 되고 있다(그림 1-3-10과 1-8-3).

이러한 문양은 거의 모든 수종의 목재에 형성되어 있지만 특정 수종의 특성이 되고 있는 문양도 더러 있다. 예를 들면, 조안문양은 경단풍나무의 특성이 되고 있으나 물푸레나무, 자작나무, 쿠바마호가니(Cuban mahogany, Swietenia mahagoni)에도 형성되어 있다. 그러나 모든 수종의 목재에서 다소 우발적으로 문양이 발견되고 있기 때문에 수종이 문양 형성에 있어 결정적인 인자가 된다고 볼 수가 없다.

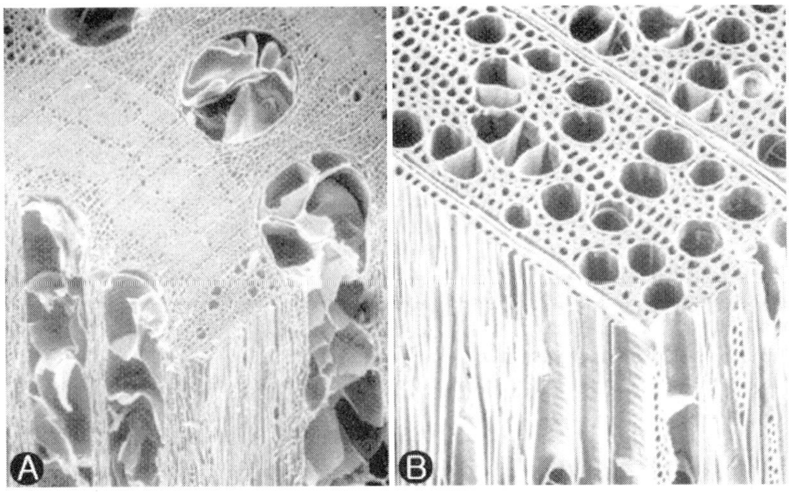

그림 1-8-4. 불균질나무갗의 백참나무(A)와 균질나무갗의 튤립나무(B)

나무갗(木組織, wood texture)은 목재를 구성하는 세포의 크고 작음과 이들의 분포 상태 등의 차이에 따른 재면의 거칠기 정도를 일반적으로 표현할 때 쓰이는 용어이다. 목재를 구성하는 세포의 지름이 큰 경우 거친나무갗(coarse texture)을 그리고 이와 반대로 작은 경우 고운나무갗(fine texture)을 지닌다고 한다. 한편, 하나의 연륜 내에서 춘재와 추재 사이의 세포 지름 차이가 큰 경우 불균질나무갗(uneven texture)을 그리고 이와 반대로 작은 경우 균질나무갗(even texture)을 지닌다고 한다(그림 1-8-4). 엄밀하게 말한다면 모든 침엽수재는 지름이 작은 세포인 가도관이 대부분을 차지하고 있기 때문에 고운나무갗을 지닌다고 보아도 무방할 것이다. 그러나 침엽수재에 있어서도 가도관의 방사방향 지름은 춘재와 추재에 따라 차이를 보이지만 접선방향 지름은 춘재와 추재에 관계없이 상당히 일정한 경향을 보이기 때문에 잎갈나무처럼 춘재와 추재가 명확히 구분될 때에는 불균질나무갗을 그리고 가문비나무처럼 춘재와 추재가 명확하게 구분되지 못할 때에는 균질나무갗을 지닌다고 하며 세쿼이아처럼 가도관의 접선방향 지름이 클 때에는 거친나무갗을 그리고 연필향나무처럼 가도관의 접선방향 지름이 작을 때에는 고운나무갗을 지닌다고 한다. 한편, 대부분의 활엽수재는 침엽수재의 가도관보다 지름이 더 큰 세포인 관공(도관요소)을 지니고 있기 때문에 침엽수재에 비해 상대적으로 나무갗이 더 거친 편인데 관공의 접선방향 지름뿐만 아니라 방사조직의 폭과 분포 상태 역시 나무갗을 판단하는 주요 인자가 되고 있다. 예를 들면, 회양목처럼 산공재이면서 관공의 지름이 작고 방사조직이 매우 좁은 것은 고운나무갗과 균질나무갗을 그리고 졸참나무처럼 환공재이면서 관공의 지름이 크고 방사조직이 넓은 것은 거친나무갗과 불균질나무갗을 지닌다고 한다. 목재 가공에 있어 고운나무갗을 지니는 단단한 추재보다는 거친나무갗을 지니는 연한 춘재가 더 깎기 쉽기 때문에 춘재와 추재 사이의 나무갗 차이는 목공 기술자들에게 있어 중요한 사항이 되고 있다. 예리한 칼날을 이용하면 춘재와 추재 사이의 나무갗 차이에 따른 문제점을 최소화할 수 있으나 사포질하는 경우 춘재에 비해 추재가 부풀어 올라와 있는 융기된 재면의 형태로 마무리될 것이다. 춘재와 추재 사이의 나무갗 차이가 작은 균질성의 목재는 일반적으로 가공이나 마무리 작업하기가 더 쉬운 편이다.

목재가 나타내는 색을 재색(wood color)이라고 한다. 정상적인 목재는 대부분 심재가 변재보다 짙은 색을 띠는 것이 보통이며 변재의 재색은 대개 유백색 내지 담황색 계통의 옅은 색으로 수종에 따른 차이가 크지 않다고 보아도 무난할 것이다. 이것은 변재와는 달리 심재에 많은 추출물이 함유되어 있기 때문이며 보통 재색이라고 하면 이 심재의 색을 말하게 된다(그림 1-3-6). 오랫동안 고급 가구용으로 많이 선호되어 온 흑호두나무의 심재는 짙은 갈색 내지 자갈색을 그리고 흑벚나무(black cherry, Prunus serotina)의 심재는 적갈색을 띠고 있다. 칠흑색의 심재를 지니는 흑단 역시 독특한 재색을 지니는 목재의 한 예가 되고 있다. 동인도수자목(East Indian satinwood, Chloroxylon swietenia) 등과 같은 운향과(Rutaceae) 수종의 목재는 주로 황색 계통의 심재를 지니며 미국산 목재 가운데 현저한 황색 심재를 지니는 것으로는 황목(yellowwood, Cladrastis kentukea)을 들 수가 있고 녹색이나 녹갈색 계통의 심재는 튤립나무의 특징이 되고 있다. 그러나 개버즘단풍나무(European sycamore, Acer pseudoplatanus), 오리나무 등처럼 심재와 변재의 재색이 서로 비슷해 구분이 되지 않는 경우도 있다.

목재는 햇빛에 닿으면 변색이 일어난다. 변색의 원인은 수종에 따라 차이가 있는데 햇빛에 닿게 되면 재색이 진해지는 목재 아니면 반대로 재색이 흐려지는 목재처럼 색상, 채도 및 명도가 다양하게 변하게 된다. 이것은 목재 내에 포함되어 있는 물질이 햇빛에 의해 변화되는 것이 그 원인인 것으로 여겨지고 있다. 적뽕나무(red mulberry, Morus rubra)의 심재는 햇빛에 처음 노출되었을 때 적황색 내지 금갈색을 띠지만 곧 짙은 적갈색으로 변하게 된다. 마호가니 심재의 재색 역시 시간의 경과나 햇빛에 노출됨에 따라 갓 제재시의 연분홍색으로부터 짙은 적갈색으로 변하게 되는데 이것이 마호가니가 장식장 제조에 많이 이용되는 이유 중의 하나가 되고 있다. 옅은 황색의 목재는 햇빛에 노출됨에 따라 퇴색되는 일이 많다.

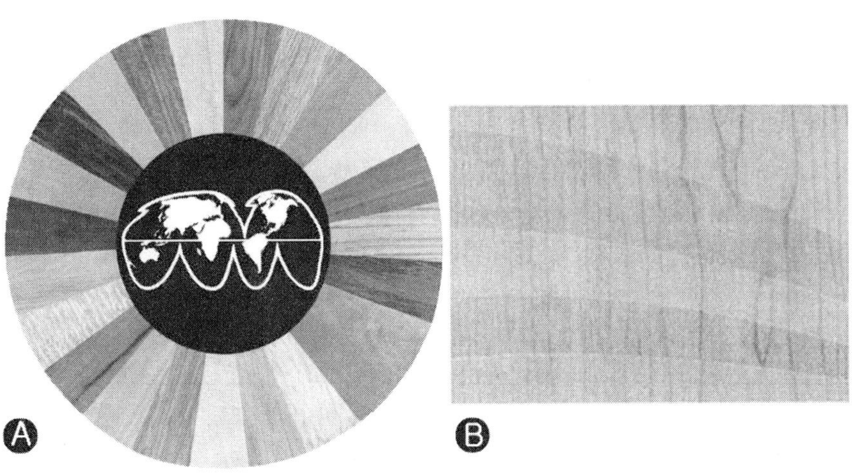

그림 1-8-5. 다양한 재색의 활엽수 목재(A)와 착색 처리된 미송 목재(B)

재색은 대개 수종 사이뿐만 아니라 동일 수종 내에서도 그리고 심지어는 동일한 목재 조각 내에서도 재색에 차이가 나타나게 되는데 일부 수종에 있어서는 재색에 따라 별도로 구분되어 취급되는 경우도 있다. 예를 들면, 미국풍나무의 백색 내지 옅은 연분홍색 변재와 적갈색으로 종종 짙은 색의 줄무늬를 지니는 심재는 각각 번재검(sapgum)과 적검(redgum)으로 그리고 유럽물푸레나무(European ash, Fraxinus excelsior)의 암갈색 내지 흑색 심재는 올리브물푸레나무(olive ash)라는 이름으로 별도 거래되고 있다. 이러한 재색은 목리, 문양 등과 함께 어우러져 수종에 따른 독특한 외관을 나타내도록 만들어 주며 재료적으로도 미적인 가치를 더해 주게 되는데 필요에 따라서는 목재에 인공적으로 착색 처리하여 귀중재의 대용으로 사용되는 경우도 있다(그림 1-8-5).

모든 목재는 정도의 차이는 있으나 냄새(odor)를 지니나 시간의 경과에 따라 약해지게 된다. 일반적으로 심재가 변재보다 더 냄새가 강한데 이는 변재와는 달리 심재에 많은 추출물이 함유되어 있기 때문이다. 그러나 수지(송진)에 의한 것일 경우 변재가 심재보다 더 강한 냄새를 내게 되는데 이는 변재와는 달리 심재에서는 수지가 생성되지 않기 때문이다. 그 원인이 어떻든 간에 냄새는 목재 내에 존재하는 휘발성 물질이 대기로 방출되는 현상에 기인하게 되는데 수종에 따른 함유 물질의 차이로 인해 각기 독특한 냄새를 내게 되는 것이다. 일반적으로 수종 고유의 강하고 독특한 냄새를 지니는 것으로 녹나무, 향나무 등을 들 수가 있는데 이러한 냄새는 목재의 용도를 결정짓게 만드는 중요한 인자가 될 수 있다. 예를 들면, 녹나무나 향나무의 경우 방충성을 지니고 있는 것으로 알려져 있어 예전부터 양모나 가죽 제품의 보관용 수납장으로 이용되어 왔다. 그리고 스페인삼나무(Spanish cedar, Cedrela odorata)는 담배 보관통으로 예전부터 사용되어 오던 것이며 또한 가장 좋은 목재로 취급받고 있는데 이 목재가 지니는 기름 성분이 담배에 해를 끼치는 곰팡이의 생장을 억제해 줄 뿐만 아니라 맛 좋은 방향성의 추출물이 담배의 맛을 좋게 만들어 주기 때문이다.

벌채 직후의 생재에는 어떤 특유의 냄새가 존재한다. 건조 등의 가공 공정을 거치게 되면 냄새가 거의 느껴지지 않을 정도로 사라지는 경우가 많지만 목재에 따라서는 강한 냄새가 오랫동안 남아있기도 한다. 예를 들면, 호류사(法隆寺) 기둥 등으로 사용되고 있는 수령 1,000년 이상의 편백은 벌채 후 1,300년이나 지났는데도 그 표면을 대패로 2~3 mm만 깎아내도 편백 특유의 냄새가 감돈다고 할 정도로 그 냄새 성분의 장수에 놀라게 만들어 버리는 경우도 있다. 이러한 냄새는 편백의 경우처럼 목재의 가치를 높여주는 특징이 될 수 있지만 반대로 안티아리스(antiaris, Antiaris toxicaria) 목재처럼 아민(amine) 모양의 악취를 풍겨 목재의 결점이 되는 경우도 있다. 또한 산성이 강한 서부적삼나무 목재처럼 미량의 냄새 성분에 의해 금속이 부식되는 경우도 있어 목재 이용 시 문제가 되기도 한다.

냄새와 마찬가지로 목재의 맛 역시 추출물에 의한 것으로 변재보다 심재가 더 강하며 시간의 경과에 따라 약해지게 된다. 소나무속 등의 수종은 수지로 인해 쓴 맛을 그리고 밤나무속이나 참나무속 등의 수종은 타닌으로 인해 떫은맛을 내게 된다. 맛은 중요한 수종 식별 인자가 되지 못하고 있지만 경우에 따라 수종 식별에 이용되기도 한다. 예를 들면, 서부적삼나무와 향삼나무는 육안적 및 해부학적 구조 모두가 매우 비슷해 식별이 곤란하지만 서부적삼나무는 약간 쓴맛을 그리고 향삼나무는 매운맛을 지니기 때문에 서로 구분될 수가 있다.

광택은 목재 세포가 빛을 반사하는 능력을 나타내는 것으로 목재 표면은 세포의 절단에 따른 凹凸을 지니기 때문에 구성 세포의 종류와 크기 등에 따라 미묘한 광반사 특성을 나타내게 된다. 느티나무의 접선단면(판목면)을 예로 들어보면 대형 관공이 모여 있는 춘재 부분, 집합관공이 모여 있는 추재 부분, 목섬유가 밀집되어 있는 부분 등에 따라 광반사 특성이 다르기 때문에 부위에 따라 서로 다른 광택을 보이는 광택감의 움직임이 발생하게 된다. 목재의 단면에 따라서는 횡단면의 광택이 가장 약하고 방사단면이 반사경(Spiegelschnitt, mirror)으로 불릴 만큼 가장 강한데 이는 방사단면에서 방사조직이 평면으로 넓게 나타나기 때문에 그런 것이다. 환공재의 경우에는 관공이 크고 연륜이 좁을수록 광택이 떨어지게 된다. 그러나 이보다 더 중요한 인자로 추출물을 들 수가 있는데 추출물의 양이 많은 목재일수록 낮은 광택성을 보이게 되는데 기름이나 왁스 성분을 지니는 낙우송, 올리브(olive, Olea europea), 유창목, 티크 등이 그 좋은 예가 되고 있다. 또한 변재에 비해 심재가 광택이 낮은 이유도 바로 이 추출물의 함량 차이에 따른 것이다.

대패 가공된 재면이 광택을 띠는 목재로 침엽수재 중에서는 가문비나무, 솔송나무, 편백 등을 그리고 활엽수재 중에서는 느티나무, 벚나무, 피나무, 이태리포플러 등을 들 수가 있는 반면 광택을 띠지 않는 목재로 침엽수재 중에서는 전나무 등을 그리고 활엽수재 중에서는 계수나무, 오리나무 등을 들 수가 있다. 목재의 광택은 수종 식별에도 유용한 특성이 되고 있다. 예를 들면, 스트로브잣나무와 백가문비나무(white spruce, Picea glauca)의 목재는 초심자에게 많은 혼동을 불러일으키게 만들지만 백가문비나무의 광택이 훨씬 높기 때문에 이들을 서로 쉽게 구분해 낼 수가 있다. 마찬가지로, 백물푸레나무 역시 흑물푸레나무(black ash, Fraxinus nigra)보다 광택이 높기 때문에 구분이 가능해진다.

1. 9. 목재의 이상조직과 상해조직

1. 9. 1. 압축이상재와 인장이상재

경사진 수간 또는 가지의 위쪽과 아래쪽에서는 형성층의 활동에 차이가 생겨 비대생장이 편심적으로 일어나게 된다. 이러한 편심생장(eccentric growth)을 이루고 있는 부분에는 대개 이상조직이 형성되는데 이와 같이 형성된 이상조직의 목재를 이상재(반응재, reaction wood)라고 부른다. 이상재는 정상재의 조직 구조와 상당한 차이를 보이고 있는데 목재 이용 측면에 있어 좋지 않은 특성을 지니고 있기 때문에 하나의 결점으로 취급되고 있다.

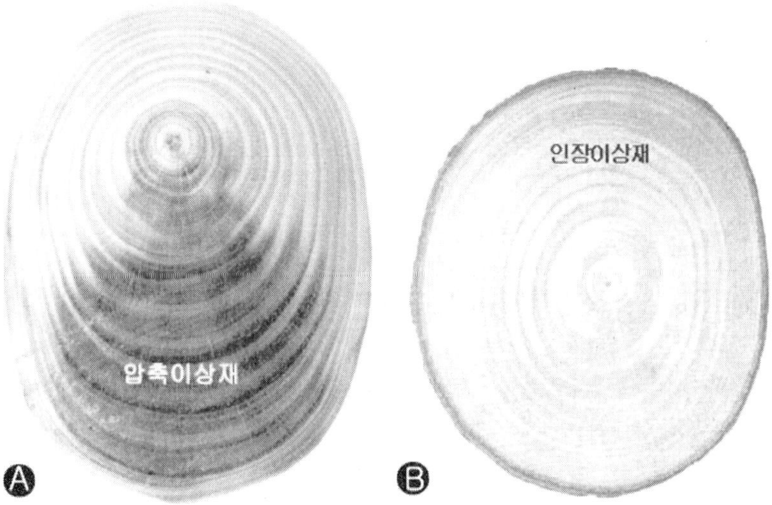

그림 1-9-1. 라디아타소나무의 압축이상재(A) 및 사시나무의 인장이상재(B)

침엽수에서는 경사진 수간과 가지의 횡단면 아래쪽, 즉 압축응력을 받는 방향의 부분에 편심생장을 이루며 활엽수에서는 침엽수와 달리 횡단면의 위쪽, 즉 인장응력을 받는 방향의 부분이 편심생장을 이루기 때문에 침엽수의 이상재를 압축이상재(compression wood) 그리고 활엽수의 이상재를 인장이상재(tension wood)라고 부른다. 이상재의 형성은 수목의 중력 자극(gravistimulus)에 대한 반응의 결과로 생긴 호르몬의 편향이 직접적인 원인이 되고 있는 것으로 알려져 있다. 중력에 의해 식물 생장 조절 호르몬인 옥신(auxin), 즉 인돌아세트산(indoleacetic acid)의 농도가 횡단면 아래쪽이 높아지게 되는데 침엽수에서는 옥신의 농도가 높은 부분에서 그리고 활엽수에서는 옥신의 농도가 낮은 부분에서 편심생장이 일어나기 때문에 침엽수에서는 압축이상재가 그리고 활엽수에서는 인장이상재가 발달되는 것으로 여겨지고 있다(그림 1-9-1).

압축이상재는 리그닌을 많이 지니고 있기 때문에 정상재보다 더 짙은 적색을 나타내게 된다. 횡단면에서 볼 때 춘재에서 추재로의 이행이 매우 점진적이어서 춘재와 추재의 구분이 불명확하며 정상재의 가도관과는 달리 압축이상재의 가도관은 비교적 둥근 모양을 띠기 때문에 가도관이 서로 접축되는 곳에 세포간극(intercellular space)이 존재하게 되는데 특히 춘재에 세포간극이 많이 발달되어 있다. 그러나 이러한 세포간극은 향나무속 등의 정상재에서도 일반적으로 관찰되고 있는 특징이기 때문에 압축이상재의 전형적인 특징이 될 수가 없음에 주의하여야 한다. 압축이상재의 가도관은 일반적으로 정상재의 가도관보다 세포벽의 두께가 2배 정도로 두껍지만 2차벽에는 S3층이 존재하지 않고 나선강(spiral cavity)의 째짐으로 인해 형성된 나선열(spiral check)이 발달되어 있는데 리무(Dacrydium cupressinum), 비자나무, 은행나무, 주목 등처럼 나선열이 발달되어 있지 않는 경우도 있다. 가도관의 길이는 정상재의 것보다 다소 짧으며 그 선단부는 흔히 굽어져 있거나 분지되어 있다. 가도관의 유연벽공은 렌즈 내지 슬릿 모양의 윤출공구를 지니고 있다(그림 1-4-4의 A, 1-4-6의 A~B와 1-9-2).

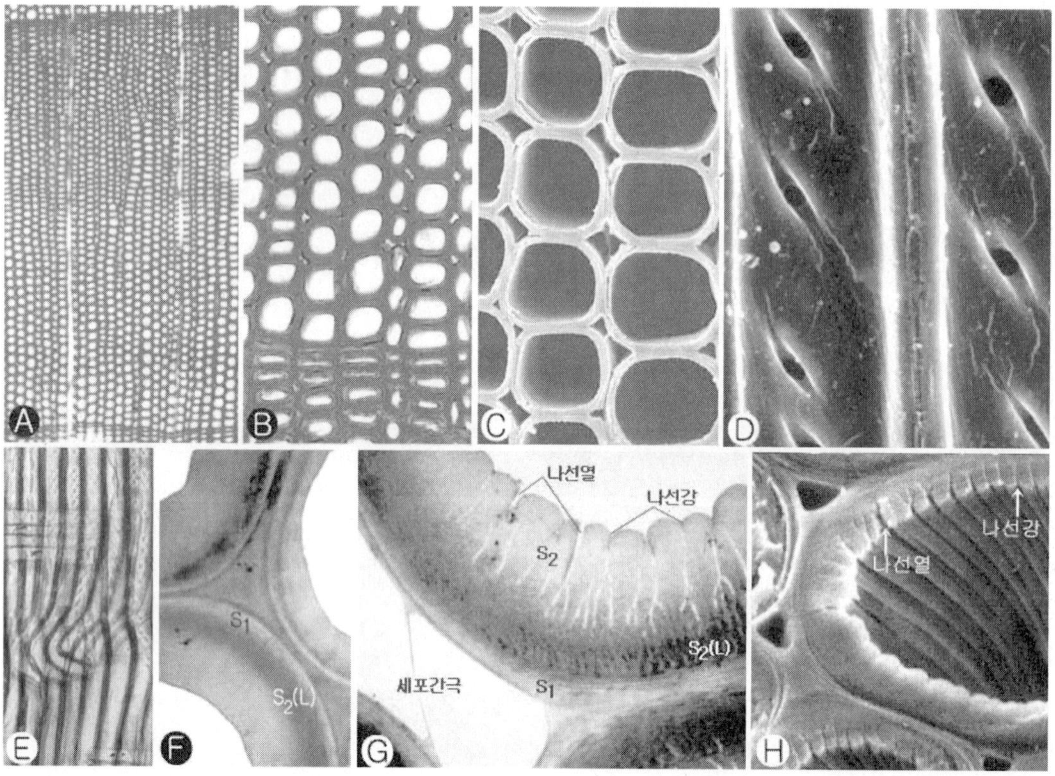

그림 1-9-2. 잣나무 압축이상재 가도관의 매우 점진적인 이행(A)과 세포간극(B), 연필향나무 정상재의 세포간극(C), 리무 압축이상재 가도관의 유연벽공(D), 선단부 만곡(E)과 세포벽 구조(F) 및 라디아타소나무 압축이상재 가도관의 세포벽 구조(G~H)

압축이상재를 구성하고 있는 가도관의 S2층은 마이크로피브릴의 경각이 45o 정도로써 정상재 가도관의 10~30o보다 더 급하기 때문에 압축이상재의 축방향 수축률이 정상재의 것에 비해 10배 정도 더 큰 반면 압축이상재의 접선방향 및 방사방향 수축률은 정상재의 1/2 정도밖에 되지 않는다. 이러한 수축률의 차이로 인해 정상재와 압축이상재가 혼재하는 목재를 건조하게 되면 틀어짐이나 할렬 등이 일어나게 된다. 정상재에 비해 압축이상재는 비중, 경도 및 종압축강도가 더 크지만 인장강도는 현저하게 더 낮은데 압축이상재의 인장강도가 낮은 이유는 가도관의 벽에 나선상의 째짐인 나선열이 존재하기 때문이다. 화학적으로는 정상재에 비해 리그닌이 더 많으나 셀룰로오스는 더 적다. 특히, 리그닌의 경우 S2층의 바깥쪽에 집중적으로 분포되어 있기 때문에 이 층을 S2(L)층이라고 부르는 학자들도 있다(그림 1-9-2의 G~H와 1-9-3).

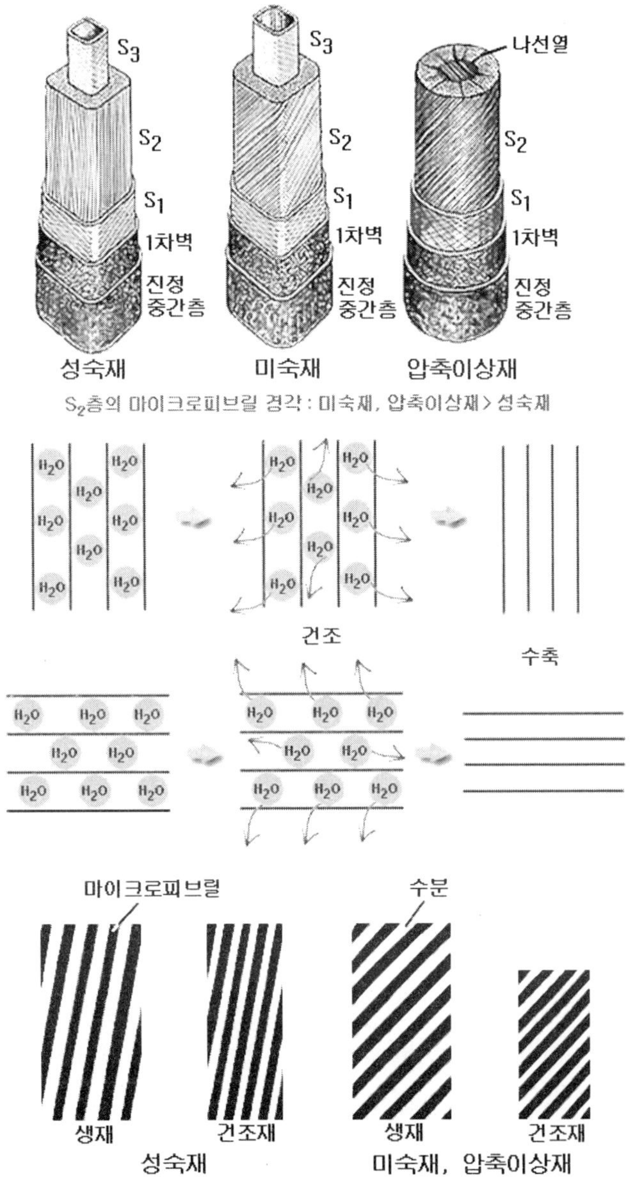

그림 1-9-3. 세포벽 구조와 마이크로피브릴 경각에 따른 축방향 치수 변동률 사이의 관계 모식도

압축이상재와는 달리 인장이상재는 셀룰로오스를 많이 지니고 있기 때문에 정상재보다 더 밝은 담색 또는 은백색을 띠게 된다. 인장이상재의 가장 큰 특징은 2차벽에 젤라틴층이 발달되어 있는 젤라틴목섬유(gelatinous fiber)가 존재한다는 점인데 이러한 젤라틴목섬유의 존재가 인장이상재와의 최대 특징이 되고 있다. 젤라틴층은 2차벽 가운데 가장 안쪽에 발달되어 있는 층으로 두께가 정상

적인 세포의 S2층과 동일하거나 또는 더 두꺼운 것이 보통이며 거의 셀룰로오스만으로 구성되어 있기 때문에 염화아연요오드(chlor-zinc iodide) 용액으로 염색을 하게 되면 자색을 나타내게 된다. 또한, 젤라틴층은 2차벽의 나머지 층으로부터 쉽게 분리되기도 하며 마이크로피브릴의 경각이 대략 5o 정도로써 목섬유의 장축과 거의 평행을 이루고 있기 때문에 젤라틴목섬유의 벽공은 세포의 장축을 따라 누워있는 벽공구를 지니는 경향이 있다. 그러나 목련과와 화양목과의 일부 수종에서는 젤라틴층이 발달되지 않는 것으로 알려져 있다(그림 1-5-24의 I와 1-9-4의 A~D).

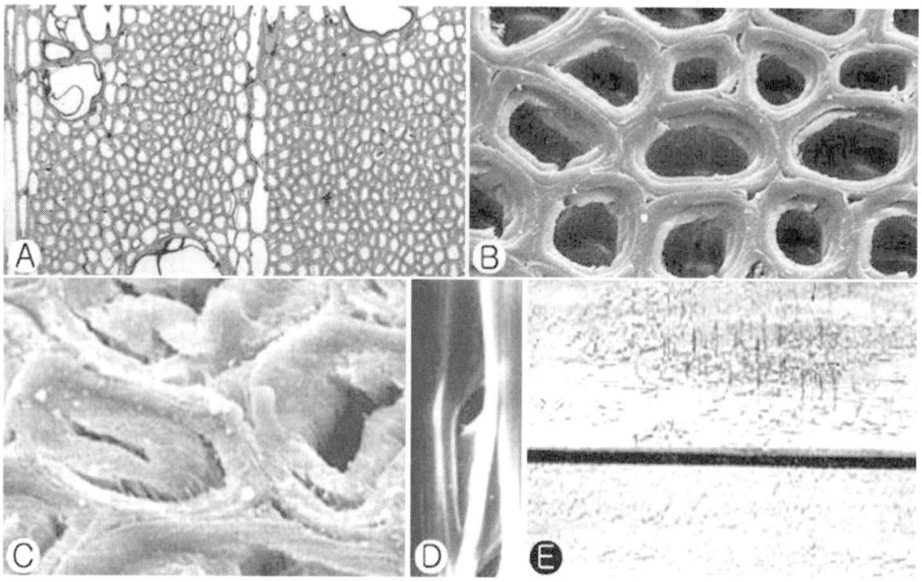

그림 1-9-4. 풍나무(A), 백버드나무(B)와 가죽나무(C) 인장이상재의 젤라틴목섬유(A~C), 칠엽수 인장이상재 젤라틴목섬유의 벽공구(D) 및 버드나무 인장이상재의 거스러미(E)

인장이상재의 젤라틴목섬유는 세포벽이 두꺼우면서 벽공의 수도 적고 또한 관공은 지름이 작을 뿐만 아니라 수도 적기 때문에 정상재보다 인장이상재의 비중이 더 큰 편이다. 인장이상재는 생재 함수율이 높지만 건조가 용이하며 젤라틴목섬유의 존재로 인하여 절삭 시 깨끗하게 절단되지 않고 재면 위로 거스러미(woolly grain, fuzzy grain)를 드러내게 된다(그림 1-9-4의 E). 인장이상재의 축방향 수축률은 정상재에 비해 대개 1~2배 정도 더 큰 것이 일반적인데 이는 젤라틴층을 제외한 다른 층들의 마이크로피브릴 경각이 더 크기 때문에 그런 것이다. 인장이상재는 정상재에 비해 인장강도가 더 크나 압축강도는 더 낮으며 과도하고 불균일한 수축성으로 인하여 찌그러지는 경향이 있기 때문에 용재로써는 하나의 큰 결점으로 취급되고 있다. 화학적으로는 정상재에 비해 리그닌이 더 적으나 셀룰로오스가 더 많다.

1. 9. 2. 옹이

살아있는 수목에 있어 가지와 잎으로 구성되어 있는 수관(crown)은 수목의 생장에 필요한 영양분과 호르몬을 생산하는 중요한 역할을 맡고 있다. 수목의 비대생장에 의해 수간의 목재 조직 내에 묻혀 있는 가지의 밑 부분을 옹이라고 일컫는다. 살아있는 가지의 수(髓)는 수간의 수와 연결되어 있으며 가지의 밑 부분은 원추 모양을 띠기 때문에 옹이를 절단하게 되면 마치 한 쪽 끝이 뾰족한 쐐기 모양으로 나타나게 된다. 이런 쐐기 모양을 보이게 되는 것은 형성층의 활동에 의해 형성되는 새로운 목재 조직이 기존의 목재 조직 위에 층 모양으로 쌓여나가기 때문에 수간의 지름이 커질수록 가지의 밑 부분은 수간 내부로 점점 더 깊이 파묻히게 되고 또한 수간과 가지를 함께 둘러싸고 있는 형성층이 수간 내부에 파묻혀 있는 가지 밑 부분으로부터 점점 멀어지게 됨으로써 더 이상의 비대생장이 수간 내부의 가지 부분에서 일어나지 못하기 때문에 그런 것이다. 또한, 수간 내부에 파묻혀 있는 가지의 밑 부분은 대개 수피를 지니지 않고 있는데 이는 가지의 밑 부분이 줄기에서 형성된 새로운 목재 조직에 의해 파묻히게 됨에 따라 가지 밑 부분의 수피 조직이 밖으로 밀려나가기 때문에 그런 것이다. 이러한 과정에서 수피 조직은 밀려나가 접히게 되는데 완전히 매몰되지 않은 옹이 부분에서 보면 동심원 모양으로 나타나는 경우가 많다. 수간에 비해 상대적으로 비대생장의 양이 적은 작은 가지인 경우 이런 현상이 더욱 뚜렷해진다(그림 1-1-4와 1-9-5의 B).

형성층은 수간과 가지를 모두 둘러싸고 있기 때문에 수간과 가지의 생장이 동시에 일어나게 된다. 따라서 살아있는 가지가 줄기 내부에 파묻히게 되는 경우 주위의 수간 조직과 완전히 연결되어 있는 상태의 옹이인 생절(生節, live knot)이 발달하게 되는데 이러한 옹이는 건조에 의해서도 느슨해지거나 빠져버리지 않기 때문에 합생절(合生節, intergrown knot) 또는 경절(硬節, tight knot)로도 부르고 있다. 그러나 가지가 죽게 되면 그 형성층 역시 죽게 되어 가지에서는 더 이상의 비대생장이 일어나지 못하게 되지만 수간의 비대생장은 계속 이어지기 때문에 수간의 목재 조직이 점차 죽은 가지를 둘러 감싸게 된다. 이러한 과정을 통해 생긴 옹이는 주위의 줄기 조직과 완전히 연결되어 있지 못하기 때문에 사절(死節, dead knot)이라고 부르는데 건조에 따라 제재목으로부터 쉽게 빠져 버릴 수 있어 발절(拔節, loose knot) 또는 권입절(卷入節, encased knot)로도 불리고 있다. 그리고 옹이의 선단부 일부 또는 전부가 썩어 부후절(腐朽節, decayed knot)이 되는 경우도 있다(그림 1-9-5의 A~B).

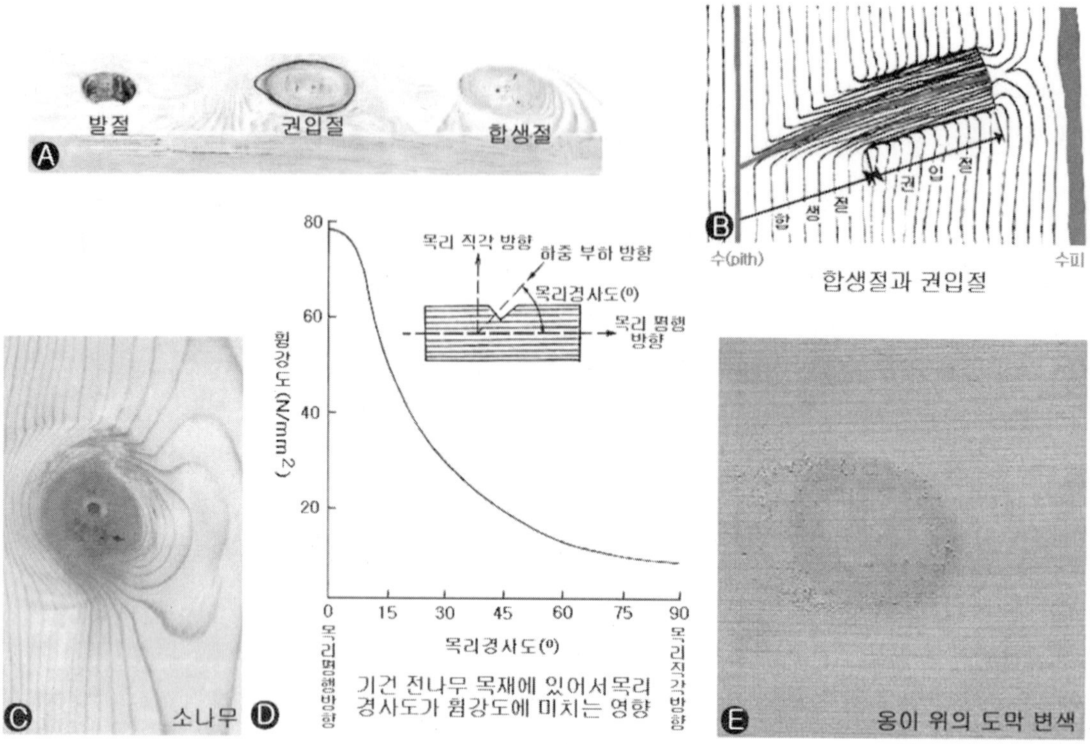

그림 1-9-5. 옹이의 종류(A~B), 옹이 주위의 교주목리(C), 목리 이탈에 따른 목재의 휨강도 변화(D) 및 옹이로 인한 도막 결함(E)

가지가 수간으로부터 탈락되면 주위의 형성층이 점차 그 위로 발달하게 되고 몇 해 지나지 않아 옹이를 지니지 않는 무결점의 목재 조직이 발달하기 시작한다. 가지가 죽은 지 여러 해가 지나도 죽은 가지가 탈락되지 않아 무결점의 목재 조직을 형성하지 못하는 수종도 더러 있다. 따라서 강도적 성질이 우수한 구조용 건축재료 등의 생산을 위해 가지치기 작업이 실시되기도 하지만 최근에는 옹이를 지니는 목재의 자연미가 화장용 건축재료로 인기를 끌고 있기도 하다.

옹이는 관찰 방향에 따라 모양이 달라지는데 접선단면에서는 옹이의 횡단면이 나타나 원형의 원절(圓節, round knot)이나 타원형의 타원절(橢圓節, oval knot)로 그리고 방사단면에서는 옹이의 종단면이 나타나 쌍곡선 모양의 유절(流節, spike knot)로 보이게 된다. 또한, 옹이는 크기에 따라 두절(豆節, pin knot), 소절(小節, small knot), 중절(中節, medium knot) 및 대절(大節, large knot)로 세분되는데 두절은 지름이 1.3cm(1/2inch)보다 작은 것, 소절은 지름이 1.3~1.9cm(1/2~3/4inch)인 것, 중절은 지름이 1.9~3.8cm(3/4~3/2inch)를 넘지 않는 것 그리고 대절은 지름이 3.8cm(3/2inch)를 넘는 것을 일컫는다.

옹이 주위의 목재는 교주목리를 나타내게 됨으로 기계적 성질이 저하되는데 특히 수간의 조직과 약하게 결합되어 있어 옹이가 쉽게 빠져 옹이구멍(knot hole)을 남길 수 있는 발절인 경우 더욱 그러한 것으로 알려져 있다. 그리고 수지구를 지니는 침엽수재에서는 옹이에 수지가 많이 함유되어 있어 도막 변색, 도료나 접착제의 고화 지연 등과 같은 결함이 발생하게 된다. 또한, 옹이의 횡단면이 제재목의 종단면에 드러나기 때문에 도료나 접착제의 흡수가 심해 도막 형성이 잘 되지 않거나 접착제가 묻어 있지 않은 결교(starved joint) 현상이 발생하는 것 등처럼 도장성과 접착성에 나쁜 영향을 미치게 된다(그림 1-9-5의 D~E).

1. 9. 3. 미숙재

미숙재(juvenile wood)는 수목의 일생 동안 수간의 중심부, 즉 수(pith) 주위에 발달되는 2차목부 조직으로써 세포 길이가 안정되어 있지 못하고 매년 1% 이상의 신장률을 나타내는 목재를 일컫는다. 이러한 미숙재의 폭은 수종 고유의 특성이 되고 있으나 환경 조건에 따라서 달라질 수도 있다. 또한, 흑가문비나무(black spruce, Picea mariana) 10본을 조사해 본 결과 나이가 어린 형성층시원세포는 나이가 든 형성층시원세포보다 더 여러 해 동안 미숙재를 발달시키게 되기 때문에 수간의 하층부로부터 상층부를 향해 감에 따라 미숙재의 폭이 점점 좁아져 원뿔곡선 모양을 보이게 되는 것으로 밝혀졌다(그림 1-9-6).

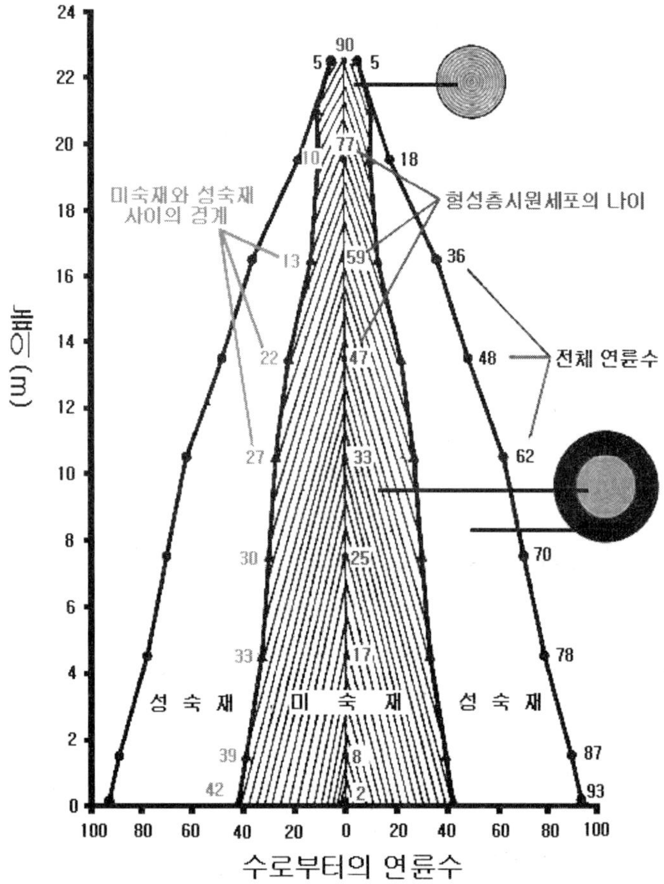

그림 1-9-6. 흑가문비나무의 형성층시원세포 나이에 따른 미숙재의 폭 변화

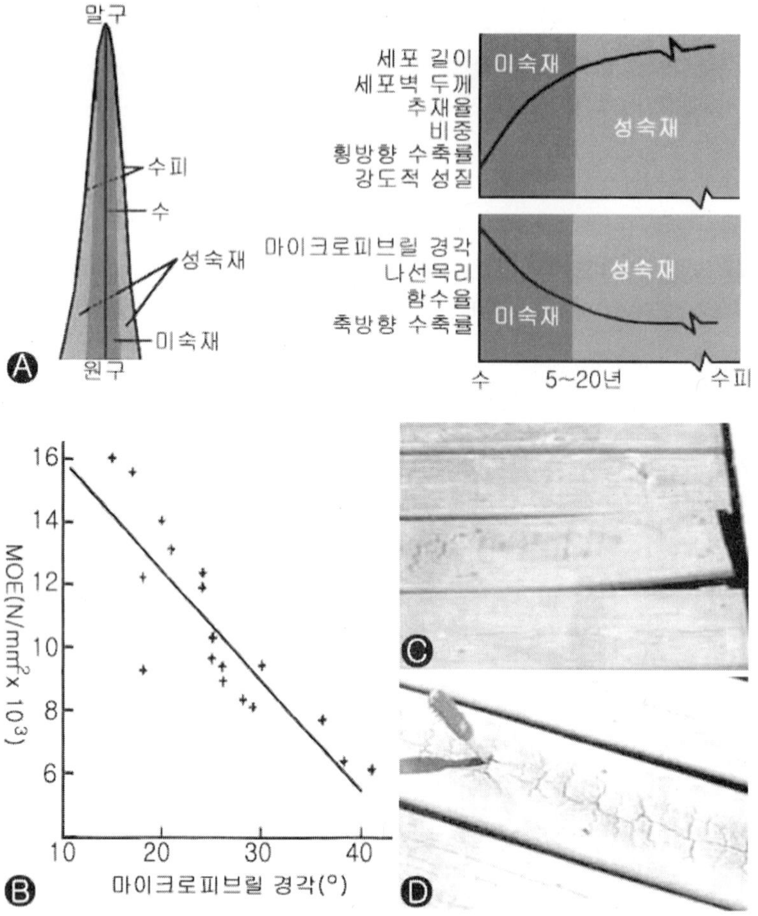

그림 1-9-7. 미숙재로부터 성숙재로의 이행에 따른 목재 성질의 변화(A), 시트카가문비나무의 마이크로피브릴 경각과 강성 사이의 관계(B) 및 침엽수 미숙재 부위에서의 틀어짐(C)과 교주균열(D)

활엽수와 침엽수 모두에 있어 미숙재의 세포 길이는 성숙재(mature wood)의 것보다 짧다. 침엽수의 성숙재 세포 길이는 미숙재 세포의 길이보다 3~4배 정도 더 긴 반면 활엽수의 성숙재 세포는 미숙재보다 대개 2배 정도 길이가 더 길다. 세포 길이 이외에도 세포벽 구조 역시 차이를 보이게 된다. 미숙재의 경우 추재 세포의 양이 더 작으며 얇은 세포벽을 지니는 세포가 차지하는 비율이 더 높기 때문에 성숙재에 비해 미숙재의 비중이 더 낮고 따라서 강도적 성질도 더 낮아지게 된다. 그리고 성숙재에 비해 미숙재에 나선목리가 발달하는 경향이 더 큰 편이다(그림 1-9-7의 A). 이처럼 미숙재는 성숙재보다 전반적으로 재질이 더 나쁜데 특히 침엽수의 경우 더욱 그런 것으로 알려져 있다. 예를 들면, 미국산 침엽수 미숙재의 비중은 성숙재에 비해 대개 10~15% 정도 더 낮으며 미숙재의 강도적 성질은 성숙재의 것보다 약간 낮은 경우도 있으나 보통 15~30% 정도 더 낮은 것으로 보고되어 있다.

세포벽 내에서 2차벽의 S2층 마이크로피브릴 경각은 압축이상재의 경우와 마찬가지로 미숙재의 것이 특징적으로 더 큰데 S2층의 마이크로피브릴 경각이 커지게 되면 목재의 횡방향 수축률은 작아지나 축방향 수축률이 커지게 되고 휨강도, 강성, 인장강도 등과 같은 강도적 성질은 낮아지게 된다. 일반적으로 미숙재의 축방향 수축률은 성숙재의 것보다 3~10배 정도까지 더 큰 것으로 알려져 있으나 모든 미숙재가 축방향으로 과도한 수축을 일으키는 것이 아니다. 건조 시 실제 길이가 오히려 늘어나게 되는 경우도 있는데 이는 아마 수간 중심부의 생장응력인 압축응력 때문에 그런 것으로 여겨지고 있다. 또한, 성숙재에 비해 미숙재는 사용 중 틀어짐(warping)이나 교주균열(cross-grained check) 등이 일어나기 쉽고 미숙재로부터 생산된 단판은 더 거칠고 찢어짐이나 이할(裏割, lathe check)이 더 많이 발생하게 된다(그림 1-9-3과 1-9-7).

앞에서 서술한 내용들은 미숙재의 사용 시 많은 문제점이 발생하게 됨을 시사하게 된다. 특히, 강도적 성질이 특별히 중요한 인자가 되고 있는 신뢰성 있는 구조 설계에 있어 빨리 자란 수목으로부터 생산된 목재를 성숙재와 미숙재의 구분 없이 사용하는 경우 상당한 문제점이 발생하게 된다. 미숙재는 낮은 강도적 성질과 큰 수축률 모두로 인해 건축용으로는 대개 그리고 집성재용으로는 특히 문제가 있는 것으로 여겨지고 있다. 낮은 강도, 나선목리의 발달, 과도한 수축률 및 가공이나 사용 등에 있어서의 문제점 발생이라는 모든 상황을 고려해 볼 때 미숙재는 다양한 목재 제품용으로 대개 바람직한 것이 되지 못하고 있다.

1. 9. 4. 생장응력으로 인한 결점

수목은 생장 과정 중 수간의 비대생장에 따라 축방향으로 생장응력(growth stress)이 발생될 수 밖에 없는데 수간 중심부에서는 압축응력이 그리고 수간 주변부에서는 인장응력이 작용하게 된다(그림 1-9-8의 A). 이러한 생장응력뿐만 아니라 바람과 눈, 수분의 동결 등과 같은 기상 조건에 기인하는 내부응력 때문에 조직에 파괴가 일어나게 되는데 파괴된 조직은 점차 아물거나 수간 내에 파묻히게 되는 것이 일반적이지만 그 상태 그대로 남아있게 되는 경우도 있다.

수간의 수(pith)로부터 수피 쪽을 향해 발생하게 되는 방사방향의 할렬이 심렬(heart shake)인데 방사조직을 따라 여러 개의 심렬이 존재하는 경우 성렬(star shake) 그리고 단 한 개의 심렬이 존재하는 경우 단일심렬(simple heart shake)이라고 부른다. 이러한 심렬은 특히 큰 방사조직을 지니는 너도밤나무, 참나무속 등에서 발생하기가 쉽다. 한편, 연륜계를 따라 발생하게 되는 접선방향의 할렬이 윤렬(ring shake)인데 부분적으로 짧게 발생되어 있는 것을 완렬(cup shake) 그리고 동심원상으로 길게 발생되어 있는 것을 환렬(round shake)이라고 부른다. 이러한 윤렬은 춘재로부터 추재로의 이행이 급하거나 연륜폭이 불균일하거나 또는 상해조직이나 수식재가 존재하는 수목에 있어 생장응력, 강풍, 동결 등에 의한 힘이 작용함으로써 발생하게 되는 것으로 알려져 있는데 특히 천연림 중의 들메나무(Fraxinus mandshurica), 사할린전나무(Abies sachalinensis), 상수리나무 등에서 발생하기가 쉽다(그림 1-9-8의 C~D).

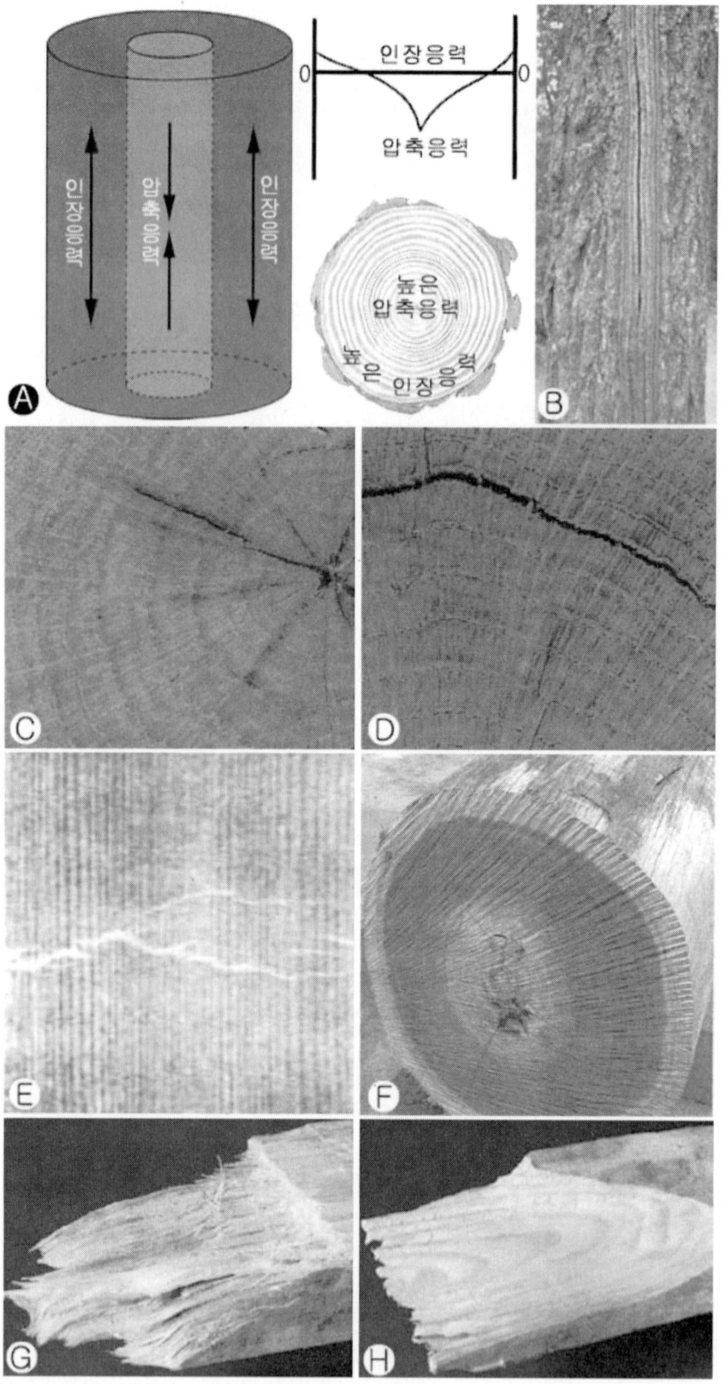

그림 1-9-8. 수간 내부의 생장응력 모식도(A), 졸참나무의 상렬(B), 상수리나무의 심렬(C)과 윤렬(D), 시트카가문비나무의 압축파괴(E), 메런티의 취심재(F) 및 구주적송의 정상재(G)와 취약재(H)의 파괴면(G~H)

한겨울 수분이 동결됨에 따라 수간의 바깥쪽으로부터 안쪽을 향해 발생하게 되는 축방향과 방사방향의 할렬을 상렬(frost crack)이라고 부르는데 추운 기후에서 자라는 수목에서 흔히 관찰되고 있다. 상렬은 봄이 되면 치유조직에 의해 아물게 되지만 이 새로운 조직은 약하기 때문에 겨울철이 되면 다시 파괴됨으로써 이러한 상렬과 치유가 매년 반복되어 수간의 표면에 축방향의 돌기부인 상종(frost rib)을 남기게 된다. 상렬은 강한 뿌리를 지니면서 수관이 잘 발달되어 있는 노령목, 특히 수식재가 존재하는 수목에서 발생하기 쉬운데 활엽수 중에서는 느릅나무, 들메나무, 상수리나무 등에 그리고 침엽수 중에서는 사할린전나무에 많이 발생하지만 가문비나무와 일본잎갈나무에서는 거의 발생하지 않는 것으로 알려져 있다(그림 1-9-8의 B).

바람이나 눈 등에 의해 수목이 휘어질 때 압축응력을 받는 수간 바깥쪽 부분에서 압축파괴(compression failure)가 일어나게 되는데 이 부분은 치유조직에 의해 피복되어 점차 정상조직 내에 파묻히게 되는 경우가 많다. 조직적으로는 세포벽에 미세한 파괴에 의한 융기부를 남기게 되는데 정상재보다는 강도적 성질이 약한 특징을 지니게 된다. 형성층이 압축파괴에 의해 손상되면 비대생장에 따라 파괴선의 바깥쪽으로 치유조직이 형성되기 때문에 수간의 바깥 표면에서는 완만한 凸부의 흔적이 남게 된다. 압축파괴는 가볍고 연한 침엽수에서 발생하기 쉬운데 가문비나무, 사할린전나무, 삼나무 등에서 많이 관찰되고 있다(그림 1-9-8의 E).

생장응력과 바람 등의 외력이 복합적으로 작용하게 됨으로써 수간 중앙부에 압축파괴가 현저하게 발생되어 있는 것을 취심재(brittle heart)라고 일컫는다. 취심재는 주위의 정상재에 비해 재색이 옅고 광택이 없으며 미세한 파괴에 의한 융기부가 세포벽에 생기게 되는데 정상재보다 강도적 성질이 약한 특징을 지니게 된다. 나왕류나 베런티류 등과 같은 열대산 활엽수인 이우시과 수종에서 많이 관찰되고 있다(그림 1-9-8의 F).

비중이 극단적으로 낮은 침엽수재나 연륜폭이 매우 좁은 활엽수 환공재, 압축파괴가 발생되어 있는 목재나 취심재 등처럼 강도적 성질이 매우 낮은 약한 목재를 통틀어 취약재(brash wood)라고 부르고 있다. 정상재와는 달리 취약재는 목리에 대해 직각으로 하중을 가할 시 갑자기 목재가 파괴되는 특수한 현상으로 비교적 평탄한 파단면을 드러내는 경향이 있는데 얇은 세포벽, 미성숙이나 부후 등에 의한 낮은 목재 비중, 화학 성분의 열화, 압축파괴나 취심재 등이 원인인 것으로 알려져 있다(그림 1-9-8의 G~H).

1. 9. 5. 상해조직

수목에 있어 비대생장을 일으키는 형성층이 외력에 의해 상해를 입게 되거나 균이나 곤충 등의 침해를 받게 되면 형성층시원세포가 손상 내지 죽게 된다. 손상된 형성층은 세포분열을 일으키지 못하기 때문에 비대생장에 의한 목재의 형성도 이루어질 수가 없다. 그러나 이러한 경우에는 정상적인 목재 형성과는 다른 방법에 의해 그리고 죽은 형성층 부위에서는 부근에서의 형성층 증식에 의해 점차 원래 상태로 회복되어 가게 된다. 특히, 유세포는 상해를 받은 부분에서 상해유조직(traumatic parenchyma)을 발달시키게 되는데 상해의 원인과 정도에 따라 상당히 다른 외관과 구조를 나타내게 된다.

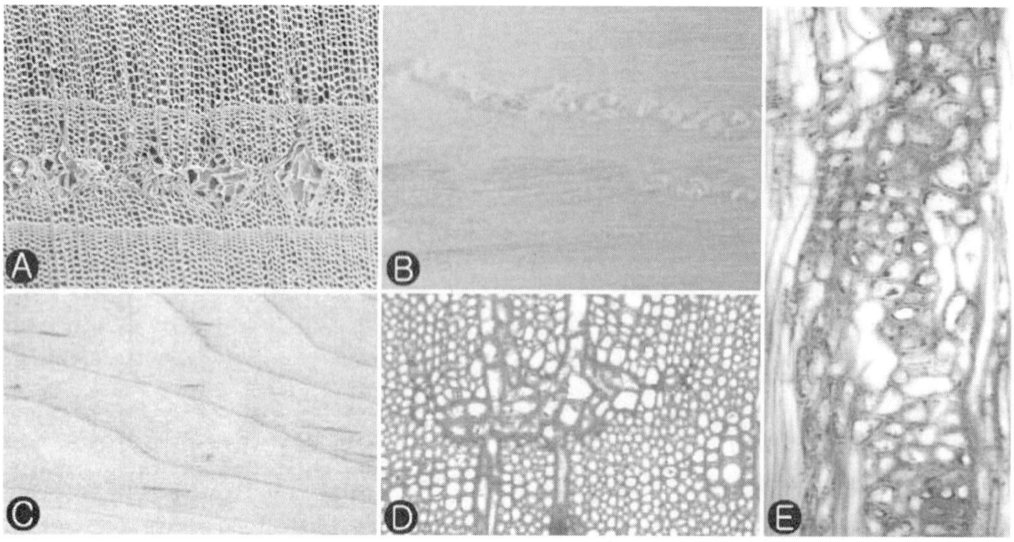

그림 1-9-9. 시베리아소나무의 상해수지구에 의한 상륜(A), 백물푸레나무(B)와 연단풍나무(C) 수반점의 육안적 구조(B~C) 및 물푸레나무 수반점의 횡단면(D)과 방사단면(E) 현미경적 구조(D~E)

생장기에 이상 저온이나 고온 또는 가뭄 등에 의해 형성층이 상해를 받게 되면 불규칙한 형상의 상해유조직, 수지나 검 물질에 의해 진하게 착색된 목재 세포 또는 수지구나 검구의 띠가 연륜처럼 나타나게 되는데 이것을 상해륜(traumatic ring)이라고 부른다. 특히, 늦서리나 봄철의 저온에 의해 생긴 것을 상륜(frost ring) 그리고 가뭄이나 건조에 의해 생긴 것을 건륜(drought ring)이라고 한다(그림 1-9-9의 A).

활엽수재에 있어서 주위의 정상 조직보다 짙은 색을 띠면서 수(pith)처럼 보이는 상해조직이 관찰되는 경우가 있는데 이것을 수반점(pith fleck)이라고 부른다. 수반점은 불규칙한 형상의 유세포로 이루어진 상해유조직이 발달되어 곤충이 뚫고 지나간 홈을 메워 주게 됨으로써 형성되는데 횡단면에서 작은 반점 모양으로 그리고 종단면에서 가늘고 긴 줄무늬 모양으로 한 연륜 내에 갇혀 나타나게 된다. 이러한 수반점은 잎굴파리과(Agromyzidae)와 흰꼬마굴나방과(Opostegidae)에 속하는 곤충이 수목의 생장 초기에 형성층 부근의 살아있는 조직을 갉아먹은 후 즉시 형성층, 목재와 수피의 유세포에 의해 발달된 상해유조직이 매몰되어 있는 흔적으로 상당한 길이의 것까지도 있다. 단풍나무속, 버드나무속, 벚나무속, 오리나무속, 자작나무속, 피나무속 등의 수종과 같은 산공재에서 수반점이 많이 관찰되고 있는데 특히 환공재인 물푸레나무(ash)의 수반점을 시충(glassworm)이라고 부른다. 목재의 미관적 가치가 수반점에 의해 손상되기 때문에 하나의 결점으로 취급되고 있다(그림 1-9-9의 B~E).

형성층이 타격 등과 같은 힘에 의해 손상을 받거나 새나 곤충에 의한 침해를 받은 다음 상해조직이 형성될 때 수피가 목재 내부에 매몰되어 있는 수피낭(bark pocket)이 생기게 된다. 수피낭이 경미한 경우에는 변색 정도로 밖에 보이지 않지만 현저한 경우에는 불규칙한 형상과 배열의 치유조직이 폭 넓게 형성되어 있을 뿐만 아니라 상당히 큰 공극을 수반하기도 한다. 수피낭은 정상수지구가 발달되어 있지 않은 삼나무, 편백 등의 침엽수재에 많이 발생하지만 정상수지구가 발달되어 있는 가문비나무, 소나무, 일본잎갈나무 등의 침엽수재에서는 수피낭과 수지낭이 동반되는 경우가 많다. 목재의 이상조직인 혹 등에 발생되어 있는 다수의 작은 수피낭은 목재의 미관적 가치를 높여주게 된다(그림 1-9-10의 A~B).

정상수지구가 발달되어 있는 침엽수 목재의 일부분에 수지가 과다하게 존재함으로써 나타나게 되는 줄무늬 모양의 변색부인 수지조흔(pitch streak)의 경우 수지가 세포내강을 채우고 있을 뿐만 아니라 세포벽에도 침투되어 있기 때문에 이 부분의 목재는 수지가 스며들어 있는 외관을 띠게 된다. 그러나 정상수지구가 발달되어 있지 않은 침엽수재에서도 상해를 받은 부위에 새로 생긴 세포로부터 수지가 밖으로 흘러 나와 갈색 내지 흑갈색의 수지조흔이 발생하기도 한다. 이러한 수지조흔은 미관적 가치를 손상시키기 때문에 하나의 결점으로 취급되고 있다. 한편, 활엽수재의 경우 검물질의 과다 존재로 인해 검조흔(gum streak)이라는 짙은 줄무늬 모양의 변색부가 관찰되기도 하는데 주로 흑벚나무 등의 벚나무속 수종에서 관찰되고 있다(그림 1-9-10의 C~D).

정상수지구가 발달되어 있는 침엽수재의 목재 내에는 렌즈 모양의 세포간극으로써 수지가 함유되어 있는 수지낭(pitch pocket)이 발달되기도 한다. 수지낭은 수간이 바람에 의해 흔들릴 때 연륜계를 따라 조직의 파괴가 일어나 공극이 생김과 동시에 방사조직 중의 수평수지구가 절단됨으로써 수평수지구로부터 공극 내로 수지가 흘러 들어가기 때문에 발달되는 것으로 알려져 있다. 그러나 드물게 정상수지구가 발달되어 있지 않은 침엽수재에도 그 존재가 확인되고 있다. 이러한 수지낭은 한 연륜 내에 갇혀 있게 되며 그 안쪽 표면에는 수지구의 주위의 에피델리움세포와 같은 종류의 세포가 발달되어 있다. 수지낭을 지니고 있는 목재에서는 내부로부터 수지가 흘러 나와 미관을 손상하게 되고 이용 시 지장을 초래하는 일이 있다. 한편, 활엽수재의 경우 흑벚나무 등의 벚나무속 수종에는 침엽수재의 수지낭처럼 연륜계를 따라 검 물질이 함유되어 있는 검낭(gum pocket)이 발달되어 있기도 하다(그림 1-9-10의 C와 E).

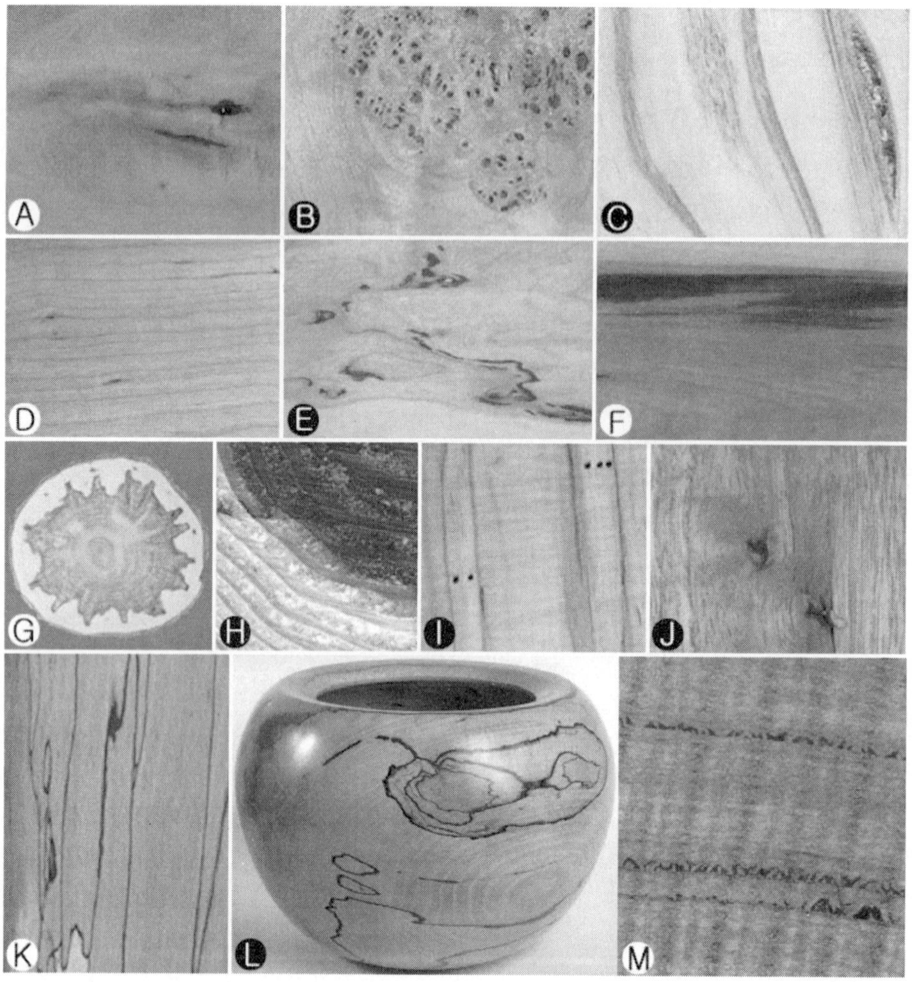

그림 1-9-10. 유럽주목의 수피낭(A), 이태리포플러 혹 조직 내의 수피낭(B), 디아타소나무의 수지조흔과 수지낭(C), 흑벚나무의 검조흔(D)과 검낭(E), 경단풍나무의 광조흔(F), 느릅나무의 수식재(G), 삼나무의 흑심(H), 연단풍나무의 벌레구멍(I), 흑호두나무의 조탁공(J), 도밤나무의 부후조흔재(K~L) 및 태즈메이니아참나무의 키노맥(M)

경단풍나무, 황철나무 등에서 보이는 것으로써 과다한 광물질의 존재로 인한 올리브색 내지 녹갈색 또는 갈색의 줄무늬 변색부를 광조흔(mineral streak)이라고 하는데 박테리아 등의 작용에 의해 탄산염과 금속염이 결합되어 생기는 것으로 여겨지고 있다(그림 1-9-10의 F).

일반적으로 침엽수재의 생재함수율은 변재가 심재보다 더 높은 것이 정상적이지만 심재 가장 바깥쪽처럼 심재 일부분의 함수율이 변재의 함수율보다 비정상적으로 더 높은 경우가 있는데 이러한 심재를 수식재(wetwood)라고 한다. 솔송나무속, 전나무속 등에서 자주 관찰되고 있다. 한편, 활엽수재의 심재와 변재 함수율 관계는 침엽수재와 상당한 차이를 보이게 되는데 대개 심재와 변재의 함수율이 거의 동일하지만 심재의 함수율이 더 높은 경우마저도 있다. 따라서 활엽수재의 경우에는 앞에서 언급한 수식재의 개념을 그대로 적용하기에는 부적절하기는 하지만 느릅나무속, 사시나무속 등에서 자주 발생하는 것으로 알려져 있다. 수식재는 이상조직의 형성에 의한 것이 아니라 혐기성

박테리아에 의해 수분이 축적됨으로써 발생하게 된다는 견해, 뿌리나 가지의 노출된 심재로부터 수간의 심재로 수분이 흘러 들어감으로써 발생하게 된다는 견해 등이 있지만 현재로서는 완전하게 밝혀져 있지 못하다. 사시나무(Populus tremuloides)의 수식재의 경우 정상재와는 달리 장파장의 자외선을 쪼였을 때 줄무늬 모양의 황색 형광 발하게 되는데 이는 박테리아의 작용에 의해 형성된 수식재의 특징이 되고 있는 것으로 알려져 있다. 수식재의 조직에는 할렬이 발생되어 있는 경우가 많은데 겨울철에는 함유 수분의 동결에 의한 상렬의 발생으로 인해 할렬이 더욱 증대된다. 그 결과 강도적 성질이 낮을 뿐만 아니라 건조 장해, 변색 등 때문에 목재로써의 가치가 줄어들게 된다. 삼나무의 심재는 일반적으로 옅은 적색을 띠지만 생장 조건이나 품종에 따라서는 흑갈색을 띠는 경우도 있다. 이러한 심재를 흑심(黑心, black heart)이라고 부르고 있는데 재색뿐만 아니라 함수율이 현저하게 높고 건조가 곤란해 시간이 많이 소요되는 등 상품 가치가 낮아 목재 이용에 있어 하나의 결점으로 취급되고 있다(그림 1-9-10의 G~H).

나무좀과(Scolytidae)와 긴나무좀과(Platypodidae)에 속하는 천공충의 유충이 생재나 살아있는 수목의 변재를 그리고 히라다나무좀과(Lyctidae)의 유충은 활엽수 건조재를 갉아먹는다. 이처럼 곤충의 침해에 의해 생긴 구멍 가운데 대략 지름이 1.6mm(1/16inch) 보다 작은 것을 미세한 벌레구멍(pin hole), 1.6~6.4mm(1/16~1/4inch)인 것을 작은 벌레구멍(worm hole) 그리고 6.4mm(1/4inch)보다 큰 것을 큰 벌레구멍(grub hole)이라고 부른다. 나왕류나 메런티류 등이 천공충의 침해를 받기 쉬운 목재에 해당된다. 나왕류나 메런티류의 합판이나 단판 표면에서 지렁이가 꿈틀거리며 기어가는 듯한 상해의 흔적이 자주 관찰되고 있는데 이것은 지렁이(cross bar)라고 불리는 것으로 수목의 생장 과정 중 수피와 목재 사이에 곤충의 유충이 침입해 어린 조직을 갉아먹기 때문에 생기게 된다. 또한, 새에 의해 쪼여 생긴 구멍으로써 목리 배향이 다소 흐트러지게 되며 수피낭을 동반하는 경우도 더러 있는 조탁공(bird peck)도 있다. 이들은 모두 목재의 미관적 가치를 손상시키기 때문에 하나의 결점으로 취급되고 있다(그림 1-9-10의 I~J).

목재가 부후되기 시작하면 재면이 재색과 광택을 잃게 될 뿐만 아니라 목재의 강도도 저하되기 때문에 목재 이용 시 피해야 되나 오히려 부후로 인해 특징적인 아름다운 줄무늬(zone line)를 지니게 된 부후조흔재(spalted wood)는 공예품 제작 등으로 귀중한 재료가 되고 있다(그림 1-9-10의 K~L).

태즈메이니아참나무(Tasmanian oak, Eucalyptus delegatensis) 등과 같은 유칼립투스속(Eucalyptus)의 수종에서는 적갈색의 검 물질인 키노(kino)를 분비하는 축방향의 합류성 검구(anastomising gum canal)인 키노맥(kino vein)이나 키노낭(kino pocket)이 상해에 의해 발달되는 것으로 알려져 있다(그림 1-9-10의 M).

참고문헌

강춘원, 엄영근, 2013. 목재조직과 인테리어. 미디어우드, 서울.

김현중, 이전제. 2004. 목재데크의 시공과 도장. (사)목재문화포럼, 서울.

김현중, 엄영근, 이전제, 정희석, 최인규. 2004. 목재공학개론. 선진문화사, 서울.

박종영. 2009. 녹색시대의 목제품 인증 및 관리방안. 한국목재신문사 창간 10주년 기념 심포지엄 자료집: 저탄소 녹색성장 시대의 목재산업의 비전과 전략, 킨텍스, 고양: 43~77. 미디어우드, 서울.

엄영근. 1993. 미국산 활엽수 목재의 등급판정 지침에 관한 도해. 미국임산물협회 한국사무소, 서울.

엄영근. 1995. 목재의 중요성과 특성. 숲과 문화 4(3): 15~21.

엄영근. 2000. 미국산 활엽수 지침서: 수종. 미국임산물협회 한국사무소, 서울.

엄영근. 2000. 미국산 활엽수 지침서: 제품. 미국임산물협회 한국사무소, 서울.

엄영근. 2003. 미국산 활엽수 제재목 등급 지침 도해. 미국임산물협회 한국사무소, 서울.

엄영근. 2004. 화장용 미국산 활엽수 목재 표층 단판의 임의 규격. 미국임산물협회 한국사무소, 서울.

엄영근. 2004. 콘크리트 주택에서는 9년 일찍 죽는다. 한국목재신문사, 서울.

엄영근. 2005. 활엽수 화장합판 미국 규격. 미국임산물협회 한국사무소, 서울.

엄영근. 2005. 목재의 비밀. 3판, WIT컨설팅, 서울.

엄영근, 이필우. 1985. 섬유특성을 중심으로 한 열대재의 성질과 이용. 목재공학 13(2): 45~49.

엄영근, 박문재. 1997. 목조건축의 외장용 목재. 임업연구원 연구자료 137호, 서울.

엄영근, 남상희. 2005. 알기 쉽고 유익한 목재 길잡이. 한국목재신문사, 서울.

엄영근, 윤형운, 정연집, 김한석, 권오경. 2006. 목재 백과사전: 지구상에서 가장 유용한 자원인 나무의 수종별 목재 안내서. 한국목재신문사, 서울.

오세창, 안세희, 한규성. 2004. 목재와 인간생활. 선진문화사, 서울.

오세창, 김현중, 엄영근. 2005. 목조혁명: 목조주택 짓기에서부터 목조도시 조성까지. 한국목재신문사, 서울.

이전제, 곽노의, 이동흡. 2005. 목재교실이 교육을 살린다. 목재문화포럼, 서울.

이필우. 1987. 목재해부학. 2판, 서울대학교 출판부, 서울.

有馬孝禮. 2003. 木材の住科學. 東京大學出版會, 東京.

伊東隆夫. 1995~1998. 日本産廣葉樹材の解剖學的記載 I~IV. 京都大學 木質科學研究所木材研究・資料 第31號: 81~181; 第32號: 66~176; 第33號: 83~201; 第34號: 30~166.

岡野 健, 祖父江信夫. 2006. 木材科學ハンドブック. 朝倉書店, 東京.

川瀨 淸. 1982. 新版林産學概論. 北海道大學圖書刊行會, 札幌.

木の研究會. 2010. キーワードで學ぶ世界で一番やさしい木材. エクスナレッジ, 東京.

島地 謙, 佐白 浩, 原田 浩, 鹽倉高義, 石田茂雄, 重松頼生, 須藤彰司. 1985. 木材の構造. 文永堂出版, 東京.

白石信夫. 1990. 木材의 플라스틱화와 그 應用. 목재공학 18(3): 77~84.

原 襄. 1978. 植物の形態. 5版, 掌華房, 東京.

林 知行. 2003. ここまで変わった木材・木造建築. 丸善, 東京.

林 知行. 2004. ウッドエンジニアリング入門: 木の强さを活かす. 學芸出版社, 京都.

深澤和三. 1997. 樹體の解剖: しくみから働きを探る. 海青社, 大津.

日本木材加工技術協會 關西支部. 2006. 木材の基礎科學. 海青社, 大津.

日本林業経濟新聞社/日本林業経濟新聞社. 1999. 環境との共生と木材の役割: その(2) 環境共生と木材生産, 木の家づくり. 木のこころ 8: 5~15.

日本林業技術協會. 2004. 木の100不思議. 東京書籍, 東京.

南光浩毅. 1982. 樹皮の構造: 特に厚壁細胞について. 木材工業 37(1): 3~8.

村尾行一. 2005. 木材革命. 農文協, 東京.

吉野 毅, 澤邊 攻. 1996. 組織と材質. 海青社, 大津.

姓名 未詳. 1992. 山林資源의 利用과 地球環境. 月刊 林業情報 19: 2~7.

姓名 未詳. 1994. 木製家具의 長點. 家具消息: 91~92.

Beals, H. O. and T. C. Davis. 1977. Figure in wood: An illustrated review. Bulletin 486, Agr. Exp. Sta., Auburn Univ., Auburn, Alabama.

Bowyer, J. L., R. Shmulski, and J. G. Haygreen. 2007. Forest products & wood science: An introduction. 5th ed., Blackwell Publishing, Ames, Iowa.

Butterfield, B. G., B. A. Meylan, 엄영근. 2000. 목재의 3차원적 구조. WIT컨설팅, 서울.

Cassens, D. L. and W. C. Feist. 1991. Exterior wood in the South: Selection, applications, and finishes. USDA For. Ser., Gen. Tech. Rep. FPL-GTR-69, Madison, Wisconsin.

CEI-Bois. 2006. Tackle climate change: Use wood. Brussels.

Chang, Y.- P. 1954. Bark structure of north American conifers. USDA For. Ser., Tech. Bull. No. 1095, Madison, Wisconsin.

Chudnoff, M. 1984. Tropical timbers of the world. USDA For. Ser., Agr. Handb. No. 607, Madison, Wisconsin.

Core, H. A., Cote, W. A., and A. C. Day. 1979. Wood structure and identification. 2nd ed., Syracuse Univ. Press, New York.

Davis, E. M. 1962. Machining and related characteristics of United States hardwoods. USDA For. Ser., Tech. Bull. No. 1267, Madison, Wisconsin.

Desch, H. E. and J. M. Dinwoodie. 1981. Timber: Its structure, properties, and utilisation. 6th ed., MacMillan Press, London.

Encyclopaedia Britannica. 1980~1993. Britannica books of the year. Chicago, Illinois.

Eom, Y. G. 1990. Morphological classification of tyloses in vessel elements of Korean hardwoods. Forest and Humanity, Inst. For. Sci., Kookmin Univ. 3: 71~81.

Eom, Y. G. 1992. Morphological classification of vessel-ray pitting in Korean hardwoods. Forest and Humanity, Inst. For. Sci., Kookmin Univ. 5: 83~92.

Eom, Y. G. and Y. J. Chung. 1996. Perforated ray cells in Korean Caprifoliaceae. IAWA J. 17(1): 37~43.

Eom, Y. G., O. Kwon, R. B. Hanna, and R. W. Meyer. 2006. Crystals in North American commercial woods of *Abies* species. Kor. J. Elec. Microsc. 36(4): 251~258.

Fengel, D. and F. R. G. Munich. 1991. Aging and fossilization of wood and its components. Wood Sci. Technol. 25: 153~177.

Flynn, J. H., Jr. and C. D. Holder. 2001. A guide to useful woods of the world. 2nd ed., International Wood Collectors Society, Necedah, Wisconsin.

Food and Agriculture Organization (FAO). 1950~1993. FAO Yearbooks: Forest Products. FAO, Forestry Ser., No. 26, Rome.

Food and Agriculture Organization (FAO). 1991. 1989:2010- Wood &wood products. FAO, Rome.

Gibbs, N. 2005. The real wood bible: The complete illustrated guide to choosing and using 100 decorative woods. Firefly Books, New York.

Harlow, W. M. 1970. Inside wood: Masterpiece of nature. The American Forestry Assoc., Washington, DC.

Haygreen, J. G. and J. L. Bowyer. 1982. Forest products and wood science: An introduction. Iowa State Univ. Press, Ames, Iowa.

Heady, R. D. and P. D. Evans, 2000. Callitroid (callitrisoid) thickening in Callitris. IAWA J. 21(3): 293~319.

Hoadley, R. B. 1990. Identifying wood: Accurate results with simple tools. The Taunton Press, Newtown, Connecticut.

Hoadley, R. B. 2000. Understanding wood: A craftman's guide to wood technology. The Taunton Press, Newtown, Connecticut.

International Association of Wood Anatomists (IAWA) Committee on Nomenclature. 1964. Multilingual glossary of terms used in wood anatomy. Konkordia, Winterthur.

International Association of Wood Anatomists (IAWA) Committee. 1989. IAWA list of microscopic features for hardwood identification. IAWA Bull., n.s. 10(3): 219~332.

International Association of Wood Anatomists (IAWA) Committee. 2004. IAWA list of microscopic features for softwood identification. IAWA J. 25(1): 1~70.

InsideWood. 2004-onwards. Published on the Internet.http://insidewood.lib.ncsu.edu/search (Accessed on July 19, 2011).

Kim, H. S. 2004. Microscopic patterns of decay caused by *Tyromyces palustris* and *Gloeophyllum trabeum* in Korean red pine and radiata pine wood. M. S. Thesis, Graduate School, Kookmin Univ., Seoul.

Kollmann, F. F. P., E. W. Kuenzi, and A. J. Stamm. 1975. Principles of wood science and technology. II. Wood-based materials. Springer-Verlag, Berlin.

Kubler, H. 1980. Wood as building and hobby materials. John Wiley and Sons, New York.

Kukachka, B. F. and R. B. Russell. 1956. Wood: colors and kinds. USDA For. Ser., Agr. Handb. No. 101, Madison, Wisconsin.

Lee, P. W., Y. G. Eom, and Y. J. Chung. 1987. The distribution and shape of crystals in the xylem of Korean hardwoods. Mokchae Konghak 15(4): 1~11.

Liese, W. 1985. Bamboos: Biology, silvics, properties, utilization. Deutsche Gesellschaft für Zusammenarbeit GmbH, Eschborn.

Manchester, S. R. and R. B. Miller. 1978. Tile cells and their occurrence in Malvalean fossil woods. IAWA Bull. 1978/2~3: 23~28.

Marra, A. A. 1992. Technology of wood bonding: Principles in practice. Van Nostrand Reinhold, New York.

Nanko, H. and W. A. Côté. 1980. Bark structure of hardwoods grown on southern pine sites. Syracuse Univ. Press, New York.

Panshin, A. J. and C. de Zeeuw. 1980. Textbook of wood technology. 4th ed., McGraw-Hill, New York.

Schniewind, A. P., R. W. Cahn, and M. B. Bever.(eds.). 1989. Concise encyclopedia of wood & wood-based materials. Pergamon Press, Oxford.

Seller, T., Jr. 1985. Plywood and adhesive technology. Marcel Dekker, New York.

Sinclair, W. A., H. H. Lyon, and W. T. Johnson. 1987. Diseases of trees and shrubs. Cornell Univ. Press, New York.

Sutton, W. R. J. 1993. The world's need for wood. In: The globalization of wood: Supply, processes, products, and markets. Papers presented at a Conference sponsored by the Forest Products Society and the Oregon Forest Resources Institute, Nov. 1~3, 1993, Portland, Oregon, Proceedings No. 7319, For. Prod. Soc., Madison, Wisconsin.

Tsoumis, G. 1991. Science and technology of wood: Structure, properties, utilization. Van Nostrand Reinhold, New York.

US Government Printing Office. 1980. The global report 2000. Report to the President. Washington, DC.

Wheeler, E. A., R. G. Pearson, C. A. LaPasha, T. Zack, and W. Hatley. 1986. Computer-aided wood identification: Reference manual. N. C. Agr. Res. Ser. Bull. 474, North Carolina State Univ., Raleigh, North Carolina.

Wilcox, W. W., E. E. Botsai, and H. Kubler. 1991. Wood as a building material: A guide for designers and builders. John Wiley & Sons, New York.

2.

목재가공

2. 1. 목재 가공의 특징

가공(加工)이라는 말은 인공을 가하는 것 또는 원료나 다른 제품에 손을 대 새로운 제품을 만들거나 제품의 질을 높이는 것으로 해석되고 있다. 따라서 목재 가공이라는 것은 목재에 어떠한 도구나 기계 등을 갖다 대고 에너지를 투입하여 인간 생활에 유용한 제품을 만드는 과정이라고 말할 수 있을 것이다.

그림 2-1-1. 공학목재 제품의 예

목재 자체의 절삭 가공을 주로 하는 조형 가공에 의해 직접 제재품 등의 최종 제품을 만드는 것이 이외에도 목재를 주원료로 하여 합판, 삭편판, 섬유판, 집성재 등의 새로운 공학목재를 제조하고 이것을 더욱 가공하여 최종 제품을 만드는 경우도 많다(그림 2-1-1과 2-1-7).

목재 가공이라는 것은 이처럼 공학목재의 제조뿐만 아니라 목재나 공학목재 등을 가공하여 신뢰성과 기능성이 부여된 합목적적인 제품으로 완성해 가는 것을 일컫는데 그 특징을 살펴보면 아래와 같다.

목재는 피삭성(被削性, machinability)이 양호한 재료인데 이것은 목재가 비교적 연한 재료라는 점에 기인하게 된다. 예를 들어, 브리넬 경도(Brinell hardness, kg/mm2)를 기준으로 비교해 보면 기건비중이 약 0.26 정도 되는 삼나무의 경우 횡단면 1.6~1.8, 방사단면 0.5~0.6 그리고 기건비중이 약 0.63 정도 되는 너도밤나무의 경우 횡단면 4.2~4.9, 방사단면 1.2~1.4 정도 되는데 비해 철강은 350 이상으로 상당한 차이를 보이게 된다. 경도와 비중이 작으면 절삭저항도 작기 때문에 결국 목재의 절삭저항은 금속에 비해 그만큼 작고 피삭성 역시 그만큼 양호한 재료가 된다고 말할 수 있다. 그러나 목재는 고유의 조직 특성으로 인해 비중이나 경도에 비해 강도가 큰, 즉 비강도가 우수한 재료가 되고 있다(그림 2-1-2). 공구 재료인 금속과 피삭재인 목재 사이의 경도 차이가 크다는 것은 목재 절삭에 있어 상대적으로 인선각을 작게 설정하여야 됨을 의미하게 된다. 목재 절삭의 경우 금속 절삭의 경우처럼 절삭저항 중에 차지하는 변형저항이 크지 않고 오히려 분리저항이 크기 때문에 인물(刃物, 칼)의 강도보다 인선(刃先, 칼날)의 예리도가 제일 중요한 요소가 되고 있다.

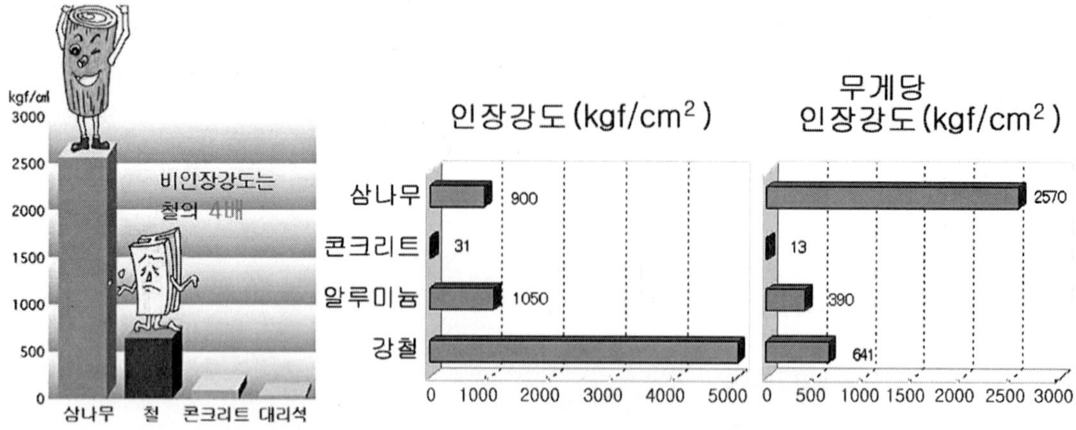

그림 2-1-2. 목재의 우수한 비강도적 특성

표 2-1-1. 생재로부터 전건함수율까지의 목재의 수축률.

수종	기건비중	수축률(%)		
		축방향	방사방향	접선방향
은전나무(silver fir)	0.44	0.1	3.8	7.6
미송(Douglas-fir)	0.48	-	5.0	7.8
유럽잎갈나무(European larch)	0.60	0.3	3.3	7.8
구주적송(Scots pine)	0.53	0.4	4.0	7.7
독일가문비나무(Norway spruce)	0.44	0.3	3.6	7.8
적오리나무(red alder)	0.41	-	4.4	7.3
유럽물푸레나무(European ash)	0.70	0.2	5.2	8.3
유럽너도밤나무(European beech)	0.74	0.3	5.8	11.8
아까시나무(black locust)	0.76	0.1	4.0	6.5
적참나무(red oak)	0.63	-	4.0	8.2
백참나무(white oak)	0.68	-	5.3	9.6
유럽호두나무(European walnut)	0.69	0.5	5.4	7.5
발사(balsa)	0.16	0.6	2.4	4.4
티크(teak)	0.67	0.6	3.0	5.8
아프리카마호가니(African mahogany)	0.51	0.2	3.2	5.7

목재는 피삭성이 양호하고 절삭저항이 작기 때문에 고속 절삭이 가능해지게 된다. 둥근톱(circular saw)에 있어서는 원주속도 100m/sec.도 드물지 않으며 라우터(router)의 회전수는

20,000rpm도 이르기도 한다. 그러나 속도가 증가하게 되면 진동이나 소음 수준이 크게 높아지기 때문에 금속 가공 시 보다 진동이나 소음 문제가 크며 안전 문제도 고려하여야 한다. 그리고 질량이 큰 공구의 회전축이 고속 회전을 하게 되면 정적인 평형뿐만 아니라 동적인 평형도 필요해지게 된다. 목재 가공의 경우 50~500㎛ 정도로 대개 절입량이 작기 때문에 인물의 장착 정밀도가 10㎛ 수준이 되어야만 하는데 이는 목재 가공기계의 인물계(刃物界)가 동적 평형을 취할 필요가 있는 경우가 있을 뿐만 아니라 목재 가공기계는 매우 정밀함을 요구하는 기계라는 것을 의미하게 된다. 작은 절입량 조건에서 고속으로 절삭하면 단시간에 절설(切屑: 칩이나 톱밥 등)이 대량으로 배출된다. 작업 환경뿐만 아니라 기계 보호 측면에 있어서도 능률적인 집진 시설에 특별한 배려를 해주지 않으면 안 된다. 그리고 고속으로 회전하는 공구는 노동재해를 일으키기 쉽기 때문에 작업의 안전성 확보를 위해 다양한 안전장치와 기계의 안전 구조화가 필요해진다.

표 2-1-2. 방향에 따른 기건재의 기계적 성질.

수종	인장강도(N/mm²)		압축강도(N/mm²)	
	축방향	횡방향	축방향	횡방향
은전나무(silver fir)	78	1.4	33	4.7
미송(Douglas-fir)	130	2.3	51	6.0
유럽잎갈나무(European larch)	105	2.2	54	7.3
구주적송(Scots pine)	102	2.9	54	7.5
독일가문비나무(Norway spruce)	84	1.5	30	4.1
적오리나무(red alder)	-	2.9	40	3.0
유럽물푸레나무(European ash)	161	6.9	51	10.8
유럽너도밤나무(European beech)	130	3.5	46	7.9
아까시나무(black locust)	133	4.2	70	18.6
적참나무(red oak)	-	5.5	47	8.6
백참나무(white oak)	-	5.5	51	9.1
유럽호두나무(European walnut)	98	3.5	71	11.8
발사(balsa)	73	1.0	9	1.0
티크(teak)	118	4.1	65	-
아프리카마호가니(African mahogany)	60	2.0	45	6.9

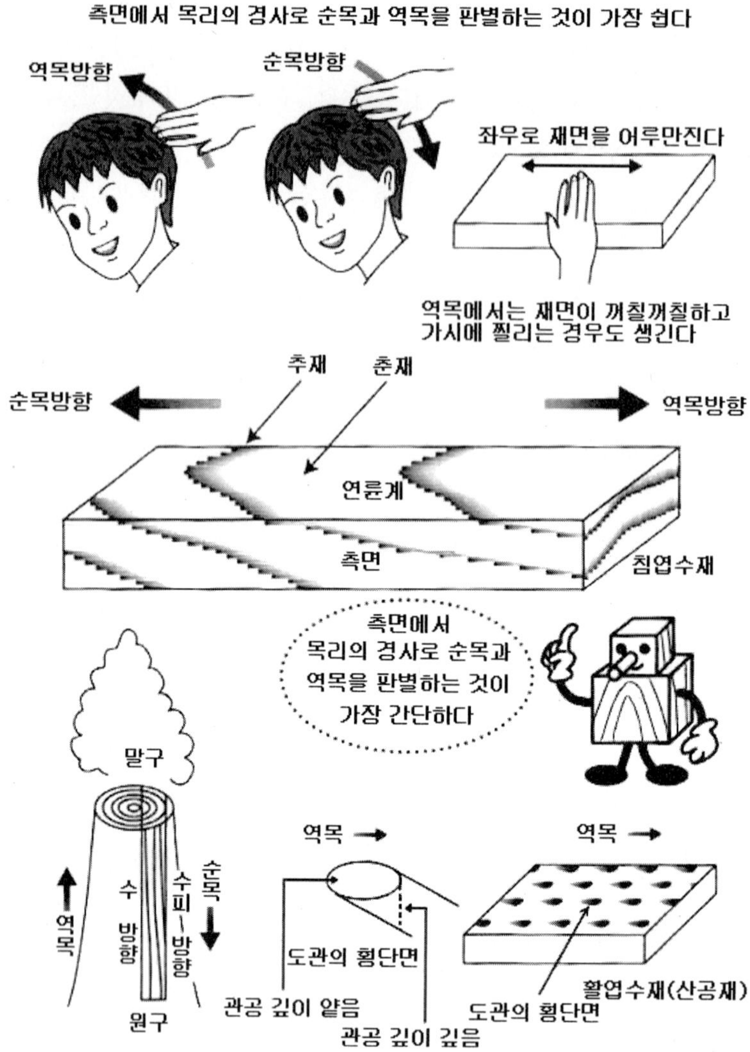

그림 2-1-3. 순목과 역목의 판별법

금속이나 플라스틱은 일반적으로 균질성 재료로써 재료의 면과 강도 사이에는 특별한 관계가 없지만 목재는 이방성 재료로써 목리방향에 따라 재료적 특성에 큰 차이가 존재한다(그림 1-2-6~1-2-7 및 표 2-1-1~2-1-2). 따라서 순목(順目)이나 역목(逆目) 등처럼 가공방향에 따라 절삭 조건을 달리 적용해야 하며(그림 2-1-3과 2-2-10) 또한 수종뿐만 아니라 동일 수종 내의 개체에 따라서도 재질의 변이성이 크며 옹이나 이상재, 부후 등처럼 불균질성을 조장하는 요인도 많다(그림 1-9-1~1-9-10). 이러한 것들은 절삭 가공의 자동화를 곤란하게 만드는 하나의 원인이 되고 있지만 최근에는 절삭 가공 상태를 적당한 검출 수단으로 알아낸 다음 최적의 절삭 조건으로 제어하는 기술이 개발되어 불균질성을 극복할 수 있게 되었다. 이방성은 목재에서 발생하기 쉬운 할렬과도 관련성이 있다. 절삭이나 건조 가공에 있어 각종 할렬의 발생은 제품의 품질에 큰 영향을 미치게 되기 때문에 가공의 각 공정마다 할렬에 대한 주도면밀한 배려가 필요해진다. 예를 들면, 순목절삭 시와는 달리 역목절삭인 경우에는 할렬의 발생으로 인해 절삭면이 불량해지게 된다. 그리고 참나무류 처럼 광방사조직을 지니는 목재에 있어서는 일반적인 건조 방법에 의해서는 방사조직을 따라 내부 할렬이 발생하기 쉬운데 이러한 경우 정목으로 제제한 다음 열판건조를 실시하면 할렬 발생 억제 효과가 얻어지게 된다(그림 1-8-2의 B, 1-9-8의 C~D, 2-2-9~2-2-10과 2-1-4의 A).

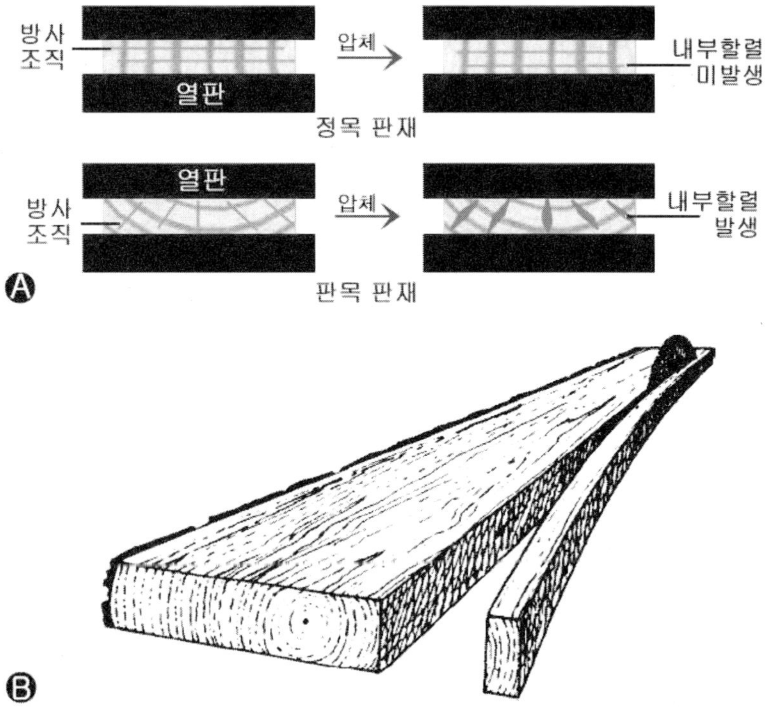

그림 2-1-4. 정목과 판목 판재의 열판 건조 시 방사조직에 의한 내부할렬 발생 여부(A) 및 절단 시 생장응력의 이완에 기인한 제재목의 틀어짐(B)

그리고 수목은 비대생장에 따른 자중에 의해 축방향으로 생장응력(growth stress)이 발생될 수 밖에 없는데 수간 중심부에서는 압축응력이 그리고 수간 주변부에서는 인장응력이 작용하게 된다. 이러한 생장응력으로 인해 원목을 제재하는 경우 마치 힘을 받아 잡아당겨져 있거나 눌러져 있다가 힘이 없어지면 원래 상태로 되돌아가는 용수철(spring)처럼 압축응력을 받던 부분은 길이가 늘어나고 인장응력을 받던 부분은 길이가 줄어들어 결국 밖으로 휘어지게 된다. 따라서 일반적인 제재 방식을 통해 원목을 절단하면 생장응력에 의한 휘어짐의 발생으로 인해 원하는 치수의 제재목을 얻기가 곤란해지지만 원목을 먼저 큰 치수로 절단하고 건조를 통해 생장응력을 제거한 다음 다시 작은 치수로 절단(SDR, saw-dry-rip)하는 방식을 채택하면 원하는 치수의 제재목 생산이 가능해지게 된다(그림 1-9-8의 A와 2-1-4의 B).

금속은 소성 가공을 통해 원하는 형상으로 만들 수가 있지만 목재는 탄성이 풍부해 곡목 가공을 행하는 정도가 대부분이다. 따라서 원하는 형상으로 만들기 위해서는 못, 접착제, 접합부 등을 이용해 집합에 의한 성형을 하게 된다. 더욱이 목재는 판재, 단판, 칩, 삭편, 섬유 등으로 분해한 다음 재구성시켜 삭편판, 섬유판, 합판, 집성재 등으로 성형 가능한 재료이다. 또한 곡면합판, 주형에 의한 섬유판의 성형 가공, 만곡집성재처럼 직접적으로 최종 형상의 제품으로 가공하는 경우도 많아지게 되었다(그림 2-1-5).

그림 2-1-5. 곡면합판(A), 성형 가공 섬유판(B) 및 만곡집성재(C)

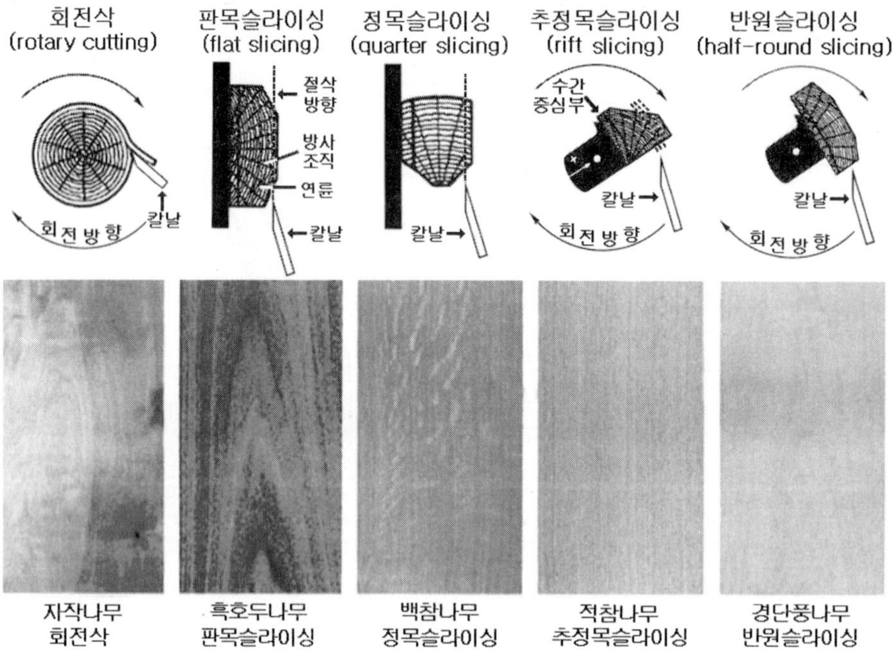

그림 2-1-6. 수종과 절삭 방법에 따른 다양한 문양의 목재

목재는 수십~수백 년에 걸쳐 생장한 천연 재료로써 큰 부피와 무게를 지니는 재료이다. 따라서 운반이나 공장에서의 가공 시 무게와 부피에 견딜 수 있는 장치나 수단이 필요하다. 큰 부피를 지니는 재료로써의 이점을 그대로 활용하는 이용법으로 기둥이나 판재와 같은 제재목을 들 수가 있으며 로터리레이스나 슬라이서에 의한 가공처럼 넓은 면적의 단판을 제조하는 것도 가능하다. 이러한 경우 연륜 구조를 비롯한 목재의 복잡한 조직 구조로 인해 절삭면은 다양한 문양을 나타내게 된다(그림 1-8-3과 2-1-6). 최근의 가공 기술 발달은 이런 공예적 가치의 향상에도 기여하고 있다. 큰 부피의 재료를 절삭할 때 대개 모재(母材)쪽의 부분이 제품이 되지만 목재에 있어서는 칩, 삭편, 단판 등처럼 절설이 공학목재 제품으로 가공되는 경우도 드물지 않은데 이것이 목재 가공의 특색 가운데 하나가 될 수 있다(그림 2-1-7).

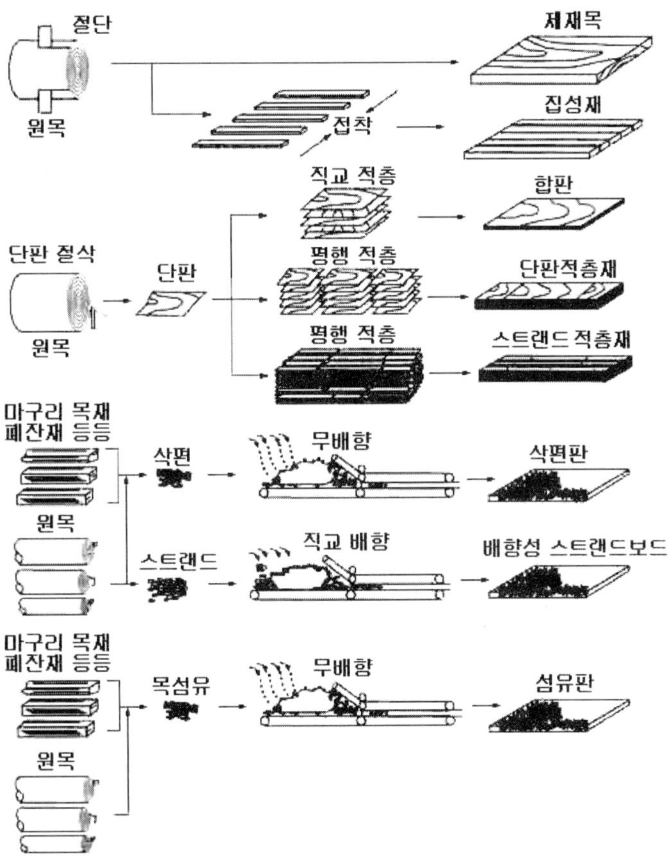

그림 2-1-7. 공학목재의 제조 공정 모식도

2. 2. 목재 절삭

2. 2. 1. 목재의 절삭 기작

절삭 가공이라는 것은 피삭재보다도 더 단단한 절삭용 인물(刃物, knife)이나 사포(연마포지, sandpaper) 등을 사용하여 불필요한 부분을 제거해 냄으로써 원하는 형상과 치수로 만들어 줌과 동시에 적당한 표면 마무리를 행하기 위한 가공법이다. 절삭을 행함에 있어 절삭용 인물을 피삭재 내부의 어떤 깊이만큼 절입시켜 인물과 피삭재 사이의 상대적인 운동이라든가 피삭재의 제거될 위치를 옮겨 주는 운동을 부여하지 않으면 안 되는데 이러한 운동을 부여해 주게 되는 수단을 절삭 가공기계라고 부른다.

2. 2. 1. 1. 절삭 작용

① 인물에 의하지 않은 절삭

목재 산업에 있어서는 레이저빔(laser beam)이나 고압수(water jet)에 의한 목재 절삭이 아직까지 그리 실용화되어 있지 못한 편이나 앞으로 점차 이용이 증가될 것으로 여겨지는 방법이다(표 2-2-1).

표 2-2-1. CO2 레이저에 의한 소재와 공학목재의 절단 능력.

재료*1	비중	두께 (mm)	출력 (kW)	절단 속도 (m/min.)	소요 에너지 (kJ/cm^3)*2	절단면의 상태*3
미송	0.58	12.7	1	4.33	2.15	B
	0.58	12.7	5	38.1	1.36	B
	0.58	25.4	5	10.1	2.00	BB
	0.58	38.1	5	4.45	2.24	CS
남부소나무	0.66	19.1	3	6.34	2.79	B
적참나무	0.69	19.1	3	5.09	3.32	BB
미송 합판	-	19.1	2	4.82	1.98	CS
삭편판						
석탄산수지접착제 사용	0.64	13.0	1	3.05	2.13	C
	0.64	13.0	4	11.4	2.77	C
요소수지접착제 사용	0.64	13.2	1	3.05	2.44	BB
	0.64	13.2	4	11.4	3.14	BB

*1: 함수율 6%, 횡절삭
*2: 단위 부피의 절단 홈을 형성하는데 필요한 레이저광의 에너지
*3: 절단면의 열 영향 정도를 나타냄, B는 탄화가 인지되지 않거나 약간 갈변, BB는 B보다 현저한 갈변, CS는 약간 탄화, C는 현저한 탄화

a. 레이저 가공: 발진 매체에 따라 고체, 액체 및 기체 레이저로 구분되는데 목재나 공학목재

등의 절단이나 천공 가공 등에는 기체 레이저가 주로 이용되고 있다. 렌즈로 레이저빔을 집광하게 되면 초점 부근에서 108~109W/cm2의 높은 에너지 밀도를 지니는 열원이 발생하게 되고 목재 등의 조사부(照射部)가 열에 의한 분해나 열화라고 하는 탄화 과정을 거치지 않고 순간적으로 가스로 변해 증발되는데 이 방법은 급속한 열반응을 이용한 재료의 제거 가공법이다(그림 2-2-1). 레이저 가공은 절단폭이 좁고 절설이 발생하지 않는데 목재에서는 최소 절단폭 0.2~0.3mm가 가능하며 절단면이 평활하고 가공 정밀도가 높으며 가공 시 소음이 적고 비접촉식 가공이기 때문에 인선의 마모가 없으며 가공 변형이 적고 세밀한 가공이 가능하며 가공속도가 빠른 장점을 지닌다. 목재 산업에 있어서의 응용분야로는 천공이나 절단 등과 같은 제거 가공과 조각이나 표식 등과 같은 표면 가공을 들 수가 있다.

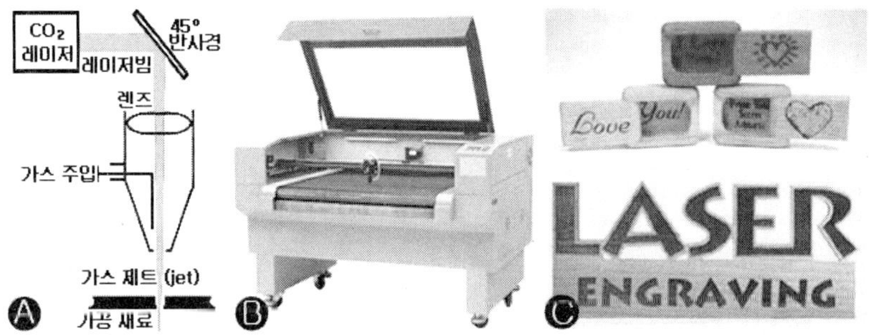

그림 2-2-1. 레이저 가공의 개요(A)와 장치(B) 및 가공품(C)

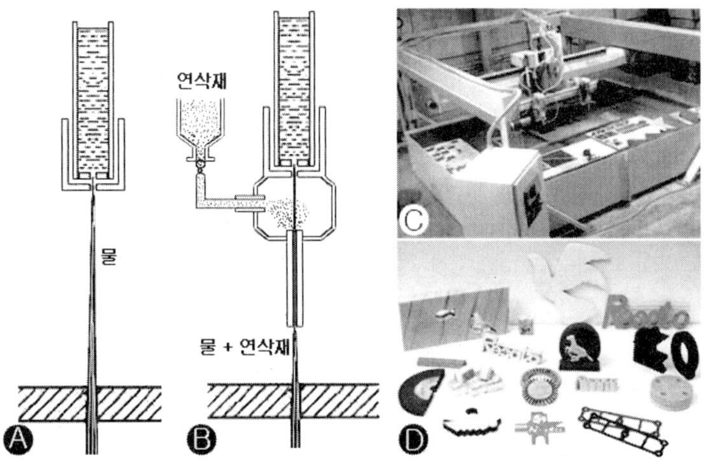

그림 2-2-2. 정수와 연삭재가 혼입된 물에 의한 고압수 가공의 개요 (A~B)와 장치(C) 및 가공품(D)

b. 고압수 가공: 물을 1,000~5,000kg/cm2의 초고압으로 가압하여 구경 0.1~1.0mm의 노즐(nozzle)을 통해 초당 수백 m부터 최대 마하 2 정도의 속도까지 고속으로 분사함으로써 재료를 절단하게 되는 방법이다. 물만을 사용하는 방법(water jet, aqua jet)과 석류석(garnet)과 같은 연삭재

가 혼입된 물을 사용하는 방법(abrasive water jet)이 있다(그림 2-2-2). 고압수에 의한 절삭의 경우 수압의 크기가 클수록, 노즐의 지름이 클수록 그리고 노즐로부터 목재 사이의 거리가 짧을수록 목재 내부로의 관통깊이가 커진다(그림 2-2-3). 고압수 가공은 비접촉식 가공이기 때문에 인선의 마모가 거의 없고 예비 가공이 필요 없으며 임의 지점으로부터 절단이 가능하며 열의 발생이 없어 재료의 열에 의한 변형이나 가스화가 일어나지 않고 재료에 대한 변형이나 응력의 잔류가 없으며 분진이 발생하지 않는 장점을 지닌다. 반면, 분류에 의해 재료가 습윤되는 문제점이 있지만 분자량 100~700인 폴리에틸렌옥사이드(polyethylene oxide)를 0.2% 정도 첨가하면 물의 표면장력이 커져 목재 표면으로의 부착이 거의 일어나지 않게 되고 동시에 분류의 집속성이 개선되어 절단 성능이 높아지는 효과가 나타나게 된다.

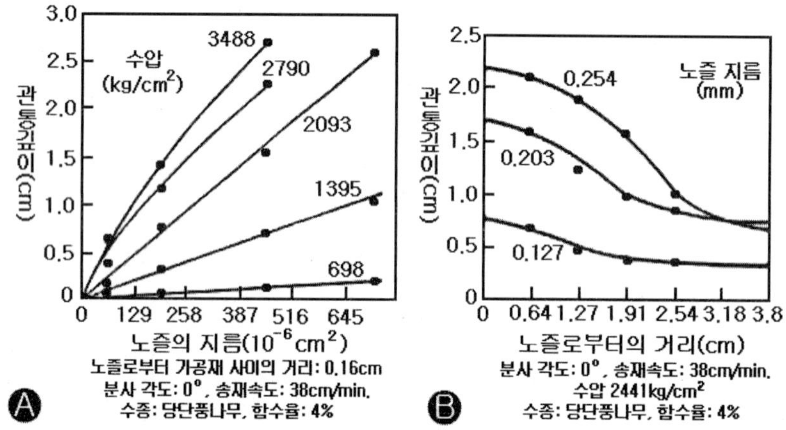

그림 2-2-3. 노즐의 구경과 수압(A) 및 노즐로부터의 거리(B)에 따른 관통 깊이

② 인물에 의한 절삭

평삭, 회전삭, 선삭, 천공 등이 있는데 크게 2차원 절삭과 3차원 절삭으로 구분할 수가 있다. 2차원 절삭(orthogonal cutting)은 인물의 절인선(切刃線)이 절삭방향과 직교(直交)하기 때문에 절설이 횡방향으로 조금도 변형 없이 절삭되는 것을 일컫는 것으로써 절삭의 기본형이 되고 있다. 한편 3차원 절삭(oblique cutting)은 2차원 절삭과는 달리 인물의 절인선이 절삭방향과 사교(斜交)하기 때문에 절설이 횡방향으로 변형되며 절삭되는 것을 일컫는다(그림 2-2-4).

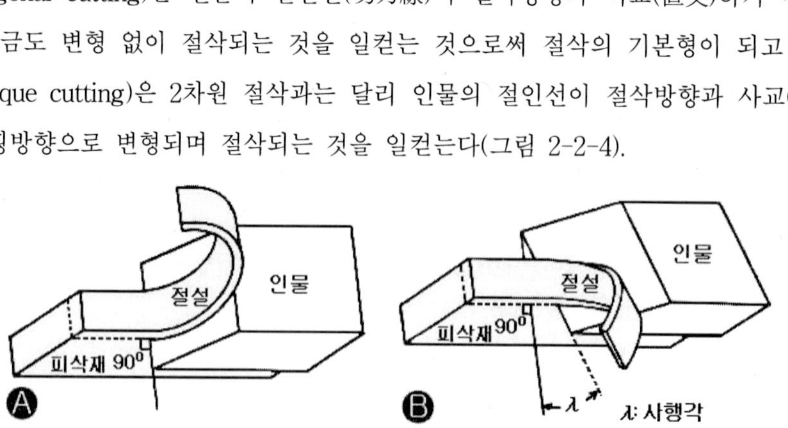

그림 2-2-4. 2차원 절삭(A)과 3차원 절삭(B)

a. 절삭력의 해석: 절삭력의 해석은 등방성 재료와 2차원 절삭을 기준으로 해석하는 것이 간단하고 편리하다(그림 2-2-5). 인물의 이면과 절삭이 이루어진 재면 사이의 각도를 간극각(clearance angle), 인물의 표면과 이면 사이의 각도를 인선각(인물각, sharpness angle), 인물의 표면과 절삭방향에 대한 수직면 사이의 각도를 절설각(rake angle) 그리고 간극각과 인선각을 더한 각도를 절삭각(cutting angle)이라고 부른다. 절삭의 진행에 따라 인물의 표면에 직각인 방향으로 목재에 압축력 N이 가해짐과 아울러 인물의 표면과 평행한 방향으로 절설과의 마찰을 일으키는 마찰력 T가 작용하게 됨으로써 전체적으로 이 양자의 합력인 F가 목재에 가해지는 절삭력이 되고 이 절삭력과 크기가 같으면서 반대 방향으로 작용하는 힘 R을 절삭저항이라고 부르게 된다. 절삭력 F와 압축력 N 사이의 각도를 ρ, 인물의 표면에 있어서의 마찰계수를 μ 그리고 인물의 절삭각을 Θ라고 했을 때 F2 = N2 + T2, μ = T/N = tanρ, T = N·tanρ, F2 = N2 + N2·tan2ρ = N2(1 + tan2ρ)의 관계가 성립하게 된다. 그리고 절삭력 F를 절삭면 내에서 절삭방향으로 작용하는 수평분력(주분력) FH 및 절삭면과 절삭방향에 대해 수직으로 작용하는 수평분력(배분력) FV로 분해하면 FH(F의 수평분력) = NH(N의 수평분력) + TH(T의 수평분력) = N·SinΘ + T·CosΘ 그리고 FV(F의 수직분력) = NV(N의 수직분력) - TV(T의 수직분력) = N·CosΘ - T·SinΘ의 관계를 보이게 된다. 이 식에서 볼 수 있듯이 수평분력 FH는 항상 0보다 크기 때문에 절삭각 Θ의 크기에 관계없이 항상 앞으로, 즉 절삭방향으로 작용하게 된다. 그러나 수직뷴력 FV의 경우 절삭각 Θ의 크기에 따라 작용방향에 차이가 나타나게 되는데 0보다 크면(일반적으로 절삭각이 작을 때) 상향으로 작용함으로써 공구가 피삭재를 들어 올리게 되고 0보다 작으면(일반적으로 절삭각이 클 때) 하향으로 작용함으로써 공구가 피삭재를 누르게 된다. 수직분력 FV가 0일 때에는 평형 상태를 유지하게 되는데 이러한 조건일 때의 절삭각을 임계절삭각(critical cutting angle)이라고 부른다. 3차원 절삭에 있어서는 인물의 절인선이 절삭방향에 대해 사교하기 때문에 절삭력 F의 분해 시 수평분력 FH와 수직분력 FV 이외에도 절삭면 내에서 절삭방향에 대해 수직으로 작용하는 횡분력 FC를 고려해 주어야 한다.

b. 피삭재의 변형, 전단 미끄러짐 및 응력 분포: 절삭력의 수평분력 FH는 항상 0보다 크기 때문에 피삭재는 항상 압축변형을 받게 되지만 수직분력 FV의 경우 0보다 크면 피삭재가 인장 변형을 그리고 0보다 작으면 압축 변형을 받게 된다(그림 2-2-6의 A). 그리고 절삭 시 파괴된 피삭재가 전단력에 의해 비스듬하게 위쪽으로 전단 미끄러짐(shear sliding)을 일으키게 되고 인선의 전진에 따라 절설이 생성되는데 인선의 절삭선과 전단 미끄러짐 방향 사이의 각인 전단각 Φ가 커질수록 미끄러짐에 소요되는 에너지가 적어져 쉽게 파괴가 일어나게 된다(그림 2-2-6의 B). 절삭력은 인선의 하나의 점 또는 선에 대해 작용하는 힘이 아니라 인선과 피삭재가 접촉하는 영역에 있어 피삭재를 향한 모든 방향으로 가해지는 힘이다. 그러므로 힘만 아니라 이 힘과 크기가 같고 방향이 반대인 평행한 힘인 우력(偶力)도 작용하는 경우가 있다. 인선 부근, 절설 표면 쪽의 만곡부 및 인선 부근의 인물 이면과 절삭이 이루어진 면 사이의 접촉 부위에서 응력이 집중되는 현상이 발생하는데 횡절에 있어서는 인선 부근에 수직응력과 마찰응력이 분포하게 된다(그림 2-2-6의 C).

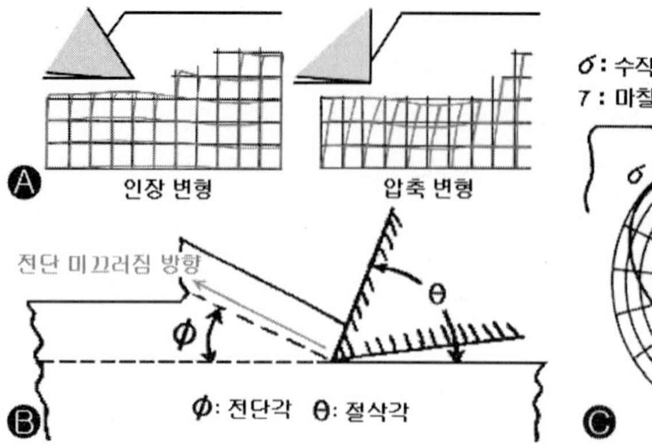

그림 2-2-5. 절삭력과 절삭저항

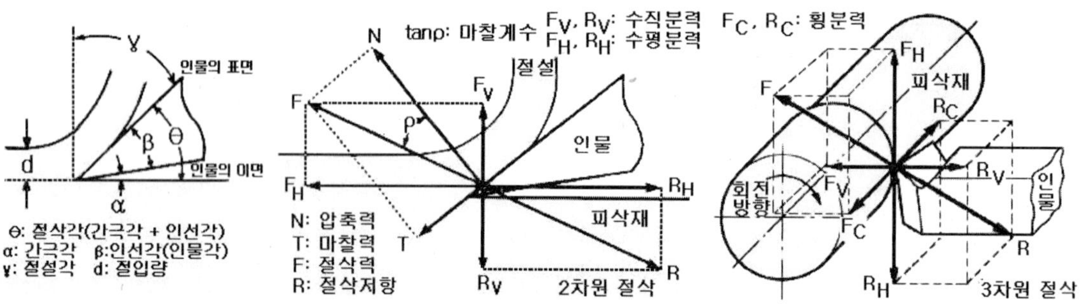

그림 2-2-6. 피삭재의 변형(A), 전단 미끄러짐(B) 및 응력 분포(C)

2. 2. 1. 2. 절설의 생성 기작

등방성의 피삭재인 경우 최대 응력 또는 최대 변형이 발생하는 방향에서 파괴가 시작되어 절설이 생성되지만 목재와 같은 이방성 재료의 파괴는 최대 응력의 방향과 일치하지 않고 발생한 응력에 대해 가장 낮은 강도를 나타내는 단면에서 파괴가 시작되어 절설이 생성된다. 그러므로 목재 절삭 시 절설의 생성은 절삭력의 작용 상태와 조직 구조에 따른 재료적 강도의 특성에 지배된다.

목재가 절삭된다고 하는 것은 기본적으로 섬유를 분리하는 인장 작용과 끊어 내는 전단 작용에 의한 것이 있다. 절삭각이 작은 경우에는 주로 인장 작용만 절삭에 관여하는 반면 절삭각이 커짐에 따라 전단 작용이 관여하기 시작하며 절삭각이 90o일 때에는 전단 작용만 관여하게 되어 재면이 쥐어뜯기는 듯한 모양의 절삭이 이루어지게 된다(그림 2-2-7의 A).

목재 절삭에 있어서 절설의 생성과 연관된 응력 분포는 다음과 같다(그림 2-2-7의 C).

I: 인선에 의해 응력 집중이 발생하는 영역으로써 목구절삭 시에는 이 영역의 피삭재 변형이 파괴 형태를 지배하게 되며 인선이 다소 둥글게 무딘 경우의 판면 절삭 시 이 영역의 응력은 절입량이 작을수록 단위 단면적당 절삭력이 커지게 되는 원인이 된다.

II: 인물의 표면과 절설 사이에 마찰 작용이 작용하는 영역으로 절설은 유동방향으로 압축응력을 받게 된다.

III: 인물의 표면에 의한 피삭재의 압축 및 절설의 굽어짐 작용에 의해 압축응력이 발생하는 영역이다.

IV: 절설의 굽어짐 작용에 의해 인장응력이 발생하는 영역이다.

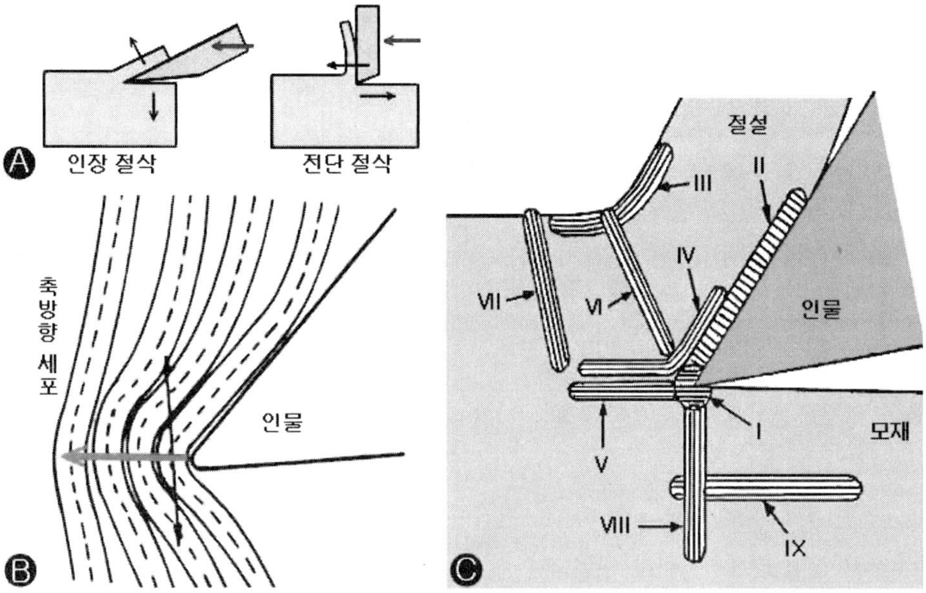

그림 2-2-7. 절사가에 따른 절삭 작용(A), 인징 직용에 의한 인선에서의 파괴 형상(B) 및 응력 해석의 주요 영역(C)

V: 절삭방향에 대해 직각으로 발생하는 인장응력 또는 압축응력의 영역으로 절삭력의 수직분력이 0보다 커지면 인장응력을 그리고 0보다 작아지면 압축응력을 받게 된다.

VI: 절삭방향으로 발생하는 전단응력의 영역으로써 섬유주향이 인선으로부터 위쪽으로 경사져 최대 전단응력의 방향과 일치하기 때문에 순목절삭의 경우에만 절삭 파괴에 관여하게 된다.

VII: 절삭각이 큰 경우에 인물의 표면에서 피삭재가 강하게 압축된 결과 재의 자유표면으로 압축에 의한 전단 변형이 발생하는 영역이다.

VIII: 목구절삭 시 I 영역에서 섬유가 휨 변형을 현저하게 일으키는 경우 인선의 아래 부분이 갈라 터지게 되는 영역이다(그림 2-2-7의 B).

IX: 목구절삭 시 심한 휨 변형을 일으킨 섬유에 발생하는 최대 인장응력의 영역이다.

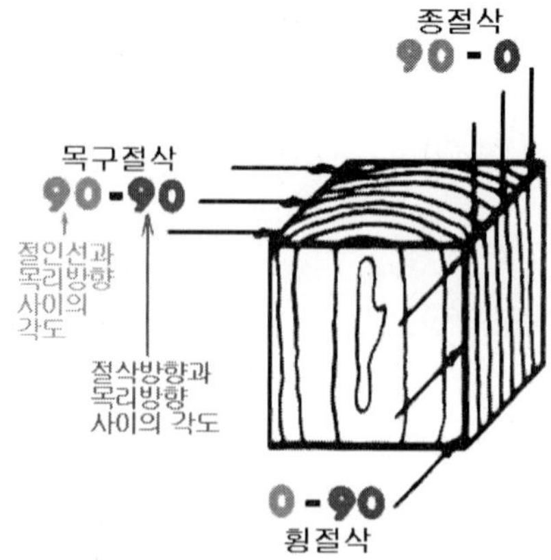

그림 2-2-8. 방향에 따른 절삭의 종류

종단면인 방사단면이나 접선단면의 절삭 가운데 종절삭(縱切削, cutting parallel to grain; 90-0 절삭)에 있어서는 III과 V가 그리고 횡절삭(橫切削, cutting perpendicular to grain; 0-90 절삭)에 있어서는 II, III 및 V가 주로 관계되며 횡단면 절삭인 목구절삭(木口切削, crosscutting; 90-90 절삭)의 경우에는 I, VII, VIII 및 IX가 주로 관계되는 것으로 알려져 있다(그림 2-2-8).

① 절삭형

균질한 등방성 재료에 있어서는 최대 응력이 작용하는 방향으로 파괴가 시작되지만 목재처럼 이방성 재료인 경우 파괴가 반드시 최대 응력의 방향과 일치하지 않으며 인물이 피삭재로 절입됨에 따라 발생하게 되는 응력에 대해 가장 약한 강도를 보이는 단면에서부터 파괴가 시작되어 절설이 생성되는 것이 일반적인 현상이다(그림 2-2-9).

a. 유형(流型): 비교적 연한 목재의 종절삭 시 절입량과 절삭각이 모두 작을 때 발생하는데 절설은 인선에 의해 직접 분리되고 인물의 표면을 따라 절설이 유출된다. 절설의 윗면에 압축에 의한 찌그러짐이 약간 발생하나 절삭면은 양호한 편이지만 절입량이 약간 커지게 되면 인선 상부에 열린 파괴인 선할(先割)이 발생하여 절삭면이 거칠어지는 원인으로 작용하게 된다.

b. 절형(折型, Franz type I): 단단한 목재나 건조재의 종절삭 시 절입량과 절삭각이 모두 중간 정도일 때 발생한다. 절삭이 진행됨에 따라 인물의 표면이 쐐기와 같이 절설을 위로 들어 올리는 힘을 가하게 됨으로써 선할이 발생하고 절설은 전방으로 휘어지지만 목재가 매우 연하지 않는 한 변형이 잘 일어나지 않아 선할이 더욱 길어지게 된다. 따라서 절삭의 진행에 따라 절설의 길이가 휨모멘트(bending moment)로 작용하게 되는데 이 휨모멘트가 커져 목재의 파괴강도 이상이 되면 선할의 선단을 기점으로 하여 곡절(曲折)되어 한마디의 절설이 생성된다. 그 후 인선은 곡절된 절설의 기부까지는 이미 모재(母材)에서 분리된 절설을 밀어 굽힐 정도의 매우 작은 저항으로 전진하면서 선할의 발생으로 생긴 모재의 재면을 절삭하게 되는데 곡절된 절설의 기부에 도달하면 다시 상기의 과정을 반복하게 된다. 순목절삭(順目切削, cutting with grain) 시에는 선할은 끝이 가늘며 절

설 내에 존재하게 됨으로 절설의 분리가 용이하지만 역목절삭(逆目切削, cutting against grain)인 경우에는 선할이 점차 커져 모재 내에 존재하게 되기 때문에 절설의 분리가 어렵고 결국 절삭면이 불량해지게 된다(그림 2-1-3과 2-2-10). 역목절삭의 경우 절삭각을 크게 하거나 인물의 표면에 이인(裏刃, chip breaker)을 장착해 절설을 생성 즉시 곡절시켜 휨모멘트가 작용하지 못하도록 만들어 주거나 아니면 종절삭 대신 횡절삭 적용하여 절삭을 하게 되면 양호한 절삭면을 얻을 수가 있다.

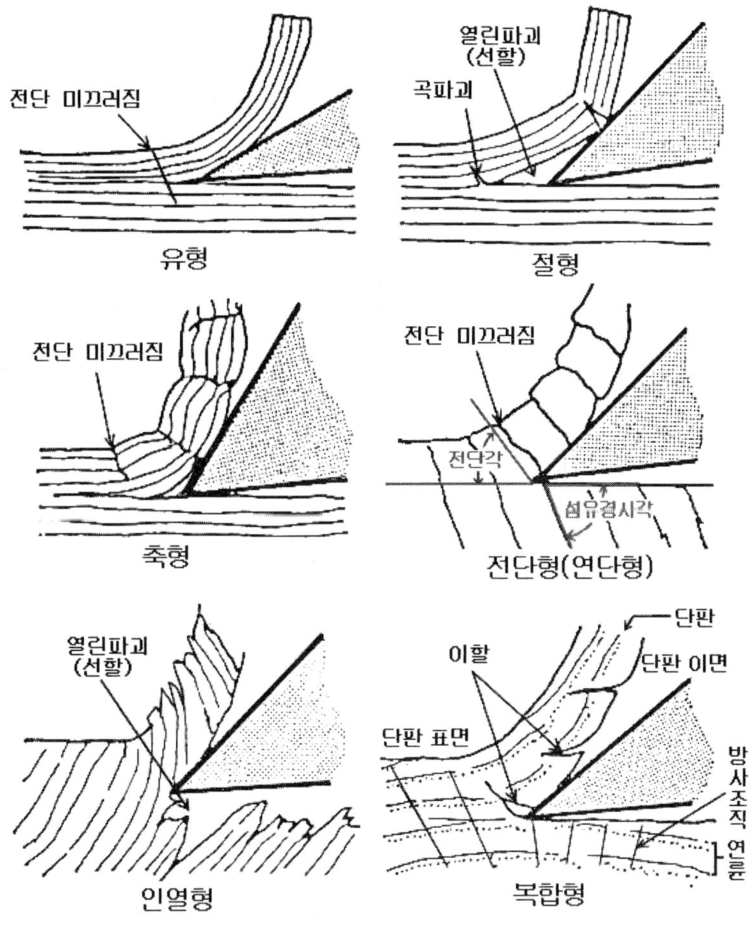

그림 2-2-9. 절설의 생성 형태

c. 축형(縮型, Franz type III): 종절삭 시 절입량과 절삭각이 모두 큰 경우, 특히 연한 목재의 절삭 시 발생하는데 선할이 발생하지 않고 절설은 종압축에 의한 전단 미끄러짐으로 인하여 덩어리 모양으로 파괴되어 생성된다(그림 2-2-11의 B~C). 절설이 인물의 표면에 의해 강하게 압축되면 위쪽으로 전단 미끄러짐이 발생하게 되어 인물의 전진에 따라 파괴되며 전단 미끄러짐이 발생한 부분마다 순차적으로 말려 올라가게 된다. 절삭면의 표층 섬유에는 파괴에 의한 흔적이 남게 됨으로 절삭면은 약간 불량한 편이다.

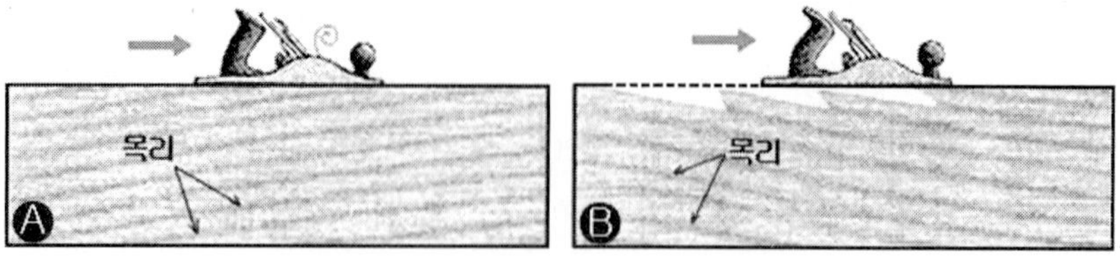

그림 2-2-10. 순목절삭(A)과 역목절삭(B)

d. 전단형, 연단형(剪斷型, 連斷型, Franz type II): 종절삭에 있어 순목절삭 시 섬유경사각과 전단각이 비슷한 경우 인선 앞쪽에서 용이하게 전단 미끄러짐이 발생하게 됨으로써 유형에 유사한 연속된 절설이 생성된다(그림 2-2-6의 B). 또한, 절삭방향에 대한 섬유경사각이 큰 순목절삭 또는 목구절삭 시 섬유주향과 전단각이 거의 같은 경우 섬유를 따라 미끄러져 전단파괴가 용이하게 일어나 절설을 생성하게 된다(그림 2-2-11의 A).

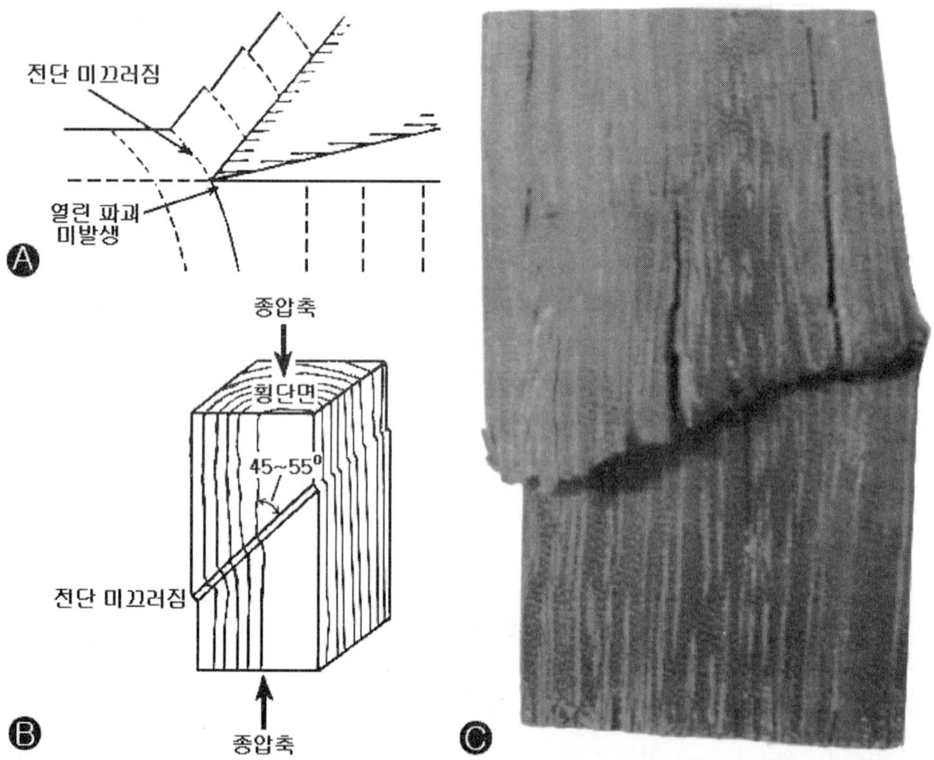

그림 2-2-11. 목구절삭 시 섬유주향과 전단각이 거의 같은 경우의 전단 미끄러짐(A)과 종압축에 의한 전단파괴 형상(B~C)

e. 인열형(引裂型): 목구절삭 및 종절삭에 있어서도 섬유경사각이 극단적으로 큰 역목절삭 시 절입량과 절삭각이 모두 작고 인선이 예리한 경우 섬유가 비교적 작은 절삭력으로 절단되며 재의 다른 부분에 영향을 미치지 못하기 때문에 유형에 가깝거나 전단형(연단형)에 가까운 절설이 생성되지만 이와는 달리 절입량과 절삭각이 모두 크고 인선이 예리하지 못한 경우 인열형의 절설이 발

생하게 된다. 인물의 작용에 의해 섬유가 쉽게 절단되지 못하기 때문에 횡인장에 의해 모재가 인선 아래의 축방향으로 할렬되며 따라서 열린 파괴부가 인물의 표면에 의해 휨모멘트를 받기 때문에 인물의 표면 앞쪽의 절설은 압축에 의한 파괴를 받게 된다. 절설은 인물에 의해 쉽게 절단되지 못함으로 쥐어뜯긴 형태를 나타내고 절삭면은 매우 불량한 상태를 보이게 된다. 목구절삭의 경우 인선이 단단한 추재 부위를 절단하지 못하고 연한 춘재 부위 쪽으로 추재 부위를 밀게 됨으로 춘재 부위는 추재 부위에 의해 압축 또는 전단 파괴되어 거친 절삭면을 나타내게 된다.

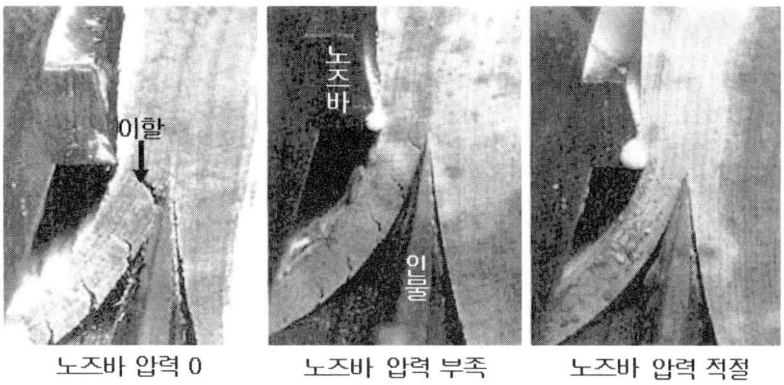

그림 2-2-12. 노즈바의 장착 조건에 따른 이할의 발생 여부

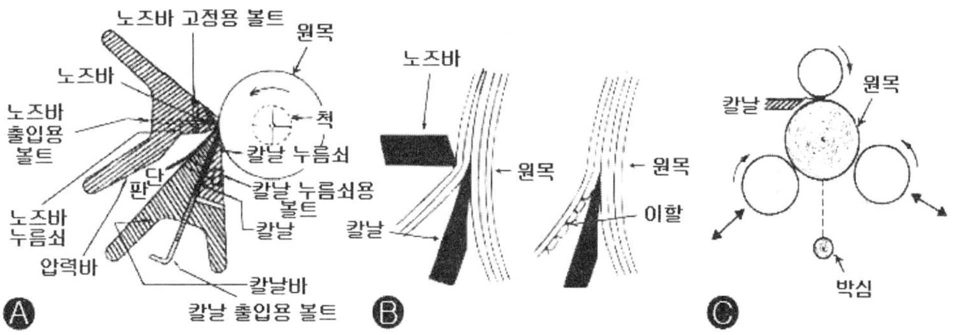

그림 2-2-13. 로터리레이스의 구조(A), 노즈바의 이할 방지 작용(B) 및 무축형 로터리레이스(C)

f. 복합형(複合型): 횡절삭 시 주로 발생하는데 절설은 유형, 절형, 전단형/연단형의 변형 또는 이들의 복합형으로 매우 복잡하고 다양한 형태를 나타낸다. 절입량과 절삭각이 작은 경우 인선은 섬유를 길이방향으로 절단하면서 진행하기 때문에 절설은 모재에서 비교적 용이하게 분리됨으로 유형에 가까운 절설이 생성된다. 그러나 절입량이 큰 경우 인물의 표면 앞쪽에서 피삭재가 현저히 압축 변형되고 충분하게 압괴되면 인선으로부터 경사지게 앞쪽으로 전단 미끄러짐(shear sliding)이 발생하게 됨으로써 균열(龜裂)을 지니는 절설이 생성되는데 그 예로써 단판의 이할(裏割, lathe check)을 들 수가 있다. 횡절삭은 종절삭이나 목구절삭에 비해 인물에 가해지는 피삭재의 저항이 작기 때문에 큰 치수의 목재 절삭에 적당하지만 대개 절삭면이 약간 거칠어지는 경향이 있다. 또한, 합판 산업에 있어서는 이할의 발생을 억제하기 위한 목적으로 인선 앞쪽에 노즈바를 보조적으로 장착해 단판두께의 15~20% 수준으로 원목을 압축한 상태에서 단판을 절삭하고 있다(그림 2-2-12~

2-2-13).

② 절삭 조건과 절삭형

일반적인 절삭 조건 하에서는 각 형의 절삭형으로 명확하게 구분하기가 곤란한데 이는 변형 또는 복합형이 많이 발생하기 때문이다. 그러나 단순한 절삭 조건 하에서는 절삭 조건과 절삭형의 관계 유도가 가능해진다.

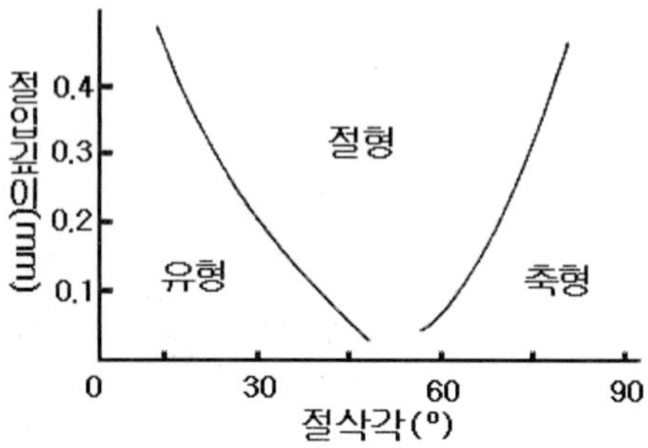

그림 2-2-14. 절입량, 절삭각과 절삭형 사이의 관계

절삭각이 커지게 되면 유형, 절형, 축형의 순으로 이행되며 절입량이 작을수록 유형과 축형이 많아지게 되고 반면에 절입량이 커질수록 절형이 많아지게 된다. 한편 단단한 목재의 경우 연한 목재보다 절형의 범위가 넓어지며 생재는 건조재의 경우보다 유형의 범위가 넓어진다(그림 2-2-14).

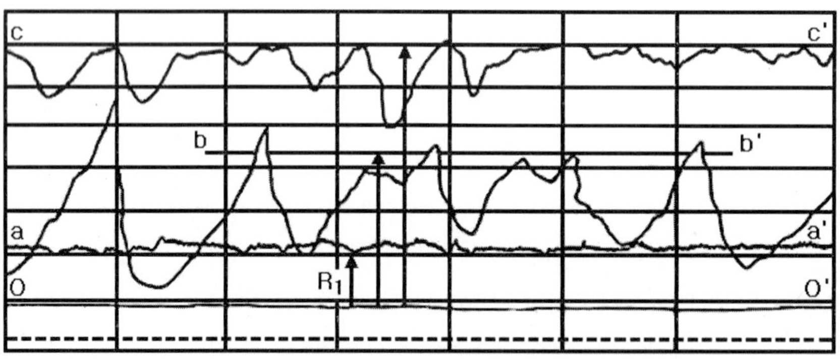

O -- O': 기준선 R_1: 절삭저항(주분력)
a -- a': 유형(솔송나무, 절삭각 20°, 절입량 0.25mm)
b -- b': 절형(솔송나무, 절삭각 50°, 절입량 0.25mm)
c -- c': 축형(소나무, 절삭각 70°, 절입량 0.50mm)

그림 2-2-15. 절삭형과 절삭저항 사이의 관계

③ 절삭형과 절삭저항

절삭 중의 인물은 피삭재로부터 항상 어떤 크기의 저항을 받게 되는데 이것이 절삭저항이다. 이러한 절삭저항은 절삭력과 크기가 같으면서 반대 방향으로 작용하는 힘으로써 절설의 생성 과정에

따라 일정하지 않고 특징적인 변동을 반복하게 된다.

유형에서는 절삭저항의 변동이 작고 저항치도 작은 편이나 절형의 경우 선할의 발생과 절설의 길이에 의한 휨모멘트 작용으로 곡절된 한마디의 절설이 생성되며 그 후 인선은 곡절된 절설의 기부까지는 거의 무저항으로 전진하게 되기 때문에 절삭저항은 절설이 꺾일 때 최대치를 나타내며 그 후 인선의 전진에 따라 거의 0까지 절삭저항이 감소하다가 다음의 절설이 꺾일 때 또다시 최대치를 나타내게 된다. 축형에서는 절설이 종압축에 의한 전단 미끄러짐으로 인하여 덩어리 모양으로 파괴되어 생성되기 때문에 절삭저항은 거의 일정한 간격으로 기복을 반복하며 그 저항치도 가장 큰 편이다(그림 2-2-15).

2. 2. 2. 목재의 피삭성

피삭성(被削性)은 목재가 절삭되기 쉬운 정도를 나타내는 용어로써 절삭저항, 인물의 수명, 절삭면의 성상 및 가공 정밀도의 4항목에 의해 판단될 수가 있다. 이 4항목은 피삭성뿐만 아니라 인물의 성능 및 절삭 조건의 적부를 판정하는 기준도 될 수 있다. 각 항목의 시험 결과가 어느 것이나 양호하면 인물의 성능이 양호하거나 절삭 조건의 선정이 적절하다고 판단하여도 무방하다.

피삭성에 영향하는 인자로써는 수종, 비중, 함수율, 재온, 목리 등처럼 피삭재의 성질과 관련 있는 내적 인자 및 인물의 재질, 인선각, 인선의 예리도 등처럼 인물의 조건과 관련 있거나 또는 절삭법, 목리에 대한 절삭방향, 절입량, 절삭속도, 송재속도, 피삭재에 대한 인물의 각도 등과 같이 절삭 조건과 관련 있는 외적 인자를 들 수가 있다.

2. 2. 2. 1. 절삭저항

절삭저항은 재료가 절삭되어 나가는 정도를 나타내는 것으로써 피삭성을 평가하는 첫 번째 척도가 되고 있는데 절삭저항의 크기 비교를 통하여 간접적으로 인물의 수명, 절삭면의 양부, 가공 정밀도 등도 판정할 수 있다.

① 절삭저항의 구성요소

절삭저항은 변형저항, 분리저항, 마찰저항 및 배출저항으로 구성된다. 변형저항은 절입 부분 및 그 근방의 목재가 인물에 의해 변형될 때 이에 저항하는 힘이며 분리저항은 모재로부터 절설이 분리되는데 대한 저항력이고 마찰저항은 절설과 인물의 표면 또는 절삭면과 인물의 이면 사이의 마찰력에 의한 것이다. 배출저항은 이미 분리된 절설의 배출로 인하여 인물의 운동이 방해받는 힘으로 특수한 경우에만 나타나기 때문에 대개 무시되고 있다.

금속 절삭의 경우 절설 생성 시까지의 변형 과정에 대부분의 에너지가 소비되며 절설의 분리에 소요되는 에너지가 차지하는 비율이 매우 낮은 편이나 목재 절삭에 있어서는 변형저항이 대개 절삭저항의 1/2 정도를 차지하며 분리저항이 차지하는 비율은 금속 절삭에 비해 매우 큰 편인데 이는 목재라는 재료의 변형이 비교적 용이하기 때문에 그런 것이다. 한편, 변형저항은 절삭각 및 절입량의 영향을 받으나 인선의 예리도와는 무관하고 분리저항은 절삭각 및 절입량과는 무관하나 인선의 예리도에만 지배받기 때문에 분리저항이 차지하는 비율이 커질수록 인선의 예리도가 중요해진다. 따라서 금속 절삭보다 목재 절삭에 있어 인선의 예리도가 특히 중요시 되는 이유가 여기에 있다.

② 절삭저항의 분력

a. 2차원 절삭: 인물의 절인선이 절삭방향과 직교하기 때문에 절설이 횡방향으로의 변형 없이 절삭이 이루어지며 따라서 절삭력 F와 마찬가지로 절삭저항 R 역시 2분력, 즉 절삭면 내에서 절삭방향으로 작용하는 수평분력(주분력) RH 및 절삭면과 절삭방향에 대해 수직으로 작용하는 수직분력(배분력) RV의 합력으로 표시된다(그림 2-2-4의 A와 2-2-5). 절삭력의 수평분력 FH는 항상 0보다 크기 때문에 절삭저항의 수평분력 RH는 0보다 작아져 항상 인물의 절삭운동을 저지하는 방향으로 작용하게 된다. 절삭력의 수직분력 FV가 0보다 큰 경우 절삭력은 상향으로 작용하나 이 경우 절삭저항의 수직분력 RV는 0보다 작기 때문에 절삭저항은 하향으로 작용하게 된다. 반대로 절삭력의 수직분력 FV가 0보다 작은 경우 절삭력은 하향으로 작용하나 이 경우 절삭저항의 수직분력 RV는 0보다 크기 때문에 절삭저항은 상향으로 작용하게 된다. 그리고 절삭력의 수직분력 FV가 0인 경우 절삭저항의 수직분력 RV 역시 0이 되기 때문에 절삭력이나 절삭저항 모두 평형을 유지하게 되는데 이러한 경우의 절삭각을 임계절삭각이라고 부른다.

b. 3차원 절삭: 인물의 절인선이 절삭방향과 사교하기 때문에 절설이 횡방향으로 변형되며 절삭이 이루어진다(그림 2-2-4의 B와 2-2-5). 그러므로 절삭력 F와 마찬가지로 절삭저항 R도 수평분력(주분력) RH, 수직분력(배분력) RV 및 횡분력 RC로 구성되는데 이들 3분력 가운데 수평분력 RH가 가장 크기 때문에 피삭성의 판정, 소요동력 결정 등에 이용된다. 그러나 수직분력 RV와 횡분력 RC는 거의 대부분 수평분력 RH의 1/3 이하를 차지하게 되며 횡분력 RC는 항상 인물이 횡방향으로 이동하는 것을 방해하는 방향으로 작용하게 된다. 절삭저항의 측정 시 단순히 수평분력 RH만을 측정하는 경우가 많고 기재된 절삭저항은 대개 이 수평분력 RH만을 의미할 때가 많다.

③ 절삭저항에 영향하는 인자

a. 피삭재의 재질: 목재의 비중이 커질수록 절삭저항은 거의 직선적으로 증가하는데 목구절삭시의 절삭저항은 종절삭에 비해 2~3배 정도 더 클 뿐만 아니라 그 증가율 역시 더 현저해진다(표 2-2-2). 섬유포화점으로부터 목재의 함수율이 낮아짐에 따라 절삭저항이 증가하다가 함수율 10% 부근에서 최대치를 보이고 10% 미만에서부터 전건상태를 향해 감소하는 경향을 보이는데 이는 목재의 할렬강도와 전단강도가 함수율 10% 부근에서 최대치를 나타내고 또한 함수율 10% 이하에서 섬유의 외력에 대한 저항력이 약해지는 것과 관련이 있는 것으로 여겨진다(그림 2-2-16의 B). 상온이상에서 재온이 상승함에 따라 절삭저항과 강도가 낮아지는데 특히 생재와 포수재에서 재온의 영

향이 크게 나타난다. 그리고 재온 0oC에서는 목재 내 함유 수분의 동결 및 해동 상태에 따라 절삭저항에 차이가 나타나는데 전자는 수분이 얼어 고체 상태로 되어 있기 때문에 후자보다 약간 더 큰 편이다. 결국 절삭은 인물에 의한 재료의 파괴 작용이며 절삭저항은 재료의 강도와 밀접한 관계에 있기 때문에 목재의 함수율이 낮을수록 그리고 비중이 클수록 목재의 강도가 증가하기 때문에 절삭저항 역시 증가하게 된다.

표 2-2-2. 목재의 비중과 절삭저항과의 관계.

수종	비중	$R_{\parallel}$(kg/cm)	$R_{\perp}$(kg/cm)
황철나무	0.36	5.1	11.2
삼나무	0.40	6.0	14.3
소나무	0.55	9.3	25.6
너도밤나무	0.62	11.0	30.8
고로쇠나무	0.70	12.7	36.7
붉가시나무	0.93	18.0	54.0

$R_{\parallel}$: 정목면, 목리에 평행한 방향으로 절삭할 때의 단위 절삭폭당 수평분력
$R_{\perp}$: 목구면, 연륜의 접선방향으로 절삭할 때의 단위 절삭폭당 수평분력
절입량: 0.5mm 절삭각: 50°

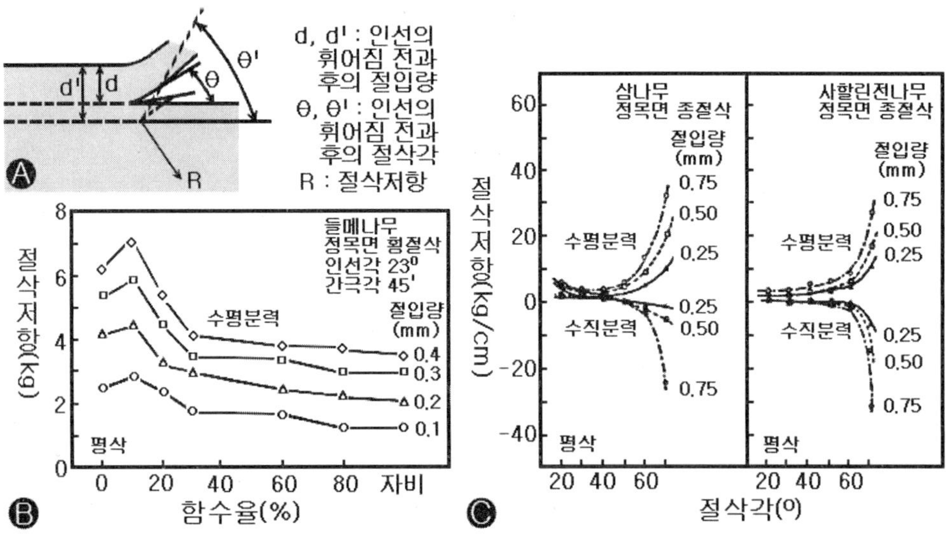

그림 2-2-16. 절삭저항으로 인한 인선의 변형(A) 및 함수율과 절삭각에 따른 절삭저항(B~C)

b. 인물 조건: 목재 절삭은 금속 절삭에 비해 분리저항이 차지하는 비율이 높은 편이기 때문에 인선의 예리도가 중요시 되고 있는데 인선이 예리할수록 분리저항이 작아지고 따라서 절삭저항이 작아지게 된다.

c. 절삭 조건: 절삭각의 증가에 따라 절삭저항이 커지게 되는데 이는 절삭형이 종절삭 시 유형, 절형, 축형의 순으로 그리고 목구절삭 시 전단형(연단형), 인열형의 순으로 이행되기 때문에 그런 것이다(그림 2-2-9와 2-2-15). 정목면의 종절삭 시에는 절삭각 50~60o까지 절삭저항이 서서히

증가하나 절삭각 50~60o부터는 절삭저항이 급격히 증가하는데 절입량이 클수록 절삭저항이 클 뿐만 아니라 그 증가율 역시 현저해진다(그림 2-2-16의 C). 목구면의 연륜 접선방향 절삭 시에는 절삭각 30~40o까지는 절삭저항이 서서히 감소하다가 절삭각 30~40o에서 절삭저항이 최소치를 보이고 절삭각 30~40o부터 절삭저항이 어느 정도 급격히 증가하는데 그 증가율은 절입량이 커질수록 현저해진다. 이는 목구절삭이 종절삭에 비해 대략 2~3배 정도 절삭저항이 더 크고 절삭각이 작을수록 인물의 강성이 저하되기 때문에 그만큼 인선의 휘어짐 양이 커져 절삭각과 절입량이 모두 실질적으로 증가되는 것과 관련이 있다(그림 2-2-16의 A). 한편, 일정한 절삭각 조건 하에서 간극각이 과소해질수록 섬유의 탄성 회복으로 인한 절삭면과 인물 이면 사이의 마찰이 커지게 됨으로써 절삭저항이 커지게 되는데 특히 인선이 무딘 경우, 축형이나 목구면의 절삭 등처럼 밀린 섬유의 탄성 회복이 클 때 더욱 그렇다. 또한, 간극각이 과대해질수록 인물의 강성이 저하되어 인선의 휘어짐 양이 커지게 됨으로써 절삭저항이 커지게 되는데 평삭의 경우 간극각 4° 전후에서 절삭저항이 최소치를 보이게 된다. 절입량이 커지면 절삭 단면적(절삭폭 x 절입량)이 커지게 되고 절삭형 역시 절형 또는 축형으로 변화되기 때문에 절삭저항이 커지게 되는데 절삭저항의 크기 비교를 위해 단위 단면적당의 절삭저항인 비절삭저항(절삭저항/절삭 단면적)을 이용하기도 한다. 섬유경사각 ϕ1이 변함에 따라 섬유주향에 대해 순목의 종절삭(ϕ1 = 0o)으로부터 목구절삭(ϕ1 = 90o)을 거쳐 역목의 종절삭(ϕ1 = 0o)으로 이행해 가게 된다. 역목절삭 시 0~10o까지 절삭저항이 감소하다가 10o 부근에서 최소치를 나타내고 그 후 절삭저항이 급증하다가 50~60o 부근에서 최대치를 보이며 50~60o에서부터 절삭저항이 다시 감소하는 경향을 보이게 된다. 이는 10o 부근에서 인선이 목리방향에 대해 거의 평행한 방향을 이루게 되어 인선의 절입이 용이해지기 때문이며 그 후 목구절삭 상태에 이를 때까지 증가하지만 50~60° 부근에서 절형 절설의 곡절에 대한 저항이 90°일 때보다 크기 때문에 그런 것으로 여겨지고 있다. 한편, 순목절삭 시에는 30~40o까지 절삭저항이 급증하다가 30~40o 부근에서 증가율이 둔화되고 그 후 70~80o에 이르기까지 안정된 절삭저항을 나타내다가 70~80o 부근에 이르러 다시 증가하여 최대치를 나타낸 다음 70~80o에서부터 절삭저항이 다소 감소하는 경향을 보이게 된다. 이는 30~40o 부근에서 전단형(연단형) 절설이 생성되고 그 후 목구절삭으로 이행함에 따라 다시 증가하기 때문에 그런 것으로 여겨지고 있다(그림 2-2-17의 A). 목리사교각 ϕ2의 경우 종절삭(ϕ2 = 0o)에서 횡절삭(ϕ2 = 90o)으로 이행하여 감에 따라 절삭저항이 감소하며 연륜접촉각 ϕ3의 경우 판목(板目, ϕ3 = 0o)과 정목(柾目, ϕ3 = 90o) 사이의 절삭저항에는 큰 차이가 없으나 추정목(追柾目, ϕ3 = 45o)에서 절삭저항이 최대치를 보이게 된다(그림 1-8-2의 B, 2-2-8과 2-2-17의 B~C). 따라서 절삭저항은 횡절삭, 종절삭, 목구절삭의 순으로 커지게 된다. 평삭에 있어 절입량이 작거나 절설각이 클 때에는 절삭저항에 대한 절삭속도의 영향이 별로 인지되지 않으나 절입량이 크거나 절설각이 작을 때에는 절삭속도의 증가에 따라 절삭저항이 작아지는 경향을 보이게 된다.

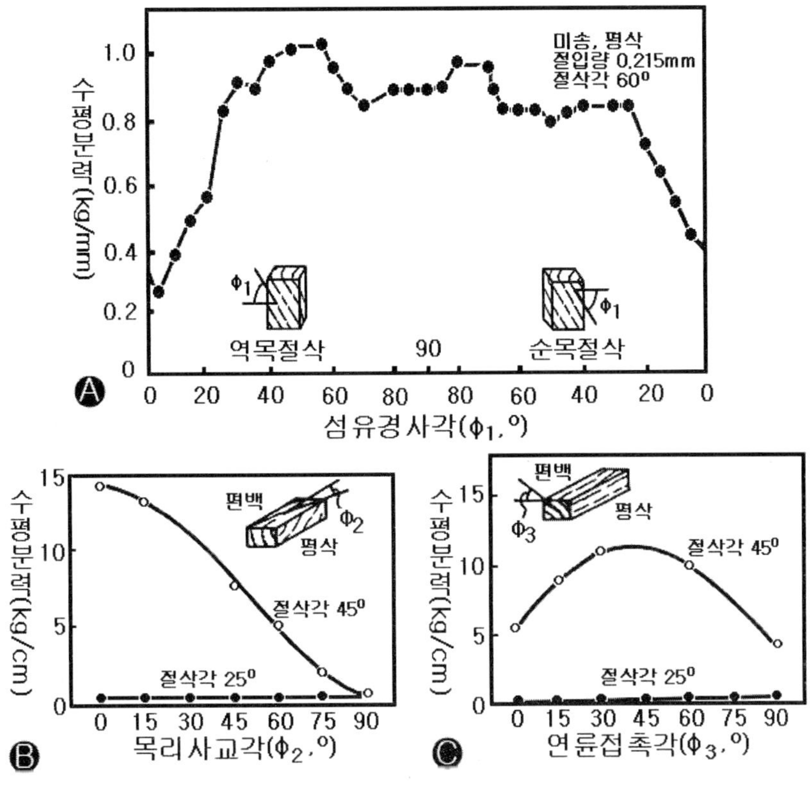

그림 2-2-17. 섬유경사각(A), 목리사교각(B) 및 연륜접촉각(C)에 따른 절삭저항

2. 2. 2. 2. 인물의 수명

절삭에 따라 인선이 마모되어 절삭면의 열화와 절삭저항 증가 초래되며 결국 인물은 사용불가 상태에 도달하게 된다(그림 2-2-18의 A). 인물의 수명은 인물을 1회 연마한 다음 절삭할 수 있는 피삭재의 길이 또는 절삭 가능시간으로 표시되는데 인물의 재질, 피삭재의 재질, 절삭 조건에 의해 좌우된다. 인물의 교체 시기는 절삭저항, 인선의 마모량, 절삭면의 상태 등으로 판정하게 된다.

① 인선의 마모과정

a. 절삭 초기: 예리한 인선(인선의 마모량이 1~2㎛ 이하가 되도록 연마한 것)에 집중적으로 절삭저항이 가해짐에 따라 인선에 미세한 흠인 이 빠짐(chipping)이 생겨 인선의 마모량이 급속히 커지고 절삭면의 거칠기(roughness)와 절삭저항도 증가된다.

b. 절삭 영속기간: 인선이 서서히 두꺼워지면 인선 마모량의 증가율이 완만해지고 인선의 무딤이 형성되는데 절삭면의 거칠기와 절삭저항도 이 시기에는 안정된 경향을 보인다.

c. 인물 교체시기: 인물의 마모가 더욱 진행되어 더욱 무디어지면 절삭열이 현저하게 발생하고 인물의 경도가 저하됨으로써 인선의 마모량이 급속히 증가된다(그림 2-2-18의 C). 따라서 인물은 사용 불가 상태에 도달하게 되고 결국 인물을 교체하여야 한다.

② 인선의 수명에 영향하는 인자

a. 수종: 단단한 목재는 연한 목재보다 인선의 마모가 빠르며 목재 중의 추재와 같은 단단한 부분이나 실리카나 결정 등도 인물 마모의 원인으로 작용하게 된다. 인선에 수지(송진)가 다량 부착되는 경우 역시 정상적인 상태보다 높은 절삭열이 발생하게 됨으로써 인선의 수명이 짧아질 수가 있다(그림 2-2-18의 B). 또한 화학 성분 가운데 pH가 낮은 초산, 석탄산 화합물 등은 철제 인물의 부식 원인이 되고 있는데 이들 물질을 많이 지니는 생재 또는 높은 함수율의 목재에서 특히 인선의 마모가 심하게 일어나게 된다.

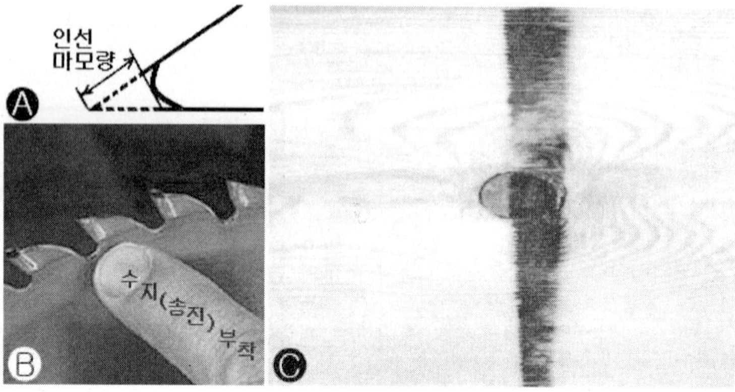

그림 2-2-18. 인선의 마모량(A), 톱니에 있어서의 수지 부착(B) 및 과도한 절삭열로 인한 절삭면의 탄화 흔적(C)

b. 인물의 재질: 절삭과 마찰에 의해 발생하는 열이나 절삭저항으로 인한 인물의 소성 변형에 따른 절인의 둔화 등에 따라 인선이 마모된다. 따라서 고온 조건 하에서 경도의 저하가 작은 것일수록 내마모성이 큰데 초경합금이 내마모성이 강하기 때문에 많이 이용되고 있다. 초경합금은 고속도강이나 탄소강보다 고가이며 연마성이 나쁜 편이다. 회전삭에 있어서 인물의 수명은 직선상의 절인(切刃)인 경우 고속도강 : 초경합금 = 1 : 60 그리고 곡선상의 절인인 경우 고속도강 : 초경합금 = 1 : 30 정도 된다.

c. 절삭각: 일정한 간극각 하에서 절삭각이 작을수록 인선각이 작아져 인물의 마모가 빨라진다. 한편 절삭각이 커질수록 인선각이 커져 인물의 내마모성이 커지게 되나 절삭각의 증대에 따라 유형, 절형, 축형의 순으로 절삭형이 변화되기 때문에 절삭저항 커지게 되고 결국 절삭면의 품질이 나빠지게 된다.

d. 절입량: 절입량이 과소한 경우에는 단위 단면적당 절삭저항인 비절삭저항이 증대됨으로써 인선에 절삭저항이 집중되어 인선의 마모가 현저해지게 되고 인물의 수명이 짧아지게 진다. 반면 절입량 과대한 경우 절삭형이 유형, 절형, 축형의 순으로 변화되는데 절형에서는 인선에 의한 선할의 발생으로 인하여 인선의 마모가 작아지고 인물의 수명이 길어지게 되나 축형에서는 선할이 발생하지 않고 절설이 종압축에 의한 전단 미끄러짐으로 인해 덩어리 모양으로 파괴되어 형성되기 때문에 절삭저항이 커져 인물의 수명이 단축된다.

e. 절삭속도: 절삭속도가 커지게 되면 단위 시간당 절삭하여야 할 목재의 양이 많아지고 결국 인선 온도가 상승하게 된다. 이로 인하여 인선의 경도가 저하되기 때문에 인물의 수명이 단축되는데 초경합금은 고온에서의 내마모성이 우수하기 때문에 특히 고속절삭에 적합하다.

2. 2. 2. 3. 절삭면의 성상

목재 절삭에 있어 가공면의 성상은 가공에 따른 기하학적인 거칠기와 결점뿐만 아니라 목재의 조직 구조에 따른 거칠기에 의해 결정된다. 따라서 목재 절삭면의 양부는 금속 등의 경우처럼 표면 거칠기에 의해서만 판정되는 것이 아니라 육안적인 관찰과 촉감에 의해서도 이루어지고 있다.

① 기하학적인 거칠기

절삭 조건, 특히 인선의 운동 방식과 형태로 인해 절삭면에 나타나게 되는 凹凸인데 기계대패처럼 회전 운동하는 인선에 의한 절삭인 경우 흔히 관찰될 수 있다. 이것은 인선의 운동 궤적이 절삭면에 남게 된 것으로써 절인 자국(knife mark)으로 불리고 있는데 주기적인 큰 凹凸로 나타나게 된다. 또한 절삭 중의 인선이나 재면의 진동으로 인해 불규칙하게 생긴 작은 凹凸인 진동 흔적(chatter mark), 인선의 이 빠짐으로 인해 송재방향으로 생긴 줄무늬 모양의 凸 부분인 이 빠짐 흔적 등도 있다.

② 목재의 조직 구조에 따른 거칠기

절삭면 또는 절삭방향에 따라 달라지는 세포의 형태와 조직의 구성 그리고 절삭 조건이 서로 복합적으로 작용해 절삭면에 미세한 凹凸을 남기게 된다. 절인 자국에 의한 큰 凹凸 사이에 혼재하는 작은 凹凸은 목재에 본래 존재하는 조직 구조의 복잡함으로부터 기인된 것이다. 따라서 목재 절삭면의 거칠기를 판정할 때에는 그 구성 세포의 지름과 분포 상태를 이해하고 해석하여야만 한다.

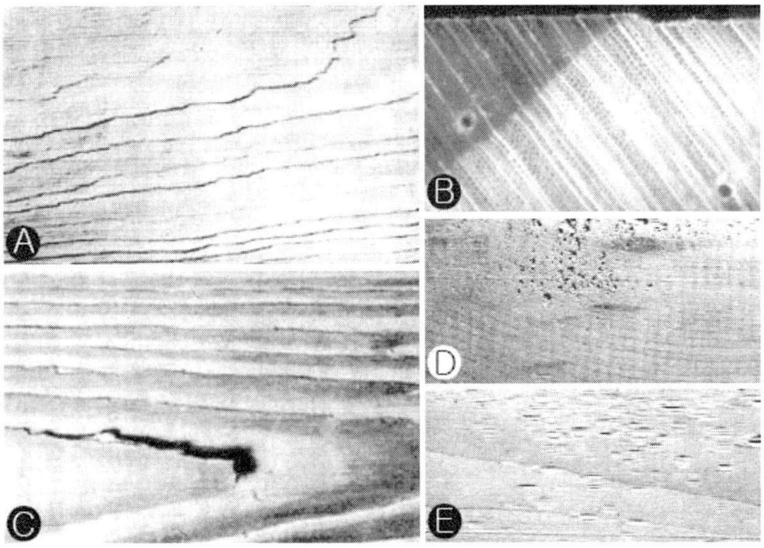

그림 2-2-19. 파면(A~B), 박리면(C), 엇결 파임(D) 및 절설 자국(E)

a. 파면(波面, 浮面, raised grain): 단단한 추재가 연한 춘재 쪽으로 밀려 춘재 위에 겹쳐 있는 상태를 일컫는데 전체 재면은 밀려오는 파도 모양을 나타내게 된다(그림 2-2-19의 A~B). 인선이 무딜 때, 순목절삭 시 춘재와 추재 사이에 밀도 차이가 클 때 그리고 함수율이 높을 때 발생하기 쉬운데 목재의 함수율을 6~12%로 조절하면 최소화할 수 있다.

b. 박리면(剝離面, 貝面, loosened grain): 조개가 아가리를 벌리고 있듯이 추재가 연륜계에서 재면으로부터 박리되어 돌출되어 나온 것으로써 절삭 시 과다한 절삭력을 가하게 되면 발생하게 된다(그림 2-2-19의 C).

c. 거스러미(woolly grain, fuzzy grain): 개개의 섬유 또는 섬유속(纖維束)이 인선에 의해 절삭되지 못하고 재면 위로 노출되어 심한 凹凸을 보이는 것으로써 인장이상재에서 자주 발생하는데 목재의 함수율을 12% 이하로 조절하면 최소화할 수 있다. 경우에 따라서는 솜털 모양으로 돌출된 것을 목모(木毛, woolly grain) 그리고 가늘고 강직한 바늘 모양으로 돌출된 것을 목극침(木棘針, fuzzy grain)으로 세분하기도 한다(그림 1-9-4의 E).

d. 엇결 파임(chipped grain, torn grain): 재면의 일부가 바늘 모양으로 매우 가늘게 떨어져 나간 것을 칩면(chipped grain) 그리고 재면의 일부가 덩어리 모양으로 굵게 떨어져 나간 것을 괴혈면(塊穴面, torn grain)이라고 부르는데 단위 길이당 절인의 수가 많을수록 발생 빈도가 낮아진다(그림 2-2-19의 D). 목재의 목리방향이 절삭면에 대해 작은 각도로 경사져 있는 사주목리, 통직목리이지만 목리방향이 절삭면에 대해 부분적으로 작은 각도로 경사져 있는 경우, 절삭면에 옹이가 존재하는 경우 등에 있어서는 순목절삭을 해야 되는 것처럼 보이지만 순목절삭을 실시하지 못하고 역목절삭을 어쩔 수 없이 하는 경우가 적지 않다. 특히 옹이의 존재는 옹이 자체에 대한 절삭뿐만 아니라 옹이 주위의 교주목리 부분의 절삭도 함께 이루어지기 때문에 이들을 모두 고려한 적절한 절삭 조건이 요구되고 있다.

e. 절설 자국(chip mark): 이미 절삭된 절설이 인선에 부착된 상태로 재면을 절삭할 때 재면이 압축되어 나타나게 되는 凹 부분이다(그림 2-2-19의 E). 이것은 절설 청소 장치(blower system)가 적절하지 못할 때 주로 발생하게 된다. 물을 몇 방울 떨어뜨려 보면 엇결 파임은 수분의 흡수에 따라 아무런 반응을 보이지 않으나 절설 자국은 서서히 팽창되어 덜 명확해지기 때문에 양자를 쉽게 구분해 낼 수가 있다.

③ 절삭면의 평가법

절삭면은 육안적 관찰로 평가하는데 결점이 없는 것, 결점이 경미한 것, 결점은 있으나 사용상 지장이 없는 것 그리고 결점이 현저한 것으로 구분하여 평가한다. 대개 100~200개의 시험편으로부터 조사하여 결점이 전혀 없는 것의 %치인 무결점 비율을 구하여 절삭면의 품질을 결정하게 된다.

④ 절삭 조건의 영향

어떤 하나의 절삭 인자 하에서도 조건에 따라 서로 다른 결점을 보이게 된다(표 2-2-3). 이외에도 연한 목재인 경우 동일 비중 범위 내에서는 연륜 밀도가 낮을수록 결점의 발생 빈도가 높은 편이다.

표 2-2-3. 절삭 조건과 절삭면의 결점.

		엇결 파임	거스러미	파면
절입량	많음	*		
	적음		*	*
절삭각	큼		*	*
	작음	*		
인선	예리함			
	무딤		*	*
수종	단단한 목재			
	연한 목재		*	*
함수율	높음		*	*
	낮음	*		
송재속도	빠름	*		
	느림		*	*

*결점이 발생하기 쉬움

⑤ 절삭면의 거칠기 측정

거칠기는 재면의 정조(精粗)를 나타내는 미세한 凹凸의 정도를 일컫는 용어로써 피삭성의 양부, 피접착면 및 피도장면의 적합성과 관련이 있다. 기하학적인 거칠기는 대개 큰 凹凸을 나타내는 반면 목재의 조직 구조에 따른 거칠기는 대개 작은 凹凸을 나타낸다.

절삭면의 거칠기 측정법으로는 촉침법(觸針法)과 광절단법(光切斷法)이 가장 널리 이용되고 있다. 촉침법은 측정하고자 하는 재면 위에 침을 수직으로 접촉시킨 다음 이동시키면 침의 이동에 따라 선단 움직임이 기계적 또는 전기적 수단을 통해 확대되고 그래프 상에 침의 선단 움직임에 따른 단면곡선이 그려지게 되는데 이것을 이용하여 거칠기를 구하게 된다. 광절단법은 측정하고자 하는 재면 위쪽으로부터 비스듬히 광선을 조사하여 현미경 관찰로써 단면곡선을 얻은 다음 거칠기를 구하는 방식이다.

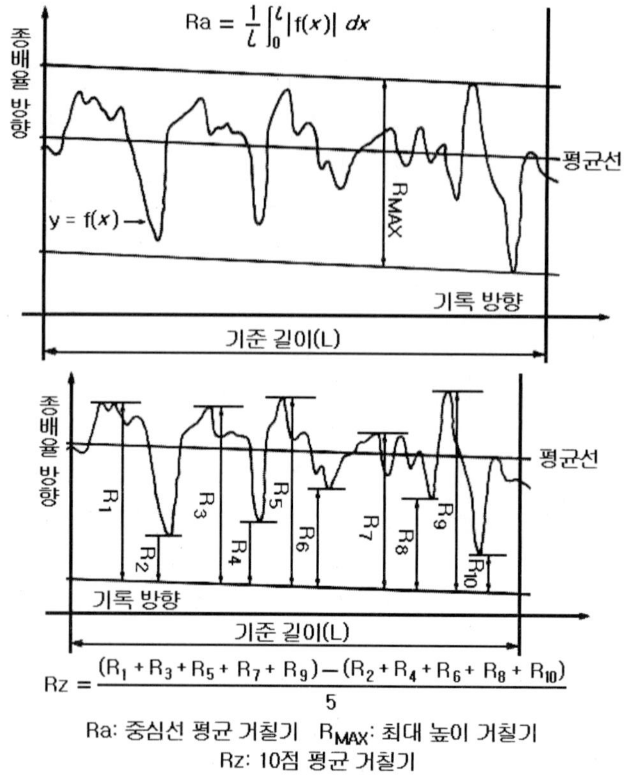

그림 2-2-20. 절삭면의 거칠기 구하는 방식

거칠기를 구하는 계산식으로는 중심선 평균 거칠기, 최대 높이 및 10점 평균 거칠기가 있다(그림 2-2-20). 중심선 평균 거칠기는 단면곡선으로부터 기복 성분을 제거하여 얻어진 거칠기 곡선에서 그 중심선의 방향으로 측정 길이 l 부분을 골라내고 이 골라낸 부분의 중심선을 X축 그리고 종배율의 방향을 Y축으로 하여 거칠기 곡선을 y = f(x)로 표시한 다음 Ra = 1/l ∫ 0l | f(x) | dx의 식에 의해 구한 값을 ㎛로 표시한 것이다. 최대 높이 거칠기는 단면곡선으로부터 기준 길이 L만을 발취한 부분의 평균선에 평행한 두 직선을 긋고 이 두 직선의 간격을 단면곡선의 종배율의 방향으로 측정해 얻은 값을 ㎛로 표시한 것이다. 10점 평균 거칠기는 발취한 부분에 있어서 평균선에 평행하면서도 단면곡선을 횡절하지 않는 직선으로부터 종배율의 방향으로 측정한 가장 높은 곳부터 5번째까지의 산꼭대기 표고 평균치와 가장 깊은 곳부터 5번째까지의 계곡 표고 평균치 사이의 차이를 ㎛로 표시한 것이다.

2. 2. 2. 4. 가공 정밀도

가공 정밀도(accuracy)는 목적한 치수와 실제 가공된 치수 사이에 생긴 오차의 정도를 일컫는다. 기계와 관련된 원인(불완전한 조정, 진동 등), 인물 성능(경도, 이 빠짐, 마모 등), 피삭재의 성질(내부 응력, 탄성 회복 등) 또는 절삭 조건(인물 장착 조건, 인선에 대한 과도한 부하 등)이 복합적으로 작용하기 때문에 가공 목적과 형태에 따라 허용된 범위 내에서 치수 오차를 줄이기 위해 이들 원인을 제어하지 않으면 안 된다.

목재 절삭에 있어서는 절삭면의 표층 섬유가 파괴, 변형되는데 이 가운데 일부가 탄성 회복됨으로써 가공 치수에 차이가 나타나게 된다. 천공 가공 시 정원으로 천공한 피삭면의 세포가 완전히 절삭되지 못하고 절삭 후 회복되면 원형이 아니라 타원형의 천공을 나타내게 되며 각종 접합부의 가공 시 절삭 후 피삭면이 평활하지 못하거나 할렬되기도 하는데 이 경우 충분한 접합 강도를 기대하기가 어렵다.

정밀 가공 시 수종, 재질 등에 따라 피삭성에 차이가 나타나게 되는데 가공 치수가 부정확한 경우에는 피삭성이 불량하거나 절삭 조건이 적절하지 못함을 의미하는 것으로 받아들이면 될 것이다.

2. 2. 3. 절삭법 각론

2. 2. 3. 1. 평삭 가공

평삭 가공(平削 加工, planing by rectilinear cutting)은 가장 기본적인 절삭 방식으로써 손대패에 의한 직선삭을 그 예로 들 수가 있다. 인물은 정지되어 있으나 피삭재가 움직이는 형의 예로는 수직식 슬라이서(vertical slicer)와 회전식 마이크로톰(rotary microtome)을 그리고 반대로 피삭재가 정지되어 있고 인물이 움직이는 형의 예로는 수평식 슬라이서(horizontal slicer)와 활주식 마이크로톰(sliding microtome)을 들 수가 있다(그림 2-2-21과 2-2-22의 A~C).

공작물의 마무리 작업 및 얇은 절삭편을 얻기 위한 용도로 주로 이용되고 있는데 절입량을 매우 얇게 함으로써 가장 우수한 마무리 가공을 할 수 있다. 인선의 결함으로 인한 이 빠짐 흔적이 생기기 쉽기 때문에 능률적인 목재의 절삭 가공으로는 적당하지 못한 편이다.

절삭에 의해 생성된 절설을 즉시 곡절시켜 선할의 발생을 방지함으로써 엇결 파임을 예방하기 위한 목적으로 이인(裏刃, chip breaker)을 장착하게 되는데 이인은 대팻날의 표면에서 인선에 근접하도록 장착시키는 1매의 공구이다. 인선(刃先)과 이인선(裏刃先) 사이의 간격 l이 넓고 이인의 인선각 β'가 작은 경우에는 절설이 충분한 휨변형을 받지 못하기 때문에 선할의 발생을 억제하지 못하게 되고 이인의 인선각 β'가 과대한 경우에는 절설이 이인의 표면에 압박되어 원활하게 유출되지 못하기 때문에 절삭면이 현저하게 거칠어지게 된다. 한편, l과 β'가 적절한 경우 절설이 곡절되어 원활하게 유출되기 때문에 절삭면이 양호해 지게 되는데 적절한 이인의 장착 조건은 $\theta' = \beta' + \theta = 90o$, $l = (0.5 \sim 1.0) \cdot d$이다. 여기에서 θ와 θ'는 이인 장착 전과 후의 절삭각을 그리고 d는 절입량을 나타낸다(그림 2-2-22의 D).

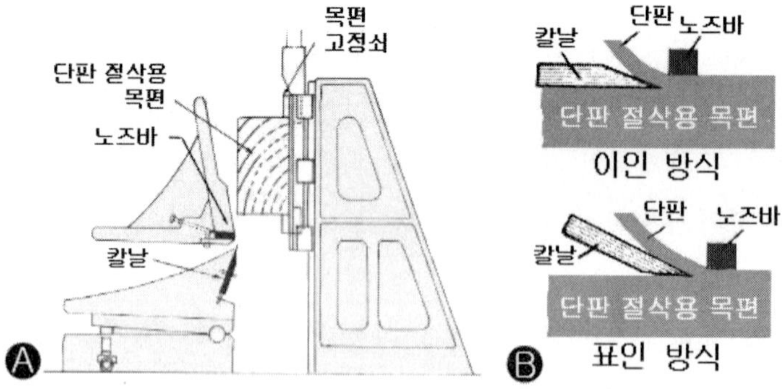

그림 2-2-21. 슬라이서의 구조(A)와 단판 절삭 방식(B)

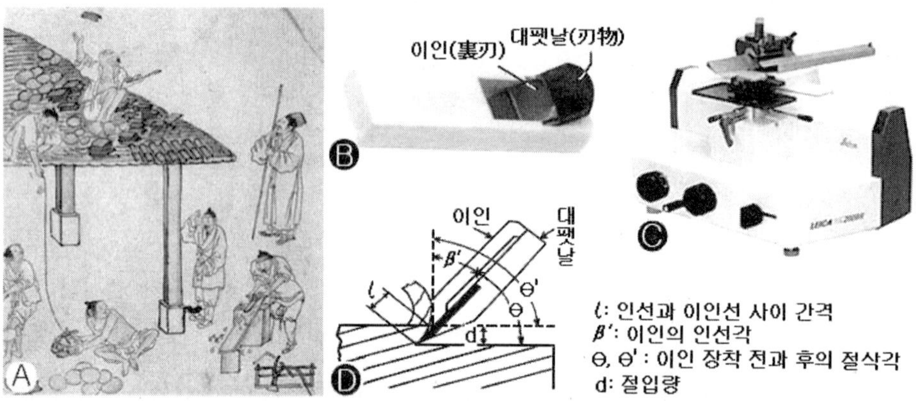

그림 2-2-22. 김홍도의 기와얹기에 묘사되어 있는 손대패에 의한 평삭(A), 손대패의 구조(B), 활주식 마이크로톰(C) 및 적절한 이인의 장착법(D)

2. 2. 3. 2. 회전삭 가공(回轉削 加工, peripheral milling)

회전삭 가공(回轉削 加工)은 포동(cutterhead, 鉋胴: 대팻날을 고정하는 회전체)에 의한 기계대패(planer), 커터(cutter: 둥근톱보다는 두껍고 포동보다는 얇은 인물의 총칭)에 의한 면취반(shaper), 비트(bit)에 의한 라우터(router) 등처럼 인물이 회전하면서 송재된 목재를 절삭하는 것으로 목공에서 가장 널리 쓰이고 있는 절삭 방식이다(그림 2-2-23). 그러나 여기에서는 이들 가운데 주인삭(周刃削, peripheral milling)에 대해 서술하고자 한다.

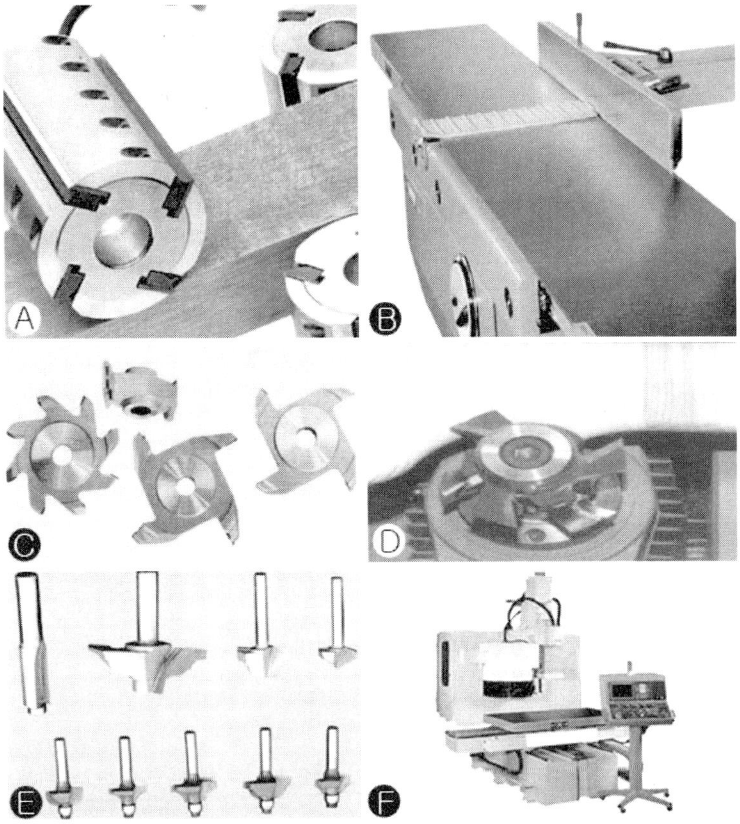

그림 2-2-23. 포동과 수압기계대패(A~B), 커터와 면취반(C~D) 및 라우터 비트와 라우터(E~F)

① 절삭 구성요소

피삭재를 직선상으로 송재하여 포동에 장착되어 회전하는 대팻날로 평활하게 재면을 조정하거나 또는 원하는 치수나 형상의 제품으로 가공할 때 사용되는 것으로써 기계대패(planer, 鉋盤)가 있는데 그 종류로는 피삭재를 손으로 밀어 송재하는 수압기계대패(手押鉋盤)와 롤러로 자동 송재하는 자동송재기계대패(自動送材鉋盤)가 있다. 수압기계대패는 접합 가공을 위해 피삭재의 1면만을 절삭할 때 주로 사용되기 때문에 접합면 조정기(jointer)로도 불리고 있으며 자동송재기계대패는 원하는 폭이나 두께 또는 형상으로 가공할 때 주로 사용되는 것으로써 한 번의 송재로 피삭재 4면을 모두 절삭할 수 있는 것까지 종류가 다양하다.

기계대패에 의한 회전삭 시 절삭량은 인선의 회전 운동과 피삭재의 송재량에 의해 결정된다. 회전삭에 관여하는 인자로는 인선원(刃先圓)의 지름, 회전수, 송재속도, 포동에 장착된 인물의 수, 절삭깊이, 절삭폭 등을 들 수가 있으며 송재속도를 F, 포동의 회전수를 N 그리고 포동에 장착된 인물의 수를 n이라고 했을 때 인물 1회전당 송재량 frev와 인물 1매당 송재량 f는 다음의 식 frev = F/N, f = F/(N·n)을 이용하여 구할 수 있다.

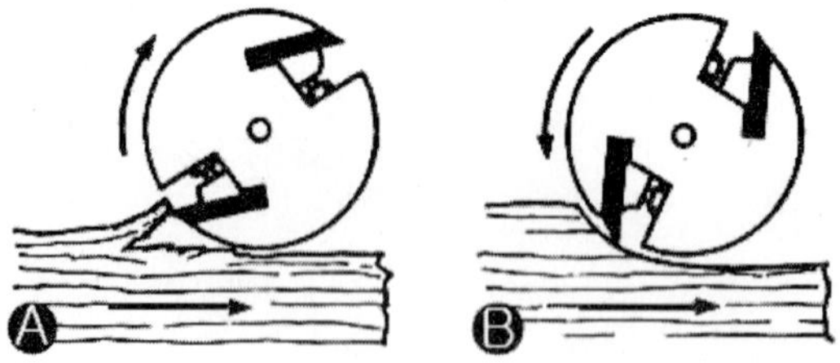

그림 2-2-24. 회전삭에 있어서의 상향절삭(A)과 하향절삭(B)

a. 인선 운동의 궤적: 인선의 회전방향과 송재방향이 서로 반대인 경우를 상향절삭(up-milling) 그리고 반대로 인선의 회전방향과 송재방향이 서로 동일한 경우를 하향절삭(down-milling)이라고 하는데 특별한 경우를 제외하고는 대개 상향절삭이 적용되고 있다(그림 2-2-24). 그리고 송재속도에 비해 큰 원주속도로 인선이 회전하기 때문에 재면에 대한 인선의 절삭 운동은 왜곡된 원운동이 되며 그 궤적은 인선의 원점으로부터 회전각을 ψ, 인선원의 지름을 D 그리고 회전 반지름을 a라고 했을 때 $x = (D/2)\cdot\sin\psi \pm a\cdot\psi$(+: 상향절삭, -: 하향절삭) 및 $y = D/2 - (D/2)\cdot\cos\psi = (D/2)\cdot(1 - \cos\psi)$와 같은 트로코이드(trochoid) 곡선을 나타내게 된다(그림 2-2-25).

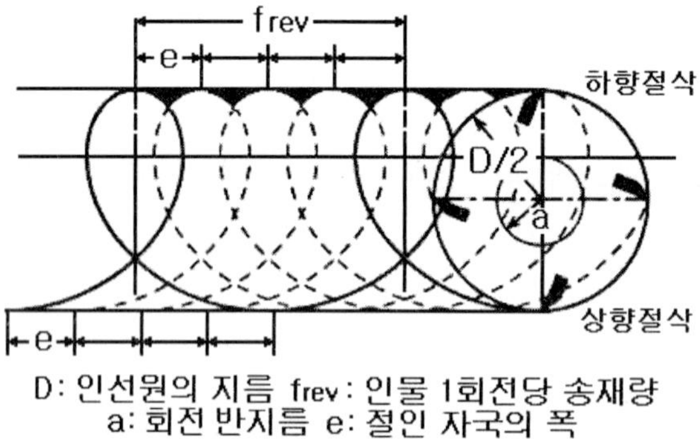

그림 2-2-25. 인물이 4개일 때의 인선이 그리는 트로코이드와 절인 자국

b. 절인 자국의 폭과 깊이: 인선이 모두 동일 원주 위에 있을 때 인물 1매당 송재량을 f, 인선원의 지름을 D 그리고 $k = 2a/D$(일반적인 조건 하에서 $k < 0.04$임)라고 했을 때 절인 자국(knife mark)의 폭 e와 깊이 h 및 하향절삭과 상향절삭 사이의 절인 자국 깊이 차이 Δh는 다음의 식 $e = F/(N\cdot n) = f$, $h = (e^2/4D)\cdot(1 \pm 2k)$(-: 상향절삭, +: 하향절삭) 및 $\Delta h = k\cdot(e^2/D)$를 이용하여 구할 수 있다(그림 2-2-26의 A).

c. 절입량: 상향절삭의 경우 절입량은 0에서부터 점차로 커지는 방향으로 절삭되나 하향절삭에서는 절입량이 큰 상태에서부터 점차로 작아져 0에 도달하는 방향으로 절삭이 이루어진다. 이 때 인물 1매당 송재량을 f, 인선원의 지름을 D, 그리고 절삭깊이를 d라고 했을 때 회전각 ψ에서의 절입량 t, 회전각 ψd에서의 최대 절입량 tM 및 회전각 ψd/2에서의 평균 절입량 tm은 다음의 식 $t = f\cdot\sin\psi$, $tM2 = 4f2\cdot\{d/D\cdot(1 - d/D)\}$ 및 $tm2 = f2\cdot(d/D)$로 구할 수가 있다(그림 2-2-26의 B).

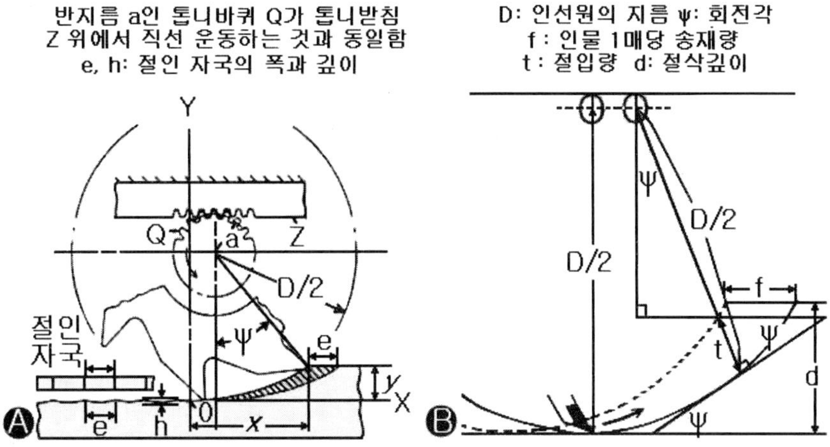

그림 2-2-26. 상향절삭 시 인선의 궤적에 따른 절인 자국의 폭과 깊이(A) 및 절입량(B)

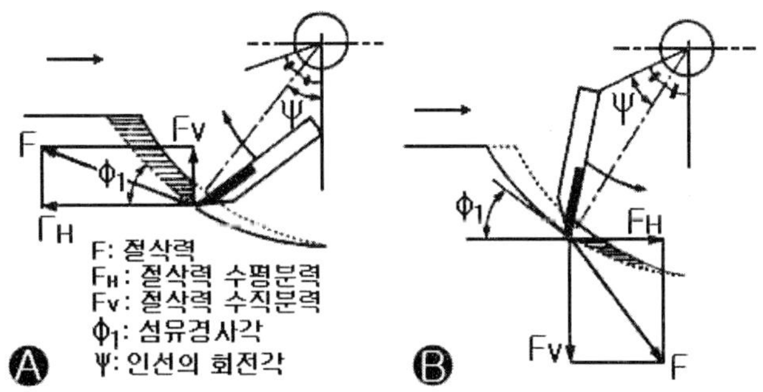

그림 2-2-27. 상향절삭(A)과 하향절삭(B)에 있어서의 절삭력과 섬유경사각

d. 절삭방향: 전삭에 있어서는 인선의 회전에 따라 섬유경사각이 변화된다. 상향절삭의 경우 인선이 재면에 접촉할 때는 섬유주향에 대해 평행하나 인선의 회전에 따라 역목절삭으로 변화되어 간다. 따라서 인선이 둔화되어 무디어지면 절삭 초기의 과소 절입량인 경우 절설을 분리하지 못하고 피삭재를 압축하면서 미끄러지듯이 인선이 진행하기 때문에 인물 1매당 송재량이 지나치게 작아지기 쉬워진다. 그 결과 인선의 이면에 마모가 진행되어 절삭면에 거스러미나 파면이 발생하게 된다. 반면, 인물 1매당 송재량이 지나치게 커지게 되면 엇결 파임이 발생하기 쉬워진다. 절삭력은 송재를 방해하는 방향과 피삭재를 들어 올리는 방향으로 작용하게 된다(그림 2-2-27의 A). 한편, 하향절삭의 경우 항상 순목절삭이 이루어지면서 섬유경사각이 서서히 작아지며 2개의 분력 모두 상향절삭과 반대 방향으로 작용하게 된다. 엇결 파임의 발생 빈도가 낮음에도 불구하고 절삭력의 주분력(수평분력)에 의해 과대 절삭이 이루어지기 쉽거나 깊은 절인 자국이 생겨 절삭면이 거칠어지기 때문에 하향절삭이 실용 기계에 적용되는 예는 드문 편이다(그림 2-2-27의 B).

② 절삭면의 형성

포동에 장착된 인선이 모두 동일 원주 위에 위치 시 절인 자국은 절삭면에 규칙적으로 남게 되는데 실제로는 포동에 장착된 인선마다 돌출량에 다소 오차가 존재하기 때문에 많이 돌출된 인선이 돌출량이 작은 다른 인선이 만든 절인 자국을 절삭해 제거해 내게 된다(그림 2-2-25와 2-2-28의 A). 따라서 절삭면에는 소수의 큰 절인 자국만 남게 되는데 이처럼 절삭면에 실제적으로 절인 자국을 남기는 인선을 유효인(有效刃)이라고 부른다. 송재속도를 F, 포동의 회전수를 N, 유효인의 수를 n′ 그리고 절인 자국의 평균 폭을 e′라고 했을 때 e′ = F/(n′·N)의 식으로 구할 수가 있는데 인물이 조잡하게 장착되어 있는 경우 대개 n′ = 1로 간주한다. 인물 1회전당 송재량을 frev, 인선원의 반지름을 R, 절삭면에 실제로 남게 된 2개의 절인 자국 폭과 깊이 차이를 e1 - e2와 h1 - h2라고 했을 때 유효인 n′가 2개와 4개일 때의 인선원 반지름 오차, 즉 절인 자국의 깊이 차이 ΔR2와 ΔR4는 다음의 식 ΔR2 = (1/8)·(e1 - e2)·(frev/R)과 ΔR4 = (1/16)·(e1 - e2)·(frev/R)로 구할 수가 있다(그림 2-2-28의 A).

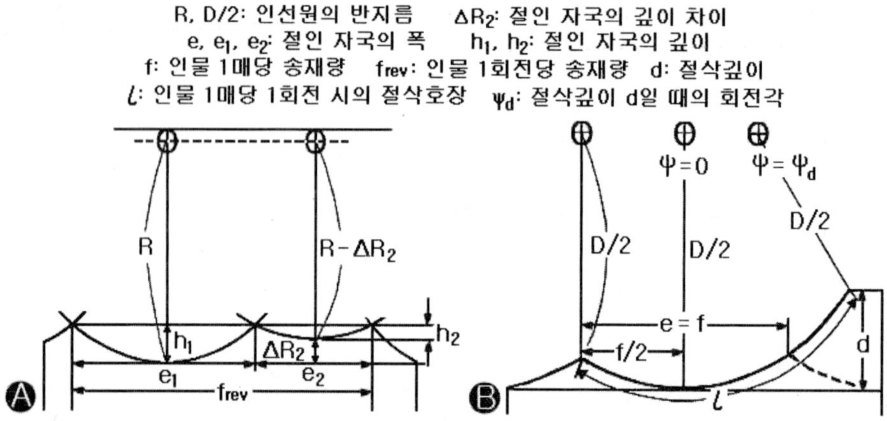

그림 2-2-28. 회전삭 시 유효인 2개일 때의 인선원의 반지름 오차(A)와 인물 1매당 1회전 시의 절삭호장(B)

③ 절삭저항

회전삭에 있어서의 절삭저항은 절삭방향에 대해 반대방향으로 작용하면서 직접 절삭작업에 관여하는 수평분력과 절삭방향에 대해 법선방향으로 작용하는 수직분력으로 구성되는데 절삭저항은 인선 절입 시의 0에서부터 최대 절입량 시의 최대치까지 계속 반복적으로 변하기 때문에 최대치 또는 평균치로 나타내게 된다(그림 2-2-29).

절삭저항은 절삭폭에 비례하여 증가하며 목재의 비중이 클수록 절삭저항이 커지며 재온이 높을수록 절삭저항이 작아지고 함수율 10% 전후에서 최대 절삭저항을 보이게 된다.

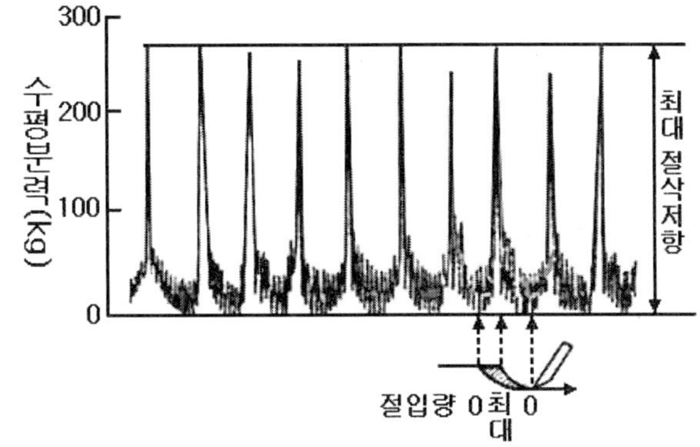

그림 2-2-29. 회전삭에 있어서 절삭저항의 변동

초경합금은 내마모성이 크기 때문에 탄소공구강이나 고속도강보다 절삭초기의 절삭저항이 더 크나 장거리 절삭 후에는 더 작아지며 고속도강은 탄소공구강보다 절삭저항이 더 작은 편이다. 그리고 절삭각이 클수록 절삭저항이 커지며 간극각 10~15o 이하에서는 절삭저항이 급격히 증가하나 그 이상에서는 절삭저항이 매우 완만하게 증가한다. 무딘 인선의 경우 일정 한도 이상의 절삭속도에서는 절삭저항이 현저하게 증가하나 예리한 인선에 있어서는 절삭속도에 따른 절삭저항의 변화가 미미한 편이다.

④ 인물의 수명

평삭에 있어 전체 절삭거리를 L, 인물의 수를 n 그리고 인물 1매당 절삭 길이, 즉 인물의 수명을 L′라고 했을 때 다음 식 L′ = L/n으로 구할 수가 있다.

회전삭 시 전체 절삭거리를 L, 인물 1회전당 송재량을 frev, 인물 1매당 1회전 시의 절삭호장(切削狐長)을 l, 절삭깊이 d일 때의 회전각을 ψd, 인선원의 지름을 D 그리고 인물 1매당 송재량을 f라고 했을 때 인물 1매당 절삭거리, 즉 인물의 수명 s는 다음의 식 s = (L/frev)·l = {L/(2frev)}·(D·ψd + f)로 구할 수가 있다(그림 2-2-28의 B).

a. 인물 1매당 송재량: 절삭하고자 하는 피삭재의 길이가 일정할 때 상향, 하향절삭 모두에 있어 절입량이 작아지면 절삭횟수가 많아지게 되고 인선의 마모량이 많아지게 된다. 인선의 절삭거리가 일정할 때에는 상향절삭의 경우 절입량이 작아지면 재면에서의 미끄러짐이 커지게 됨으로써 인선의 마모량이 많아지게 되는데 이는 인선이 재면과의 접촉 시작 시 절입량이 매우 작아 재면에서 미끄러져 통과할 때의 마찰저항이 마모의 주요 원인으로 작용하기 때문이다. 반면 하향절삭에 있어서는 절입량이 작아지면 인선의 충격저항이 작아지게 됨으로써 인선의 마모량이 적어지게 되는데 이는 인선이 재면에 절입할 때의 충격저항으로 인해 이 빠짐이 발생해 마모의 주요 원인으로 작용하기 때문이다(그림 2-2-27).

b. 절삭깊이: 절삭깊이가 깊을수록 절삭호장이 커지게 되고 따라서 인선의 마모량이 증가하게 된다.

c. 인선원의 지름: 인선원의 지름이 클수록 절삭호장이 커지게 됨으로써 인선의 마모량이 많아지게 된다.

d. 절삭속도: 절삭속도가 커지게 되면 일정 마모량에 이를 때까지의 시간이 짧아진다.

e. 공구의 재질: 고온 조건 하에서 경도의 저하가 작은 것일수록 내마모성이 큰데 초경합금은 내마모성이 강하기 때문에 많이 이용되고 있다. 회전삭 시 인물의 수명은 직선상의 절인인 경우 고속도강 : 초경합금 = 1 : 60 그리고 곡선상의 절인인 경우 고속도강 : 초경합금 = 1 : 30 정도 된다.

⑤ 절삭면의 성상

a. 절삭면의 거칠기: 기하학적인 거칠기인 절인 자국은 대개 큰 凹凸을 나타낸다(그림 2-2-30). 반면 목재의 조직 구조에 따른 거칠기인 세포내강, 절삭에 의해 파괴된 세포에 의한 것은 대개 작은 凹凸을 나타내게 된다. 절인 자국의 폭이 좁아 육안적 관찰로 절삭면의 우열을 판정하기 어려운 상태일 때의 한도를 절인 자국의 가시한도(可視限度)라고 부르는데 기계대패의 경우 0.5~2.0mm 정도인데 이 범위 내에서는 피삭재의 경도가 클수록, 인선이 예리할수록 그리고 포동의 지름이 작을수록 그 값이 작아지게 된다. 그러나 0.5~2.0mm 미만에서는 절인 자국의 폭을 작게 조정하여도 절삭면의 품질은 향상되지 못하고 오히려 인물의 수명만 저하된다.

그림 2-2-30. 인물 1회전당 절인의 자국이 1개(A)와 4개(B)일 때의 절삭면 거칠기

b. 절삭조건과 무결점 비율: 결점의 발생은 수종에 따른 특성으로써 어떤 하나의 절삭 인자 하에서도 조건에 따라 서로 상반되는 결점을 나타내게 된다(표 2-2-3). 예를 들면, 생재의 경우 거스러미와 파면의 발생 빈도가 높기 때문에 절삭각을 작게 하고 송재속도를 크게 하여 절삭하여야 한다.

2. 2. 3. 3. 천공 가공

천공 가공(穿孔 加工, boring)은 회전하는 공구인 드릴(drill: 주로 금속 천공용) 또는 비트(bit: 주로 목재 천공용)를 회전축 방향으로 송입함에 따라 선단의 절인이 나선상으로 회전하면서 목재 중으로 절입되어 구멍을 뚫는 것으로써 섬유의 주향에 대한 절인의 방향이 1회전 중 0~360o 변화되기 때문에 역목절삭과 순목절삭을 모두 거치게 된다(그림 2-2-31~2-2-32). 따라서 절삭저항의 변동이 심한 편이며 가공 중 공벽(孔壁)의 표층 섬유가 현저하게 변형, 파괴될 뿐만 아니라 가공 후 이들 가운데 일부가 탄성 회복됨으로써 원형이 아니라 타원형의 천공을 나타내기도 한다.

또한, 능률적인 천공을 위해서는 목재 중에서 생성된 절설이 끊임없이 목재 밖으로 배출되어야만 하는데 절설의 원활한 배출이 일어나지 않는 경우 절설이 생성 직후 팽창되어 부피가 증대됨으로써 공벽에 끼이게 되고 결국 현저한 마찰열에 의해 탄화 현상이 일어나게 된다.

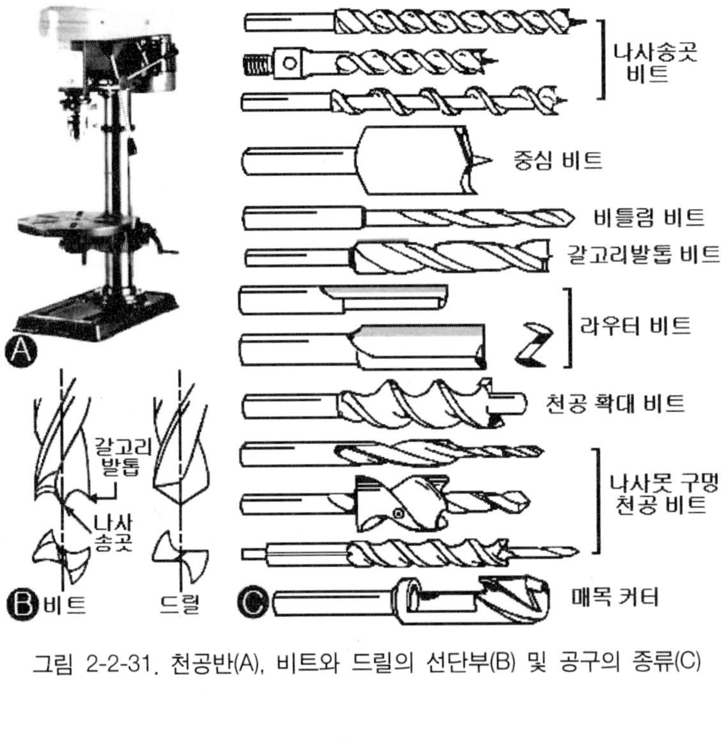

그림 2-2-31. 천공반(A), 비트와 드릴의 선단부(B) 및 공구의 종류(C)

① 공구의 종류(그림 2-2-31의 C)

a. 나사송곳 비트(auger bit): 천공 위치를 안내하는 나사송곳을 선단의 중앙에 지닌다.

b. 중심 비트(center bit): 지름이 크고 깊이가 얕은 구멍을 팔 때 사용된다.

c. 비틀림 비트(twist bit): 지름이 작고 깊이가 깊은 구멍을 팔 때 사용된다.

d. 갈고리발톱 비트(spur bit): 교주목리를 지니는 목재의 천공 시 특히 유용하다.

e. 라우터 비트(router bit): 다양한 형상의 면으로 가공할 때 사용된다.

f. 천공 확대 비트(counterboring bit): 기존의 구멍을 넓힐 때 사용된다.

g. 나사못 구멍 천공 비트(countersink bit): 큰 구멍과 그 안쪽에 나사못 대가리가 들어갈 작은 구멍을 동시에 팔 때 사용된다.

h. 매목 커터(plug cutter): 구멍을 채우거나 메우기 위한 작은 목재 원반을 절단할 때 사용된다.

② 절삭 구성요소

a. 절인의 원주속도: 공구의 회전수를 N, 중심축으로부터 절인까지의 거리를 Ri 그리고 원주속도를 V라고 했을 때 다음 식 $V = 2\pi Ri \cdot N$을 이용해 구할 수가 있다.

b. 절입량: 공구가 목재 중으로 들어가는 송속도(送速度)를 F, 회전수를 N, 절인의 수를 n 그리고 절입량을 t라고 했을 때 다음 식 $t = F/(N \cdot n)$을 이용해 구할 수가 있다. 따라서 송속도가 커지면 절입량이 커지기 때문에 절삭저항은 증대된다.

③ 천공 능률

천공 능률은 일정한 송력(送力)을 가하여 천공할 때의 송속도 또는 일정한 깊이를 천공할 때의 소요시간으로 표시된다. 송력이 일정한 경우 공구 단면의 단위면적당 송력은 공구 지름의 2승에 비례하여 감소하기 때문에 송속도 역시 공구 지름의 2승에 비례하여 감소하게 된다.

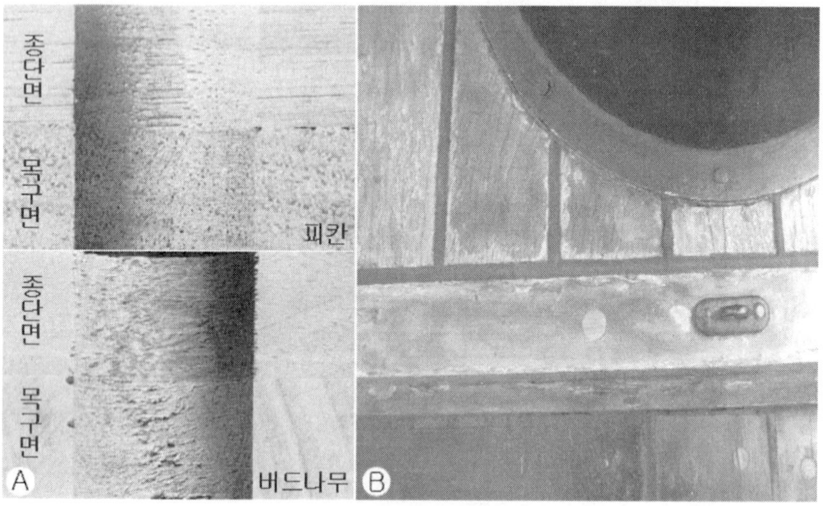

그림 2-2-32. 평활한 피칸의 공벽과 평활하지 못한 버드나무의 공벽(A) 및 천공과 나무못에 의한 부재 접합(B)

④ 천공에 대한 목재의 성질

a. 절삭저항: 비중이 커지면 절삭저항이 커지게 된다. 그리고 절삭저항은 함수율 5~20%에서 최대치를 보이고 함수율이 더 높아지면 섬유포화점 부근까지는 낮아지나 그 이상에서는 거의 변화가 일어나지 않게 된다.

b. 공벽의 가공 정밀도: 연륜 밀도가 클수록 공벽의 가공 정밀도가 좋아진다. 장시간 연속적으로 천공 가공을 하게 되면 절인의 마모가 진행되어 절삭저항이 커져 공벽의 성상이 악화되고 가공 정밀도가 낮아지게 된다. 목재에 천공 가공을 행하면 목리방향으로의 지름이 짧은 타원형으로 천공되지만 섬유판이나 삭편판 등의 공학목재인 경우 원형에 가깝게 천공된다.

표 2-2-4. 천공 가공 시 수종에 따른 무결점 비율과 공경 오차.

수종	무결점 비율(%)	공경 오차(inch)
칠엽수	75	0.0022
버드나무	71	0.0005
피나무	76	0.0020
밤나무	91	0.0009
튤립나무	87	0.0011
팽나무	99	0.0006
연단풍나무	80	0.0022
버즘나무	98	0.0009
느릅나무	94	0.0004
물푸레나무	94	0.0005
너도밤나무	99	0.0010
적참나무	99	0.0002
백참나무	95	0.0006
흑호두나무	100	0.0009

함수율: 6%　공경: 1inch

c. 무결점 비율과 공경 오차: 섬유가 인선에 의해 완전히 절단되지 못하고 공벽에 압박되어 있다가 절인의 통과 후 탄성 회복되는 경우 공경(孔徑: 구멍의 지름)이 추의 지름보다 작아지게 되며 내부응력 또는 섬유주향에 대한 절삭방향의 변화에 따라 발생한 편심적인 절삭저항에 의해서는 공경이 추의 지름보다 커지게 된다(표 2-2-4).

d. 공구 수명: 삭편판의 천공 가공 시 마모의 진행이 매우 빠르게 일어난다. 기건재의 경우 실리카(그림 1-5-31의 I~J와 1-5-34의 H)의 함량이 높은 백메런티와 같은 남양재에 있어서는 실리카의 연마 작용으로 인해 마모가 촉진된다. 밤나무, 갈참나무 등과 같은 참나무과 수종의 목재인 경우 추출물에 의한 화학작용으로 인해 부식 마모가 촉진된다. 생재의 천공 가공 시에는 공구-목재-기계 사이에 전위차가 발생해 고속도강과 초경합금 공구인 경우 전기 화학적인 작용에 의한 부식 마모의 진행이 현저해져 기건재의 경우보다 마모의 진행이 빨라지게 된다. 이런 경우 외부 전원을 사용해 공구에 음극의 직류 전압을 가해 주면 마모 억제 효과가 얻어질 수가 있다. 합금 공구강 공구의 마모 진행이 가장 빠르고 그 다음으로 고속도강, 초경합금의 순으로 빠르다.

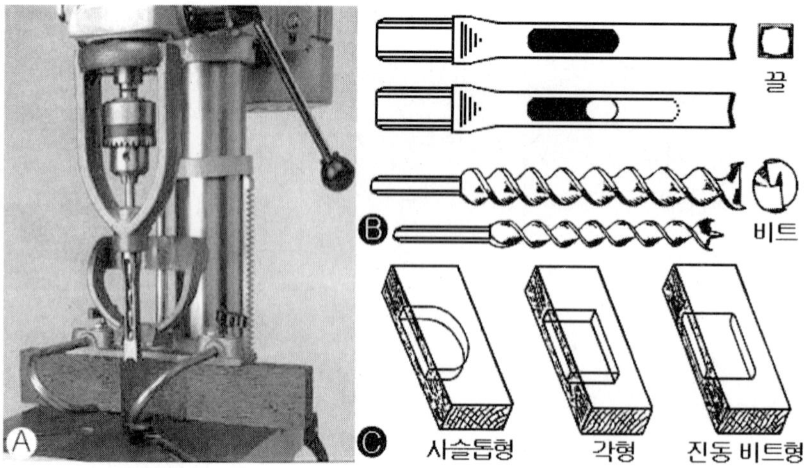

그림 2-2-33. 각끌반(A), 끌과 비트(B) 및 장붓구멍의 종류(C)

6. 2. 3. 4. 장붓구멍 가공

장부접합(mortise and tenon joint)을 위한 장붓구멍 가공(mortising)에 주로 사용되는 기계로는 각형 장붓구멍기(각끌반, hollow-chisel mortiser)가 있는데 이것은 회전하지 않는 정사각형의 속이 빈 끌과 이 끌의 내부에서 회전하는 비트로 구성되어 있음으로 밑면이 직각인 장붓구멍 가공에 이용되고 있다(그림 2-2-33의 A~B와 2-2-34). 이외에도 휴대용 동력 사슬톱(chain saw)과 유사한 것으로써 밑면이 둥근 장붓구멍 가공용의 사슬톱형 장붓구멍기(chain-saw mortiser) 및 라우터 비트로써 옆면이 둥근 장붓구멍 가공 시 사용되는 진동 비트형 장붓구멍기(oscillating-bit mortiser)가 있다(그림 2-2-33의 C).

목재의 비중이 장붓구멍의 가공성에 가장 큰 영향을 미치는데 대개 무거운 목재가 가벼운 목재보다 평활하게 가공되고 가공 치수의 오차도 작은 경향을 보인다(표 2-2-5).

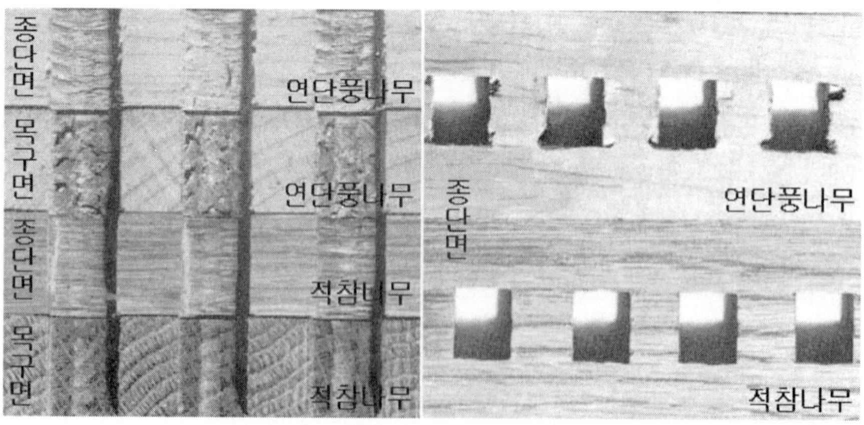

그림 2-2-34. 평활하게 가공된 적참나무와 매우 거칠게 가공된 연단풍나무

표 2-2-5. 장붓구멍 가공 시 수종에 따른 무결점 비율과 치수 오차.

수종	무결점 비율(%)	치수 오차(inch)
칠엽수	18	0.0075
버드나무	24	0.0045
피나무	51	0.0055
밤나무	70	0.0031
튤립나무	63	0.0046
팽나무	72	0.0030
경단풍나무	95	0.0021
버즘나무	96	0.0044
느릅나무	75	0.0039
물푸레나무	58	0.0041
너도밤나무	92	0.0044
흑호두나무	98	0.0008
적참나무	95	0.0034
백참나무	99	0.0036
흑벚나무	100	0.0035

함수율: 6%　장붓구멍 크기: 1/2 x 1/2inch

2. 2. 3. 5. 형삭 가공

형삭 가공(型削 加工, shaping)이라는 것은 회전하는 인물에 의해 가구, 건구, 목공품 등의 부재 일부분이나 하나의 측면을 절삭해 여러 복잡한 형상으로 가공하는 것을 일컫는다. 형삭에는 기계대패(planer) 이외에도 면취반(面取盤, shaper)이나 라우터(router) 등에 의한 면취 가공, 예취반(枘取盤, tenoner) 등에 의한 접합부 가공 등이 있는데 면취반의 경우 외주면을 가공하지만 라우터는 내주면의 가공도 가능해진다(그림 2-2-23과 2-2-35).

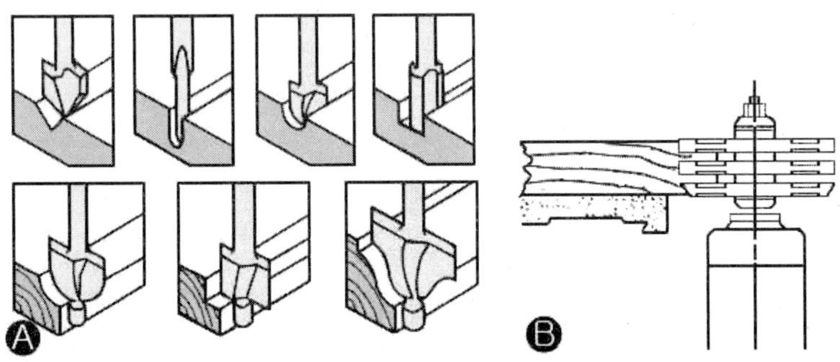

그림 2-2-35. 라우터 비트에 의한 내주면과 외주면의 가공(A) 및 커터에 의한 접합부 가공(B)

① 가공 방식

a. 면취 가공: 5,000~10,000rpm으로 회전하는 커터와 10,000~20,000rpm으로 고속 회전하는 라우터 비트로 의자의 다리나 탁자의 상판 가장자리처럼 부재의 측면에 대한 곡면 또는 곡선 등으로 가공하는 것을 일컫는다.

b. 접합부 가공: 부재의 한 끝 또는 양 끝 부분에 접합부를 가공하는 것을 일컫는다.

② 절삭 성능

커터에 의한 절삭에 있어서는 하향절삭 시 짧고 두꺼운 절설이 그리고 상향절삭 시 길고 얇은 절설이 생성되기 때문에 절삭저항은 대개 하향절삭의 쪽이 큰 편이다. 라우터 비트에 의한 절삭인 경우 천공 가공의 경우와 마찬가지로 섬유의 주향에 대한 절인의 방향이 1회전 중 0~360o 변화되기 때문에 역목절삭과 순목절삭을 모두 거치게 됨으로 절삭저항의 변동이 심한 편이다.

종단면의 절삭 시 목재의 비중은 가공성에 영향을 거의 미치지 못하지만 목구면의 절삭에 있어서는 대개 가벼운 목재인 경우 평활하게 가공되지 않고 섬유의 변형, 파괴되는 경향을 보이기 때문에 무거운 목재가 가벼운 목재보다 가공성이 우수한 편이다(표 2-2-6).

표 2-2-6. 형삭 가공 시 수종에 따른 무결점 비율.

수종	무결점 비율(%)	수종	무결점 비율(%)
칠엽수	6	느릅나무	13
버드나무	5	물푸레나무	55
피나무	10	너도밤나무	24
밤나무	28	흑호두나무	34
튤립나무	13	적참나무	28
팽나무	10	백참나무	35
경단풍나무	72	흑벚나무	80
버즘나무	12	적오리나무	20

함수율: 6~12%

2. 2. 3. 6. 선삭 가공

선삭 가공(旋削 加工, turning)이라는 것은 2,000~6,000rpm으로 재료를 회전시키고 공구인 바이트(bite)를 재료에 접촉시킴으로써 인물의 절입과 나선상으로 진행하는 송량에 의해 여러 형상의 원주면으로 목재를 절삭하는 것을 일컫는다(그림 2-2-36).

그림 2-2-36. 목선반에 의한 선삭 가공

목선반(wood lathe)의 경우 송속도를 F, 포동의 회전수를 N 그리고 절입량을 d라고 했을 때 1회전당 송량 frev와 절삭 단면적 Arev은 다음의 식 frev = F/N과 Arev = frev·d를 이용하여 구할 수 있다(그림 2-2-37의 A).

① 절삭저항

선삭 가공의 절삭저항은 수평분력 RH, 수직분력 RV 및 횡분력 RC로 구성된다(그림 2-2-5). 절입량 d와 1회전당 송량 frev가 커질수록 절삭저항이 커지며 절삭 단면적 Arev가 일정한 경우 절입량 d가 커져 1회전당 송량 frev가 작아질수록 절삭저항이 커지게 된다. 절삭저항은 60o 이상의 절삭각에서는 급격한 증가를 보이며 12~18o 부근의 간극각에서 절삭저항이 최소치를 보인다. 한편 사행각(bias angle)을 줌에 따라 절삭저항이 저하되는데 40o 이상에서는 인물의 강성이 저하되어 양호한 절삭 결과를 얻을 수가 없다.

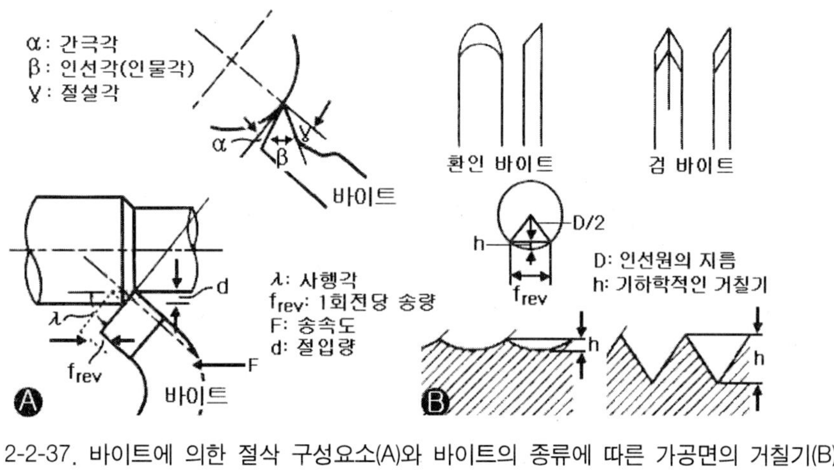

그림 2-2-37. 바이트에 의한 절삭 구성요소(A)와 바이트의 종류에 따른 가공면의 거칠기(B)

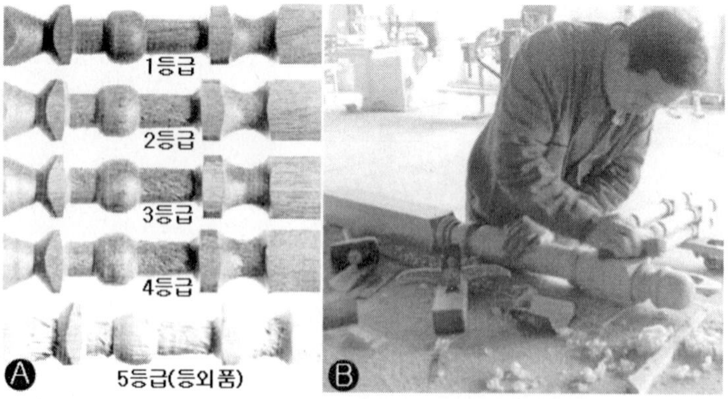

그림 2-2-38. 선삭 가공품의 품질 등급(A)과 마무리 연삭(B)

② 절삭면의 거칠기

동일 송량 시 환인(丸刃) 바이트는 검(劒) 바이트보다 거칠기가 작은데 이는 검 바이트의 경우 절삭되지 않은 부분의 凹凸이 크기 때문에 그렇다. 환인 바이트 인선의 지름을 D, 1회전당 송량을 frev라고 했을 때 기하학적인 거칠기 h는 다음의 식 $h = (frev)^2/4D$를 이용하여 구할 수 있다. 여기에서 1회전당 송량 frev는 회전삭 시의 절인 자국의 폭 e에 해당된다(그림 2-2-25와 2-2-37의 B).

③ 선삭에 대한 목재의 성질

목재의 조직 구조에 따른 거칠기의 경우 섬유에 대한 절인의 방향이 0~360° 변화되면서 역목절삭과 순목절삭을 모두 거치게 되기 때문에 바이트가 양호하지 못하면 평활한 가공면을 얻을 수 없게 된다. 하나의 목재에 있어서는 판목 쪽의 부분이 정목 쪽의 부분보다 거칠게 가공된다. 그리고 비중이 높을수록 가공면이 양호해지는 경향이 있으나 뚜렷하지 못한 반면 함수율이 높은 목재일수록 가공면이 불량해지는데 가볍고 연한 목재에서 특히 심한 편이다. 상품화를 위해서는 불량하게 가공된 것일수록 많은 연삭 작업량이 요구된다(그림 2-2-38 및 표 2-2-7~2-2-8).

표 2-2-7. 선삭 가공 시 수종에 따른 무결점 비율.

수종	무결점 비율(%)	수종	무결점 비율(%)
칠엽수	58	느릅나무	65
버드나무	58	물푸레나무	79
피나무	68	너도밤나무	90
밤나무	87	흑호두나무	91
튤립나무	81	적참나무	84
팽나무	77	백참나무	85
경단풍나무	82	버즘나무	85

함수율 6, 12 및 20%일 때의 평균치

표 2-2-8. 선삭 가공 시 함수율에 따른 무결점 비율.

수종	무결점 비율(%)			수종	무결점 비율(%)		
	6%	12%	20%		6%	12%	20%
칠엽수	1007	52	21	느릅나무	60	70	61
버드나무	9	51	39	물푸레나무	93	98	45
피나무	88	76	35	너도밤나무	99	92	78
밤나무	100	99	63	흑호두나무	96	88	90
튤립나무	98	98	49	적참나무	90	95	75
팽나무	78	87	78	백참나무	93	92	78
경단풍나무	95	87	63	버즘나무	97	98	67

2. 2. 3. 7. 연삭 가공

연삭 가공(硏削 加工, sanding)은 사포로 불리는 연마포지(硏磨布紙)를 사용해 목공 기계에 의해 이미 가공된 목재의 거친 면을 비교적 평활하게 마무리해 가공 정밀도를 높이거나 도장 또는 접착 가공을 하기 전에 적절히 재면을 조절하여 도장성이나 접착성을 개선하기 위하여 실시하게 된다. 사포 이외에도 지석(砥石)이 있으나 목재가 비교적 연한 재질을 지니고 있기 때문에 목분의 끼임(절설 충전)이나 탄화 흔적이 쉽게 발생하기 때문에 거의 사용되지 않고 있다.

이 가공법은 절설을 생성한다는 점에서 절삭 작용으로 간주할 수 있지만 절인에 의한 절삭 가공으로는 얻어질 수 없는 우수한 특성을 지니기 때문에 소재에서부터 공학목재에 이르기까지 폭 넓은 범위의 재료 가공에 적용되고 있다.

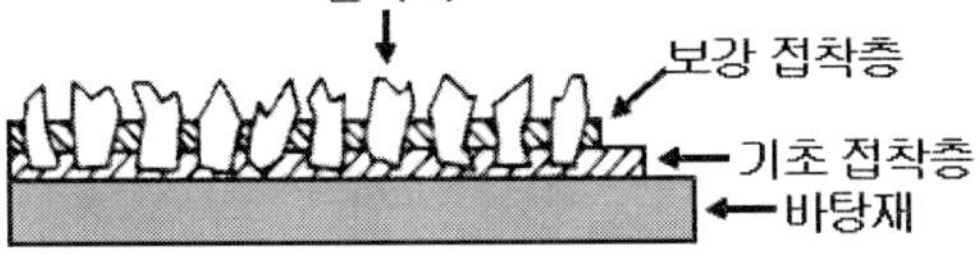

그림 2-2-39. 사포의 구조

① 사포의 구조

연삭용 공구로써의 사포는 바탕재, 연삭재 및 접착제의 3요소로 구성되어 있다. 즉, 천이나 종이처럼 유연성이 풍부한 바탕재의 표면 위에 접착제에 의해 연삭재가 고착되어 있는데 이들 연삭재는 균일하게 평면적으로 분포하고 있다(그림 2-2-39).

a. 연삭재: 연마재(硏磨材), 지립(砥粒)으로도 불리고 있는 연삭재(硏削材)가 갖추어야 할 요건으로는 경도가 클 것, 적절한 파쇄성을 지닐 것 그리고 파쇄되면 예리한 절인을 나타낼 것을 들 수가 있다. 천연 연삭재로는 부싯돌(flint), 석류석(garnet)과 금강사(emery), 인조 연삭재로는 산화알루미늄(aluminum oxide)과 탄화규소(silicon carbide)가 그리고 천연 및 인조 연삭재로는 산화철 가루

(crocus)가 있다. 부싯돌은 규폐증의 원인 물질이기 때문에 영국에서는 사용이 금지되고 있고 금강사는 금속 연마용으로써 목재 연삭용으로는 거의 사용되지 않고 있으며 목재용으로 우수하다. 산화알루미늄은 활엽수재용으로 비교적 고압으로 연삭 시 사용되며 탄화규소는 가벼운 연삭 작업용이며 접착제를 지니는 삭편판, 섬유판 등의 연삭용으로 우수한 효과를 발휘한다. 그리고 산화철 가루의 용도는 금강사와 동일하다. 연삭재 입자의 크기는 사포의 성능을 좌우하는 중요한 인자가 되고 있는데 입자가 통과한 체의 번호(mesh number, sieve number)로 표시되는 입도(粒度)라는 것은 체로 쳤을 때 입자가 체의 구멍을 통과하는 한편 일정량(40~45%)이 체 위에 남아있을 때의 구멍 수를 기준으로 한 것이다. 체의 번호는 길이 1inch당 존재하는 구멍의 수를 의미하는 것이기 때문에 번호가 작을수록 입자의 크기가 작아지는데 #80~120은 거친 입자(粗粒, grain, grit) 그리고 #240 이상의 것은 고운 입자(微粉, powder)라고 한다.

b. 바탕재: 평직(平織) 또는 능직(綾織)의 면포가 널리 사용되고 있다. 폴리에스테르(polyester) 등의 합성섬유제 직포, 나일론(nylon) 섬유 등의 부직포, 서로 다른 종류의 섬유에 의해 혼방된 것도 바탕재로 쓰이고 있다. 또한, 크라프트지나 이에 준하는 종이가 그대로 사용되든지 또는 합성수지나 기름 등으로 내수 처리된 것이 습식 연삭용으로 이용되고 있다. 최근에는 다양한 복합 바탕재도 사용되고 있다. 이들 사포의 바탕재는 가공 정밀도의 유지나 가혹한 가공 조건에도 견딜 수 있도록 평활도, 인장강도, 인열강도, 유연성 등의 성능이 요구되기 때문에 규격화되어 있다.

c. 접착제: 연삭재를 바탕재에 고정해 주는 접착제로써 건식 연삭용인 경우 현재에는 아교가 널리 사용되고 있는데 공업용 사포는 높은 성능이 요구되기 때문에 요소수지접착제, 석탄산수지접착제 등과 같은 합성수지계 접착제가 사용되고 있다. 습식 연삭용 사포의 경우에는 에폭시수지접착제와 같은 내수성 있는 접착제가 사용되고 있다.

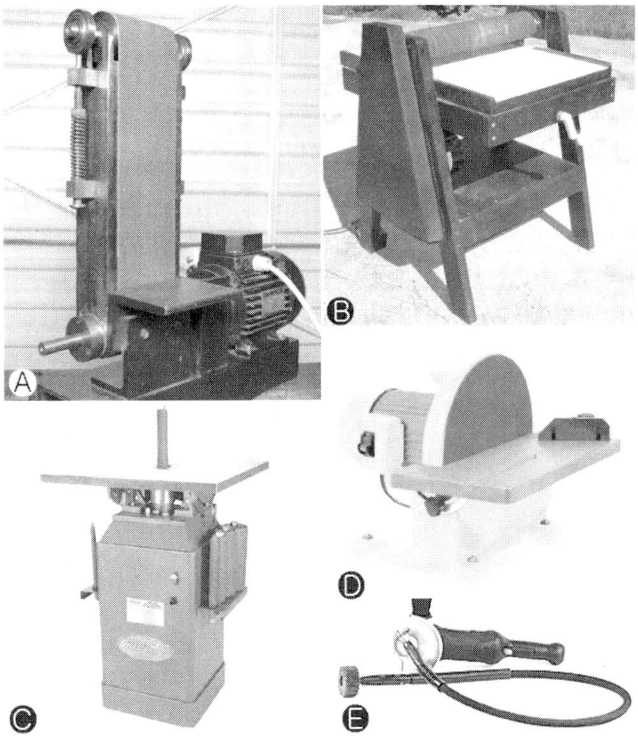

그림 2-2-40. 벨트(A), 드럼(B), 굴대(C), 원판(D) 및 굴절 자재축(E) 연삭기

② 연삭기의 종류

사포를 사용한 가공 방법으로는 벨트 연삭, 드럼 연삭, 원판 연삭 등이 있지만 그 중에서도 주류를 이루고 있는 것이 벨트 연삭이다(그림 2-2-40).

a. 벨트 연삭기(belt sander): 벨트 모양의 무한 궤도식 사포를 회전 주행시켜 연삭 가공을 하게 된다.

b. 드럼 연삭기(drum sander): 기계대패와 비슷한 구조이나 포동 대신 연삭 드럼을 지니는데 이 드럼에 사포를 감싸 연삭 가공을 하게 된다.

c. 굴대 연삭기(spindle sander): 드럼 연삭기와 연삭 드럼처럼 생긴 굴대에 사포를 감싸 연삭 가공을 하게 되는데 작업대 위쪽으로 굴대가 돌출되어 있기 때문에 빈 공간 내부나 불규칙한 곡면의 연삭 작업용으로 적당하다.

d. 원판 연삭기(disc sander): 축에 연결되어 있는 금속제 또는 목제 원반에 원형 사포를 부착시켜 연삭 가공을 하게 된다.

e. 굴절 자재축 연삭기(flexible shaft machine): 길이가 길면서 구부려도 부러지지 않는 축의 한쪽 끝에 있는 척(chuck)에 연삭용 원판, 굴대 등을 고정할 수 있는 것으로써 손이 닿기 어려운 곳의 연삭 가공용으로 매우 편리하다.

③ 연삭작용의 특성

연삭재의 절인은 파쇄되면 결정 파면(結晶 破面)이 뾰족한 모서리 모양을 나타내는데 연삭을 계속 반복하게 됨에 따라 연삭저항과 발열 등에 의해 그 선단이 서서히 마멸되어 둔화된다. 절인이 둔화되면 이것에 작용하는 연삭저항이 증가되어 연삭재의 일부가 할렬선(割裂線) 또는 벽개선(劈開線)을 따라 스스로 파쇄되어 예리한 절인이 다시 생기게 된다. 이처럼 연삭재의 절인이 파쇄되어 연삭력이 계속 지속되는 것을 절인의 자생작용(自生作用)이라고 부른다.

④ 연삭상태

a. 절설 충전(loading): 절입량이 과대한 경우 연삭재 간극에 절설이 끼여 연삭력이 저하된 상태를 일컫는 것으로써 과대한 연삭하중 및 과소한 연삭속도가 원인이 되고 있다.

b. 연삭재 마멸(glazing): 연삭재의 경도가 낮고 바탕재에 강하게 연삭재가 결합되어 있는 경우 연삭재가 마멸되어 지면이 평활해짐으로써 연삭력이 저하된 상태를 일컫는다. 과소한 절입량이나 과대한 연삭속도가 원인이 되고 있다.

c. 연삭재 탈락(shedding): 연삭재 마멸과 반대로 연삭재의 경도가 높고 바탕재에 약하게 연삭재가 결합되어 있는 경우 연삭재가 둔화된 다음 스스로 파쇄되어 새로운 절인면을 만들기 전에 가벼운 저항으로도 접착제가 파괴되어 연삭재가 탈락됨으로써 연삭력이 저하된 상태를 일컫는다.

⑤ 연삭능률

연삭능률은 사포가 단위 시간당 연삭한 목재의 중량 또는 목재의 두께로 표시할 수가 있는데 목재 연삭의 경우 석류석이 우수한 연삭능률을 나타낸다. 연삭 초기에는 연삭능률이 급격히 저하되나 연삭 후기에는 연삭능률이 완만히 저하된다.

입도(粒度) 번호가 클수록 연삭재의 크기가 작아지고 따라서 단위 면적당 절인의 수가 많아지게 된다. 따라서 일정한 연삭하중 아래에서 개개의 절인에 가해지는 하중은 절인의 수가 많을수록 작아지기 때문에 연삭능률이 저하된다. 연삭하중이 클수록 연삭재의 절입량이 커져 연삭능률이 좋아지며 연삭속도가 클수록 단위 면적당 연삭재의 절삭횟수가 많아져 연삭능률이 좋아지게 된다. 그리고 목재의 비중이 클수록 연삭저항이 커지기 때문에 연삭능률이 나빠진다. 정목면과 판목면 사이에는 연삭능률에 큰 차이가 없으며 목구면이 가장 낮은 연삭능률을 보이게 된다.

⑥ 연삭열

연삭하중과 연삭속도가 클수록 연삭열이 많이 발생하게 된다.

⑦ 연삭면의 거칠기

목재의 연삭 가공면은 다른 재료와는 달리 연삭재에 의해 목질이 파내진 연삭 자국을 포함한 기하학적인 거칠기에다가 목재 고유의 조직 구조에 따른 거칠기가 더해진 복잡한 형상을 띠게 되는데 가공면의 거칠기는 절인에 의한 것보다도 목재 자체의 성질, 즉 수종에 따라 큰 차이를 보이는 것으로 알려져 있다(표 2-2-9~2-2-10).

가공면의 거칠기를 지배하는 인자로는 연삭재의 입도 번호를 들 수가 있는데 일반적으로 연삭능률과 상반되는 경향을 보이게 된다. 입도 번호가 클수록 단위 면적당 절인의 수가 증가함으로써 절인 간격이 좁아지기 때문에 당연히 연삭 자국의 폭도 좁아져 가공면이 평활하게 마무리된다. 연삭하중에 따른 가공면의 거칠기는 건조된 목재인 경우 거의 차이를 보이지 않으나 습윤 상태에 있는 목재에 있어서는 연삭하중이 커짐에 따라 거칠어지게 된다. 그러나 연삭속도에 따른 가공면의 거칠기에는 거의 차이가 존재하지 않는다.

표 2-2-9. 연삭 가공 시 연삭 자국의 미발생 비율.

수종	미발생 비율(%)	수종	미발생 비율(%)
버드나무	25	느릅나무	70
피나무	15	물푸레나무	52
밤나무	34	너도밤나무	13
튤립나무	15	적참나무	66
연단풍나무	8	백참나무	66
경단풍나무	0	버즘나무	20
함수율: 6%			

표 2-2-10. 연삭 가공 시 거스러미의 미발생 비율.

수종	미발생 비율(%)	수종	미발생 비율(%)
버드나무	23	느릅나무	62
피나무	18	물푸레나무	98
밤나무	94	너도밤나무	85
튤립나무	23	적참나무	95
연단풍나무	66	백참나무	99
경단풍나무	76	버즘나무	22
함수율: 6%			

가공면의 성상은 거칠기만으로는 평가할 수가 없다. 미소한 절입량 조건에서 추 모양의 절인에 의해 연삭 가공이 이루어지기 때문에 인물에 의한 절삭보다도 엇결 파임의 방지가 가능한 반면 절단되지 않은 섬유속(纖維束)의 미세한 잔류체가 가공면에 존재하는 경우가 자주 있다. 침엽수재의 경우 춘재 부분에 거스러미가 용이하게 발생할 수 있으며 활엽수재의 경우에는 도관요소의 벽 또는 유세포가 완전히 절단되지 않아 거스러미가 발생하기가 쉽고 환공재에 있어서는 지름이 큰 도관의 존재로 인해 가는 줄무늬 모양의 연삭 자국이 잘 남지 않는 반면 도관의 크기가 산공재에서는 연삭 자국이 눈에 잘 띄게 된다. 그리고 거스러미는 연한 목재일수록 많이 발생하는 경향이 있다. 목구면

의 연삭 시에는 추재나 방사조직이 융기된 형태로 남게 되며 절설 충전이나 연삭재 탈락의 경우 가공면에 마찰로 인한 그을린 모양의 탄화 흔적이 남게 된다. 마무리 연삭에 있어서는 가공면에 수종 고유의 목리 모양이 선명하게 나타나도록 하지 않으면 안 된다.

2. 2. 3. 8. 거단 가공

소재나 공학목재의 절단 가공에 톱이 이용되어 왔는데 현재에도 실용적으로는 유일한 절단 가공법으로 취급될 정도로 다양한 목재공업의 가공 공정으로 채택되고 있다. 이처럼 톱을 사용해 목재를 절단하는 것을 거단 가공(鋸斷 加工, sawing)이라고 부른다.

그림 2-2-41. 1790년대 미국 시러큐스(Syracuse) 지역에서 사용되던 톱

① 톱니의 종류

톱니(鋸歯)의 종류는 무수히 다양하나 아래와 같이 4가지 기본 톱니 형태(歯型)로 요약될 수가 있다(그림 2-2-41~2-2-42).

a. 삼각형 톱니(三角歯, triangular tooth): 가장 원시적인 톱니의 형태로써 소치(素歯)로도 불리는데 횡만(横挽, 가로켜기, cross-cut sawing) 용도의 것이다. 종만(縦挽, 세로켜기, ripping, rip sawing) 용도의 톱이 출현할 때까지 오랫동안 이런 톱니 형태를 지니는 톱이 사용되어 왔다.

b. 쐐기형 톱니(peg tooth): 전치(栓歯)로도 불리는데 종만용으로 적당하도록 삼각형 톱니를 개량한 것이다. 손톱(handsaw) 등에 적용되고 있다.

c. 절구형 톱니(mill tooth): 구치(臼歯)로도 불리는데 둥근톱(環鋸, circular saw)의 출현에 따

라 목재를 고속에서 능률적으로 거단할 필요가 생기게 됨에 따라 종래의 톱니 형태를 강하게 개량한 것이다(그림 2-2-43의 A).

d. 갈고리형 톱니(hook tooth): 구치(鉤齒)로도 불리는데 거단 시 강대한 힘이 요구되는 띠톱(帶鋸, band saw) 용도로 개발된 톱니 형태인데 강도도 크고 날 세움 작업도 간단히 할 수 있도록 개량한 것이다(그림 2-2-43의 B~C).

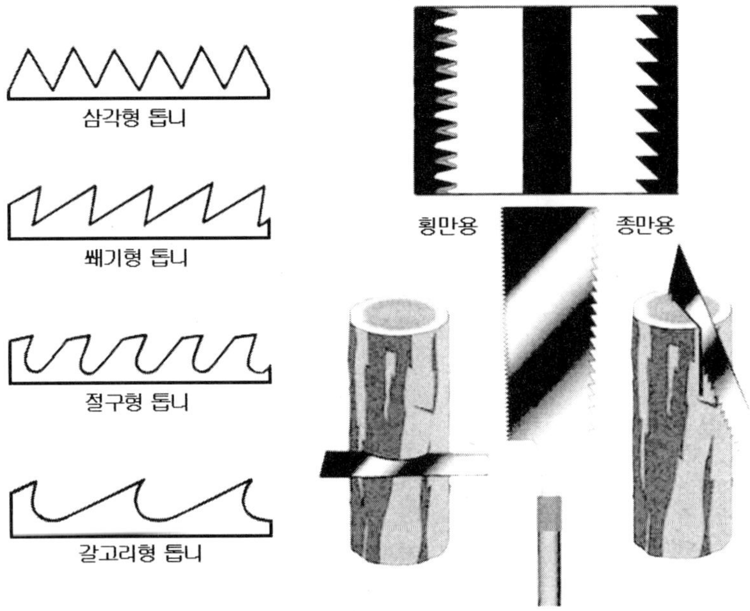

그림 2-2-42. 톱니 형태의 종류

② 톱니의 구조

톱니는 거단과 톱밥의 배출 작용을 지니는데 다음과 같은 구조로 되어 있다(그림 2-2-44의 A).

a. 치후각(齒喉角, 톱니후각, rake angle): 치후각이 큰 경우 톱니와 목재 사이의 접촉각이 커져 거단저항이 작아지기 때문에 용이하게 거단이 이루어지는 반면 톱니가 약해져 거단면이 거칠어지는 원인이 된다. 비중이 큰 활엽수재는 15~20o, 대개 중간 정도의 비중을 지니는 침엽수재는 20~25o 그리고 비중이 작은 활엽수재는 25~30o의 치후각을 적용하여 거단한다.

b. 치단각(齒端角, 톱니끝각, sharpness angle): 치단각이 작을수록 치실이 커져 톱밥의 운반, 배출이 용이해지나 톱니가 약해지게 된다. 치단각은 일반적으로 40~60o로 설정해 준다.

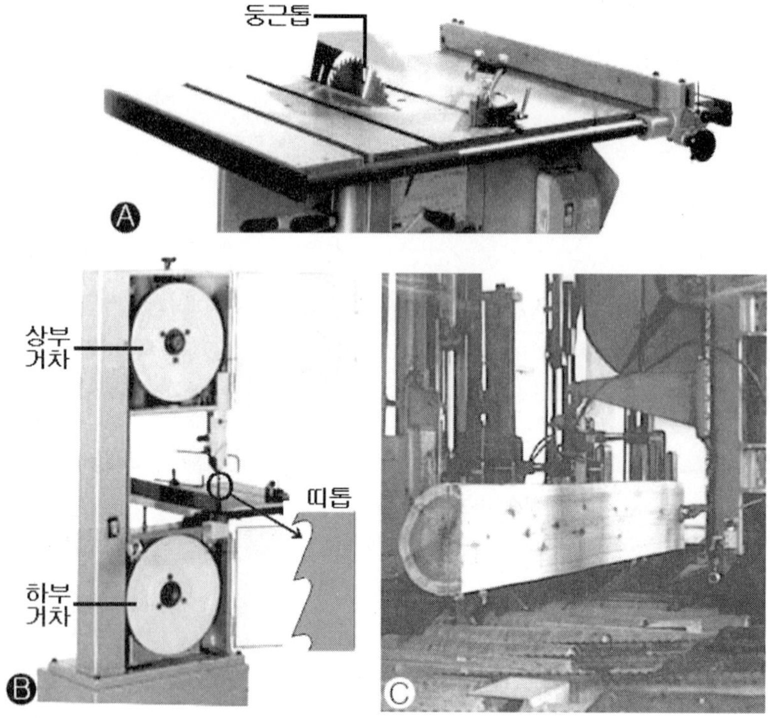

그림 2-2-43. 둥근톱과 띠톱 기계의 구조(A~B) 및 송재차를 지니는 거대한 띠톱 기계(C)

c. 치배각(齒背角, 톱니등각, clearance angle): 치배각이 작은 경우 목재와의 극심한 마찰을 일으켜 톱이 과열되기 때문에 적어도 5o 이상의 치배각을 두어야 한다.

d. 치거(齒距, 톱니거리, tooth pitch): 치거가 클수록 치실이 커져 톱밥의 운반, 배출이 용이해지나 톱니 1개당 부담이 커져 톱니의 무딤이 빨라지게 된다.

e. 치실(齒室, 톱니실, tooth gullet): 톱밥을 떨어뜨려 쌓이게 만들어 운반, 배출하는 기능을 지니는 것이 치실이다. 이러한 치실의 능력을 치실수용지수(gullet holding index)라고 부르는데 치실의 부피를 Tv 그리고 치실에 수용될 수 있는 톱밥의 부피를 Cv라고 했을 때 치실수용지수 GHI는 다음의 식 GHI = Cv/Gv로 구할 수 있다. 치거에 비해 치고(齒高, 톱니높이, tooth height)가 큰 경우 치실 면적의 증가로 톱밥의 운반, 배출이 용이해지나 톱니의 진동으로 인해 톱자국의 폭(kerf width)이 커지는 원인으로 작용하게 된다.

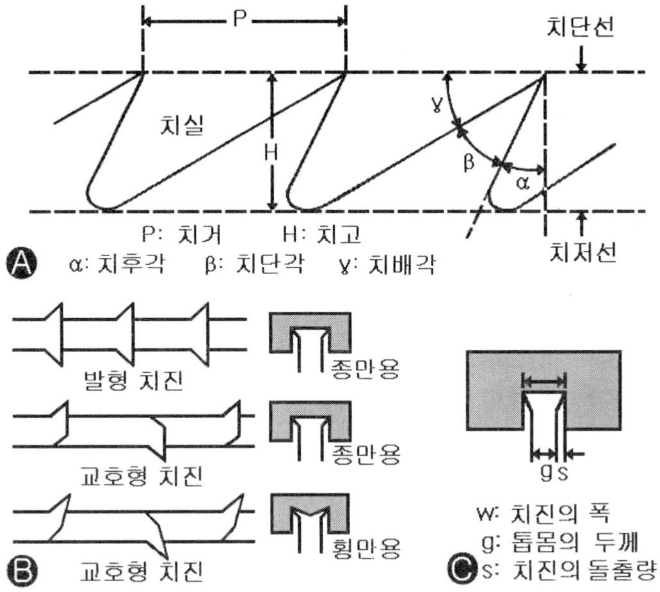

그림 2-2-44. 톱니의 기본 요소(A) 및 치진의 종류(B)와 돌출량(C)

③ 톱의 거단성

a. 톱니 형태와 거단성: 치단각, 치배각 및 치후각 가운데 하나를 고정시키면 나머지 두 요소의 조합에 의해 거단성이 변화되는데 예를 들면, 치후각을 20°로 고정 시 치단각과 치배각이 모두 35°일 때 거단 소요동력이 최소가 된다(그림 2-2-45의 A). 치거의 크기 p에 비례해 톱니의 절입량 t가 커지기 때문에 톱니 1개당 거단저항이 커지게 된다(그림 2-2-45의 B). 그러나 거단 중의 톱은 그 치거 p가 작을수록 일정 폭의 목재에 대해 거단을 이루고 있는 톱니의 수가 많기 때문에 대개 치거가 클수록 소요동력이 적어진다.

b. 치진과 거단성: 톱니에는 톱몸과 목재가 서로 접촉하지 않도록 치진(날어김, set)을 해 주는데 톱니의 끝을 북채 형상으로 변형시킨 발형 치진(撥型 齒振, swage set)과 좌우 교호로 꺾어 굽혀 놓은 교호형 치진(交互型 齒振, spring set)이 있다(그림 2-2-44의 B). 교호형 치진은 손톱, 둥근톱, 목공용 띠톱에 그리고 발형 치진은 제재용 띠톱에 적용되고 있다. 치진의 폭을 w 그리고 톱몸의 두께를 g라고 했을 때 치진의 돌출량 s는 다음의 식 $s = (w - g)/2$로 구할 수가 있는데 이것이 과소한 경우 톱몸과 거단면 사이의 마찰저항이 커지고 반대로 과대한 경우 톱니 하나당 일량이 많아지기 때문에 너무 크거나 작은 경우 모두 소요동력이 커지게 된다(그림 2-2-44의 C). 일반적으로 치진의 돌출량 s가 0.3~0.5mm일 때 거단성이 양호한데 대개 생재인 경우 건조재보다 크게, 활엽수재인 경우 침엽수재보다 적게 그리고 수지(송진)를 많이 지니는 목재인 경우 그렇지 못한 목재보다 크게 해 거단하여야 한다.

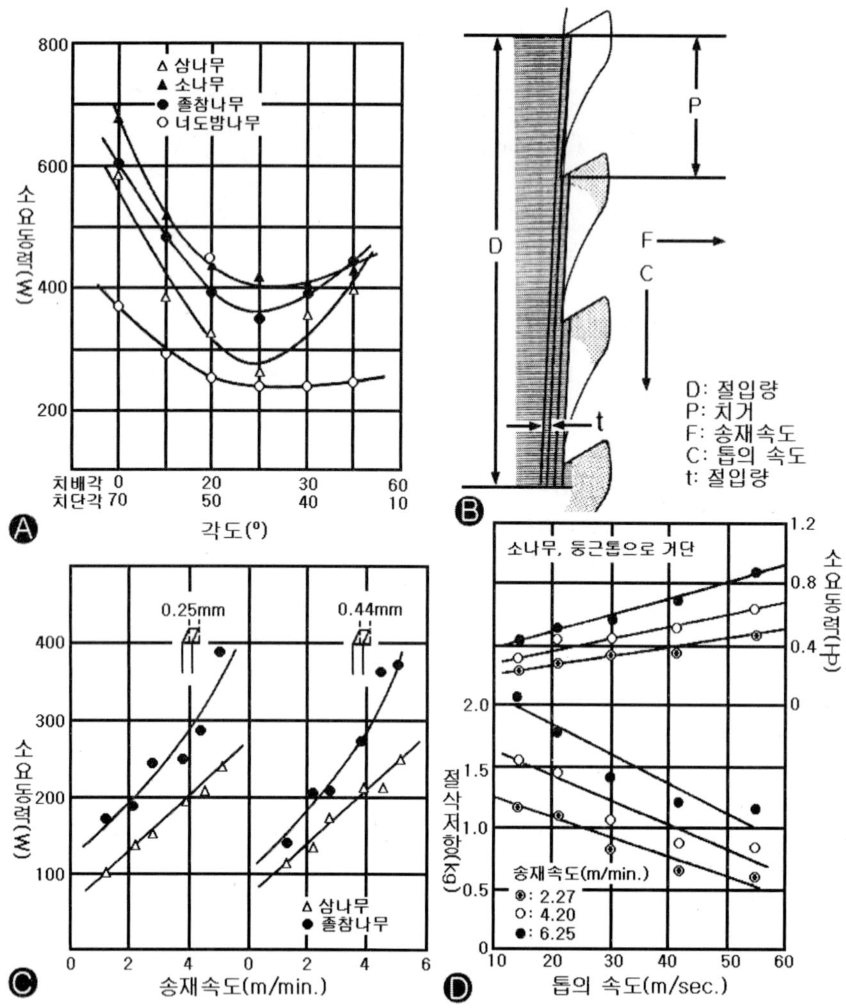

그림 2-2-45. 치후각을 20o로 고정한 경우의 톱니 각도와 소요동력 사이의 관계(A), 송재속도와 톱의 속도에 따른 절입량의 변화 상태(B), 송재속도와 소요동력 사이의 관계(C) 및 톱의 속도와 절삭저항 및 소요동력 사이의 관계(D)

c. 송재속도와 톱의 속도: 톱과 목재의 조건이 일정한 경우 톱니의 거단성에 영향을 미치는 기본적인 인자는 송재속도와 톱의 속도인데 톱니의 일량인 절입량을 결정하는 요인이 되고 있다. 송재속도를 F, 톱의 속도를 C, 치거를 p 그리고 톱니 1개당 절입량을 t라고 했을 때 거단속도 V와 톱니 1개당 절입량 t는 다음의 식 V2 = C2 + F2과 t = p·(F/C)로 구할 수 있다. 따라서 송재속도 F의 크기에 비례하여 톱니의 절입량 t가 커지기 때문에 소요동력과 톱니 1개당 거단저항이 모두 커지게 된다(그림 2-2-45의 C). 반면, 톱의 속도 C의 크기에 비례하여 절입량 t가 작아지기 때문에 톱니 1개당 거단저항이 작아지나 동시에 거단을 이루는 톱니의 수가 많아지기 때문에 소요동력은 커지게 된다(그림 2-2-45의 D).

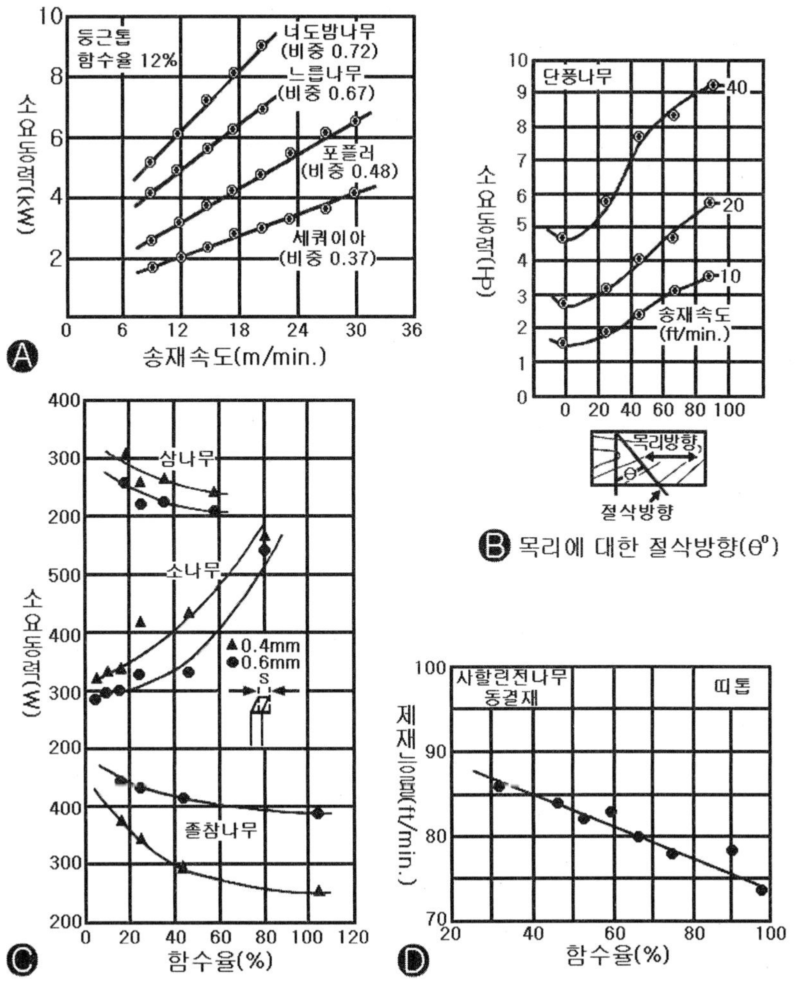

그림 2-2-46. 목재의 비중(A), 목리에 대한 절삭방향(B)과 함수율(C)에 따른 소요동력의 변화(A~C) 및 동결재의 함수율에 따른 제재능률의 변화(D)

d. 수종: 목재의 비중이 클수록 소요동력이 커지게 되며 횡만에서 종만으로 이행해 감에 따라 소요동력이 커지게 된다(그림 2-2-46의 A~B). 그리고 목재의 함수율이 높을수록 소요동력은 적어지는데 섬유포화점 이상에서도 이런 경향이 계속 이어지나 소나무 등처럼 수지를 많이 지니는 목재의 경우 목재의 함수율이 높을수록 오히려 소요동력이 커지게 되는데 이는 함수율이 높을 때 거단면에 부착되는 톱밥이 많아져 톱몸과의 마찰이 극심해지기 때문이다(그림 2-2-46의 C). 동결재(凍結材) 역시 목재의 함수율이 높을수록 소요동력이 많아지고 제재능률이 떨어지게 된다(그림 2-2-46의 D).

2. 3. 목재 건조

2. 3. 1. 건조의 목적

목재는 함수율이 섬유포화점 이하가 되면 함유 수분의 감소에 따라 세포벽으로부터 결합수가 빠져나가면서 수축하기 시작하는데 목재의 수축률은 세포의 형태와 배향, 세포벽의 화학적 구조 등에 따라 달라지기 때문에 축방향, 방사방향 및 접선방향 사이에 차이를 보이게 된다(그림 1-2-6의 C~D, 1-9-3, 2-3-1의 C 및 표 2-1-1). 이런 수축 이방성으로 인해 섬유포화점 이하의 함수율을 지니는 목재는 건조에 따라 틀어짐이나 할렬을 일으키기도 한다. 또한, 목재를 함수율 20% 이상의 수분을 지니는 상태에서 공기 중에 방치해 두면 부후균이나 변색균이 자라게 되어 부후나 변색이 발생하게 된다. 따라서 목재는 건조를 통하여 각각의 용도에 적절한 함수율 상태로 조절하여 사용하는 것이 일반적인데 목재를 건조하는 목적을 살펴보면 다음과 같다.

① 목재를 사용 환경에 적절한 평형함수율 상태로 조정하게 되면 함수율의 변화가 일어나지 않기 때문에 수축이나 팽창에 따른 틀어짐, 할렬 등이 발생하지 않는다.

② 함수율을 20% 이하로 조정하면 부후균이나 변색균의 피해를 방지할 수가 있다. 또한 건조재는 생재나 기건재보다 곤충의 침입을 덜 받게 되며 열기건조 시의 고온에 의해 곤충과 그 알이 사멸되기 때문에 충해 방지의 효과가 크다.

③ 섬유포화점 이하에서는 목재는 건조할수록 강도가 커지게 된다.

④ 일반적으로 절삭, 접착, 도장, 약제처리 등의 가공성이 좋아진다.

⑤ 함유 수분이 적어지면 열전도율이 저하되기 때문에 보온성이 좋아지며 또한 유전율도 낮아지게 된다.

⑥ 목재가 가벼워져 수송하기가 편리해진다.

2. 3. 2. 목재 중의 수분

함유 수분 50%라고 하는 것은 보통 수분을 지니는 물체, 즉 습윤된 물체 무게의 절반이 물이라고 하는 것을 의미하게 된다. 그렇지만 목재를 물리적으로 이용하는 사람들에게 있어서는 이 상태를 100%의 수분, 즉 함수율 100%라고 부르게 된다. 이것은 목재의 전건무게를 기준으로 한 전건법을 통해 계산하였기 때문에 그런 것인데 물을 함유하는 목재의 무게 Wu 그리고 100~105oC에서 건조한 목재의 전건무게를 Wo라고 했을 때 함수율(moisture content, %) MC는 다음의 식 MC = {(Wu - Wo)/Wo} x 100으로 구할 수 있다.

목재 중의 수분은 세포내강이나 세포간극 등과 같은 빈 틈새에 액상으로 존재하는 자유수(free

water)와 세포벽에 흡착되어 있는 결합수(bound water)로 구분할 수가 있다(그림 2-3-1). 자유수는 유리수라고도 불리는 것으로써 세포벽 물질과 직접 결합되어 있지 않으며 세포벽 물질의 분자 인력 범위 밖에 존재하기 때문에 자유로이 이동될 수 있는 액상의 수분이다. 반면, 결합수는 흡착수라고도 불리는 것으로써 세포벽 내에 침투하여 습윤되어 있으며 세포벽 물질과 수소결합(hydrogen bond) 또는 분자간 인력(van der Waals force)으로 결합되어 있기 때문에 목재의 성질에 큰 영향을 미치게 되는 수분이다. 결합수의 종류로는 세포벽 내의 셀룰로오스 결정영역 표면 또는 비결정영역의 표면과 내부 그리고 헤미셀룰로오스 등에 존재하는 유리 수산기(-OH, free hydroxyl group)와 같은 친수성기에 물분자가 수소결합을 통해 단분자층으로 흡착된 단분자층 결합수, 이 단분자층 결합수 표면에 물분자가 수소결합이나 분자간 인력을 통해 다분자층으로 흡착된 다분자층 결합수 및 상대습도가 높은 경우 세포벽 내에서 결정영역 사이의 틈새처럼 미세한 모세관에 물분자가 응축된 형태로 흡착되어 있는 모세관 응축수의 3종류가 있다. 따라서 자유수와는 달리 결합수의 제거에는 상당량의 에너지가 필요해진다.

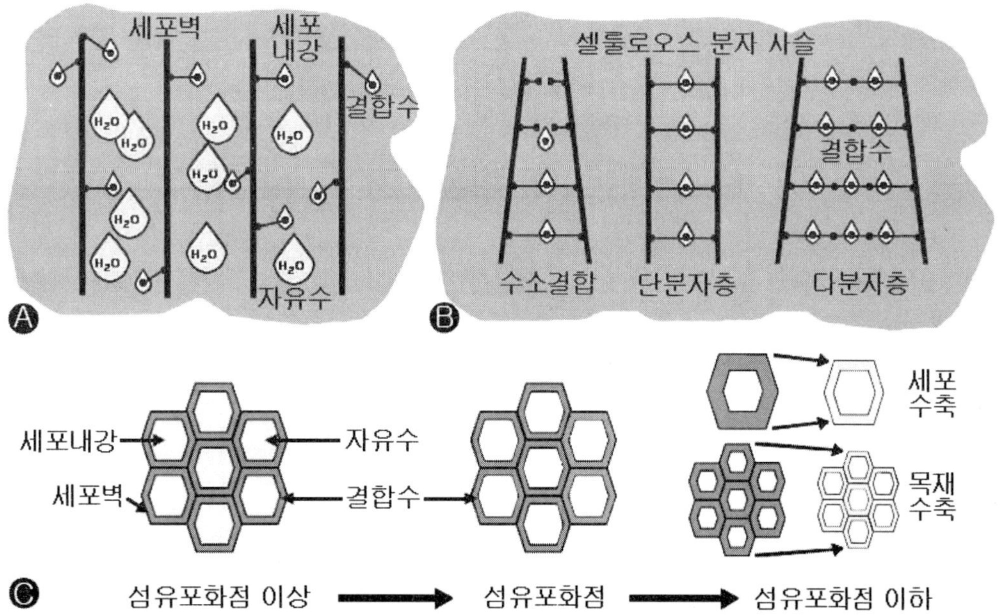

그림 2-3-1. 목재 중의 함유 수분 종류(A), 셀룰로오스 분자 사슬의 수산기와 물분자 사이의 결합에 의한 결합수 형성 과정(B) 및 섬유포화점 이하에서의 목재 수축 기작(C)

생재를 건조한 공기 중에 나두게 되면 점차 수분이 빠져 나가게 되고 반대로 건조재를 습한 공기 중에 나두게 되면 점차 수분을 빨아들이게 되어 결국에는 세포벽 내부가 완전히 결합수로 포화되어 있으나 세포내강 등의 빈 공간에는 액상의 자유수가 존재하지 않는 상태에 도달하게 된다. 목재가 이러한 상태에 도달하였을 때의 함수율을 섬유포화점(fiber saturation point)이라고 부르게 되는데 그 함수율은 목재의 종류에 관계없이 25~35%, 평균 28~30%이다. 즉, 결합수는 전체 목재를 통하여 평균 28~30%까지 함유될 수 있으며 그 이상으로 존재하게 되는 수분이 자유수가 되는데 목재 내에 함유될 수 있는 자유수의 양은 공극량에 따라 달라지기 때문에 자유수의 양은 비중이 높은 무거운 목재에서는 적으나 비중이 낮은 가벼운 목재에서는 다량으로 함유될 수가 있다. 따라서 수분이 전부 결합수의 형태로만 존재하는 섬유포화점 이상으로 함수율이 높아지면 자유수의 증가에 따라 목재의 무게만 늘어나게 되고 반대로 그 이하로 함수율이 낮아지게 되면 세포벽으로부터 결합수가 빠져나가 목재의 무게뿐만 아니라 수축도 일어나기 때문에 목재의 성질이 크게 달라진다(그림 1-9-3과 2-3-2).

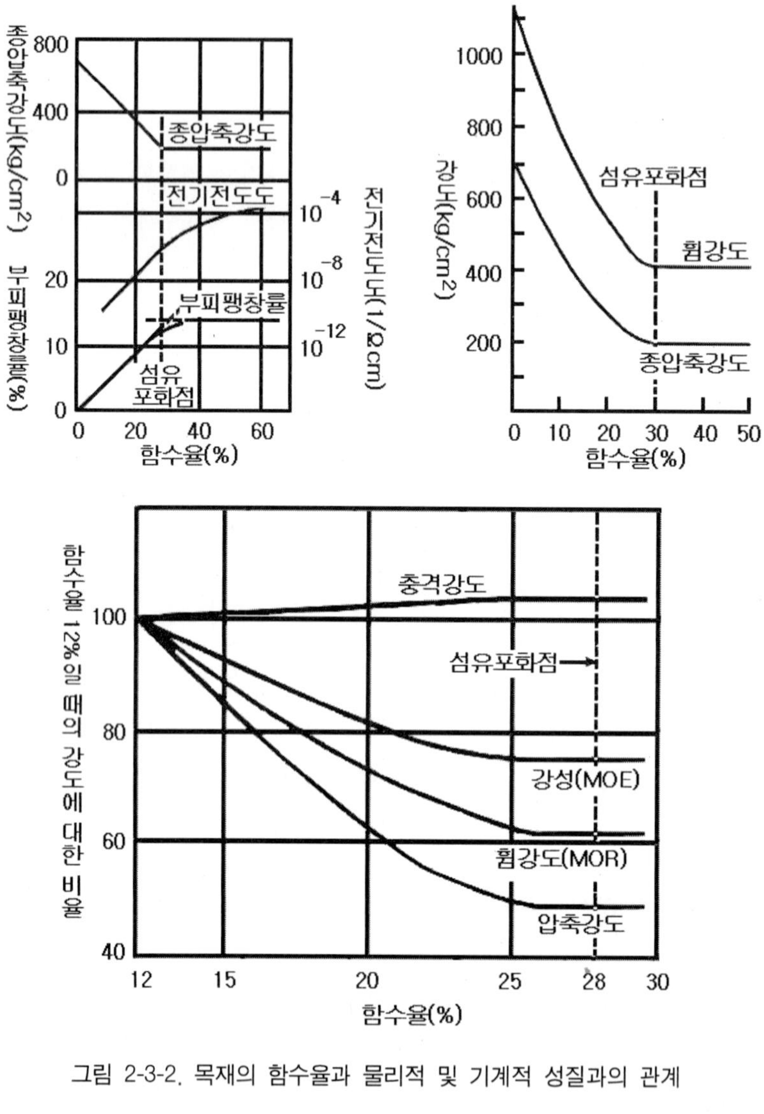

그림 2-3-2. 목재의 함수율과 물리적 및 기계적 성질과의 관계

건조된 목재를 습윤 공기 중에 나두게 되면 서서히 수분을 흡수하게 되며 그리고 반대로 습윤 목재를 건조 공기 중에 나두게 되면 수분이 증발하게 되는데 어느 경우일지라도 공기와의 평행상태에 도달하게 되어 각기 일정한 함수율을 나타내게 된다. 이런 상태일 때의 함수율을 평형함수율(equilibrium moisture content)이라고 하는데 주위 공기의 온도와 상대습도에 따라 달라진다(표 2-3-1).

표 2-3-1. 주위의 공기 온도와 상대습도에 따른 평형함수율(%).

상대습도(%)	주위의 공기 온도										
℃	-1	4	10	16	21	27	32	38	43	49	54
°F	30	40	50	60	70	80	90	100	110	120	130
5	1.4	1.4	1.4	1.3	1.3	1.3	1.2	1.2	1.1	1.1	1.0
10	2.6	2.6	2.6	2.5	2.5	2.4	2.3	2.3	2.2	2.1	2.0
15	3.7	3.7	3.6	3.6	3.5	3.5	3.4	3.3	3.2	3.0	3.9
20	4.6	4.6	4.6	4.6	4.5	4.4	4.3	4.2	4.0	3.9	3.7
25	5.5	5.5	5.5	5.4	5.4	5.3	5.1	5.0	4.9	4.7	4.5
30	6.3	6.3	6.3	6.2	6.2	6.1	5.9	5.8	5.6	5.4	5.2
35	7.1	7.1	7.1	7.0	6.9	6.8	6.7	6.5	6.3	6.1	5.9
40	7.9	7.9	7.9	7.8	7.7	7.6	7.4	7.2	7.0	6.8	6.6
45	8.7	8.7	8.7	8.6	8.5	8.3	8.1	7.9	7.7	7.5	7.2
50	9.5	9.5	9.5	9.4	9.2	9.1	8.9	8.7	8.4	8.2	7.9
55	10.4	10.4	10.3	10.2	10.1	9.9	9.7	9.5	9.2	8.9	8.7
60	11.3	11.3	11.2	11.1	11.0	10.8	10.5	10.3	10.0	9.7	9.4
65	12.4	12.3	12.3	12.1	12.0	11.7	11.5	11.2	11.0	10.6	10.3
70	13.5	13.5	13.4	13.3	13.1	12.9	12.6	12.3	12.0	11.7	11.3
75	14.9	14.9	14.8	14.6	14.4	14.2	13.9	13.6	13.2	12.9	12.5
80	16.5	16.5	16.4	16.2	16.0	15.7	15.4	15.1	14.7	14.4	14.0
85	18.5	18.5	18.4	18.2	17.9	17.7	17.3	17.0	16.6	16.2	15.8
90	21.0	21.0	20.9	20.7	20.5	20.2	19.8	19.5	19.1	18.6	18.2
95	24.3	24.3	24.3	24.1	23.8	23.6	23.3	22.9	22.4	22.0	21.5
98	26.9	26.9	26.9	26.8	26.6	26.3	26.0	25.6	25.2	24.7	24.2

특히, 대기와의 평형을 이루고 있을 때를 기건상태 그리고 그 함수율과 목재를 기건함수율(air-dried moisture content)과 기건재(air-dried wood)라고 부르는데 기건함수율은 계절, 장소, 기후 등에 따라 달라지지만 국내의 경우 15% 그리고 구미의 경우 12% 정도 된다. 그 이외에도 목재 중에 존재하는 수분의 함유 상태에 따라 다음과 같이 구분된다. 100~105oC에서 항량(恒量, constant weight)에 이를 때까지 건조된 무수 상태를 전건상태 그리고 그 함수율과 목재를 전건함수율(oven-dried moisture content)과 전건재(oven-dried wood), 세포벽 내부가 완전히 결합수로 포화되어 있을 뿐만 아니라 세포내강 등의 빈 공간에도 액상의 자유수가 일부 존재하는 경우 생재상태 그리고 그 함수율과 목재를 생재함수율(green moisture content)과 생재(green wood)라고 부른다. 이러한 생재의 수분은 수종, 변재와 심재, 계절 등의 차이에 따라 변화되지만 일반적으로 침엽수의 쪽이 활엽수보다도 수분 함유율이 높고 변재와 심재 사이의 차이도 큰 편이다. 보통 변재는 심재보다도 수분이 많으나 변재보다도 수분이 많은 심재의 경우 이러한 심재를 수식재(wetwood)라고 부르게 되는데 느릅나무 등이 그 예가 되고 있다(그림 1-9-10의 G). 생재상태가 살아있는 나무 또는 벌채 직후의 나무의 수분 함유 상태를 나타내는 것과는 달리 주로 목재를 장기간 수중에 저목할 때 나타나는 것으로 목재 내부 전체, 즉 세포벽과 세포내강 등의 빈 공간이 결합수와 자유수로 완전히 포화되어 있는 상태를 포수상태 그리고 그 함수율과 목재를 최대함수율(maximum moisture content)과 포수재(water saturated wood)라고 부르고 있다.

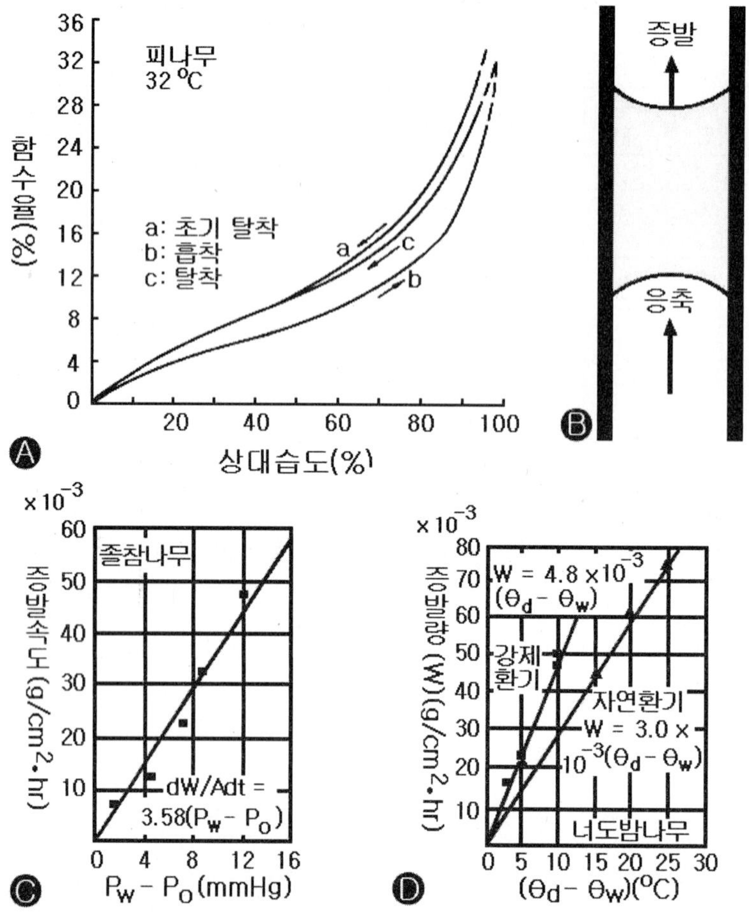

그림 2-3-3. 목재의 이력현상(A), 모세관계 중에 있어서의 수분 이동(B), 항률 건조에 있어서의 증발속도(C) 및 증발량과 건습구 온도 차이 사이의 관계(D)

평형함수율은 탈습과 흡습 과정에 따라 달라진다. 대기 중의 상대습도를 낮추게 되면 목재는 탈착 곡선을 따라 건조되지만 다시 상대습도를 높이게 되면 이번에는 흡착 곡선을 따라 흡습하게 됨으로 흡습 과정 시의 평형함수율은 탈습 과정 시의 평형함수율보다 낮은 함수율을 보이게 된다. 이처럼 흡습 과정과 탈습 과정 사이에 나타나는 함수율 차이 현상을 현상(hysteresis)이라고 부르는데 이러한 이력현상이 일어나게 되는 이유는 생재로부터 건조가 일어나기 시작하면 세포벽에서 물분자가 빠져나가 수산기들이 가까워지게 되어 셀룰로오스와 셀룰로오스 사이에 결합이 일어나게 되는데 건조 후 다시 흡습하여도 본래만큼 수분을 흡착할 수 있는 흡착점(수산기, -OH)의 수가 줄어들기 때문인 것으로 알려져 있다(그림 2-3-3의 A). 따라서 목재 건조의 경우 일단 예정 함수율 이하로 건조한 다음 흡착 곡선을 따라 예정 함수율까지 회복시켜 주면 이후의 주위 상대습도 변화에 따른 함수율 변동이 작아지게 되고 그만큼 목재는 수축이나 팽창이 작아지게 된다. 이력현상은 종이에 있어서도 목재와 마찬가지로 나타나게 된다.

2. 3. 3. 건조 기작

목재를 건조하게 되면 우선 표면의 수분 증발부터 일어나기 때문에 초기 함수율이 상당히 높고 표면이 젖어있는 상태, 즉 건조 초기 단계에는 건조 속도가 일정한 상태를 보이게 된다. 이 기간을 항률건조기간이라고 하는데 표면이 섬유포화점에 도달할 때까지의 기간에 해당되는 것으로 매우 짧은 편이다. 그러나 섬유포화점 이하에서는 표면으로부터의 수분 증발속도가 목재 중의 수분 이동속도보다 크기 때문에 건조의 진행에 따라 표면과 내부 사이에 수분 농도 경사가 생기게 되고 이 경사에 의해 내부의 수분은 표면으로 이동하여 증발하게 된다. 건조가 더욱 진행되면 내부로부터의 수분 이동이 표면 증발을 따르지 못하게 되기 때문에 표면과 내부 사이에 압력 경사가 생기게 되고 내부 수분은 확산에 의해 표면으로 이동되어 증발하게 된다. 이처럼 표면 증발과 내부 확산에 의해 건조가 이루어지게 되는데 항률건조기간 이후에는 표면의 함수율이 주위 공기와의 평형함수율 상태에 도달할 때까지 건조 속도가 직선적으로 저하되는 감율건조기간 제 1단계와 목재 내부로부터 확산 이동되어 온 수분이 증발하는 단계로 건조 속도가 곡선적으로 저하되는 감율건조기간 제 2단계를 거쳐 건조가 끝나게 된다. 항률건조기간에는 자유수만에 의한 증발 기간이지만 감율건조기간 제 1단계와 2단계로 이행해 감에 따라 결합수의 증발이 주체가 된다.

따라서 목재는 표면 증발에 비해 내부 확산이 느리기 때문에 합리적인 건조를 하기 위해서는 되도록 내부 확산을 크게 할 수 있는 조건을 찾지 않으면 안 된다. 표면으로부터의 건조가 급해지면 내부 확산이 표면 증발을 따르지 못하게 되기 때문에 표면만 과도하게 건조되어 수축되고 할렬, 틀어짐, 표면경화 등과 같은 결함이 생기게 된다.

2. 3. 3. 1. 표면 증발

함수율이 높은 목재를 건조하게 되면 목재 자체의 성질에 관계없이 표면으로부터의 건조 속도(단위 시간과 면적당 수분의 증발량, g/cm2·hr·oC)는 다음의 식 $dW/Adt = -Kp(Pw - Po) = -K\Theta(\Theta d - \Theta w)$를 따르게 된다. 여기에서 W는 수분 증발량, A는 증발 면적, t는 건조 시간, Pw는 습구온도에 대한 표면층의 증기압, Po는 공기의 증기압, Kp와 KΘ는 표면 증발계수, Θd는 건구온도 그리고 Θw는 습구온도이다. 2종류의 온도계가 있는데 그대로의 상태에 놓여 있는 건구온도계가 나타내는 온도를 건구온도 그리고 거즈(gauze)로 둘러싸여 항상 젖어 있는 상태에 놓여 있는 습구온도계가 나타내는 온도를 습구온도라고 부른다. 그리고 수분은 주위 공기의 열을 빼앗아 증발하기 때문에 건구온도에 비해 습구온도가 항상 낮은데 그 온도 차이를 건습구 온도차라고 한다. 건습구 온도차는 상대습도가 낮은 공기일수록 커지게 된다.

증발량은 목재 표면층과 주위 공기 사이의 증기압 차이 (Pw - Po)뿐만 아니라 풍속에 의한 영향을 받게 되는데 강제환기와 무풍에 가까운 자연환기 조건 모두에서 건습구 온도 차이 (Θd - Θw)와 직선적인 관계를 보이게 된다(그림 2-3-3의 C~D).

2. 3. 3. 2. 목재 표면으로의 수분 이동

목재의 수분이 표면으로부터 증발하게 되면 수분 함유율이 높을 때에는 내부로부터 모세관 현상에 의해 목재 표면으로 수분이 이동하게 된다. 한편, 모세관 전체에 걸쳐 증기압 차이가 존재하는 경우에는 상부 凹면 메니스커스(meniscus) 쪽으로 수분이 증발하고 반대쪽에는 수분이 응축함으로써 전체적으로는 수분이 증기압이 낮은 쪽으로 이동하게 된다(그림 2-3-3의 B). 함수율이 섬유포화점 이하가 되면 자유수가 존재하지 않기 때문에 증기압 경사에 의해 이동량이 시간에 따라 달라지는 비정상 확산이 이루어지게 된다. 목재 중에서의 수분 이동 난이도에 따라 달라지겠지만 대개 섬유방향인 축방향으로의 이동은 섬유에 대해 직각인 종방향에 비해 수~수십 배가 된다. 또한 목재의 비중이 커질수록 이동은 곤란해진다.

심재의 경우 변재보다 일반적으로 수분 이동성이 더 나쁜데 침엽수재에서는 벽공의 폐쇄가 큰 원인이 되고 있으며 활엽수재에서는 도관이 타일로시스(tylosis)라고 불리는 구조체에 의해 막혀있는 것이 원인으로 작용하게 되는데 같은 참나무류 목재 중에서도 적참나무와는 달리 백참나무처럼 수분 투과성이 나빠 액체가 새지 않기 때문에 위스키의 통으로 사용되는 예도 있다(그림 1-3-8, 1-5-3과 1-5-21의 A~F).

2. 3. 3. 3. 외주 조건과 건조 속도

건조는 표면에서의 수분 증발과 내부로부터의 수분 이동이 복합적으로 작용되어 이루어진다. 항률건조기간에는 표면 증발속도가 그리고 감율건조기간에는 내부 수분의 이동속도가 건조 속도를 좌우하게 된다. 건조 속도는 본래 단위 시간당 무게의 저하나 함수율의 저하 등으로 표시될 수 있지만 단순히 건조 소요시간이 동의어적으로 이용되는 경우도 있다.

외주 조건 가운데 건구온도가 건조 속도에 가장 큰 영향을 미치고 건습구 온도 차이와 풍속이 그 뒤를 따른다. 건구온도를 상승시키면 감율건조기간의 건조 속도는 약간 증가하며 감율건조기간에는 증기압이 지수적으로 증가되어 내부 확산 저항이 감소되기 때문에 건조 속도가 현저히 증가된다. 건습구 온도 차이의 경우 항률건조기간에서는 경우 가장 지배적인 인자가 되고 있는데 건조 초기에 건습구 온도 차이를 크게 하면 건조 속도가 현저히 증가된다. 건조가 진행됨에 따라 그 영향력은 차츰 줄어들게 된다. 풍속은 건습구 온도 차이와 마찬가지로 항률건조기간에는 건조 속도에 큰 영향을 미치지만 건조의 진행에 따라 영향력이 감소되어 감율건조기간 제 2단계 이후에는 풍속을 증가시켜도 건조 속도는 별로 증가되지 않는다.

2. 3. 4. 건조에 의한 목재의 수축과 틀어짐

생재는 수분을 잃어 버려도 섬유포화점에 도달할 때까지는 수축하지 않는다. 섬유포화점 이하가 되면 서서히 수축하기 시작한다. 건조에 의한 목재의 수축률은 섬유방향이 가장 작고 그 다음이 방사방향, 접선방향의 순이다. 따라서 생재로부터 일정한 단면을 지니는 목재를 제재하면 건조에 의해 수축되어 특징적인 단면의 형태로 변하거나 틀어짐, 할렬 등의 결함을 일으키게 된다(그림 1-2-6의 D와 2-3-5의 A~D).

2. 3. 4. 1. 건조응력

생재를 건조하면 우선 표면 증발에 의해 표면 부근에 현저한 수분 경사가 발생하게 되고 표층이 건조되어 섬유포화점에 이르게 되면 수축을 시작하게 되지만 내층은 여전히 높은 함수율 상태에 놓여 있기 때문에 이 수축에 대하여 저항하게 된다. 즉, 표층은 내층에 의해 수축이 저지되어 인장응력을 그리고 내층은 표층의 수축에 의해 압축응력을 받게 되어 단면 전체로써 균형을 유지하게 된다. 이러한 응력 상태는 건조의 진행에 따라 서서히 변화되는데 건조 과정 중 발생하는 응력을 건조응력이라고 부른다. 건조 초기에는 표층이 항상 인장응력 조건 하에서 건조되기 때문에 그 응력은 극단적으로 증대되어 결국 인장응력을 제거한다고 하더라도 목재의 수축은 응력이 가해지지 않은 상태에서 건조된 목재의 수축보다도 작아지게 되는데 이것을 인장세트(set)라고 부른다. 이처럼 표층에는 인장응력 그리고 내층에는 압축응력이 발생되어 있는 상태를 표면경화 전기라고 하며 톱으로 켜게 되면 외측으로 휘어지는데 그 상태 그대로 방치해 두게 되면 내부가 건조되어 수축하기 때문에 휘어짐이 서서히 회복되고 결국에는 반대로 내측으로 휘어지게 된다. 표면경화 전기의 단계로부터 더욱 건조가 진행되면 내층이 섬유포화점 이하가 되어 수축된다고 하더라도 인장세트가 형성되어 있는 표층은 정상적인 수축을 할 수 없기 때문에 압축응력을 받게 된다. 즉, 내층은 수축이 저지되는 인장응력을 그리고 표층은 내층의 수축에 의해 압축응력을 받게 되는 상태인 표면경화 후기의 단계에 이르게 되는데 이 경우 판을 톱으로 켜게 되면 내측으로 휘어진다(그림 2-3-4). 이러한 응력을 제거하기 위해서는 건조 종료 후 응력 제거 처리에 의한 수분 경사의 제거를 통해 외층의 응력을 완화해 주어야 한다.

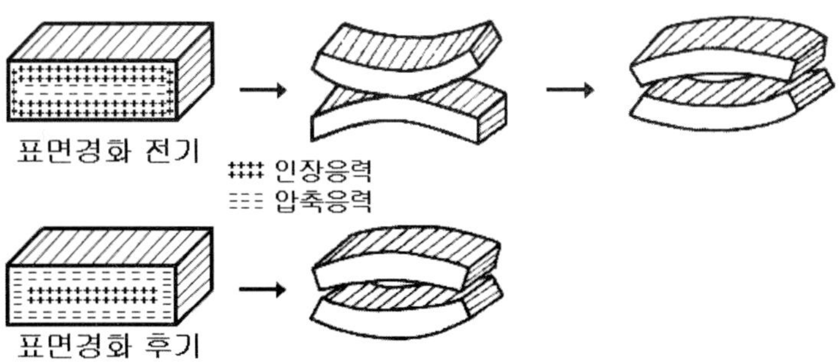

그림 2-3-4. 절단 시 표면경화에 따른 목재의 변형

2. 3. 4. 2. 건조에 의한 목재의 결함

건조에 의한 목재의 결함으로는 굽음, 할렬, 틀어짐, 찌그러짐, 변색 등이 있다(그림 2-1-4의 B와 2-3-5의 A). 틀어짐(warp, deformation)의 종류로는 너비굽음(cup), 길이굽음(bow), 측면굽음(crook), 비틀림(twist) 등이 있다. 틀어짐은 목재의 수축 이방성, 수피에 가까운 쪽의 목재와 수(pith)에 가까운 쪽 목재 사이의 수축률 차이, 목재의 결점(옹이, 미성숙재, 이상재 등), 재면 가운데 어느 한 쪽 재면의 과도한 건조, 부적당한 잔적 등에 의해 발생하게 되는 한편 비틀림(twist)은 주로 나선목리 등으로 인해 발생하게 된다. 할렬(check)에는 표면할렬, 횡단면할렬, 내부할렬이 있으며 건조에 의해 야기된 인장응력이 목재 조직의 인장강도보다 큰 경우에 할렬이 발생하게 된다. 즉, 건조 초기의 조건이 고온, 저습일수록 표면으로부터의 증발속도가 커져 표층과 내층 사이의 함수율 차이가 커지게 되기 때문에 표층의 인장응력이 커지게 되고 결국 횡단면할렬이나 표면할렬이 발생하기 쉬워지지만 건조 후기에는 응력 역전으로 인해 건조 초기와 달리 내층에 인장응력이 발생하게 되고 이 인장응력이 목재 조직의 인장강도보다 큰 경우 내부할렬이 발생하게 된다. 졸참나무, 황철나무, 유칼립투스 등의 고함수율 목재를 고온에서 급격히 건조하게 되면 건조 초기에 세포의 일부가 납작하게 압괴되어 목재 표면에 凹凸을 남기게 되는 불규칙한 수축이 일어나게 되는데 이것을 찌그러짐(collapse)라고 부른다(그림 2-3-5의 D). 이러한 찌그러짐은 세포내강에 충만되어 있던 수분이 미세한 벽공을 통해 밖으로 이동할 때 물의 인장력에 의해 세포가 압축 변형 되거나 건조응력으로 인해 변형이 생기게 되는 경우 발생하게 되는 것으로 알려져 있다. 또한 목재를 고온으로 건조하면 변색(discoloration)이 일어나는 경우가 있는데 가장 일반적인 변색은 재면 전체가 갈변이며 침엽수재보다도 활엽수재에서 더 많이 발생하게 된다(그림 2-3-5의 E). 목재 건조 중에 나타나게 되는 고온에서 장시간 건조할수록 그리고 백색 계통의 재색을 지니는 목재일수록 현저해진다. 활엽수재의 경우 70oC 이상, 함수율 40% 이상의 심한 조건에서는 물푸레나무속은 갈색, 단풍나무속은 적색, 자작나무속은 회색, 너도밤나무속은 적색 내지 회청색, 참나무속은 황색 계통으로 재색이 변하게 된다. 한편 침엽수재의 경우 70oC 이상에서는 갈색, 140oC에서는 강한 적갈색을 나타내게 된다. 더욱이 타닌의 함유율이 높은 목재는 철 성분과 접촉하게 되면 타닌철에 의한 청흑색을 띠게 된다. 그 외에 침엽수재, 특히 소나무속의 목재는 천연건조 과정 중 청변균이 침입하여 청색의 반점을 나타내는 경우가 있다. 전나무속의 여러 수종이나 서부적삼나무, 서부솔송나무 등에서는 부분적으로 수분 이동이 불량해 건조 종료 후에도 고함수율 상태로 남아있게 되는 부분도 있다. 사절(死節)은 건조 중에 쉽게 탈락되는데 특히 고온에서 건조하는 경우 더욱 현저해진다(그림 1-9-5의 A).

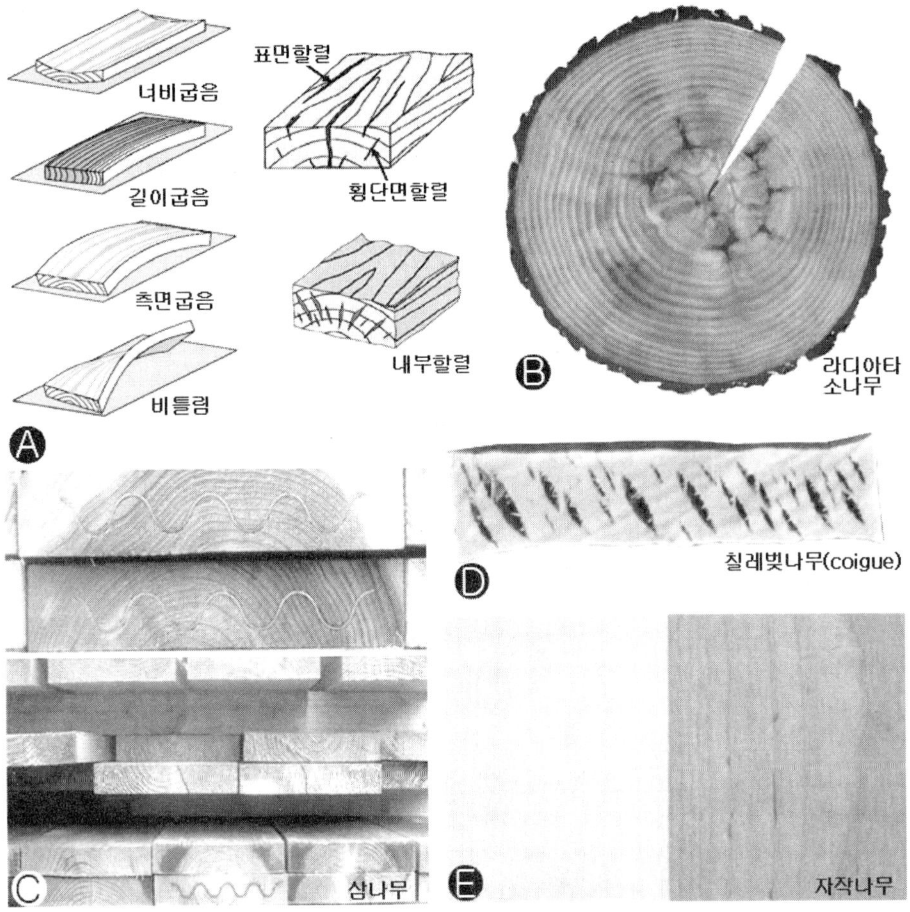

그림 2-3-5. 건조에 의한 틀어짐과 할렬(A), 원판의 V형 할렬(B), 금속 결체구에 의한 횡단면할렬 억제 효과(C), 찌그러짐(D) 및 170~230oC의 고온 가열에 의한 재색의 갈변(E)

2. 3. 5. 건조 방법

목재의 건조 방법으로는 실외에 잔적하여 자연적으로 건조시키는 천연건조(air drying)와 건조실 내부를 인공적으로 적당한 온도, 습도가 되도록 조절하여 목재를 건조하는 인공건조(kiln drying)가 있다.

2. 3. 5. 1. 천연건조

목재를 실외에 잔적(piling)하고 덮개를 덮어 직사광선이나 비를 피하면서 잔적 내의 공기 순환을 양호하게 만들어 줌으로써 되도록 균일하게 그러면서도 빨리 건조시켜 주는 방법이다(그림 2-3-6의 A). 구조용재는 거의 대부분 이 방법에 의해 건조되고 있으며 가구재나 조작용재의 경우에는 인공건조의 예비건조로써 경비의 절감과 마무리 함수율의 균일화 등을 목적으로 이용되고 있다.

천연건조에 있어서 건조도는 기건함수율까지가 한계이나 통상 함수율 20% 이상까지 건조되고 있다. 천연건조는 계절, 기후, 지역 등과 같은 자연적인 조건에 의해 좌우되며 건조에 장시간이 필요한데 특히 함수율 35% 이하에서의 건조 속도는 매우 느린 편이다. 졸참나무처럼 단단한 목재인 경우 두께 2.5cm 정도 되는 것은 3~6개월 동안 20% 전후까지 건조된다. 따라서 건조에 넓은 부지가 필요하다는 단점이 있는 반면 건조 경비가 적게 들며 또한 건조에 의한 목재의 결함이 적은 점 등의 장점이 있다.

표 2-3-2. 신갈나무 목재의 천연건조 일수를 90일로 한 경우에 대한 건조 일수.

수종	일수	수종	일수
신갈나무	90	일본목련	51
고로쇠나무	82	오리나무	41
들메나무	69	너도밤나무	41
계수나무	56	피나무	39
음나무	54	느릅나무	38

천연건조의 경우 처음 약 1개월 동안에는 계절에 관계없이 비교적 빨리 건조가 이루어지지만 그 후 여러 달 동안의 건조 과정에서는 기상 조건이 큰 영향을 미치게 된다. 잔적 시기는 건조에 의한 결함이 가장 작은 때를 선택하여야 하는데 활엽수재의 경우 횡단면할렬이 빨리 일어나기 때문에 가을철이 되었을 때 시작하여 처음 여러 달 동안에는 서서히 건조시키는 것이 바람직하며 침엽수재의 경우 청변균에 의한 피해가 크기 때문에 봄 또는 여름철에 건조 조건이 좋은 때를 선택하여 건조를 시작함으로써 적어도 표면의 건조만이라도 일찍 끝내도록 하여야 한다. 천연건조에 필요한 건조 일수는 수종에 따라 차이가 있다(표 2-3-2).

그림 2-3-6. 천연건조 시설(A)과 고정식 인공건조실(B)

2. 3. 5. 2. 인공건조

인공건조는 인위적으로 설정한 건조 조건을 이용하여 천연건조에서는 도달할 수 없는 낮은 함수율까지 급속하게 그리고 결함 없이 목재를 건조시키는 것이 목적이다. 인위적으로 건조 조건을 조정할 수 있는 장치나 방법이 여러 가지가 있으나 현재 일반적으로 이용하는 방법은 열기건조법이다.

열기건조법은 가열, 열기의 순환, 건조 작업의 진행 방식 등에 따라 세분되고 있다.

① 열기를 만드는 방식에 따른 분류

가열 방식에는 직접가열식과 간접가열식이 있다. 직접가열식이라는 것은 연료를 연소시킨 가스를 직접 잔적되어 있는 목재로 불어 넣는 방식으로 열효율이 좋으나 일반적으로 건조 목재의 결함이 간접가열식보다 많으며 또한 화재의 위험성도 크다. 간접가열식은 증기, 연소 가스, 전기 등을 열원으로 하여 열교환기를 통해 공기를 가열하고 가열된 공기를 목재로 불어 넣어 건조하는 방식인데 열효율은 낮으나 화재의 위험성이 없고 건조재의 결함이 적기 때문에 직접가열식보다 건조 수율이 높은 것으로 알려져 있다.

② 열기의 순환 방식에 따른 분류

열기의 순환 방식으로는 자연순환식과 강제순환식이 있다. 자연순환식이라는 것은 열원을 잔적 하부에 설치하고 건조실 내에 공기의 온도 차이를 발생시킴으로써 열기가 실내에서 자연적으로 대류되도록 하는 방식인데 건조 결함이 비교적 많이 발생하고 건조 시간이 길며 조작이 다소 곤란하기 때문에 최근에는 겨우 소형 건조실에만 적용되고 있다. 한편, 강제순환식은 송풍기(fan)에 의해 열기를 잔적 내로 불어 넣어 잔적 내부의 침체된 공기를 교란하거나 또는 급속하게 유동시켜 실내 온도의 균일화를 꾀하기 위한 것으로써 자연순환식보다 건조 결함의 발생이 적으며 또한 신속하게 건조할 수 있다.

③ 건조 작업의 진행 방식에 따른 분류

건조 작업의 진행 방식에 따른 것으로는 고정식과 연속식이 있다. 고정식은 건조실 하나 분량의 목재를 동시에 적절한 조건으로 건조하여 꺼낸 다음 또 다른 목재를 투입하여 건조하는 방식이다(그림 2-3-6의 B). 이에 비해 연속식은 가로로 긴 건조실의 한 쪽 입구로부터 목재를 투입하여 건조실 내부를 통과시키는 사이에 건조가 이루어지도록 한 다음 반대 쪽 출구에서 꺼내는 방식이다. 연속식은 건조실 건축비가 저렴하고 조작에 숙련성이 필요 없으며 연속적으로 양산이 가능하지만 투입된 모든 목재에 대해 동일한 조건으로 건조가 이루어지기 때문에 수종, 목재의 크기와 함수율 등의 차이에 따른 적절한 조건으로 조정할 수 없어 목재의 결함이 많고 열효율이 낮으며 또한 작업이 야간까지 연속되는 등의 단점이 있다. 이러한 여건으로 인하여 현재 고정식의 것이 압도적으로 많으며 각각의 목재에 대한 적절한 건조 조건이 적용되고 있다. 현재 목재공업에서 주로 이용되고 있는 건조실은 증기를 열원으로 이용하고 실내에 송풍기를 장착해 내부의 공기를 순환시키는 강제순환식의 것이 많다.

2. 3. 5. 3. 특수 건조

특수 건조법에는 인공건조의 범위 내에 들어 있는 것도 있으나 일반적으로 이용되는 방법이 아니기 때문에 특수건조법으로 별도 소개하고자 한다.

① 진공건조

이 방법은 철제 실린더 내부에 목재를 밀폐시키고 고온, 저압 조건을 적용해 물의 비등점을 낮추어 증발 속도를 촉진시켜 건조하는 방법이다. 그러나 건조 속도가 급하기 때문에 할렬이 발생하기 쉽고 길이가 짧은 특수용재의 건조용으로 사용되고 있는 정도이다.

② 고주파건조

목재를 고주파 전계 중에 나두면 내부가열에 의해 목재의 중심부 증기압이 높아져 급속히 건조되는 방법이다. 이 방법에 의하면 섬유포화점 이하의 건조에서도 속도가 저하되지 않는다. 따라서 가구 재료의 건조에 이용되며 특히 전기 절연재료처럼 거의 전건상태까지 목재를 건조하는 경우에 유리하다. 진공건조와 고주파건조의 장점을 복합시킨 고주파진공건조는 단면 치수가 큰 목재의 건조에 적합한 방법이 되고 있다. 또한, 벽공에 추출물이 퇴적되어 있어 수분 통도성이 불량한 삼나무 등의 침엽수재는 가압과 급격한 해압에 의한 폭쇄(爆碎)를 통해 벽공을 파괴하여 수분 통도성을 양호하게 만든 다음 고주파진공건조를 적용하는 폭쇄고주파진공건조라는 것도 있는데 이 역시 단면 치수가 큰 목재의 건조에 적합한 방법이 되고 있다.

③ 태양열건조

태양열건조는 태양열을 적극적으로 활용하는 건조법으로 자연 조건에 의존할 수밖에 없는 천연건조와는 근본적으로 차이가 있다. 태양열을 이용하는 목재 건조 장치로는 지붕과 남쪽 면에 투명판을 덮은 온실과 같은 간이 시설과 집열기와 축열기가 갖추어진 고급 장치가 있다. 이런 설비 이외에 조습기와 보조 가열기 등도 추가되면 일반적인 인공건조 설비와 유사한 것이 되어 태양열 이용의 장점이 희박해지게 된다. 이처럼 목재 건조 장치로써의 정도까지 성능을 부여하는데 있어 그 한계를 정하는 것이 어렵다. 건조 속도는 천연건조보다 빠르며 인공건조보다는 느리나 설치비가 인공건조실에 비해 저렴한 편이고 함수율 7% 수준까지 건조가 가능하다.

④ 고온건조

일반적인 인공건조와의 차이점은 고온의 열기를 이용한다는 점에 있다. 건구온도는 항상 100oC 이상이며 습구온도는 100oC 이하를 유지하게 된다. 고온으로 건조하기 때문에 건조 속도가 매우 빠르며 건조 후의 목재는 흡습성이 작아지고 치수안정성이 큰 것으로 알려져 있다. 그러나 목재의 재색이 짙은 색으로 변색되며(그림 2-3-5의 E) 옹이가 느슨해질 뿐만 아니라 고함수율 조건에서 고온에 노출되기 때문에 목재의 열분해로 인해 건조재의 휨강도, 강성 등과 같은 일부 강도적 성질이 저하된다.

⑤ 증기건조

공기에 노출시키는 대신 건조는 자일렌(xylene) 등과 같은 유기용제의 증기에 의해 건조된다. 목재를 밀폐된 관에 넣고 100~200oC 정도의 뜨거운 증기에 노출시킨다. 목재로부터 증발된 수분이 유기용제 증기와 혼합되어 관 외부로 배출되어 응축되는데 수분과 유기용제의 비중이 다르기 때문에 이러한 성질을 이용하여 유기용제를 수분으로부터 분리하여 다시 이용할 수가 있다. 마지막 단계에서 진공에 의해 목재에 잔류되어 있는 유기용제를 제거하게 된다. 건조 속도는 일반적인 인공건조에 비해 3~20배 정도로 무척 빠른 편이나 건조비가 많이 소요된다.

⑥제습건조

목재로부터 증발되는 수증기가 일반적인 인공건조와는 달리 건조실로부터 증기의 형태로 제거되는 것이 아니라 응축되어 액상의 수분으로 제거된다. 수분의 응축 과정 중에 생긴 잠열이 응축 파이프 위를 통과하는 순환 공기에 의해 다시 빼앗기게 되어 목재로부터 추가적인 수분을 증발시키는데 이용된다. 온도는 대개 40oC 이하로 낮은 편이며 상대습도는 30~50% 수준이다. 인공건조실에 비해 초기 투자비는 작으며 작업 공정도 간단하지만 건조 속도가 느린 단점이 있는 반면 저온에서 완만하게 건조되기 때문에 재색의 변색이 적은 장점이 있다. 인공건조에 비해 침엽수재 건조 시 67% 그리고 활엽수재 건조 시 43% 정도의 에너지 비용 절감 효과가 있다. 제습건조는 주로 활엽수재의 건조에 적용되고 있다.

⑦ 연속승온건조

일반적인 인공건조의 경우 온도를 계단식으로 올리게 되지만 이 방법은 온도를 연속적으로 올리게 됨으로써 일정한 건조 속도를 얻을 수 있다. 건조는 초기 온도 60oC에서 시작하되 건습구 온도차를 일정하게 그리고 최종 건구온도는 100oC로 유지시킨다. 고온건조보다도 건조 속도가 빠르며 건조 결함의 발생이 작고 에너지 소비도 적으나 널리 이용되고 있는 건조 방법은 아니다.

⑧ 약품건조

나트륨 염, 바륨 염, 마그네슘 염 등과 같은 수용성 염류는 목재를 팽창된 상태로 유지시키기 때문에 목재의 수축을 막을 수가 있는데 목재에 처리하는 경우 수축이 70% 이상 감소되는 것으로 알려져 있다. 수분을 머금게 됨으로써 목재의 수축을 감소시키게 되는 이러한 약제들의 성질을 이용하여 건조하는 방법이 약품건조인데 염건조(salt seasoning)로도 불리고 있다. 목재를 이들 약품의 포화 용액에 침지시키거나 재면에 붓질 등을 통해 도포해 줌으로써 주입할 수 있다. 약제 처리 후 목재를 잔목(sticker)의 사용 없이 여러 날 동안 잔적해 둔다. 생재일수록 그 내부로의 약품 침투가 용이해지나 용액의 효능은 목재의 투과성에 따라 좌우된다. 마른 목재나 목제품의 건조도 가능한데 이는 염의 조해성으로 인해 목재 표층의 함수율이 높아지고 수축이 작아지기 때문에 표면할렬이 일어날 수 있는 조건인 낮은 상대습도 하에서도 건조할 수가 있다. 보통의 소금이나 요소가 효과적이나 금속의 부식이라는 문제점을 나타내기 때문에 건조 후 건조실을 깨끗하게 청소하여야 하며 또한 건조후의 목재를 톱 등으로 가공한 다음에도 깨끗이 해 두어야 한다. 약품 사용으로 인해 건조비가 상승되며 공기의 상대습도가 80% 이상인 경우 건조목의 표층이 습기를 머금는 현상(sweat)이 일어나게 된다. 이러한 이유로 인해 특별한 경우를 제외하고는 거의 이용되지 않고 있다.

⑨ 용제건조

목재를 밀폐된 실린더 속에 넣고 여러 시간 약 90oC 정도의 뜨거운 아세톤(acetone)을 분무해준다. 그 후 건조를 마치기 위해 그리고 잔류되어 있는 용제를 제거하기 위해 공기를 유입, 순환시키는 동안 아세톤, 수분 및 추출물의 혼합액을 제거한다. 건조 후 용제를 회수하여 다시 이용할 수가 있다. 이 방법은 침엽수재의 옹이로부터 송진을 제거하기 위해 처음 시작되었으나 미국에서 메탄올(methanol) 등과 같은 다른 용제를 이용하여 목재를 건조하기 위해 실험실적으로 시도되었는데 결과가 좋았다. 건조가 비교적 빠르며 추출물을 제거할 수 있는 장점이 있으나 건조비가 많이 드는 단점이 있다. 방부의 전처리 또는 두께 25mm 정도 이하의 얇은 목재를 급속히 건조하는 경우에 이용되지만 일반적인 방법은 아니다.

⑩ 끓인 기름에 의한 건조

수분을 증발시키는데 필요한 열은 물보다 비등점이 높은 뜨거운 기름 속에 목재를 침지하여 얻게 된다. 이 방법은 대개 초기 함수율이 높은 목재의 보존처리를 병행하는 경우 실시된다. 크레오소트유(creosote oil)와 같은 방부제의 온도를 높여 줌과 동시에 처리관 내에 진공을 걸어 주게 되는데 건조는 100oC 미만의 온도에서 이루어진다. 특수한 처리 장치가 필요하고 기름이 목재 내에 어느 정도 주입됨으로써 재색이 변하고 가연성도 부여되기 때문에 목재 건조법으로는 적당한 것이 되지 못하고 있다. 고온으로 건조하며 아울러 수분 제거 속도도 제어할 수 없기 때문에 할렬, 표면경화, 벌집 모양의 심한 내부할렬(honeycomb) 등과 같은 결함이 발생할 수 있다.

⑪ 엽고건조

원목의 건조법 가운데 하나인데 문자 그대로 벌채한 나무를 잎이 달려 있는 채 그대로 방치해 두어 잎으로부터의 수분 증산을 통해 수간을 건조하는 방법이 엽고건조(葉枯乾燥)이다. 옛날에는 건조 목적이라기보다는 나무를 끌어 내리는 고생을 반감하기 위한 수단이었다고 한다. 벌채 직후의 평균 생재함수율은 삼나무가 120~150% 그리고 편백이 80~85% 정도 되는데 40~50일 가량 이 처리를 하게 되면 삼나무의 경우 70~80% 그리고 편백의 경우 50~70%까지의 함수율 수준으로 건조됨으로써 그 이후의 인공건조 일수가 상당히 단축될 수 있음이 실증되었다.

2. 3. 6. 인공건조 실무

인공건조의 성과는 건조실의 설계, 부대설비의 양부, 작업원의 능력, 잔적의 적절성 여부 등에 좌우된다. 여기에서는 상기 사항을 고려하여 건조의 실무, 작업 진행방법에 관하여 서술하고자 한다.

2. 3. 6. 1. 잔적

잔적에 이용되는 잔목은 건조하는 목재의 두께나 건조재의 사이를 통과하는 공기의 속도에 따라 그 두께를 달리해 주는 것이 바람직하다. 그러나 여러 두께의 잔목을 함께 쓴다는 것은 곤란하기 때문에 보통 강제순환식에서는 두께 20~25mm 그리고 자연순환식에서는 두께 25~30mm의 것을 많이 사용하고 있다.

다음으로 잔목의 간격은 목재의 종류에 따라 차이가 있으나 표준적으로 건조할 목재의 두께가 1.2cm 이하인 경우 잔목의 간격은 30cm, 목재의 두께가 1.2~2.4cm인 경우 잔목의 간격은 45cm, 목재의 두께가 2.4~3.6cm인 경우 잔목의 간격은 60cm, 목재의 두께가 3.6~6.0cm인 경우 잔목의 간격은 75cm 그리고 목재의 두께가 6.0cm 이상인 경우 잔목의 간격은 90cm가 적당한 것으로 알려져 있다

잔적은 건조실 외부에서 송재차에 실어 작업하는 것이 용이하며 비용도 저렴해진다. 최근에는 가로, 세로 0.9~1.3m, 높이 0.6~1.8m 크기로 잔적된 단위 묶음(unit packet)을 포크리프트(forklift)로 쌓아 올리는 방법도 있다.

2. 3. 6. 2. 시험판재

건조 결함이 적은 이른바 수율 높은 건조를 실시하기 위해서는 그 재료에 적당한 계획을 따라 작업을 진행하는 것이 필요하다. 따라서 잔적된 재료의 건조 상태를 시시각각 확인하여 알아낸 다음 건조 조건을 조절해 주지 않으면 안 된다.

시험판재는 잔적의 요소요소에 넣어 두고 때때로 꺼내 함수율을 측정하기 위한 시험편인데 심재의 많고 적음(건조의 난이도), 비중, 두께, 함수율 등에 따라 그 재료의 평균적인 것과 건조의 난이성 측면에서 극단적인 양쪽의 목재로부터 모두 선발하여야 한다. 그런 다음 적어도 횡단면으로부터 45cm 떨어진 곳에서 60cm 길이의 시험판재를 채취하고 다시 그 양끝에 접속하는 부분으로부터 길이 약 1.5cm 정도 되는 작은 시편을 채취한다(그림 2-3-7). 이 작은 시편들이 항량에 이를 때까지 건조해 전건법으로 함수율을 측정한 다음 작은 시편 2개의 평균치를 시험판재의 함수율로 삼는다. 함수율이 결정된 시험판재의 전건무게를 알고 있다면 그 무게를 측정하는 것만으로도 그 때의 수분 함유 상태를 알 수 있게 되는 것이다. 시험판재는 목재의 중앙부 건조 상태를 판단하기 위한 것이기 때문에 횡단면으로부터 수분이 증발되지 않도록 횡단면에 페인트 등을 도포해 주는데 이것을 횡단면 도포(end coating)라고 부른다.

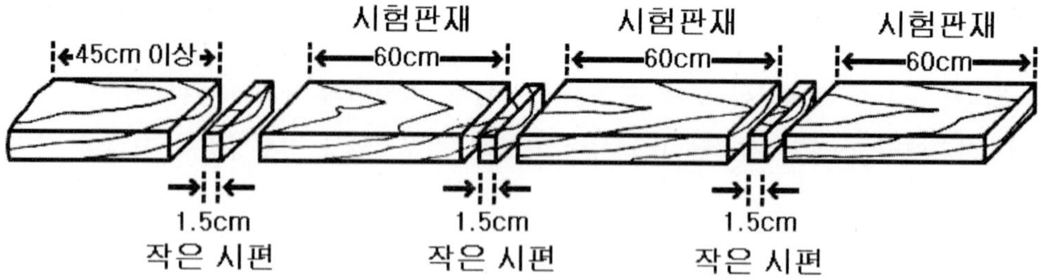

그림 2-3-7. 시험판재와 작은 시편의 채취법

시험판재의 삽입 위치는 건조가 가장 빠른 곳과 늦은 곳으로써 건조 작업 중 용이하게 꺼낼 수 있는 장소여야 하며 보통 잔적의 1/2 정도 되는 곳에는 반드시 넣어 두어야 한다. 새로운 건조실에서 처음 건조하는 경우 되도록 시험판재를 많이 넣도록 하여야 하나 건조실의 상태와 재료의 건조 경과가 잘 알려져 있는 경우에는 그 숫자가 적어도 무방하다. 이용되는 시험판재의 수는 보통 3매 내지 몇 10매 정도이다.

시험판재는 적어도 하루 1회 꺼내어 무게를 측정한다. 그리고 목적하는 함수율에 도달하게 된다면 한 쪽 끝에서 15cm 정도를 채취해 전건시킨 다음 함수율을 측정한다. 최종 목적 함수율에 도달한 경우에는 건조를 마치고 만약 목적하는 함수율에 도달하지 못한 경우에는 나머지 45cm를 시험판재로 삼아 계속 건조를 진행해 나간다.

함수율을 측정하는데 있어서는 전건법 이외에도 간단하면서도 편리한 장치인 수분계가 이용될 수도 있는데 수분계는 수분을 지니는 목재의 전기 저항을 측정하여 함수율을 곧바로 표시해 주게 된다. 탐침형의 표준 수분계는 목재 내부로 박아 넣는 핀(pin) 모양의 전극을 두 개 지니는 반면 핀을 지니지 않는 무탐침형의 것은 판재의 표면에 수분계를 올려놓게 되면 전자기 방식에 의해 18 mm(3/4 in) 깊이까지의 함수율이 읽어질 수 있도록 되어 있다. 핀을 지니지 않는 수분계는 목재 표면에다 어떠한 표시라도 남기지 않게 되므로 최종 제품을 검사하는데 유용하게 쓰일 수 있다. 목재의 모든 부분이 동일한 속도로 건조되지 않기 때문에 여러 지점에서 함수율을 조사하는 것이 무엇보다도 중요하다.

표 2-3-3. 목재의 종류에 따른 적용 온도와 상대습도.

목재의 종류	적용 조건	
	온도	상대습도
할렬의 발생이 용이한 목재 틀어짐의 발생이 용이한 목재 찌그러짐의 발생이 용이한 목재 변색의 발생이 용이한 목재	저온 저온 저온 저온	고습 관계 희박함 저습 저습
얇은 목재 두꺼운 목재	고온 저온	저습 고습
침엽수재 활엽수재	고온 저온	저습 고습

2. 3. 6. 3. 건조 스케줄

인공건조에서는 표면경화, 할렬, 틀어짐 등 각종 건조 결함이 발생하지 않는 범위에서 되도록 단면의 표층과 내층 사이의 함수율 차이인 수분 경사를 크게 하여 건조 속도를 높이고 시간을 단축하는 것이 필요하다. 그런 목적으로 건조 중 목재의 함수율에 따라 온도와 상대습도를 조절해 주지 않으면 안 되는데 이것이 바로 건조 스케줄(drying schedule)이다.

목재는 수종에 따라 건조하기가 쉬운 것, 어려운 것, 할렬이 발생하기 쉬운 것, 굽음이 발생하기 쉬운 것 등이 있기 때문에 재료의 종류와 크기에 따라 적당한 스케줄을 적용하는 것이 필요하다(표 2-3-3).

건조 스케줄로의 작성 기본 방침은 다음과 같다. 첫째, 건조 초기의 온도 및 상대습도가 표면할렬, 횡단면할렬에 크게 영향을 미치기 때문에 처음에는 안전을 위해 저온, 고습으로 하되 특히 표면할렬이 일어나기 쉬운 목재는 고온을 피하며 함유 수분 가운데 최초의 1/3이 증발될 때까지는 상대습도의 급격한 저하를 피한다. 둘째, 건조 중기에는 상대습도를 어느 정도 낮추고 온도를 높여 강한 조건에서 건조를 촉진시킨다. 그러나 온도는 내부할렬이나 찌그러짐에 예민하게 작용하기 때문에 졸참나무, 유칼립투스 등은 섬유포화점 이하에 이를 때까지 온도를 그리 높여서는 안 되며 상대습도는 표면할렬에 예민하게 작용하기 때문에 표면할렬이 일어나기 쉬운 목재에서는 연속적인 상대습도의 급격한 저하를 피해야 한다. 표면할렬의 방지 목적에서 초기 조건을 변화시키는 시기는 다음의 식 E = (U - Ue)/(Ua -Ue)로 구해 E의 값이 0.7일 때로 하는데 여기에서 E는 건조도, U는 건조 중의 함수율, Ue는 평형함수율 그리고 Ua는 초기 함수율이다.

온도 스케줄은 T1~T14가 있는데 번호가 커질수록 고온으로 급격한 건조 온도 조건이 되고 있다. 상대습도 스케줄은 건습구 온도차로 나타내며 번호가 커질수록 온도와 마찬가지로 급격한 건조 조건을 나타내는데 함수율 A~F와의 조합 방식을 택하게 된다(표 2-3-4).

표 2-3-4. 건조 스케줄.

온도 스케줄, 건구온도(℃), 강제순환식 건조실 풍속 1.2m/sec.														
함수율	온도 스케줄 번호													
단계(%)	T_1	T_2	T_3	T_4	T_5	T_6	T_7	T_8	T_9	T_{10}	T_{11}	T_{12}	T_{13}	T_{14}
처음~30	38	38	43	43	49	49	54	54	60	60	66	71	77	82
30~25	41	43	49	49	54	54	60	60	66	66	71	77	82	88
25~20	41	49	54	54	60	60	66	66	71	71	71	77	82	88
20~15	46	54	60	60	66	66	71	71	71	77	82	82	88	93
15 이하	49	66	71	82	71	82	71	82	71	82	82	82	88	93

상대습도 스케줄, 건습구 온도차(℃)													
초기 함수율 범위(%)						상대습도 스케줄 번호							
45 이하	45~55	55~65	65~80	80~100	100 이상								
A(%)	B(%)	C(%)	D(%)	E(%)	F(%)	1	2	3	4	5	6	7	8
처음~30	처음~35	처음~40	처음~50	처음~60	처음~70	1.5	2.0	3.0	4.0	5.5	8.5	11.0	14.0
30~25	35~30	40~35	50~40	60~50	70~60	2.0	3.0	4.0	5.5	8.0	11.0	16.5	19.5
25~20	30~25	35~30	45~35	50~40	60~50	3.5	4.5	6.0	8.5	11.0	16.5	22.5	28.0
20~15	25~20	30~25	35~30	40~35	50~40	5.5	8.0	10.5	14.0	19.5	28.0	28.0	28.0
15~10	20~15	25~20	30~25	35~30	40~35	14.0	16.5	19.5	22.0	28.0	28.0	28.0	28.0
10 이하	15 이하	20 이하	25 이하	30 이하	35 이하	28.0	28.0	28.0	28.0	28.0	28.0	28.0	28.0

수종	조건				수종	일수			
	두께 2.5~3.8cm		두께 5.0cm			두께 2.5~3.8cm		두께 5.0cm	
	온도	상대습도	온도	상대습도		온도	상대습도	온도	상대습도
물푸레나무	T_8	B_4	T_5	B_3	호두나무	T_6	D_4	T_3	D_3
피나무	T_{12}	E_7	T_{10}	E_6	미송	T_{13}	A_4	T_{12}	A_3
너도밤나무	T_8	C_2	T_5	C_1	발삼전나무	T_{14}	E_5	T_{12}	E_4
느릅나무	T_8	D_4	T_6	D_3	소나무	T_{12}	B_5	T_{11}	B_4
마호가니	T_8	C_4	T_4	C_3	잎갈나무	T_{12}	B_5	T_{11}	B_3
적참나무	T_4	D_2	T_3	D_1	세쿼이아	T_6	D_5	T_6	D_4

2. 3. 6. 4. 건조 전처리와 후처리

① 전처리

목재 내부의 응력을 제거하기 위하여 또한 목재를 되도록 빨리 가열하여 내부 수분의 결합력이나 표면장력을 저하시켜 수분의 이동을 용이하게 만들기 위하여 재료에 수분 변이성이 큰 경우나 건조하기 어려운 목재의 경우 증기에 의한 전처리를 행해 주는 것이 효과적이다. 전처리는 잔적을 건조실에 넣은 다음 문뿐만 아니라 배기구와 흡기구를 닫고 적당한 시간 증기를 분무하여 실시한다. 이것을 조습 처리(steaming)라고 하는데 송풍기를 회전시키면서 하는 쪽이 효과적이다. 보통 0.5~2.3시간이 적당하며 목재의 함수율이 낮을수록 그리고 두께가 얇을수록, 더욱이 비중이 작을수록 짧은 시간 처리해 주는 것이 바람직하다.

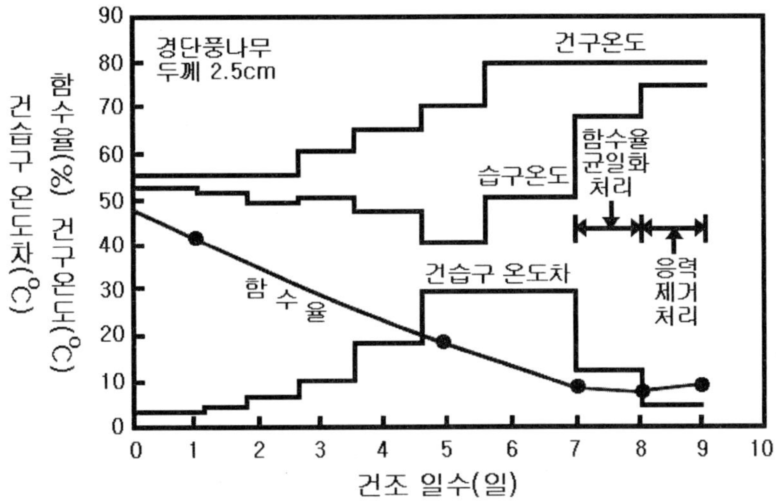

그림 2-3-8. 건조 경과에 따른 함수율 균일화와 응력 제거 처리의 예

② 후처리

정확한 건조가 필요한 경우에는 후처리로써 잔적 내의 개개 목재가 나타내는 함수율의 변이성을 제거하기 위하여 함수율 균일화 처리(equalizing)를 그리고 목재 단면 상의 수분경사를 없애 응력을 제거하기 위하여 응력 제거 처리(conditioning)를 실시한다(그림 2-3-8). 함수율 균일화 처리는 가장 많이 건조된 시험판재가 목표 함수율보다 2% 낮을 때 실시한다. 예를 들면, 8%를 목표 함수율로 하는 경우에는 가장 많이 건조된 시험판재의 함수율이 6%에 이르렀을 때 실시하는데 가장 습한 시험판재가 함수율 8%에 이를 때까지 건조실의 온도와 상대습도를 평형함수율 6%가 되도록 설정한 상태를 유지해 준다. 응력 제거 처리는 함수율 균일화 처리가 끝난 다음 가장 습한 시험판재가 함수율 8%에 이르게 되면 침엽수재인 경우 목표 함수율보다 2~3% 그리고 활엽수재인 경우 3~4% 높은 함수율에 평형이 되도록 설정해 준다. 즉, 침엽수재는 10~11% 그리고 활엽수재는 11~12%의 평형함수율에 도달하도록 건조 조건을 설정해 두면 된다. 응력 제거 처리에 필요한 시간은 수종, 두께, 응력 등의 상태에 따라 차이가 있지만 2cm 두께의 침엽수재와 활엽수재에 있어서는 1~2시간에서부터 9시간까지 그리고 5cm 두께의 활엽수재에 있어서는 48시간 또는 그 이상이 표준이 되고 있다.

2. 3. 6. 5. 마무리 함수율

건조 처리에 의해 마무리해야 하는 목표 함수율은 그 재료의 용도에 따라 결정된다. 실내에서 사용되는 목제품의 용재인 경우 함수율 6~8% 수준으로 마무리하는 것이 상식으로 되어 있다. 특히, 활엽수재는 침엽수재보다도 함수율 변동에 따른 수축 및 팽창이 크기 때문에 마무리 함수율을 엄격히 하지 않으면 우수한 제품이 얻어지지 못하게 된다.

표 2-3-5. 일본농림규격에 있어서의 건축용재 함수율 기준.

종류	재종	침엽수재	활엽수재
제재목(구조용 이외)	인공건조재	15% 이하	13% 이하
제재목(구조용)	건조재 D25	25% 이하	해당 사항 없음
	D20	20% 이하	
	D15	15% 이하	
2 x 4 공법의 목재	건조재	19% 이하	
단층 바닥재(구성층이 1개인 것)	천연건조재	20% 이하	17% 이하
	인공건조재	15% 이하	13% 이하
집성재		15% 이하	
합판		14% 이하	
복합 바닥재(구성층이 2개 이상인 것)		14% 이하	

건축용재는 실내 목제품 용도의 목재만큼 엄격한 함수율 관리가 이루어지지 않아도 건축에는 별 지장이 없을 것이라는 안이한 생각이 강해 공장에 따라 마무리 함수율 기준이 제각각이기 때문에 어느 정도의 법적인 규제가 필요한데 일본의 경우 일본농림규격(JAS)에 함수율 기준이 정해져 있다(표 2-3-5).

2. 4. 목재 접착

2. 4. 1. 접착의 목적

오늘날 접착 기술은 우리 주변의 일상적인 접착에서부터 건축이나 내장 시공 등의 건축용 접착, 광학이나 전자 제품 등의 정밀부품 조립용 접착, 수술 부위와 상처 치료 등의 의료용 접착, 자동차와 항공기 등의 첨단 산업용 접착에 이르기까지 거의 모든 분야에서 이용되고 있다고 해도 과언이 아닌데 목재 공업 역시 예외가 아니다. 예를 들면, 목재를 금속 결체구로 결체하는 대신 적절한 접착제로 접착할 경우 얻어지게 되는 가장 큰 장점으로는 가해진 하중이 구조물 전체에 걸쳐 고르게 분산된다는 것을 들 수 있다. 이런 측면에서 볼 때 접착제를 사용하는 것은 못을 사용하는 것보다 거의 두 배 가까이나 더 좋기 때문에 예전보다 더 가벼우면서도 튼튼한 구조물의 건축이 가능해지게 된 것이다.

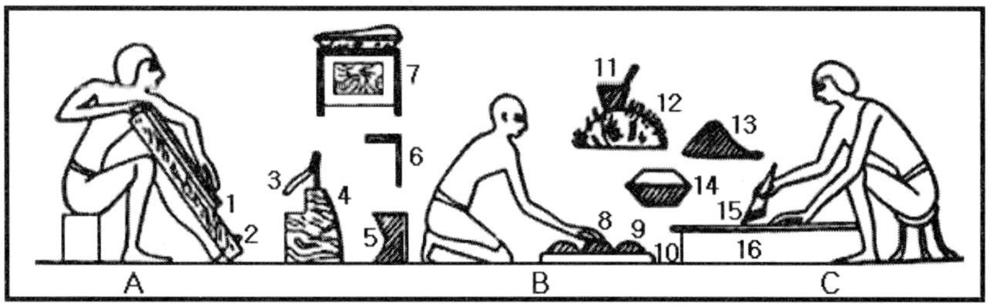

그림 2-4-1. 기원전 1500년경의 이집트 벽화

A: 작업자가 하나의 목재 판(1)을 다른 판(2)에 접착제로 붙여주고 있으며 칼(3), 목재 조각(4), 기하학용의 도구(5, 6) 및 가구(7)가 보임; B: 작업자가 모래주머니(8, 9)를 사용하여 접착제가 도부된 것(10)을 눌러주고 있으며 아마 아교로 여겨지는 접착제를 담고 있는 용기(11)가 불(12) 위에 올려놓아져 있고 접착제 조각(13) 및 접착제 잔여분(14)으로 여겨지는 것이 보임; C: 작업자가 작업대(16) 위에서 붓으로 단판에 접착제를 도부(15)하고 있음 (다른 해석에 의하면 15는 작업자가 칼을 이용하여 단판을 원하는 형상으로 자르는 것이라고 추정하고 있음).

이러한 목재 접착은 먼 옛날부터 시작되어 왔는데 처음에는 타르(tar), 송진(resin), 검(gum), 밀랍(bee's wax), 동물의 가죽 및 뼈와 같은 천연산 재료로부터 제조한 천연계 접착제가 이용되었다. 동물의 가죽을 이용하여 천연계 접착제를 제조하는 기술은 이미 고대 이집트 시대부터 알려져 있었던 것으로 보인다(그림 2-4-1). 천연산 접착제는 17세기에 이르기까지 수천 년 동안 이용되었으며 동물의 가죽과 뼈를 이용하여 제조한 아교(animal glue)는 최근 몇 년 전까지만 하여도 폭넓게 이용되었던 접착제였다. 아교의 제조 기술은 목재를 다루는 장인들에게만 알려져 있던 것으로써 그 제조법은 공개되지 않고 비밀리에 대대로 전수되어 왔다. 1690년 네덜란드에서 아교를 생산하는 공장이 처음으로 설립되었으며 그 후 1700년 영국에서 그리고 1808년 미국에서 비슷한 공장이 설립되었다.

약 1800년경 이후부터 목공용 기계류가 개발되기 시작함에 따라 접착제의 사용이 증가하기 시작하였다. 그러나 접착제가 공업용 규모로 사용되기 시작한 것은 이보다 훨씬 늦은 1875년부터였는데 단판을 접착하여 합판을 생산하기 시작한 것이 그 계기가 되었다. 그 후 접착제의 사용량은 급격하게 증가되었으며 화학의 발달과 함께 서서히 새로운 접착제가 상용화되기에 이르렀다. 삭편판과 섬유판은 제재목의 제조 후 남게 되는 폐잔재나 건축 폐기물 등을 미세한 조각 모양으로 부순 삭편 또는 화학적이나 기계적인 처리를 통해 해섬하여 섬유 등의 형태로까지 더욱 작게 만든 것을 접착제로 굳힌 것이다. 이를 통해 제재목의 형태로는 얻을 수 없는 큰 재료가 접착을 통해 제조될 수가 있다. 또한, 기둥과 같은 구조재 등으로의 사용이 불가능한 소경목으로부터 옹이나 할렬 등과 같은 결점이 제거된 길이 수십 cm 정도인 판재인 라미나를 만들고 이들을 접착시켜 일반적인 목재 기둥보다도 더 강한 집성재 기둥이 제조되기도 하며 더욱이 돔(dome)과 같은 목질 구조체로써 사용되는 대단면집성재 등도 제조되고 있는데 이런 것들은 어느 것이나 할 것 없이 접착 기술 없이는 얻어질 수가 없다(그림 2-1-1, 2-1-5와 2-1-7).

이처럼 목재를 접착제로써 접착하게 됨에 따라 제품의 다양화뿐만 아니라 삼림자원의 보전에도 간접적인 공헌을 하게 되었는데 이는 폐잔재나 폐기물 등을 재활용하여 유용한 제품을 만들 수 있게 됨에 따라 삼림자원을 더욱 더 철저하게 이용할 수 있는 가능성을 열어 놓았기 때문이다.

2. 4. 2. 접착 기작

어떤 물질을 개입시켜 두 물체를 결합시키는 현상을 접착(adhesion)이라고 하며 이 때 사용된 개입 물질을 접착제(adhesive) 그리고 접착 대상이 되는 물체를 피착재(adherend)라고 한다(그림 2-4-2). 비슷한 용어로 점착(tack)과 점착제(감압접착제, pressure sensitive adhesive)가 있는데 점착은 접착의 일종(일시적인 접착으로 대개 영구적인 접착에 대한 상대적인 용어로 사용됨)으로 물, 용제, 열 등의 사용 없이 상온에서 단시간, 가벼운 압력만으로도 접착이 이루어지는 것을 그리고 점착제는 상온에서 접착성을 지니며 가벼운 압력에 의해 피착재에 접착되는 물질을 일컫는다.

상당 기간 동안 접착제는 신비스러운 물질로 여겨져 왔다. 접착에 대한 기작은 1920년 이후부터 연구되기 시작하였는데 이는 목제 비행기와 같이 특정 구조물에서 필요로 하는 강한 접합부에 관한 연구에서부터 시작되었다.

그러면 왜 접착에 의해 물체와 물체가 서로 붙게 되는 것일까? 접착에는 매우 많은 인자가 관여되고 있기 때문에 접착에 관한 이론도 여러 가지가 있는데 크게 본다면 둘로 나눌 수 있다. 간단히 설명하자면, 하나는 접착제 분자와 피착재 분자가 서로 끌어당기는 힘인 분자간 인력에 의해 접착된다고 하는 물리적인 결합이나 수소결합이나 공유결합 등에 의한 화학적인 결합 이론(비접착설) 그리고 다른 나머지 하나는 피착재 표면의 작은 凹凸에 접착제가 흘러 들어가 굳어 마치 닻이나 쐐기처럼 투묘작용을 하게 됨으로써 접착이 이루어진다고 하는 기계적인 결합 이론(기계적 접착설)이다. 어느 쪽의 이론만 옳다고 말할 수 없이 양쪽 이론 모두에 의한 것으로 여겨지지만 피착재의 종류에 따라서는 어느 한 쪽의 이론이 지배적인 것이 될 수도 있다.

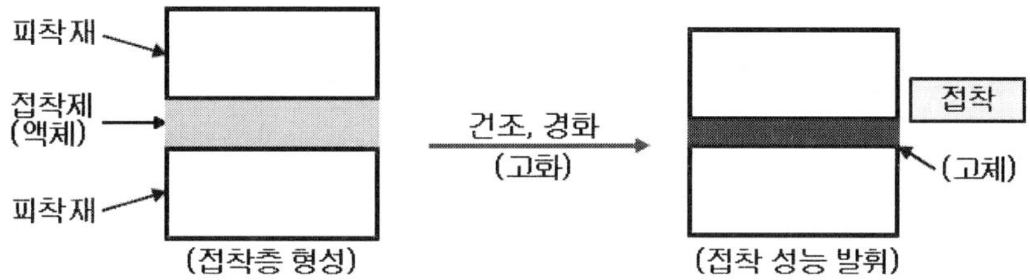

그림 2-4-2. 접착 과정에 대한 개요

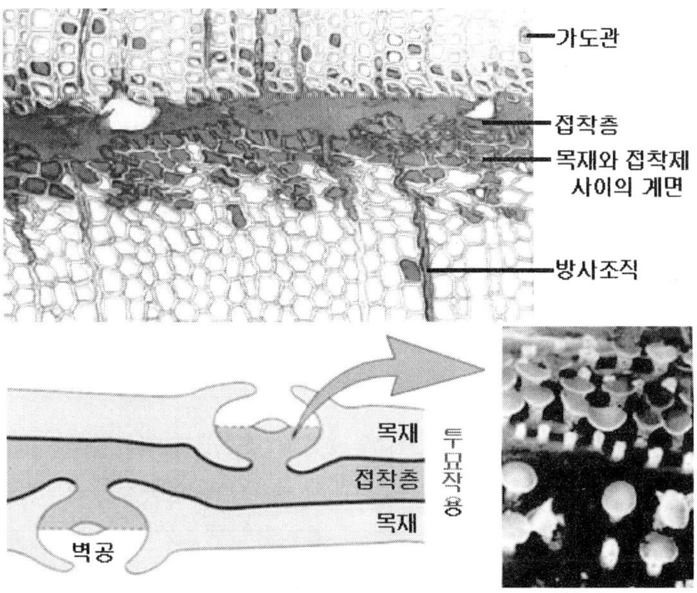

그림 2-4-3. 침엽수재에 있어서의 석탄산수지접착제에 의한 투묘작용

위에서 언급한 것처럼 접착 기작에 대한 현재의 관점은 기계적인 결합, 물리적 결합 또는 화학적 결합의 복합적인 작용에 의해 접착이 이루어지는 것으로 보고 있다. 어떻든 오늘날의 목재 접착 기술에 의해서는 2.5 x 2.5cm2의 접착 면적만으로도 표준 체중의 성인 남성 20명을 지탱하는 것이 가능해지게 되었다.

기계적 접착설(mechanical adhesion theory)에 따르면 재면에 도부된 접착제가 노출된 관공 등과 같은 공극에 침입하여 굳게 됨으로써 닻이나 쐐기와 같은 투묘작용(投錨作用, anchoring)을 나타내

접착이 이루어진다고 설명하고 있다(그림 2-4-3). 목재를 접착한 다음 목질만을 화학적으로 제거하고 주사전자현미경으로 관찰해 보면 접착제 닻을 확인할 수가 있는데 목재를 구성하는 도관요소, 방사조직 등의 내강은 물론 벽공이라고 불리는 매우 미세한 틈새로까지 접착제가 침투해 마치 버섯처럼 생긴 닻을 형성하게 된다. 또한, 이 투묘작용에 의해 피착재와 접착제가 서로 끌어당기는 실질적인 접착 면적도 커지게 된다. 육안으로는 평면처럼 보이는 금속의 표면도 현미경으로 보게 되면 미세한 凹凸이 존재함을 알 수 있는데 물론 목재처럼 다공질 피착재에 있어서는 투묘작용이 매우 유용한 효과를 발휘할 수가 있으며 수용성 접착제는 공극뿐만 아니라 세포벽 내부, 즉 마이크로피브릴(microfibril)의 사이로까지도 침입하게 됨으로써 투묘작용을 일으키게 되는 위치의 수가 많아지게 된다. 그러나 이러한 견해는 유리, 플라스틱, 금속과 같이 공극이 매우 적은 물질과 밀도가 높은 열대재를 비수용성 접착제로 접착하는 경우의 접착 원리를 충분히 설명할 수가 없다. 게다가 경화된 접착제는 공극 내에서 수축할 뿐만 아니라 세포벽과 항상 연결되어 있지 않다는 점에서 볼 때 이 기계적 접착설이 접착을 충분히 설명할 수 있는 이론이 될 수가 없다.

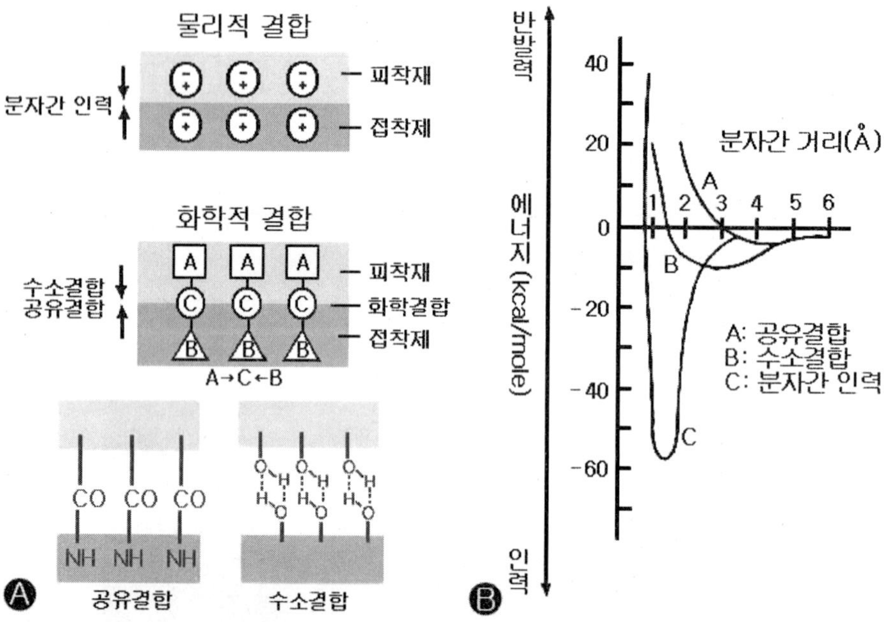

그림 2-4-4. 비접착설 설명 모식도(A)와 결합이 발생하는 분자간 거리와 에너지(B)

접착에 대한 가장 중요한 기작으로는 목재와 접착제 사이에 발달하게 되는 분자간 인력(van der Waals force)이나 수소결합(hydrogen bond)과 같은 결합력에 의해 접착이 이루어진다고 설명하는 비접착설(specific adhesion theory)을 들 수 있다(그림 2-4-4 및 표 2-4-1~2-4-2). 이 견해는 석영판(quartz sheet)의 경우처럼 일부 물질이 접착제의 사용 없이도 접착이 가능하다는 점에 근거를 둘 수가 있다. 이러한 현상은 다른 물질에서도 가능해질 수가 있는데 단 물질들의 표면이 절대적으로, 즉 원자 수준에서 깨끗한 경우에만 그렇다. 석영의 경우에도 그들의 표면이 잠깐만이라도 공기에 노출되는 경우 접착은 불가능해지게 된다. 이와 같이 깨끗한 표면을 얻는 것은 실제로 불가능하기 때문에 접착제를 개입시키지 않고서는 분자간 인력을 활성화시킬 수가 없다. 만약 물이나 기름의 얇은 막이 물체 사이의 면에 존재하게 되는 경우 이들 액체가 휘발되거나 또는 흡수되기 전에는 접착제로 작용하게 되어 강한 접착력을 발휘하게 될 것이다. 그러나 접착제로 이용되는 물질은 내구성 있는 접착을 발휘해야 되며 아울러 사용 조건 하에서도 접착력을 유지할 수 있어야만 한다.

표 2-4-1. 결합이 생기는 분자간 거리와 에너지 크기.

결합의 종류	분자간 거리(Å)	에너지(kcal/mole)
공유결합	1~2	60 이상
수소결합	2~4	2~10
분자간 인력	3~4	1 이하

표 2-4-2. 결합의 종류와 에너지 크기.

결합의 종류	결합	에너지(kcal/mole)
1차결합(화학결합)	이온결합	140~250
	공유결합	15~170
	금속결합	27~83
수소결합	O—H···O	3~7
	C—H···O	2~3
	O—H···N	4~7
	N—H···O	3~4
	N—H···N	3~5
2차결합(분자간 인력)	배향력(극성력)	~10
	분산력	~5
	여기력	~0.5

이러한 물질들은 응집성(cohesion)이 커야 하며 분자간 인력이 접착제와 피착재 사이의 극성(polarity)에 의해 영향을 받는 점을 고려해 본다면 접착제와 피착재 모두가 극성이어야만 하는데 왜냐하면 극성과 비극성 물질 사이에서는 강한 접착력이 얻어질 수가 없기 때문이다. 목재는 셀룰로오스(cellulose) 분자 내의 수산기(-OH) 등으로 인하여 극성을 띠기 때문에 목재용 접착제로 적절한 것은 수산기를 지니는 석탄산수지접착제, 카르보닐기(carbonyl group, -CO)나 아미노기(amino group, -NH2)를 지니는 요소수지접착제 등의 극성 접착제이다. 특히, 포름알데하이드(formaldehyde)를 지니는 접착제의 경우 목재와 접착제 사이의 1차 화학결합의 형성 역시 가능해진다. 2차결합 및 1차결합 가운데 어느 것이 상대적으로 더 중요한지는 논쟁의 소지가 되고 있는데 이들의 상대적인 중요성은 접착제의 종류에 따라 달라진다.

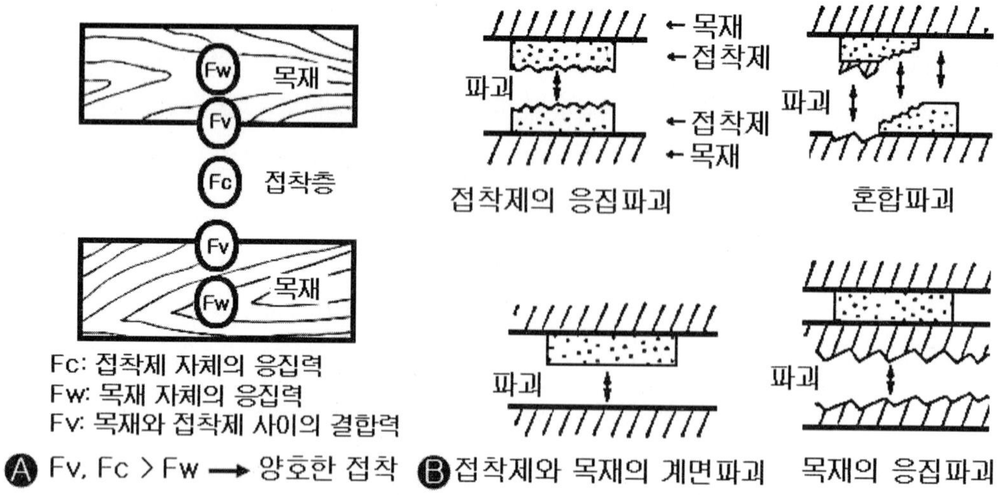

그림 2-4-5. 오륜자설(A)과 접착 파괴 형태(B)

접착제로 목재를 접착한 경우에는 접착 상태의 양부를 오륜자설(five links theory)로 설명할 수가 있는데 접착 파괴 형태로는 접착제의 응집파괴, 접착제와 목재의 계면파괴, 목재의 응집파괴 그리고 응집파괴와 계면파괴에 의한 혼합파괴 4가지가 고려되고 있다. 파괴는 가장 약한 곳에서 일어나는데 접착제 자체의 응집력(강도)보다 목재 자체의 응집력(강도)이나 목재와 접착제 사이의 결합력이 큰 경우 접착제의 응집파괴(접착층 파괴)가 그리고 목재 자체의 응집력보다 접착제 자체의 응집력이나 목재와 접착제 사이의 결합력이 큰 경우 목재의 응집파괴(목재 파괴)가 일어나게 된다. 목재와 접착제 사이의 결합력이 목재와 접착제 자체의 응집력보다 작을 때에는 계면파괴(계면 박리)가 발생하게 된다. 그리고 목재와 접착력 자체의 응집력 및 목재와 접착제 사이의 결합력이 서로 비슷한 경우에는 혼합파괴가 많아지는데 이 때 목재 자체가 파괴된 면적을 전체 접착 면적에 대한 비율로 나타내 목부파단율(wood failure)로 표현하고 있다. 가장 양호한 접착이라고 하는 것은 접착제 자체의 응집력과 목재와 접착제 사이의 결합력이 목재 자체의 응집력보다 커 목부파단율이 100%를 나타낼 때로 보면 된다(그림 2-4-5).

2. 4. 3. 접착제의 거동

접착제가 어느 한 재면에 도부되어 퇴적 상태에 놓여 있게 되면 도부면에서 자연발생적으로 일부 침투 및 습윤이 일어나게 된다. 그 후 접착하고자 하는 목재의 양쪽 재면을 서로 밀착시키게 되면 접착제가 거동하기 시작하는데 먼저 접착층에서의 유동(flow)이 일어난 다음 도부되지 않은 반대 재면으로의 접착제의 전이(transfer)가 일어나게 된다. 압체압력을 높이게 되면 접착제가 도부된 면에서 접착제의 침투(penetration)가 계속 진행됨과 아울러 접착제가 도부되지 않은 면에서도 침투가 일어나기 시작한다. 이어 양쪽 재면에서 침투와 함께 목재와 접착제 분자간의 작용에 의한 습윤(wetting)이 진행된다. 압체압력을 유지하게 되면 접착제의 모든 거동이 끝날 때까지 양쪽 목재가 그 상태로 붙어 있게 되는데 결국 이 상태에서 접착제가 고화(solidification)됨으로써 접착이 완료된다(그림 2-4-6).

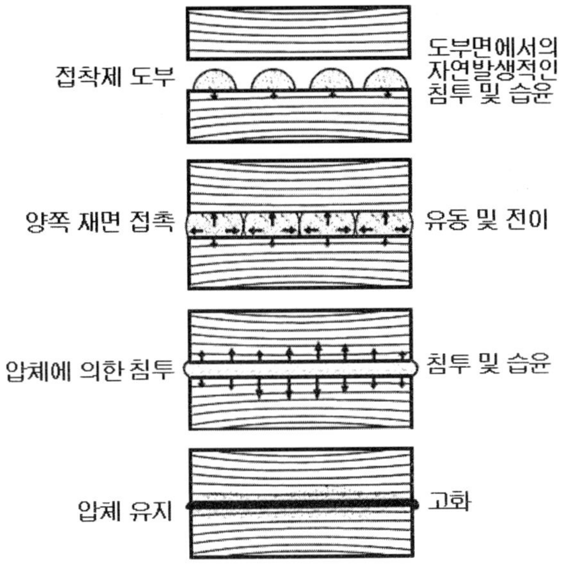

그림 2-4-6. 접착층에서의 접착제 거동 순서

접착제의 조성과 접착층에서의 조건에 따라 여러 형태의 거동 또는 거동 결핍이 고화 과정 중에 일어나게 되는데 중요한 몇 가지를 들어보면 다음과 같다(그림 2-4-7).

① 미경화(undercure): 고화가 충분히 이루어지지 않은 경우에 발생한다. 예를 들면, 열압 경화형 접착제인 경우 열압시간이 너무 짧다거나 또는 상온 경화형 접착제인 경우 너무 차가운 재면에 도부한 경우에 나타나는데 명확한 특징은 눈에 띄지 않으나 접착력과 내구성이 낮아지게 된다.

② 과경화(overcure): 완전 경화 상태가 지나도록 접착제가 고화된 경우에 발생하는데 이 경우 접착층이 손상되기 시작한다. 특히, 요소수지접착제를 지나치게 긴 시간 동안 열압하면 이러한 현상이 발생할 수가 있다. 역시 명확한 특징이 눈에 띄지 않으나 접착력이 낮아지게 된다.

③ 입자화(grainy): 너무 많은 양의 충전제를 사용하였거나 또는 접착제가 너무 빨리 건조됨으로써 접착제 중의 입자상 물질들이 완전히 동화되기에 시간이 충분하지 못한 경우 접착층에 입자 모양의 상태가 나타나게 된다. 접착력이나 내구성이 낮아지게 된다.

④ 발포(frothy 또는 foamed): 접착제의 교반 또는 도부 중에 발생한 거품이나 기포가 그대로 접착층에 남아있거나 아니면 열압 시 접착제 중의 용제나 수분이 열의 작용에 의해 거품이나 기포로 접착층에 남게 된다. 불연속적인 접착층으로 인해 접착력이 낮아지게 된다.

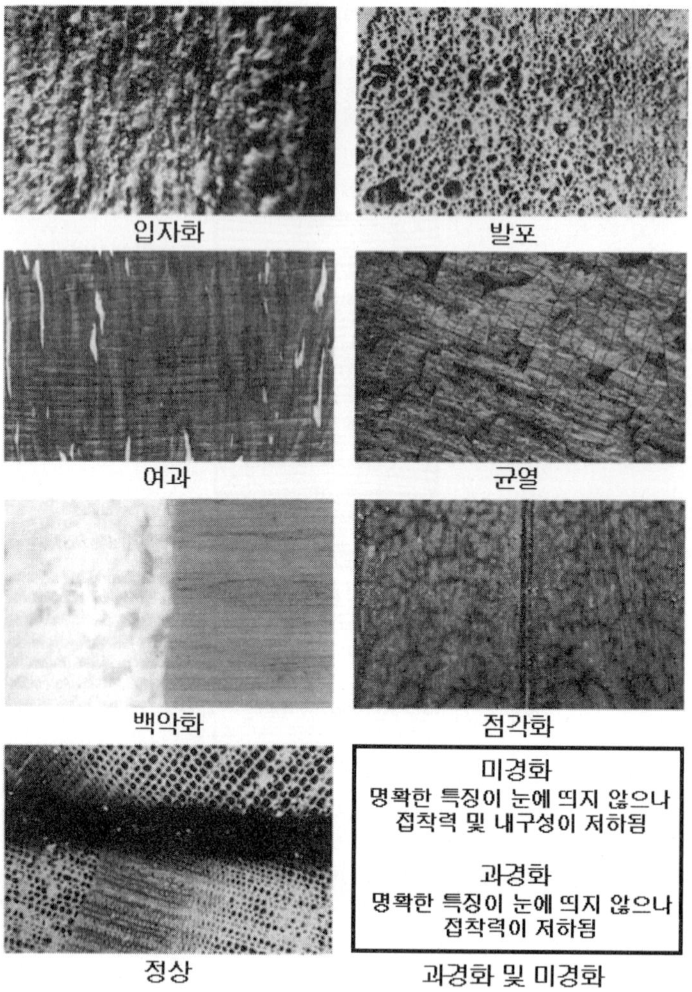

그림 2-4-7. 고화 상태의 종류

⑤ 여과(filtered): 접착제 성분 별 흡수성 차이 때문에 발생하는데 목재가 여과지로써의 작용을 하게 되어 수지 성분은 목재 내로 침투되지만 증량제(extender: 밀가루 등처럼 본래 점착성을 지니는 물질)나 충전제(filler: 호두 껍데기 분말 등처럼 본래 점착성을 지니지 않는 물질)가 재면에 남게 되는 경우에 발생한다. 따라서 수지 성분의 부족으로 인해 접착층의 파괴에 대한 저항력이 낮아지게 된다.

⑥ 균열(crazed): 대개 두꺼운 접착층에서 일어나는 일정하지 못한 형상의 균열을 일컫는데 접착제 중으로부터 용제가 빠져 나가 경화된 접착층이 수축하게 됨으로써 발생하는 경향이 있다. 접착 후 발생하는 응력에 의해서도 접착층에 균열 현상이 나타나는 경우도 있다. 따라서 접착력 및 내구성이 낮아지게 된다.

⑦ 백악화(chalky): 초산비닐수지접착제를 너무 차가운 재면에 도부하는 경우 주로 발생한다. 낮은 온도로 인해 입자 상태의 접착 유효 성분이 서로 융합되지 못하기 때문에 일어나는데 투명한 접착층 대신 불투명성의 뿌연 백악화 형상을 나타낸다. 따라서 충분한 접착력을 기대할

수가 없다.

⑧ 점각화(stippled): 접착제가 도부된 재면이 접착제의 유동과 전이가 일어나도록 접촉되었으나 양쪽 재면이 접착제가 경화되기 전까지 서로 떨어져 있는 경우에 발생한다. 양쪽 재면의 접촉 부위에 도부되어 있는 접착제는 반대 쪽 재면을 향해 돌출된 형태, 즉 톱니 모양 또는 실 모양을 나타내게 된다. 틈새가 두꺼운 경우에는 양쪽 재면 사이에서 접착제가 기둥 모양으로 나타날 수도 있다. 접착력을 기대할 수가 없다.

⑨ 정상(sound): 접착층은 연속적이어야 한다. 접착제 중의 모든 성분이 적절한 역할을 하게 되고 접착층 내에 균일하게 분포되어 있어야 한다. 파괴 시 접착층이 목부에 의해 덮여 있는 상태를 보이기 때문에 눈에 드러나지 않는 특징을 보이게 된다.

2. 4. 4. 접착 인자

접착제의 종류 이외에도 접착 즉 접합부의 품질에 영향하는 인자로는 재면의 상태, 접착제에 의한 습윤성, 목재 함수율 등을 들 수가 있다.

2. 4. 4. 1. 수종

목재에는 다양한 종류가 있으며 수종마다 비중이 서로 다른데 비중이 클수록 강도가 크다. 일반적으로 접착력은 목재의 비중과 직선적인 관계를 보이는데 비중이 작아 강도가 낮은 목재일수록 접착력이 약하고 비중이 높은 목재일수록 접착력이 강해지게 된다(그림 2-4-8의 A). 접착이 용이한 목재란 저비중의 목재인데 이러한 목재는 접착이 잘 이루어지기 때문에 목부파단율이 높으나 접착력은 낮은 경향을 보인다. 반면, 고비중의 목재는 접착력이 높지만 목부파단율이 높게 나오도록 접착하는 것이 상당히 곤란하다. 즉, 고비중의 목재는 접착하기 어려운 목재가 된다. 그리고 수지(송진)나 기타 추출물이 많은 심재의 쪽이 접착성이 불량하다.

2. 4. 4. 2. 재면의 상태

비접착설에 따른다면 목재와 목재 사이에 분자간 인력이 발생되기 위해서는 접착이 이루어질 양쪽 재면이 완전하게 서로 접촉되어야만 하는데 이것은 재면이 매우 평활해야만 된다는 것을 의미하게 되는 것이다. 완전히 평활한 재면은 금속이나 유리와 같은 재료에서조차도 얻기가 실제로 불가능한데 목재의 경우 공극을 지니는 해부학적 구조로 인해 더욱 어렵다. 따라서 긴밀한 접촉은 접착제에 의해서만 이루어질 수가 있는데 이는 접착제가 재면 사이의 불균일한 간극을 메워주기 때문에 가능해지게 되는 것이다.

그리고 접착제와 목재 사이의 분자간 인력이 발생되기 위해서는 재면이 깨끗하여야만 하는데 이는 대기 중의 먼지, 수분 또는 기름, 눈에 띄는 오염원 등이 강한 접착력의 형성을 방해하기 때문이다. 이러한 이유로 인해 접착하고자 하는 면은 접착 공정 바로 이전에 화학약품으로 청소해 주거나 대패질로 조정해 주어야 하는 것이다. 티크 등처럼 기름 성분이 많은 목재인 경우 아세톤(acetone) 등의 휘발성 용제로 훔쳐낸 다음 모두 휘발되도록 만들어 주어야 하며 미송 등처럼 수지(송진) 성분이 많은 목재인 경우 2% 가성소다(NaOH) 용액으로 처리한 다음 맑은 물로 깨끗이 씻어내고 건조시켜 주어야 한다.

기계대패에 의해 조정된 재면은 대개 주기적인 큰 凹凸로 남게 되는 절인 자국(knife mark)으로 인해 거칠 뿐만 아니라 표층의 세포가 찢어져 있는 상태를 보이는 경우도 많아 재면 사이의 양호한 접촉이 불가능해지게 된다(그림 2-2-30). 따라서 분자간 인력을 활성화시키기 위해서는 재면 사이의 불균일한 간극을 메워 주어야 하기 때문에 접착제의 도부량이 많아지게 된다. 기계대패에 의해 거칠게 가공된 면을 조정하는 경우를 제외하고는 연삭 역시 접착에 나쁜 영향을 미치게 된다. 지나친 고온에 의한 건조된 단판이나 열압에 의해 제조된 합판의 경우에는 가볍게 연삭해 줌으로써 접착력을 향상시킬 수가 있으며 용제로 닦아내면 연삭 분진의 제거도 가능해진다. 재면이 거친 경우에는 접착제 중에 충전제나 증량제를 첨가하거나 도부량을 많게 하거나 약간 압체압력을 높여 접착을 실시하는 방법도 이용되고 있다.

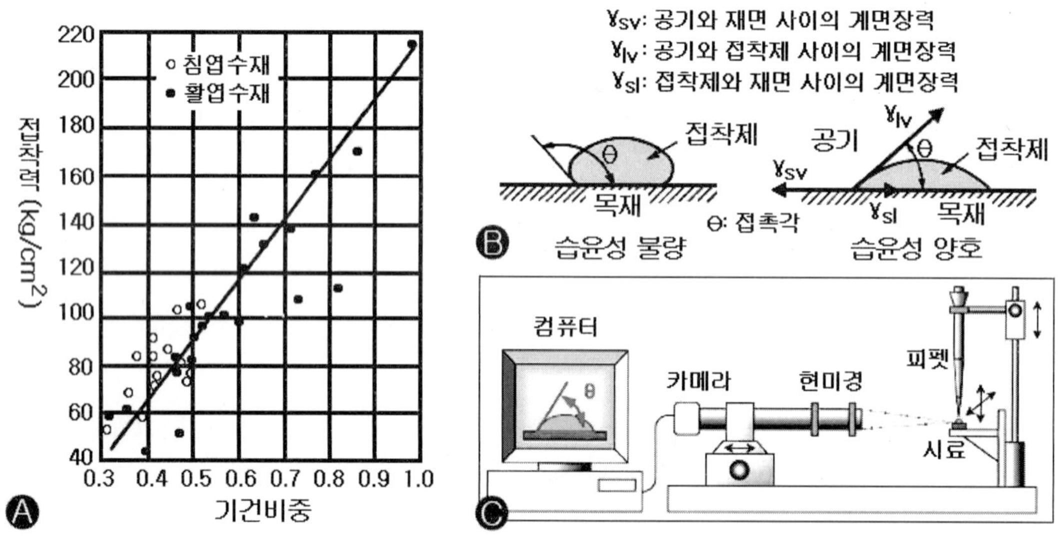

그림 2-4-8. 목재의 비중과 접착력 사이의 관계(A), 재면 위에서의 접착제 접촉각(B) 및 접촉각 측정 장치(C)

2. 4. 4. 3. 습윤성

수종이나 접착제에 따라 습윤성이 좋거나 나쁜 것이 있다(표 2-4-3). 일반적으로 습윤성이 나쁜 것은 접착성이 나쁘다. 추출물이 다량 함유되어 있는 목재는 습윤성이 불량해 접착 장해가 일어나기 쉬운데 추출물의 제거를 통해 접착성을 개선시킬 수가 있다. 또한 접착제에 계면활성제를 첨가하여 표면장력을 변화시켜 줌으로써 접착성을 양호하게 만들어줄 수도 있다.

접착제가 재면에서 습윤되는 경우 경계면에 3개의 계면장력이 존재하게 된다(그림 2-4-8의 B~C). 즉, 공기와 재면 사이의 계면장력 γsv, 공기와 접착제 사이의 계면장력 γlv와 접착제와 재면 사이의 계면장력 γsl이 바로 그것이다. 재면과 접착제 사이의 접촉각을 Θ라고 했을 때 다음의 식 $\gamma sv = \gamma sl + \gamma lv\cos\Theta$, 즉 $\gamma lv\cos\Theta = \gamma sv - \gamma sl$이 성립된다. 여기에서 우변 $\gamma sv - \gamma sl$은 재면이 접착제에 의해 습윤되기 위해서는 자유 에너지가 감소되어야 함을 의미하게 된다. 즉, 이 자유 에너지가 커질수록 접착제가 재면에서 면적을 확대시켜 나가기 쉬워지게 된다. $\gamma sv - \gamma sl$와 $\gamma lv\cos\Theta$가 동일하기 때문에 이 값이 커질수록 습윤성이 커지게 된다. γlv는 접착제의 계면장력에 해당되기 때문에 접촉각 Θ가 0o에 근접할수록 $\gamma lv\cos\Theta$가 커지게 된다. 따라서 접촉각 Θ가 작을수록 습윤성이 양호해지기 때문에 강한 접착력을 얻기 위해서는 접촉각이 0o에 근접하여야만 한다. 그 이유는 습윤성이 클수록 접착제가 재면에서 면적이 확대되어 얇은 접착층을 형성하게 되고 접착제와 목재 사이에 분자간 인력이 작용하게 됨으로써 양호한 접착이 이루어질 수 있기 때문이다. 이처럼 접착제에 의한 목재의 습윤성은 재면에 대한 접촉각 Θ로 평가되고 있는데 일반적으로 수용성 석탄산수지접착제보다 요수수지접착제의 쪽이 접촉각이 작은 편이다(표 2-4-3).

표 2-4-3. 남양재와 물 그리고 접착제 사이의 접촉각(o, 액 적하 1분 후 측정).

수종	물	요소수지접착제	수용성 석탄산수지접착제
황메런티(yellow meranti)	0	25	65
암베로이(amberoi)	0	30	75
카퍼(kapur)	29	40	73
마야피스(mayapis)	52	52	87
에리마(erima)	63	52	78
백나왕(white lauan)	58	47	75
박티칸(Bagtikan)	60	50	78
탕길(tangile)	70	56	92
적나왕(red lauan)	76	58	95
아피통(apitong)	98	68	90

또한, 재면이 접착제에 의해 습윤되는 경우 접착제를 잡아당겨 면적을 확대시키기 위한 힘 Wa가 필요해진다. 즉, 이 힘 Wa는 재면-접착제 계면의 에너지 γsl을 빼앗아 새로운 공기-접착제 계면의 에너지 γlv와 재면-공기 계면의 에너지 γsv를 만드는데 쓰이기 때문에 $Wa = \gamma lv + \gamma sv - \gamma sl = \gamma lv(1 + \cos\Theta)$가 된다. 즉, 완전히 습윤되면 $\cos\Theta = +1$ 그리고 전혀 습윤되지 않으면 $\cos\Theta = -1$이 되기 때문에 힘 Wa는 각각 $2\gamma lv$와 0이 된다.

습윤성은 여러 인자에 의해 영향을 받게 되는데 표면장력, 온도, 점도처럼 접착제에 관련된 것 그리고 비중, 공극성 및 추출물처럼 목재에 관련된 것이 있다. 비중이 낮은 목재, 즉 공극성이 큰 목재는 습윤성이 양호한 반면 추출물의 양이 많거나 테르펜(terpene)이나 지방산(fatty acid) 등과 같은 비극성 추출물이 존재하는 경우 습윤성이 불량해진다. 또한 습윤성은 재면의 청결 상태와 기계 가공 시의 조건에 의해 영향을 받게 된다. 예를 들면, 예리하지 못한 인물(칼날, 刃物)은 목재의 과열이나 뭉개짐을 일으켜 재면을 탄화시키거나 재면의 표면경화를 유발하는 원인이 되기도 한다. 그리고 160oC 이상의 고온으로 단판을 건조하면 흡착점인 수산기 등의 소실로 인한 재면의 불활성으로 인하여 습윤성이 나빠지게 된다.

2. 4. 4. 4. 함수율

목재의 함수율은 접착에 큰 영향을 미치는 인자가 되고 있다. 접착 시 함수율이 높은 경우 접착제의 유동성이 증가되어 목재 내부로 접착제가 과도하게 흡수됨에 따라 결교(starved joint, 접착제가 없는 부분)가 발생하여 접착력이 저하될 수 있다. 목재의 함수율이 매우 낮은 경우에도 접착제의 습윤성이 저하됨으로써 목재 내부로의 침투가 방해받을 뿐만 아니라 조기경화의 원인도 되기 때문에 문제의 소지가 될 수 있다. 또한 수분의 소실에 따른 함수율 변화 역시 목재의 수축, 팽창에 따른 응력을 유발시키게 됨으로써 접착층의 연속성을 파괴시켜 접착력에 나쁜 영향을 미칠 수가 있다. 그리고 고온에서의 접착 시 발생한 기포가 접착층 내부에 갇히게 되는 경우에도 마찬가지로 나쁜 현상이 나타날 수 있다.

수분은 목재 내에 함유되어 있지만 수용성 접착제에 의해 목재에 수분이 부가되기도 하거나 고온에 의해 목재로부터 수분이 제거되기도 한다. 접착제의 종류나 접착 공정(냉압 및 열압) 등에 따라 달라지지만 목재는 함수율이 대략 2~12% 범위에서 접착을 하게 되는데 열압의 경우 2~8% 그리고 냉압의 경우 8~12%가 적당하다. 일반적인 기준으로는 가구나 문 등과 같은 실내용 제품의 경우 6~8% 그리고 외장용 보와 같은 실외용 제품의 경우 12~14%의 함수율 조건에서 접착을 실시하되 접착 전의 목재 함수율이 제품의 실제 사용기간 중에 도달할 수 있는 예상 함수율과 대략 동일하도록 조정한 다음 접착을 하는 것이 바람직하다. 이러한 조건보다 과도하게 많은 양의 수분을 지니는 목재를 사용한 경우에는 설령 양호한 접착이 얻어졌다고 할지라도 사용 중 시간의 경과에 따라 건조, 수축되면서 목재에 할렬이나 틀어짐이 발생하게 된다. 이런 결함 때문에 접착층에 과도한 응력이 발생하게 되고 결국 접착력 저하나 박리 등이 일어날 뿐만 아니라 내구성도 영향을 받게 된다. 반면, 적절한 함수율 조건에서 접착이 되었다고 할지라도 습한 조건에서 사용하는 경우 수분의 흡수에 따른 목재와 접착층 사이의 팽창량 차이로 인해 접착 파괴가 발생할 수 있는데 수지 등의 함침을 통한 목재의 치수안정화 처리나 탄력성 있는 유연한 접착제의 사용을 통해 예방해 줄 수가 있다(그림 2-4-9).

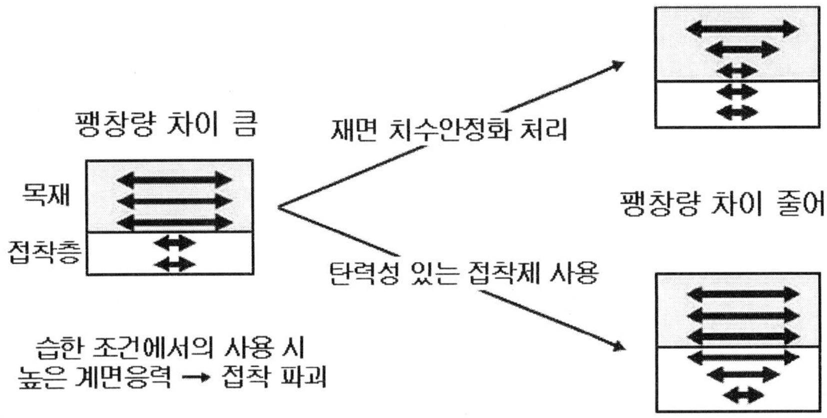

그림 2-4-9. 목재와 접착층 사이의 팽창량 차이에 따른 계면응력 완화 방법

함수율 이외에도 수분의 분포 역시 중요한데 목재의 수축이나 팽창으로 인해 발생하게 되는 응력에 의하여 접착력이 약화되는 것을 피하기 위해서는 하나의 부재 내뿐만 아니라 부재 간 수분의 변이성이 되도록 작아야 한다. 이러한 응력은 수종 및 연륜의 배향에 따라 달라지는데 무거운 목재일수록 그리고 접선단면을 지니는 목재, 즉 판목의 목재일수록 응력이 커지게 된다.

2. 4. 4. 5. 목리방향

목구면과 목구면 사이의 맞댐접합(butt joint)이 상당히 약하다는 것으로부터도 알 수 있듯이 목리방향이 접착력에 큰 영향을 미치게 된다. 또한 합판처럼 목리방향이 서로 직교하는 경우의 접착력은 단판적층재처럼 목리방향이 서로 평행한 경우보다 상당히 낮은 편이다(그림 2-4-10의 A와 표 2-4-4). 단판의 직교 적층에 의한 합판과는 달리 제재목을 직교 접착하기 곤란한 이유는 단판에 비해 상당히 두꺼운 제재목의 경우 함수율 변화에 따른 수축이나 팽창으로 인해 접착층이 견딜 수 있는 것보다 더 큰 응력이 발생하기 때문에 그런 것으로 여겨지고 있다.

목리방향과 접착면이 이루는 각도 측면에서 보았을 때 목구면과 목구면 사이의 접착력은 종단면과 종단면 사이의 접착력보다 낮고 목구면과 종단면 사이의 접착력은 더욱 낮은 편이다(그림 2-4-10의 B와 표 2-4-5). 이것은 목재를 구성하고 있는 세포의 대부분이 마치 빨대처럼 축방향으로 배열되어 있어 접착제의 과도한 침투에 따른 결교가 일어나기 쉬울 뿐만 아니라 투묘작용에 의한 기계적인 결합 효과도 그리 기대할 수 없기 때문에 그렇다.

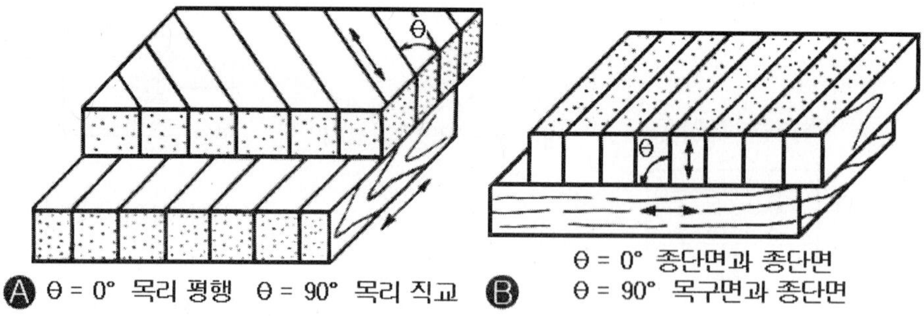

그림 2-4-10. 목리방향 사이의 각도(A)와 목리방향과 접착면 사이의 각도(B)

표 2-4-4. 상하 목재의 목리방향에 따른 접착성.

수종	Θ(°)	0	15	30	45	60	75	90
삼나무	접착력(kg/cm²)	65.6	54.9	40.6	30.2	24.5	20.4	18.0
	목부파단율(%)	89	62	54	45	30	24	32
백나왕	접착력(kg/cm²)	86.1	73.4	64.5	58.9	44.5	36.6	33.3
	목부파단율(%)	89	51	59	67	28	21	52
요소수지접착제, 압체압력: 10 kg/cm², 전단접착력 시험편								

표 2-4-5. 상하 목재의 목리방향과 접착면에 따른 접착성.

수종	Θ(°)	0	15	30	45	60	75	90
삼나무	접착력(kg/cm²)	65.5	56.3	51.0	42.0	41.5	24.7	17.9
	목부파단율(%)	79	97	87	90	88	89	86
백나왕	접착력(kg/cm²)	88.2	64.4	43.5	31.4	26.8	25.4	29.3
	목부파단율(%)	81	69	57	59	54	28	8
요소수지접착제, 압체압력: 10 kg/cm², 전단접착력 시험편								

2. 4. 4. 6. 기타

위에서 언급한 조건 이외에도 만족할만한 접착을 위해서는 다음과 같은 것들이 필요로 해진다.

① 접착제 품질

적절하게 조제된 양호한 품질의 접착제를 사용하여야 하는데 너무 오랫동안 저장되거나 부적절한 조건 하에서 저장된 접착제는 접착제의 성능이 약화되거나 없어지게 된다. 모든 경우에 있어 제조업체의 지침서대로 접착제를 사용하여야 한다.

② 접착제 도부량

적절한 도부량으로 균일하게 도부하여야 하는데 필요 이상으로 많은 양의 접착제를 도부하게 되면 비용이 많이 소요될 뿐만 아니라 접착층도 두꺼워진다. 이러한 경우 접착제의 수축에 따른 공극의 발생이라든가 기포의 함유 등에 의해 접착력이 저하된다. 일반적으로 접착층의 두께가 두꺼워질수록 접착력은 낮아지는데 이론적으로는 단분자층 정도이면 충분한 접착력이 얻어지나 실제상으로 접착제가 경화된 후의 접착층 두께는 최소 약 0.1mm 정도가 되어야 한다.

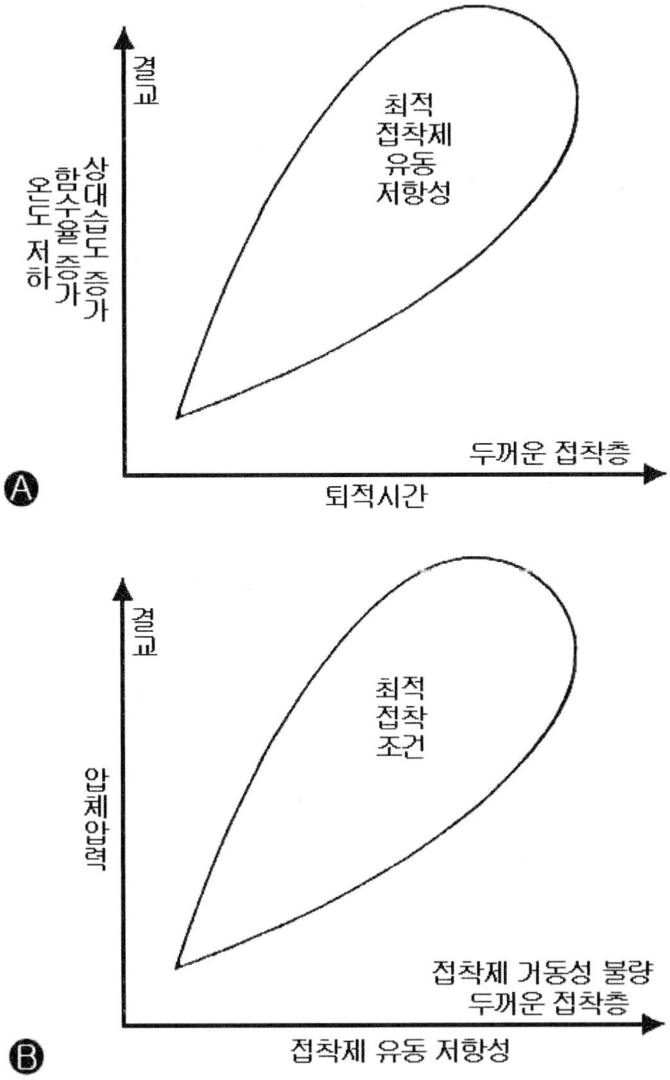

그림 2-4-11. 접착 시 온도, 상대습도, 함수율과 퇴적시간에 따른 최적 접착제 유동 저항성(A) 및 압체압력과 접착제 유동 저항성에 따른 최적 접착 조건(B)

③ 퇴적시간(집결시간)

접착제 도부와 퇴적 사이의 시간을 적절하게 조절해 주어야 하는데 퇴적시간에는 개방퇴적시간과 폐쇄퇴적시간이 있다. 개방퇴적시간은 접착제 도부 시부터 접착될 면을 접촉시킬 때까지의 시간이며 폐쇄퇴적시간은 접착될 면의 접촉 시부터 가압 시까지의 시간이다. 개방퇴적시간 동안에는 접착제 중의 용제가 증발되는 반면 폐쇄퇴적시간 동안에는 용제가 목재 내부로 흡수되며 또한 시간의 경과에 따라 접착제 분자간의 화학반응이 일어나게 됨으로써 접착제가 조기경화를 이루게 되어 접착력이 약해지거나 접착이 이루어지지 않게 되는 경우도 생기게 된다(그림 2-4-11의 A). 이러한 이유로 인해 경험, 실험 또는 제조업체의 지침서에 따라 접착제 별로 개방퇴적시간과 폐쇄퇴적시간을 적절히 조절할 필요가 있다(그림 2-4-12의 A).

④ 접착 조작

적절한 시간 동안 충분하고 균일하게 압체해 주어야 하는데 접착될 면이 되도록 서로 밀접히 접촉되도록 하기 위해서는 압력을 가해 주어야 한다. 이렇게 압체압력을 가해 줌으로써 접착제가 얇고 연속적이면서 균일한 두께의 접착층을 형성할 수가 있게 된다. 압체압력과 압체시간은 접착제의 종류와 점도, 목재의 종류와 비중, 제품의 용도 등에 따라 달라진다. 접착제의 종류에 따라서는 고온의 열을 필요로 하는 경우도 있는데 압체 시의 온도는 주로 접착제의 종류와 그 밖의 인자에 의해 좌우된다.

목재의 함수율이 높을 때, 공극성이 큰 목재를 사용할 때 그리고 분자 중합도가 낮은 유동성이 큰 접착제를 사용할 때 압체압력을 높게 적용하는 경우 결교가 발생하기 쉬워진다(그림 2-4-11의 B). 도부량이 과다하거나 퇴적시간이 긴 경우에는 조기경화가 일어나기 쉬워지고 접착제의 침투가 불충분해 접착층이 두꺼워지는 경우 공기나 기포가 접착층 내에 잔류되어 응집력을 약화됨으로써 접착력 저하가 초래된다.

⑤ 접착제 분자량과 pH

접착제의 분자량 크기는 접착력에 영향을 미치게 된다. 분자량이 지나치게 크면 재면에 접착제를 도부할 때 긴 분자 사슬이 마치 실이 서로 엉켜 있는 상태처럼 되어 열역학적으로 거동이 어려워진다. 일반적으로 요소수지접착제, 멜라민수지접착제, 석탄산수지접착제 등의 초기 축합물은 수백 정도의 분자량을 지닌다.

접착제의 종류에 따라 경화에 필요한 pH 조건이 달라진다(그림 2-4-12의 B). 접착제 가운데 화학 반응형의 것은 수성인 경우 그 반응성은 pH의 영향을 받기 쉬운데 그 예로써 요소수지접착제는 경화를 위한 반응이 pH가 낮은 산성일수록 급격하게 진행되지만 지나치게 산성이 강해지면 경화된 피막은 약해지고 노화성도 심해지기 때문에 대개 pH 4 전후에서 고화시키게 된다(그림 2-4-12의 C). 그러나 레조르시놀수지접착제는 오히려 약알칼리성인 pH 8~9에서 급격한 반응이 진행되어 빨리 경화된다(그림 2-4-12의 D).

그리고 강한 산성 및 알칼리성은 접착층 주변의 목재 조직을 열화시키며 또한 알칼리성은 청흑색으로 그리고 산성은 연분홍색으로 목재를 오염시키기 때문에 주의할 필요가 있다.

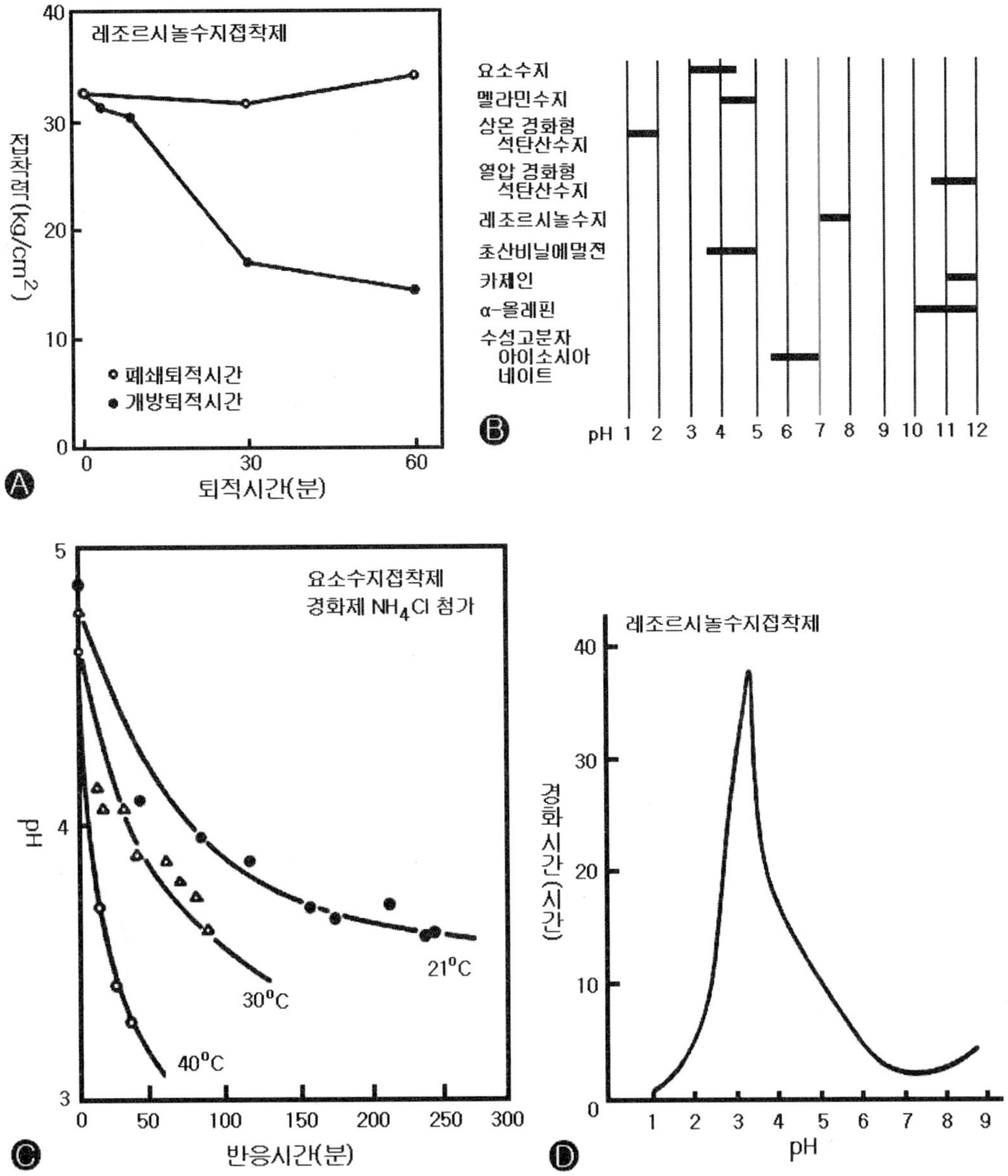

그림 2-4-12. 퇴적시간과 접착력 사이의 관계(A), 접착제 경화 pH 범위(B), 요소수지 접착제의 pH 저하 속도(C) 및 레조르시놀수지접착제의 경화 속도에 미치는 pH의 영향(D)

2 .4. 5. 주요 접착제

접착제는 천연계 접착제와 합성수지계 접착제로 구분할 수가 있다(표 2-4-6~2-4-10).

2. 4. 5. 1. 천연계 접착제

천연계 접착제로는 전분이나 대두접착제와 같은 식물성의 것과 동물의 가죽이나 뼈, 카제인

(casein), 혈액알부민과(blood albumin) 같은 동물성의 것으로 나눌 수가 있다. 1930년까지는 천연계 접착제밖에 없었기 때문에 이것이 광범위하게 이용되어 왔으나 그 후에는 거의 전부 합성수지계 접착제에 의해 대체되었다. 이와 같이 대체된 이유는 천연계의 접착제가 악조건 하에서 내구성이 결여된 반면 합성수지계 접착제는 사용하기가 쉽고 수분, 미생물, 고온 및 화학약품에 대한 저항성이 우수할 뿐만 아니라 가격적인 측면에서도 비교적 적당하기 때문이다. 천연계 접착제 가운데에서 카제인접착제만 유일하게 목재 공업에서 중요하게 이용되고 있다.

① 전분접착제(starch glue)

옥수수, 타피오카(tapioca), 밀, 감자, 바나나와 같은 식물의 전분이 원료가 되고 있다. 접착제는 전분과 물을 혼합한 다음 가열하여 제조한다. 가열 대신에 가성소다를 첨가하여 접착제를 제조하기도 하나 이 경우 담색의 목재에서는 변색이라는 문제점이 일어나게 된다. 전분접착제는 점액성이며 수분이 공기 중으로 증발하거나 목재 내로 흡수됨에 따라 굳기 때문에 접착된 제품을 재건조해 줄 필요가 있다. 이 접착제의 단점으로는 수분, 균 및 곤충에 대한 저항성이 없다는 것을 들 수가 있으나 합성수지계 접착제를 혼합해 주면 이런 단점을 다소 개선할 수가 있다.

② 대두접착제(soybean glue)

콩에 함유되어 있는 단백질이 원료가 된다. 대두접착제는 수산화칼슘(소석회, Ca(OH)2)이나 가성소다와 같은 화학약품이 포함되어 있는 분말상의 형태로 시판되고 있는데 물을 첨가하여 단순히 섞어준 다음 사용하면 된다. 대두접착제는 화학적으로 카제인접착제와 매우 유사하다. 이 접착제는 수분의 소실과 화학반응 양자에 의해 고화된다. 대두접착제는 카제인접착제와 마찬가지로 알칼리성이나 수분에 대한 접착층의 저항성은 더 낮으며 균이나 곤충에 대한 피해를 더 심하게 받을 수 있다. 합성수지계 접착제를 혼합하여 이 접착제의 성질을 개선할 수가 있다.

③ 아교(阿膠, 動物膠, 獸膠, animal glue)

이 접착제는 뼈 또는 가죽 등으로부터 제조된 것으로 접착 능력은 단백질인 콜라겐(collagen)에 기인한다. 아교는 온도 40~60oC 정도의 따뜻한 수용성의 용액 상태인 교액(膠液)으로 사용하면 되는데 물에 대한 고형분의 비율이 25~50% 정도로써 대개 페인트 정도의 유동성을 지니는 것이 바람직하다. 균일하게 가열하기 위해서는 접착제를 지니는 용기를 따뜻한 수조 내에 담가 가열하면 된다. 고화는 냉각과 수분의 소실에 의해 이루어진다.

교액은 차가운 곳에서 급히 냉각, 고화되어 젤리와 같은 상태를 나타내기 때문에 가압하여도 고무와 같은 상태가 되어 접착력을 기대하기 곤란한데 젤리 강도(jelly strength: 지름 12.7mm의 막대 피스톤을 준비된 표준 아교에 깊이 4mm까지 압입시키는데 요구되는 무게(g)로 표시되며 젤리 강도가 낮을수록 고화에 장시간이 소요됨)가 낮은 것이 특히 겨울철에 유용하다. 가사용시간을 연장하기 위하여 목재를 보온해 주는 방법이 있는데 겨울철에는 실내나 목재를 20oC 이상으로 보온해 주는 것이 바람직하다. 그러나 교액 자체를 60oC 이상으로 과도하게 가열해 주어서는 안 되는데 그 이유는 아교의 분자 구조가 파괴되어 접착력이 낮아지기 때문이다. 다른 방법으로는 요소와 같은 첨가제를 넣어 교액의 고화 속도를 지연시켜 주는 것을 들 수가 있다. 요소는 건조된 아교 입자에 대한 무게 비율을 기준으로 첨가해 주어야 하는데 일반적으로 기온이 낮을수록 더 많은 양의 요소를 첨가해 주어야 하며 첨가 수준 10%부터 시작하면 된다. 더 긴 가사용시간을 얻고자 하는 경우에는 요소 첨가 수준을 높여주면 되는데 요소를 40% 이상 지니는 교액은 상온에서 유동성의 액상을 띠게 되지만 접착력이 떨어지기 때문에 30% 이상 첨가하는 것은 바람직하지 못하다.

접착층은 수분이나 높은 상대습도 조건에 대한 저항성이 없으나 수산(oxalic acid)이나 파라포름알데하이드(paraformaldehyde)와 같은 화학약품의 첨가에 의해서 개선될 수가 있다. 또 다른 결점으로는 균이나 곤충에 의한 피해를 들 수가 있다.

④ 카제인접착제(casein glue)

카제인은 우유에 포함되어 있는 단백질로써 산화에 의해 분리한 다음 수세, 압착, 건조 및 파쇄를 통하여 분말상으로 제조할 수가 있다. 접착제는 이러한 분말을 물과 함께 혼합, 교반하여 조제할 수가 있다. 수산화칼슘을 첨가하게 되면 불용성의 카세인칼슘(calcium caseinate)이 형성되어 수분에 대한 접착층의 저항성이 증대되며 반면에 수산화나트륨을 첨가하게 되면 가사용시간이 연장된다. 접작력의 개선을 위하여 다른 화학약품을 첨가하기도 하며 거품을 제거하기 위하여 소포제를 첨가하기도 한다. 카제인접착제는 저온, 심지어는 0oC까지에서도 사용할 수가 있으며 접착 능력은 분말상의 경우 여러 달, 접착제 액의 조제 후에는 여러 시간 그리고 접착제의 도부 후에는 90분 동안까지 유지된다.

강한 상태접착력을 나타내나 실외의 대기상태 또는 상대습도가 높은 환경에 노출될 제품의 접착용으로는 적당하지가 않다. 접착층이 균이나 곤충에 의해 피해를 받을 수 있지만 독성 약품을 첨가하여 개선할 수가 있다. 접착된 제품의 기계 가공 시 인물(칼날)이 무디어 질 수 있다. 카제인접착제는 알칼리성임으로 수지를 지니는 목재 및 추출물을 지니는 재면의 접착에 도움이 되나 담색의 목재인 경우 오염이 야기되며 작업자의 피부 자극을 유발할 수가 있다.

⑤ 혈액알부민접착제(blood albumin glue)

동물, 주로 가축의 혈액에 포함되어 있는 알부민이 접착성을 지닌다. 이러한 알부민으로부터 제조된 접착제가 제1차 세계대전 시 수분에 대한 저항성이 필요한 목제 비행기 제조용의 접착재로 광범위하게 이용되었다. 접착 시 70oC 이상의 고온이 필요하기 때문에 열압법을 이용하여 접착하게 된다.

표 2-4-6. 일반 목재용 접착제의 성능(응력, 열, 수분 및 미생물 시험에 의해 평가됨).

접착제	저항성				등급	주요 용도
	응력	열	수분	미생물		
석탄산(phenol)	E	E	E	E	1	외장용 침엽수 합판
레조르시놀(resorcinol)	E	E	E	E	2	외장용 집성재
멜라민(melamine)	E	E-	E-	E	3	외장용 활엽수 합판
요소(urea)	E	G-	G-	E	4	내장용 활엽수 합판
카제인(casein)	E	G	F	P	5	내장용 집성재
대두(soybean)	E-	G	F-	P	6	내장용 침엽수 합판
전분(starch)	F	G	P	P	7	소재심판, 종이
아교(animal)	G	F	P	P	8	가구 조립
초산비닐(PVAc)	F	F-	P	E	9	가구 조립
검(rubber)	P	P	F	E	10	오버레이, 종이

E = 매우 우수, G = 우수, F =양호, P = 불량

응력 : 연속 응력 조건

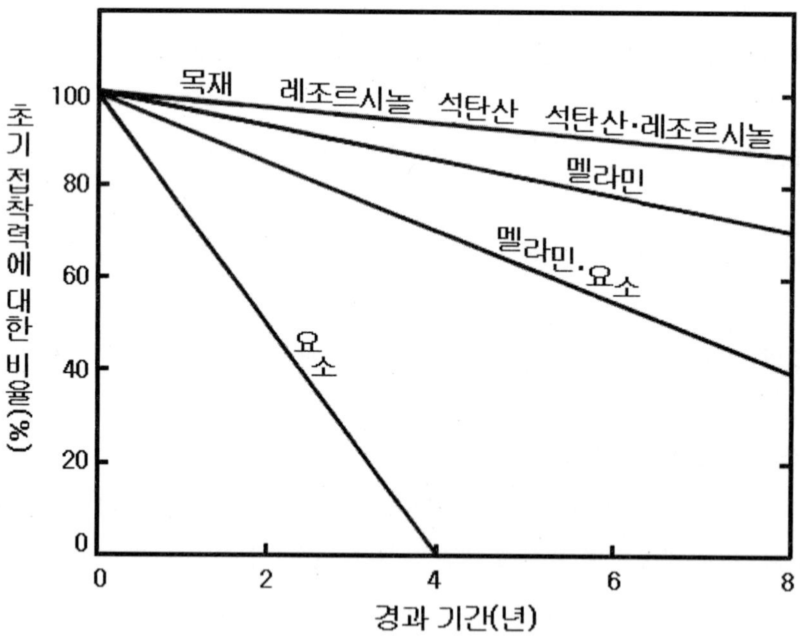

그림 2-4-13. 보호받지 못한 외기에 장기간 노출시킨 합판 접착층의 노화성

표 2-4-7. 천연계 목재용 접착제의 작업성, 강도적 성질 및 대표적인 용도.

종류	특성
아교(동물교, 수교), 단백질계 Animal, protein	고체상 및 액상; 접착층 갈색~백색 고체상의 것은 물에 담가 불리고 가열하여 녹인 다음 사용; 도부 시 용융된 상태를 유지하도록 가온 액상의 것은 그대로 도부; 고체상 및 액상의 것 모두 상온에서 냉압; 온도 변화에 따라 접착 공정 약간 조절하여야 함 높은 상태접착력; 물이나 습한 공기에 대한 저항성 낮음 가구 및 현악기 조립; 고가구 보수
혈분, 단백질계 Blood, protein	고체상 및 부분 건조된 상태의 혈액; 접착층 암적색~흑색 냉수, 소석회, 가성소다 및 기타 첨가제와 혼합; 상온에서 도부; 상온에서 냉압 또는 120℃ 이상에서 열압 높은 상태접착력; 물이나 습한 공기, 미생물에 대한 저항성 중간 정도 내장용 침엽수 합판 제조, 대두접착제와 혼합하여 사용하는 경우도 있음; 석탄산수지에 의해 거의 대체됨
카제인, 단백질계 Casein, protein	첨가제를 지니는 분말상; 접착층 백색~황갈색 물과 혼합; 상온에서 도부 및 냉압 높은 상태접착력; 물, 습한 공기 및 중온에 대한 저항성 중간 정도; 외장용으로는 부적당 내장용 문; 현재 집성재 제조용으로는 거의 사용되지 않고 있음
대두, 단백질계 Soybean, protein	첨가제를 지니는 분말상; 백색~황갈색을 띠며 접착층의 색상도 비슷함 냉수, 소석회, 가성소다 및 기타 첨가제와 혼합; 상온에서 도부 및 냉압하나 혈분과의 혼합 시 대개 열압함 중간 내지 낮은 상태접착력; 물이나 습한 공기에 대한 저항성 중간 내지 낮음; 중온에 대한 저항성 중간 정도 내장용 침엽수 합판 제조 시 사용하나 현재 석탄산수지에 의해 대체됨; 제재목의 손가락접합 용도의 급속 경화형 레조르시놀·대두접착제가 개발 중에 있음
목질 잔사 및 추출물 Lignocellulosic residues & extracts	분말상 또는 액상; 석탄산수지와 혼합하여 사용할 수 있음; 접착층 암갈색 사용자가 충전제나 증량제 혼합; 석탄산수지와 마찬가지로 130~150℃에서 열압으로 경화시킴 양호한 상태접착력; 중간 내지 양호한 내수접착력; 석탄산수지와 혼합 시 내구성 개선됨 공학목재 제조 시 석탄산수지 대용으로 일부 사용되고 있음

표 2-4-8. 합성수지계 목재용 접착제의 작업성, 강도적 성질 및 대표적인 용도.

종류	특성
가교결합성 초산비닐수지 Cross-linked polyvinyl acetate	초산비닐수지와 마찬가지로 유상액이나 별도의 촉매에 의해 가교결합이 가능한 공중합체를 포함; 백색~황갈색; 접착층 무색 촉매와 혼합된 유상액; 상온 경화 또는 상온보다 높은 온도에서 열압기나 고주파 압체장치로 경화 높은 상태접착력; 수분 및 상온보다 높은 온도, 특히 습한 환경 조건 하에서의 장기적인 성능이 개선됨 내장용 및 외장용 문; 몰딩 및 건축용 목공; 셀룰로오스계 재료의 오버레이
접촉형 검계 Elastomeric contact	점조성(粘稠性) 액상으로 대개 합성 검이 유기용제에 녹아 있거나 수중에 분산되어 있음; 황갈색~황색 양쪽 재면에 액상 접착제를 직접 도부한 다음 압체 시까지 개방퇴적을 통해 부분적으로 건조시켜 줌; 상온에서 롤러로 눌러주면 즉시 접착이 이루어짐 압체와 동시에 접착력이 발휘되나 여러 주 사이에 걸쳐 접착력이 서서히 증가됨; 일반 목재용 접착제보다 훨씬 낮은 상태접착력을 나타냄; 물이나 습한 공기에 대한 저항성 낮음; 정하중에 의해 접착층은 쉽게 손상됨 현장에서의 부엌가구 화장용 상판 접착; 목재, 종이, 금속, 플라스틱의 박판 상재료 적층
반죽형 검계 (건축용 접착제) Elastomeric mastic (Construction adhesive)	퍼티(putty) 정도의 유동 저항성을 지니는 것으로 합성 검 또는 천연 검이 유기용제에 녹아 있거나 수중에 분산되어 있음; 황갈색, 황색, 회색 도부총(caulking gun)이나 이와 유사한 가압 장치에 의해 원주체 모양으로 압출됨; 경화 및 사용 중 접착된 재료가 제자리를 잡고 있도록 만들어 주기 위해 못질을 해 주어야 함 여러 주에 걸쳐 접착력이 서서히 증가함; 일반 목재용 접착제보다 낮은 상태접착력을 나타냄; 물이나 습한 공기에 대한 저항성 지님; 실외 조건에서도 견딜 수 있음; 간극 충전성 지님; 구조적인 일체성을 확보하기 위해서는 못질이 필요함 마루 및 벽 구성 시 제재목과 합판의 접착; 석고판 및 발포강성 절연판의 적층; 조립식 주택에서의 판상재료 조립
수성고분자·아이소시아네이트계 aqueous vinyl polymer solution·isocyanate	초산비닐수지와 별도의 아이소시아네이트 경화제; 경화제 첨가 시 백색; 접착층 무색 사용자가 수지와 경화제를 혼합; 요구되는 가사용시간과 경화시간에 적절히 따라 혼합; 혼합에 의해 반응 시작됨; 상온 및 상온보다 높은 온도에서 경화; 고주파 경화 가능; 높은 압체압력 필요 높은 상태접착력 및 내수접착력; 물이나 습한 공기에 대한 저항성 매우 높음; 장기간의 반복적인 습윤, 건조 에 대한 저항성 매우 높음; 금속 및 플라스틱 접착 가능 내장용과 외장용 집성보; 금속이나 플라스틱에 대한 합판의 적층; 문 및 건축재료

종류	특성
에폭시 Epoxy	액상 수지와 경화제 두 종류로 공급되는 2액형; 무용제형; 투명~호박색; 접착층 무색 사용자가 수지와 경화제를 혼합; 반응성이 높아 가사용시간에 제약이 따름; 상온 이상의 온도에서 경화; 낮은 압체압력만으로도 접착력 발휘됨 목재, 금속, 유리, 플라스틱에 대해 높은 상태접착력 및 내수접착력 보임; 목재용의 것은 물과 습한 공기에 대한 저항성 지님; 반복적인 습윤과 건조에 의해 박리됨; 간극 충전성 단판과 판재의 적층에 의한 목선의 선체 제작; 항공기의 목재 부재 조립; 건축물의 가로대와 세로대 적층; 집성보와 건축 부재의 보수; 스포츠 시설 및 합판마루 시공; 일반 가정용 및 목공용
융해형 Hot melt	토막, 판, 칩, 막대기, 필름, 분말상 등의 고체상; 무용제형; 백색~황갈색; 접착층 거의 무색 고체 상태의 것을 열로 녹여 도부함; 고화에 의해 접착 완료됨; 용융 및 유동성 조절을 위한 특수한 도부 장치 필요 냉각에 의해 순식간에 접착력 발휘됨; 일반 목재용 접착제보다 낮은 상태접착력을 나타냄; 수분에 대한 저항성은 중간 정도; 목재로의 침투가 거의 일어나지 않으면서 간극을 충전하는 성질을 지님 판상재료 측면의 테두리 장식 적층; 플라스틱 적층; 매목 보수; 필름 및 종이 제품 오버레이; 가구 조립; 일반 가정용 및 목공용
아이소시아네이트 Isocyanate	4,4-다이페닐메탄 다이아이소시아네이트(MDI) 단량체(monomer) 및 올리고머(oligomer)를 지니는 액상; 담갈색; 접착층 투명 접착제는 분무로 직접 도부; 물과의 반응에 의함; 플레이크보드 제조 시 가장 우수한 접착력을 얻기 위해서는 높은 온도와 압체압력이 필요함 높은 상태접착력 및 내수접착력; 물이나 습한 공기에 대한 저항성 매우 높음; 금속이나 플라스틱 접착 가능 플레이크보드나 배향성 스트랜드보드 제조
멜라민 및 멜라민·요소공축합체 Melamine & melamine-urea	촉매가 혼합된 분말상; 요소수지와 40%까지 혼합하여 사용할 수 있음; 백색~황갈색; 접착층 무색 물과 혼합; 120~150℃에서 열압으로 경화; 고주파 압체장치로 급속히 경화하고자 하는 경우 매우 적당 높은 상태접착력과 내수접착력; 물이나 습한 공기에 저항성 매우 높음 멜라민·요소공축합체는 내구성 있는 활엽수 합판 제조에 주로 쓰임; 제재목의 측면접합 및 길이접합; 침엽수 합판의 빗면접합(scarf joint)
초산비닐수지 Polyvinyl acetate	바로 쓸 수 있는 액상; 대개 다른 고분자와 혼합하여 사용; 백색~황갈색~황색; 접착층 무색 액상의 것을 직접 도부; 상온에서 냉압하거나 고주파 압체장치로 열압 높은 상태접착력; 수분과 상온보다 높은 온도에 대한 저항성 낮음; 연속적인 응력 하에서 접착층 손상됨 가구; 중공형 문(flush door); 플라스틱 적층; 조립식 주택 마루나 벽 구성 시 판상형 재료 접착; 일반 가정용 및 목공용

종류	특성
석탄산 Phenolic	액상, 분말상, 건조된 필름상; 접착층 암적색 액상이 것은 사용자가 증량제와 충전제 혼합; 필름상의 것은 박판상의 피착재 사이에 직접 삽입; 분말상의 것은 판상재료 제조 시 플레이크에 직접 도부; 위의 것 모두 플레이크보드 제조 시 120~150℃ 또는 200℃까지의 온도에서 열압으로 경화시킴 높은 상태접착력과 내수접착력; 물과 습한 공기에 대한 저항성 매우 높음; 고온 및 화학적인 노화에 대한 저항성은 목재보다 높음 외장용 침엽수 합판, 플레이크보드 및 경질섬유판 제조에 주로 사용
폴리우레탄 Polyurethane	낮은 점도의 액상~높은 점도의 반죽형; 1액형 또는 2액형으로 공급됨; 반응성은 2액형이 더 큼; 투명~갈색으로 색상은 다양; 접착층 무색 접착제를 한쪽 재면에다 직접 도부하는데 수분을 머금고 있는 재면이 더 바람직함; 재면과 공기 중의 수분에 의해 반응 이루어짐: 상온 경화형; 높은 압체압력 필요하나 반죽형의 것은 못질 정도의 압체압력이면 됨 높은 상태접착력 및 내수접착력; 물과 습한 공기에 대한 저항성 있음; 장기간의 반복적인 습윤과 건조에 대한 저항성 면에서는 한계가 있음; 간극 충전성 일반 가정용 및 목공용; 마루나 벽 구성 시 판상형 재료 접착을 위한 건축용 접착제; 합판과 금속 또는 플라스틱 박판 재료 적층; 특수 적층판; 석고 보드 시공
레조르시놀 및 레조르시놀·석탄산 공축합체 Resorcinol & phenol-resorcinol	액상 수지와 분말상 경화제의 2종류로 공급됨; 석탄산과 레조르시놀을 공축합하여 사용하기도 함; 접착층 암적색 액상의 것은 분말상 또는 액상 경화제와 혼합; 레조르시놀수지는 상온에서 경화됨; 레조르시놀·석탄산공축합체는 21~66℃에서 경화됨 높은 상태접착력과 내수접착력; 물과 습한 공기에 대한 저항성 매우 높음; 고온 및 화학적인 노화에 대한 저항성은 목재보다 높음 가혹한 환경 조건에서 견뎌야 하는 집성재 제조 및 접합부 가공
요소 Urea	분말상 또는 액상; 멜라민 등의 내구성 있는 수지와 혼합하기도 함; 백색~황갈색; 접착층 무색 분말상의 것은 사용자가 물, 경화제, 충전제 또는 증량제를 혼합; 상온 경화형의 것도 있음; 열압 경화형의 것은 120℃에서 경화됨; 고주파 가열에 의한 경화 가능 높은 상태접착력과 내수접착력; 습한 공기에 대한 저항성 중간 정도; 50℃를 초과하는 열에 대한 저항성 낮음 활엽수재 합판; 가구; 섬유판; 삭편판; 중공형 문; 가구 내장재

표 2-4-9. 환경 조건에 따른 성능 별 목재용 접착제의 분류.

용도	사용 환경	종류
구조용	완전 외장용 (장기간의 수침과 건조에 견딜 수 있음)	석탄산 레조르시놀 석탄산·레조르시놀공축합체 수성고분자·아이소시아네이트계 멜라민
	보통 외장용 (단기간의 수침에 견딜 수 있음)	멜라민·요소공축합체 아이소시아네이트 에폭시
	내장용 (단기간의 고습에 견딜 수 있음)	요소 카제인
반구조용	보통 외장용	가교결합성 초산비닐 폴리우레탄
소삭용	내장용	초산비닐 아교(수교, 동물교) 대두 반숙형 검계 접촉형 검계 융해형 전분

표 2-4-10. 건축용 접착제의 성질.

	에폭시수지	레조르시놀수지	요소수지
접착력	우수	우수	양호
수분 및 외기 조건에 대한 저항성	우수	매우 양호	불량
간극 충전성	우수	불량	불량
내노화성(시간의 경과에 따른 균열에 대한 저항성)	양호(높은 응력에 견딜 수 있는 접합부 가공으로 이상적임)	우수	불량 (균열 발생 용이)
경화 온도	5~30°C (15°C 이상이 바람직함)	최소 15°C	최소 10°C
이종 재료 간 접착성(예: 목재와 금속)	우수	양호한 접착을 위해 전처리(hydroxy-methylated resorcinol 도부) 필요	불량
접착 곤란한 수종에 대한 성질(예: 참나무)	우수	40°C의 경화 온도 필요	권장되지 않음

2 .4. 5. 2. 합성수지계 접착제

합성수지계 접착제는 화학공업의 산물이다. 이들의 제조에 필요한 원료재는 석유, 석탄 또는 천연가스이다. 실험실적인 제조가 1872년에 시작되었으며 이러한 접착제가 시판된 것은 1930년대이었다. 그 후 천연계 접착제의 대용으로 합성수지계 접착제의 이용이 꾸준하게 증가되어 왔다.

처음으로 개발된 합성수지계 접착제는 석탄산수지접착제였는데 처음에는 건조된 박막 형태의 테고 필름(tego film, 접합지)으로 1929년에 선보였고 그 후 1935년에 액상으로 사용되기 시작하였다. 요소수지접착제는 석탄산수지접착제와 거의 동시대인 1931년에 이용되기 시작하였으며 멜라민수지접착제는 1930년대 말에 그리고 레조르시놀수지접착제는 그보다 뒤인 1943년에 개발되었다. 다른 것으로는 1929년에 개발된 초산비닐수지접착제를 들 수가 있다.

합성수지계 접착제는 열경화성과 열가소성의 것으로 구분할 수가 있다. 열의 영향 아래에서 열경화성수지는 처음에는 연화된 상태를 보이지만 그 후에는 경화된 상태로 영구히 남게 된다. 반면, 열가소성 수지는 가열이 계속 이루어지는 한 연화된 상태를 그대로 유지하게 되며 냉각에 의해서 고화된다. 열경화성 수지는 화학반응에 의해 경화되는데 열이나 촉매에 의해 경화가 조장되는 반면 열가소성 수지의 경우 경화는 물리적인 과정이며 용제의 증발이나 온도의 저하에 의해 경화가 이루어진다. 열가소성 수지는 접착력이 낮고 수분, 열 및 용제에 대한 저항성이 떨어지며 장기간의 하중하에서는 점탄성(creep)을 나타내게 된다.

① 열경화성 수지

열경화성 수지는 석탄산(phenol), 요소(urea) 등과 포름알데하이드(formaldehyde) 성분의 반응을 조절하여 제조하게 되는데 반응이 완료되기 이전에 중단시킨 초기 축합물이 접착제로 이용된다. 이 중간형의 산물은 점액성의 액체로써 농축되거나 건조되고 그리고 분말상의 것으로 제조되어 이용되고 있으며 종이 함침용으로 쓰이기도 한다. 열, 촉매 또는 양자 적용에 의해 반응이 계속되어 접착이 완료된다. 저장기간 동안에도 반응이 서서히 계속 진행되기 때문에 접착제는 가사용시간을 연장하기 위하여 저온에서 보관하여야 한다.

촉매 또는 경화제(hardener)로는 산, 파라포름알데하이드(paraformaldehyde), 암모늄 염(ammonium salt) 등이 쓰이는데 이들은 액상 또는 분말상으로 첨가되며 접착에 필요한 온도뿐만 아니라 접착제 도부와 압체 개시 사이의 시간을 조절하기 위해 이용된다.

열경화성 및 열가소성에 관계없이 합성수지계 접착제는 가격 절감 또는 성질 개선 목적으로 여러 물질과 혼합하여 사용하게 되는데 이러한 첨가제로는 증량제와 충전제를 들 수가 있다. 증량제를 첨가하는 주요 목적은 가격 절감에 있으나 밀 등과 같은 일부 증량제는 전분을 지니고 있기 때문에 접착에 도움을 주게 된다. 호두 껍데기 분말과 같은 충전제는 화학적으로 불활성인데 점도와 같은 접착제의 작업성 또는 충격 저항성과 같은 접착층의 성질 개선을 위해 첨가된다. 증량제는 100% 또는 그 이상 그리고 충전제는 대개 25% 정도까지 첨가하게 된다. 첨가제의 양이 많을수록 가격이 저렴해지나 접착력은 나빠지게 된다.

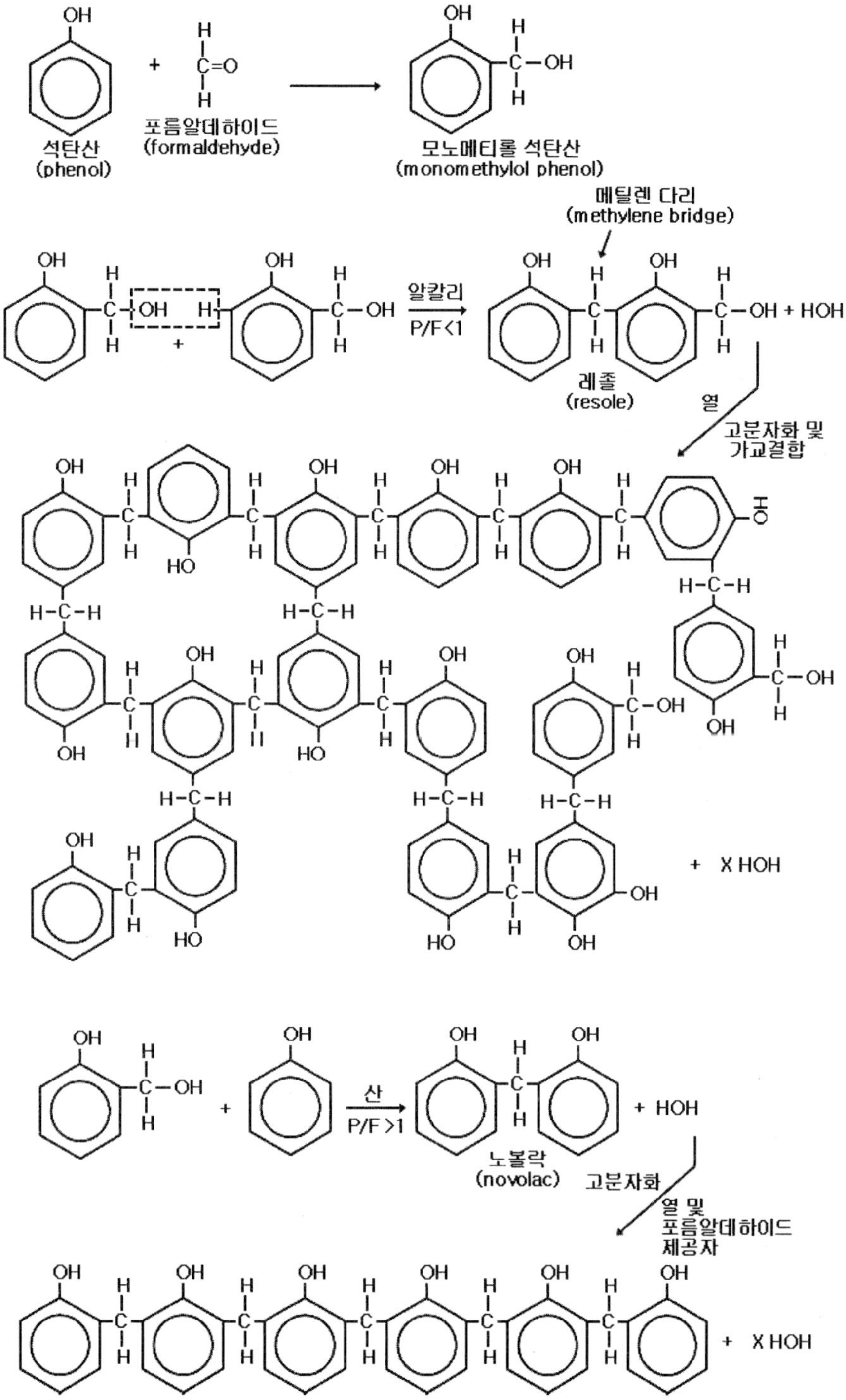

그림 2-4-14. 석탄산수지접착제의 분자 구조

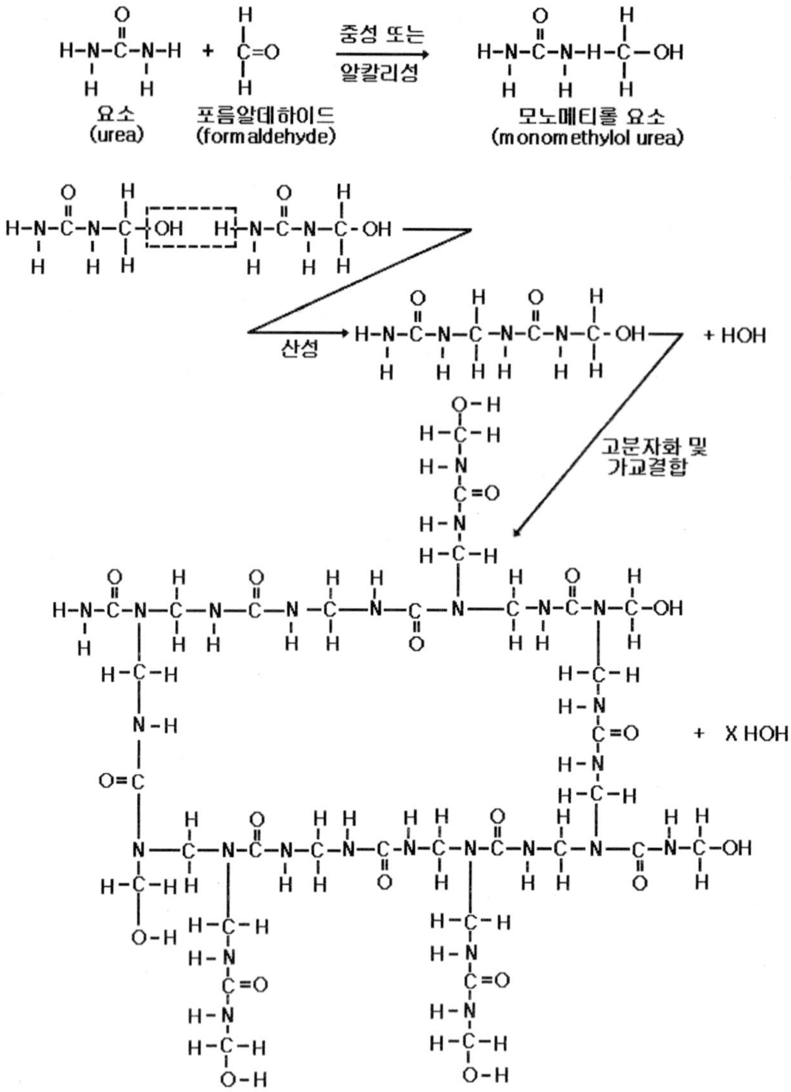

그림 2-4-15. 요소수지접착제의 분자 구조

요소수지접착제는 접착력이 강한 멜라민수지접착제나 레조르시놀수지접착제를 10~20% 첨가해 줌으로써 그 접착력을 개선할 수가 있으며 천연계 접착제 역시 열경화성 수지를 첨가해 줌으로써 성질이 개선될 수가 있다. 제조업체의 지침서에 따라 접착제를 적절하게 사용하게 되면 수분, 균 및 곤충에 대한 저항성이 우수한 접착층을 얻을 수가 있다.

a. 석탄산수지접착제(phenol-formaldehyde resin adhesive): 진한 적색을 띠는 점조성(粘稠性)의 액상, 분말상 또는 종이에 함침된 테고 필름 형태로의 사용이 가능하다. 분말상의 것은 저장기간의 연장에 유리하며 물에 혼합하여 액상으로 다시 제조하여 사용할 수가 있다. 테고 필름은 가격은 비싸지만 목재에 대한 오염 없이 접착할 수 있고 부스러지기 쉬운 화장단판의 접착에 적합하다. 석탄산수지접착제는 강하면서도 내구성이 요구되는 외장용(실외용) 제품의 접착용으로 사용되는 중요한 접착제이다(그림 2-4-13). 이것은 저분지 내지 중분자 중량의 열경화성 고분자로써 산 또는 알칼

리 촉매 하에서 수용액 상태로 제조된다(그림 2-4-14). 반응 시간과 온도, 촉매의 종류, 반응 물질의 양과 비율에 변화를 주어 다양한 종류의 수지로 제조할 수 있다. 레졸(resole)은 석탄산보다 포름알데하이드의 몰비(molar ratio)를 더 크게 한 상태에서 알칼리 조건으로 반응시켜 제조한 대표적인 석탄산수지접착제 가운데 한 종류이다. 이러한 반응을 통하여 분지형의 구조를 지니면서 강한 알칼리 용액에 용해되어 있는 고분자가 만들어지게 된다. 충분한 양의 포름알데하이드가 본래 존재하고 있는 상태이기 때문에 열을 가하면 가교결합을 통해 거대한 망상구조의 고분자로 경화되어 간다. 노볼락(novolac)은 석탄산보다 포름알데하이드의 몰비를 더 작게 한 상태에서 약한 산성이나 중성의 조건으로 반응시켜 제조한 석탄산수지접착제의 한 종류이다. 이 중합체는 비교적 저분자 중량의 직선상 구조의 것으로써 열가소성을 지니게 되는데 경화를 위해서는 포름알데하이드를 추가적으로 첨가해 주어야 하는 2단 수지계(two-stage resin system)의 특성을 지니고 있다. 외장용의 조건에서 이용될 합판, 배향성 스트랜드보드, 삭편판, 섬유판 등은 수용성 레졸을 사용하여 제조하는데 제품 특성에 따라 도부성, 유동성 및 경화성을 적절히 변형시킨 레졸을 접착제로 사용하게 된다. 대표적인 수용성 레졸은 석탄산 : 포름알데하이드 : 수산화나트륨의 몰비가 1 : 1.8~2.2 : 0.1~0.8이고 고형분이 차지하는 비율은 35~50%이며 석탄산이 평균 5~40개 정도 서로 결합되어 있다. 이런 알칼리성 레졸은 적절한 가교결합을 이루기 위하여 중온 경화형인 경우 80~100oC 그리고 고온 경화형인 경우 130~150oC의 높은 경화 온도를 필요로 하게 된다. 강산을 첨가하게 되면 상온에서도 빠르게 경화시킬 수도 있다. 그러나 장비가 부식될 뿐만 아니라 시간의 경과에 따라 목재와의 계면에서 열화가 발생하는 것이 이 접착제의 단점이 되고 있다. 치수가 큰 삭편인 웨이퍼와 스트랜드를 원료로 하는 웨이퍼보드와 배향성 스트랜드보드의 제조 시에는 넓은 웨이퍼나 스트랜드에 접착제가 골고루 도부되어야 할 뿐만 아니라 고온에서의 압체에 따른 접착층에서의 함수율 수준 제약 조건으로 인하여 분말상 석탄산수지접착제가 사용되고 있는데 이 분말상의 접착제는 분무 건조법 등의 고화기술에 의해 제조될 수가 있다. 석탄산수지접착제의 반응성은 석탄산과 레조르시놀을 공축합시켜 석탄산·레조르시놀공축합수지접착제를 제조함으로써 증대될 수가 있다. 이 공축합수지접착제는 강한 접착 내구성과 상온에서의 경화성이 요구되는 집성재 및 손가락접합부를 지니는 구조물의 제조 등과 같이 특수한 용도로 사용되고 있는데 적절한 가사용시간을 얻기 위해 노볼락형으로 합성하게 된다. 경화를 위해 첨가되는 포름알데하이드는 접착제 도부 직전에 혼합하면 된다. 레조르시놀의 가격은 석탄산보다 비싸기 때문에 이 공축합수지접착제의 용도는 고가 제품이나 대형 구조물의 생산에만 제한적으로 이용되고 있다. 석탄산수지접착제의 접착력은 매우 우수하다. 적절히 접착을 하게 되면 가장 악조건 하에서도 높은 접착력과 내구성이 보장된다. 접착층은 냉수와 열수에 대한 저항성이 있으며 균, 곤충, 화학약품 등에 의한 피해를 받지 않는다. 촉매로써 강산을 첨가하여 상온에서 경화시키는 경우 열압에 의한 경우보다 접착력은 낮아지나 요소수지접착제에 의한 것보다는 접착력이 우수하다. 석탄산수지접착제의 결점으로는 접착층의 색이 암색으로 담색의 단판에서는 오염이 발생하기 때문에 주의를 하여야 한다는 점을 들 수가 있다. 또한 적절한 보호 조치를 취하지 않으면 작업자가 피부 자극을 느끼게 되며 경우에 따라서는 경화 후에도 불쾌한 냄새가 날 수도 있다.

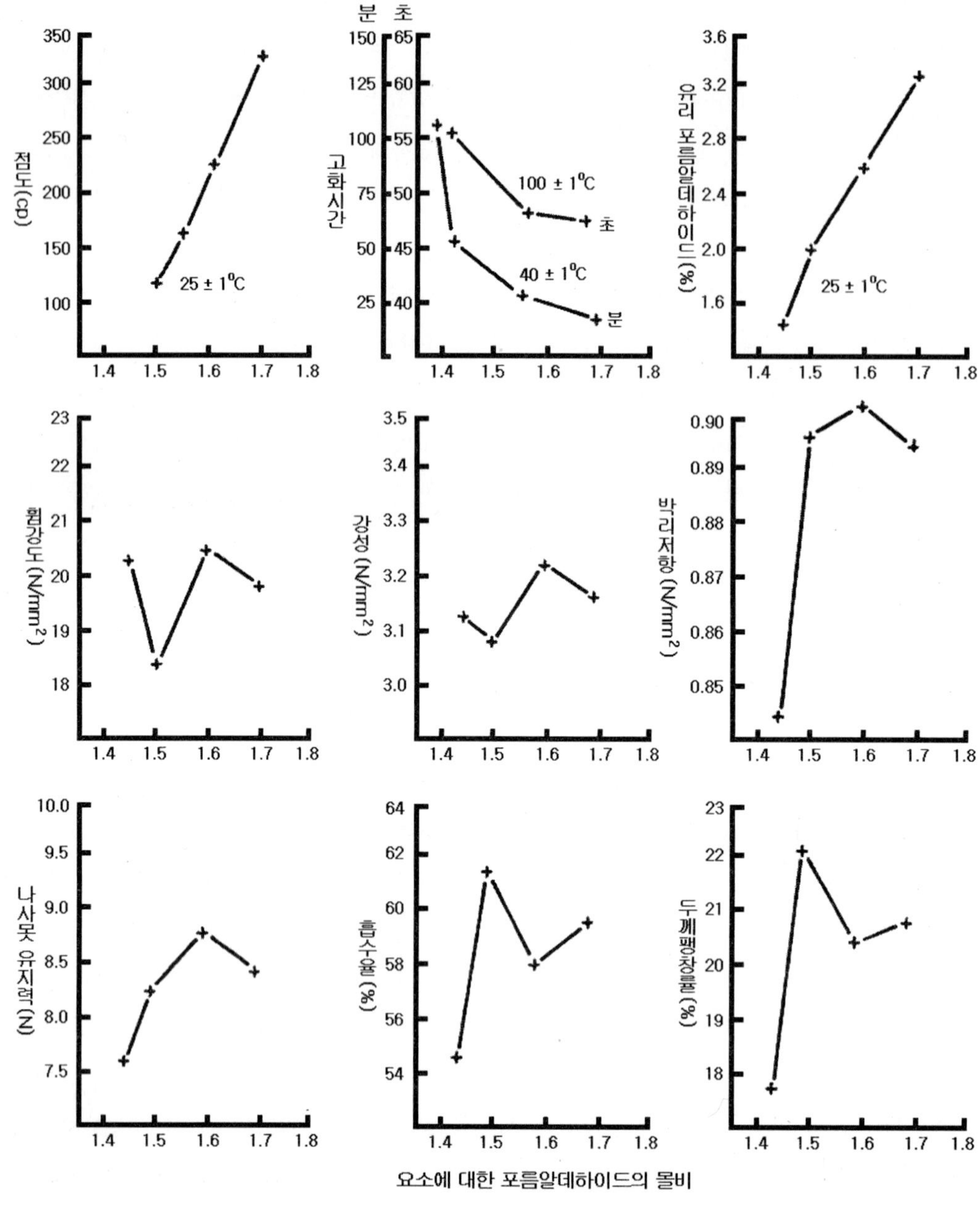

그림 2-4-16. 요소에 대한 포름알데하이드 몰비에 따른 요수수지접착제와 삭편판의 성질

b. 요소수지접착제(urea-formaldehyde resin adhesive): 목재용 접착제 가운데 60% 이상이 될 정도로 사용량이 압도적으로 많은 접착제로써 액상 또는 분말상으로 사용되며 종이에 함침된 형태로는 거의 이용되지 않고 있다. 요소수지접착제는 요소 : 포름알데하이드의 몰비가 1 : 1.2~2.5인 조건에서 알칼리 촉매의 존재 하에 가열, 축합시킨 다음 산성 조건으로 반응을 진행시키면 탈수 축합반응이 일어나게 되는데 아직 가용성의 상태에 있을 때 중화를 통해 반응을 중지시켜 제조하게 된다(그림 2-4-15). 경화는 적당한 산성 조건 하에서 일어나게 되는데 산성염의 첨가라던가 또는 참나무류나 미송처럼 같이 본래 산성을 나타내는 수종을 이용하는 조건에서 경화가 이루어지게 된다.

경화제로써는 가격이 저렴하고 취급이 용이한 염화암모늄(ammonium chloride)이 일반적으로 사용되고 있는데 표준 첨가량은 수지 고형분에 대해 10~20% 수용액인 경우 10% 그리고 분말인 경우 1~2%이다. 염화암모늄을 첨가하면 수용액 접착제 중의 포름알데하이드와 반응하여 염산(hydrochloric acid), 헥사메틸렌테트라민(hexamethylenetetramine)과 물로 변화($4NH_4Cl + 6Ch_2O \rightarrow HCl + (CH_2)_6N_4 + 6H_2O$) 되기 때문에 pH가 서서히 저하되어 경화가 진행된다(그림 2-4-12의 C). 열에 의해 경화속도가 빨라질 수는 있으나 상온에서도 가교결합을 통하여 거대 망상구조의 고분자로 경화될 수가 있다. 접착제는 경화가 빠르지만 신속한 경화를 위하여 고주파 가열을 이용할 수가 있는 반면 저온에서의 경화를 위해서는 강산을 이용하여야 하는데 이 경우 강산이 목재를 열화시킬 수도 있다. 이 접착제는 상온 및 고온(95~130oC)에서 경화될 수 있다. 특수형으로는 중온(70oC까지)의 것도 있으며 목재의 한쪽 재면에는 접착제를 도부하고 다른 한쪽 재면에는 촉매를 도부한 다음 양자를 서로 접촉시켜 단시간 내에 접착을 완료할 수 있는 형태의 것도 있다. 도부 시의 요소수지접착제는 저분자량으로 점도가 낮기 때문에 목재와 같은 다공성 재료에서는 과도한 침투에 의해 결교가 일어나기 쉽다. 또한 축합에 의해 경화가 진행됨에 따라 부피 수축이 크게 일어나기 때문에 접착층에 균열이 쉽게 발생하게 된다. 이런 단점의 방지와 가격 절감을 위하여 증량제를 100~200% 정도까지 첨가해 사용할 수가 있는데 증량제를 첨가하게 되면 접착력이 나빠지나 제품의 사용 목적에 따라 승량제의 첨가량을 달리해 그 접착력을 적절히 조정할 수가 있다. 증량제를 첨가하지 않은 접착제는 상온에서의 접착력이 강하고 수분에 대한 저항성도 있으나 고온에 민감하기 때문에 50oC 이상의 온도, 특히 상대습도가 높은 경우에는 열화되는 단점이 있다. 증량제가 많이 첨가된 접착제의 경우 수분에 대한 저항성이 작아진다. 적절한 촉매와 첨가제를 이용하면 다양한 용도의 접착 제품을 제조할 수가 있다. 가격이 저렴하고 접착층은 무색 내지는 담색이며 미생물에 대한 저항성이 있다. 시간의 경과에 따라 접착층의 균열에 의해 접착력이 저하되는 노화성이 크고(그림 2-4-13) 목공기계의 인물을 무디게 하는 단점이 있는 접착제이다. 그러므로 화장단판, 대판용 삭편판이나 가구용 섬유판 또는 내장용 제품의 제조용으로만 그 사용이 제한되고 있다. 비록 요소수지접착제가 열경화성 고분자 물질이라고 할지라도 열과 수분에 민감하기 때문에 경화된 접착제가 열과 수분의 작용에 의해 분해되는 과정에서 대기 중으로 포름알데하이드를 서서히 방산하게 된다. 이러한 포름알데하이드 가스의 방산량을 줄이기 위하여 대부분의 삭편판은 요소와 포름알데하이드의 몰비가 1 : 1.2 이하인 접착제를 이용하여 제조하게 되나 몰비가 1 : 1.6일 때 삭편판의 성질이 가장 우수한 것으로 알려져 있다(그림 2-4-16). 한편, 멜라민과 함께 공축합시킴으로써 요소수지접착제의 내구성과 접착력의 개선이 가능하지만 접착제의 가격이 상승하게 되고 경화 시 더 높은 온도가 필요해지게 된다. 또한 열가소성의 초산비닐수지접착제와 혼합해 사용하면 노화성을 개선시켜 줄 수가 있다.

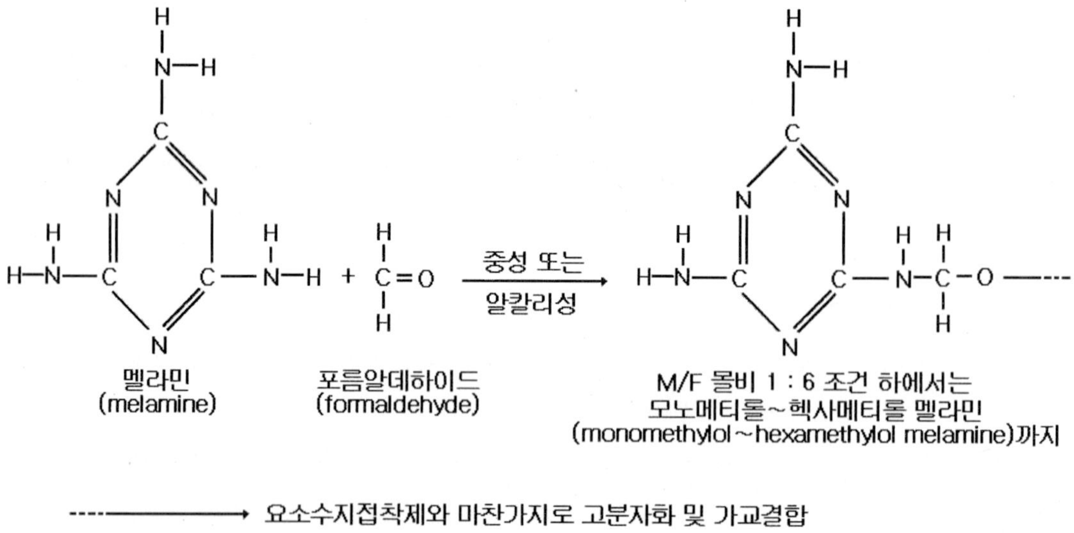

그림 2-4-17. 멜라민수지접착제의 분자 구조

c. 멜라민수지접착제(melamine-formaldehyde resin adhesive): 멜라민은 2개의 아미노기(NH2)를 지니는 요소보다 1개가 더 많은 3개의 아미노기를 지닌다. 각 아미노기는 2개의 포름알데하이드 분자와 반응을 할 수가 있기 때문에 제조 시 충분한 양의 포름알데하이드가 필요하다. 대부분의 시판용 멜라민수지접착제는 멜라민 : 포름알데하이드의 몰비가 1 : 2~3인 조건에서 알칼리 촉매의 존재 하에 가열, 축합시키다가 아직 가용성의 상태에 있을 때 중화를 통해 반응을 중지시켜 제조하게 되는데(그림 2-4-17) 포름알데하이드에 대한 멜라민의 몰비가 증가할수록 고화가 지연되며 가교결합 정도도 덜해진다. 이 접착제는 액상인 경우 저장이 곤란하기 때문에 대개 수용성의 분말상으로 시판되고 있으며 멜라민수지접착제의 함침지 역시 사용 가능하다. 요소수지접착제와 마찬가지로 경화제로써 염화암모늄을 수지 고형분에 대해 10~20% 수용액인 경우 10% 그리고 분말인 경우 1~2%를 첨가한다. 경화제의 첨가에 의해 상온에서의 경화도 가능하지만 경화된 접착층의 물성이 나쁘기 때문에 일반적으로 상온에서는 경화시키지 않는다. 경화온도는 50~100oC인데 요소수지접착제에 비해 열에 대한 반응성이 높기 때문에 120~130oC에서는 경화제의 첨가 없이도 경화가 이루어진다. 접착층은 무색투명하고 수분과 열수(熱水) 및 미생물에 대한 저항성이 있다. 그러나 멜라민수지접착제의 가격이 비싸기 때문에 거의 단독으로는 사용되지 않고 있는데 접착 제품의 제조 시 접착제에 의한 색이 오염을 일으킬 소지가 있을 때에만 주로 사용된다. 접착층이 부스러지기 쉽고 목공 기계의 인물을 마모시키며 접착제 혼합기 청소가 어려운 단점을 지니고 있다. 초산비닐수지접착제를 30% 정도 첨가해 주면 접착층의 부스러짐과 인물의 마모라는 단점을 개선할 수가 있으며 접착제 혼합기는 물에 의해 세척되지 않은 경우 화학약품으로 청소하여야 한다. 합판 제조용으로는 멜라민·요소공축합수지접착제가 많이 사용되고 있는데 이것은 멜라민수지접착제에 비해 저장기간이 길고 가격도 저렴하다.

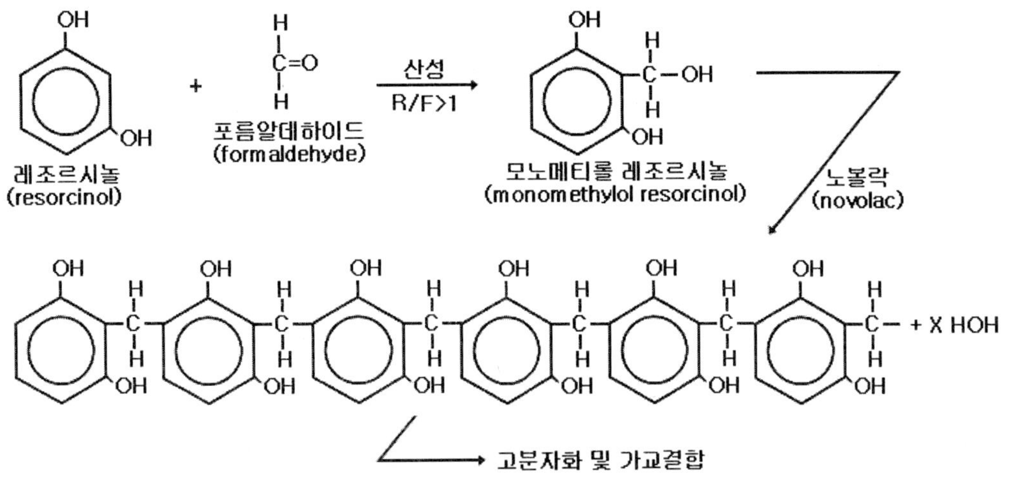

그림 2-4-18. 레조르시놀수지접착제의 분자 구조

d. 레조르시놀수지접착제(resorcinol-formaldehyde resin adhesive): 석탄산은 수산기(-OH)가 1개이지만 레조르시놀은 수산기를 2개 지니기 때문에 레조르시놀수지접착제의 반응성이 더 크다. 레조르시놀과 포름알데하이드의 몰비가 1 : 0.6~0.7인 조건에서 제조되며(그림 2-4-18) 대개 액상으로 사용 가능한데 시판용 접착제는 노볼락형으로 pH 6~9, 알코올과 물의 50% 혼합 용액의 것이 일반적이다. 색은 암색이며 5~100oC라는 폭 넓은 온도 범위에서 경화가 이루어진다. 경화제로써 파라포름알데하이드(paraformaldehyde)를 수지 고형분에 대해 10~20%를 첨가하면 상온에서도 경화가 진행되지만 중~고온에서는 경화가 촉진된다. 목재의 함수율이 비교적 높은 조건, 즉 함수율 18%까지의 조건에서도 접착이 가능해진다. 석탄산수지접착제와 마찬가지로 강하면서도 내구성이 요구되는 외장용(실외용) 제품의 접착용으로 사용되는 중요한 접착제이다. 목재용 접착제로써 내구성이 가장 우수하지만 가격이 석탄산수지접착제보다 비싸기 때문에 구조용집성재 등의 제조에 사용되고 있다. 레조르시놀수지접착제의 장점을 간직하면서도 가격이 다소 저렴한 석탄산·레조르시놀공축합수지 접착제를 제조하여 사용할 수가 있다(그림 2-4-13).

e. 에폭시수지접착제(epoxy resin adhesive): 주제(主劑)는 에폭사이드 고리(epoxide ring)를 지니는 축합물로써 비스페놀A(bisphenol A)와 에피크로로하이드린(epichlorohydrin)의 반응에 의한 것 등 10종 이상이 있다(그림 2-4-19). 경화제로써는 산, 아민(amine), 폴리아마이드(polyamide) 등이 있는데 주제와 경화제의 조합에 따라 반응성이나 접착 성능 등이 상당히 달라진다. 에폭시수지접착제는 가격이 비싸기 때문에 목재의 접착용으로 그리 널리 쓰이지 않고 있으며 접착력은 석탄산수지접착제나 레조르시놀수지접착제보다 우수하지 못하다. 이 접착제는 금속이나 기타 재료의 접착 또는 함수율이 높은 목재의 접착에 적합하다. 접착력은 강하며 물, 용제 및 미생물에 대한 저항성이 있으나 경화온도 및 첨가되는 경화제에 따라 접착력에 차이가 나타나게 되는데 저온에서 경화될수록 수분에 대한 저항성이 약해진다. 에폭시수지접착제는 분말상, 입자상, 페이스트(paste)상 또는 액상으로 이용할 수가 있다. 상온뿐만 아니라 약 200oC까지의 고온에서 경화되며 용제를 지니지 않기

때문에 경화 시 부피 수축도 거의 일어나지 않는 편이다. 낮은 압체압력으로도 접착이 잘 이루어지며 간극 충전성도 지닌다. 포름알데하이드 가스의 방산이 없다는 장점을 지니나 인체와 환경에 유해한 독성이 있을 뿐만 아니라 물과의 상용성(相溶性)이 없어 도부기 세척을 위해 유기용제를 사용해야만 되는 단점을 지닌다. 합판마루의 접착식 시공용으로 널리 사용되고 있다.

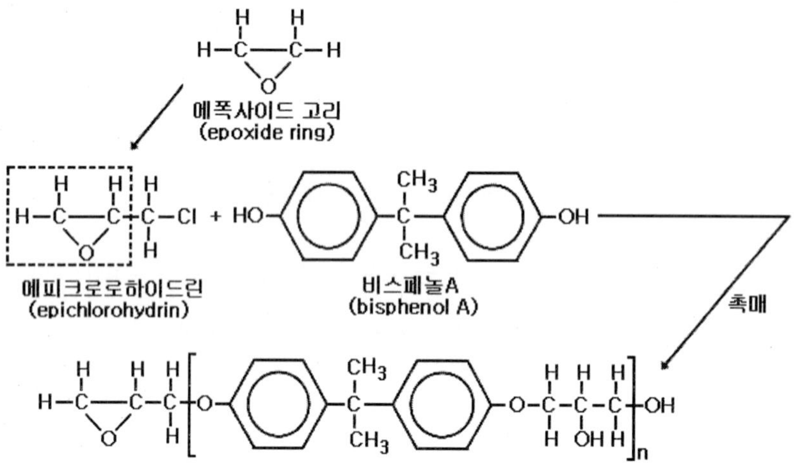

그림 2-4-19. 에폭시수지접착제의 분자 구조

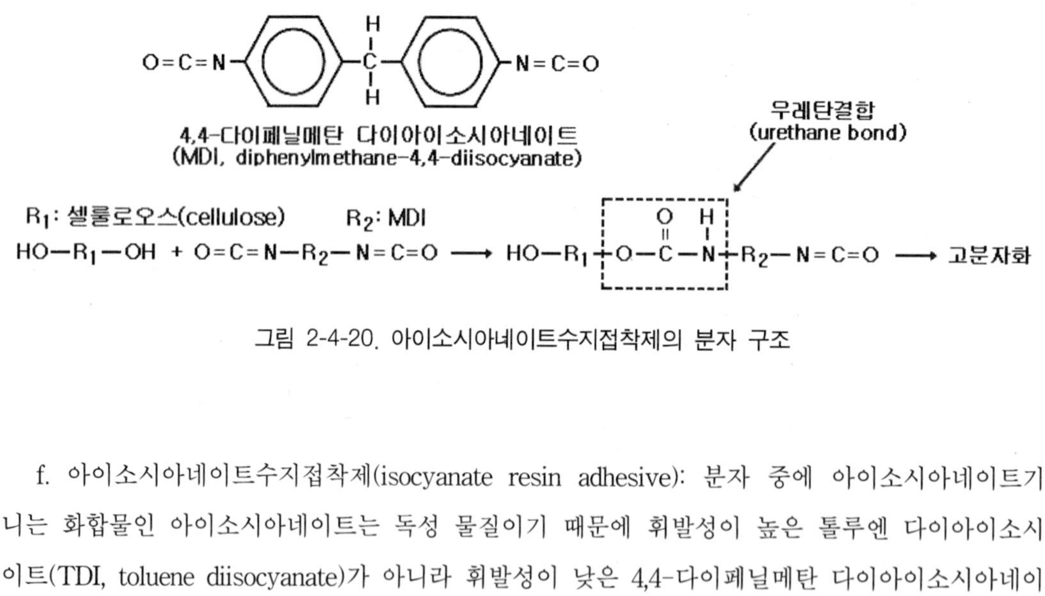

그림 2-4-20. 아이소시아네이트수지접착제의 분자 구조

f. 아이소시아네이트수지접착제(isocyanate resin adhesive): 분자 중에 아이소시아네이트기를 지니는 화합물인 아이소시아네이트는 독성 물질이기 때문에 휘발성이 높은 톨루엔 다이아이소시아네이트(TDI, toluene diisocyanate)가 아니라 휘발성이 낮은 4,4-다이페닐메탄 다이아이소시아네이트(MDI, diphenylmethane-4,4-diisocyanate)의 단량체(monomer)와 올리고머(oligomer)를 지니는 액상의 것이 접착제로 사용된다(그림 2-4-20). 이것은 아이소시아네이트기와 물, 수산기 등처럼 활성수소를 지니는 화합물과의 반응에 의해 경화되는 접착제이다. 따라서 목재 성분 중의 셀룰로오스 등에 존재하는 수산기와 직접 우레탄결합을 이룰 뿐만 아니라 목재 중의 함유 수분과도 반응해 폴리우레아(polyurea)를 생성, 목재 표면의 공극으로 침투하게 만들어줌으로써 투묘작용이 조장되어 적은 양의 접착제로도 그리고 함수율 20%까지의 높은 조건에서도 강한 접착력이 얻어질 수가 있다.

이 접착제는 우레탄결합에 의해 고분자화 되기 때문에 폴리우레탄수지접착제(polyurethane resin adhesive)로도 불리고 있으며 수분과의 반응 시 폴리우레아와 함께 이산화탄소 가스도 발생되기 때문에 가압하지 않은 상태에서는 접착제 용액이 발포되어 스펀지 모양의 우레탄 발포체가 된다. 아이소시아네이트기는 활성수소를 지니는 화합물에 대한 반응성이 매우 높기 때문에 상온에서의 접착도 가능하나 반응속도가 가열에 의해 증가됨으로 고온에서의 접착일수록 반응이 더 급해지게 된다. 포름알데하이드 가스의 방산이 없으나 가격이 비싸고 경화 이전에는 건강에 유해한 증기가 발생되며 압체 시 간판과 접착되는 등 접착 공정상의 문제점을 지니고 있다. 또한 물과의 상용성(相溶性)이 없어 도부기 세척을 위해 유기용제를 사용해야만 되는 단점을 지니고 있다 이 접착제는 공학목재의 제조 시 전통적으로 사용되어 왔던 열경화성의 요소수지접착제나 석탄산수지접착제를 대체할 수 있는 가장 중요한 것으로 여겨지고 있다. 최근 삭편판, 웨이퍼보드, 배향성 스트랜드보드 등의 제조 시 종래의 열경화성 접착제보다는 경화속도가 빠르고 함수율에 대한 제약성이 작은 이 접착제의 사용이 선호되고 있다. 그러나 금속판 표면의 수분과 반응을 일으킬 수 있기 때문에 공학목재의 제조 시 간판(caul)에 부착되는 공정 상의 문제를 일으키는 단점이 있다. 가격 절감을 위해 타닌(tannin)을 첨가하여 사용하기도 한다.

② 열가소성 수지

a. 초산비닐수지접착제(polyvinyl acetate resin adhesive, PVAc): 초산비닐(vinyl acetate)을 유화제인 폴리에틸렌글리콜(polyethylene glycol)과 촉매인 과황산칼륨(potassium persulfate)과 함께 가열 중합시켜 얻은 유상액(乳狀液, emulsion) 형태의 것이 초산비닐수지접착제이다(그림 2-4-21). 전형적인 사슬 모양의 고분자로 물을 매체로 하기 때문에 독성이 없으며 가격도 저렴하기 때문에 목재용 접착제로써는 요수수지접착제 다음으로 많이 사용되고 있는데 주로 목공용의 주력 접착제이다. 접착력은 수분이 접착제로부터 목재 내로 흡수되거나 공기 중으로 증발되어 소실되고 그 결과 접착층에서의 고분자 농도가 높아짐에 따라 얻어지게 되는데 고화된 접착층은 무색투명하다. 내수성과 내열성이 나쁘지만 55oC 이상의 온도에 노출되지 않는 한 열가소성의 성질은 그리 문제가 되지 않는다. 우수한 상태 접착강도와 간극 충전성을 지니고 있으나 장기적인 하중 조건 하에서 점탄성 현상을 나타내며 수분에 대한 저항성 없다는 점이 초산비닐수지접착제의 대표적인 단점이 되고 있다. 열경화성의 요소수지접착제나 석탄산수지접착제를 첨가하여 이 접착제의 성질을 변화시키게 되면 열과 수분에 대한 저항성이 개선된 가교결합성의 초산비닐수지접착제가 얻어질 수가 있지만 점탄성 현상에 대한 개선 효과는 크게 기대할 수가 없다. 아교 대체용으로 개발된 것으로써 대개 가구의 조립 및 기타 조작용 제품 제조용의 접착제로 그리고 강화마루의 현가식 시공용으로 널리 사용되고 있다. 유상액이 아닌 용제형 초산비닐수지접착제는 목재와 목재뿐만 아니라 다른 재료와의 접착이나 건축 현장에서의 시공용으로 사용되고 있다. 또한 비교적 다양한 재료, 특히 종이나 목질 등의 섬유에 대한 접착성이 양호하기 때문에 일반 가정에서도 일상적으로 사용되고 있는 접착제이다.

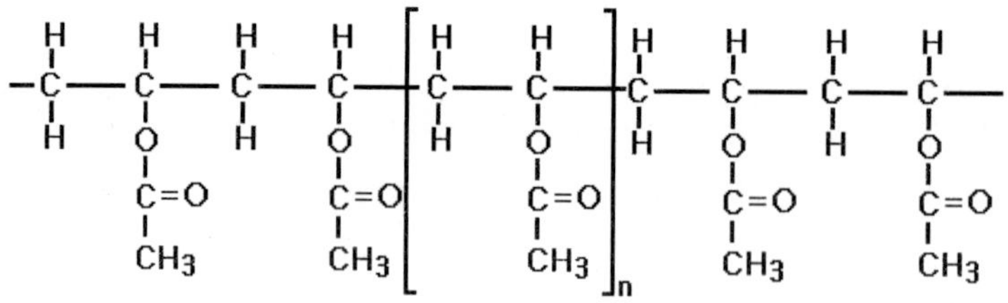

그림 2-4-21. 초산비닐수지접착제의 분자 구조

그림 2-4-22. 융해형 접착제의 형상

b. 융해형 접착제(hot melt adhesive): 100% 고형분인 열가소성 중합물을 총칭하는 것으로써 상온에서는 고체상이나 고온으로 가열하면 액상으로 바뀌게 되는데 액상으로 용융시켜 접착면에 도부하면 급속히 냉각되어 고화가 일어나 몇 초 이내의 단시간에 접착이 완료되는 일종의 순간접착제에 해당된다. 주성분인 수지로써는 에틸렌·초산비닐(ethylene·vinyl acetate)공중합수지가 널리 사용되고 있다. 접착제의 성분으로는 주성분인 수지, 로진(rosin)이나 석탄산수지 등의 점착 부여제, 파라핀 왁스(paraffin wax) 등의 점도 조정제 이외에도 탄산칼슘(CaCO3) 등의 충전제가 함유되어 있다. 일반적으로 담황색 내지 암갈색을 띠며 판, 칩, 분말 형태로 시판되고 있다(그림 2-4-22). 열가소성이기 때문에 내열성이나 내용제성이 열등하다. 가열에 의한 접착층의 박리와 재접착이 가능하며 용제를 지니지 않기 때문에 위험성이 작고 목재, 플라스틱, 금속 등 다양한 재료에 접착이 가능하기 때문에 가구, 장식장 등의 제조용으로 많이 사용되고 있다.

c. 시아노아크릴레이트계 접착제(cyanoacrylate ester polymer adhesive): 알킬-α-시아노아크릴레이트(alkyl-α-cyanoacrylate) 단량체를 주성분으로 하는 접착제이다. 피착재 표면에 있는 미량의 수분에 의해 급속히 중합되어 단단한 고분자로 바뀌게 됨으로써 강한 접착력이 얻어지는 순간접착제이다(그림 2-4-23). 도자기, 금속 등을 단시간에 접착시킬 수 있으며 목재용으로는 아민을 혼합해 점도를 높인 것이 가구, 악기, 공예품 등처럼 작은 면적의 부위를 접착할 때 사용된다.

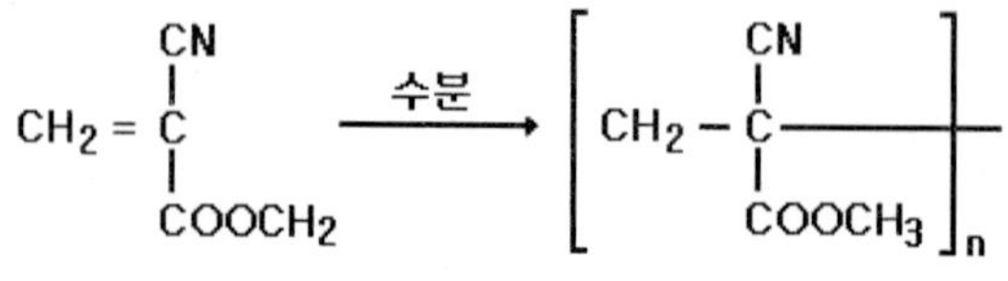

그림 2-4-23. 시아노아크릴레이트계 접착제의 분자 구조

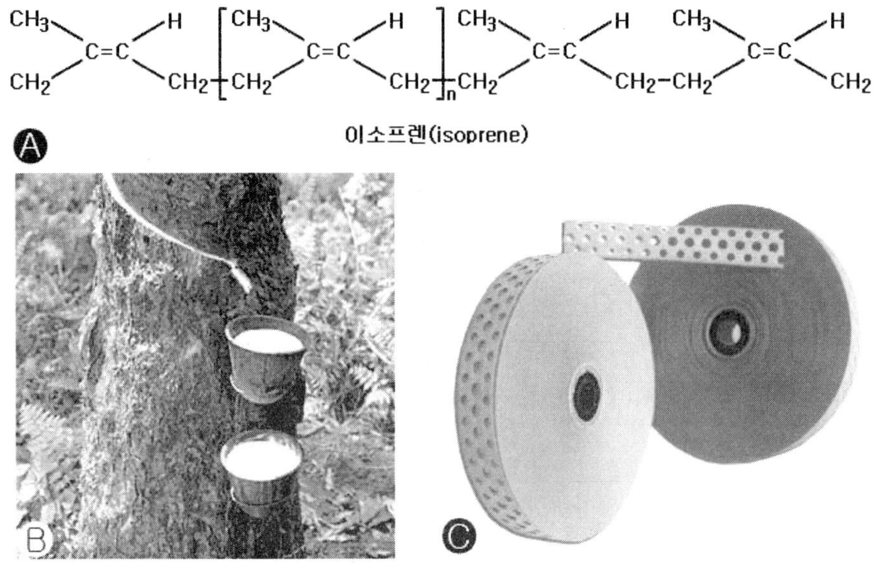

그림 2-4-24. 천연 검의 분자 구조(A)와 채취 방법(B) 및 단판 보수용 검 테이프(C)

③ 검계 접착제(elastomeric adhesive)

천연 검(고무)은 고무나무의 수액에서 얻은 불휘발분 약 35% 정도 되는 유액(latex)을 응고시킴에 따라 얻어지게 된다(그림 2-4-24의 A~B). 천연 검은 유기용제에 녹여 자동차 타이어의 튜브 수리 시 사용되었던 것으로 접착제 역사에 있어서도 선구자적인 접착제였었는데 합성 고분자 시대에 이르러 합성 검이 차차 개발되기 시작하였다. 검계 접착제는 천연 또는 합성 검(rubber)으로부터 제조되는데 접착 시 압력을 거의 가하지 않고 단순히 피착재를 접촉만 시켜도 순간적으로 접착이 완료되는 접촉형 접착제(contact adhesive)의 일종이다. 경우에 따라서는 입자나 실 모양의 고체상의 것으로도 사용되고 있는데 이러한 형태의 것은 열을 가하면 용융되고 냉각하면 고화되는 융해형 접착제에 해당된다. 검계 접착제는 목재와 금속, 목재와 플라스틱의 접착 또는 단판의 측면접합 등과 같은 특수한 용도로 사용될 수가 있으며 합판 제조 시의 조판 공정에서 할렬을 지니는 단판을 보수할 때 쓰이는 검 테이프(gum tape) 제조용으로 사용되고 있다(그림 2-4-24의 C). 그리고 합성 검계인 네오프렌(neoprene)과 같은 일부 종류는 건축 현장에서 장선에 합판을 붙이는 작업 등에 사용되고 있으나 구조용으로는 사용해서는 안 된다. 이들 접착제는 못보다도 응력의 전이 측면에서 더 효과가 크며 간극 충전성도 지니고 있어 두껍게 도부할 수가 있다.

④ 복합계 접착제

a. 수성고분자·아이소시아네이트계 접착제(aqueous vinyl polymer solution·isocyanate adhesive): 통칭 수성비닐우레탄계 접착제(aqueous vinyl urethane adhesives)로 불리는 것으로 복합계 접착제 가운데 대표적인 것이다. 폴리비닐알코올수지(polyvinyl alcohol resin)나 초산비닐수지 등처럼 직선 사슬 모양의 고분자를 지니는 수성계 접착제에 스타이렌·부타디인 고무(SBR, styrene·butadiene rubber), 충전제, 점도 증강제, 안정제 등을 혼합한 주제와 4,4-다이페닐메탄 다이아이소시아네이트 등처럼 2개 이상의 아이소시아네이트기(-NCO)를 지니는 화합물을 경화제로 하는 2액성 접착제이다. 주제 고분자 중에는 수산기가 다량 존재하기 때문에 이 수산기와 아이소시아네이트기가 반응해 우레탄결합(-NHCOO-)과 요소결합(-NHCONH-)을 형성해 거대하고 복잡한 고분자가 된다. 우레탄결합에 의해 고분자화가 되기 때문에 폴리우레탄수지접착제의 한 종류에 해당된다. 장점으로는 수성계 유상액으로 취급이 간단하고 용이하다는 것, 포름알데하이드계가 아니어서 포름알데하이드 방산에 대한 염려가 없다는 것, 대부분 중성으로 목재의 오염과 열화가 일어나지 않으며 경화된 접착층도 목재의 색과 비슷하다는 것, 경화제의 증감에 따라 접착력이 조정될 수 있으며 레조르시놀수지접착제와 유사한 성능도 기대된다는 것, 고도의 내수성이 기대될 수 있다는 것, 상온에서의 경화성이 양호하다는 것, 폭넓은 환경 조건 하에서 사용이 가능하다는 것 그리고 열압이나 고주파 가열에 의한 접착도 가능하다는 것을 들 수가 있다. 반면, 단점으로는 2액성이라는 것, 가사용시간이 짧다는 것, 아이소시아네이트가 독성이 있기 때문에 취급 시 주의가 필요하다는 것, 장치에 대한 부착물의 청소와 박리가 곤란하다는 것 등이 있다. 이 접착제의 주성분이 본래 열가소성 수지이기 때문에 아무리 가교결합을 이룬다고 할지라도 내열성이 열등할 것이라는 일말의 불안감도 있었는데 시험 결과 레조르시놀수지접착제와 대등한 결과가 얻어져 구조용의 대단면집성재 제조에 있어서도 사용량이 늘어나고 있다.

b. α-올레핀·무수마레인산공중합수지접착제(α-olefin·maleic anhydride copolymer adhesive): 아이소부틸렌(isobutylene) 등과 같은 α-올레핀과 무수마레인산 등처럼 카르복실기(carboxyl group, -COOH)를 지니는 단량체와의 공중합체(그림 2-4-25)를 주성분으로 하며 경화제로써 에폭시수지접착제가 사용된다. 물에 용해되지 않으나 가성소다와 같은 알칼리 화합물을 배합하면 나트륨 염이 되어 수용성으로 변하게 된다. 여기에 수산화칼슘과 같은 무기 화합물의 배합에 의해 물에 용해되지 않는 칼슘염이 되어 킬레이트(chelate) 가교가 형성됨으로써 응집이 일어나고 또한 공중합수지와 금속염 사이가 이온결합에 의해서도 연결되는 작용이 함께 일어나 고화가 이루어진다. 초기 점착성이 우수한 상온 경화형의 알칼리성 접착제와 가열 경화형의 중성 접착제가 있다. 접착 시 압체압력의 크기도 상당히 작고 압체시간도 매우 짧은 것이 큰 특징이 되고 있다. 목재 함수율 2~20% 사이에서도 접착력의 차이가 거의 없을 만큼 함수율에 대한 허용 범위가 넓다. 종래의 목재용 접착제와는 달리 뜨거운 물이나 끓는 물에 침지하여도 일정 수준의 접착력이 유지되나 냉수에서는 그다지 접착력이 유지되지 않는 이상한 특성을 지닌다. 이것은 접착층에 가성소다가 함유되어 있기 때문에 장시간 냉수에 침지하게 되면 접착제가 팽창되어 응집력이 급격히 저하되기 때문이며 고온에서는 알칼리의 유탈이 촉진되어 경화에 도움을 주기 때문인 것으로 여겨지고 있다. 습윤에 의한 팽창이 일어났던 접착층도 건조되면 다시 처음의 수준으로 접착력이 회복된다. 내수성, 내열성, 내알칼리성이 좋고 포름알데하이드를 지니지 않으며 온도 변화에 따른 점도 변화가 작은 편이다.

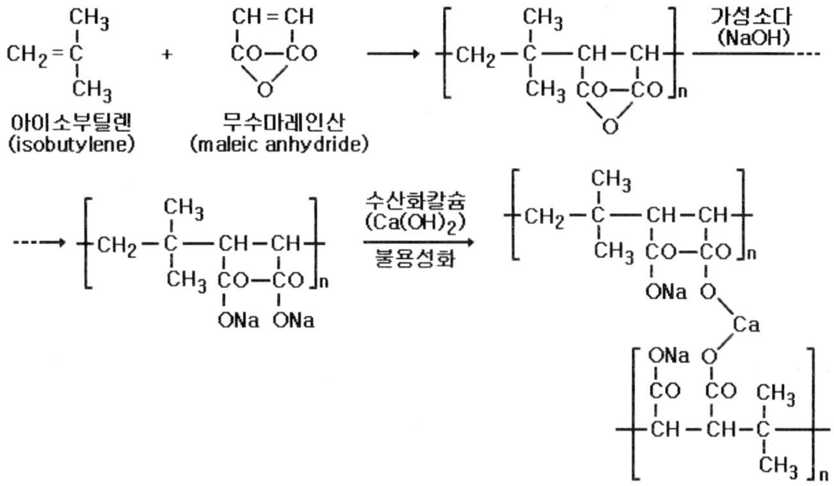

그림 2-4-25. α-올레핀 · 무수마레인산공중합수지접착제의 분자 구조

⑤ 최근에 개발된 접착제

새로운 접착제를 개발하고자 하는 노력이 경주되고 있는데 천연물 또는 폐기물 등을 이용한 접착제의 개발에 초점이 맞추어져 있다. 석유와 같은 합성수지계 접착제 제조용 원료의 가격 상승과 고갈화가 이러한 노력을 더욱 부채질하고 있다.

참나무류 등처럼 일부 수종의 목재나 수피에 다량 함유되어 있는 타닌이 타닌수지접착제(tannin-formaldehyde resin adhesive)의 제조에 이용되고 있는데 그 성질은 열경화성으로 석탄산수지접착제와 유사하다. 이와 같은 접착제로의 이용은 타닌이 지니고 있는 석탄산 성분에 근거를 두고 있는데 소량의 석탄산수지접착제, 요소수지접착제 또는 레조르시놀수지접착제로 성질을 개선한 강화 타닌수지접착제는 접착력이 강하며 수분에 대한 저항성도 지니기 때문에 합판, 집성재, 삭편판 등의 제품을 제조할 때 사용되며 강화되지 않은 타닌수지접착제 역시 삭편판의 제조에 사용되고 있다.

접착제의 또 다른 원료로써는 펄프 폐액(sulfite spent liquor)을 들 수가 있는데 접착제로써의 잠재력은 높은 함량의 리그닌에 근거를 두고 있다. 이 접착제의 성능이 양호하다는 것은 이미 실험실적으로 검증되었다. 주요 단점으로는 합성수지계 접착제보다 긴 열압시간과 높은 열압온도가 필요하기 때문에 접착 제품의 제조 단가가 높으며 색이 진하고 부식의 문제가 있다 것을 들 수가 있다. 리그닌계 접착제는 석탄산수지접착제 또는 요소수지접착제와 조합하여 성질을 개선시켜 줄 수 있다. 크라프트펄프(kraft pulping) 제조 시 얻어지는 리그닌을 이용하고자 하는 노력도 현재 이루어지고 있다.

홍합의 단백질 성분을 이해용 개발된 새로운 목재용 접착제(PureBond)가 세계의 이목을 끌고 있는데 공학목재 제조용으로 널리 쓰이고 있는 포름알데하이드계 접착제로부터 벗어나는데 있어 주도적인 역할을 할 것으로 평가되고 있다. 거센 파도에 부딪쳐도 끄떡없이 바위에 붙어있는 홍합 실처럼 생긴 족사(足絲)를 이용해 바위 등의 표면에 붙어사는데 이 족사의 화학 성분에 관한 연구에서 특이한 화학 구조를 지니는 단백질 때문에 홍합이 물속에서도 바위에 견고하게 붙어있을 수 있다는 사실이 밝혀졌다. 저렴하고 풍부하며 환경 친화적인 대두 단백질의 변형에 의해 이와 비슷한 단백질이 만들어질 수 있다는 사실도 그 후의 여러 연구를 통해 알려지게 되었다. 요소수지접착제를 비용 효율적으로 대체할 수 있는 이 접착제는 활엽수 합판, 삭편판, 중밀도섬유판 등의 목질판상재료 제조에 사용되고 있다.

또한, 질산을 도부한 다음 혼합 약품(lignosulfate ammonium-furfural-alcohol-maleic acid) 등으로 처리하여 접착을 하고자 하는 노력이 역시 경주되고 있다. 이 방법은 실험실적으로 삭편판의 제조에 적용된 바 있다. 접착제를 사용하지 않고 접착을 이루고자 하는 이 방법의 가능성은 다음과 같이 설명할 수가 있다. 즉, 목재 성분의 산화로 인해 셀룰로오스와 리그닌에 유기산의 기들이 형성되고 산화된 재면 사이에서 다른 화학약품들이 화학적인 접착을 유도하게 됨으로써 접착이 가능해 진다는 것이다. 그러나 이 방법은 화학약품의 가격과 사용 시의 위험성, 간극 충전성의 결여 및 사례마다 다르게 나타나는 성능 등과 같은 여러 이유로 인해 실용성과는 거리가 아직도 먼 상태에 있다.

2. 4. 6. 접착 조작

2. 4. 6. 1. 접착제 조제

가정에서 흔히 사용하는 초산비닐수지접착제, 검계 접착제 등 이외의 대부분의 접착제는 은 주제에 대해 경화제, 충전제, 증량제 등을 첨가해 조제한다. 경화제는 합성수지계 접착제에 소량 첨가하면 열의 유무에 관계없이 반응이 촉진되어 경화가 이루어지게 하는 첨가물이다. 한편, 증량제는 밀가루 등처럼 본래 점착성을 지니는 물질로써 접착제의 가격 저하나 도부성 개선을 위해 그리고 충전제는 호두 껍데기 분말 등처럼 본래 점착성을 지니지 않는 물질로써 작업성, 내구성과 접착력의 개선하기 위한 첨가물이다. 이들은 이외에도 중성 내지 약산성, 가는 분말 상태, 점도 조절 가능 등의 조건을 만족시킬 수 있는 것이 바람직하다.

2. 4. 6. 2. 도부와 퇴적

접착제의 도부에는 피착재의 한쪽 면에 도부하는 편면도부법과 양쪽 면 모두에 도부하는 편면도부법이 있다. 피착재의 형상, 치수에 따라 붓, 롤러, 분무기, 도부기 등을 사용해 도부하게 된다.

피착재 표면에 도부된 접착제는 액상에서 점차 고화되어 접착층을 형성하게 되지만 완전히 고화될 때까지 압체를 유지해 주지 않으면 안 된다.

2. 4. 6. 3. 압체

압체는 피착재가 서로 밀착됨으로써 접착제가 정체 없이 접착면 전체에 걸쳐 균등히 확산됨과 아울러 목재의 공극 사이에 침투, 고화되도록 하여 연속적으로 균일하고 얇은 접착층을 형성하기 위해 실시한다. 압체압력이 과도한 경우 접착층이 너무 얇아 져서 결교가 생길 뿐만 아니라 목재가 변형됨으로써 잔류응력이 커져 접착에 나쁜 영향을 미치게 된다. 반대로 압체압력이 과도한 경우 접착층이 두꺼워지고 기포 등이 생기기 쉬워져 접착제의 응집력이 약해지게 된다(그림 2-4-11). 수종에 따라 적정 압체압력이 있지만 일반적으로 침엽수재보다 활엽수재의 쪽이 비중이 크기 때문에 높은 압체압력을 가하게 된다.

표 2-4-11. 요소수지접착제로 제조된 합판의 접착력.

수종	압체법	접착층 두께(㎛)	접착력(kg/cm^2)		
			최대	최소	평균
자작나무	냉압	26.3	32.8	18.4	26.3
	열압	18.2	36.8	24.0	32.4
피나무	냉압	18.6	24.0	14.4	18.9
	열압	8.9	27.2	16.0	21.1
두께 1.5mm 단판, 3매합판					

가열 상태에서 압체하는 열압법은 상온에서 압체하는 냉압법에 비해 접착력, 특히 내수접착력이 우수할 뿐만 아니라 냉압법으로는 장시간 압체하여도 얻을 수 없는 높은 습윤강도를 단시간의 압체로도 얻을 수가 있다(표 2-4-11). 이것은 열압 시 열과 수분에 의해 목재가 가소화됨에 따라 압체압력에 의한 목재의 변형이 쉽게 일어나 양쪽 재면의 凸 부위가 쉽게 평활해지고 凹 부위에도 압체압력이 빨리 가해져 서로 밀착됨으로써 결국 두께가 균일하면서 연속적인 얇은 접착층이 형성되어 접착제 분자와 목재 분자 사이에 강한 분자간 인력이 작용될 수 있기 때문에 그런 것이다.

2. 4. 6. 4. 양생

접착제는 냉각에 의해 고화되는 경우를 제외하고는 용제의 소실, 화학반응의 진행과 함께 경과시간에 따라 경화되어 나간다. 따라서 어느 시점에 해압을 한 다음에도 접착제의 고화가 서서히 계속 진행된다. 이런 이유 때문에 해압 후 후기 경화를 위해 또는 피착재 중의 수분 분포 균일화를 위해 양생 기간을 설정해 두는 경우가 많다.

2. 4. 7. 포름알데하이드 방산 문제

포름알데하이드는 녹는점(融點) -92oC 그리고 끓는점(沸點) -21oC로 상온에서는 기체로 존재하며 물체로부터 자극성 증기의 형태로 공기 중으로 방산되는 화학물질이다. 포름알데하이드 증기는 눈, 코 및 호흡기계를 자극하고 알레르기(allergy)를 유발할 수 있으며 고농도인 경우 아마 건강 장해를 일으킬 수도 있다. 실험용 동물에게 있어서는 암의 원인 물질이 된다는 사실이 밝혀졌으나 인간에게 암을 일으킨다는 증거는 아직까지 거의 보고되어 있지 않음에도 불구하고 포름알데하이드는 인간에게 암을 유발할 가능성이 있는 원인 물질로 분류되고 있다.

최근 공학목재의 포름알데하이드 방산량에 대한 규제가 세계적으로 점점 강화되고 있다. 왜냐하면 이들 제품, 특히 요수수지접착제로 제조된 것이 공장, 가정, 사무실에 있어 칸막이, 판벽 널 등으로 이용되는 경우 포름알데하이드 방산에 따른 문제의 소지가 될 수 있기 때문이다. 포름알데하이드 방산량은 실내 온도, 제품의 함수율, 접착제의 사용량 등에 따라 달라질 수 있는데 이들 인자들은 어느 것이나 할 것 없이 커질수록 포름알데하이드 방산량이 많아지게 된다. 현재 요수수지접착제로 제조된 공학목재에서 큰 문제가 되고 있는데 요소에 대한 포름알데하이드 몰비가 가장 큰 영향을 미치게 된다. 또한 제품의 표면보다는 측면에서 더 많이 방산되어 나온다. 따라서 이런 문제를 피하기 위해서는 방산량이 낮은 재료를 사용하는 것이 무엇보다 중요하다(표 2-4-12).

표 2-4-12. 일본에 있어서의 포름알데하이드 방산 건축재료의 구분.

포름알데하이드 방산 속도*1	고시로 정해진 건축재료		내장 마무리용으로의 제한
	명칭	해당 규격*2	
120μg/m²h 초과	제 1종 포름알데하이드 방산 건축재료	JIS, JAS의 구 E_2, F_{C2}, 무등급	사용 금지
20μg/m²h 초과 120μg/m²h 이하	제 2종 포름알데하이드 방산 건축재료	JIS, JAS의 F☆☆	사용면적 제한
5μg/m²h 초과 20μg/m²h 이하	제 3종 포름알데하이드 방산 건축재료	JIS, JAS의 F☆☆☆	사용면적 제한
5μg/m²h 이하		JIS, JAS의 F☆☆☆☆	제한 없음

*1 측정 조건: 온도 28℃, 상대습도 50%, 포름알데하이드 농도 100μg/m²h

*2 E_2, F_{C2}: 평균 5.0mg/L 이하, 최대 7.0mg/L 이하

F☆☆: 평균 1.5㎎/L 이하, 최대 2.1㎎/L 이하

F☆☆☆: 평균 0.5㎎/L 이하, 최대 0.7㎎/L 이하

F☆☆☆☆: 평균 0.3㎎/L 이하, 최대 0.4㎎/L 이하

포름알데하이드 방산량은 여러 방법을 통해 줄일 수가 있다. 요소에 대한 포름알데하이드 몰비가 낮은 접착제를 사용하거나 접착제 중의 유리 포름알데하이드와 반응하거나 흡수할 수 있는 첨가제(scavenger)가 섞인 접착제를 사용하면 된다. 이외에도 방산량 저감 방법이 있는데 그 예로 공장

에서의 적절한 환기, 단판 적층이나 폴리우레탄니스(polyurethane varnish)와 같은 도료(2회 도장이 바람직함)에 의한 제품의 표면 피복을 들 수가 있다. 또한 열압기에서 나온 제품을 바로 암모니아(ammonia) 증기로 쏘인 다음 환기를 통해 과잉의 암모니아를 제거하고 개미산(formic acid) 증기에 노출시켜 암모니아를 완전히 제거해 주는 방법도 방산량 감소에 효과가 있다. 한편, 시간의 경과에 따라 방산량은 저감된다. 멜라민수지 접착제 역시 포름알데하이드 방산이라는 문제점을 지니지만 가격이 저렴하기 때문에 가장 많은 양으로 사용되고 있는 요소수지접착제가 가장 큰 문제의 원인이 되고 있다. 석탄산수지접착제에 의한 방산량은 매우 미미한 편으로 모든 과학적인 자료에 따르면 이 접착제로 제조된 제품에 의한 포름알데하이드 최대 방산량 수준은 도시 지역의 대기 중에 존재하는 것과 거의 동일한 수준인 것으로 되어 있는데 이는 석탄산수지접착제에 의한 제품이 문제의 소지가 되지 않음을 의미하게 된다. 더욱이 아이소시아네이트수지접착제를 사용하면 포름알데하이드 방산이 전혀 일어나지 않는 제품의 제조도 가능해진다.

데시케이터(desiccator) 방법에 의해 측정된 포름알데하이드 수중 농도(mg/L)와 주거 환경에 있어서의 기중 농도(ppm) 사이의 관계는 온도, 상대습도, 환기량, 공학목재의 사용 면적 등과 같은 여러 인자의 영향에 따라 달라진다. 이들 인자에 의한 기중 농도의 변화는 매우 복잡해 예측하기가 쉽지 않지만 일반적으로 기중 농도는 데시케이터 방법에 의한 수중 농도의 40%(0.2ppm = 0.5mg/L, 0.28ppm = 0.7mg/L, 2.0ppm = 5.0mg/L, 2.8ppm = 7.0mg/L, 4.0ppm = 10.0mg/L, 4.8ppm = 12.0mg/L)로 간주하고 있다.

포름알데하이드는 대기 중에 항상 존재한다는 사실을 알아둘 필요가 있다. 이 화학물질은 목재, 담배, 휘발유나 기타 유기화합물 등의 연소에 의해 자연적으로 발생하게 되며 사과나 양파와 같은 음식물에도 본래 비교적 높은 수준으로 존재할 뿐만 아니라 우리 인체의 혈액에도 대개 3ppm 수준으로 포함되어 있다. 유리 포름알데하이드의 유해성에 대한 논란은 여전히 남아 있다. 독일의 어느 의학박사는 "소나무 숲을 산책하는 사람이라면 어느 누구나 삭편판 제조업체에서 발생될 수 있는 것보다 훨씬 높은 수준의 포름알데하이드에 노출된다"라는 견해를 밝히면서 자신의 주장이 현재 받아들여지고 있지 않으나 아마 매우 정확한 사실임에 틀림없을 것이라고 주장한 바 있다.

2. 5. 목재 도장

2. 5. 1. 도장의 목적

오염, 손상, 풍화 등으로부터 재면을 보호함과 아울러 수분의 출입에 따른 목재의 치수 변동을 막아줌으로써 수축이나 팽창에 따른 할렬, 틀어짐 등의 결함을 예방할 뿐만 아니라 재색, 문양, 목리, 광택 등을 살려 목재 고유의 재질감을 부각시키며 내화성, 내열성, 내약품성, 차음성 등의 특수기능을 부여하는데 도장의 목적이 있다.

목재 도장은 연필도장으로부터 내장용 도장인 가구의 도장과 외장용 도장인 목조건축의 도장에 이르기까지 매우 다양한 편이다. 특히, 가구도장에 있어서는 투명도장이 널리 이용되고 있는데 이는 특징적인 질감과 미관적 가치를 지니는 목재 고유의 성질을 살리거나 강조할 수 있기 때문에 그렇다.

2. 5. 2. 목재의 성질과 도막의 내구성

목재는 천연의 생물재료로써 모든 생명체가 그러하듯이 목재의 성질 역시 수종 간뿐만 아니라 동일 수종 내에서도 개체 간에 따른 변이성이 존재하며 게다가 동일 개체 내에서도 판재의 제재 방법에 따라 어느 정도 그 성질에 차이가 나타나게 된다. 동일 수종 내에 있어서 도장성에 크게 영향할 수 있는 주요 목재 성질 가운데 하나로 생장률을 들 수가 있다. 생장률은 기후, 지역, 유전성, 수목의 생장력, 수목 간의 경쟁 등에 의해 좌우되는데 현재로써는 생장률과 관련된 이들 인자들을 조절하기란 매우 어려운 실정에 있다. 목재의 자연적인 특성과 아울러 제재 조건에 따른 특성 역시 도장성 및 내구성에 큰 영향을 미치게 된다. 그러나 이들 특성의 대부분은 도막이 마모되기 시작할 때부터 비로소 중요한 인자로 작용하게 될 것이다.

2. 5. 2. 1. 자연적인 특성

① 비중

수종에 따른 목재 성질의 변이성에 큰 영향을 미치는 인자로는 비중, 목리 배열(춘재와 추재로 인함), 나무갗(침엽수재 또는 활엽수재), 압축이상재, 심재 또는 변재, 추출물, 수지(송진)와 기름 성분 등을 들 수가 있다. 이들 가운데에서도 도장성에 큰 영향을 미치는 가장 중요한 인자의 하나로 목재의 비중 또는 무게를 들 수가 있다. 비중은 수종에 따른 변이성이 매우 큰 편으로 고비중의 무거운 목재는 저비중의 가벼운 목재보다 일반적으로 수축 및 팽창을 더 크게 일으키게 된다(표 2-1-1). 상대습도 변화에 따른 수분의 출입 또는 비나 이슬과 같은 주기적인 습윤에 의해 소재(素材: 일반 제재목을 공학목재와 구분할 때 흔히 쓰이는 용어)에서뿐만 아니라 그 정도는 다소 덜하지만 공학목재에서도 역시 이러한 치수 변동이 일어나게 된다. 난방이 되는 실내에서 사용되는 목재는 상대습도가 낮은 봄과 가을에 건조되어 수축하게 되고 상대습도가 높은 여름과 겨울에는 수분을 흡수하여 팽창하게 된다. 과도한 치수 변동은 페인트 등의 도막에 끊임없이 응력을 가하게 됨으로써 결국 그 내구성을 저하시키게 된다.

목재의 치수 변동에 의해 그리고 자연적인 풍화 과정 중에 발생하는 할렬과 틀어짐의 정도 역시 목재의 비중과 직접적인 관련성이 있다(그림 1-2-6의 D와 2-3-5의 A). 너비굽음이 아마 가장 일반적인 형태의 틀어짐일 것이다. 너비굽음이란 판재가 너비방향으로 굽어지는 것으로 넓은 판일수록 너비굽음을 심하게 나타내는 경향이 있다. 한쪽 측면의 끝에서 마주보는 반대쪽 측면의 끝을 향해, 즉 판재의 길이 방향을 따라 일직선을 나타내지 못하게 되는 이탈된 형태인 측면굽음 역시 판재에 나타나기도 한다. 판재의 틀어짐은 균일하지 못한 수축이나 팽창에 의해 대개 발생한다. 더욱이 판재의 목리방향을 따라 일어나게 되는 작은 갈라터진 부분인 할렬은 목재 건조 과정 중에 발생하는 응력이나 목재의 실제 사용 중에 겪게 되는 반복적인 수축 및 팽창으로 인하여 발생하는 응력이 그 원인이 되고 있다. 남부황소나무와 같이 비중이 큰 무거운 목재는 세쿼이아와 같이 비중이 작은 가벼운 목재보다 틀어짐이나 할렬을 더 크게 나타내는 경향이 있다.

② 춘재와 추재

침엽수재의 경우 추재와 추재율은 목재의 비중과 직접적인 관련성이 있는 것으로써 도막의 내구성에 영향을 미치게 된다. 대부분의 목재 수종은 1년마다 하나의 생장층, 즉 연륜을 형성함으로써 수목의 지름이 커지게 되는데 하나의 연륜은 2개의 명확한 생장 시기를 나타내는 춘재와 추재라는 조직층으로 이루어져 있다. 추재는 춘재보다 더 치밀하고 단단하고 평활하면서 짙은 색을 띠는데 이것은 추재를 구성하는 세포가 춘재의 것보다 더 두꺼운 세포벽과 좁은 지름의 세포내강을 지니기 때문이다. 추재가 차지하는 비율인 추재율이 크면 클수록 목재는 더욱 더 치밀해진다(그림 1-2-5의 A~B, 1-3-2와 1-3-4).

새로 도장된 페인트(paint)는 춘재와 추재 모두에 견고하게 부착될 수가 있다. 그러나 이미 오래 전에 도장된 페인트의 도막은 시간의 경과와 풍화 과정에 따라 부서지기 쉬운 상태로 열화되어 가는데 평활하고 단단하면서 수축이나 팽창이 심한 추재와의 부착력이 먼저 약해지게 되어 결국 추재로부터 박리가 일어나기 시작한다. 추재의 폭이 매우 좁은 목재에서는 페인트 도막이 추재 위에서 다리(bridge) 모양으로 걸쳐지기 때문에 추재의 폭이 넓은 목재보다도 더 우수한 페인트 도막의 내구성을 나타내는데 남부황소나무나 미송과는 달리 삼나무류와 세쿼이아의 정목 목재에는 대개 넓은 추재가 나타나지 않기 때문에 이들 수종의 정목 목재는 페인트 도막의 내구성 측면에서 볼 때 그 성능이 우수한 편이다. 그러나 니스(varnish)의 경우 자외선이 도막을 통과해 목재와 도막 사이의 계면이 손상을 받기 때문에 약한 춘재에서 도막의 열화가 먼저 일어나게 된다(그림 2-5-1). 활엽수재 가운데 산공재인 경우 환공재와는 달리 생장률은 이들 도막의 열화에 큰 영향을 미치지 못하는 것으로 여겨지고 있다.

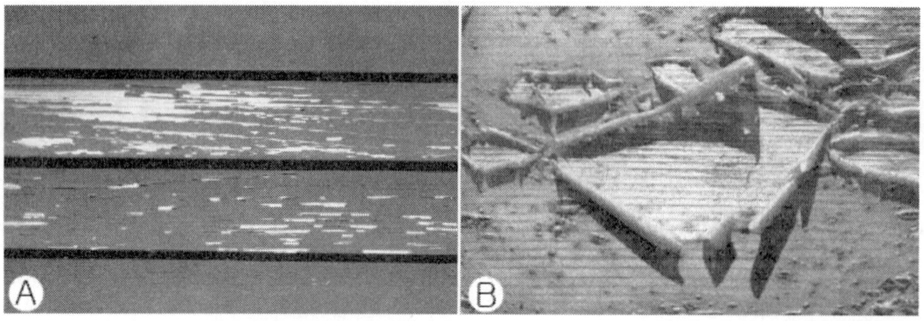

그림 2-5-1. 중간 부분의 판목 목재에서 박리가 더 빨리 발생한 페인트 도막(A)과 목재와의 계면에서 박리가 발생한 니스 도막(B)

③ 나무갗

나무갗(texture)은 목재를 구성하는 세포의 크고 작음과 이들의 분포 상태 등에 의해 나타나는 재면의 거칠기 정도를 일반적으로 표현하는 용어로써 대개 활엽수재의 재면을 표현할 때 주로 사용된다. 활엽수재는 비교적 길이가 길고 지름이 작은 세포인 목섬유와 길이가 짧고 지름이 큰 도관요소(관공)로 주로 구성되어 있는 반면 침엽수재는 길이가 길고 지름이 작은 가도관으로만 거의 이루어져 있다(그림 1-5-1~1-5-2와 1-5-12~1-5-13). 활엽수재의 경우 관공의 크기와 배열 상태가 목재의 비중이나 목리 형태보다도 도장성에 더 큰 영향을 미치게 된다. 큰 관공 위의 도막 부분에서는 미세한 바늘구멍(pin hole)이 형성되기도 하기 때문에 일반 가정에서의 도장으로는 참나무류나 물푸레나무류와 같이 큰 관공을 지니는 활엽수재를 양호하게 도장하기가 어려울 것이다. 도막 내의 미세한 구멍은 눈에 거슬리는 결점이 될 뿐만 아니라 도막의 조기 손상을 일으키는 원인이 될 수도 있다. 한편, 튤립나무처럼 큰 관공을 지니지 않고 비교적 균일하면서 고운나무갗을 지니는 수종의 목재는 거친나무갗을 지니는 수종의 목재보다도 전반적으로 도장성이 우수한 편이다(그림 1-8-4).

④ 압축이상재

압축이상재는 침엽수의 가지나 기울어진 수간의 횡단면 하부에 발달되는 결점을 일컫는다. 압축이상재 부위의 연륜은 정상재의 연륜보다 폭이 더 넓으며 추재율 역시 더 큰 특성을 지니고 있다(그림 1-9-1~1-9-3). 따라서 수목은 편심생장된 수간을 지니게 됨으로 수(髓, pith)는 수간의 정중앙에 위치하지 못하게 된다. 압축이상재 특히 그 추재가 정상재보다 색이 선명하지 않고 생기 없는 외관을 나타내게 된다. 압축이상재는 동일 비중의 정상재보다 강도적 성질이 낮기 때문에 목재 이용 시 심각한 문제의 소지가 될 수 있다. 또한 압축이상재는 정상재보다 목리방향인 축방향으로의 수축률이 10배 정도 더 크기 때문에 정상재와의 혼재 시 대개 압축이상재와 정상재의 경계부를 따라 할렬이 일어나게 된다.

⑤ 심재와 변재

대부분의 수종은 수목이 성숙해 감에 따라 자연적으로 심재라고 불리는 짙은 색의 조직층을 수간 내부에 형성하게 된다. 이런 심재를 둘러싸는 바깥 부분을 변재라고 하는 옅은 색의 조직층이 둘러싸게 된다(그림 1-3-6의 A). 변재는 살아있는 유세포를 일부 지니고 있기 때문에 수분이나 양분을 뿌리로부터 잎까지 운반하는 수송로인 통도기능을 지닐 뿐만 아니라 수체를 지지하는 기계적 지지기능도 아울러 지니게 된다. 반면 심재는 모든 세포가 죽어 있기 때문에 수체를 떠받쳐 주는 기계적 지지기능만을 지닐 뿐이다. 심재는 개개 세포들의 생리적 기능이 모두 소실되고 추출물, 수지(송진), 기름 성분 및 기타 물질이 퇴적함으로써 발달하게 된다. 심재가 차지하는 비율인 심재율은 유령목보다 노령목 쪽이 더 큰 편이다. 남부황소나무와 같은 일부 수종은 삼나무류(편백나무류, 측백나무류 및 향나무류가 삼나무류로 불림)나 세쿼이아와 같은 수종보다도 훨씬 변재의 폭이 더 넓은 편이다.

천연림으로부터 벌채된 낙우송과 같은 일부 수종의 목재는 그 자체가 부후와 충해에 대해 우수한 저항성을 나타내는 것으로 널리 알려져 있다. 조림에 의한 2차림으로부터 벌채된 목재는 높은 변재율을 지니는데 이러한 변재는 부후와 충해에 대한 저항성을 전혀 나타내지 못하고 있으며 2차림으로부터 벌채된 목재의 심재 역시 천연림으로부터 벌채된 목재의 심재보다도 저항성이 작은 것으로 알려져 있다.

⑥ 추출눌, 수지(송진) 및 기름 성분

목재는 수종에 따라 수용성 추출물, 수지(송진) 또는 기름 성분을 함유하는 경우가 있다. 이들 물질들은 나름대로의 독특한 성질과 특성을 지닌다(그림 1-5-21의 G~H, 1-5-31의 C~D와 2-5-2). 목재 내에서 이들 물질이 차지하는 비율은 목재의 전건무게를 기준으로 해 볼 때 매우 미미한 편이지만 재색, 향기, 부후 및 벌레에 대한 저항성, 수분 침투성, 비중, 경도 등과 같은 목재의 성질에 영향을 미치는 중요한 인자가 되고 있다. 심재화에 따라 이들 물질이 퇴적하게 되는데 만약 추출물, 수지, 기름 성분 등이 목재 내에 존재하지 않는다면 많은 목재들이 해부학적 구조를 제외하고는 근본적으로 동일한 특성을 나타내게 될 것이다.

수용성 추출물은 목재의 부성분으로써 침엽수재와 활엽수재 모두에 있어 심재의 세포내강이나 공극에 자연적으로 퇴적된다. 이들은 서부적삼나무(측백나무류의 일종임), 세쿼이아, 낙우송 등처럼 외장용 목재로 널리 쓰이는 목재의 심재에 특히 더 많으며 또한 미송과 남부황소나무의 심재에도 소량이나마 존재한다. 바로 이러한 추출물로 인하여 목재는 매력적인 재색이나 양호한 치수안정성 및 자연적인 내부후성을 나타내게 된다. 그러나 이러한 추출물은 도장 시 또는 후에 심각한 결함을 유발하는 원인으로 작용할 수도 있다. 추출물은 수용성이기 때문에 자유수가 존재하는 한 용해되어 목재 표면으로 흘러나오게 된다. 이 추출물의 수용액이 도장된 재면으로 흘러나오게 되고 수분이 마르게 되면 결국 적갈색의 흔적으로 추출물의 잔사가 남게 된다. 흰색이나 옅은 색의 도료인 경우에는 이 적갈색의 흔적이 두드러지게 눈에 거슬리는 결함이 될 수가 있다(그림 2-5-2의 A와 2-5-21의 B~C).

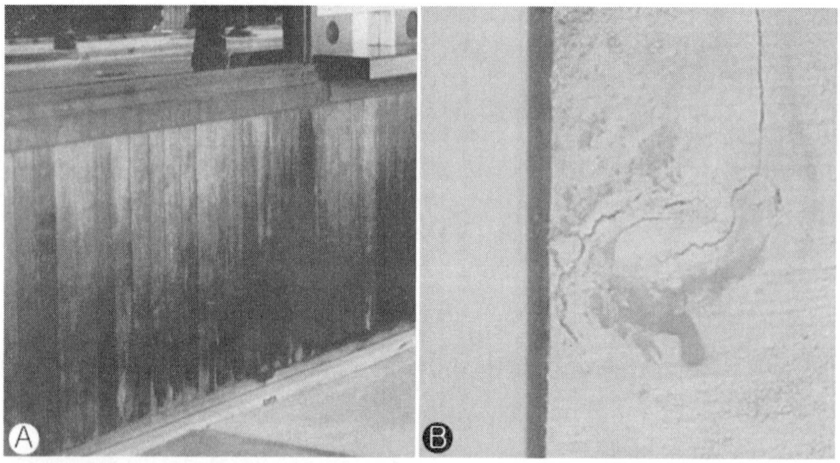

그림 2-5-2. 수용성 추출물 침출에 따른 삼나무 목재의 변색(A)과 태양 광선에 의한 가열에 따라 도막을 뚫고 흘러나오는 소나무의 수지(B)

소나무류와 미송에서는 수지(송진)가 흘러나올 수 있다. 송진은 일반적으로 로진(rosin)과 터펜틴(turpentine)이 혼합되어 있는 혼합물로 대개 수지(resin)로 불리고 있다. 로진은 일상적인 온도 조건 하에서 부스러지기 쉬운 고체 상태로 남게 되는 물질을 일컫는 용어이다. 반면에 터펜틴은 비교적 낮은 온도에서도 쉽게 휘발되는 성질을 지닌다. 적절한 인공건조 스케줄을 적용하여 목재를 건조하면 목재로부터 터펜틴이 자연스럽게 제거되어 결국 고체 상태의 로진만 남게 된다. 그러나 일반 건축용으로 시판되는 생재상태의 제재목이나 또는 적절하지 못한 건조 스케줄로 건조시킨 제재목에서는 터펜틴이 잔류해 로진과의 혼합된 상태로 남아있게 될 것이다. 이와 같이 남게 된 수지는 순수한 로진보다도 훨씬 낮은 온도에서 용융될 수 있기 때문에 결과적으로 수지가 재면으로 흘러나오게 된다. 이런 목재의 표면에 도장을 하게 되면 수지가 도막을 뚫고 흘러나오거나 도막에 변색이나 기포를 유발하게 될 것이다(그림 1-9-5의 E, 2-5-2의 B와 2-5-17의 K). 이러한 결함은 수지구나 세포내강 내에 갇혀 있던 공기가 주위의 온도 변화에 따라 수축, 팽창하게 되어 수지를 강제로 밖으로 유출시킴에 따라 서서히 발생하게 된다. 태양 광선이 주택의 남쪽 면을 비추는 경우처럼 목재가 가열될 때 가장 심각한 문제가 될 수 있다. 일단 끈적끈적한 수지가 재면에 머무르게 되면 터펜틴이 휘발되어 단단한 로진 덩어리들만 염주 모양으로 재면에 남게 되는데 이런 재면에 도장하면 수지가 도막으로 확산되어 변색이 일어나게 될 것이다.

낙우송, 티크, 삼나무류 등과 같은 일부 목재에 존재하는 방향성 기름 성분 역시 도장 시 문제를 일으킬 수가 있다. 이들 기름 성분은 쉽게 결정화되지 않는 액체 또는 고체 상태의 혼합물로 존재한다. 이들은 일반적으로 자주 쓰이는 많은 종류의 도료에 의해 용해되는 성질을 지니고 있기 때문에 도장 시 변색을 일으키는 원이 될 수가 있다. 또한 도막의 건조를 지연시켜 끈적끈적한 상태로 남아있게 만들기도 하며 도막의 주름, 도막 내의 기포(그림 2-5-17의 H와 K) 또는 일상적으로 관찰할 수 있는 도막의 분해 등과 같은 결함을 유발하기도 한다.

일부 기름 성분은 끓는점이 높기 때문에 목재의 인공건조 시 적용한 높은 온도 조건 하에서도 매우 서서히 휘발되는 경우도 있다. 적절한 인공건조 스케줄을 적용하여 목재를 건조만 해준다면 수지나 기름 성분 등에 의해 발생하는 도막의 결함은 대개 줄어들게 될 것이다. 그러나 도장 처리된 제품에 방향성의 향기가 필요한 경우에는 기름 성분이 너무 많이 제거되지 않도록 주의하여야 한다.

폰데로사소나무나 잣나무의 심재에 흰색이나 옅은 색의 페인트를 도장하게 되면 황색 또는 갈색 계통의 변색이 일어나는 경우가 가끔 있다. 이런 변색은 수지구 바로 위에서부터 대개 시작되어 그 후 심재 위의 도막 전역으로 확산되어 나가지만 변재의 도막에는 영향을 미치지 못하게 된다. 이 변색은 심재의 수지에 함유되어 있는 특정 물질에 의한 것으로써 페인트 도장 시 목재가 축축하게 습윤되어 있는 경우에 대개 발생하지만 건조된 목재에서는 거의 발생하지 않는다. 그러나 이러한 변색은 태양 광선에 의해 퇴색되기 때문에 외장용 목재에서는 그리 큰 문제의 소지가 되지 않고 있다.

2. 5. 2. 2. 제조 조건에 따른 특성

① 연륜 배열

원목을 제재하는 방법에 따라 연륜의 배열 상태와 그에 따른 도장성이 영향을 받게 된다. 제재목은 판목, 정목 및 추정목 목재로 분류된다(그림 1-8-2의 B). 판목 목재는 정목의 것보다 수축과 팽창을 더 많이 일으키며 또한 더 넓고 짙은 색의 추재를 지닌다. 따라서 정목의 목재를 사용하는 것이 판목의 목재를 사용하는 것보다 도막의 부착력 측면에서 더 바람직할 것이다. 활엽수재의 정목 목재는 판목의 것보다 도막의 부착력이 더 좋으나 침엽수재의 경우에 비하면 그 차이는 상대적으로 작은 편이다.

② 재면 상태(나무갗)

건조 후의 제재목은 거칠게 제재된 상태 그대로 이용하거나 평활하게 재면을 조정한 다음 이용하기도 한다. 불투명 도료인 페인트는 평활한 정목 목재에서 더 오래 견딜 수 있다. 침투형 착색제처럼 목재의 외관을 심하게 은폐하지 않는 마감재료는 거칠게 제재된 판목 목재에 처리해 주는 것이 더 바람직한데 이들은 거칠게 제재된 제재목에 전원풍의 맛을 부여해 줄 뿐만 아니라 목리와 재면의 질감을 그대로 드러내 보여주는 이점을 지니게 된다. 새로운 합판에 처음으로 페인트를 도장하는 경우 거친 면의 것이 더 많은 양의 페인트를 흡수하기 때문에 평활한 면의 합판보다는 거친 면의 합판에 도장된 페인트 도막이 더 오래 견딜 수 있게 될 것이다.

③ 옹이 등의 결점

옹이, 할렬, 수지낭(송진주머니), 입피, 충해 등과 결점은 제재목 등급 분류 시의 기준으로 대개 이용되고 있으며 또한 목재의 도장성에도 영향을 미치게 된다. 옹이는 주로 목구면(횡단면)이 제재목의 재면으로 노출되는 특징(그림 1-9-5의 C)이 있는데 이러한 목구면에서는 판목면이나 정목면에서보다 도료가 더 많이 흡수되기 때문에 도막의 외관에 영향을 미치게 된다. 소나무의 경우 옹이에는 수지가 다량 집적되어 있기 때문에 옹이 위의 도막 부위에서 변색과 건조 불량이 일어나는 경우 자주 있다(그림 1-9-5의 E). 더욱이 큰 옹이에서는 도막의 할렬이나 균열이 일어나기 때문에 눈에 띌 정도로 현저한 결함이 나타나게 된다(그림 2-5-17의 O). 도막의 최대 내구성을 위해서는 도장 시 옹이가 적은 높은 등급의 제재목을 사용하는 것이 바람직하다.

④ 함수율

목재의 함수율 역시 도막의 내구성을 결정하게 되는 또 하나의 중요한 인자가 되고 있다. 다행스럽게도 적절한 주의만 기울인다면 목재의 함수율은 쉽게 조정할 수가 있으나 지금까지는 설치나 도장 시에 너무나 안이한 생각으로 무시하거나 고려 대상에 넣지 않았던 것이 사실이다. 목재를 도장하기에 가장 적절한 시기는 목재의 평균 함수율이 실제 목재 이용 시의 환경 조건에 따라 스스로 도달할 수 있는 함수율과 대략 동일한 조건일 때이다. 이러한 평균 함수율 조건에서 목재를 설치해 주는 것이 가장 바람직하다. 이런 함수율 조건 하에서도 함수율 변동과 그에 따른 목재의 치수 변동이 온도와 상대습도에 따라 계속 반복되겠지만 그 변화는 그리 심하게 나타나지 않게 될 것이다. 따라서 도막을 형성하는 도료는 불필요한 응력을 받지 않게 되고 결국 긴 내구성을 유지할 수 있게 될 것이다. 고급 목재일수록 되도록 낮은 함수율로 건조된 것을 사용하는 것이 바람직한데 이는 흡습 과정 시의 평형함수율이 탈습 과정 시보다 낮은 평형함수율을 보이는 이력현상(그림 2-3-3의 A)으로 인해 함수율 변화에 따른 목재 및 도막의 결함을 최소화할 수 있기 때문이다.

도장 시 피도물인 목재의 최적 함수율은 8~12%이다. 최적 함수율이 필요한 이유는 도료와 재면 사이의 부착 양부에 수분이 관여하기 때문인데 함수율이 높은 상태에서는 부착력이 낮아 도막 박리(그림 2-5-17의 N)가 일어날 수가 있다. 또한, 목재의 함수율이 20% 이상인 조건에서 도장하게 되면 백화, 기포(그림 2-5-17의 J~K) 등의 결함이 도막에 일어날 위험성이 커지게 된다. 게다가 세쿼이아 및 서부적삼나무와 같이 짙은 색의 수용성 추출물을 지니는 목재에서는 도장 후 즉시 변색이 일어나는 경우도 있다.

합판, 삭편판, 섬유판 등과 같은 공학목재의 평형함수율은 아직까지 잘 알려져 있지 않으며 제조 시의 조건에 따라 달라질 수도 있다. 이와 같은 공학목재는 사용 장소의 평균 상대습도 조건 하에서 충분히 함수율을 조절해 평형함수율에 도달시킨 다음 사용하여야 하는데 소재와 동일한 함수율 조건이 되도록 반드시 조절해야 할 필요는 없다.

⑤ 도장성

침엽수재 가운데 세쿼이아와 서부적삼나무가 도장성 및 유지 관리 측면에서 가장 쉬운 재료로 평가된 반면 남부황소나무와 미송이 가장 어려운 재료로 평가되고 있다. 도장성이 가장 우수한 활엽수재로는 튤립나무, 목련 등처럼 작은 관공에 의한 곱고 균일한 나무갗을 지니면서 비중이 작거나 중간 정도인 목재를 들 수 있다. 활엽수재 가운데 환공재인 경우 관공이 너무 크기 때문에 일반 가정에서의 도장으로는 관공을 적절히 메워 도막을 평활하게 만들어 주기 어려울 것이다. 이렇게 되면 관공은 도막의 조기 손상이 일어나는 집중점이 될 수가 있기 때문에 도장에 앞서 먼저 관공을 눈메꿈제(충전제, filler)로 메워주어야 한다.

2. 5. 3. 도료의 정의, 구성과 종류

2. 5. 3. 1. 도료의 정의

도료는 일반적으로 상온에서 유동성을 지니는 액체로써 물체의 표면에 도장되어 피막(도막)을 형성함으로써 물체의 표면을 보호하고 미관적 가치를 부여하며 물리적, 화학적 성능을 부여하는 것으로 정의된다. 그러나 퍼티(putty, パテ)처럼 안료(pigment)의 농도가 높아 반고체 상태를 띠는 것으로써 두껍게 칠해 피도면의 凹凸을 수정하는데 사용하는 것, 비닐 수지 등의 가는 분말을 가열된 피도물에 도부한 다음 용융시킴에 따라 도막이 형성되는 분체도료 등도 도료에 포함된다.

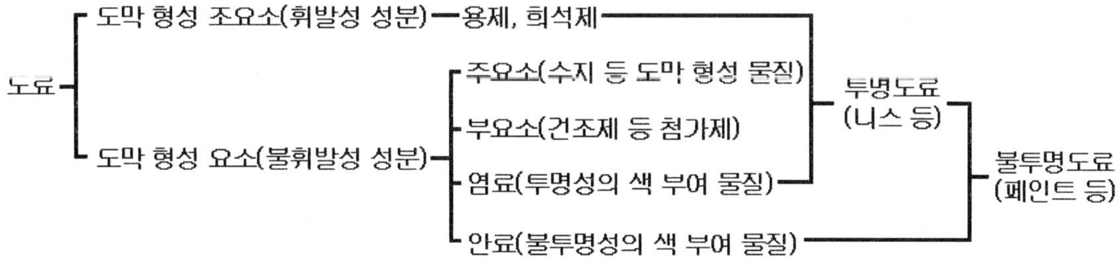

그림 2-5-3. 도료의 구성

2. 5. 3. 2. 도료의 구성

도료는 불휘발성 성분으로써 도막을 직접 형성하게 되는 도막 요소와 휘발성 성분으로써 도막과는 직접 관계가 없으나 도막 형성을 도와주는 도막 조요소로 구성되어 있다(그림 2-5-3). 도막 요소로는 건성유, 수지, 셀룰로오스 유도체 등처럼 그 자체가 도막을 형성하는 물질인 주요소 그리고 건조제, 분산제, 가소제 등처럼 주요소의 도막 형성을 도와주는 물질인 부요소가 있다. 이외에도 도막에 투명성의 색을 부여하는 물질인 염료와 불투명성의 색을 부여하는 물질인 안료도 도막요소에 속한다. 염료로는 천연산의 천연염료와 인공산의 합성염료가 있으며 안료로는 도관구, 목재나 도막의 凹부 등을 메워 평활하게 해주는 기능을 지니는 체질안료와 목재나 도막에 색을 부여해 주는 기능을 지니는 착색안료가 있다. 한편, 도막 조요소로는 도막요소를 용해할 수 있는 용제와 도막 요소를 직접 용해하지는 못하나 도료를 적당한 점도로 희석해 줄 때 사용되는 희석제가 있다. 이들 가운데 용제는 끓는점이 100oC 미만인 저비점 용제, 100~150oC인 중비점 용제 및 150oC를 초과하는 고비점 용제로 분류되는데 끓는점이 낮을수록 도료의 건조가 빨라진다.

도장에 있어서는 염료나 안료 등을 피도면 상에서 전개시켜 주는 물질을 일컫는 전색제(vehicle)라는 용어가 흔히 쓰이고 있는데 휘발성 전색제는 휘발되어 도막에 남지 않는 것을 그리고 불휘발성 전색제는 도막에 남아 도장의 목적인 보호, 미관, 물리 및 화학적 성질 등을 부여하는 것이기 때문에 결국 도막의 주요소와 조요소 모두가 전색제에 해당된다.

일반적으로 도료 중 불휘발성 성분인 도막 요소의 비율이 높은 경우 1회 도부로도 두꺼운 도막이 형성되는, 즉 살오름성이 좋아지기 때문에 작업성과 도막의 형성을 모두 고려해 볼 때 점도가 낮으면서도 불휘발성 성분의 비율이 높은 것이 바람직하다. 불휘발성 성분의 부피를 A, 도료의 부피를 B, 건조 전 도막의 두께를 C 그리고 건조 후 도막의 두께를 D라고 했을 때 불휘발성 성분의 비율 R과 건조 후 도막의 두께 D는 다음 식 R = (A/B) x 100(%) 및 D = C x (R/100)로 구할 수가 있다.

2. 5. 3. 3. 도료의 종류

도료는 조요소로 물을 사용하는 수성도료와 기름을 사용하는 유성도료로 나뉜다. 우리가 흔히 들어 잘 알고 있는 페인트(paint)와 니스(varnish)는 유성도료에 속한다. 본래 페인트는 아마인유(linseed oil), 대두유(soybean oil) 등의 건성유를 가열해 부분적으로 산화시킨 보일유(boiled oil)에 안료가 혼합되어 있는 것을 일컫지만 안료를 지니는 불투명도료의 일반 명칭으로 쓰이기도 하는 반면 건성유와 수지로 구성되어 있는 니스는 안료를 지니지 않는 투명도료의 일반 명칭으로도 쓰이고 있다.

도막 주요소의 종류에 따라 래커처럼 섬유소(cellulose) 유도체를 주성분으로 하는 섬유소도료, 셀락니스(shellac varnish)나 칠(漆, 옻액)처럼 천연수지를 주성분으로 하는 천연수지도료, 폴리우레탄수지도료처럼 합성수지를 주성분으로 하는 합성수지도료 등이 있다.

목재용 도료가 구비할 요건을 살펴보면 다음과 같은 것들이 있다. 첫째, 대량생산과 자동화가 가능할 수 있도록 작업성이 양호해야 한다. 즉, 도장 기기에 적합하고 작업이 간단하고 능률적으로 이루어져야 할 뿐만 아니라 신속히 건조될 수 있는 것이 바람직하다. 둘째, 재면을 보호하는 목적 이외에도 목재 고유의 미관적 가치를 부각시킬 수 있도록 외관이 양호하여야 한다. 셋째, 목재는 다공질체로써 거칠고 불균일한 재면을 지니기 때문에 평활한 도막의 형성을 위해 1회 도장으로도 두꺼운 도막이 형성되는 살오름성이 좋은 것일수록 바람직하다. 넷째, 목재는 상대습도의 변화에 따라 수축이나 팽창을 일으키기 때문에 목재 자체의 할렬이나 틀어짐이 발생할 뿐만 아니라 도막 역시 할렬될 수 있기 때문에 가소성, 즉 탄력성이 있는 유연한 도막이 바람직하다. 마지막으로 부착성과 내수성이 양호해 도막의 박리(그림 2-5-17의 N)가 일어나지 말아야 하며 투습성이 작어 흡습에 따른 결함 예방에 대해 우수한 성능을 발휘할 수 있는 것이어야 한다.

현재 사용량이 많은 것으로는 폴리우레탄수지도료, 산경화형 아미노알키드수지도료, 니트로셀룰로오스래커, 불포화폴리에스테르수지도료, 아크릴래커 등이 있다.

① 폴리우레탄수지도료(polyurethane resin finish)

경화된 도막 중에 우레탄결합을 지니는 도료의 총칭으로 1액형과 2액형의 것이 있다. 공통적인 특징으로는 경도, 부착성, 내약품성, 내마모성, 광택성이 우수한 장점이 있는 반면 황변이 일어나기 쉬운 단점이 있다.

a. 기름 변성형 폴리우레탄수지도료: 톨루엔 다이아소시아네이트(TDI)를 기름 또는 유변성(油變成) 알키드수지와 반응시킨 부분 중합체(prepolymer)를 주성분으로 하는 1액형 도료인데 유리 아이소시아네이트기를 지니지 않는 것으로써 유성도료와 마찬가지로 공기 중에서 산화 중합되어 경화된다.

b. 습기 경화형 폴리우레탄수지도료: 톨루엔 다이아소시아네이트 등을 2~3가 알코올에 가교시킨 것을 주성분으로 하는 1액형 도료인데 도장 후 아이소시아네이트기가 공기 중의 수분과 반응해 요소결합의 형성을 통해 망상으로 가교되어 경화된다.

c. 폴리올형 폴리우레탄수지도료: 폴리아이소시아네이트와 폴리에스테르(polyester) 또는 폴리에테르(polyether)와 같은 폴리올(polyol)을 사용 시에 혼합하는 2액형 도료로써 아이소시아네이트기와 수산기가 우레탄결합의 형성을 통해 망상으로 가교되어 경화된다.

② 산경화형 아미노알키드수지도료(acid curing amino alkyd resin finishing)

프탈산(phthalic acid) 등의 다염기산과 글리세린(glycerine) 등의 다가 알코올의 에스테르를 유변성시킨 알키드수지와 부틸 멜라민(butylated melamine) 등의 아미노수지에 산 촉매로써 염산 및 파라톨루엔설폰산(p-toluene sulfonic acid) 등을 첨가해 상온에서 경화시키는 2액형 도료이다. 도막의 살오름성이 좋고 광택성과 경도가 우수하지만 산을 혼합해 사용하는 것이기 때문에 안료와 문제를 일으킬 소지가 크다.

③ 니트로셀룰로오스래커(nitrocellulose lacquer)

래커는 용제의 휘발에 의해 경화되는 투명 또는 유색 니스를 일컫는 다소 애매모호한 용어이다. 니트로셀룰로오스래커는 질소 함유율이 약 12% 정도인 니트로셀룰로오스(초화면)를 주성분으로 하는 도료로써 초화면래커로도 불리고 있다. 도막의 살오름성, 광택성, 부착성과 내후성을 개선하기 위해 아미노알키드수지 등을 그리고 유연성과 평활성을 개선하기 위해 가소제를 첨가하고 혼합 용제에 녹인다. 용제의 휘발에 의해 도막이 형성되는 도료이다. 니트로셀룰로오스와 수지의 배합 비율은 약 1 : 1~1.5 정도이다. 속건성이지만 도막은 사용했던 용제에 잘 녹고 경도가 열등하다.

④ 불포화폴리에스테르수지도료(unsaturated polyester resin finish)

무수마레인산(maleic anhydride), 푸마르산(fumaric acid) 등의 불포화 염기산과 에틸렌글리콜(ethylene glycol), 프로필렌글리콜(propylene glycol) 등의 2가 알코올을 중합시켜 얻은 부분 중합체를 스티렌(styrene)과 같은 중합성 단량체(monomer)에 용해시켜 놓은 것으로써 사용 시 중합 개시제로 유기 과산화물을 그리고 중합 촉진제로 나프텐산코발트(cobalt naphthenate)를 첨가한다. 무용제형이기 때문에 1회 도장으로 두꺼운 도막이 얻어지며 경도, 내마모성, 내약품성이 우수한 반면 부피 수축으로 인해 부착성이 다소 불량하며 목재 중의 석탄산이나 퀴논(quinone) 성분으로 인해 중합이 저해되는 경우가 있다. 한 때 국내에서 포마이카(formica)로도 불렸는데 가구 등에 포마이카 도장을 하면 자개장처럼 반들반들하게 윤이 나면서도 가격은 자개장보다 저렴했기 때문에 결혼을 한다고 하면 포마이카 장롱을 구입하는 게 유행이었을 정도로 큰 인기를 끌었던 도료였다.

⑤ 아크릴래커(acrylic resin lacquer)

열가소성의 아크릴수지를 주성분으로 하는 것으로써 용제의 휘발에 의해 도막이 형성되는 도료이다. 아크릴수지와 니트로셀룰로오스를 3 : 1 비율로 혼합한 것으로 속건성이며 도막은 무색투명하고 황변이 일어나지 않으며 광택성과 내후성이 우수하지만 도막은 사용했던 용제에 잘 녹고 경도가 열등하다.

⑥ 셀락니스(shellac varnish)

인도를 주산지로 하는 랙충(Laccifer lacca, lac beetle)이 식물에 기생하여 분비한 연질의 담황색 수지 물질을 집해 정제한 것을 셀락이라고 부른다. 셀락은 90~100oC로 가열하면 연화되기 때문에 목재의 눈메꿈이나 옹이구멍을 메울 때 사용된다. 또한 메탄올 등에 셀락을 25~35%가 되도록 용해한 것은 가구류의 도장 등에 사용되는데 속건성으로 내수성이 크나 내열성이 불량하다. 초콜릿의 방습재 등으로도 이용될 만큼 식품 안정성 측면에 있어서도 문제의 소지가 없기 때문에 어린이 완구용 도료로 이상적이다.

⑦ 칠(urushiol-based lacquer)

7,000년 이상의 역사를 지니는 것으로 알려져 있을 만큼 오래전부터 사용되어 온 것으로 옻나무 등의 수피에서 채취한 수액으로 우루시올(urushiol)(그림 2-5-4)을 주성분으로 하는 천연도료가 칠(漆)이다. 즉, 칠은 지질(기름 성분)인 우루시올(63~70%), 물(15~26%), 다당류인 검질(7~9%), 당단백질인 질소 함유 물질(1.4~3.9%) 및 소량의 락크효소(laccase)로 이루어져 있는 유백색의 수액인데 당이 녹아 있는 입자상의 물이 우루시올이라고 하는 기름 성분 중에 분산되어 있는 유중수적형(油中水滴型, water-in-oil)의 유상액이다. 대부분의 다른 래커와는 달리 지건성이며 휘발이 아니라 산화에 의해 경화되는데 칠의 경화를 위한 최적 조건은 온도 15~25oC 그리고 상대습도 65~85%일 때인데 상대습도가 높을수록 락크효소의 활성이 증가되어 빨리 경화되는 습기 경화형 도료에 속한다. 도막은 아름다울 뿐만 아니라 그 내구성 역시 이미 역사적으로 증명되어 있듯이 매우 우수하다. 이외에도 경도, 내수성, 내산성, 내마모성 등도 우수하며 관, 가구 등의 도장에 널리 사용되어 왔다.

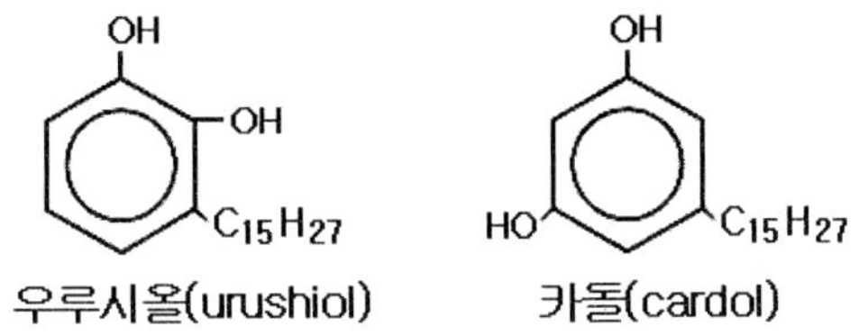

그림 2-5-4. 우루시올과 카돌의 화학 구조

⑧ 캐슈칠(cashew nut shell oil)

캐슈 견과의 껍질 중의 벌집구조에 존재하는 것으로 칠의 우루시올과 이성질체인 카돌(cardol)(그림 2-5-4)이 주성분으로 천연도료이다. 이처럼 칠과 성분적으로 비슷하기 때문에 그 도막도 칠과 비슷해 캐슈칠로 불리고 있다. 그러나 칠처럼 수분과의 반응을 통해 경화되는 것이 아니라 산소와 반응해 경화되는 도료이다.

도막은 도료 중의 용제 휘발에 의한 물리적인 기작, 수지 성분의 산화중합과 수지 성분 사이의 중합이나 축합 등에 의한 화학적인 기작을 통해 형성된다. 전자의 것으로는 각종 래커 그리고 후자의 것으로는 폴리우레탄수지도료, 산경화형 아미노알키드수지도료, 불포화폴리에스테르수지도료 등이 있다.

2. 5. 4. 1. 환경 인자

목재 도장에 있어 작업실의 환경은 다음과 같은 최소한의 조건을 만족시켜야 한다.

① 조명과 채광

도장 작업 시 수시로 색과 광택 정도를 판단하여야 할 것이다. 이런 판단을 제대로 해 내기 위해서는 양호한 광원이 필수적으로 요구된다. 물론 가장 우수한 광원은 색과 명암의 미묘한 차이를 드러내 줄 수 있는 자연광이다. 이것은 특히 색을 맞추어 줄 때 중요하다.

작업실은 되도록 일정한 자연광이 들어오도록 만들어 준다. 강한 햇빛 아래에서는 색 판단 시 혼란이 일어나기 쉽기 때문에 직사 일광을 피하는 것이 바람직하다. 아니면 가장 우수한 대체 광원으로 자연광을 발할 수 있는 형광등이나 전구를 사용하면 된다. 창의 면적은 바닥 면적의 1/5 이상이 좋고 실내의 벽 등은 반사율이 높고 밝은 색의 재료를 사용해 명도를 높이는 것이 바람직하다. 도장 시 도막의 상태를 눈으로 확인해 보기 위해서는 입사광의 각도를 변화시킬 수 있도록 설계하는 것이 중요하다.

명도의 기준은 칠공예 등의 정밀 도장인 경우 300~1,000lux, 피아노 등의 정밀 도장인 경우 100~300lux 그리고 목공 등의 일반 도장인 경우 50~100lux인데 실내가 전체적으로 균일한 밝기를 나타내도록 만들어주는 것이 매우 중요하다.

② 온도와 상대습도

도장 환경은 온도가 높고 상대습도가 낮은 것이 좋다.

휘발, 산화, 중합, 축합 등의 건조 기작에 온도가 영향을 미치는데 가열 경화형 도료인 경우 열을 가하지 않으면 도막이 건조되지 않는다. 상온 경화형 도료는 온도 22±3oC가 건조를 위한 적당한 조건인데 10oC 이하의 온도에서는 건조가 지연되고 도막 물성에도 나쁜 영향을 미치기 때문에 피해야 한다.

상온 경화형 도료의 건조를 위한 상대습도 조건은 52±3%가 적당하며 80% 이상의 상대습도에서는 대부분의 도료, 특히 휘발 경화형 도료인 경우 상대습도가 높으면 습기가 도막에 응축됨으로써 하얗게 변하는 백화(blushing)(그림 2-5-17의 J)가 발생하는 경향이 있기 때문에 피하도록 한다. 비가 올 때에는 제습장치를 사용하는 것이 바람직하다. 그러나 칠(옻)이나 습기 경화형 도료는 상대습도가 높은 환경이 오히려 더 바람직하다.

③환기

도료로부터 휘발된 용제로 포화되기 쉽고 도장 마무리와 안전 위생 측면에서도 나쁜 영향이 있기 때문에 적당한 환기가 필요한데 실내 공기의 환기 횟수는 시간당 6~12회가 기준이다. 또한 이러한 환기는 다음과 같은 효과로 인해 도료의 건조에 도움이 된다.

a. 열의 운반: 용제는 공기 중의 열을 흡수해 휘발되기 때문에 도료의 건조에 따라 주위 공기의 온도가 저하된다. 따라서 냉각된 공기를 내보내고 열을 지니는 새로운 공기를 유입시켜 그 열이 도막에 전달됨으로써 도막의 건조가 촉진될 수 있다.

b. 증기의 운반: 공기가 도막으로부터 휘발된 수분이나 용제의 가스를 받아들여 포화 상태에 도달하게 되면 건조가 지연되기 때문에 포화 공기를 내보내고 새로운 공기를 유입시킴으로써 도막의 건조가 촉진될 수 있다.

c. 산소의 운반: 산화에는 공기 중의 산소가 반드시 필요한데 도막의 건조에 산소가 소진된 공기 대신 신선한 공기를 이용함으로써 도막에 산소의 공급이 계속 이루어져 도막의 건조가 촉진될 수 있다.

④ 분진 제거

먼지는 도장에 있어 가장 큰 적으로 도장 제품의 미관 및 성능을 현저히 떨어뜨리게 된다. 우선 먼지가 외부로부터 유입되지 않도록 조치를 취하는 것이 매우 중요하기 때문에 전용 복장과 신발을 착용하고 바닥은 하루 2회 정도 청소한다. 물걸레질이 가능한 바닥이 바람직하며 작업 종료 후에는 물로 깨끗이 청소해 다음 날 아침까지 마르도록 해 주어야 한다. 도장실의 환기구에는 1㎛ 정도의 먼지까지 제거 가능한 공기 여과기를 설치해 외부의 먼지가 유입되지 않게 하여야 하며 자주 청소 내지 교환해 주도록 한다.

2. 5. 4. 2. 도료의 천연건조와 열풍건조

천연건조는 피도물을 자연의 대기 조건 하에 있는 실내에 넣어 서서히 건조시키는 방법이다. 도막으로부터 휘발된 용제의 증기가 실내를 가득 채우게 되면 화재 발생의 위험성뿐만 아니라 한 번 굳었던 도막이 용제 농도가 높은 공기에 접촉되어 다시 연화되는 것을 방지하기 위해 송풍기로 배기시켜 주어야 하며 추운 겨울철에는 난방이 요구된다. 비용이 가장 적게 드는 방법으로 상온 경화형 도료에 사용할 수가 있다.

표 2-5-1. 천연건조 및 열풍건조 시의 소요 시간 비교.

도료	천연건조 (20~25°C)	열풍건조 (강제순환식)		도막 두께(μm)
		방치 (20~25°C)	→ 가열 (40~45°C)	
래커계 하도 도료	1~2시간	5~10분	15~20분	5~7
래커계 중도 도료	1~2시간	15~25분	30~60분	20~30
폴리우레탄계 하도 도료	1~2시간	5~10분	15~20분	10~20
폴리우레탄계 중도 도료	2~20시간	30~60분	60~80분	20~60

반면, 열풍건조는 가열 공기를 강제로 순환시켜 건조하는 방식이기 때문에 물체의 형상에 제약이 따르지 않지만 건조실 내부의 건조 조건이 균일하여야 한다. 계절에 관계없이 일정한 조건으로 작업이 가능할 뿐만 아니라 대량으로 도장 제품을 생산하기 위한 방법이다(표 2-5-1). 화재 발생의 위험성을 피하기 위해서는 열기로 직접 가열하는 것이 아니라 증기에 의한 간접 가열 방식이 바람직하다.

열풍건조 시 목재의 함수율이 높으면 급격한 수분 소실로 인해 백화, 도막 박리(그림 2-5-17의 J~K와 N) 등과 같은 여러 가지 결함이 발생할 수 있기 때문에 목재의 함수율을 미리 8~12% 수준으로 조정한 다음 실시하는 것이 바람직하다.

2. 5. 4. 3. 적외선과 자외선 건조

파장은 직진하는 성질을 지니기 때문에 물체의 형상에 제약을 받게 된다. 가시광선보다 긴 1~400μm 파장의 적외선이 피도물에 조사되면 도장된 도료를 통과하여 재면에 이르러 열에너지로 변하기 때문에 내부에서부터 건조가 시작되며 공기를 가열할 필요가 없기 때문에 열효율이 우수하다. 적외선 건조는 모든 상온 경화형 도료에 사용 가능하다. 반면, 모든 도료에 사용되는 것이 아니라 자외선 경화형 도료에만 사용 가능한 자외선 건조는 가시광선보다 짧은 200~400nm 파장의 자외선을 조사해 액상의 중합성 단량체들이 화학반응을 통해 단시간(초 단위)에 도막이 형성되도록 하는 방법인데 벤조페논(benzophenone) 등과 같은 광개시제(photoinitiator)가 도료에 함유되어 있어야만 건조가 이루어진다.

2. 5. 4. 4. 건조에 따른 건조 단계

① 지촉건조(脂觸乾燥, set to touch): 도막이 끈적끈적하면서도 손가락에 부착되지 않는 단계.

② 접착건조(粘着乾燥, dust free): 도막에 먼지가 날아와도 붙지 않는 단계.

③ 정착건조(定着乾燥, dry through): 약하게 손가락으로 도막을 눌러도 도막의 손상이 없는 단계.

④ 고착건조(固着乾燥, tack free): 도막을 손가락으로 눌러도 지문이 남지 않는 단계.

⑤ 경화건조(硬化乾燥, dry hard): 상당한 압력의 손가락 마찰에도 도막에 흠집이 나지 않는 단계.

⑥ 고화건조(固化乾燥, dry to handle): 최대의 압력을 사용해 손가락으로 문질러도 도막에 흠집이 나지 않는 단계.

⑦ 완전건조(完全乾燥, full hardness): 칼날로 비벼도 도막이 충분한 저항을 나타내는 최종 단계.

2. 5. 5. 도장 방법

2. 5. 5. 1. 쇄모도장(brush coating)

예전부터 행해져 오던 도장 방법으로 피도물(被塗物)의 형상이나 장소에 관계없이 붓이나 솔을 사용해 도장할 수 있는 방법으로 도료의 손실이 매우 적은 장점이 있다. 그러나 고품질의 도막으로 솜씨 있게 마무리하기 위해서는 매우 숙련된 기술이 요구된다.

털끝이 가지런하고 손으로 만져보았을 때 촉감이 좋고 끊어지거나 빠진 털이 없어야 하며 물로 적신 다음 털어 보았을 때 털끝이 가지런하고 갈라지지 않는 것이 좋은 붓이다.

도료의 종류별로 보았을 때 끈적끈적한 유성도료 등은 강한 말의 털로 제조한 페인트 도장용 붓이 그리고 속건성의 도료를 가볍고 재빠르게 도장하기 위해서는 부드러운 양의 털이나 산양의 털로 제조한 니스용 붓이 일반적으로 사용된다. 한편 끈적거림이 거의 없으나 건조가 빠른 수성도료를 솜씨 있게 도장하기 위해서는 도료를 잘 머금고 붓 자국(그림 2-5-17의 C)이 잘 생기지 않는 것이 적당한데 부드러운 양의 털과 강한 말의 털을 함께 사용해 제조한 수성용 붓이 대개 사용된다.

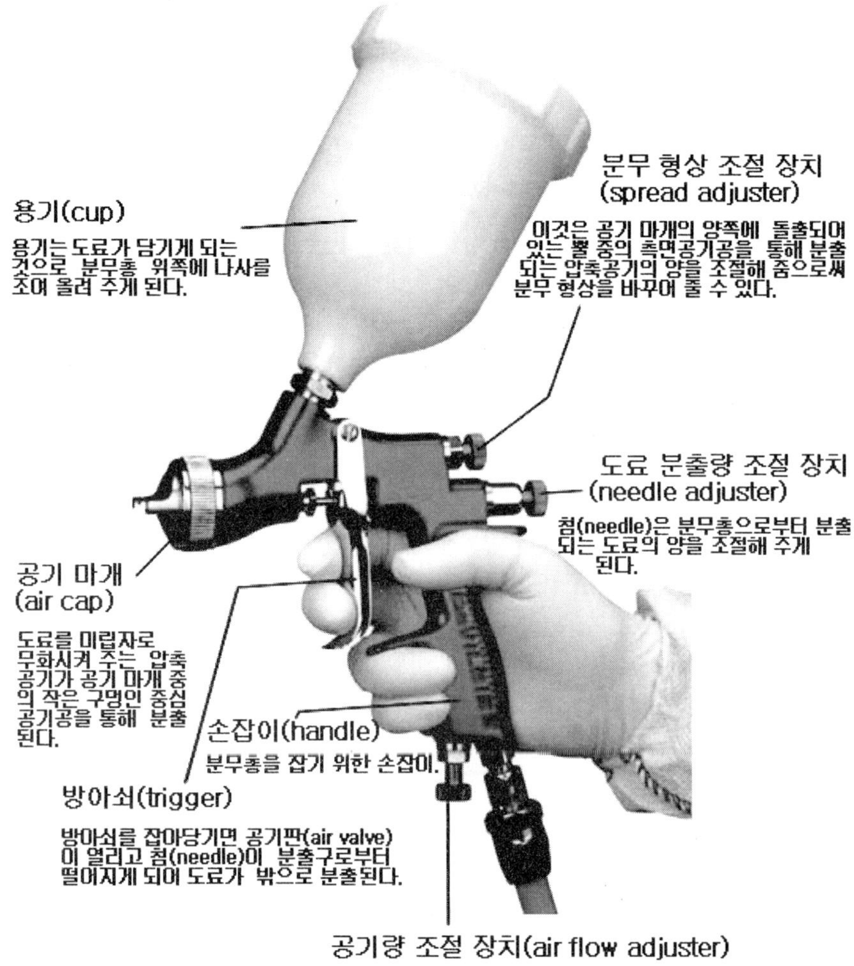

그림 2-5-5. 중력식 분무총의 구조

2. 5. 5. 2. 분무도장

① 공기 분무도장(air spraying)

최초로 근대화된 도장 방법으로 도료에 압축공기를 충돌, 혼합시켜 미립자로 무화(霧化)시키고 전방으로 분사되는 압축공기에 실어 피도물에 도달시키는 원리를 이용한 것이다. 쇄모도장에 비해 작업 능률과 도장 마무리가 우수하지만 도료의 비산과 손실이 많다.

다양한 종류의 분무총(spray gun)을 서로 구분할 수 있는 기본 특징으로 도료 용기의 위치와 크기 그리고 압축공기에 의한 미립자로의 무화를 위해 용기로부터 노즐로 도료가 공급되는 방식을 들 수 있다. 분무총은 기본적으로 3종류로 구분되는데 압송식 분무총에 의한 대량 분무도장이 요구되지 않는 한 중력식 분무총 또는 흡상식 분무총 가운데 어느 하나를 선택할 수밖에 없다. 형판 인쇄처럼 소형 작업인 경우 연무형(aerosol)도 사용 가능하나 이들은 현장에서 손상된 부분을 보수해 주는 경우를 제외하고는 전문 도장 기술자들에 의해 거의 사용되지 않고 있다.

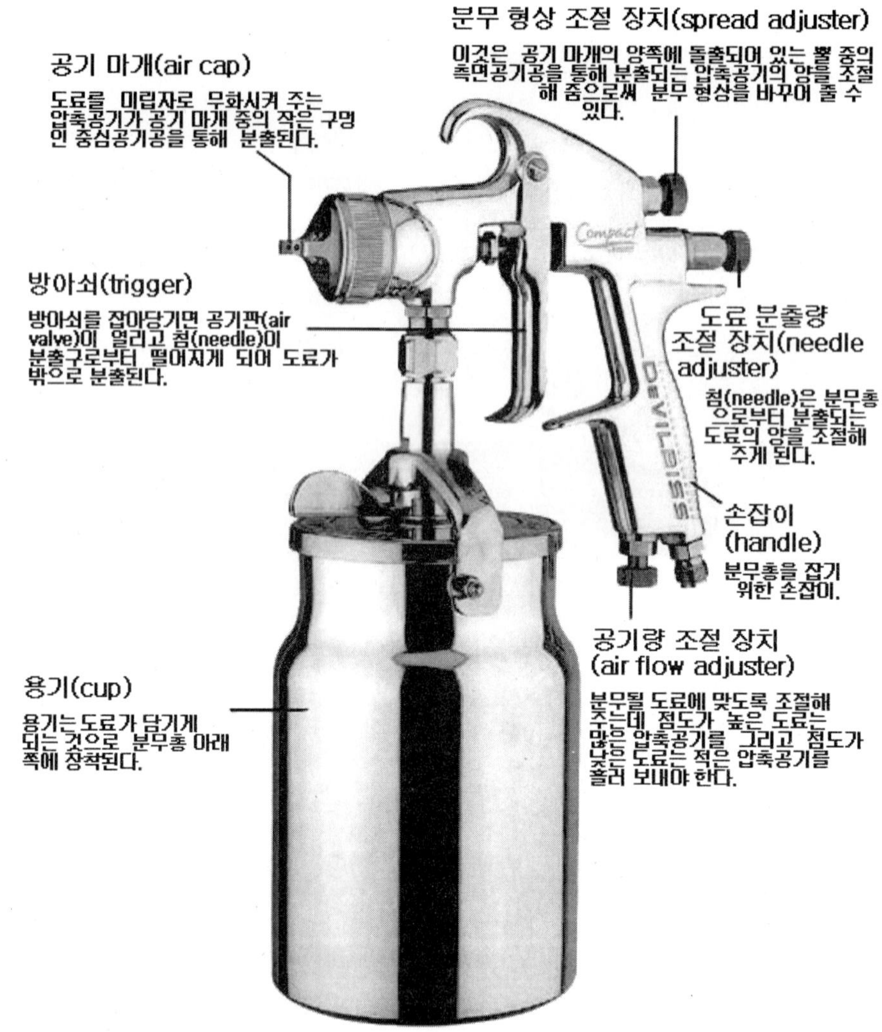

그림 2-5-6. 흡상식 분무총의 구조

중력식 분무총(그림 2-5-5)은 구조가 단순하며 사용하기도 쉽다. 도료가 분무총 위쪽의 용기에 담겨 있어 도료의 중력, 즉 무게에 의해 분출된다. 대개 도료 용기의 부피가 400cc 정도로 적기 때문에 소량의 도료로 소형 피도물을 도장하거나 도료를 빈번하게 교체할 필요가 있는 경우에 적당한 것이 되고 있다.

흡상식 분무총(그림 2-5-6)은 중력식 분무총과 대충 비슷하게 생겼지만 분무총 아래에 매달려 있는 용기로부터 흡상용 관을 통해 도료가 빨려 올라온다는 점에서 차이가 있다. 압축공기가 분출됨에 따라 용기로부터 도료를 빨아올리는 진공대가 형성된다. 도료 용기의 부피가 600~1,000cc 정도로 중력식의 것보다 더 크기 때문에 중형 내지 대형 피도물의 도장에 적합하다. 도료 용기가 커 무겁기 때문에 분무총을 상하로 조작하는 도장 시에는 사용하기가 곤란하다.

압송식은 분무총에 도료 용기를 직접 부착되지 않고 격리된 장소에 있는 도료 가압 탱크와 도료

펌프에 도료 호스가 접속되어 도료를 가압, 공급되는 방식이다(그림 2-5-7). 도료의 색을 바꾸지 않으면서 같은 도료를 대량으로 도장하는 공장의 도장용으로 적합하며 분무총을 자유자재로 조작할 수 있는 장점이 있다.

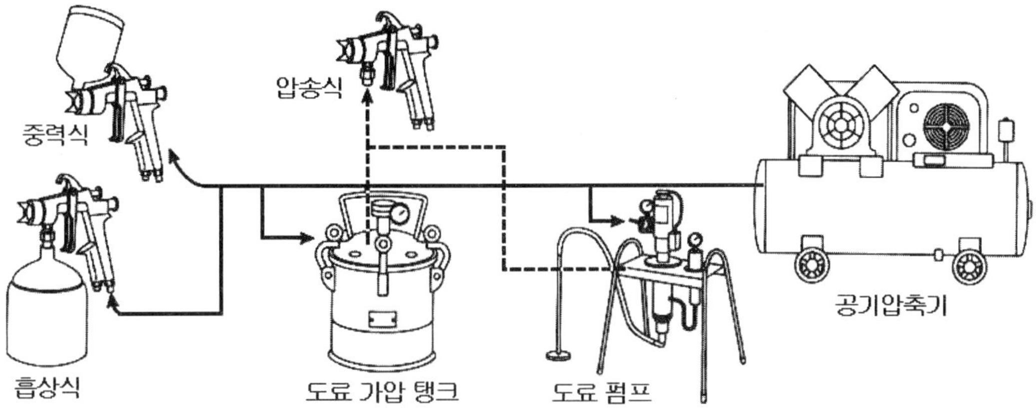

그림 2-5-7. 분무도장의 도료 공급 방식에 따른 분류

② 무공기 분무도장(airless spraying)

압축공기의 힘을 빌리지 않고 도료에 직접 높은 압력을 가해 노즐로부터 고속 분사시킴으로써 대기와의 강한 충돌을 통해 미립자로 무화시켜 도장하는 방법이다. 공기 분무도장에 비해 도료의 비산과 손실이 적고 작업 능률이 우수하다. 반면, 고품질의 마무리나 공예적인 작업 등처럼 미묘한 도장을 하기가 곤란하다.

도장 기기는 도료를 고압으로 공급하는 펌프, 고압 도료를 분무총으로 보내는 고압 도료 호스, 도료를 내뿜는 분무총 및 고압 도료를 무화시키는 노즐 선단으로 이루어져 있다(그림 2-5-8).

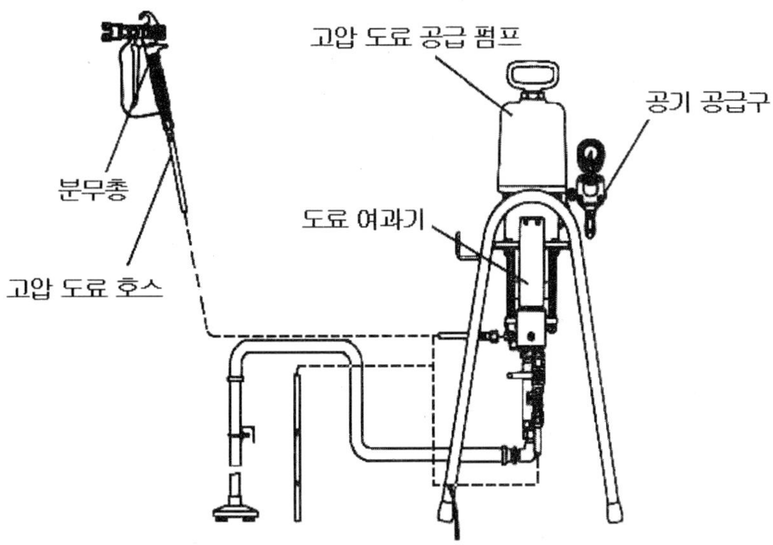

그림 2-5-8. 무공기 분무도장 기기의 구성

2. 5. 5. 3. 롤러도장(roller coating)

도료가 묻어 있는 롤러 사이로 피도물을 통과시켜 도장하는 방법이다(그림 2-5-9). 대개 평면을 도장할 때 이용된다. 생산성이 높고 도장 효율이 거의 100%에 이르지만 커튼도장에 비해 균일한 도장이 이루어지기 어렵다.

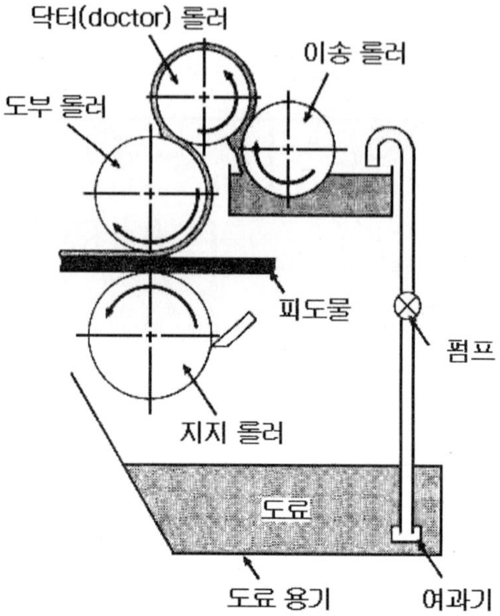

그림 2-5-9. 롤러도장의 원리

2. 5. 5. 4. 커튼도장(curtain flow coating)

도료를 슬릿(slit) 모양의 틈새를 통해 커튼처럼 흘러내리게 하여 컨베이어(conveyor) 위에서 직교 이송되는 피도물을 도장하는 방법이다(그림 2-5-10). 평면 도장에 국한되지만 도장 속도가 가장 빠르고 슬릿 바로 아래에 위치하는 회수 장치를 통해 도장되지 않고 흘러 내려오는 과잉의 도료가 다시 회수되기 때문에 빠르고 도료의 손실이 거의 없다.

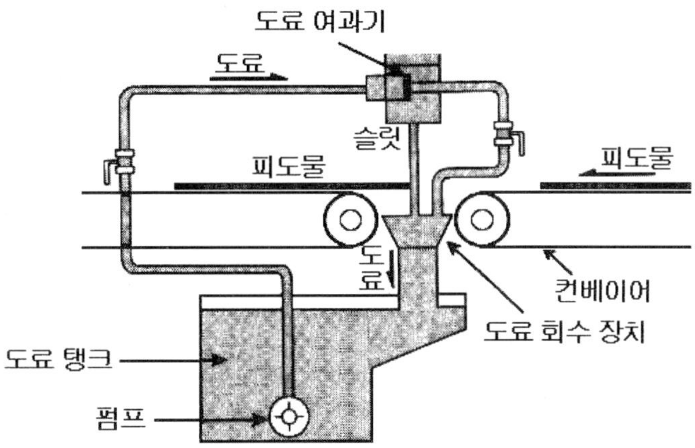

그림 2-5-10. 커튼도장의 원리

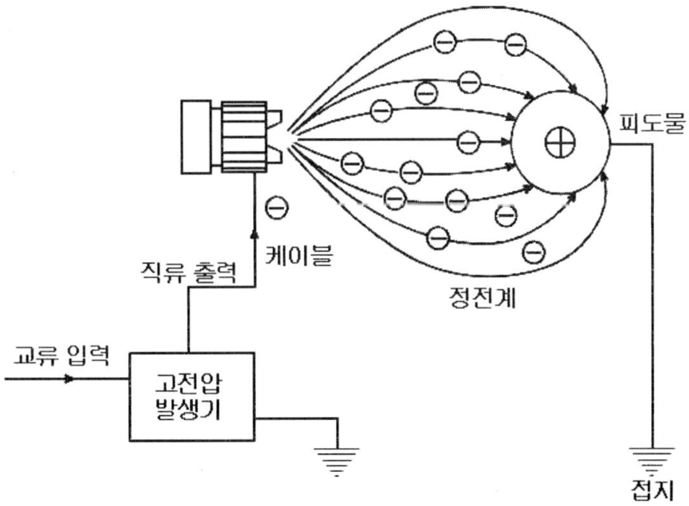

그림 2-5-11. 정전도장의 원리

2. 5. 5. 5. 정전도장(electrostatic coating)

피도물이 완전히 접지되어 있는 컨베이어에 매달려 도장 기기의 앞을 통과할 때 도장 기기의 방전극에 -극을 통하게 하면 피도물은 +극이 되어 이들 +극과 -극 사이에 정전계가 형성된다. 통상 70~90kV의 고전압 하에서 생긴 정전계 중에 도료를 분무하면 -극으로 대전된 도료 입자가 +극으로 대전된 피도물에 도달, 부착되어 도장이 이루어지게 된다(그림 2-5-11). 도료의 손실이 적고 피도물의 표면뿐만 아니라 뒷면까지도 도료 입자가 돌아가 부착된다. 또한 컨베이어에 의하기 때문에 도장 능률이 높아 양산 도장이 가능하다. 그러나 피도물의 凸부는 전기력선의 밀도가 높고 凹부는 밀도가 낮아 도막의 두께에 차이가 생기게 되며 고압의 전류를 이용하기 때문에 안전관리가 특히 필요하다. 목재는 건조 시 전기절연성이 우수하기 때문에 최소한 함수율 10% 이상이 되어야만 도장이 가능해진다.

2. 5. 5. 6. 진공도장(vacuum coating)

도료가 가득 차 있는 도장실 내에서 피도물을 통과시켜 도장하는 방법이다(그림 2-5-12). 도장실은 도료가 외부로 누출되지 않도록 감압 상태에 놓여 있는데 피도물이 도장실로 들어가면 피도물 전체에 도료가 도부되고 도장실 출구 쪽에 있는 슬릿을 통과할 때 외부로부터 유입되는 고풍속의 바람에 의해 과잉의 도료가 훑어 내져 일정한 두께의 도막으로 도장된다. 피도물의 모든 표면을 동시에 도장할 수 있을 뿐만 아니라 피도물의 凹부와 할렬 부위로의 침투, 눈메꿈 효과를 얻을 수 있다.

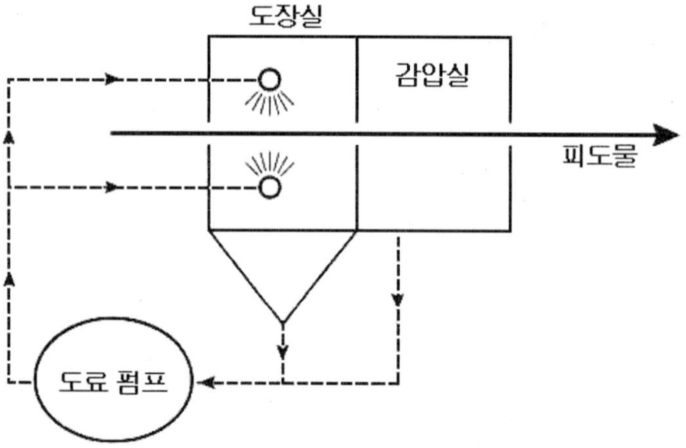

그림 2-5-12. 진공도장의 원리

2. 5. 6. 도장 공정

목재의 도장 공정은 목재의 종류나 목적에 따라 차이가 있으나 일반적인 공정은 다음과 같다.

2. 5. 6. 1. 소지 조정

만족스러운 도장 결과를 얻기 위해서는 먼저 소지(素地), 즉 재면을 적절한 상태로 조정하는 것이 무엇보다도 필요하다. 거친 재면은 평활하게 만들고 오염 자국은 깨끗이 제거하고 모든 구멍은 메워 주어야 한다. 도장 후에는 어떠한 결함이라도 눈에 선명하게 드러날 수 있기 때문에 평활하고 깨끗한 재면으로 조정해 주는 것이 반드시 필요하다. 재면 상의 결함들을 철저하게 조사하기 위해서는 손가락과 눈을 모두 사용할 필요가 있는데 머지않아 재면이 적절하게 조정되었는지의 여부를 직감적으로 판단할 수 있는 능력이 갖추어지게 될 것이다. 도장하기에 적절한 재면이 얻어지도록 재면 조정 공정에 충분한 시간과 주의를 기울여야 한다.

연삭은 재면을 평활하게 조정해 줄 뿐만 아니라 도료의 침투를 균일하게 해주며 동시에 목재와의 부착성 향상을 위해 실시하게 된다. 연삭을 불충분하게 실시하면 절인 자국, 파면, 거스러미 등이 그대로 남게 되고(그림 2-2-19) 이로 인한 도막의 凹凸이나 착색 반점 등이 발생하게 됨으로써 아름다운 마무리가 불가능해지게 된다. 자질구레한 凹凸 등처럼 건식 연삭만으로는 제거되지 않는 재면의 결함은 부풀음이 일어나 연삭이 쉽게 이루어지도록 물을 이용한 습식 연삭을 적용하여야 한다. 연삭은 초벌 연삭과 마무리 연삭으로 나누어지는데 초벌 연삭은 재면의 전체적인 평활성을 얻기 위해 실시하는 것으로써 전체 연삭 작업의 80% 정도를 차지하게 되는데 #80~100의 거친 사포를 사용하는 반면 마무리 연삭은 나머지 20% 정도를 차지하는 것으로써 초벌 연삭 과정에서 발생한 자국 등의 흠을 보정하기 위한 목적으로 실시하게 되는데 #150~180의 거친 사포를 사용하는 것이 일반적이다. 목리에 대해 직각 방향으로 연삭을 하게 되면 사포 자국이 남을 수 있기 때문에 반드시 목리방향으로 실시하여야 하며 연삭 작업이 끝난 다음에는 압축공기를 이용하여 도막 부착의 불량 원인이 될 수 있는 연삭 찌꺼기를 깨끗하게 청소해 주어야 한다. 수공 연삭 시에는 전체적인 재면의 평활성을 얻기 위해 침엽수재 등의 가벼운 목재에 코르크나 경질고무 등을 부착시킨 받침판에 사포를 감고 연삭하는 것이 바람직하다. 작업 능률이 요구된다면 벨트 연삭기 등의 기계를 사용하도록 한다(그림 2-2-40).

재면의 凹부는 압축(타박상 및 함몰의 경우) 또는 긁힘에 의한 목재 조직의 파괴 때문에 생기게 된다. 연삭에 앞서 이런 결함을 눈메꿈제로 메워 주어야 한다. 깊은 타박상이나 긁힌 자국의 경우 과도한 연삭을 통해서는 평활한 재면을 얻을 수가 없으며 또한 단판이 적층되어 있는 경우 단판마저도 깎여 나갈 수 있기 때문에 연삭을 통해 제거하려고 노력하기보다는 오히려 부풀어 오르게 만들어 주는 것이 더 낫다. 충전제는 재면의 구멍을 메워 주기 위해 사용되는데 충전제의 색은 목재의 재색과 같아야 하며 목재의 치수 변동으로 인한 문제를 나타내지 않을 정도의 탄성을 지니는 것이 바람직하다. 재색과 양호하게 일치하도록 충전제의 색을 조정해 주는 일이 항상 쉬운 것만은 아니기 때문에 되도록 그 사용을 피하는 것이 최선의 방책이다. 그러나 할렬, 옹이 및 깊이 긁힌 자국인 경우 충전제를 대신할 재료가 거의 없다고 보면 될 것이다. 목재 제품에 처리할 도료의 종류를 항상 염두에 두고 충전제를 선택하도록 한다.

2. 5. 6. 2. 표백 처리

동일 수종의 목재라도 심재와 변재에 따라 재색에 차이가 나기 때문에 재색을 균일하게 처리해 주어야 하고(그림 2-5-13.) 재면에 오염이나 변색 부분이 존재하는 경우 제거해 내야 한다. 청변은 목재에 생장하는 변색균으로 인해 발생하는 것으로 잉크 색과 같은 청색 반점이나 줄무늬로 나타나고 철 성분에 의한 변색은 못, 나사못, 톱날, 부식된 철제 지붕 등의 철 성분이 목재 중의 타닌 성분과 반응을 통해 일어나는데 참나무(oak)가 철 성분에 의한 변색을 잘 일으키는 것으로 유명하다(그림 2-5-21의 A). 또한 옅은 색 계통의 도장 결과를 얻고자 하나 재색이 너무 짙어 문제가 되는 경우에도 먼저 재색을 담색화한 다음 착색을 해 주는 방법을 적용하여야 한다.

그림 2-5-13. 표백 전(A) 및 후(B)의 경단풍나무 심재

이처럼 재색을 옅게 만들어주거나 재색을 변화시키고자 할 때에는 표백 처리가 필요하다. 현재 다양한 종류의 표백제가 있는데 가정용 표백제도 목재에 사용할 수 있으나 재면과 강한 반응을 일으키는 목재 전용의 2액형 표백제를 구입해 사용하는 것이 가장 좋다. 2액형 표백제는 대개 A와 B 또는 1과 2로 표시되어 있는 2개의 플라스틱 병에 별도로 담긴 제품으로 공급되고 있다. 첫 번째의 것은 목재의 재색을 짙게 만들어 줄 수도 있는 용액이 담겨 있는데 두 번째 병에 담겨 있는 과산화수소 용액을 첨가해 줌으로써 표백 작용이 일어나기 시작한다. 어느 병에 어떤 성분의 것이 담겨 있는지 조사해 보는 것이 중요하며 이들은 서로 섞이면 격렬한 반응을 일으킬 수 있고 심지어는 폭발할 수도 있기 때문에 반드시 따로 보관해 두어야만 한다. 이들은 재면에서 거품을 일으키게 될 것이며 산화에 의해 목재를 표백시키게 된다. 이 제품의 경우 화학적인 반응을 중지시키고 남아 있는 어떤 표백제 성분에 의해서도 차후의 도장에 나쁜 영향이 미치지 않도록 만들어 주기 위해 중화제가 반드시 필요한데 5% 초산 수용액이 2액형 표백제(two-part bleach)의 전형적인 중화제로 사용되고 있으며 처리 후 많은 양의 물로 재면을 깨끗이 씻어 내야 한다.

표백 후에는 용액에 의해 재면이 부풀어 거칠어져 있기 때문에 #150~200의 사포로 다시 연삭해 주어야 한다.

2. 5. 6. 3. 착색 처리

목재에 아름다운 색채를 부여하고 목리의 아름다움을 표현해 투명도장의 효과를 충분하게 살리기 위한 목적으로 착색 처리를 하게 되는데 목재 자체의 자연미를 보존하면서 요구되는 색을 목재에 입히는 것이 중요하다(그림 1-8-5). 이처럼 염료로 목재 자체를 염색하는 것을 소지착색이라고 부른다. 이에 비해 소지착색에 의한 착색 부족 보완, 색의 깊이 표현, 제품 전체의 색조 통일과 악센트 부여 또는 바람직하지 못한 재색을 감추기 위해 염료나 안료를 지니는 도료를 사용하여 눈메꿈이나 중도가 끝난 면에 얇은 피막을 입혀 주는 도막착색이 있다. 소지착색은 투명도가 높아 재질감의 저하가 없으나 도막착색의 경우 착색 피막이 두껍거나 짙으면 투명도가 저하되어 재질감이 떨어지게 된다.

이러한 목적으로 사용되는 착색제는 목리를 강조하고 목재의 외관을 개선시켜 줄 수 있는 것으로써 내광성, 투명성, 작업성, 염착성 및 용해성이 양호하여야 할 뿐만 아니라 도료와 문제를 일으키지 않아야 한다. 대부분의 목재용 착색제는 목재 내부로 흡수될 수 있도록 되어 있지만 외장용 착색제는 페인트와 비슷한 효과를 얻을 수 있도록 재면에 피막을 형성하게끔 되어 있다. 그럼에도 불구하고 대부분의 착색제는 보호 기능을 지니지 못하기 때문에 추가적인 도장 처리를 필요로 하게 된다.

착색제의 종류로는 수성 착색제, 목재용 아크릴 착색제, 알코올성 착색제, 안료 착색제, 목모 방지 착색제, 유성 착색제, 약품 착색제, 왁스 착색제 등이 있다.

수성 착색제(water-based stain)는 물에 용해될 수 있기 때문에 환경에 대한 피해가 덜 하다. 이들 착색제는 건조 분말 또는 결정이 물에 용해되어 있는 것 등 다양한 종류의 것이 있는데 분말상 염료는 수백 년에 걸쳐 사용되어 온 것으로써 원래 나무와 식물에서 채취한 식물성 염료로 만들어졌다. 수성 착색제는 처리에 앞서 항상 자투리 목재에 시험해 보고 아울러 그 위에 다른 도료의 도장 시 나타나게 될 결과도 함께 조사해 보도록 한다. 많은 양의 착색제를 사용하여 부족한 부분을 메워 나가는 방식으로 재면 위에 부어 준다. 수성 착색제는 건조 속도가 느리기 때문에 천이나 흡수지로 과잉의 액을 훔쳐낼 시간적 여유가 있을 것이다.

단시간에 아름답고 균일하게 착색된 면을 수성 아크릴 착색제(water-based acrylic stain)로 얻을 수 있다. 목재용 아크릴 착색제는 매력적인 다양한 색을 지니는 것이 공급되고 있으며 혼합을 통해 미묘한 색을 구현할 수 있다. 비가연성이며 냄새를 지니지 않고 모든 목재에 사용 가능하며 건조가 빠르고 유해 용제나 증기를 지니지 않는다. 목재용 아크릴 착색제는 목재 내부로 침투되지는 못하고 단지 표면에 피막을 형성하기 때문에. 두 번 이상 처리하면 얼룩덜룩한 모습을 나타내기 때문에 그렇게 해 줄 필요가 없다.

알코올성 착색제(alcohol-based stain)는 아닐린 염료(aniline dye)가 변성 알코올에 용해되어 있는 것으로 다양한 색의 것이 공급되고 있기 때문에 전문 목공 기술자들이 이들을 즐겨 사용하고 있다. 붓, 천 또는 분무총으로 도부해 줄 수 있으며 침지법의 사용도 가능하지만 알코올성 착색제는 건조가 매우 빠르기 때문에 성공적인 처리가 쉽지 않은데 분무총으로 처리하지 않으면 얼룩덜룩한 모습을 드러낼 수가 있다.

안료 착색제(pigment stain)는 고운 분말상의 안료가 희석제에 현탁되어 있는 착색제로써 목재에 반투명의 색을 부여해 주게 된다. 이들은 낮은 품질의 목재에 뚜렷한 색을 부여하여 더욱 매력적으로 만들어 줄 때 유용하게 사용되지만 목재의 재면을 다소 흐리게 만드는 경향이 있는데 심한 경우 참나무류와 같이 환공성의 목재에서는 착색제의 안료가 지름이 큰 관공에 충전되어 연륜계가 매우 뚜렷해져 지나치게 강하게 드러나게 된다. 즉, 자연미가 사라지게 되며 수많은 짙은 반점이 재면을 가로지르는 듯한 느낌을 들게 한다. 처리 시 붓이나 천으로 충분하게 도포해 준 다음 과잉으로 도포된 착색제를 제거해 내지 않으면 얼룩덜룩한 모습과 불투명해지는 경향을 보이기 때문에 주의하여야 한다. 또한, 횡단면(목구면, end grain)은 세포내강과 같은 공극을 통해 방사단면이나 접선단면(종단면, side grain)보다 더 많은 양의 착색제가 흡수되어 더 진하게 착색되는 결과를 낳게 되는데 이러한 경우 종단면보다 목구면을 더 고운 사포로 연삭해 주면 비교적 균일한 색상으로 착색해 줄 수가 있다(그림 2-5-14).

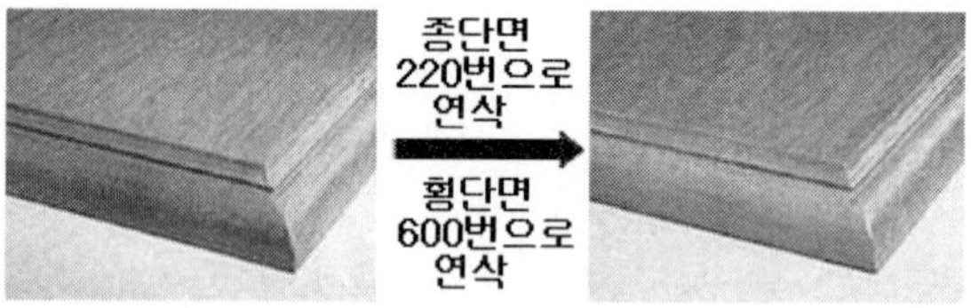

그림 2-5-14. 반투명 침투성 착색제 처리 시 연삭에 의한 착색 균일화

염료가 용제에 용해되어 있는 목모 방지 착색제(non grain-raising stain, NGR stain)는 건조가 빠르고 침투성이 양호하며 햇빛을 받아도 퇴색이 일어나지 않고 짙은 색에서부터 옅은 색에 이르기까지 다양한 색의 것이 공급된다는 점 등에 있어서 가장 우수한 착색제로 취급되고 있을 것이다. 분무총 또는 천이나 붓을 사용하여 도포해 줄 수가 있다.

유성 착색제(oil-based stain)는 염료가 광유(mineral spirit), 나프타(naphtha) 등의 탄화수소계 용제에 용해되어 있는 것으로 모든 목재에 사용할 수 있는데 소목세공에 가장 널리 쓰이는 착색제일 것으로 여겨진다. 목재 내부까지 깊이 침투되며 된다. 건조에 많은 시간이 소요되는 수성 착색제나 너무 건조가 빨라 큰 면적에 처리해 주기 곤란한 알코올성 착색제와는 달리 유성 착색제는 실외에서의 작업용으로 유용한 것이 되고 있다.

약품 착색제(chemical stain)는 수백 년에 걸쳐 사용되어 왔으며 여러 다양한 효과를 발휘할 수가 있다. 이들 화학 약품은 대개 무색으로 목재 자체를 착색시키지는 못하나 목재 중의 타닌(tannin)을 화학적으로 변화시켜 발색시키는 착색법이다. 착색용으로 쓰이고 있는 주요 약품으로 암모니아(ammonia; 재색을 짙게 만들어 주기 위해 10% 수용액을 사용), 중크롬산칼륨(bichromate of potash), 황산철(sulfate of iron; green copperas; 녹반) 및 과망간산칼륨(permanganate of potash)을 들 수 있다. 약품 착색의 특징은 염료나 안료에 의한 착색과는 달리 동일 약품을 사용한다고 하더라도 수종, 심재, 변재 등에 따라 발색 정도에 차이가 나타나지만 목재 내부까지 깊이 착색이 이루어지게 된다. 최대 장점으로는 천연 목재처럼 추재가 진하게 그리고 춘재가 흐리게 착색될 뿐만 아니라 내광성이 높다는 점을 들 수가 있다. 타닌의 함량이 높은 참나무류 목재인 경우 암모니아 가스에 의한 훈증 처리 효과가 매우 우수하다. 백참나무의 경우 암모니아 가스로 훈증 처리해 주게 되면 원래의 옅은 갈색으로부터 금갈색으로 색이 바뀌게 되며 방사조직이 선명하게 부각되는데 이를 훈증 착색 참나무(fumed oak) 또는 암모니아 훈증 처리(ammonia smoke)라고 부르고 있다(그림 2-5-15). 덴마크에서는 백참나무 목재로 제조된 의자는 대개 이 방법으로 착색하고 왁스로 마감처리하고 있다. 그러나 적참나무는 백참나무와는 달리 짙은 갈색으로 바뀌는 것이 아니라 오히려 녹색 기를 띠게 된다. 타닌을 지니는 다른 수종도 암모니아 가스로 훈증 처리를 해 줄 수가 있으나 백참나무만큼 효과가 뚜렷하지 못하다. 암모니아 훈증 처리는 가스 상태로 착색하는 것이기 때문에 목모(1-9-4의 E)의 발생이 없고 얼룩 반점 등과 같은 결함이 일어나지 않는 등 우수한 마감효과를 나타내게 된다. 암모니아를 취급할 때 가장 주의하여야 할 점은 안전 대책이다. 암모니아를 걸러낼 수 있는 여과장치를 지니는 마스크를 착용하여야 한다. 눈의 보호가 무엇보다도 필수적인데 수영장에서 사용하는 안경을 착용하되 암모니아 가스가 새에 들어가지 않도록 정확하게 착용하여야 한다. 그리고 고무이나 플라스틱 장갑 역시 필요하다. 훈증 처리에 이용되는 암모니아는 수산화암모늄(ammonium hydroxide)을 26~30% 정도 지니는 것으로써 농도 5% 미만인 일반 가정용 암모니아보다 무척 강한 수용액이기 때문에 안전 대책을 강구해 두어야 한다.

그림 2-5-15. 암모니아 훈증 처리에 의한 착색

왁스 착색제(wax stain)는 구입 후 그대로 쓸 수 있는 기성 제품으로써 다양한 색의 연한 왁스 형태로 공급되고 있으며 목재에 직접 또는 착색제로 처리되어 있는 면 위에 사용할 수 있다. 폴리우레탄(polyurethane)이나 상온 경화형의 2액형 래커(two-part cold-cure lacquer)로 도장하는 경우에는 왁스 착색제의 사용이 불가능하다. 천으로 도부한 다음 문질러 목재 내로 스며들게 만들어 주어야 한다.

2. 5. 6. 4. 눈메꿈 처리

재면에 존재하는 도관구(vessel line) 등처럼 세포내강에 의한 凹부를 메워 도료의 흡수를 막아 평활한 도막을 얻기 위해 실시한다. 또한 유성계 안료 착색제 등을 사용해 목리의 아름다움을 강조하기 위한 목적에서도 눈메꿈을 해 주게 된다.

이러한 목적을 위해 사용되는 눈메꿈제(目止劑, filler)는 충전성, 목재와의 부착성, 작업성, 건조성, 투명성 등이 양호하여야 하고 도료와도 문제를 일으키지 않아야 한다.

본래 눈메꿈제는 물로 갠 소석고와 안료로 만들어졌지만 이런 소석고 눈메꿈제는 목리에서 백색 반점으로 나타나게 된다. 따라서 신식 눈메꿈제는 충전용 분말, 결합제, 안료 및 용제의 혼합에 의해 만들어지고 있으며 각기 나름대로의 용도를 지니고 있는데 사용된 결합제의 종류에 따라 다음과 같이 분류되고 있다.

수성 눈메꿈제(water-based filler)는 체질안료를 전분풀 등의 수성계 결합제에 혼합해 사용하는 것으로써 물을 사용하기 때문에 가격이 저렴하나 건조가 느리다. 윗칠 도료의 흡수가 많이 일어나고 물에 의한 눈패임, 목모의 발생, 목리의 불선명한 처리 등이 단점이 되고 있다.

유성 눈메꿈제(oil-based filler)는 체질안료를 건성유 등의 유성계 결합제에 혼합해 사용하는 것으로써 비교적 투명성이 높고 목리가 선명하게 처리되며 수성 눈메꿈제에 비해 윗칠 도료의 흡수나

눈패임이 덜 하고 목모의 발생이 없으나 건조가 느리며 고가이다.

합성수지 눈메꿈제(synthetic resin-based filler)는 체질안료를 알키드수지 등의 합성수지계 결합제에 혼합하여 사용하는 것으로써 유성 눈메꿈제에서 얻을 수 없는 강인성, 내수성, 내열성, 부착성을 지니며 건조성, 도료의 선택성 등과 관련된 결점이 적게 발생한다.

처리 방법으로는 눈메꿈을 하지 않거나 완전하게 처리하지 않은 상태에서 하도나 중도 도장을 통해 목적하는 평활한 도막을 무처리 눈메꿈, 투명한 눈메꿈제를 사용해 재색을 그대로 살리면서 凹부를 충전함으로써 평활한 도막을 얻는 소지색 눈메꿈 및 착색제로 목재를 착색함과 아울러 착색 눈메꿈제를 사용하여 凹부를 충전함으로써 목리를 강조하면서 평활한 도막을 얻는 착색 눈메꿈이 있다.

눈메꿈제는 전용 희석제를 첨가하여 도부하기에 적당한 점도로 희석한 다음 사용하도록 한다. 목리에 대하여 경사진 방향으로 먼저 도부한 다음 다시 목리 방향으로 도부하고 반건조 상태에 도달한 다음 걸레 등을 사용하여 원형으로 회전하면서 재면을 닦아 凹부에 눈메꿈제를 충전시키고 여분의 눈메꿈제를 훔쳐내야 한다. 만약 여분의 눈메꿈제가 남아 있게 되면 재면에 잔류된 눈메꿈제가 얼룩의 원인이 되거나 투명성을 떨어뜨리게 되고 반대로 과도하게 닦아내면 충전된 눈메꿈제가 다시 제거되기 때문에 주의하여야 한다. 재면을 연삭한 다음 목분을 제거하지 않으면 눈메꿈 작업이 불량해져 도관구 등의 하부에 빈 공간이 생겨 도막의 주름, 바늘구멍, 기포(그림 2-5-17의 G~H와 K) 등의 결함 발생 원인이 될 수 있기 때문에 주의하여야 한다.

2. 5. 6. 5. 하도 도장

목재 내부로 잘 침투되어 굳어짐으로써 수분의 출입에 따른 수축이나 팽창을 감소시켜 목재를 안정화시키기 위한 것이 하도 도장(下塗 塗裝)의 목적이다. 따라서 하도 도막이 두꺼울수록 효과가 큰데 목재의 할렬을 방지함으로써 도막의 할렬이나 균열(그림 2-5-17의 O)도 줄어들게 된다. 다음 공정인 중도 및 상도 도장 공정에 있어 이들 도료가 목재 내로 침투하는 것을 막아 도막 형성에 도움을 줌으로써 비용을 절감할 수 있을 뿐만 아니라 목재 중의 추출물 등이 중도나 상도 도막으로 번지는 현상도 예방할 수가 있다.

하도 도료가 충분히 침투되면 목재가 짙은 색으로 변하기 때문에 목리가 선명하게 부각된다. 불포화폴리에스테르수지도료인 경우 퀴논(quinone) 추출 성분을 지니는 목재에서는 중합 장해가 일어나게 된다. 중합 장해 방지용 도료로는 폴리우레탄수지 하도 도료가 가장 적당하다.

하도 도료는 재면에 직접 도장되기 때문에 우드 실러(wood sealer)로 대개 불리는데 모든 도장기기에 의한 도장이 가능하다. 하도 도장의 목적 상 목재 내부로 충분히 침투되어야 하기 때문에 점도가 낮아야 한다. 그러나 느티나무, 졸참나무, 나왕 등처럼 도관이 커 도료의 흡수가 많은 목재인 경우 또는 양산 작업 시에는 점도를 약간 높게 조절하여 적은 회수의 도장 실시하는 것이 바람직하다.

소지 연삭과 마찬가지로 하도 도막 역시 연삭이 필요한데 대개 #180~240의 사포가 이용된다.

재면 상의 거스러미는 소지 연삭으로 완전히 제거되기 어렵지만 하도 도장에 의해 딱딱하게 굳은 다음에는 연삭을 통해 쉽게 제거될 수가 있다. 또한 경화된 하도 도막을 연삭한 다음 찌꺼기를 깨끗이 청소해 줌에 따라 새로운 활성 도막이 생겨 중도 도막과의 부착성이 개선되는데 특히 도장 후 오랜 시간이 지난 도막일수록 부착성 개선 효과가 현저하게 나타난다.

2. 5. 6. 6. 중도 도장

중도 도장(中塗 塗裝)은 도막을 두껍게 올린 다음 연삭을 통해 도막을 평활하게 만들어 주기 위한 공정이다. 이외에도 하도 도막 중의 凹부 등에 도료를 침투시켜 최종 도막인 상도 도막을 얻기 위한 준비 과정이다.

하도 도막은 바늘구멍(그림 2-5-17의 G) 등과 같은 결함을 많이 지니기 때문에 완전한 도막이라고 볼 수 없다. 이러한 도막의 결함 부분에 중도 도료를 침투, 충전시켜 보수해 줌으로써 완전한 도막을 만들어 주어야 한다. 도장 직후에는 평활한 도막이라고 할지라도 도료의 건조가 진행됨에 따라 도막이 수축되는데 두꺼운 도막일수록 더 많은 수축이 일어나게 된다. 게다가 춘재는 추재보다 세포내강이 크기 때문에 목재의 치수 변동에 따라 도막이 침하되는 경우가 많다. 또한 눈메꿈이 불량한 경우에도 도막이 침하된다. 따라서 중도 도료를 두껍게 도장한 다음 연삭을 통해 평활한 도막을 얻어야 하기 때문에 살오름성과 연삭성이 좋을 뿐만 아니라 건조도 신속히 이루어질 수 있는 것을 중도 도료로 사용해 도장 공정을 단축하는 것이 필요하다.

투명도장용 중도 도료는 샌딩 실러(sanding sealer) 그리고 불투명도장용 중도 도료는 서페이서(surfacer)로 불리는데 모든 도장 기기로 도장해 줄 수가 있다. 두꺼운 도막은 투명성과 내구성이 떨어지기 때문에 점도가 높은 중도 도료를 사용하여 두껍게 도장한 다음 필요 이상으로 두꺼운 도막은 연삭으로 제거하는 것이 매우 중요하다. 즉, 눈메꿈을 실시한 후의 도막 침강 부분, 눈메꿈이 불완전한 凹부 등만을 보완하고 하도 도막을 손상하지 않는 범위 내에서 연삭으로 최대한 중도 도막을 제거한 다음 찌꺼기를 말끔히 훔쳐내 상도 도막과의 부착성 개선과 함께 평활한 상도 도막을 위한 토대를 마련해 주어야 한다. 중도 도막의 연삭에는 대개 #240~400의 사포가 이용된다.

특히 선명한 재질감이 요구되는 경우에는 중도 도장을 생략하고 하도 도막 위에 바로 상도 도장을 실시하는 것이 좋다.

2. 5. 6. 7. 상도 도장

일반적인 도장에 있어서는 상도 도장(上塗 塗裝)을 통해 도막을 올리는 것으로 공정이 끝나게 된다. 즉, 도장의 목적인 미적 감각의 향상, 재면의 보호, 기능성의 부여를 위해 최초의 공정인 소지 조정에서부터 다양한 공정을 거쳐 상도 도장에 의해 완성된다. 하도나 중도 도료에 비해 치밀하고 단단한 상도 도료를 도장하는 것에 의해 수분이나 각종 가스, 광선 등이 재면으로 침투하는 것이 방지된다. 상도 도막에 의해 내수성이 더 강화되고 내약품성이 개선된다. 상도 도료로 아크릴래커나 니트로셀룰로오스래커를 도장하면 원하는 광택을 낼 수가 있으며 적절한 경도의 도료로 도장함에 따라 내마모성이 비약적으로 향상될 수 있다. 상도 도료에 자외선 흡수제, 산소 흡수제 등을 첨가해 주면 태양 광선에 의한 변색이나 열화를 상당히 지연시켜 줄 수가 있다.

상도 도장에 있어서는 도장 목적에 따라 쇄모도장, 분무도장, 롤러도장, 커튼도장, 정전도장 등 다양한 도장 기기가 사용된다. 도막을 만드는 최종 공정이기 때문에 불휘발성 성분이 적은 비교적 저점도의 도료를 사용하여 평활한 도막을 얻도록 노력하여야 함과 아울러 먼지의 부착이나 오염이 일어나지 않도록 세심한 주의를 기울여야 한다. 이것은 점도가 높은 도료의 사용 시 붓 자국이나 귤껍질(그림 2-5-17의 C와 E) 등의 결함 발생 용이한 반면 점도가 낮은 도료의 사용 시 도료의 흘러내림이나 중도 도막의 연삭 흔적이 노출되어 나타날 위험성이 크기 때문에 그렇다. 그리고 도장하기 어려운 곳부터 쉬운 쪽으로 순차적으로 작업하고 제품 중 가장 중요시 되는 부분을 먼저 도장하게 되면 나중의 작업에 의해 중첩되어 얼룩이나 자국이 남게 됨으로 가장 중요한 부분은 제일 마지막에 심혈을 기울여 도장하여야 한다.

그림 2-5-16. 금속 수세미에 의한 무광 처리

2. 5. 6. 8. 연삭과 광택내기

상도 도막의 이물질 제거를 위해서는 #320 이상의 사포를 사용해 매우 낮은 압력으로 연삭을 실시하나 유광 또는 무광 처리가 필요한 경우에는 다음의 방법을 적용하면 된다.

거울처럼 매우 평활하면서 높은 광택성이 요구될 때에는 물을 뿌려가면서 내수용의 #400~600 사포로 습식 연삭을 한 다음 혼합 연마제(rubbing compound)를 걸레에 발라 연삭 자국이 없어질 때까지 닦아낸다. 그 후 액상 왁스 등을 부드러운 무명천에 묻혀 도막을 정성스럽게 닦아준다.

이와 반대로 무광 처리를 위해서는 도막을 기계적으로 거칠게 만들어 광선의 난반사를 많이 유도하면 된다. 먼저 내수용의 #400~600 사포로 습식 연삭을 한 다음 #000(極細)~0000(超極細)의 금속 수세미(steel wool)로 연삭하고(그림 2-5-16) 액상 왁스 등으로 닦아내면 광택이 1/2 정도 저하된다. 이보다 광택을 더 죽이기 위해서는 내수용의 #400~600 사포로 습식 연삭을 한 다음 무광연마제(scotch brite)로 닦아내거나 320mesh의 부석(pumice stone) 분말로 닦아내면 된다.

2. 5. 7. 도막의 결함과 대책

도장 기술자가 갖추어야 할 역량 가운데 하나가 결함이 드러나 보이지 않도록 감쪽같이 고쳐 줄 수 있는 기술이라고 흔히 말하고 있다. 물론 실수를 저지르지 않는 것이 이상적이지만 결함의 보수보다는 예방이 항상 더 낫다.

2. 5. 7. 1. 도료 자체에 의한 결함

① 흘러내림(running), 처짐(sagging)

a. 원인: 도료가 도장된 곳에 머무르지 못하고 이동해 균일한 도막을 형성하지 못한 결함(그림 2-5-17의 A)으로 특히 수직면이나 경사진 면에서 일어나기 쉬운데 도료의 건조가 느릴 때, 도료가 너무 묽을 때, 비중이 높은 도료를 사용했을 때 그리고 너무 평활한 도막 위에 도부했을 때 발생한다.

b. 대책: 도료의 점도를 조절하고 여러 회로 나누어 소량씩 도부하며 도막을 거칠게 조정한 다음 도장한다.

② 색 얼룩(mottling, flooding, floating)

a. 원인: 도막의 색이 균일하지 못하고 반점이나 줄무늬 등을 나타내는 결함(그림 2-5-17의 B)으로 조색 시 성질이 다른 도료를 혼합하거나 희석제가 부적당하여 안료가 균일하게 분산되지 못했을 때 발생한다.

b. 대책: 동일 제조업체의 동일 제품과 지정된 희석제를 사용하고 충분히 교반하도록 한다.

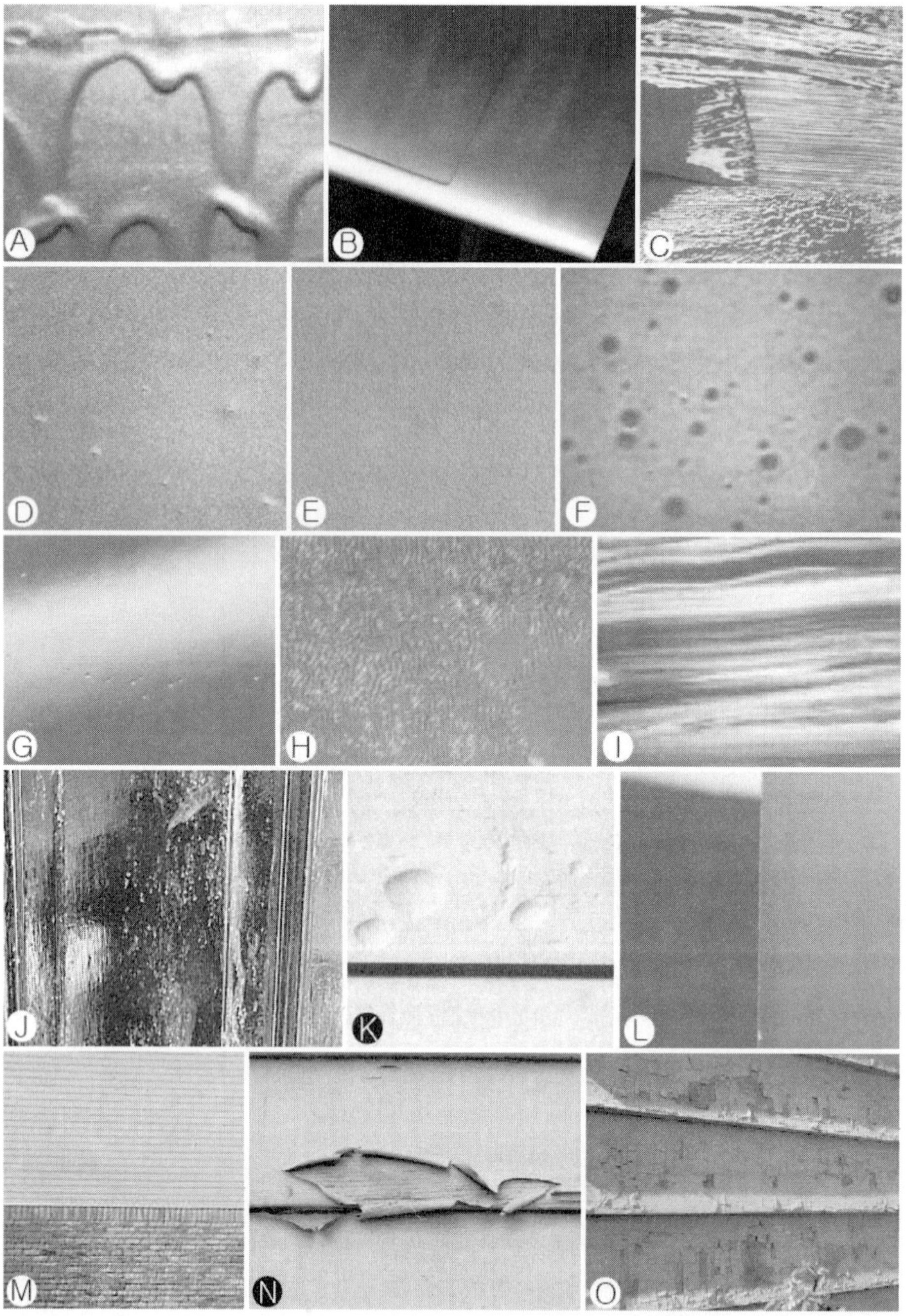

그림 2-5-17. 도막의 처짐(A), 색 얼룩(B), 붓 자국(C), 파종(D), 귤껍질(E), 분화구(F), 늘구멍(G), 주름(H), 색 번짐(I), 백화(J), 기포(K), 퇴색(L), 백악화(M), 도막 박리(N) 및 균열(O)

2. 5. 7. 2. 도장 작업 시 발생하는 결함

① 붓 자국(brushing mark), 롤러 자국(roller mark)

a. 원인: 도장 후 붓이나 롤러의 자국 등이 남은 결함(그림 2-5-17의 C)으로 도료의 퍼짐성이 불량할 때, 기온이 낮을 때 그리고 붓 등이 딱딱할 때 발생한다.

b. 대책: 도료에 적합한 붓이나 롤러를 사용하고 도장실의 온도를 10oC 이상으로 유지한다.

② 파종(seeding)

a. 원인: 도막의 표면이나 내부에 티끌, 먼지 등에 의해 씨 모양의 입자가 부착되어 도막의 평활성에 손상이 일어나는 결함(그림 2-5-17의 D)으로 도료의 저장 중에 침강된 안료의 분산이 불량하고 도장실에 티끌이나 먼지가 있을 때 발생한다.

b. 대책: 저장 중 변질된 도료를 사용하지 말고 도료를 충분히 교반한 다음 도부하며 도장실 내의 먼지를 제거하여야 한다.

③ 귤껍질(orange peeling)

a. 원인: 도막이 평활하지 못하고 귤껍질처럼 경미한 기복이 생기는 결함(그림 2-5-17의 E)으로 용제나 희석제의 증발이 빠를 때, 분무 압력이 부족하고 분무 거리가 길 때, 도료의 점도가 높을 때 그리고 하도 도장이 불충분해 목재 내부로의 도료 침투가 심할 때 발생한다.

b. 대책: 적절한 용제나 희석제를 사용하며 분무도장 시 압력을 4kg/cm2, 거리를 소형 도장인 경우 15~20cm 그리고 대형 도장인 경우 25~30cm 정도로 조절해 주도록 한다. 또한 저장 중 변질된 도료는 사용하지 말고 적절한 점도의 도료를 도부하며 하도 도장을 충분히 실시한다.

④ 분화구(cratering)

a. 원인: 도료가 균일하게 부착되지 못하고 반발되어 도막의 여기저기에 분화구처럼 작은 원형 凹부가 생기는 결함(그림 2-5-17의 F)으로 수분, 기름기, 실리콘, 왁스 또는 접착제의 잔사가 있는 면에 도부했을 때 그리고 분무총의 공기 마개(air cap)이나 붓 등에 기름기나 수분이 묻어 있을 때 발생한다.

b. 대책: 도장실 부근에서 오염의 원인이 되는 물질을 사용하지 말고 재면이 오염되어 있는 경우 제거하여야 한다.

⑤ 바늘구멍(pin holing)

a. 원인: 도막에 미세한 凹부 또는 바늘로 콕 찌른 것 같은 작은 구멍이 생기는 결함(그림 2-5-17의 G)으로 작은 凹부를 지니는 재면에 도부했을 때, 두꺼운 도막을 급격히 가열했을 때, 열풍건조 시 예비건조인 천연건조가 불충분했을 때, 도료의 점도가 높을 때 그리고 분무도장 시 공기 중에 기름기나 수분이 존재할 때 발생한다.

b. 대책: 재면에 눈메꿈 처리를 하고 도료를 서서히 건조하며 적정 스케줄에 따라 열풍건조를 실시한다. 또한 도장실의 공기를 정화하고 적절한 점도의 도료를 도부한다.

⑥ 주름(lifting), 오그라듦(wrinkling)

a. 원인: 건조된 도막에 주름이나 오그라듦이 생기는 결함(그림 2-5-17의 H)으로 도막을 급격

한 가열로 건조했을 때, 도료가 제대로 건조되지 않은 상태에서 그 위에 다시 도장을 실시하거나 건조된 도막이 다시 도장된 도료 중의 용제에 의해 녹아 팽창될 때 발생한다.

b. 대책: 건조된 도막을 용해하지 않는, 즉 상용성(相溶性)이 없는 도료를 사용하며 서서히 가열 건조하고 도장과 도장 사이에 도막이 굳을 수 있는 충분한 건조 시간을 두어야 한다.

⑦ 색 번짐(bleeding)

a. 원인: 소지 또는 도막의 색이 그 위에 다시 도장된 도료 중으로 배어나와 변색을 일으키는 결함(그림 2-5-17의 I)으로 염료나 안료가 용제에 의해 용해되어 배어나옴으로써 발생한다.

b. 대책: 적절한 도료와 도장 공정으로 도장을 실시한다.

⑧ 백화(blushing)

a. 원인: 도료 중의 용제가 급격히 증발되어 도막이 냉각됨으로써 공기 중의 수분 응축에 따라 광택이 없고 안개가 낀 것처럼 도막이 하얗게 변하는 결함(그림 2-5-17의 J)으로 래커를 비오는 날 또는 상대습도가 높은 날 도장할 때 그리고 야간에 유성도료를 도장할 때 밤이슬에 의해 발생한다.

b. 대책: 도장실의 상대습도가 80%를 넘지 않도록 그리고 목재의 함수율을 15% 이하가 되도록 조정하며 재면과 공기 중의 수분을 제거한다.

⑨ 기포(blistering)

a. 원인: 도막에 작은 기포가 발생하는 결함(그림 2-5-17의 K)으로 도료를 미립자로 무화시키는 압축공기에 수분 또는 기름기가 존재할 때 발생한다.

b. 대책: 압축공기에 수분 또는 기름기가 없도록 조치를 취한다.

2. 5. 7. 3. 도장 작업 후 발생하는 결함

① 건조 불량(prolonged drying time)

a. 원인: 도장 후 일정 시간이 경과하여도 도막이 굳지 않는 결함으로 용제나 희석제가 부적당할 때, 공기 중에 기름기나 수분이 존재할 때, 상대습도가 높고 온도가 낮을 때, 재면에 수지(송진)나 과다한 수분이 존재할 때 그리고 한 번에 너무 두껍게 도부했을 때 발생한다.

b. 대책: 재면을 깨끗이 조정하고 적절한 용제나 희석제를 사용하며 여러 회로 나누어 소량씩 도부한다. 또한 환기를 자주하여 건조가 촉진될 수 있는 환경을 조성한다.

② 퇴색(fading)

a. 원인: 안료가 변질되거나 열, 자외선 등에 의해 도막이 변질되어 색이 바래는 결함(그림 2-5-17의 L)으로 일광이나 화학약품, 대기오염 등의 작용에 의해 발생한다.

b. 대책: 내후성이 좋은 도료와 변질이 잘 되지 않는 도료를 사용한다.

③ 백악화(chalking)

a. 원인: 열, 자외선, 비바람 등에 의해 공기 중에서 풍화되어 도막의 광택이 사라지고 가루 모양으로 분해되는 결함(그림 2-5-17의 M)으로 주로 탄산칼슘 등의 체질안료를 많이 지니는 도료를 사용할 때 발생한다.

b. 대책: 용도에 맞는 적절한 도료를 사용한다.

④ 도막 박리(flaking)

a. 원인: 목재와의 부착성이 나빠 재면으로부터 도막이 박리되는 결함(그림 2-5-17의 N)으로 재면에 기름기, 왁스, 실리콘 등이 존재하거나 목재의 함수율이 15% 이상일 때 그리고 도장과 도장 사이의 도막 건조가 불완전하거나 과도한 가열로 도료를 건조했을 때 발생한다.

b. 대책: 재면을 깨끗하게 조정하고 규정 건조 조건을 지켜야 한다.

⑤ 할렬(cracking, checking), 균열(cross-grain cracking)

a. 원인: 도막이 선상의 할렬이나 거북이 등처럼 갈라지는 교주할렬인 균열을 일으키는 결함(그림 2-5-17의 O)으로 함수율이 높은 목재와 수축, 팽창이 큰 목재에 그리고 너무 두꺼운 도막 위에 도장했을 때 발생한다.

b. 대책: 함수율을 적절하게 조정할 뿐만 아니라 수축이나 팽창이 작은 목재를 사용하며 도막의 두께를 조정하도록 한다.

2. 5. 8. 도막의 성능

2. 5. 8. 1. 경도

도막의 경도(표 2-5-2)는 기계적 외상에 의한 손상이 없을 정도의 경도면 적절한데 너무 경도가 높으면 충격에 의해 깨지기 쉽기 때문에 인성(toughness)이 양호해야 한다. 목재는 온도와 습도의 영향에 의해 항상 수축과 팽창을 반복하기 때문에 도막이 너무 단단하고 탄력성이 없으면 목재의 치수 변동에 따라 결국 도막에도 할렬이 발생하게 된다(그림 2-5-17의 O).

표 2-5-2. 각종 도료의 스워드 로커(sward rocker) 경도

도료	경도
니트로셀룰로오스래커	21
캐슈칠	25
산경화형 아미노알키드수지도료	26
폴리우레탄수지도료	27
불포화폴리에스테르수지도료	35

도장 후 1주일 건조한 다음 측정

2. 5. 8. 2. 부착성

도막의 부착성은 도막 내부의 응력이 작은 것일수록 양호한 경향을 보인다. 도막 내부의 응력으로는 도료가 건조, 경화될 때 용제의 확산 또는 합성수지의 중합이나 축합에 따른 부피 수축, 목재의 수축, 목재에 대한 도료의 부착이 동시에 일어나기 때문에 발생하는 것이 있다. 그리고 도막이 흡습 또는 건조되는 경우 친수성의 목재가 더 큰 평형함수율에 도달하기 때문에 도막과 목재 사이의 수축률이나 팽창률 차이에 의해 발생하는 내부 응력이 있다. 그러나 도막과 목재 사이의 접선방향 및 방사방향 선팽창계수는 거의 동일하기 때문에 열에 의해 발생하는 내부 응력은 실용상 무시될 수가 있다.

대부분의 목재용 도료는 부착성에 큰 문제가 없으나 불포화폴리에스테르수지도료가 목재용 도료 가운데 부착성이 가장 열악한 편이다.

니트로셀룰로오스래커의 경우 피마자유, 다이부틸프탈레이트(dibutylphthalate) 등의 가소제를 첨가하면 효과가 있고 산경화형 아미노알키드수지도료의 경우 아미노수지에 대해 알키드수지를 다량 배합하면 탄력성이 개선된다.

2. 5. 8. 3. 내수성과 내열성

투습성(표 2-5-3)은 도막의 내수성과 관련이 있는데 조미료, 잉크 등의 수성 색소에 의한 오염은 도막의 투습성이 클수록 심해진다.

탁자, 책상 등은 물에 의해 쉽게 백화 현상이 도막에 발생하면 곤란하며 주방용 제품의 도막은 내수성 및 내열성이 특히 우수해야 한다. 셀락니스, 니트로셀룰로오스래커 등처럼 열가소성 수지에 의한 도료는 뜨거운 그릇에 의해 자국이 남는 반면 산경화형 아미노알키드수지도료, 폴리우레탄수지도료 등처럼 열경화성 수지에 의한 도료는 그렇지 않다. 대부분의 목제품은 그리 높은 온도 조건하에서 사용되지 않기 때문에 큰 문제가 발생하지 않는다. 그러나 여름철 고온에 의해 도막의 연화가 일어나 먼지 등의 부착에 의한 오염이 발생되지 말아야 하는데 열경화성 수지에 의한 도료와는 달리 열가소성 수지에 의한 도료는 이런 오염을 일으키는 경향이 있다.

표 2-5-3. 각종 도료의 투습성(g/m²/day)

도료	투습도
아크릴래커	230
산경화형 아미노알키드수지도료	183
투명 니트로셀룰로오스래커	179
폴리우레탄수지도료	37

2. 5. 8. 4. 내용제성과 내약품성

화학 실험대, 경대 등은 내용제성과 내약품성(표 2-5-4)이 요구되는 제품인데 열가소성 수지에 의한 도료는 도막의 형성 후에도 열에 의해 연화되고 용제에 의해 용해되나 열경화성 수지에 의한 도료는 그렇지 않다. 또한 용제나 화학약품은 가스나 액체의 상태로 침투되기 때문에 투과성이 적은 도료가 바람직하다. 안료를 지니는 도료인 경우 안료에 의해 산이나 알칼리 용액의 투과가 저하되나 이들에 대한 안료의 성질에 따라 달라진다.

표 2-5-4. 각종 도료의 내약품성

도료	초산 10% 용액	가성소다 10% 용액	소금 5% 용액
니트로셀룰로오스래커	양호	매우 불량	우수
산경화형 아미노알키드수지도료	매우 불량	양호	불량
캐슈칠	양호	매우 불량	양호
폴리우레탄수지도료	우수	우수	우수
불포화폴리에스테르수지도료	우수	약간 양호	우수

2. 5. 8. 5. 내광성

도료 중의 염료와 안료는 자외선 등에 의한 색소 분자 파괴로 인해 퇴색(그림 2-5-17의 L)이 일어나게 되는데 실제로는 퇴색과 동시에 도막의 황변이 동시에 발생하는 변퇴색으로 나타나게 된다. 일반적으로 염료는 안료에 비해 내광성이 나빠 퇴색이 더 심하게 일어나기 때문에 목재의 착색 시 내광성이 강한 염료 사용하는 것이 바람직하다. 따라서 내광성의 개선을 위해서는 도료에 벤조페논 등과 같은 자외선 흡수제를 첨가해 자외선 에너지가 열에너지로 바뀌어 방출되게 만들어줌으로써 자외선의 작용을 방지하는 것이 바람직하다.

또한, 자외선이나 산소의 작용에 의해 도막이 시간의 경과에 따라 노랗게 변색되는 황변 현상이 발생하는 경우도 있는데 대부분의 도료는 주로 자외선에 의해 발생하지만 유성도료의 경우 산소와의 접촉에 따른 산화중합이 그 원인인 것으로 알려져 있다. 비교적 옅은 색으로 마무리된 경우에 문제의 소지가 크며 표백 처리된 가구 등에서 문제를 일으키면 곤란하다. 퇴색의 경우와 마찬가지로 자외선 흡수제를 첨가하면 효과를 볼 수 있다. 아크릴래커, 산경화형 아미노알키드수지도료가 내황변성이 우수한 도료에 속한다.

2. 5. 8. 6. 내후성

도막은 시간의 경과에 따라 광택 저하, 변퇴색, 할렬 등의 결함이 발생하게 되는데 이처럼 시간의 경과에 따라 도막의 성능이 열화된다. 그 원인으로는 자외선, 습기, 수분, 산소, 기계적 상처 등을 들 수가 있는데 특히 외장용 제품의 경우 대기 중에 노출된 상태에서 노화가 발생하기 때문에 반드시 고려되어야 할 사항이며 내장용 제품의 경우에도 내후성이 우수하면 내구성이 연장될 수 있다. 폴리우레탄수지도료, 불포화폴리에스테르수지도료가 내후성이 우수한 도료에 속한다.

2. 5. 9. 외장용 목재의 마감처리

여러 가지 목적을 위해 목조건축 부재 등의 외장용 목재나 공학목재 표면을 도료, 착색제, 발수성 보존제, 기름과 같은 마감재료로 처리해 주게 된다. 나름대로의 처리 목적에 따라 마감처리될 제품의 내용년수 결정뿐만 아니라 사용해야 할 마감재료의 종류 및 재면에 부여해야 할 보호처리 정도를 결정해 주어야 할 것이다. 외장용 마감재료는 일반적으로 2부류, 즉 페인트 및 불투명 착색제와 같이 목재의 재면을 감추게 되는 불투명 마감재료(opaque finish)와 발수제, 발수성 보존제, 기름 및 반투명 침투성 착색제와 같이 목재의 외관을 심하게 은폐하지 않고 재면이 드러나 보이도록 만들어 주는 마감재료(natural finish)로 나누어진다. 목재 보존제(wood preservative) 및 내화도료(fire-retardant coating) 역시 마감재료로 취급되고 있다.

2. 5. 9. 1. 불투명 마감재료

① 페인트

풍화에 의한 표면 침식과 수분에 의한 습윤으로부터 목재를 최대한으로 보호해 주기 위한 목적으로 가장 널리 쓰이는 마감재료가 바로 페인트(paint)이다. 또한 외관상 미적 가치를 높여주기 위하여 그리고 목재의 결점을 감추기 위하여 역시 사용되고 있다. 페인트는 상당량의 안료를 포함하고 있는데 이들 안료로 인해 페인트가 다양한 색상을 띠게 된다. 안료 가운데에는 자외선에 의한 목재의 손상을 근본적으로 막아줄 수 있는 안료도 일부 있다. 유성계 및 알키드계 페인트는 불휘발성 전색제인 수지와 휘발성 전색제인 석유 또는 터펜틴 용제에 무기안료가 현탁되어 있는 액상의 도료인데 휘발성 전색제인 용제는 안료 입자와 결합제(수지)를 재면으로 이동할 수 있도록 도와주는 역할을 지니게 된다. 이와 마찬가지로 라텍스페인트 역시 무기안료와 여러 라텍스 수지로 구성된 현탁액이지만 용제 또는 분산제가 물이라는 점에서 유성계 및 알키드계 페인트와 차이가 난다.

일반적으로 유성계 페인트의 도막이 액상의 수분과 수증기에 대해 가장 우수한 차단 효과를 나타내게 된다. 그러나 이들은 시간의 경과에 따라 부서지기 쉬운 상태로 열화되기 때문에 내구성이 반드시 가장 좋은 것만은 아니다. 아무리 수분을 잘 차단한다고 할지라도 목재는 계절적인 상대습도 조건에 따라 치수 변동을 일으키기 때문에 약화된 도막에 응력이 발생하여 결국 할렬이나 균열이 발생하게 될 것이다(그림 2-5-17의 O). 한편 라텍스페인트 특히 순수한 아크릴계의 것은 시간의 경과에 따라 유성계 페인트보다 더 유연한 상태의 도막을 유지하게 되는 것으로 알려져 있다. 수증기 침투가 라텍스페인트에서 더 많이 일어나는 것은 사실이지만 목재의 치수 변동을 따라 라텍스페인트의 도막이 보다 신축적으로 수축, 팽창할 수 있기 때문에 더 오래 견딜 수가 있다.

라텍스페인트는 도장 시 사용한 작업 도구를 물로 청소할 수 있기 때문에 유성계 페인트보다 작업하기가 더 쉽다. 이들 도막은 다공성을 나타내고 있기 때문에 수분의 이동이 어느 정도 가능한 편이다. 이에 비하여 유성계 페인트는 작업 도구를 청소하기 위하여 유기용제를 사용해야 하고 최소한 그 중 일부는 비공극성을 나타내게 된다. 비공극성의 페인트 도막은 외부로부터의 수분 침투를 지연시켜 주며 목재 추출물에 의한 변색, 외부 수분에 의한 도막의 박리 및 목재의 틀어짐을 줄여주는 장점을 지니고 있다(그림 2-3-5의 A, 2-5-2의 A, 2-5-17의 N과 2-5-21의 B~C). 그러나 페인트는 결코 보존제가 아님을 명심하여야 한다. 균의 생장에 적절한 조건만 주어진다면 부후의 발생을 막을 수 없게 될 것이다.

페인트는 세쿼이아 및 삼나무류와 같이 비중이 낮은 수종의 평활한 정목면에서 가장 우수한 성능을 발휘하게 되며(그림 2-5-1의 A) 밝은 흰색으로 마감처리할 수 있는 유일한 방법이 되고 있다. 페인트는 목재 표면에 도장되는 마감재료로써 목재 내부로는 깊게 침투할 수가 없다. 반면 목재 표면에서 도막을 형성하게 됨으로써 목리를 완전히 감추게 된다. 목재가 습윤되거나 또는 수증기 차단층이 설치되어 있지 않아 실내의 수분이 측벽과 비늘판을 통과하여 외부로 이동하게 되는 경우 이 도막에서는 수분에 의한 기포가 발생하거나 박리되는 수가 있다(그림 2-5-17의 K와 N). 처음 도장 시 및 그 이후의 유지관리 비용 측면에서 볼 때 발수성 보존제나 침투성 착색제로 처리하는 것보다 페인트로 처리하는 것이 비싼 경우가 많다.

페인트 도막이 양호한 성능을 발휘하기 위해서는 반드시 재면, 즉 소지가 적절하게 조정되어 있어야만 한다. 소재와 공학목재는 건축 및 시공 과정 중이나 후에도 풍화나 습윤으로부터 완전히 보호되도록 조치해 주어야 한다. 먼지, 기름 및 기타 이물질에 의해 발생한 표면오염은 반드시 제거해 내야 한다. 습한 기후 조건에서 사용되는 페인트와 초벌용 도료는 모두 방미제(mildewcide, 防黴劑)를 포함하고 있어야 한다. 새롭게 제재된 목재의 표면이 3~4주 정도만 노출, 풍화되더라도 목재에 대한 도막의 부착력이 나빠진다는 사실이 예비조사에서 밝혀졌다. 설치 전이나 후에 풍화를 받게 될 위험성이 있다면 재면에 가능한 빨리 페인트로 도장을 해주어야만 한다. 페인트 도장이 될 목재가 이미 심하게 풍화되어 있다면 그 목재는 페인트 도장에 적절하지 못한 손상된 재면을 나타내게 될 것이며 재면의 손상 면적이 커지면 커질수록 페인트 도막은 더 쉽게 박리될 것이다. 풍화된 목재는 페인트 도장에 앞서 연삭과 세척 처리를 먼저 실시해 주어야 한다.

페인트 도막층 사이의 박리를 피하기 위해서는 밑칠 도장 후 2주 이내에 첫 번째 윗칠을 그리고 두 번째 윗칠은 첫 번째 윗칠 도장 후 2주 이내에 도장해 주어야 한다. 일부 밑칠용 페인트는 풍화에 따라 새로운 도막의 적절한 부착을 방해하게 되는 비누 모양의 물질이 표면에 형성되기도 한다. 새로운 페인트로 도장해 주기 전에 이미 2주 이상의 시간이 경과한 경우에는 도장할 면을 강모의 붓이나 스펀지를 이용하여 물로 문질러 닦아내야 한다. 필요하다면 모든 오염물질과 열화된 페인트 도막면을 제거하기 위하여 약한 세제를 이용하거나 또는 곰팡이가 발생하였다면 표백제로 도막면을 깨끗하게 조정해 줄 필요가 있다. 그 후 물로 표면을 닦아내고 페인트 도장에 들어가기 이전까지 충분히 건조시켜 주어야 한다. 이미 도장된 밑칠이 2주 이상 풍화되었다면 다시 밑칠을 도장해 줄 필요가 있다.

온도에 의한 도막 내 기포 발생을 방지하기 위하여 유성페인트는 몇 시간 이내에 태양 광선에 의해 가열될 차가운 표면 위에 도장해 주어서는 안 된다. 차가운 날씨 속에서 도장된 짙은 색의 두꺼운 페인트 도막에서는 온도에 의해 발생한 기포를 가장 흔하게 관찰할 수가 있다. 일반적으로 기포는 페인트의 맨 마지막 도막에서 나타나게 되며 도장 후 몇 시간 이내부터 1~2일 이내에 발생하게 된다.

유성페인트는 온도 4oC 이상일 때 도장해 주어야 한다. 라텍스페인트의 도장 시에는 온도가 최소 10oC 이상이어야만 바람직스럽다. 라텍스페인트의 도막이 적절하게 고화되기 위해서는 페인트 도장 후 최소한 24 시간 동안 온도가 10oC 이하로 떨어져서는 안 된다. 저온은 페인트 도막의 결합을 나쁘게 만들고 페인트의 조기 손상을 야기하는 원인이 되고 있다. 유성페인트의 주름, 퇴색 또는 광택 저하 및 라텍스페인트의 줄무늬와 같은 결함은 페인트가 완전히 굳기 전에 짙은 이슬이 맺힐 수 있는 서늘한 봄, 가을의 저녁에만 도장하지 않는다면 피할 수가 있을 것이다. 또한 이러한 조건하에서는 수분의 흡수와 관련된 심각한 문제나 중요한 도막의 결함이 일부 라텍스페인트에서 발생할 수가 있다. 일몰 전에 최소한 2시간 동안 페인트가 고화될 수 있도록 조치해 주어야 하며 마찬가지로 아침에는 이슬이 증발할 때까지 도장을 시작해서는 안 될 것이다.

② 불투명 착색제

불투명 착색제(opaque stain, solid-color stain, hiding stain 또는 heavy-bodied stain으로 불림)는 다양한 색상으로 이용 가능한 불투명성 마감재료로써 근본적으로는 일종의 묽은 페인트에 해당된다. 불투명 착색제는 반투명 침투성 착색제보다 훨씬 더 많은 양의 안료를 지니고 있으나 페인트보다는 안료의 농도가 다소 낮은 편이다. 이런 이유로 인해 불투명 착색제는 목재 본래의 재색과 목리를 감추게 됨으로 오래된 페인트나 불투명 착색제 위에 도장할 수도 있다. 그러나 재면의 나무갖을 완전히 감출 수가 없기 때문에 재면의 거칠기 상태가 그대로 드러나 보이게 되고 광택이 없는 외관으로 대개 마감처리된다. 페인트와 마찬가지로 불투명 착색제 역시 자외선에 의한 손상으로부터 목재를 보호해 줄 수가 있다. 유성계 불투명 착색제는 페인트 도막과 유사한 도막을 얇게 형성하기 때문에 소지와의 부착력이 약해지게 되면 결국에는 소지로부터 박리될 것이다(그림 2-5-18의 C). 도막을 형성하는 라텍스계 불투명 착색제 역시 이용할 수가 있다. 불투명 착색제 가운데 아크릴계의 것이 대체로 가장 우수한 편이다. 불투명 착색제는 거친 면의 소재나 경질섬유판 및 합판과 같은 공학목재용의 마감재료로 자주 쓰이고 있다. 이러한 불투명 착색제를 2층이나 3층으로 도장해 주면 가장 우수한 효능을 발휘하게 될 것이다. 공학목재인 경우에는 최소한 2층의 도장이 기본이 되고 있음으로 3층으로 도장해 주는 것이 더 바람직하다.

불투명 착색제는 붓으로 칠해 주는 것이 가장 좋은 작업법이다. 이들 불투명 착색제는 페인트와 매우 비슷한 거동을 보이게 된다. 그러나 갑판(deck), 난간(railing), 울타리 및 창턱과 같은 수평재면용으로는 불투명 착색제가 적절한 마감재료가 되지 못하고 있다. 1층의 불투명 착색제 도장으로도 충분한 성과를 거둘 수 있으나 2층 이상 도장해 주면 더 양호한 보호 효과와 더 긴 내용년수를 얻게 될 것이다. 특히 2층 이상으로 도장하는 경우 순수한 아크릴계 라텍스 불투명 착색제는 다른 종류의 것보다도 대개 더 우수한 성능을 나타내게 된다. 유성계 불투명 착색제는 삼나무류나 세쿼이아처럼 변색이 일어나는 목재의 초벌칠 용도로 자주 사용되고 있다.

페인트와는 달리 불투명 착색제는 겹친 자국(lap mark)을 남기는 경우가 있다. 라텍스계 불투명 착색제는 유성계 불투명 착색제보다 건조가 빠르기 때문에 겹친 자국을 남기는 경향이 더 강한 편이다. 겹친 자국의 발생을 방지하기 위해서는 반투명 침투성 착색제의 처리법을 따르면 될 것이다.

2. 5. 9. 2. 목재의 외관을 심하게 은폐하지 않는 마감재료

목재의 외관을 심하게 은폐하지 않는 마감재료는 2 부류 즉 (1) 투명 발수제, 발수성 보존제, 기름 및 반투명 침투성 착색제와 같은 침투형과 (2) 니스(varnish)와 같은 도막형으로 나눌 수가 있다. 도막을 형성하는 마감재료인 셀락(shellac)과 래커(lacquer)는 수분에 의해 쉽게 손상되기 때문에 외장용으로 사용하는 것은 바람직하지 못하다.

① 발수성 보존제

목재의 외관을 심하게 은폐하지 않는 마감재료로 발수성 보존제(water-repellent preservative)를 사용할 수가 있다. 발수성 보존제로 처리해 주게 되면 틀어짐과 할렬의 발생이 줄어들게 되고 목재 비늘판 가장자리부에서 일어나게 되는 물에 의한 변색을 막아줄 수 있으며 곰팡이의 생장을 억제할 수가 있다. 이러한 발수성 보존제는 방미제, 발수제로써 소량의 왁스, 수지 또는 기름, 터펜틴, 광유(mineral spirit)나 등유와 같은 용제로 구성되어 있다. 일부는 자외선 안정제를 지니기도 한다. 왁스는 액상 수분이 목재 내로 침투하는 것을 저하시키나(그림 2-5-18의 A) 수증기에 대해서는 효과적이지 못하다. 보존제는 곰팡이와 부후균의 생장을 억제해 주게 됨으로써 목재가 거뭇거뭇(회색화)하게 변화되는 것을 막아줄 수가 있다. 수용성으로 배합된 것도 일부 이용 가능한 것이 있다. 자외선 안정제가 포함되어 있지 않은 발수성 보존제로는 자외선 조사에 의한 목재의 손상을 막아줄 수가 없다. 태양에 의한 자외선 조사는 목재의 표면을 서서히 열화시켜 표층의 세포 사이의 결합력을 손상시키게 됨으로써 세포나 세포의 무리들이 목재 표면으로 떨어져 나가도록 만들게 된다. 마감처리에 의해 얻을 수 있는 색상은 목재 자체의 본래 재색에 의해 달라지는데 처리된 제품은 풍화에 의해 대개 깔끔한 금갈색으로 변하게 된다.

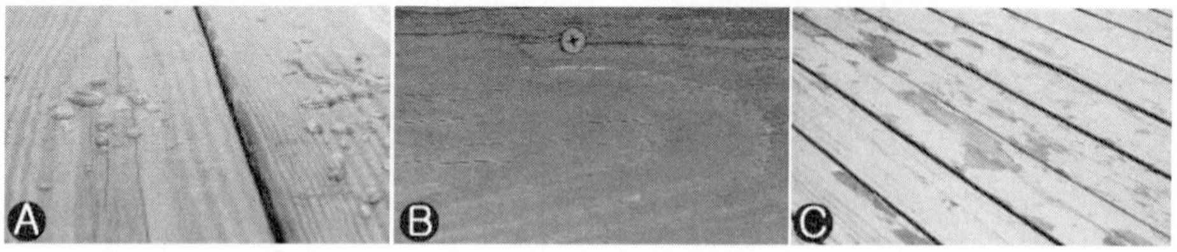

그림 2-5-18. 도막을 형성하지 못하는 발수성 보존제(A)와 반투명 침투성 착색제(B) 및 형성된 도막의 박리 현상을 보이는 불투명 착색제(C)

재면에 추출물이나 곰팡이에 의한 얼룩 투성이의 변색이 나타나기 시작할 때에는 가정용 표백제와 세제의 혼합 용액으로 깨끗하게 닦아내고 건조한 다음 다시 마감처리를 실시해 주어야 한다. 풍화된 목재에서는 더 많은 양의 마감재료가 흡수될 수 있기 때문에 처음 몇 해 동안에는 새로운 마감재료로 매년 다시 처리해 주어야 할 것이다. 목재가 서서히 풍화되어 균일한 황갈색으로 변화된 다음에는 2~4년마다 다시 처리해 주면 된다.

발수성 보존제는 착색안료를 전혀 지니고 있지 않으나 목재의 재색을 짙게 만들어 주게 될 것이다. 발수성 보존제 용액에는 특수한 색상 효과를 부여하기 위한 목적으로 색상 조정용 안료가 비교적 소량으로 첨가되는 경우가 있는데 이와 같은 혼합물은 반투명 침투성 착색제의 부류로 분류되고 있다. 목재 본래의 재색과 목재 추출물 색과의 조화를 이룰 수 있는 색상을 지니는 것을 사용하는 것이 바람직하다. 반투명 침투성 착색제와 마찬가지로 안료를 마감재료에 첨가하게 되면 자외선 조사가 부분적으로 차단될 수 있기 때문에 색상의 안정화와 내구성 증대에 도움이 될 수 있다.

또한 도장 처리 이전의 소지나 또는 오래된 페인트 도막이 벗겨져 소지가 드러난 부분, 특히 접합부나 모서리부의 소지 처리용으로 페인트 도장을 받아들일 수 있는 발수성 보존제를 사용할 수가 있다. 이러한 처리를 통하여 비나 이슬이 목재내로 특히 접합부나 목구면을 통해 침투하는 것을 방지해 줌으로써 목재의 수축과 팽창을 감소시킬 수가 있다. 그 결과 페인트 도막은 응력을 작게 받게 됨으로써 도막의 내용년수가 길어지게 된다(그림 2-5-19). 이러한 치수안정성은 발수성 보존제에 함유되어 있는 소량의 왁스 등과 같은 발수제 성분에 의해 얻어지게 된다. 또한 비늘판 전체에 이러한 처리를 실시해 준다면 왁스의 작용으로 인해 반턱경사비늘판재 등의 뒷면으로부터 모세관 현상에 의해 수분이 침투해 들어가는 것을 감소될 수가 있다. 방균제는 표면 부후균과 곰팡이의 발생을 억제하는 기능을 나타내게 된다. 소지에 발수성 보존제를 처리하는 경우 그 위에 페인트 도장이 가능한가를 먼저 확인해 보는 것이 필요하다. 일부 제품 중에는 다량의 왁스 또는 발수제가 내포되어 있어서 그 위에 페인트가 양호하게 부착되지 않는 경우도 있기 때문에 주의하여야 한다. 부후가 심각한 문제가 되거나 또는 목재가 토양이나 물과 접하는 장소에 이용되는 경우에는 적절한 보존제로 가압 처리된 목재를 구입해 사용하여야만 한다.

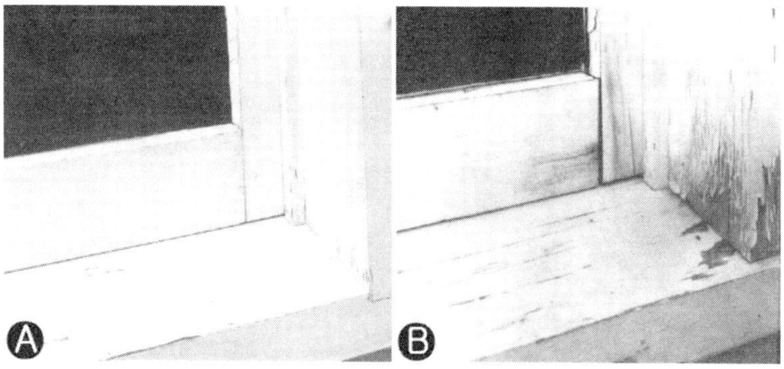

그림 2-5-19. 발수성 보존제 처리(A)에 의한 것과는 달리 미처리(B)에 의한 창문틀에 있어서의 목구면을 통한 수분 침투에 따른 페인트 도막의 심한 열화

발수성 보존제를 처리해 주는 방법 가운데 가장 효과적인 방법은 용액에 완전히 침지시키는 방법이다. 그러나 붓으로 도부해 주는 것 역시 효과적인 방법이 되고 있다. 현장에서 직접 목재를 처리할 경우에는 충분한 양의 용액을 모든 접합부, 부재의 측면과 목구면에 처리해 주어야 한다. 문의 하부나 창문틀과 같이 수분에 취약한 부분을 그냥 무시해 지나쳐서는 안 된다. 발수성 보존제를 목재의 외관을 심하게 은폐하지 않는 마감재료로 사용하는 경우 새로운 목재에 처리해 주게 되면 그 내용년수는 목재와 노출 조건에 따라 달라질 수 있지만 고작 1~2년에 불과하게 될 뿐이다. 거칠거나 풍화된 재면에 처리한 것은 2~3년을 견딜 수 있는 것으로 대개 알려져 있다. 목재에 더 이상 흡수되지 않을 때까지 반복하여 붓으로 도부해 주게 되면 내구성과 성능은 향상될 것이다.

재면의 풍화는 발수성 보존제 및 반투명 침투성 착색제 처리에 있어 장점이 될 수가 있다. 풍화로 인해 할렬과 균열이 일어나게 됨으로 목재는 보존제나 착색제를 보다 많이 흡수하고 보유할 수 있게 되고 결국 내구성이 향상되는 결과를 낳게 된다. 그러나 풍화되지 않은 목재보다 훨씬 더 많은 양의 마감재료가 필요하게 될 것이다.

② 기름

외장용 목재의 마감처리용으로 기름(oil)을 사용할 수가 있다. 가장 널리 쓰이는 기름으로는 아마인유와 동유를 들 수가 있다. 그러나 방미제를 첨가하지 않은 상태에서 목재에 처리하게 되면 이러한 기름은 곰팡이의 영양원이 될 수가 있다. 기름과 발수제를 혼합하여 사용하면 더 좋은 효과를 얻을 수 있다. 알키드 수지 및 이와 유사한 수지 제품 역시 사용할 수가 있다. 이러한 종류의 기름은 모두 목재를 보호해 줄 수 있으나 이들의 평균 수명은 발수성 보존제 정도밖에 되지 않을 것이다.

기름은 반투명 침투성 착색제와 같은 방법으로 처리해 주면 된다.

③ 반투명 침투성 착색제

반투명 침투성 착색제(semitransparent penetrating stain)는 안료가 소량 배합되어 있는 발수제 또는 발수성 보존제에 해당된다. 이들은 다공성을 나타내는 마감재료로써 목재 표면에 어느 정도 침투해 들어갈 수가 있으나 페인트처럼 표면에서 도막은 형성하지 못하게 된다(그림 2-5-18의 B). 따라서 이들은 목리를 완전히 감추어 주지 못하며 부후를 조장하게 되는 수분의 흐름도 막을 수가 없다. 또한 수분이 목재 내부로 침투한다고 해도 처리된 반투명 침투성 착색제에서는 기포나 박리가 일어나지 않게 된다. 도막을 형성하는 마감재료의 경우와는 달리 설계 및 건축 시공법은 반투명 침투성 착색제의 내용년수 연장에 중요한 영향을 미치지 못하고 있다.

반투명 침투성 착색제는 유성계 또는 알키드계로써 일부 제품에는 방균제(보존제 또는 방미제), 자외선 안정제 또는 발수제가 내포되어 있는 경우도 있다. 마감재료가 곰팡이에 대해 저항성이 있는지 아니면 방미제를 지니고 있는지 확인해 보아야 한다. 수용성의 라텍스계 반투명 침투성 착색제 역시 사용할 수는 있지만 이들은 유성계 반투명 침투성 착색제와는 달리 목재 표면에서 침투할 수가 없다. 침투성을 어느 정도 지니는 새로운 라텍스계의 제품이 개발되고 있다.

안료의 종류 및 배합량이 반투명 침투성 착색제의 외관이나 색조를 결정하게 된다. 안료 입자는 태양 광선의 자외선 조사에 의한 손상으로부터 목재 표면을 보호해 주게 된다. 품질이 좋은 산화철 안료는 내구성이 매우 높은데 기타 안료는 산화철보다 내구성이 약간 떨어지는 것으로 여겨지고 있다. 그러나 내구성은 표면에 처리해 준 안료나 반투명 침투성 착색제의 도부량에 의해 주로 좌우된다. 안료의 배합량을 2배로 늘려주게 되면 그만큼 내구성은 우수해지겠지만 투명성이 떨어지고 색이 더욱 강해질 것이다.

거친 재면의 소재나 합판은 더 많은 양의 착색제를 흡수할 수 있기 때문에 반투명 침투성 착색제는 이와 같이 거친 재면에서 가장 우수한 성능을 발휘하게 된다. 또한 평활한 목재의 표면에서도 만족할만한 성능을 나타낼 수 있으나 평활한 표면의 합판에서는 그렇지 못한 것으로 알려져 있다. 이들 반투명 침투성 착색제는 풍화된 목재나 또는 남부황소나무와 같이 페인트 유지력이 좋지 않은 무거운 수종의 판목면 처리용으로도 역시 우수한 마감재료가 되고 있다. 다양한 색상의 반투명 침투성 착색제 가운데에서도 목재에 자연스러운 외관 또는 전원풍의 외관을 부여해 줄 수 있는 갈색 또는 빨간 흙색조의 것이 특히 인기가 높은데 대개 흰색의 것으로는 이용되지 않고 있다. 반투명 침투성 착색제를 불투명 착색제 또는 오래된 페인트 도막 위에 처리하게 되면 효과를 발휘하지 못하게 된다. 반투명 침투성 착색제는 경질섬유판, 배향성 스트랜드보드 및 이와 유사한 공학목재용으로의 사용은 추천되지 않고 있다.

남부황소나무나 미송과 같이 비중이 큰 수종의 목재를 마감처리하는 경우에는 재면을 발수성 보존제로 먼저 처리하고 1년간 풍화시킨 다음 반투명 침투성 착색제로 처리해 주는 방법을 이용하는 것이 좋다. 풍화에 의해 재면의 흡수성이 커지게 되기 때문에 맨 처음 도부된 착색제가 균일하게 침투되어 더 큰 내구성이 나타나게 될 것이다. 목재의 외관을 심하게 은폐하지 않는 기름, 발수성 보존제와 같은 침투성 마감재료로 처리된 재면이 풍화되었을 때 그 위에 반투명 침투성 착색제를 처리해 주어도 만족스러운 결과를 얻을 수 있을 것이다. 기존에 이미 마감처리되어 있던 재면의 내부로 이들 착색제가 깊이 침투하게 된다면 광택을 띠지 않게 될 것이다. 반면 이들 착색제가 기존에 이미 마감처리되어 있던 표면에서 내부로 침투하지 못하게 되는 경우에는 수많은 광택부를 드러내면서 서서히 건조될 것이며 또한 새로운 목재에 이들을 단독으로 처리한 경우보다도 내구성이 떨어지게 될 것이다. 반투명 침투성 착색제를 도부하기에 앞서 기존의 니스, 페인트, 불투명 착색제 등의 도막을 완전히 제거해 내야 한다.

반투명 침투성 착색제는 붓에 의한 도부가 침투 및 성능 측면에 있어 일반적으로 양호한 결과를 나타내게 된다. 유성계 반투명 침투성 착색제는 일반적으로 묽고 흘러내리기 쉽기 때문에 작업하기가 매우 번거로운 편이다. 이들 착색제를 적절하게 도부하지 못하게 되는 경우 겹친 자국이 생길 수 있는데(그림 2-5-20) 소재나 공학목재를 한 번에 소량씩만 착색해 줌으로써 방지할 수가 있다. 이 방법은 착색된 부위의 선단부가 퍼져 나갈 수 있는 거리에 도달하기 전에 미리 건조되는 것을 막아주게 된다. 건조속도가 느린 그늘에서 작업하는 것이 바람직하다.

그림 2-5-20. 반투명 침투성 착색제의 부적절한 처리에 따른 겹친 자국

거칠거나 풍화된 재면의 소재 또는 합판에 반투명 침투성 착색제를 도부하여 긴 내용년수를 얻기 위해서는 2층으로 도부해 주되 두 번째 도부는 첫 번째 도부된 것이 마르기 전에 실시해 주어야 한다. 첫 번째 도부는 하나의 재료 또는 하나의 부위에만 해준다. 그리고 첫 번째 도부된 것이 20~60분 동안 목재 내부로 흡수될 수 있도록 방치해 두기 위하여 다른 부위에서 작업을 하도록 한다. 다음으로 첫 번째 도부된 것이 건조되기 이전에 그 위에 두 번째 도부를 실시해 주어야 하는데 이는 첫 번째 도부된 것이 완전히 건조되면 두 번째 도부된 착색제가 목재 내부로 침투할 수가 없기 때문이다. 두 번째 도부 후 1시간 정도 지난 뒤에 마지막으로 천, 스펀지 또는 착색제로 약간 적셔진 마른 솔을 이용하여 과잉으로 도부된 착색제를 제거해 내면 된다. 그렇게 해주지 않으면 목재 내부로 침투하지 못한 착색제가 표면에서 보기 흉한 막을 형성하거나 번들번들한 반점을 남기게 된다. 착색제는 사용 중에 굳거나 색 변화가 일어나지 않도록 충분히 교반해 주어야 한다. 다른 회사 제품의 착색제나 다른 종류의 착색제를 혼합하여 사용하는 것은 피해야 한다.

안료가 첨가되어 있지 않은 발수성 보존제나 기타 투명 마감재료보다 반투명 침투성 착색제의 내용년수가 최소한 2배, 대개는 3배 정도 더 긴 것으로 알려져 있다. 유성계 반투명 침투성 착색제로 거칠거나 풍화된 재면의 목재나 합판에 2층으로 도부해 준 경우 노출 조건 따라서는 8년 정도까지 견딜 수도 있을 것이다. 이에 비해 새로운 평활한 목재에 1층으로만 도부해 준다면 그 내용년수는 2~3년 정도에 불과할 뿐이고 서부적삼나무와 같은 목재에서는 그 내용년수는 더욱 짧아지게 될 것이다. 그러나 도부 횟수가 늘어나면 날수록 더 많은 양이 처리되기 때문에 당연히 내용년수가 길어지게 된다. 유성계 반투명 침투성 착색제로 젖어 있는 스펀지나 천은 자연 발화성을 지니기 때문에 화재 발생을 방지하기 위하여 사용 후 즉시 땅에 묻거나 수중에 담가 두거나 또는 밀폐된 용기 내에 밀봉해 두어야 한다.

라텍스계 반투명 침투성 착색제는 목재 내부로 침투하지 못하나 처리하기가 용이하고 겹친 자국을 나타내는 경향도 작은 편이다. 긴 내용년수를 얻기 위해서는 2층으로 도부해 주어야 한다. 두 번째 도부는 첫 번째 도부된 것이 건조된 다음 어느 때나 도부해 주면 된다. 두 번째 도부된 층은 평활한 목재에서조차도 광택이 없는 상태를 나타내게 될 것이다. 이들 착색제는 근본적으로 매우 묽은 페인트에 해당되기 때문에 페인트와 유사한 성능을 보이게 된다.

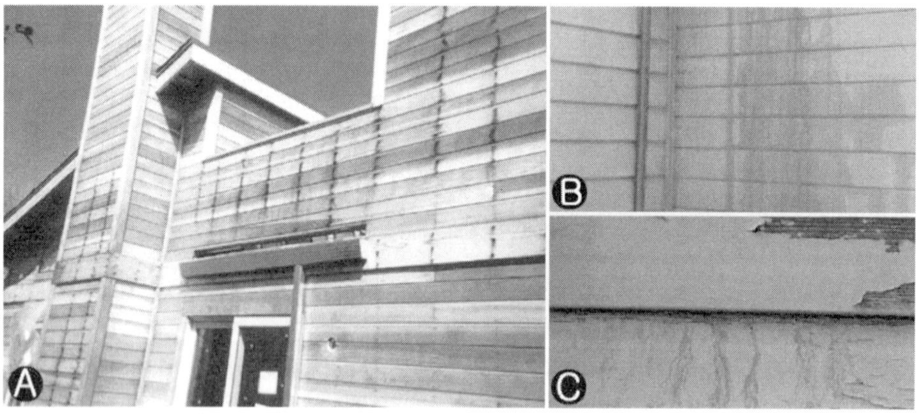

그림 2-5-21. 일반 철제 못의 사용으로 인한 청흑색 변색(A), 수용성 추출물에 의한 줄무늬상의 변색(B~C) 및 변색의 원인인 수분에 의한 도막의 열화(C)

반투명 침투성 착색제, 기름 또는 발수성 보존제로 처리할 재면을 깨끗하게 조정하기 위한 목적으로 금속 수세미나 철제 붓을 절대 사용해서는 안 된다. 이는 목재 표면에 작은 금속 부스러기들이 박혀 남아있게 되는 경우 서부적삼나무, 세쿼이아, 미송 및 참나무류와 같은 목재 중의 타닌 등과 반응하여 짙은 청흑색으로 변색된 반점을 재면에 남기게 되기 때문이다(그림 2-5-21의 A). 이외에도 일부 반투명 침투성 착색제와 발수성 보존제에 함유되어 있는 첨가제가 재면의 철물을 부식하는 원인이 될 위험성도 있다. 부식으로 생긴 물질은 도부된 마감재료에 가려진 채 청흑색의 보기 흉한 반점을 형성하게 된다.

④ 투명한 도막을 형성하는 도료

투명한 도막을 형성하는 마감재료(transparent film-forming coating)인 일반적인 스파니스(spar varnish; 에스테르 검(ester gum)에 중국산 동유(tung oil)를 배합하여 제조한 것), 우레탄니스

(urethane varnish) 또는 해양용 니스(marine varnish)와 같은 투명도료는 외장목재 용도로 대개 추천되지 않고 있다. 그러나 비록 내용년수는 짧으나 고품질의 투명도막을 형성하는 도료가 가끔 외장용으로 사용되는 경우가 있는데 도장하기 이전에 재면이 깨끗하고 평활하면서 건조되어 있는 상태를 나타내도록 조정해 주어야 한다. 태양 광선에 의한 자외선은 투명도막을 통과하여 목재와 도막 사이의 계면에서 목재를 손상시키게 된다. 태양 광선에 대한 노출로 인하여 형성된 도막은 그 층수에 관계없이 대개 2년 이내에 결국 부서지기 쉬운 상태로 변하게 되고 심한 균열과 박리 현상을 나타내게 될 것이다(그림 2-5-1의 B). 광화학적으로 손상된 세포 역시 도막과 함께 목재로부터 떨어져 나오게 된다. 긴 내용년수의 도막이 필요하지 않은 경우에는 지붕의 돌출부 또는 현관에 의해 태양의 직사광선으로부터 보호되는 부분 및 건물의 북쪽 면은 외장용 니스로 도장해 줄 수가 있다. 이러한 경우에는 페인트 도장을 받아들일 수 있는 발수성 보존제로 목재를 미리 처리해 준 다음 최소한 3층의 도막이 형성되도록 도장을 실시해 주는 것이 바람직하다. 니스 도장이 가능한 안료계 착색제 및 하지도료(sealer)를 밑칠 도료로 사용하는 방법 역시 투명도막의 내구성을 연장시키는데 도움이 될 것이다. 해양에서의 노출인 경우에는 6층의 도막이 형성되도록 니스를 도장해 주고 그 후 매년 도막을 가볍게 연삭하고 새로운 도막을 반복적으로 올려 주면 최상의 성능이 얻어지게 될 것이다.

도막을 겨우 형성하게 되는 도료가 유럽에서 개발되었는데 대개 니스 착색제(varnish stain)라고 불리고 있는 것이 바로 그것이다. 니스 착색제의 도막은 반투명 착색제의 도막보다는 더 두꺼우나 니스의 도막보다는 더 얇은 편이다. 니스 착색제에는 발수제, 투명한 산화철 안료 및 방미제가 포함되어 있다. 표층 도막은 서서히 침식하게 될 것이며 일반적인 니스보다 재도장해 주기가 더 쉬운 특성을 지니고 있다. 니스 착색제는 처음 도장 시 대개 3층 도막으로 도장해 주게 된다.

투명도막을 형성하는 도료로 2 종류를 더 들 수가 있지만 이들은 외장용으로써의 성능이 그리 좋은 편이 아니다. 2액형 폴리우레탄(polyurethane)은 다른 투명도료보다도 더 강하고 자외선에 대한 저항성도 더 크나 가격이 비싸고 사용하기가 번거로우면서도 내구성은 일반 니스와 거의 마찬가지 수준을 나타내게 된다. 또 다른 종류인 래커와 셀락은 수분에 대한 저항성을 거의 나타내지 못하기 때문에 외장용으로 적합하지 않으며 심지어는 밑칠용으로도 적합하지 않다. 일반적으로 이들 도료의 도막은 부서지기 쉬운 특성을 지니기 때문에 할렬이나 균열이 쉽게 발생하게 된다(그림 2-5-1의 B). 그러나 셀락에 안료를 첨가하여 제조한 옹이 부분의 눈메꿈 전용 도료가 특수 외장용 도료로 이용되고 있다.

2. 5. 9. 3. 내화도료

장식용 목적으로 사용되고 있는 대부분의 일반 도료는 일상적인 두께의 도막으로 도장되는 경우 그 자체가 목제품의 연소성을 약간 저하시켜 줄 뿐이다. 그러나 화재로부터 목제품을 효과적으로 보호해 주기 위한 목적으로 내화성을 지니는 페인트와 유사한 형태의 도료가 개발되어 시판되고 있다. 이들 제품은 종류에 따라 화재로부터 목재를 보호해 줄 수 있는 정도가 달라진다. 내화도료는 대개 표면 연소성이 낮은 특징을 지니고 있는데 도막이 불에 노출되면 거품 등의 형태로 발포되어 밀도가 낮아져 그 아래쪽에 있는 목재를 열로부터 차단시켜 주는 차단층 역할을 하게 됨으로써 결국 연소를 지연시키게 된다. 내화도료에 포함되어 있는 또 다른 성분들이 화재 시 방출되는 가연성 증기의 연소를 억제해 주게 된다. 이러한 도료에는 휘발성의 가연성 가스 생성보다는 탄화층과 수분으로 목재 표면이 분해되도록 조장해 주는 화학물질이 함유되어 있는 경우도 있다. 대부분의 내화도료는 내장용으로 제조되고 있다. 내화도료의 내구성을 향상시켜 주기 위하여 내화도료 위에 일반 페인트를 도장해 줄 수가 있다.

2. 6. 목재 보존 (Wood Preservation)

2. 6. 1. 목재보존

목재보존이라는 것은 목재를 원래 상태 그대로, 즉 건전한 상태 그대로 유지하는 것이다. 목재가 변질되어 성능의 저하를 일으키는 현상을 목재의 열화라고 부른다. 목재를 열화시키는 것은 생물, 열, 기상 등이 그 주된 것이 되고 있다. 그 가운데 생물에 의한 열화로는 미생물에 의한 부후와 곤충이나 해양천공충에 등에 의한 갉아 먹힘(食害)이 있는데 보존에서 취급되고 있는 주요 부분이 되고 있다. 또한 열에 의한 열화는 거의가 화재에 의한 연소이다.

2. 6. 1. 1. 목재의 부후

목재의 열화에 관여하는 미생물은 어떤 목재 성분을 주로 분해하느냐에 따라 셀룰로오스 분해균, 리그닌 분해균 등으로 분류된다. 또한 미생물을 그 종류나 목재 열화의 상태에 따라 분류한다면 목재부후균, 청변균, 연부후균, 곰팡이류, 해양균 등이 있다. 이 가운데 목재부후균과 청변균이 용재의 열화에 관여하는 가장 중요한 것으로 여겨지고 있다.

① 목재부후균

목재부후균은 목재의 셀룰로오스, 헤미셀룰로오스, 리그닌을 모두 분해할 수 있다거나 또는 리그닌은 분해하지 않고서도 셀룰로오스와 헤미셀룰로오스를 선택적으로 분해할 수 있는 힘 가운데 어느 쪽이든 지니고 있다. 그러나 그들의 생장에는 영양원 이외에도 적당한 공간, 온도, 산소, 수분이 필요해진다. 죽은 세포의 집합체인 목재에는 세포내강이나 세포간극 등과 같은 빈 틈새(공극, 空隙)가 많기때문에 부후균에게 있어서는 목재는 식량, 공기, 수분이 마련되어 있는 아주 좋은 주거 공간이 되고 있다. 목재의 세포벽에는 액체의 이동 통로 역할을 위한 벽공이라고 불리는 작은 구멍들이 많이 있는데 이것도 부후균의 균사에게는 이용하기에 좋은 출입구가 되고 있다.

공기와 수분은 목재 내부의 공극을 서로 빼앗고 빼앗기는 관계에 있기 때문에 건조로 인해 수분이 없어지게 되면 공극은 공기로 채워지게 되고 수분이 많아지게 되면 공기가 쫓겨나 산소 결핍 상태에 이르게 된다. 어느 쪽의 경우이든 부후균은 자랄 수가 없다. 목재 중의 수분은 결합수와 자유수의 형태로 존재한다. 부후균이 이용할 수 있는 것은 자유수뿐이므로 목재가 일정 함수율(25~30% 이상)에 도달하지 못하게 되면 생장할 수가 없다. 일반적으로 대기 중에 놓여 있는 목재의 함수율은 약 12~15% 정도에 이르게 되는데 이 상태에서는 목재와 부후균의 균사나 포자가 접촉한다 하더라도 흙탕물, 빗물, 급수관이나 배수관으로부터의 누수, 응축수 등의 침입이 없는 한 절대로 부후는 일어나지 않게 된다.

목재 부후균은 pH 3~6 범위 내에서 가장 잘 자란다. 갈색 부후균은 백색 부후균보다 산성 조건을 더 좋아 하는데 최적 pH 조건은 3 정도인 것으로 알려져 있다. 일반적으로 부후 과정 중에는 목재의 pH가 낮아지게 된다.

	부후균의 번식 조건	대책
양분	당분, 질소 화합물, 리그닌 등(즉, 목재)	비영양화(보존 처리)
수분	대기 중의 상대습도 85% 이상 목재 중의 함수율 25~200%	목재 중의 함수율을 20% 이하로 조정
온도	3~45℃(30℃ 전후가 문제임)	3℃ 이하가 되면 문제가 적음
산소	공기가 없으면 안 됨	수중의 목재는 썩지 않음

종래 발표된 목재부후균은 약 3,000종인데 그 가운데 확실한 것은 1,000종 이상에 이르는 것으로 알려져 있다. 목재를 부후시키는 균들은 자낭균문, 담자균문 및 불완전 균류뿐이다.

목재부후균의 분류는 그 균에 따라 부후된 목재, 즉 부후재의 상태에 따라 판단하여 백색부후균과 갈색부후균으로 크게 양분하는 것이 일반적이다. 갈색부후균은 셀룰로오스나 헤미셀룰로오스를 거의 같은 비율로 분해한다. 리그닌은 어느 정도까지 저분자화 되어 산에 녹기 쉬운 상태가 되지만 완전히 분해되는 일은 드물다. 부후가 진행된 목재는 갈색을 나타내게 되고 건조하면 수축에 의해 가로, 세로로 균열(龜裂)이 발생하게 된다. 자연계에서는 침엽수재를 침입하는 경우가 많다. 갈색부후는 모두 담자균에 의해 일어나는 것으로 일본에서는 약 70종이 알려져 있는데 그 종수는 백색부후균보다도 훨씬 적어 둘 사이의 비율은 거의 1 : 9이다. 그러나 목조주택에 있어서는 토대나 기둥 등의 구조부재가 침엽수재로 이루어져 있기 때문에 건축물 부후균으로 한정하여 보면 압도적으로 갈색부후균이 많아지게 된다. 갈색부후균은 목재 세포벽의 골격에 해당하는 셀룰로오스 분자를 급속히 절단하기 때문에 부후의 초기부터 목재의 강도가 현저히 떨어지게 된다. 백색부후균은 셀룰로오스, 헤미셀룰로오스, 리그닌을 거의 같은 정도로 분해한다. 부후재는 색이 바래져 흰색 빛을 띠게 되고 갈색부후재와 같은 변형, 수축은 보여지지 않으나 부스러지기 쉬운 상태로 변하게 된다. 자연계에서는 활엽수재에 많이 발생하며 그 종류도 많다. 표고버섯, 팽나무버섯, 느타리버섯 등 식용 버섯의 대부분은 백색부후균에 속한다.

이 외에도 연부후균이 있는데 이 균은 갈색부후균과 마찬가지로 셀룰로오스와 헤미셀룰로오스를 잘 분해하지만 리그닌 분해력도 다소 지니고 있다. 활엽수재를 침투하는 경향이 강하다. 이 균의 경우에는 목재 세포의 2차벽 중층내로 균사가 침입하여 셀룰로오스 마이크로피브릴의 배열을 따라 자랄 수 있기 때문에 공동(空洞, cavity)이라고 불려지는 속이 빈 줄 무늬가 형성되는 특징을 자주 나타내게 된다. 연부후균의 침해를 받게 되면 목재는 표층만이 짙어지면서 연해지는데 건조시 목재의 표층은 갈색부후균의 경우와 마찬가지로 균열이 발생하며 부서지기 쉬운 상태가 되지만 그 내부의 목재는 단단하며 건전한 상태를 유지하게 된다. 이러한 연부후는 목재가 매우 높은 수분 조건, 수중 침지 또는 습한 토양과의 접촉시 나타나게 된다.

임업적인 관점에서 본다면 특히 원목을 취급하는 경우에는 주로 수간의 어느 부분이 피해를 받느냐에 따라 판단하여 근주 부후, 수간 부후 등으로 분류하기도 하며 또는 심재 부후와 변재 부후로 분류하는 방법이 있는데 이러한 분류 방법이 실용적인 것으로 받아 들여지고 있다. 예를 들면, 그 부후균에 의한 부후는 근주 부후일테니까 상부까지는 올라가지 않을 것이라고 그리고 수간 부후이기 때문에 횡단면에서 관찰하는 경우에는 큰 것으로는 보이지는 않으나 부후 부분이 수간을 관통하고 있어 피해가 클 것이라고 더욱이 그 부후는 변재 부후이기 때문에 외관상으로는 매우 부후된 것처럼 보여도 심재에는 거의 영향이 없을 것이라고 판단하는 것이 가능해 진다.

목재부후균이 살아 있는 나무에 착생하는 경우 부후균의 종류에 따라서는 특정한 기주에 착생하는 일이 많다. 예를 들면 구부병은 사할린젓나무와 나한백에 착생한다. 또한 고사목이나 벌도목의 경우에도 특정 수종을 선호하여 착생하는 것이 있는데 예를 들면 표고버섯은 주로 참나무속에 착생한다. 이외에 나무의 종류를 가리지 않고 어느 수종에나 착생하여도 부후력이 강한 것으로 구름버섯 등 있다.

② 부후재의 종류

부후재는 백색부후재와 갈색부후재로 크게 양분된다. 부후가 진행됨에 따라 리그닌의 함유율이 높아져 목재의 색이 갈색을 띠게 되는 것을 갈색부후재라고 부르며 그 이외의 것을 백색부후재라고 부른다.

백색부후재는 부후가 진행되어 매우 연화되더라도 세포의 형상을 유지하게 되지만 갈색부후재는 부스러지기 쉬운 상태가 되어 목재 특유의 방향성도 거의 없어지게 된다. 건축재에서 발생하기 쉬운 갈색부후의 목재를 파괴하고 그 파괴된 단면을 확대해 보게 되면 평탄한 횡단면과 함께 가로나 경사진 방향으로 절단선이 뻗어 나 있으면서 부서질 듯한 상태를 보이게 된다(그림 2-6-1).

그러나 부후재의 성분을 분석하여 보면 대충 3종류로 분류할 수가 있다. 즉 부후될수록 리그닌의 함량이 높아지는 갈색부후재와 반대로 부후될수록 리그닌이 감소되고 셀룰로오스의 함량이 높아지는 부후재 그리고 더욱이 부후가 어느 정도 진행되어도 리그닌과 셀룰로오스의 비율이 건전한 목재일 때의 비율과 큰 차이가 없는 것의 3종류가 있다. 이것은 각기 리그닌 잔존형 부후재, 셀룰로오스 잔존형 부후재 및 건전재 유사형 부후재로도 불려지고 있다(그림 2-6-2).

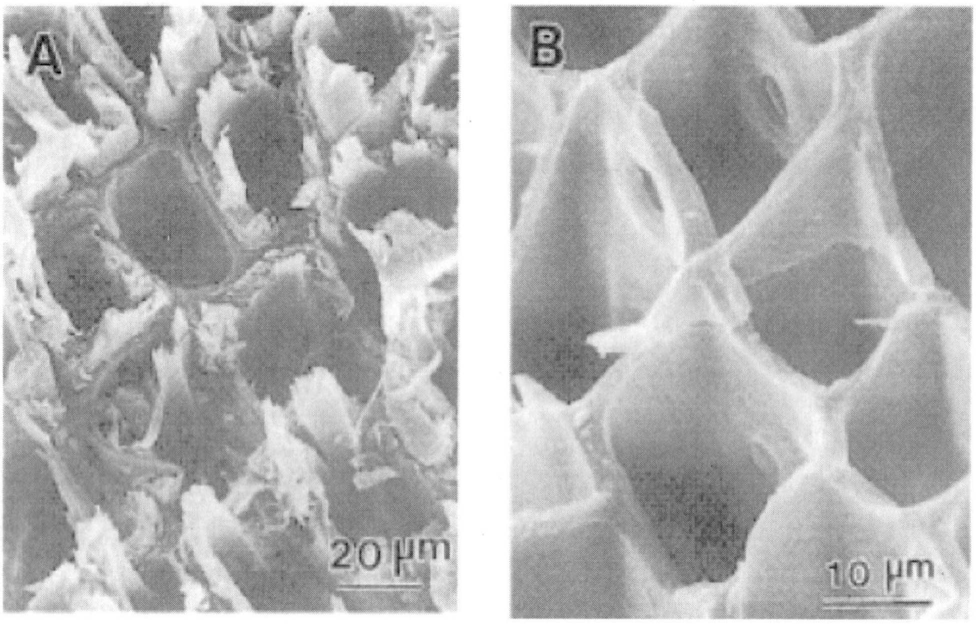

그림 2-6-1. 건전한 목재(A)와 갈색부후(B)가 진행된 목재의 파괴 단면

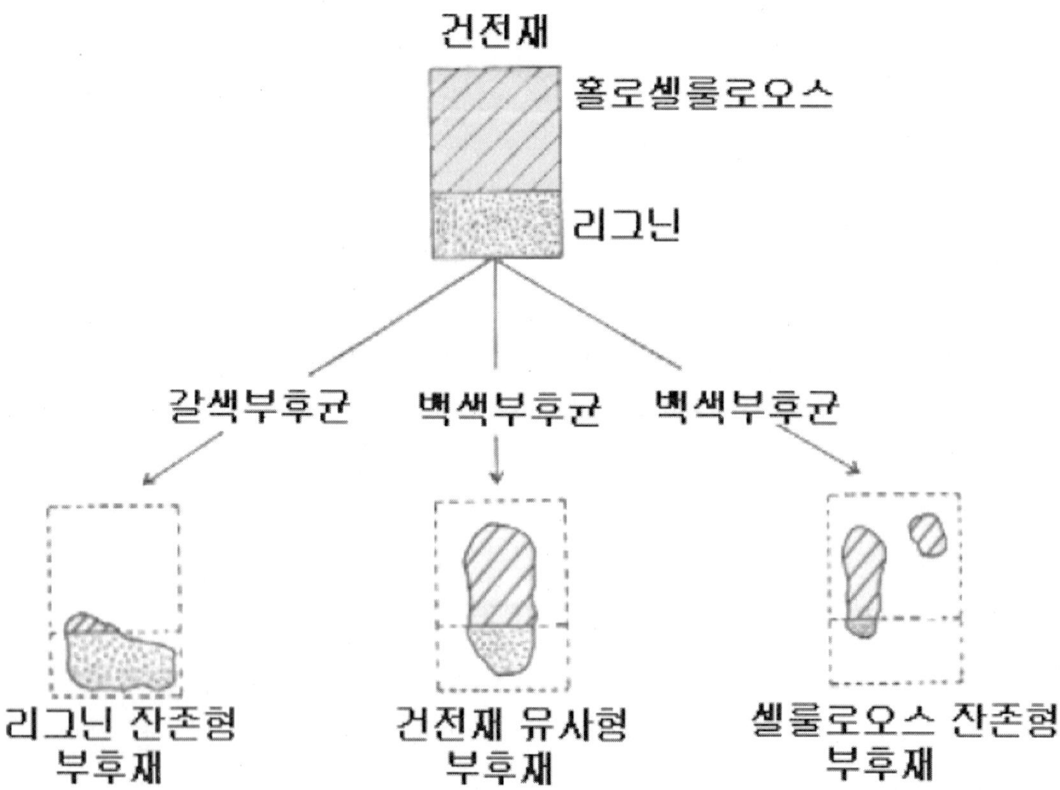

그림 2-6-2. 목재의 부후 형태

③ 목재 부후의 기작과 부후재의 평가

목재부후균은 그 영양 기관인 균사를 이용하여 세포벽을 관통하므로써 목재 내부에 만연하게 되는데 몇 종류의 효소 활동을 통해 목재를 분해하고 소비하게 된다. 그렇기 때문에 목재의 주성분인 탄수화물과 리그닌은 정도의 차이는 있지만 어떠한 종류의 부후균에 의해서도 반드시 양쪽 모두 분해를 받게 되는 것이다. 이것이 목재의 중량감소로 나타나게 된다.

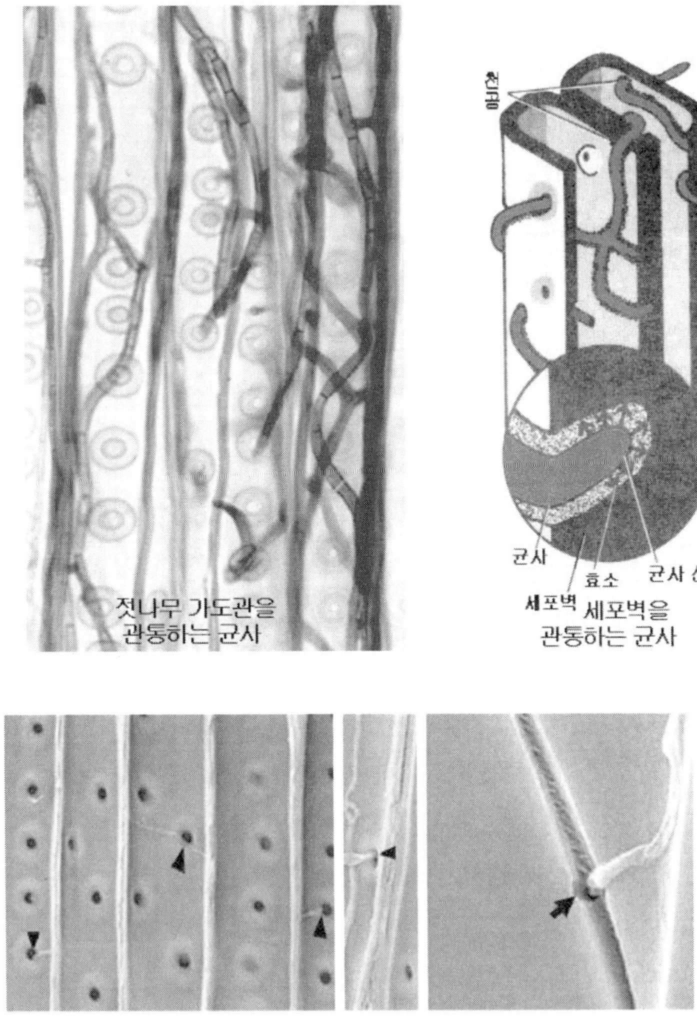

그림 2-6-3. 침엽수 가도관의 유연벽공(▲)과 세포벽(➚)을 관통하는 갈색부후균

목재가 부후되면 강도가 저하되기 때문에 어떠한 형의 부후재라고 할지라도 구조용재로는 적당한 것이 되지 못한다. 특히 갈색부후에서는 초기단계에서부터 강도의 저하가 심한데 휨강도(曲强度)를 비교해 보면 원래의 목재 무게에 대한 5% 무게 감소만으로도 약 절반 정도까지의 강도 감소가 일어나게 된다. 또한 강도의 저하가 대단하지 않는 경우인 부후의 초기에 있어서는 변색이 일어나게 되므로 장식적 가치가 떨어지게 된다. 펄프 원목으로써의 부후재는 리그닌 잔존형의 것이 가장 펄프 수율이나 성질로의 영향이 가장 심하므로 바람직하지 않다.

④ 목재의 청변균

변색균이 목재에 침입하게 되면 목재의 표면에 변색 현상이 일어나게 된다. 그러나 목재 조직을 파괴하여 강도를 저하시키는 정도까지는 침해하지 못한다. 청변이 목재의 강도적 성질을 저하시키지는 않으나 청변이 발생할 수 있는 조건하에서는 심각한 목재의 부후가 일어날 수도 있으므로 주의하여야 한다. 청변의 대표적인 것으로 들 수 있는 것이 소나무나 곰솔에 발생하게 되는 청변이다. 벌채 직후의 원목이나 제재목의 미건조재에 대한 피해가 가장 심하다.

그림 2-6-4. Loblolly Pine(Pinus taeda)원목의 청변균 침투

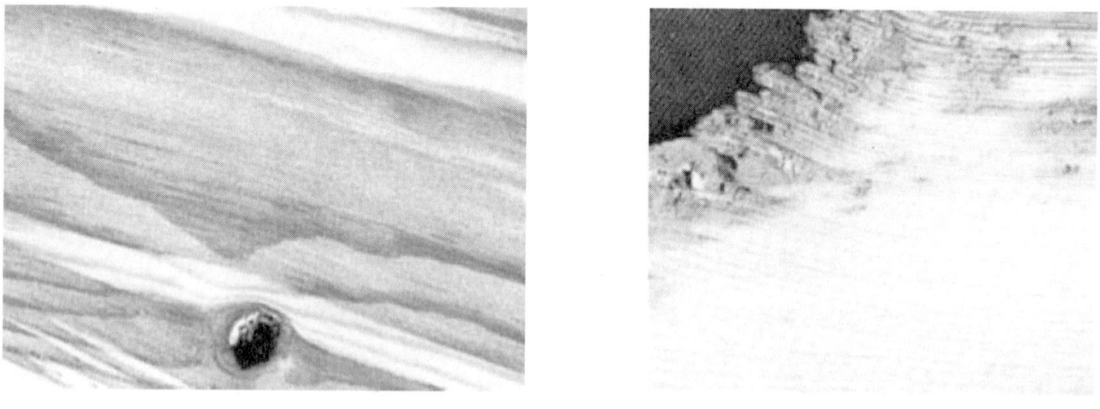

그림 2-6-5. 목재의 청변과 부후

2. 6. 2. 목재의 방부와 방충

건전한 목재의 성질을 유지하는 가장 좋은 방법은 목재를 건조시키는 것이다. 넓은 의미로는 건조는 방부처리라고 말할 수 있으나 일반적인 개념으로써는 건조는 방부처리 중에 포함되지 않는다.

목재방부라는 것은 목재가 부후되기 쉬운 수분, 온도 및 빛의 조건 아래에서 방부제를 사용하여 목재가 부후되는 것을 방지하는 것이다. 마찬가지로 방충도 벌레가 침해하기 쉬운 상태인 목재에 방부제를 주입하여 그 침해로부터 막아주는 것을 대개 말하게 된다.

2. 6. 2. 1. 목재의 내후성

균류, 특히 목재부후균의 침해에 대하여 목재가 본래 지니고 있는 저항성을 내후성(耐朽性)이라고 한다. 갈색부후균이나 백색부후균을 배양 용기내에서 순수 배양하고 각각의 균 위에 시험체를 놓아 부후시켜 부후에 따른 목재의 중량감소율을 측정하여 내후성을 결정하게 된다. 나한백, 편백, 느티나무, 밤나무 등은 내후성이 강한 부류에 해당된다. 나한백이나 편백의 목재가 잘 부후되지 않는 것은 목재 중에 천연의 트로폴론(tropolone)인 히노키티올(hinokitiol)이 존재하기 때문에 내후성은 그 항균성에 기인하는 것으로 알려져 있다.

2. 6. 2. 2. 목재의 내충성

목재를 갉아 먹는 곤충은 여러 종류가 있으나 목조 건축물을 갉아 먹는 곤충으로써 첫 번째로 꼽을 수 있는 것은 흰개미이며 그 피해는 매우 현저하게 크다. 흰개미는 장내에 공생하고 있는 원생동물이나 세균의 도움으로 셀룰로오스나 헤미셀룰로오스를 분해하게 된다. 내의성(耐蟻性)이 강한 것으로는 침엽수재의 경우 금송 등이 있으며 활엽수재의 경우 단단한 수종인 후박나무, 붉가시나무 등이 있으며 남양재로써는 티크(teak)가 유명하다.

또한 목재를 갉아 먹는 곤충 가운데에는 건조재를 선호하는 히라다나무좀이 있으며 최근 나왕(lauan)에 많이 발생하는 것으로 나왕벌레 등도 들 수가 있으며 그 외에 산림내에서 발생하는 하늘소 등도 원목의 예비 방충 대상이 된다.

한편 염수나 소금기 있는 물에 사용되는 목재는 해양 천공충류에 의한 피해를 역시 입을 수 있다. 해양 천공충류는 해안의 목구조물에 피해를 입히는 해충으로 목조선에 피해를 입혀 왔다는 사실을 역사를 통해 알 수가 있다. 콜롬부스(Columbus)나 쿡(Cook) 등과 같은 신대륙 발견 시대의 많은 항해자들의 항해 일지에는 나무배의 아래쪽이 배좀벌레조개에 의해 먹혀지고 폭풍우에 의해 침수되었다거나 난파되었다는 것이 기록되어 있을 정도로 천재지변에 못지 않게 배좀벌레조개가 선박의 밑바닥을 먹어치우는 것에 대하여 두려워하고 있었음을 미루어 짐작할 수가 있다. 목재에 상당한 양의 피해를 입히게 되는 해양 천공충류는 연체동물문(Mollusca)과 절지동물문의 갑각강(Crustacea)으로 크게 2개의 무리로 분류할 수가 있다. 연체동물에 해당하는 천공충류로는 대합조개나 굴과 같은 조개류가 있는데 배좀벌레조개과(Teredinidae)와 석공조개과(Pholadidae)의 2개 과로 이들은 분류되고 있다. 배좀벌레조개과 가운데에서는 배좀벌레조개류(Teredo속 및 Bankia속)가 주로 목재천공충으로 불려지고 있다. 석공조개류(Martesia속)는 그 모양이 대합조개를 닮았는데 일반적으로 이들이 바위에 구멍을 뚫을 수 있는 석공조개(Pholad 또는 piddock)로 불려지고 있다. 절지동물문의 갑각강(Crutacea)의 해양 천공충류는 바다가재 및 게와 유연관계에 있다. 바다나무좀류

(Limnoria속과 Sphaeroma속)가 이 무리에 속하게 되는데 이들이 목재를 천공하는 종류에 속하게 된다. 이들 바다나무좀류가 대개 바다 이(gribble)로 불려지고 있다. 이러한 해양천공충류의 침해에 대한 저항성을 지니는 목재로써는 그린허트(greenheart), 자라(jarrah), 아조베(azobe), 맨바크락(manbarklak) 등의 심재를 들 수가 있다.

배좀벌레조개는 목선이나 해양 구조물을 갉아 먹는다. 바다의 흰개미(termite of the sea)라고 불려지는 이 배좀벌레조개는 연한 몸체의 한 끝에 있는 두 개의 작은 조가비에 의해 목재에 구멍을 뚫게 된다

2. 6. 2. 3. 목재의 방부 및 방충제

약제처리는 부후균에게 독성이 있는 화합물을 목재 중으로 넣어 그들을 죽이는 방법이다. 방부제의 종류를 크게 나누어 본다면 무기화합물과 유기화합물로 구분할 수가 있다. 또한 용해성에 따라 나눈다

면 수용성 방부제와 유용성 방부제로 크게 구분할 수가 있다. 무기화합물은 전부 수용성이며 유기화합물로는 수용성의 것과 유용성의 것이 있다.

무기계 방부제로는 동(Cu), 아연(Zn), 불소(F), 비소(As), 크롬(Cr)의 화합물이 있으며 그 대표적인 것이 동·크롬·비소계 방부방충제(CCA)인데 동 화합물의 방부성, 비소 화합물의 방충성을 크롬 화합물을 정착제로 하여 목재중에 고정시키게 된다. 또한 불화소다(NaF)와 유기화합물을 혼합한 방부제로 월만염(Wolman salt)이 있으며 그 대표적인 것이 불화소다와 디니트로페놀(dinitrophenol) 등의 혼합물인 PF제(페놀류 + 무기 불화물)이다.

유기계 방부제로는 페놀류, 크로르나프탈린류, 나프텐산 금속염, 유기수은 화합물, 유기주석 화합물 등이 있으며 그 대표적인 것이 페놀에 5개의 염소가 붙어 있는 펜타크로르페놀(pentachlorophenol, PCP)이다. 또한 유기주석으로써는 PCP보다 높은 방부성을 지니는 트리부틸틴옥사이드(tributyltin oxide, TBTO)가 많이 이용되고 있다. 이 외에 유기성의 유상 방부제로써 크레오소트유(creosote oil)가 있는데 이것은 예로부터 널리 이용되어 왔다.

최근에는 약제의 방부방충성 효과 이외에 독성, 냄새, 착색, 가연성, 취급의 용이성 등이 중요시 됨에 따라 독성이 우려시 되는 PCP, 유기수은, DDT, γ·BHC 등은 일본에서 농약으로써의 사용이 금지되고 있으며 수용성의 약제가 많이 이용되는 경향이 있다. 유럽에서는 CCA, PCP, TBTO 등이 많이 이용되고 있다.

방부제로 그리고 방충제로 동시에 생물에 대해 독성을 갖는 약제의 방부 및 방충 효과에 관하여는 현재까지 상세히 연구, 검토되어 왔으나 걱정스럽게도 사람과 가축에 대한 독성 문제에 관하여는 최근까지 관심이 매우 낮았었다. 예를 들면 크레오소트유(creosote oil)나 CCA(무기 동, 크롬, 비소 화합물의 혼합제)는 오늘날에도 세계적으로 널리 이용되고 있는데 두 가지 약제 모두 방부 성능이 뛰어나고 효력 지속성도 높지만 크레오소트유의 경우에는 악취나 피부병이 그리고 CCA의 경우에는 처리 목재를 소각, 폐기할 때 유해 물질이 발생하는 등의 문제점이 있다. 따라서 처리공장에

있어서 작업원의 안정성과 폐액에 의한 토양이나 하천의 오염을 통한 독성 문제, 방부처리 목재의 가공자나 이용자의 안전성 등에 관하여는 자료가 매우 부족한 편이므로 이에 대책이 시급하게 요구되고 있다.

앞으로는 새롭게 개발되는 약제는 어느 것이나 사람이나 짐승에게 독성이 낮은 화합물이어야 하며 처리 작업시에도 안전성이 있어야 하기 때문에 이러한 관점에서 연구가 다양하게 이루어져야 한다. 또한 이제부터는 처리에서부터 수명이 다된 약제로 처리된 목재를 폐기하게 될 때까지 전체 과정(cycle)에 걸쳐 약제 처리의 환경에 대한 안전성 확보가 점점 강하게 요구될 것으로 여겨진다. 시대를 불문하고 처리에 의해 얻어진 이익(사적, 공적 자산의 보존이나 삼림자원의 장기 유효이용)이 처리에 따른 불이익(환경, 안전, 건강에 좋지 않은 영향)보다 무척 크지 않으면 안 될 것이다.

한편, 그 자체로는 독성이 없는 안전한 화합물을 이용하여 목재 분해효소가 작용할 수 없도록 목재의 구조를 변화시키게 되는 화학가공은 생산 비용이 많이 들기 때문에 아직까지 그리 실용화되어 있지 않다. 그러나 '생산→사용→폐기' 과정에 있어 안전성이 높다는 큰 장점이 있으며 화학가공은 내후성능(耐朽性能, 부후에 저항하는 성능) 이외에도 여러 가지 기능을 갖춘 새로운 목질재료를 제조할 수 있는 기술로써 계속 발전시켜 가야 할 것이다.

2. 6. 2. 4 목재의 방부 및 방충처리

공간, 온도, 수분, 공기(산소), 양분 등 목재부후균이나 흰개미 등의 생육에 필요한 조건을 제어해 줌으로써 목재에 방부 및 방충성을 부여해 줄 수가 있다. 그러나 다공성(多孔性) 물질인 목재의 공극을 다른 물질로 막아 '공간'을 없앤다는 것은 곤란한 일이다. 할 수 있다고 해도 목재가 지나치게 무거워지거나 부서지기 쉬운 상태로 변화되거나 하기 때문에 실용적인 면에서 의미가 없다. '온도'를 저온이나 고온으로 한다거나 공기의 공급을 중단하게 되면 부후균은 생장할 수 없게 되지만 목재는 우리 주변환경 속에서 사용되기 때문에 이것 역시 불가능하다. 남아 있는 것으로는 목재 중의 '수분' 조정과 '영양'이 되고 있는 목재를 비영양화해 주는 것뿐이다. 따라서 목재를 방부제나 방충제로 처리하거나 목재에 여러 가지 화학가공을 가하여 그들의 공격을 막고 목재를 오래 보존시키지 않으면 안 된다.

원목 등에 붙어 있는 수피는 부후균이나 곤충에 의한 피해를 입지 않도록 그리고 보존제가 충분히 침투할 수 있도록 만들어 주기 위하여 되도록 빨리 박피해 줄 필요가 있다. 두께가 얇은 내수피층조차도 보존제의 침투를 방해할 수가 있으며 보존제 처리 시 원목 등에 붙어 있던 수피 조각들은 대개 시간의 경과에 따라 탈락되어 미처리된 부분을 노출시키게 되므로 이를 통해 목재 부재 내부로 부후가 진행될 수 있다. 비가압법을 통한 보존제의 처리시 특히 박피 공정이 중요하다. 가압법에 의해 보존제를 강제주입하거나 또는 생재의 섬유방향으로 확산을 통해 보존제를 처리하는 경우에는 굳이 박피할 필요는 없다.

부후나 변색 방지를 위하여 그리고 보존제 침투성 증가를 위해 처리 이전에 목재를 건조해 줄 필요가 있다. 생재상태에서 확산법 등을 통해 수용성 보존제를 처리하는 일부 경우를 제외하고는 대개 목재를 기건상태가 되도록 건조해 주는데 이는 목재의 함수율이 최대 20~25%, 즉 섬유포화점 이하가 되도록 조정해 주므로써 세포내강에 존재하는 자유수나 세포벽에 과다하게 존재하는 결합수가 보존제의 침투를 방해하지 않도록 만들어 주기 위한 것이다. 또한 보존제 처리 이전에 목재를 건조해 주게 되면 할렬의 발생에 따라 침투성이 커지게 되고 처리후의 할렬 발생 및 이에 따른 미처리 부분의 노출 위험성이 줄어들게 된다.

목재를 방부제나 방충제로 처리하여 보존성을 부여하기 위하여는 약제를 이용하여 가압, 도포, 분무, 침지, 확산 등으로 처리하는 방법이 있다. 처리량이 가장 많은 가압법은 목재를 밀폐된 약액 주입관에 넣고 약제를 주입하는 방법이다. 약제는 전주, 토대, 컨테이너용 목재의 경우 수용성의 PF제, CCA 그리고 침목의 전부와 전주의 일부에는 유성의 크레오소트유가 이용되고 있다.

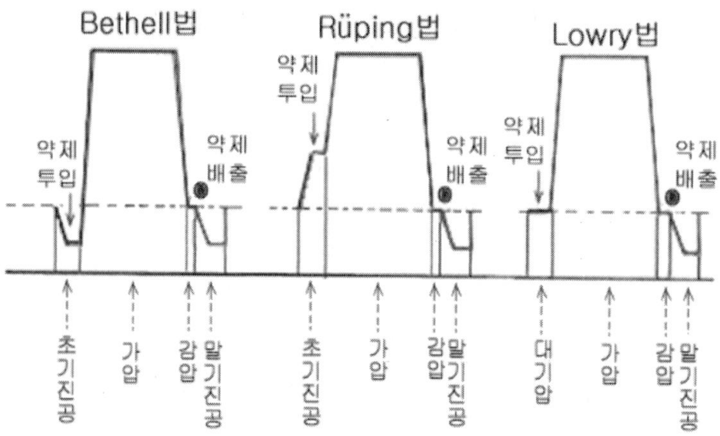

그림 2-6-6. 가압처리법의 공정 모식도

가압처리로는 전배기-약액 가압-후배기를 실시하는 Bethell법, 공기 가압-약액 가압-후배기를 실시하는 Ruping법, 전배기를 하지 않고 약액 가압-후배기를 실시하는 Lowry법의 3가지로 나누어지며(그림 3) 원목의 성질, 용도 등에 따라 주입이 곤란한 수종(표 1)이나 다량으로 주입할 필요가 있는 방부처리로는 Bethell법을 이용하는 등 적당한 방법을 선택하여야 한다. 또한 나무 기둥의 횡단면을 통해 낙차 또는 콤프레서(compressor)에 의해 가압 주입하는 방법이 있다. 이 방법에 이용되는 약제는 황산동용액인데 1~2 kg/cm2의 낮은 압력으로 처리하기 때문에 원목은 벌목 직후의 수피가 붙어 있는 원목으로써 살아 있을 때와 마찬가지의 통도성을 지니고 있는 것이 아니면 안 된다.

표 2-6-1. 주요 목재의 침투성 등급

	침 엽 수	활 엽 수
양호	나한백, 남부소나무(Southern pine), 세쿼이아(Redwood), 라디아타소나무(Radiata pine)	켐파스(Kempas), 고무나무(Rubbertree), 물푸레나무
약간 양호	소나무, 삼나무, 솔송나무, 테다소나무(Taeda pine), 미국솔송나무(Western hemlock)	황메란티(Yellow meranti), 자작나무, 들메나무
곤란	가문비나무, 사할린젓나무, 편백, 서부젓나무(Western fir), 시트카가문비나무(Sitka spruce)	너도밤나무, 느티나무, 카퍼(Kapur)
매우 곤란	미송(Douglas-fir), 미국측백나무(Western redcedar), 일본잎갈나무	백참나무(White oak), 밤나무, 물참나무, 적나왕(Red lauan), 자라(Jarrah)

그 자체로는 살균성이나 살충성이 없는 화합물을 목재에 여러 가지 화학가공을 통해 처리해 주는 방법도 있다. 목재의 세포벽 성분인 셀룰로오스, 헤미셀룰로오스, 리그닌에는 산소와 수소로 구성되는 수산기가 많이 존재하는데 수산기는 물분자를 흡착하기 쉽기 때문에 팽창과 수축에 의한 목재 뒤틀림의 원인이 되고 있을 뿐만 아니라 화학 반응성이 풍부해 목재를 분해하는 부후균이나 흰개미의 효소와도 친화성이 높다. 따라서 독성이 없거나 낮은 안전한 화합물을 이용하여 이들의 구조를 변화시켜 주므로써 목재에 방부 및 방충성을 부여해 줄 수가 있는데 그 몇 가지 예를 들어 보면 다음과 같다.

아세틸화 목재는 무수 초산과의 반응에 의해 수산기(-OH)를 아세틸기(-COCH3)로 대체하는 것을 일컫는다. 아세틸기는 물분자를 흡착하지 않으며 화학 반응성도 낮기 때문에 처리 목재의 치수안정성이 좋아지게 되고 내후성이나 내의성도 향상된다. 치수안정성은 흡수나 건조에 따른 재료의 팽창과 수축이 어느 정도 억제되는가를 나타내게 되는 잣대로써 ASE(antiswelling or antishrink efficiency, 항팽윤 또는 항수축 효능: 0～100%)로 표시되고 있다. 이 수치가 높을수록 처리 효과가 좋아지는데 100%라는 것은 전혀 치수 변화가 일어나지 않는 것을 나타내게 되는 것이지만 실용적으로는 ASE 60～70%를 목표로 하고 있다. 목재는 비중이 작음에도 불구하고 강한 재료라는 것이 장점의 하나가 되고 있으므로 처리에 의한 무게의 증가율과 얻어진 성능과의 관계도 평가의 대상이 되고 있다. 아세틸화 목재의

경우 무게 증가율 20～25%에서 ASE는 60～70%를 나타내게 되며 거의 부후도 일어나지 않게 된다.

일본의 온난한 지역에 서식하며 공격성이 강한 집흰개미(Coptomes formosanus)에 의한 피해는 이 정도의 수준에서도 완전히 저지할 수는 없지만 일본흰개미(Reticulitermes speratus)에 대하여는 15%정도의 무게 증가율로 피해를 막을 수 있게 된다. 흰개미는 장내에 공생하고 있는 원생동물이나

세균의 도움으로 셀룰로오스나 헤미셀룰로오스를 분해하게 된다. 흰개미에게 먹이를 주지 않으면 차츰 쇠약해져 죽게 되는데 아세틸화한 목재를 주는 경우에도 비슷한 경과를 보이게 된다. 아세틸화 목재는 장내에 들어가도 원생동물이 그것을 분해할 수 없어 양분으로 흡수될 수 없기 때문에 먹이로 인식되지 않아 흰개미는 먹는 활동을 중지하게 되고 기아 상태에 놓이게 된다.

수산기의 사이를 포름알데하이드(formaldehyde)로 연결하여 목재 성분의 분자 사이가 넓어지지 않도록 고정해 버리는 처리가 포르말화이다. 포름알데하이드는 비교적 작은 분자이므로 약간의 무게 증가 수준에서도 치수안정성이 높아지고 부후나 흰개미에도 강해 지게 된다.

석탄산수지에 의한 복합화의 경우 목재에 석탄산수지의 수용액을 주입하고 가열하면 수지끼리 결합되어 물에 녹지 않는 커다란 분자로 바뀌어 수산기 사이를 메워 주기 때문에 목재의 팽창이나 수축이 억제된다. 석탄산수지에는 분자량이 다른 여러 가지 종류가 있다. 접착제로써 사용되는 분자량 1,000정도의 수지를 주입하면 치수안정성은 거의 향상되지 않고 부후나 흰개미의 피해도 막을 수 없게 되지만 200~400 정도의 분자량이 낮은 수지를 이용하게 되면 양호한 성능을 얻을 수가 있다. 이것은 이들 사이로의 침투성 차이에 의한 것으로써 분자량이 큰 수지는 세포벽 내부로 침투할 수 없고 내강이나 세포의 간극(틈새)에 침착되어 경화되지만 분자량이 작은 수지는 세포벽 내부로 충분히 침투해서 경화되기 때문에 그렇다.

무기질 복합화의 원리는 물을 충분히 흡수시킨 목재를 차례로 두 종류의 무기물 수용액에 담그고 음이온과 양이온의 반응에 의해 물에 녹지 않는 안정된 성분을 목재 내부에 생성, 침착시키는 것이다. 무기물의 조성에는 여러 종류가 있지만 바륨 이온과 인산 이온의 반응에 따른 인산바륨염(bariumphosphate salt)과의 복합화에 의해 우수한 내화성과 부후나 흰개미에 대한 저항성이 얻어진다. 그러나 치수안정성은 별로 높아지지 않는다. 이 무기물 침착에 의해 무게를 약 2배 정도 증가시킨 복합화된 목재는 준불연 재료로써 인정되고 있다. 부후나 흰개미에 대해서는 10% 정도의 무게 증가율로도 충분한 억제 효과가 있다.

참고문헌

강춘원, 엄영근, 2013. 목재조직과 인테리어. 미디어우드, 서울.

김현중, 이전제. 2002. 목조주택용 목재의 도장. 한국목재신문사, 서울.

김현중, 이전제. 2004. 목재데크의 시공과 도장. 목재문화포럼, 서울.

엄영근. 1999. 목재의 비밀. WIT 컨설팅, 서울.

엄영근. 2007. 목재 도장 가이드: 래커, 광택제, 착색제 및 니스 마감재료의 처리 및 복원 방법. 한국목재신문사, 서울.

엄영근, 박문재. 1997. 목조건축의 외장용 목재. 임업연구원 연구자료 제 137호, 임업연구원, 서울.

오세창, 김현중, 엄영근. 2005. 목조혁명: 목조주택 짓기에서부터 목조도시 조성 까지. 한국목재신문사, 서울.

오세창, 안세희, 한규성. 2004. 목재와 인간생활. 선진문화사, 서울.

오세창, 안세희, 한규성. 2008. 생활속의 나무 이야기. 선진문화사, 서울.

이필우 외 9人. 1981. 목재공학. 향문사.

이필우. 1987. 목재해부학. 2판, 서울대학교 출판부, 서울.

이필우, 박상진, 이화형, 이원용, 김수창, 정희석, 홍병화, 김종만, 현정인, 정대성. 1981. 목재공학. 향문사, 서울.

정희석. 1986. 목재이학. 서울대학교 출판부, 서울.

정희석. 1992. 목재절삭학. 서울대학교 출판부, 서울.

정희석. 1994. 전정판 목재절삭학. 서울대학교 출판부, 서울.

정희석. 2005. 목재용어사전. 서울대학교 출판부, 서울.

한규성, 양인, 오세창. 2008. 목재가공학: 접착·도장·목재가공기계. 충북대학교 바이오농업전문인력양성사업단, 청주.

相澤 正. 1969. 木材塗裝の設計: 塗裝効果とその技術. 理工出版社, 東京.

大熊幹章, 有馬孝禮, 川井直人, 神谷文夫, 古澤富志雄. 1991. 木材の工學. 文永堂出版, 東京.

井上嘉幸. 1972. 木材の劣化と防止法. 森北出版.

井本 稔. 1993. 接着の基礎理論. 高分子刊行會, 京都

枝松信之, 森 稔. 1963. 實用木材加工全書. I. 製材と木工. 森北出版, 東京.

化學物質管理センター. 2006. 身の回りの製品に含まれる化學物質シリーズ: 接着劑(家庭用). 製品評価技術基盤機構, 東京.

化學物質管理センター. 2006. 身の回りの製品に含まれる化學物質シリーズ: 塗料(家庭用). 製品評価技術基盤機構, 東京.

化學物質管理センター. 建築材料用接着劑・シーリンク材の製品情報. 製品評価技術基盤機構, http://www.safe.nite.go.jp/shiryo/product/pdf/bondc.pdf(2012년 2월 19일 접속).

梶田 熙, 今村祐嗣, 川井秀一, 則元 京. 2002. 圖解 木材·木質材料用語集. 東洋書店, 東京.

川瀨 淸. 1982. 最新林産學概論. 北海道大學圖書刊行會, 札幌.

喜多山 繁, 枥木紀郎, 鷲見博史, 瀧 欽二, 黑須博司, 木下敍幸, 海老原 徹, 太田正光. 1991. 木材の加工. 文永堂出版, 東京.

倉田久敬. 1968. 木材の被削性(1~4). 林産試驗場月報 201~203號, 北海道.

小西 信. 2003. 被着材からみた接着技術: 木質材料編. 日刊工業新聞社.

製品評価技術基盤機構 化學物質管理センター. 2011. 身の回りの製品に含まれる化學物質シリーズ: 接着劑(家庭用). 4판, 東京.

製品評価技術基盤機構 化學物質管理センター . 建築材料用接着劑・シーリンク材の製品情報. http://www.safe.nite.go.jp/shiryo/product/pdf/bondc.pdf(2012년 2월 19일 접속).

田中千秋, 喜多山 繁. 2003. 切削加工. 海青社, 大津.

作野友康、田中千秋、山下晃功、番匠谷 薰. 2005. ものづくり木のおもしろ實驗. 海青社, 大津.

作野友康, 高谷政廣, 梅村研二, 藤井一郎. 2010. 木材接着の科學. 海青社, 大津.

富田文一郎, 井口 明, 井上明生, 小野擴邦, 梶田 熙, 龍 欽二, 竹村彰夫, 千葉保人, 秦野恭典, 樋口光夫, 水野秦嗣, 吉田弥明. 1999. 木材の接着・接着劑, 産調出版, , 東京.

半井勇三. 1980. 木材の接着と接着劑. 森北出版, 東京.

松本十九. 1987. 新塗料辭典. 技報堂出版, , 東京.

滿久崇麿. 1976. 木材の乾燥. 森北出版, 東京.

三刀基郷, 小西 信. 2003. 被着材からみた接着技術: 木質材料編. 日刊工業新聞社, 東京.

木材塗裝研究會. 2005. 木材の塗裝. 海青社, 大津.

本山卓彦. 1996. 接着おもしろテクノロジ-. 日刊工業新聞社, 東京.

日本農林規格協會. 1991. 針葉樹の構造用製材の日本農林規格. 農林水産省, 東京.

日本農林規格協會. 2001. 針葉樹の造作用製材の日本農林規格. 農林水産省, 東京.

日本農林規格協會. 2001. 針葉樹の下地用製材の日本農林規格. 農林水産省, 東京.

日本農林規格協會. 2001. 廣葉樹製材の日本農林規格. 農林水産省, 東京.

日本農林規格協會. 2003. 構造用集成材の日本農林規格. 農林水産省, 東京.

日本農林規格協會. 2003. 構造用單板積層材の日本農林規格. 農林水産省, 東京.

日本農林規格協會. 2007. 枠組壁工法構造用製材の日本農林規格. 農林水産省, 東京.

日本農林規格協會. 2007. 製材の日本農林規格. 農林水産省, 東京.

日本農林規格協會. 2007. 集成材の日本農林規格. 農林水産省, 東京.

日本農林規格協會. 2008. 合板の日本農林規格. 農林水産省, 東京.

日本農林規格協會. 2008. フローリングの日本農林規格. 農林水産省, 東京.

日本木造住宅産業協會. 木造軸組工法の魅力: 水中で活躍する木. http://www.mokujukyo.or.jp/user_side/appeal/12.html

日本木材學會. 1985. 木材科學實驗書. I. 物理,工學編. 中外産業調査會, 東京.

日本木材學會木質材料部門委員會. 1982. 木材工學辭典. 工業出版(株), 東京.

日本林業試驗場. 1982. 木材工業ハンドブック. 丸善(株), 東京.

山口章三郎. 1986. 接着·粘着の事典. 朝倉書店, 東京.

フォレスト. 1989. 新·木工塗裝ハンドブック. (株)フォレスト, 東京.

Adams, J. T. 1975. Arco's new complete woodworking handbook. Arco Pub., New York.

Azom.com. Epoxy bonding in wood construction. http://www.azom.com(Accessed on February 19, 2012).

Bassett, G. 1995. Bonding media for wood based panels. Wood Based Panel International July 1995: 26~27.

Blomquist, R. F., A. W. Christiansen, R. H. Gillespie, and G. E. Myers. 1983, Adhesive bonding of wood and other structural materials. Pennsylvania State Univ., University Park, Pennsylvania.

Boone, R. S., C. J. Kozlik, P. J. Bois, and E. M. Wengert. Dry kiln schedules for commercial woods: Temperate and tropical. USDA For. Ser. Gen. Tech. Rep. FPL-GTR-57, Madison, Wisconsin.

Bowyer, J. L., R. Shmulsky, and J. G. Haygreen. 2007. Forest products and wood science: An introduction. 5th ed., Blackswell Publishing, Ames, Iowa.

Cagle, C. V. 1982. Handbook of adhesive bonding. McGraw-Hill, New York.

Davis, E. M. 1962. Machining and related characteristics of United States hardwoods. USDA For. Ser., Tech. Bull. No. 1267, Madison, Wisconsin.

Desch, H. E. and J. M. Dinwoodie. 1981. Timber: Its structure, properties, and utilisation. 6th ed., The MacMillan Press, London.

Forest Products Lab. 2004. New primer improves adhesive bonds. USDA For. Ser., Madison. http://www.fpl.fs.fed.us/documnts/techline/primer-improves-adhesive-bonds. pdf(Accessed on February 19, 2012).

Haygreen, J. G. and J. M. Bowyer. 1982. Forest products and wood science: An introduction. The Iowa State Univ. Press.

Hawks, L. K. and A. B. Hansen. 2002. Formaldehyde. Electron Publishing, Utah State Univ. Extension, FL/HH-04. http://extension.usu.edu/files/publications/factsheet

/FL_HH-04.pdf(Accessed on February 21, 2012).

Heck, H. D., M. Casanova-Schmitz, P. B. Dodd, E. N. Schachter, T. J. Witek, and T. Tosun. 1985. Formaldehyde (CH_2O) concentrations in the blood of humans and Fischer-344 rats exposed to CH_2O under controlled conditions. American Industrial Hygiene Association Journal 46: 1~3.

Hemingway, R. W., A. H. Conner, and S. J. Branham. 1989. Adhesives from renewable resources. American Chemical Soc., Washington, DC.

Highley, T. L. 1999. Biodeterioration of wood. In: Wood handbook: Wood as an engineering material. Chapter 13, General Technical Report FPL-GTR-113, USDA For. Serv., For. Prod. Lab., Madison, Wisconsin.

Hjorth, H. and W. F. Holtrop. 1966. Operation of modern woodworking machines. The Bruce Publishing Co., New York.

Jackson, A., D. Day, and S. Jennings. 1989. The complete manual of woodworking: A detailed guide to design, techniques and tolls for the beginner and expert. Knopf, New York.

Kinloch, A. J. 1990. Adhesion and adhesives: Science and technology. Chapman and Hall, London.

Knop, A. and W. Scheib. 1979. Chemistry and application of phenolic resins. Springer-Verlag, Berlin.

Koch, P. 1964. Wood machining process. Ronald Press, New York.

Kollmann, F. F. P. and W. A. Cote, Jr. 1968. Principles of wood science and technology. I. Solid wood. Springer-Verlag, Berlin.

Kollmann, F. F. P., E. W. Kuenzi, and A. J. Stamm. 1975. Principles of woods science and technology. II. Wood-based materials. Springer-Verlag, Berlin.

Kubler, H. 1980. Wood as building and hobby material. John Wiley & Sons, Inc.

Kutscha, N. P. 2007. A compilation of micrographs on wood and wood products. Forest Products Society, Madison, Wisconsin.

Lunstrum, S. J. 1985. Balanced saw performance. USDA For. Ser., Tech. Rep. No. 12, Madison, Wisconsin.

Maeglin, R. R. 1989. Structural lumber from aspen: Using the saw-dry-rip (SDR) process. In: Adams, R. D. (ed.), 1989, Proceedings of aspen symposium '89, 1989 July 25-27, Duluth, MN. Gen. Tech Rep. NC-140, St. Paul, MN: USDA, For. Ser., North Central Forest Experiment Station

Maloney, T. M. 1977. Modern particleboard & dry-process fiberboard manufacturing. Miller

Freeman, San Francisco, California.

Marra, A. A. 1992. Technology of wood bonding: Principles in practice. Van Nostrand Reinhold, New York.

McMillin, C. W. and J. L. Lubxin. 1959. Circular sawing experiments on a radial arm saw. Forest Prod. J. 9(10): 361~367.

McMillen J. M. and E. M. Wengert. 1978. Drying eastern hardwood lumber. USDA For. Ser., Agr. Handb. No. 528, Madison, Wisconsin.

Nicholas, D. D. and D. Crawford. 2003. Concepts in the development of new accelerated test methods for wood decay. In: Wood deterioration and preservation: Advances in our changing world, Goodell, B., D. D. Nicholas, and T. P. Schultz, (eds.), ACS Symposium Series 845, American Chemical Society, Washington, DC.

Olson, D. W. 1966. Woods and woodworking for industrial arts. 2nd ed., Prentice Hall of India Private, India.

Perry, T. D. 1944. Modern wood adhesives. Pitman Publishing Co., New York.

Pizzi, A. 1983. Wood adhesives; Chemistry and technology. Dekker, New York.

Rietz, R. C. and R. H. Page. 1971. Drying eastern hardwood lumber. USDA For. Ser., Agr. Handb. No. 402, Madison, Wisconsin.

Selbo, M L. 1975. Adhesive bonding of wood. USDA For. Ser., Tech. Bull. No. 1512, Madison, Wisconsin.

Sellers, T., Jr. 1985. Plywood and adhesive technology. Dekker, New York

Skeist, I. 1990. Handbook of adhesives. 3rd ed., Van Nostrand Reinhold, New York.

Tsoumis, G. 1991. Science and technology of wood: Structure, properties, utilization. Van Nostrand Reinhold, New York.

United States Department of Agriculture (USDA). 2007. The encyclopedia of wood. Skyhorse Publishing, New York.

Voisey, N. S. 1987. Wood machining: A complete guide to effective and safe working practices. Stobart & Sons, London.

Wagner, W. H. 1978. Modern woodworking. The Goodheart-Wilcox Co., Tinley Park, Illinois.

Walker, J. C. F. 1993. Primary wood processing: Principles and practice. 1st ed., Chapman and Hall, London.

Walker, J. C. F. 1993. Primary wood processing: Principles and practice. 1st ed., Chapman and Hall.

Wellons, J. D. 1983. The adherends and their preparation for bonding. In: Blomquist, R. F., A.

W. Christiansen, R. H. Gillespie, and G. E. Myers (eds.), 1981, Adhesive bonding of wood and other structural materials, Vol. 3. Clark C. Heritage Series on Wood, Pennsylvania State Univ., University Park, Pennsylvania.

Zabel, R. A. and J. J. Morrell. 1992. Wood microbiology: Decay and its prevention. Academic Press.

3.

재질 개량

3. 1. 치수 안정화 처리

대기 중의 온도와 상대습도 변화에 따라 일어나게 되는 목재의 치수 변동을 억제하기 위한 기작으로써는 세포내강의 충전, 세포벽 내부로의 물질 충전에 따른 용적 증가(용적 효과), 친수성기의 화학 처리 및 목재 성분 간의 가교를 들 수가 있다(그림 3-1-1).

치수 안정성 평가에는 항팽창률(ASE, antiswelling efficiency) 또는 항수축률(ASE, antishrink efficiency)이 이용되고 있는데 무처리 목재의 용적 팽창률 또는 수축률을 Vc 그리고 처리 목재의 용적 팽창률 또는 수축률을 Vt라고 했을 때 ASE는 다음의 식 ASE = {(Vc - Vt)/Vc} x 100으로 구할 수 있다. 치수 안정화 처리와 그 기작 및 얻어지는 항팽창률 또는 항수축률을 표 3-1-1에 나타내었다.

그림 3-1-1. 목재의 치수 안정화 처리 기작

표 3-1-1. 치수 안정화 처리와 그 기작 및 항팽창률 또는 항수축률

처리	치수 안정화 기작				항팽창률 또는 항수축률(%)
	세포벽의 용적 효과	세포내강의 충전	친수성기의 화학 처리	목재 성분 간의 가교	
폴리에틸렌글리콜	○				65~70
폴리에틸렌글리콜·메타크릴레이트	○	○			
무수 초산			○		60~70
아이소시아네이트	○		○		40~70
포름알데하이드				○	60~70

3. 1. 1. 폴리에틸렌글리콜 처리

카보왁스(carbowax)로도 알려져 있는 폴리에틸렌글리콜은 파라핀(paraffin)과 유사한 백색의 납질(蠟質, wax-like) 화학물질로 $H\cdot(OCH2CH2)n\cdot OH$로 표시되며 분자량은 200~10000 정도까지 다양한데 평균 분자량에 따라 PEG 200, PEG 1000 등으로 표시된다. 이것은 40oC에서 용융되고 온수에 용해되는 것으로써 부식성, 냄새와 색깔이 없으며 305oC의 발화점을 지닌다. 목재의 치수 안정

화 처리용으로는 분자량 1000~4000인 것이 사용될 수가 있으나 분자량이 1500 이상인 경우 처리 효과가 급격히 떨어지며 3500 이상인 경우 분자량이 너무 커 목재의 세포벽 내부로의 확산이 어렵고 또한 분자량이 큰 것은 물에 대한 용해성에 있어 제약이 뒤따른다. 따라서 세포벽 내부로 확산될 수 있을 만큼 분자량이 작은 평균 분자량 1000 정도의 PEG 1000이 주로 사용되고 있다.

목재의 폴리에틸렌글리콜 처리에 있어서는 처리 전의 목재 함수율이 처리 효과에 크게 영향을 미치게 된다. 섬유포화점 이상의 생재에 처리하는 것이 보통인데 이는 목재 중으로의 폴리에틸렌글리콜 침투가 세포내강에 존재하는 자유수로의 확산에 이은 세포벽 내부로의 확산에 의해 진행되기 때문이다. 따라서 자유수의 양이 많을수록, 즉 목재의 함수율이 높을수록 폴리에틸렌글리콜의 확산이 촉진되며 최종적으로 처리 효과도 커지게 된다. 한편, 목재의 함수율이 비교적 낮은 경우에는 세포내강에 형성되어 있는 모세관 중에 기포가 다량 존재하게 되기 때문에 용액은 목재 중으로 침투하기 어렵고 또한 목재 중의 수분이 불연속적이기 때문에 확산도 충분하게 일어나지 않게 되어 처리효과도 그만큼 낮아지게 된다. 이처럼 폴리에틸렌글리콜 처리는 목재의 세포내강 중의 자유수로의 확산과 세포벽 내부로의 확산에 의하기 때문에 처리 시 별도의 압력이 필요하지 않다.

그리고 폴리에틸렌글리콜은 방사단면이나 접선단면보다는 횡단면에서 훨씬 더 용이하게 침투되기 때문에 목재의 횡단면이 차비하는 비율이 높은 목재의 치수 안정화 처리용으로 적당하다. 또한, 목재의 비중이 클수록 그리고 추출물이나 송진의 양이 많을수록 폴리에틸렌글리콜의 처리가 점점 더 곤란해진다.

폴리에틸렌글리콜은 중량비로 30~50%의 농도가 되도록 물에 용해한 수용액이 사용되는데 처리할 목재가 완전히 잠길 수 있을 정도의 큰 플라스틱 용기 내에서 처리해 주어야 한다. 처리 용액은 여러 번 사용할 수 있으나 30~50%의 농도가 유지되도록 각 처리 후마다 폴리에틸렌글리콜을 용기에 다시 첨가해 주어야 하고 처리 시간은 목재의 전건무게 기준으로 중량 증가율, 즉 함유율이 25~30%가 되도록 설정해 주도록 한다. 어떤 분자량의 폴리에틸렌글리콜이라고 할지라도 그 함유율의 증가에 따라 치수 안정성이 좋아지게 된다. 따라서 처리에 사용하는 폴리에틸렌글리콜 용액의 농도는 높을수록 좋다. 여기서 중요한 점은 폴리에틸렌글리콜을 목재 중에 균일하게 분포시키고 더욱이 세포벽 내부에 충분히 확산시켜 주어야 한다. 예를 들면, 폴리에틸렌글리콜의 평균 함유율이 크다고 할지라도 목재 중에 균일하게 분포되어 있지 않다면 치수안정화 효과는 낮아진다. 표층 부근에만 폴리에틸렌글리콜이 침투하고 만다면 건조 시 중앙부가 북 모양으로 오목하게 들어가는 변형을 일으키거나 내부할렬이 발생하는 경우도 있기 때문에 주의하여야 한다.

가장 간단한 처리방법으로는 상압(常壓)에서 30%의 폴리에틸렌글리콜 수용액에 침지하는 방법인데 이것은 생재와 같이 함수율이 높은 목재에 적당하다. 이 방법에 의한 경우 장시간의 침지가 필요하기 때문에 온랭욕법이 더 효과적인 방법이 되고 있다. 이외에도 더 효과적인 방법으로 감압주입법이나 가압주입법이 있다. 침지법 이외의 처리법으로써는 용융된 폴리에틸렌글리콜을 목재 표면에 도포하고 목재의 건조를 방지하기 위해 밀폐된 용기 또는 폴리에틸렌 백(polyethylene bag)에 하루 동안 밀봉해 두고 그 다음 하루 간격으로 이런 처리를 여러 번 반복 실시한 다음 기건시키는 방법이 있다. 침투성이 좋은 침엽수재는 폴리에틸렌글리콜의 끓는 용액에 침지하여 처리한 다음 기건시켜도 되나 장시간 수분에서 가열하게 되면 분해되기 때문에 좋은 방법은 되지 못하고 있다.

통상의 처리로써는 폴리에틸렌글리콜의 함유율이 30% 정도가 되며 소재의 65~70% 정도에 해당하는 치수 안정성이 얻어지게 되는데 이것은 목재 중으로 침투된 폴리에틸렌글리콜 가운데 상당량이 세포벽 내부로 확산되지 못하고 세포내강에 머물러 있기 때문이다. 세포내강에 존재하는 폴리에틸렌글리콜은 무게만 증가시킬 뿐 치수 안정성의 향상에는 도움이 되지 못한다. 따라서 폴리에틸렌글리콜 시 세포내강에 존재하는 양을 줄이고 그 양만큼 세포벽 내부의 양을 증가시키기 위해서는 건조 시간을 연장함과 동시에 건조 후에도 적당히 건습을 계속 반복시키는 것이 바람직하다. 만약 폴리에틸렌글리콜이 목재 중에 균일하게 분포하고 또한 세포벽 내부에 균등히 확산되어 있다면 20~27%의 폴리에틸렌글리콜 함유율에서도 100%에 가까운 치수 안정성이 얻어지게 된다.

폴리에틸렌글리콜의 처리는 대개 21~60oC에서 이루어지는데 목재 중으로의 확산은 처리 용액의 농도뿐만 아니라 처리 온도의 증가에 의해 상당히 촉진된다. 어떠한 경우라도 처리 시간에 따라 폴리에틸렌글리콜 함유율이 증가하게 되며 온도가 높을수록 침투 속도는 빨라지게 된다. 목재의 내부까지 충분하게 침투시키기 위해서는 폴리에틸렌글리콜 용액으로부터 꺼낸 다음 어느 정도의 양생기간을 두는 것이 바람직하다. 이 기간은 폴리에틸렌글리콜의 침투를 조장하기 위해 온도를 어느 정도 높이는 것이 좋다. 바람직한 수준의 처리(함유율 25~30%)에 필요한 시간은 목재의 비중이나 크기가 클수록 그리고 목재의 횡단면의 면적이 작을수록 오래 걸리는데 여러 주가 소요되는 경우도 있다.

최종적으로 건조를 통해 목재 세포벽 내부의 수분이 폴리에틸렌글리콜로 치환됨에 따라 폴리에틸렌글리콜이 세포벽 내부에 충전되는데 이를 위해서는 어느 정도 시간을 갖고 서서히 건조하는 것이 바람직하다. 폴리에틸렌글리콜로 처리된 목재는 환기가 잘 되고 난방이 가능한 실내에서 잔적한 다음 덮개를 씌운 상태에서 건조를 실시하게 되는데 건조에 의해 수분만이 증발하게 됨으로 세포벽 내부와 세포내강 사이의 폴리에틸렌글리콜 농도 차이가 커져 세포벽 내부로의 확산이 더욱 더 일어나게 된다. 그 결과 세포벽 내부에 불휘발성의 폴리에틸렌글리콜이 충전됨으로써 목재는 팽창된 상태의 치수를 그대로 유지하면서 건조가 이루어지기 때문에 처리된 목재는 생재의 치수에서 거의 수축되지 않은 상태를 보이게 된다. 이들의 천연건조에 소요되는 시간은 목재의 두께, 온도 및 상대습도에 따라 달라진다. 처리 전에 견고하게 붙어 있던 수피의 경우에는 건조 후에도 그대로 붙어 있는 상태를 보이게 될 것이다.

폴리에틸렌글리콜은 목재 내에서 경화되지 않고 수용성의 상태로 남아있게 된다. 낮은 상대습도에서는 폴리에틸렌글리콜로 처리된 목재의 흡습성은 낮지만 높은 상대습도에서는 폴리에틸렌글리콜 자체의 높은 흡습성으로 인하여 처리된 목재도 높은 흡습성을 나타내게 된다. 상대습도 70% 이하에서는 문제가 나타나지 않지만 이러한 흡습성으로 인하여 80% 이상의 상대습도에서는 폴리에틸렌글리콜이 액상의 상태로 흘러나오게 된다. 또한 처리된 목재가 액상 수분과 접촉하는 경우에도 흘러나오기 시작할 것이다. 따라서 폴리에틸렌글리콜이 용출되는 조건의 장소에서 처리된 목재를 사용하는 것은 피하여야 하는데 이런 문제점을 막기 위해서는 높은 분자량의 폴리에틸렌글리콜을 사용하되 불필요하게 다량으로 폴리에틸렌글리콜을 처리해 주어서는 안 된다. 일반적으로 상대습도가 낮은 지역에서는 목재의 치수 안정화 처리를 위해 PEG 1000의 사용을 추천하고 있지만 상대습도가 높은 지역인 경우 PEG 2000 이상의 것을 사용하는 것이 바람직하다.

폴리에틸렌글리콜의 가장 큰 결점인 용출을 개선하기 위해 폴리에틸렌글리콜을 화학적으로 변화시킨 것을 사용하게 되는데 이런 종류의 변성 폴리에틸렌글리콜 가운데 하나로써 폴리에틸렌글리콜·메타크릴레이트(PEGMA, polyethylene glycol·methacrylate)가 있다. 이것은 H·(OCH2CH2)n·OOC(CH3)C=CH2로 표시되는 것으로 수용성이지만 목재에 도부 또는 주입 처리된 다음 중합반응이 진행되어 물에 불용성인 물질로 변화되는데 세포벽 내부로의 충전에 따른 용적 증가와 동시에 세포내강에도 충전됨으로써 치수 안정화 효과를 나타내게 된다.

처리된 목재는 폴리에틸렌글리콜의 함유율에 따라 치수 안정성에 차이가 나타나기 때문에 외기의 상대습도 변화에 따른 치수 변동을 고려하여야 한다. 일반적으로 높은 상대습도의 영역에서는 습도 변화에 따른 치수 변동이 작고 낮은 상대습도의 영역일수록 습도 변화에 따른 치수 변동이 큰 편이다. 그리고 폴리에틸렌글리콜의 처리에 의해서는 세포벽 내부에 부후균이 생장할 수 있을 만큼 충분한 양의 수분이 존재하지 못하게 되기 때문에 상당한 내부후성(耐腐朽性)을 나타내게 된다. 또한, 처리된 목재는 팽창된 상태에 있음으로 생재상태와 같은 특성을 유지하기 때문에 생재강도를 그대로 지니게 된다.

폴리에틸렌글리콜로 처리된 목재에 있어서는 레조르시놀수지(resorcinol resin), 에폭시수지(epoxy resin), 요소수지(urea resin)의 경우 양호한 접착성을 기대할 수가 있으나 초산비닐수지(polyvinyl acetate)로는 접착하기가 곤란하다. 접착제를 도부하기에 앞서 재면을 깨끗하고 평활하게 조정해 주어야 하는데 최상의 결과를 얻기 위해서는 접착제 도부 이전에 메틸알코올(methyl alcohol)로 재면을 훔치는 것이 좋다.

그림 3-1-2. 폴리에틸렌글리콜 처리 및 폴리우레탄 니스 도장에 의한 벽시계

글리콜이 수분을 흡수하기 때문에 폴리에틸렌글리콜로 처리된 목재는 대략 상대습도 60% 이상인 조건에서 끈적끈적해진다. 따라서 일부 금속의 경우 처리된 목재와 접촉하게 되면 부식될 수도 있다. 폴리에틸렌글리콜로 처리된 목재는 글리콜을 덮어 밀폐하기 위해 대개 도장 처리된다. 폴리우레탄 니스(polyurethane varnish)로 2회 도장을 실시하면 최상의 결과가 얻어지는데 이는 이 도료 성분 중의 하나인 아이소시아네이트(isocyanate)가 목재 및 폴리에틸렌글리콜 모두와 화학적으로 결합하여 강고한 도막을 형성하기 때문이다(그림 3-1-2). 또한 외관을 심하게 은폐하지 않는 침투성 기름인 덴마크유(Danish oil)의 사용도 가능한데 이것은 폴리에틸렌글리콜로 처리된 수피에 특히 유용하다. 이렇게 마감 처리된 면 위에 제조업체의 지침을 따라 페인트를 도장해 줄 수도 있다.

명판, 탁자 상판 등의 제조에 사용되는 목재의 횡단면 처리용으로 폴리에틸렌글리콜이 주로 사용되는데 이는 처리되지 않은 목재의 횡단면에서 필연적으로 발생하게 되는 할렬을 막아줄 수 있기 때문이다. 또한 폴리에틸렌글리콜은 조각, 소총 개머리판뿐만 아니라 주발 등의 선삭 가공 용도로 쓰이는 생재의 처리 시에도 사용되고 있다. 그리고 생재의 건조 중에 발생하는 할렬의 감소를 위해 사용되기도 하는데 이 경우 폴리에틸렌글리콜은 건조제로 사용되는데 그리 깊은 침투가 필요하지 않다. 열화된 수침 고목재가 육상으로 인양된 경우 수분이 빠져나감에 따라 부분적으로 분해된 목재 조직이 심하게 갈라지거나 심지어 조각조각 파쇄되기도 하기 때문에 이의 예방을 위한 목적에서 폴리에틸렌글리콜이 수침 고목재 처리용으로 많이 사용되어 왔다. 이러한 유물이 폴리에틸렌글리콜으로 처리되는 경우 열화된 세포벽 내부로 폴리에틸렌글리콜이 확산에 의해 쉽게 침투되어 건조 중에 있는 조직이 손상되지 않고 그대로 남아있도록 만들어주게 된다. 심하게 열화된 유물의 처리 시에는 목재에 가해지는 더 이상의 손상 방지를 위해 낮은 농도와 작은 분자량의 폴리에틸렌글리콜로 먼저 처리해 줄 필요가 있다.

3. 1. 2. 아이소시아네이트, 무수 초산 및 포름알데하이드 처리

모든 재료의 물리적 성질은 그 화학 구조에 의해 결정된다. 목재에는 셀룰로오스, 헤미셀룰로오스, 리그닌에는 산소와 수소로 구성되는 수산기(-OH, hydroxyl group)라고 불리는 상당량의 화학기가 존재하는데 이 수산기가 물분자와 결합됨으로써 목재의 팽창이 일어나기 때문에 이를 화학적으로 개질시키면 목재의 치수 불안정성을 최소화시킬 수 있다.

물분자의 경우 수소 원자는 + 전하를 그리고 산소 원자는 - 전하를 띤 상태에서 소위 쌍극자를 이루며 결합되어 있기 때문에 서로 끌어당기게 된다. 이 끌어당기는 힘인 인력은 강하지 않지만 상온에서 액상으로 존재하게 만들어줄 만큼 충분하다.

수산기는 물과 비슷한 성질을 지니는 것으로써 수소결합을 통해 물이 달라붙도록 만들어줄 수 있기 때문에 목재 중의 자유 수산기에도 물이 결합될 수 있다. 물분자는 비록 그 크기가 매우 작다고 할지라도 부피를 지니게 된다. 목재의 세포벽을 구성하는 수많은 고분자에 상당히 많은 물분자가 결합되면 이들 고분자 사이의 거리가 멀어지게 됨으로써 목재가 팽창을 일으키게 된다. 또한 효소에 의한 목재의 식해는 자유 수산기 부위에서 시작되는데 이것이 목재가 부후에 약한 주요 원인 가운데 하나인 것으로 여겨지고 있다.

상대적으로 거대한 분자의 반응물질은 목재 중의 모든 자유 수산기에 도달할 수 없기 때문에 화학적인 개질을 통해 목재를 완벽하게 치수 안정적으로 만들어줄 수가 없다. 우수한 개질 효과를 얻고자 한다면 목재를 섬유상으로 하여야 하는데 처리 비용이 매우 들 것으로 여겨진다. 다행스럽게도 비교적 높은 수준의 치수 안정성과 발수성(그림 3-1-3)이 아주 낮은 수준의 개질을 통해 얻어질 수가 있다. 게다가 목재를 화학적으로 약간만 개질시켜도 생물의 침해에 대한 저항성이 상당히 개선될 수가 있는데 이는 부분적으로 개질된 목재의 낮은 함수율에 기인하게 되며 또한 균이나 박테리아의 효소가 목재를 더 이상 목재로 인지할 수 없기 때문에도 그런 것이다.

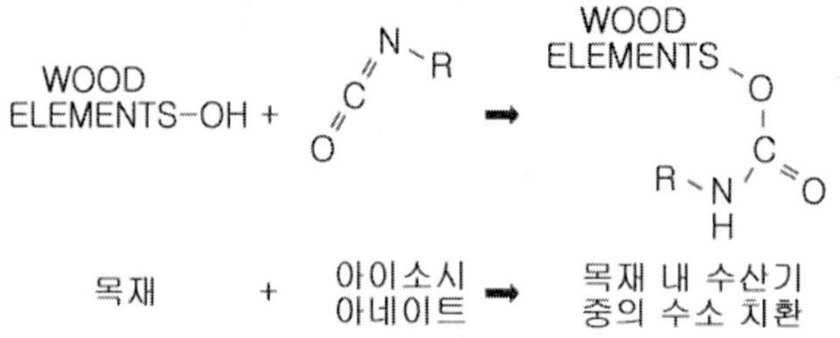

그림 3-1-3. 개질 처리에 의한 목재의 발수성

목재의 수축이나 팽창을 최소화할 수 있는 묘책으로 물과의 수소결합을 허용하지 않는 다른 무엇인가로 목재 중의 수산기를 치환하는 것을 들 수 있다. 이런 목적을 달성하기 위한 화학적인 방법이 여럿 있다. 1980년대에 목재 중의 자유 수산기를 변형시킬 뿐만 아니라 다른 관능기를 도입하기 위해 아이소시아네이트(isocyanate)의 적용에 관한 연구가 많이 진행되었다. 그림 3-1-4의 화학 방정식은 아이소시아네이트와 목재 사이의 일반적인 반응을 나타내고 있다. 아이소시아네이트 분자 중의 R은 분자의 나머지 부분을 의미하는데 이런 것으로 목재에 새로운 성질을 부여해 줄 수 있는 납질(waxy substance), 자외선 흡수제(UV absorbent) 등을 들 수가 있다.

그림 3-1-4. 아이소시아네이트 분자에 의한 목재 세포벽 내부 수산기 중의 수소 치환

목재와 아이소시아네이트를 고온, 고압으로 반응시키면 안정된 우레탄결합이 생성되고 부생성물은 생기지 않는데 이를 아이소시아네이트화(isocyanation)이라고 부른다. 그러나 아이소시아네이트에 의한 개질이 효율적이면서도 적용 가능한 방법이기는 하나 목재에 질소가 도입됨으로써 연소에 의한 최종 폐기 처리 시 방출되는 아산화질소의 양이 증가되기 때문에 문제의 소지가 될 수 있다. 16~28%의 중량 증가율에서 60~70%의 항팽창률 또는 항수축률이 얻어지나 중량 증가율이 35%를 넘게 되면 세포벽에 파괴가 일어나 항팽창률 또는 항수축률이 저하된다.

한편, 무수 초산을 사용한 개질인 아세틸화(acetylation)는 물분자와 결합하기 쉬운 수산기의 수소를 아세틸기로 대체하는 것을 일컫는데 목재 내에 존재하지 않는 어떠한 성분도 도입되지 않는다. 그러나 부산물로 초산이 생성되기 때문에 식초 냄새를 막기 위해 이를 철저히 제거해 내야 한다(그림 3-1-5).

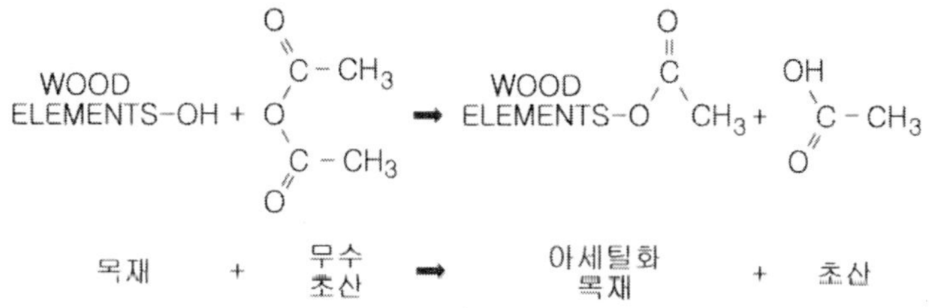

그림 3-1-5. 무수 초산에 의한 세포벽의 용적 효과에 따른 목재의 개질 처리

아세틸화는 대개 함수율 5% 미만의 건조 목재를 대상으로 120~123oC의 조건에서 가압 용기 내에서 이루어진다. 이 때 촉매를 사용하지 않으면 아세틸화에 장시간이 소요되며 무기산 등의 촉매는 목재를 열화시키는 문제점이 있기 때문에 현재로서는 초산칼륨이나 초산나트륨을 촉매로 사용해 반응시간을 단축시키고 있다. 아세틸기는 물분자를 흡착하지 않으며 화학 반응성도 낮기 때문에 아세틸화 목재의 치수안정성이 좋아지고 내후성 등도 향상된다. 중량 증가율 15% 수준에서 아세틸화 목재의 부피는 그 생재 부피와 거의 동일해지며 목재의 흡수성이 저하되고 치수 안정성이 개선되는데 20~25%의 중량 증가율에서 60~70%의 항팽창률 또는 항수축률을 보이게 된다.

아세틸화는 심재와 변재에서 모두 가능하며 아세틸화 목재는 균, 흰개미와 해양 천공충에 대한 저항성이 매우 크고 재색의 변화가 거의 일어나지 않는데 그 색깔은 일광에 더 안정적이다. 또한, 아세틸화는 목재의 음향적 성질을 개선시키며 그 음질은 높은 상대습도 하에서도 유지된다. 아세틸화 목재는 소재처럼 접착 및 도장 가공될 수가 있으며 그 강도적 성질 역시 소재와 거의 동일한 편이다.

목재 삭편이나 섬유의 부피에 대한 표면적의 비율이 소재의 것에 비해 더 크기 때문에 목질판상재료가 소재보다 더 쉽게 개질될 수가 있는데 아세틸화 처리에 의한 목섬유로 제조된 중밀도섬유판의 경우 그 내구성은 티크(teak)에 필적할만한 것으로써 외장용으로도 60년 정도의 내용연수를 지니는 것으로 평가되고 있다.

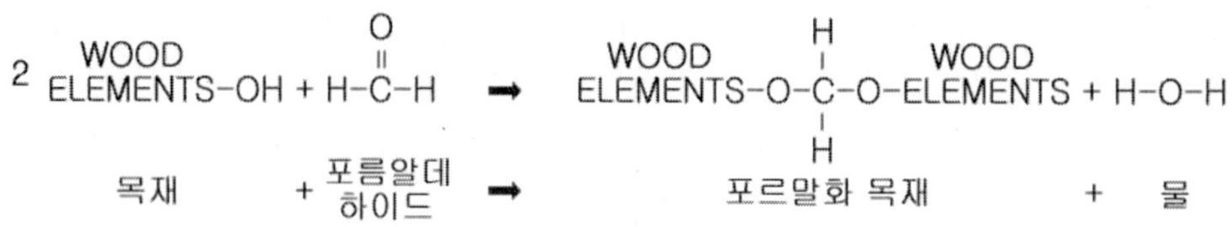

그림 3-1-6. 포름알데하이드에 의한 목재 성분 간의 가교에 따른 개질 처리

이론적으로 보았을 때 목재를 구성하는 성분 사이를 화학적으로 가교시켜 주는 것이 목재에 치수 안정성을 부여해 줄 수 있는 가장 효과적인 방법 가운데 하나임에 틀림없다. 따라서 산 또는 무기염을 촉매로 하여 목재를 포름알데하이드 증기로 처리하면 목재 성분인 셀룰로오스, 헤미셀룰로오스 및 리그닌에 존재하는 수산기가 포름알데하이드에 의해 서로 연결, 즉 가교됨으로써 그 분자 사이가 넓어지지 않도록 고정되는데 이러한 처리를 포르말화(formalization)라고 부른다(그림 3-1-6). 세포벽의 구조가 열리는데 어느 정도의 수분이 필요하나 너무 많은 양의 수분이 존재하면 포름알데하이드가 수화(水化)됨으로써 필요한 카르보닐기(carbonyl)의 양이 줄어들기 때문에 함수율 5~10%인 목재에 처리하는 것이 가장 효과적이다. 포름알데하이드는 비교적 작은 분자이기 때문에 2~4%의 중량 증가율 수준에서도 60~70%의 항팽창률 또는 항수축률을 나타내지만 목재 중으로의 균일한 침투가 매우 곤란하기 때문에 크기가 큰 목재에 대한 처리가 사실상 불가능하며 산의 사용에 따른 목재 성분, 특히 셀룰로오스의 가수분해로 인해 강도가 현저히 저하되는 결점이 있다.

3. 2. 고밀화 처리

3. 2. 1. 함침에 의한 고밀화

목재의 공극 내에 고체화될 수 있는 물질을 침투시켜 고밀화함으로써 압축강도와 경도를 주로 증대시킬 수 있는데 석탄산수지, 액상의 비닐 등처럼 고체상의 고분자로 중합될 수 있는 물질을 사용하는 방법과 액상의 천연수지, 왁스, 황, 저온 용융 금속 등처럼 냉각에 의해 고체화 되는 물질을 사용하는 방법이 있다.

3. 2. 1. 1. 금속화 목재

금속화 목재는 목재의 공극 내에 저온 용융 합금(Bi 50% + Pb 31.2% + Sn 18.8%; 용융점 97oC)을 용해하여 주입한 다음 냉각으로 고화시켜 제조한 개질 목재이다. 환공재의 변재가 가장 처리하기가 용이한데 이는 도관에 가장 쉽게 침투되며 방사조직에는 침투가 곤란하기 때문인 것으로 알려져 있다. 전건비중이 0.60 미만인 호두나무에 처리하는 경우 비중 3.83까지 증가할 수 있다. 소재의 경도보다 2~3배 정도 경도가 증가하게 되며 연한 금속의 경우 목재 세포벽의 외곽(shell) 역할로 인하여 합금 자체보다 경도가 큰 것이 제조될 수도 있다.

5 x 5 x 0.3 cm3의 목재 시편에 있어 공극의 90% 이상을 금속으로 주입하기 위한 방법을 들어보면 다음과 같다. 전건목재를 가압용기 내에서 처리할 금속 위에 올려놓고 목재 위에 용융되지 않는 금속 추를 올려놓는다. 그 후 가압용기를 밀폐하고 진공시킨 다음 130~150oC로 가열하여 처리할 금속을 용융시키게 되면 추의 무게에 의해 목재가 눌려 용융된 금속에 묻히게 된다. 진공을 해제하고 42~175kg/cm2 정도의 압력으로 가압하여 20~60분간 유지한 다음 해압하고 가압용기를 열고 어느 정도 냉각시킨다. 용융된 금속이 고체화되기 바로 직전에 목재를 떼어낸 다음 표면에 부착되어 있는 금속을 긁어서 제거한다.

금속화 목재는 불에 노출되면 탄화되나 금속의 대부분이 용융되고 목재 내부의 냉각 공기가 팽창되어 금속의 대부분이 재외로 배출될 때까지는 연소가 일어나지 않는다. 섬유방향의 열전도도가 횡방향의 열전도도보다 더 많이 증가되는데 정상재의 섬유방향 대 횡방향의 2:1에서 10:1로 증대된다.

제2차 세계대전 당시 금속화 목재가 독일에서 배의 스크루 베어링(screw bearing)으로 유창목(lignum vitae) 대신 사용되었다.

3. 2. 1. 2. 수지 처리 비압축목재(Impreg)

침투가 용이한 목재에 열경화성으로 목재 조직에 침투할 수 있는 200~400 정도의 분자량이 작은 수용성 석탄산수지를 주입하여 압축 없이 경화시켜 만든 제품이 수지 처리 비압축목재이다. 이것은 분자량이 큰 수지는 세포벽 내부로 침투할 수 없고 세포내강이나 세포의 간극에만 침투되어 경화되지만 분자량이 작은 수지는 세포벽 내부로도 충분히 침투해 경화되기 때문에 그렇다. 열가소성 수지 가운데 목재의 치수 안정성을 효율적으로 개선할 수 있는 것은 없는 것으로 알려져 있다. 폴리에틸렌글리콜과 마찬가지로 수용성 석탄산수지는 세포벽 내부로 침투해 목재가 팽창된 상태를 유지하도록 만들어 주나 폴리에틸렌글리콜과는 달리 열에 의해 경화되어 물에 녹지 않는 상태로 변하게 된다.

목재가 두꺼워질수록 석탄산수지의 처리에 소요되는 시간이 급하게 길어지고 수지 처리후의 건조 시 할렬이나 벌집 모양의 심한 내부할렬이 일어날 수 있기 때문에 주로 두께가 얇은 단판이 사용되고 있는데 송진을 다량 지니는 소나무류를 제외한 거의 모든 수종의 단판이 제조에 사용될 수가 있다. 두꺼운 단판인 경우 수지의 균일한 분포는 침투성이 우수한 변재에서만 가능해진다. 두꺼운 제품의 제조가 요구되는 경우에는 수지가 처리된 단판을 여러 장 적층해 제조하면 된다.

단판의 경우 석탄산수지를 주입시킨 다음 적층을 통해 원하는 규격의 판상제품을 제조할 수가 있는데 수지의 흡수가 용이한 생재 단판과 온도 21~38oC인 수지액을 사용하는 것이 바람직하다. 0.8mm 두께의 생재 단판의 경우 수지율(solids content) 30~60%의 수지액에 침지하면 1~2시간 내에 확산에 의해 함지율(resin content) 25~35%까지 흡수된다. 얇은 단판에 있어서는 수지율 60~70%의 수지액을 사용하여 도부기에 1~2번 통과시켜 주면 모세관 작용에 의해 충분한 양의 수지가 흡수되며 비중이 높지 않은 두께 3.2mm까지의 단판은 압축 롤러 사이로 통과시켜 단판 두께의 1/2까지 단판을 압축시키게 되면 단판이 롤러를 벗어나면서부터 원래 두께로 회복되며 수지액을 흡수하게 되는데 이 경우 단판의 함수율은 20~30% 정도가 바람직하다.

1.6mm 이상의 두께를 지니는 단판인 경우 수지액이 담겨져 있는 용기에 단판을 한 장씩 침지하여 양면 모두를 적신 다음 여러 장씩 묶고 다시 수지액에 완전히 잠기도록 하여 위에 무거운 물체를 올려 둔다. 이것을 실린더 내부로 옮겨 가압 처리하는데 1.6mm 두께의 피나무나 사시나무 심재 단판의 경우 목재 무게만큼 수지율 30%인 수지액을 흡수하는데 2~3kg/cm2에서 15분간이 소요되며 1.6mm 두께의 자작나무 심재 단판의 경우 목재 무게만큼 수지율 30%인 수지액을 흡수하는데 5kg/cm2에서 2~6시간이 소요된다. 그 후 1~2일간 밀봉해 두어 확산에 의해 수지액이 단판 내에 고르게 분포되도록 한 다음 단판을 80~93oC에서 30분 동안 건조하면 대략 함수율 10% 상태에 도달하게 된다. 이처럼 100oC 이하의 온도를 적용하는 이유는 고온에 의해 야기되는 수증기압에 의해 수지가 재면으로 흘러나오는 것을 막아주기 위해서이다. 이 상태에서는 수지가 완전히 경화되어 있지 않기 때문에 155oC에서 30분간 인공건조를 통해 수지를 경화시켜 줌으로써 차후의 적층 및 열압 공정에서 단판이 압축되지 않도록 만들어 주어야 한다. 수지의 건조와 경화에 소요되는 시간은 인공건조실 내부의 최고 온도에 따라 달라지는데 여러 날에서 여러 주가 소요될 수도 있다.

수지 처리 비압축목재는 석탄산수지로 처리되었기 때문에 대개 적갈색을 띠게 된다. 대부분의 페인트와 니스에 의한 도장 처리가 가능하며 거의 모든 접착제에 의한 가공도 가능하다. 소재나 합판에 비해 수지 처리 비압축목재는 치수 안정성이 더 좋고 할렬의 발생도 현저히 줄어들 뿐만 아니라 압축강도도 개선되나 휨강도와 강성의 개선은 미미하며 충격 휨강도가 저하된다. 또한, 생물 침해의 원인이 될 수 있을 만큼 충분한 양의 수분이 수지 처리 비압축목재의 세포벽 내부에 존재하지 않기 때문에 부후, 흰개미, 해양 천공충 등의 침해에 대한 저항성 생물의 침해에 대한 상당한 저항성을 나타내며 산, 열, 및 전기에 대한 저항성도 우수하다. 수지 처리 비압축목재는 절삭 가공 시 경화된 석탄산수지로 인해 칼날이 무디어지나 소재에 비해 할렬이 덜 발생하게 된다.

3. 2. 2. 압축에 의한 고밀화

고밀화 방법으로는 함침에 의한 방법 이외에도 목재가 구조적으로 손상을 받지 않는 범위 내에서 압축시켜 고밀화시키는 방법이 있다. 압축에 의한 고밀화 목재는 방직용 북, 문고리의 손잡이, 운동용구의 헤드 등에 쓰이고 있다.

3. 2. 2. 1. 목재의 가소화

수분과 열은 목재에 있어서 가소제(可塑劑)로써 작용하게 된다. 평균 이용함수율에 근접한 목재의 함수율 조건에서 압축목재(compressed wood)를 제조하는 것이 바람직한데 실내용의 경우 함수율 6~8% 그리고 실외용의 경우 함수율 6~12% 조건에서 제조하면 수분의 출입에 따른 차후의 수축과 표면할렬을 최소화할 수 있다. 그러므로 목재의 가소성을 증대하기 위해서는 목재의 함수율보다는 온도를 높이는 것이 바람직한데 160oC 이상으로 가열하게 되면 중량 감소와 강도적 성질의 저하가 일어나기 때문에 그 이하의 온도로 가열하여야 한다.

단판의 경우 석탄산수지를 사용하여 세포벽에 주입한 다음 경화되지 않는 조건에서 건조하고 그 후 여러 장을 퇴적한 다음 열압기에서 압축하게 되면 압축률이 증가하게 된다. 60oC에서 8시간 또는 72oC에서 3시간 정도 처리하게 되면 석탄산수지는 그리 많이 경화되지 않으나 95oC에서 하루 또는 150oC에서 30분간 정도 처리하게 되면 경화된다. 그런데 미경화된 석탄산수지는 온도 상승에 따라 물보다 더 큰 가소화 능력을 나타내게 되고 반대로 경화된 석탄산수지는 온도 상승에 따라 물보다 더 작은 가소화 능력을 나타내게 되기 때문에 이런 성질을 잘 이용하게 되면 압축되지 않은 내부와 압축된 표면을 지니는 제품의 제조가 가능해진다. 미경화된 상태에서 열압하는 경우 침엽수재 적층재(laminate)는 압력 35kg/cm2에서 비중 1.20 그리고 압력 70kg/cm2에서 비중 1.30을 나타내는 반면 경화된 상태에서 열압하는 경우 침엽수재 적층재는 압력 70kg/cm2에서 비중 0.85~0.95를 나타내게 된다.

3. 2. 2. 2. 수지 처리 압축목재(Compreg)

수지 처리 압축목재는 목재 내에 주입된 수지가 경화되기 이전에 압축된다는 점을 제외하고는 수지 처리 비압축목재와 비슷하다. 즉, 목재를 수지로 처리한 다음 가열과 압축을 통해 수지를 경화시켜 수지 처리 압축목재를 제조하게 되는데 송진을 지니지 않는 대부분의 수종의 목재가 제조에 사용될 수가 있다. 수지 처리 비압축목재와 마찬가지로 대개 수용성 석탄산수지가 함침된 생재 단판을 적층한 다음 요구되는 비중과 두께로 압축시키게 된다. 이러한 수지 처리 압축목재의 제조 시 소재보다는 생재 단판을 주로 사용하는 이유는 단판이 소재보다는 석탄산수지의 흡수가 용이하고 또한 열압 이전에 석탄산수지를 쉽게 건조할 수 있기 때문이다.

미경화된 석탄산수지는 목재에 가소성을 부여해 주기 때문에 이런 성질을 이용하여 수지 처리 압축목재를 제조할 수가 있다. 함지율 35% 이상인 경우에는 수지가 함침된 단판과 단판 사이에 접착제를 개입시키지 않은 상태에서 제조가 가능한데 이는 집결시간 동안 압축으로 인해 단판으로부터 처리된 수지가 흘러나와 접착제 역할을 하기 때문이다. 반면, 단판의 함지율이 30% 미만인 경우에는 70g/m2 정도의 접착제를 도부한 다음 열압으로 제조하여야 한다. 함지율 25~30% 수준에서 70kg/cm2 및 125~150oC 조건에서 열압하게 되면 비중 1.3~1.4 정도의 수지 처리 압축목재 제조가 가능해진다. 비중 1.35 이상인 수지 처리 압축목재는 이보다 비중이 낮은 것에 비해 할렬이 더 잘 발생하기 때문에 비중 1.4 이상이 되지 않도록 압축해 주는 것이 바람직하다.

열압 시의 고온에 의한 할렬을 방지하기 위하여 수지 처리된 단판은 적층하기 이전에 함수율 2~4% 수준으로 미리 건조하여야 하는데 수지가 경화되지 않도록 30oC 이하에서 건조해 주면 된다. 이렇게 예비 건조된 단판의 열압을 통해 수지를 경화시켜 줌으로써 수지 처리 압축목재가 제조되는데 열압 온도가 높을수록 할렬의 발생이 더 심한 경향이 있다. 얇은 단판의 경우 140~150oC로 가열하여 단판 내부의 온도가 150oC를 30~40분간 유지하도록 하여 수지를 완전히 경화시킨다. 그러나 두께 3mm 이상인 단판은 125oC 이하로 열압해 주는 것이 바람직한데 이는 수지의 경화 시 발열반응으로 인해 단판의 내부 온도가 150oC 이상이 되어 스스로 탄화점까지 상승될 수 있기 때문이다. 따라서 목재의 두께가 2cm 이상인 것을 사용하여서는 안 되며 두께가 두꺼운 수지처리 압축목재를 제조하고자 하는 경우 얇은 단판을 여러 장 쌓는 방식으로 제조하는 것이 바람직하다.

수지 처리 압축목재는 연삭이나 절삭 가공에 의한 소지 조정 후 서로 또는 소재와의 접착이 가능한데 물의 비점보다 낮은 온도에서 경화되는 레졸(resole)형 석탄산수지와 레조르시놀수지가 가장 만족할만한 결과를 보이는 것으로 알려져 있다. 일반적인 목공용 칼날은 빨리 마모되기 때문에 대개 금속용 칼날로 절삭 가공을 하게 된다. 고운 사포에 의한 연삭과 연마를 통해 높은 광택이 부여되며 알코올이나 아세톤과 같은 유기용제에 대한 저항성이 매우 크다.

그림 3-2-1. 수지 처리 압축목재

수지 처리 압축목재는 무처리 압축목재보다 치수 안정성이 우수하며 수지 처리 비압축목재와 비교해 볼 때 길이 및 폭 방향 치수 안정성이 유사하나 두께방향 팽창률은 더 큰 편이다. 또한 수지 처리 압축목재는 소재보다 부후나 흰개미 등의 침해에 대한 저항성, 전기절연성 등이 더 크며 수지 처리 비압축목재보다 침투성이 작고 산에 대한 저항성이 더 큰 편이고 높은 밀도로 인해 내화성이 더 우수하다. 수지처리 압축목재의 대부분의 강도적 성질은 충격에 대한 저항성을 제외하고는 비중의 증가에 따라 커지게 되는데 특히 경도와 내마모성의 증대가 현저하다.

수지 처리 압축목재는 2차 세계대전 당시 목제 비행기 프로펠러 부재, 배의 스크루 베어링(screw bearing) 등으로 사용되었으며 그 외의 용도로는 주물틀, 볼트와 넛트, 항공기 프로펠러 부재, 기어, 방직용 북, 칼의 손잡이, 전기절연체 등을 들 수가 있다(그림 3-1-7).

3. 2. 2. 3. 무처리 압축목재(Staypak)

무처리 압축목재는 압축으로 인해 야기되는 내부 응력을 이완시켜 주기 위해 목재의 구성 세포를 서로 붙여주는 접착제 역할을 하는 리그닌이 충분히 유동될 수 있는 조건 하에서 목재의 비중이 적어도 1.3이 되도록 압축해 제조하게 된다. 송진을 다량 지니는 수종은 무처리 압축목재의 제조에 적당하지 않으며 추재는 비중이 크기 때문에 춘재만큼 압축되지 못하며 옹이 또한 압축이 잘 되지 않기 때문에 옹이를 지니지 않는 판목재가 바람직하다.

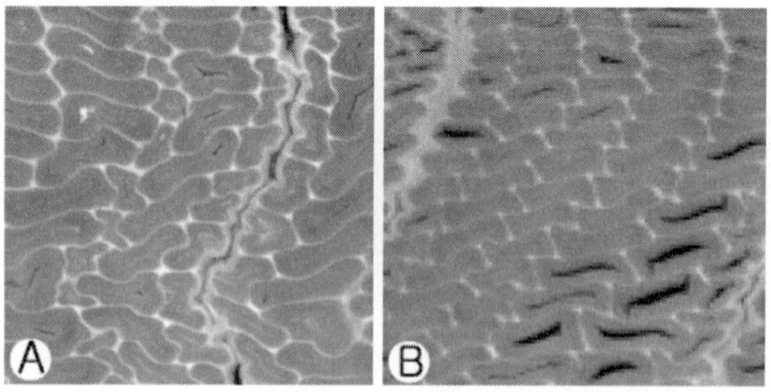

그림 3-2-2. 가문비나무 무처리 압축목재에 있어 수침-건조 시험 전(A) 및 스프링백(B)에 의한 추재 가도관 공극 변화

수지 처리 압축목재는 세포벽 내부에 처리된 수지가 경화되어 있어 단단한 상태를 나타내기 때문에 치수 안정성은 있으나 충격에 대한 저항성이 약한 편이다. 따라서 충격에 대한 높은 저항성이 요구되는 경우 목재에 수지를 처리하지 않고 그대로 압축시킨 무처리 압축목재를 제조하여 사용하면 된다. 그러나 무처리 압축목재는 제조 시 두께 방향으로 압축응력을 받기 때문에 수분에 노출되었을 때 큰 두께 팽창률을 보이게 되는데 이는 건조에 의해서도 사라지지 않는 영구적인 팽창인 스프링백(springback)에 기인하게 된다. 즉, 무처리 압축목재는 수분과의 접촉 시 수분에 의한 팽창뿐만 아니라 스프링백에 의해서도 두께가 증가하게 되며 반대로 건조 시 스프링백 부분은 수축되지 않고 수분에 의해 팽창된 부분만 수축되는 두께 감소를 보이게 된다(그림 3-1-8). 그러므로 무처리 압축목재의 내부에 존재하는 응력 때문에 발생하는 추가적이면서도 불가역적인 팽창인 스프링백을 최소화시킬 수 있는 열압 조건으로 가압하여 제조하여야 하는데 온도가 높고 가열시간이 길며 목재의 함수율이 높을수록 스프링백은 작아지게 된다.

무처리 압축목재의 치수 안정성이 요구되는 경우 사용 장소에 알맞은 기건함수율 조건과 비슷한 목재 함수율 조건에서 제조하여야 하며 충격에 대한 저항성의 요구 조건을 만족할 수 있는 온도에서 제조되어야 한다. 1.5~2.0cm 두께의 무처리 압축목재 제조 시 목재의 가소화에 필요한 수분이 온도가 높을수록 횡단면으로 소실되기 쉽기 때문에 수분 증발이 일어나는 100oC 부근에서 신속히 가압하여 수분을 목재 내부에 갇히게 하고 170oC 정도로 온도를 상승시켜 최소한 30분간 유지한 다음 100oC 정도로 냉각하고 해압하여 제품을 꺼내게 된다. 스프링백을 최소화하는 조건에서 제조한 무처리 압축목재는 횡단면을 제외한 부분의 재색이 암색화되어 있는데 이는 횡단면에서는 일부의 수분이 항상 빠져 나가게 됨으로서 목재의 온도가 높이 상승되지 못하였기 때문이다. 무처리 압축목재에 있어서 잘라낸 횡단면의 재색이 담색을 나타내는 부분은 수분에 의한 팽창이 심하며 반대로 암색을 나타내는 부분은 수분에 의한 팽창이 미미한 편이다. 따라서 암색화의 정도가 치수안정화의 지표가 되는데 이 암색화는 리그닌의 유동에 의한 것으로써 가소화된 리그닌은 압축에 의해 발생된 응력을 경감시키게 되기 때문이다. 목재 중의 리그닌은 대략 170oC 이상의 온도에서 가소화되어 유동성을 나타내기 시작하기 때문에 열압 시 높은 온도를 필요로 하게 된다.

소재의 표면만을 고밀화하는 방법도 있는데 그 방법은 다음과 같다. 목재의 표면을 급격히 260oC까지 가열하고 140~210kg/cm2의 압력으로 가압한 다음 가압 상태에서 냉각시킨다. 이 때 가열, 가압, 냉각이 순식간에 진행되도록 하여 목재를 가소화할 수 있는 열이 목재 내부로 2~3mm 정도만 침투되도록 하여 목재 내부의 비중은 거의 증가시키지 않으면서 표면 부근의 비중만 1.0까지 높일 수가 있다.

무처리 압축목재는 소재처럼 접착과 도장이 가능하나 고온에서의 압축으로 인해 재색이 상당히 짙은 색을 띠고 소재에 비해 무처리 압축목재는 수분의 흡수 속도가 느리며 치수 안정성이 더 우수하나 생물 침해에 대한 저항성은 증대되지 않는다. 무처리 압축목재의 강도적 성질은 소재보다 훨씬 더 우수하며 강도는 압축률에 거의 비례해 증가하는데 충격에 대한 저항성의 증가가 가장 현저하다.

무처리 압축목재는 수지 처리 압축목재와 광택이 유사하고 강도적 성질 역시 비슷하지만 충격에 대한 저항성은 수지 처리 압축목재보다 훨씬 큰 편이다. 잘라낸 횡단면의 재색이 담색을 나타내는 치수 안정성이 나쁜 부분을 제거한 다음 사용하여야 한다. 이 경우 석탄산수지를 5% 정도 미리 주입하여 무처리 압축목재와 수지 처리 압축목재의 중간 제품인 반수지 처리 압축목재(semi-compreg)를 제조하여 사용하면 이런 문제점을 해결할 수가 있으나 이 반수지 처리 압축목재는 수지 처리 압축목재보다 팽창률이 현저하게 큰 편이다.

무처리 압축목재는 기구 손잡이, 운동용구의 헤드 등으로 사용되고 있다.

3. 3. 내화처리

3. 3. 1. 목재조성분과 목재의 열분해

3. 3. 1. 1 목재조성분의 열분해

목재는 셀룰로오스, 리그닌 및 헤미셀룰로오스의 주성분과 추출물 등의 부성분으로 이루어져 있는데 목재에 열이 가해지면서 온도가 상승하면 어느 시점에서 분해하기 시작하는데 목재 구성성분들은 열분해는 다음과 같다.

①셀룰로오스

목재를 가열하면 글루코오스부터 아세트알데히드, 프로피온알데히드, 부틸알데히드, 아세톤, 푸르푸랄그리옥살 및 5-메틸푸르푸랄 등을 생성하며 셀로비오스 분해에서는 β-1, 4-결합이 절단되면 뒤이어 글루코스의 경우와 같은 화합물을 생성한다. 셀룰로오스의 열분해 생성물은 글루코오스 경우와 거의 같다. 셀룰로오스 초기의 열분해는 탈수에 의한 케톤을 생성하며 뒤이어 ketene을 생성한다. 간단한 케톤으로서는 셀룰로오스로부터 아세톤을 생성한다. 셀룰로오스는 결정영역과 비결정 영역에서 열에 대한 반응성이 다르다.

결정영역 셀룰로오스를 열분해시키면 acetaldehyde, actone 등이 생성되며 비결정 셀룰로오스를 열분해하면 분해 초기에 푸르푸랄(furfural)과 푸란(furane)의 생성량이 급격히 증가한다.

②헤미셀룰로오스

헤미셀룰로오스 열분해에서는 타르보다도 가스가 많이 생성되며 셀룰로오스와 마찬가지로 수용성 건류물을 생성하지만 셀룰로오스와 다른 점은 레보글루코산을 생성하지는 않는다는 것이다. 목재를 열분해 시키면 다량의 초산을 생성하는데, 이것은 헤미셀룰로오스의 열분해에 의해 생성되는 것이며, 헤미셀룰로오스로부터 포름알데히드, 일산화탄소, 수소 등의 열분해 생성물이 생성된다. 헥소스로부터는 3분자의 초산이 생성되며 또한 펜토오스로부터 푸르푸랄 및 푸란유도체를 생성한다.

③리그닌

리그닌은 열분해에 의해 방향족 화합물을 생성하는 것이 특징이다. 또한 셀룰로오스의 열분해에 비교하여 열분해에 대한 저항성이 높아 목탄의 생성량이 많다. 리그닌이 열분해 되면 vanillin, syringaldehyde, guaiacol, catechol, O-cresol, phenol, 2,5-xylenol 등의 열분해 산물이 생성된다.

3. 3. 1. 2 목재의 열분해

목재를 용기 내에서 공기를 차단하고 가열하면 수분이 증발하여 건조되고 더욱 가열하게 되면 180℃부근부터 연기를 내면서 검게 변하기 시작하는데 계속적인 가열에 의해 연기가 나지 않게 되고 검은 잔류물, 즉 목탄(숯, charcoal)이 남게 된다. 연기는 냉각시키면 가스와 액체로 분리되며 이 액체를 가만히 나두게 되면 상하의 2층으로 분리되는데 상층의 적흑색 수용액을 목초액(pyroligneous liquor) 그리고 하층의 걸쭉걸쭉한 검은 기름을 목타르(wood tar)라고 부른다.

완전히 건조된 목재를 가열하여 온도를 30분간에 200℃로 상승시켜 200℃에서 15분간 유지하고 그후 15분간에 300℃로 상승시켜 300℃에서 15분간 유지시킨다. 이와 같이 하여 온도를 1100℃까지 상승시켰을 때 가스의 발생량을 측정해 보면 그림(3-3-1.)과 같다. 가스의 발생은 180℃ 부근에서 시작되는데 불을 가까이 갖다 대면 인화는 되지만 불꽃은 지속되지 않는다. 그러나 250~290℃에서는 인화되면 불꽃은 지속된다. 더욱이 350~450℃가 되면 온도가 급격하게 상승되어 자연 착화된다. 가스 발생의 경과를 이산화탄소(CO2), 일산화탄소(CO), 메탄가스(CH4), 메탄 이외의 탄화수소(CmHn), 수소(H2)를 관점으로 본다면 그림 3-3-2와 같다.

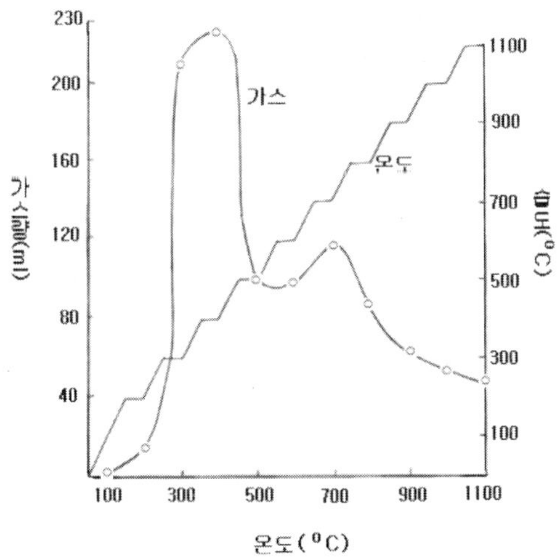

그림 3-3-1. 100℃당 가스의 발생량

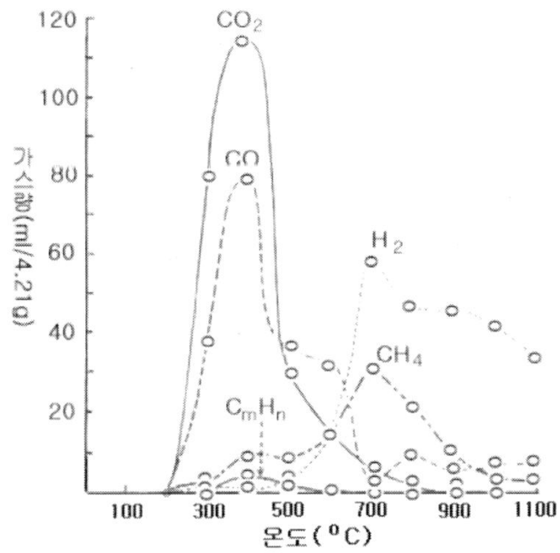

그림 3-3-2. 탄화과정에 있어서 가스의 변화

목재 성분 중에서는 헤미셀룰로오스가 가장 분해되기 쉬워 200~260℃에서 분해되며 다음으로 셀룰로오스가 240~350℃ 그리고 리그닌이 가장 분해되기 어려워 280~500℃에서 분해된다.

3. 3. 2. 목재의 연소

목재가 연소되는 경우는 보통 우선 목재가 가열에 의해 분해되고 그 때 발생하는 가연성 가스가 연소되는 것이다. 주된 가연성 가스는 일산화탄소, 메탄가스 및 수소이며 불꽃을 내며 타기 때문에 이 현상을 불꽃 연소라고 부르는데 이 때 유리된 탄소가 빛을 내기 때문에 빛나게 되는 것이다. 그러나 공기가 불충분하다면 탄소는 검은 색의 그을음으로써 방출된다. 또한 불꽃이 소멸된 다음 남게 되는 탄화물이 불꽃을 내지 않으면서 계속 타는 현상을 표면연소라고 부른다. 목재는 비중이 작을수록 열분해되기 쉬워진다. 따라서 발화(착화, ignition)에는 비중이 높은 목재일수록 오랜 시간이 걸린다.

목재의 연소성, 즉 발화 및 연소(burning, combustion) 속도는 수종, 함수율, 온도, 크기 및 구조물의 종류에 따라 달라지게 된다. 수종에 따른 경우 추출물(주로 수지)의 양이 가장 큰 영향을 미친다. 목재의 조직 구조 역시 중요한 인자가 되고 있는데 도관에 타일로시스(tylosis)가 발달되어 있지 않은 활엽수재의 경우처럼 긴 개구성의 통로를 지니는 수종의 목재일수록 연소성이 양호해 진다. 침엽수재의 가도관은 길이가 짧고 끝이 막혀 있기 때문에 연소성에 나쁜 영향을 미치게 된다. 목재의 횡방향에 비하여 축방향의 연소는 그 속도가 2배 정도 더 빠른 편이다. 목재 내에 존재하는 수분은 발화와 연소의 진행을 어렵게 만들어 주는 원인으로 작용하게 된다. 재온이 상승함에 따라 목재의 연소성은 더 양호해지는데 일반적으로 250℃ 부근에서는 발화에 화염원이 필요하지만 500℃ 이상이 되면 톱밥이나 목재

삭편의 큰 더미 내부에서의 경우처럼 외부로부터의 가열 열원 없이도 스스로 발화하게 되는 것으로 알려져 있다. 목재의 크기가 작아질수록 그리고 공기의 흐름이 양호한 구조물일수록 발화 및 연소가 더 쉬워진다.

목재의 열전도율은 금속에 비하여 낮기 때문에 외부로부터 가열되는 경우 표면으로부터 서서히 열분해(그림 3-3-3)되어 강도가 단계적으로 저하되지만 철이나 알루미늄은 급격히 저하된다. 화재 때 철골 구조물이 엿가락처럼 휘어지는 것은 이러한 이유 때문이다. 목조 주택이라고 하면 불에 약하다고 자주 말하게 되는데 그것은 목재가 유기물이므로 조건만 갖추어지면 불꽃을 내며 타게 되기 때문에 그럴 것이다.

목재는 가열되면 분해되어 가연성 가스가 발생되고 그것이 연소되는데 더욱이 그 열로 주위의 목재가 가열, 분해되어 연소가 계속 이루어지게 된다. 그러나 목재는 비중이 낮아 열이 잘 전달되지 않고 연소는 표면으로부터 점점 안쪽으로 향해 진행되는데 내부에서는 산소가 부족하여 더욱 열전도율이 낮은 탄화층이 형성된다. 목재는 금속재료보다 화재에 강하다고 말할 수 있다. 그것은 금속재료는 열에 의해 연화되어 버리는데 반해 목재는 표면으로부터의 탄화 속도가 비교적 느려 1분에 0.6 mm 정도로 30분 경과해도 18 mm 정도, 즉 목재의 양측으로부터 보아도 36 mm 정도의 두께 감소만 일어나기 때문에 목재가 충분히 크고 두꺼우면 목재의 강도는 급격하게 줄어들지 않게 된다. 늘 이야기 되고 있는 목조주택의 큰 화재 피해는 큰 단면의 목재를 사용하면 상당히 막을 수 있다는 이야기이다.

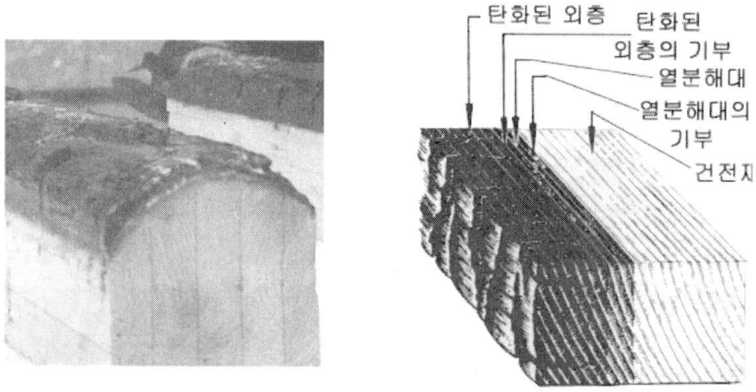

그림 3-3-3. 탄화의 진행 단계

3. 3. 3. 목재의 내화처리

생활환경에 가연성 물질, 특히 목재를 다량으로 사용하는 경우에는 화재가 많으며 화재의 발생시 사고는 불에 타 죽는 것보다 질식에 의한 사망이 많다. 그 원인은 유독 가스와 산소의 결핍에 의한 것이다. 유독 가스에 관하여는 발생하는 절대량과 발생 속도가 문제가 된다. 최근처럼 합판 등과 같은 얇은 목재를 다량 사용하고 있는 건물에서는 화재시 단시간에 불의 세력이 강해지며 한 번에 다량으로 일산화탄소와 같은 유독 가스가 발생하게 된다. 또한 새로운 형태의 건자재나 도료, 의류 등에 다량으로 사용되고 있는 합성고분자는 화재시 다량의 연기를 발생하여 정신적인 쇼크를 불러일으키게 되며 또한 포스겐(COCl2), 청산(HCN) 등의 맹독성 가스를 발생하는 것도 있기 때문에 밀폐된 가옥의 구조와 함께 화재에 있어서 인사사고가 많은 원인이 되고 있다.

목재의 내화 방법에는 2가지가 있다. 첫 번째는 내화제(방화제, 난연제 또는 방염제라고 부름)를 목재에 주입하여 목재가 가열된 경우 불꽃이 일어나지 않으면서 탄화되도록 하는 방법이며 두 번째는 발포성 내화도료를 도포하여 목재의 가열된 부분의 도막이 해면상으로 부풀어 오르게 하여 화염에 대한 차단층을 만들어 주므로써 도막 내부에 있는 목재로의 열전달을 방해하는 방법이다.

내화약제로써는 인산수소2암모늄((NH4)2HPO4), o-붕산(H3BO3), 황산암모늄((NH4)2SO4) 등이 이용되고 있다. 이들 약제의 내화작용은 매우 복잡한 화학반응에 의해 이루어지게 된다. 일반적으로 내화약제는 발화점보다 낮은 온도에서 작용하기 시작한다. 이들 약제는 연소 초기단계에 발생하는 가연성 가스를 희석시켜 주므로써 연소과정을 지연시키게 된다. 이런 과정중에 목재의 외층에 형성된 탄화층이 목재 내부로의 계속적인 열 전달 및 목재 내부로부터의 계속적인 가연성 가스 방출에 대한 차단층 역할을 하게 된다. 인산계 내화약제를 목재에 주입하고 연소시험을 시행한 결과와(그림 3-3-4.) 내화약제를 목질계보드에 도포하여 연소시험을 시행한 결과를(그림 3-3-5.) 보면 그림과 같이 탄화면적이 감소하여 내화성이 증가하는 것을 알 수 있다.

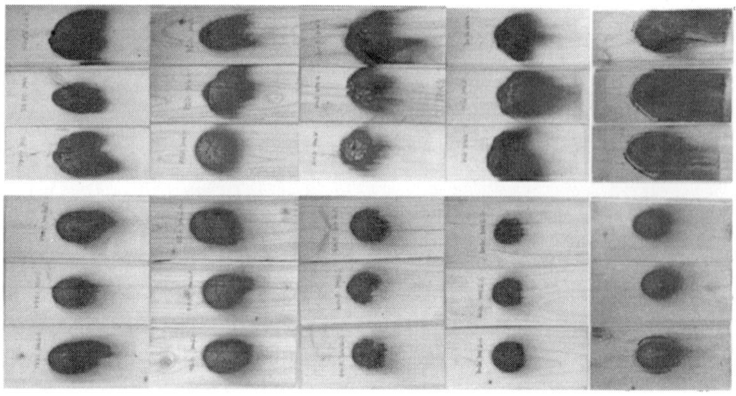

그림 3-3-4. 무처리목재와 내화수지를 주입하는 방식으로 내화처리한 목재의 45°연소시험 결과

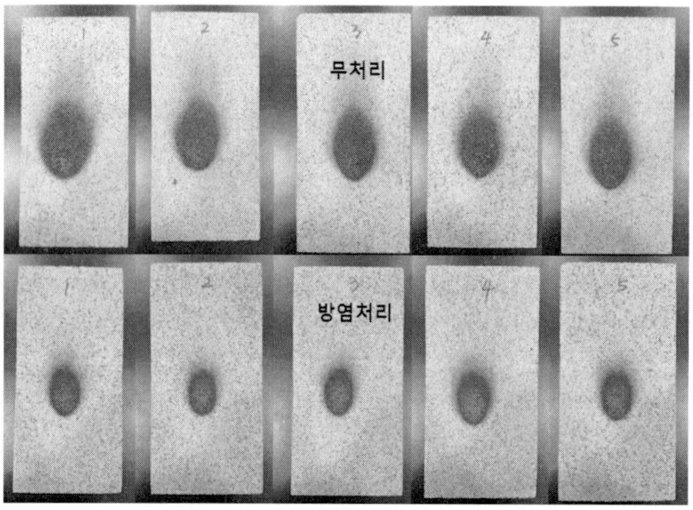

그림 3-3-5. 무처리보드와 내화수지를 도포하는 방식으로 내화처리한 보드의 45°연소시험 결과

내화도료는 요소, 티오요소(thiourea), 멜라민 등의 아미노계 합성수지에 인산계 화합물을 첨가한 발포성 내화도료와 붕사 등을 첨가한 비발포성 내화도료가 있다. 장식용 목적으로 사용되고 있는 대부분의 일반 도료는 일상적인 두께의 도막으로 도장만 된다면 그 자체가 목제품의 연소성을 약간 저하시켜 줄 수가 있다. 그러나 화재로부터 목제품을 효과적으로 보호해 주기 위한 목적으로 내화성을 지니는 도료가 개발되어 시판되고 있다. 내화도료는 대개 표면 연소성이 낮은 특징을 지니고 있다. 도막층이 불에 노출됨에 따라 밀도가 낮은 막으로 팽창(발포 등을 일으키게 됨)하게 되고 그 아래에 있는 목재를 열로부터 차단시켜 주는 차단층 역할을 나타내게 되므로써 결국 연소를 지연시키게 된다. 내화도료에 포함되어 있는 또 다른 성분들이 화재에 의해 방출되어 나오는 가연성 증기의 연소를 억제해 주게 된다. 이러한 도료에는 휘발성의 가연성 가스의 형성보다는 탄화층과 수분

으로 목재 표면이 분해되도록 조장해 주는 화학물질이 함유되어 있는 경우도 있다. 대부분의 내화도료는 내장용으로 제조되고 있다.

내화도료의 내구성을 향상시켜 주기 위하여 내화도료 위에 일반 페인트를 도장해 주는 경우도 있다.

합판의 내화 경우에는 표면도장에 의하지만 얇은 표판을 붙여 주는 접착층에 내화제를 첨가해 줌으로써 이 층에 의한 발포, 단열작용을 이용하는 방안도 있다.

3. 4. 폭쇄처리

3. 4. 1 목재칩의 폭쇄처리

증기폭쇄는 1926 년 Mason 등에 의해 바이오매스의 전처리 공정으로 개발되었다. 이 과정에서 목재 칩은 메소나이트건에 나사 로딩 밸브를 통해 공급되고 칩들은 약 285 ° C의 온도 및 3.5 MPa의 압력으로 약 2 분동안 가열된다. 수증기압력은 약 5 초 동안에 약 7 MPa로 (70 bar)까지 급격히 증가하고 칩은 오리피스 (슬롯 포트)를 통해 급격히 대기압상태로 배출된다. 이 급작스런 감압과정을 통해 바이오매스 섬유의 단단한 구조가 파열되고 갑작스셀룰로오스 번들의 반응성이 커진다. 처리시간, 처리온도 등에 따라 폭쇄처리는 목재를 작은 크랙의 발생부터 완전한 해섬까지 여러 단계로 변화시킬 수 있다. 폭쇄처리는 다른 목재처리와 비교하여 화학약품을 사용하지 않고 헤미셀룰로오스 수율이 증가하며 처리장치의 열화가 다른 화학처리에 비해 미미한 이점이 있다.
증기폭쇄는 친환경적인 펄프생산방법이 될 수 있고 바이오 에탄올이나 바이오 가스 생산에 적용될 수도 있으며 목재펠릿의 전처리공정으로도 각광받고 있다. 증기폭쇄에 목재 중의 리그닌은 세포벽에서 방출 및 분산, 연화되어 기존의 목재 펠릿보다 어두운 색에서 갈색이며 더욱 딱딱하고 안정적이며 밀도가 630-750kg에 달하여 종래 목재 펠릿에 비해 상대적으로 가치가 높아진다.

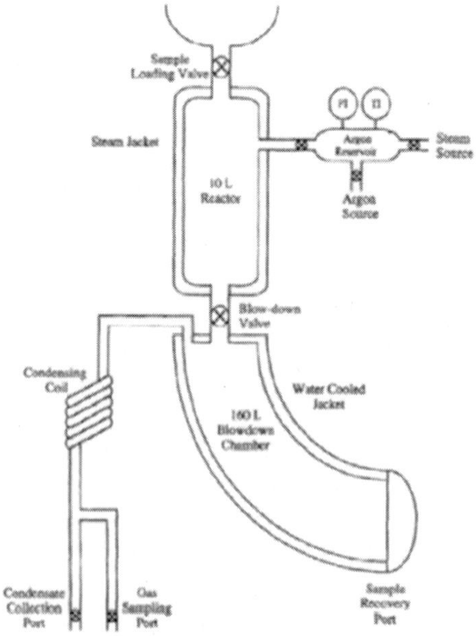

그림 3-4-1. 배치식 폭쇄처리 장치

증기폭쇄장치는 연속 또는 배치 모드에서 실행할 수 있는데 배치식 반응기는 실험실 수준의 전처리에 일반적으로 사용되는 반면에 연속적인 시스템은 일반적으로 대규모로 산업용으로 사용된다. 배치시스템은 그림 3-4-1처럼 처리하고자 하는 재료를 용기에 넣고 밸브를 닫고 스팀을 도입하여 일정시간 유지한 후에 감압하는 방식으로 폭쇄처리를 하게 된다. 배치 반응기의 작동방식은 단속적으로 반응기 내에 재료를 장전하고 밀폐한 상태로 처리시간동안 원료공급이 중단된 상태에서 스팀에 의한 폭쇄가 진행된다.

연속 시스템은 보다 복잡하고 대규모의 산업제조공정에 사용된다. 그림 3-4-2는 연속 반응기의 예를 도시하고 있는데 재료를 스크류피더를 이용하여 다이제스터에 공급하고 쵸크콘에 고압이 가해지고 이때 발생하는 배압이 재료에 가해지며 이때의 압력은 수동으로 조절되어진다. 다이제스터에서 재료는 인입측에서 출구쪽으로 스크류형태의 축의 회전에 의해 이동하는데 스팀은 노즐을 통해서 가해진다. 폭쇄시간은 축의 회전속도에 의해 정해지고 다이제스터의 끝부분에서 밸브를 통해 대직경의 배출통으로 배출되면서 폭쇄가 이루어진다. 밸브의 개폐는 타이머 또는 회전축의 토크를 감지하여 조절할 수 있다. 밸브에 의해 내부의 높은 압력을 순간적으로 개방하여 급격한 압력강하를 유발하고 이러한 압력변화는 바이오매스의 용적을 크게 확장하며 동시에 섬유를 급격하게 파단한다.

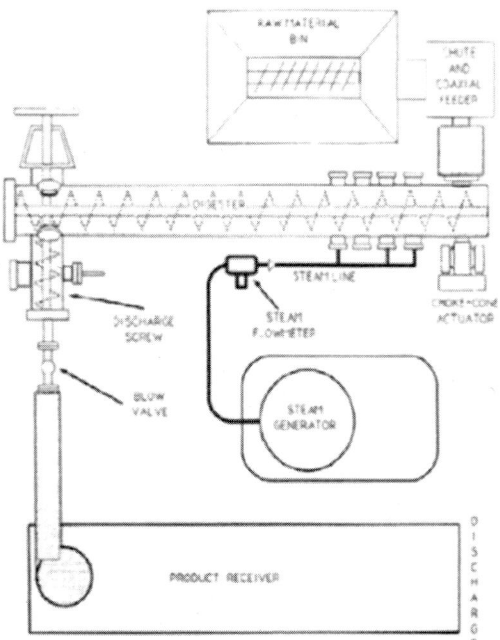

그림 3-4-2. 연속식 폭쇄처리 장치

3. 4. 2 목재의 폭쇄처리

목재의 폭쇄처리는 밀폐된 용기 내에 처리하고자 하는 재료를 넣고 압력과 온도를 높인 후 일정시간 유지하고 팽창밸브 등을 이용하여 짧은 시간에 대기압상태로 변화시켜 고압증기를 급격하게 팽창시키면서 이때 발생하는 커다란 운동에너지를 이용해서 고체재료의 물성을 변화시키는 방법은 유지하면서도 목재구성세포의 전반적인 파괴나 변형을 유발할 정도의 폭쇄압력보다 훨씬 적은 폭쇄압력을 적용하여 목재의 대부분의 조직구조를 유지하면서 적은 압력으로도 조직변화가 국부적으로 이루어지는 방식이다. 전반 폭쇄처리는 파이버보드의 원료를 만드는 방법으로서 개발되어 미국에서는 이 방법을 이용하여 섬유판의 제조공정에 이용하였고 최근에는 각종 제조 및 화학공업 그리고 바이오매스연구에 이용되고 있다. 국소폭쇄처리는 목재의 건전성을 유지하면서 목재의 물성을 개선하기 위해서 폭쇄를 적용하는 방법으로서 예전의 폭쇄법을 완만한 조건으로 수정하여 목재의 건전성은 손상하지 않으면서 투과성의 저해요소만을 제거하는 방법이다. 즉 과열증기의 온도를 조절하여 10기압 이하의 압력으로 목재를 폭쇄처리하면 목재의 건전성은 거의 변화하지 않으면서 목재세포방향으로 세포내강 속에 존재하던 불순물이 제거되고 목재세포와 세포사이의 연락통로인 막공의 투기성이 개선된다. 즉 유연막공 중에는 생명활동으로 인해 막공구가 폐색되는 경우가 많은데, 이 폐색막공은 목재의 유체투과성을 크게 저하시킨다. 과열증기폭쇄처리는 이렇게 폐색된 막공이나 세포내강속의 불순물을 제거하여 투과성이 개선되어 건조속도가 상승하고 건조결함이 감소하여 건조에 의한 목재손상이 줄어든다. 또한 과열증기에 의한 고온에 의해 재색이 변화하고 목재구성성분에 존재하는 친수성수산기가 일부 감소하여 수분변화에 따르는 치수변화가 감소한다.

폭쇄처리에 의한 목재의 투과성개선은 건조특성의 개선이외에 약제주입 등의 목재 내의 물질이동효과를 크게 증가시킨다. 특히 투과성이 나쁜 목재 심재의 투과성을 개선시켜 건조특성과 약품처리성이 개선된다. 또한 함수율이 높은 상태의 목재는 세포내강의 자유수의 온도를 높여 이를 이용하게 되므로 건조개선효과가 커지게 된다. 그림 3-4-3과 그림 3-4-4은 각각 폭쇄처리장치에 목재를 투입하는 과정과 폭쇄처리의 과정을 나타내고 있는데 처리하고자 하는 목재는 실적으로 잔적하고 온도와 압력이 증가하면 기밀성유지가 중요하다. 폭쇄압력은 증기온도로 조절하는데 목재내부의 온도가 중요한 처리인자가 된다. 따라서 처리하고자 하는 목재의 두께에 따라 처리시간을 조절해야 한다. 폭쇄 시에는 가능한 짧은 시간에 압력상태를 바꾸어 주어야하기 때문에 반응성이 우수한 전자밸브를 이용하게 된다. 또한 폭쇄 시 급격하게 고압의 증기가 빠져나가면서 커다란 소음이 발생하기 때문에 소음저감장치가 장착되어 있다.

그림 3-4-3. 폭쇄장치에 목재 투입

그림 3-4-4. 폭쇄장치 가동

그림 3-4-5와 그림 3-4-6은 신갈나무 목재시험편을 온도 159℃의 과열증기로 10분간 유지한 후 폭쇄처리하는 과정을 3회 반복한 경우의 기체투과성의 변화를 나타내고 있다. 기체의 압력을 증가시킬 때 기체유동량과의 관계를 나타내고 있는데 폭쇄처리한 목편이 미처리목재보다 기체유동량이 증가하는 것을 알 수 있다.

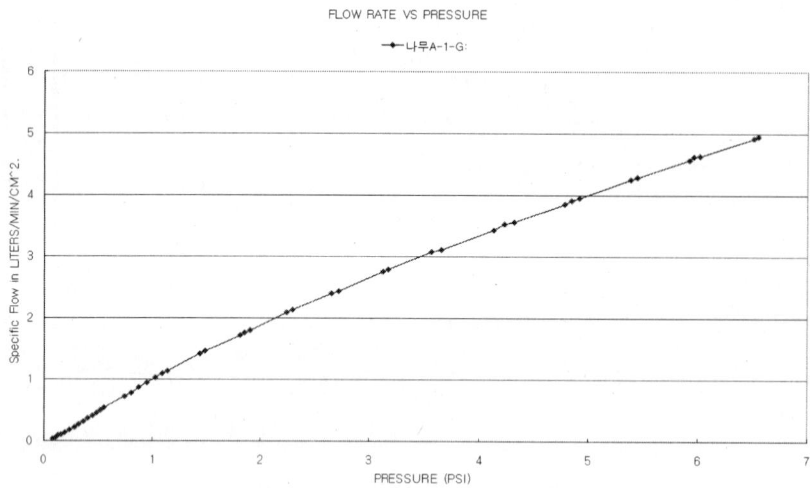

그림 3-4-5 무처리재의 압력과 기체투과성의 관계 (신갈나무 섬유방향, 직경 35mm, 두께 10mm)

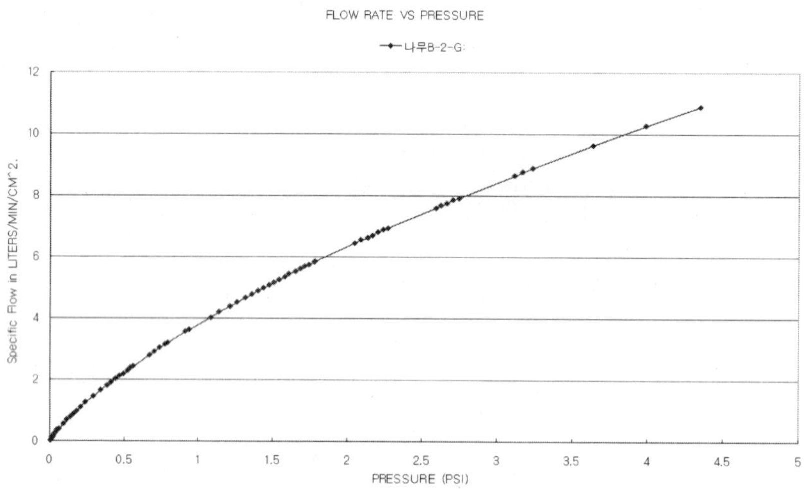

그림 3-4-6 폭쇄처리재의 압력과 기체투과성의 관계(신갈나무 섬유방향, 직경 5mm, 두께 10mm)

3. 5. 푸르푸릴레이선 처리

푸르푸릴레이선 처리는 목재의 치수안정성, 역학적성질 그리고 내충성 등을 개선하기 위하여 푸르루랄알코올을 목재내부에 침투시켜 고온으로 양생시킴으로서 목재재질을 개량하는 방법이다. 목재는 수많은 섬유로 구성되어서 탄력이 우수하고 자연스러운 색과 부드러운 질감으로 가공방법이 용이하지만 부패, 해충에 의한 피해 등으로 내구성이 약한 단점이 있으며 수분의 침투와 함께 이러한 단점들이 더욱 커진다. 또한 실외환경에 최근 사용이 늘고 있는 방부처리목재는 방부약제의 용탈로 인한 주변 환경오염, 부식에 의한 내구성 저하, 수분흡수로 인한 치수변동 등으로 보수비용이 많이 필요하고 수명이 짧아지는 단점이 있다.

목재에 furfuryl alcohol을 가압주입한 후 적당한 온도에서 건조처리하면 목재 내에서 목재 세포와 중합반응을 일으키며 이에 의해 질량이 증가하고 밀도가 커진다. 또한 색상이 짙어지고 강도적 성능과 내구성이 크게 개선되며 목제품의 최대단점인 주변수분변화에 따른 치수안정성을 현저하게 향상시킨다. 이때 사용하는 Furfuryl alcohol은 볏짚, 옥수수대 등 농업 부산물로부터 재련될 수 있으므로 농업부산물을 활용할 수 있어서 순환형자원이용의 한 부분이 될수도 있다. 한편 목재를 furfuryl alcohol처리하는 과정에서 수종, 처리온도, 가압시간, 가압압력 등에 따라 물성변화정도가 상이하고 치수안정성, 내구성, 역학적성질 등의 물성개선효과가 상이해진다.

푸르푸릴레이선 처리기술은 대용량 생산을 위한 각 수종별 Furfuryl alcohol 처리 적정 스케쥴은 아직 보편화되지 못하고 있는 실정이지만 일부 수종에 대하여 적정 스케쥴이 개발되고 목재품질개선효과가 증명되어 국제적으로 노르웨이 Kebony회사가 furfuryl 알콜 처리한 Kebony wood라는 개질목재로 상표등록을 하고 생산·판매하고 있으며 많은 연구기관에서 최근 관심을 갖고 연구를 시작하고 있다.

푸르푸릴레이선 처리에 의한 목재의 색체변화는 furfuryl alcohol의 중합반응과 furfuryl alcohol 가압투입처리이후에 수반하는 양생과정의 고온때문에 짙은 색으로 변하며 재목 내에서의 색체변이가 감소한다.

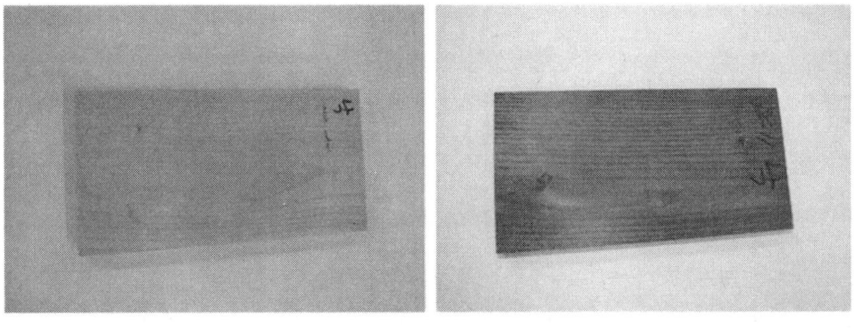

그림 3-5-1 Furfuryl alcohol 처리에 의한 재색변화(낙엽송)

푸르푸릴레이선 처리에 의해 목재의 밀도는 furfuryl alcohol을 가압주입하여 정착시키는 과정을 거치면서 무게가 증가하여 밀도가 증가한다. Furfuryl alcohol 처리 시 가압압력 주입 후 양생온도 등의 처리조건에 따라 처리 목재의 물성이 상이한데 100℃ 정도에서 처리하면 목재의 탄성계수가 증가한다. 이때 푸르푸랄알코올 가압주입압력, 가압시간, 처리온도등의 적정 처리조건은 가공하려는 목재수종에 따라 달라지는데 일부 투과성이 낮은 수종의 목재는 압력을 높여도 푸르푸랄알코올 가압주입이 어려우며 고투과성목재의 경우 처리압력이 높으면 과도한 양의 푸르푸랄알코올이 주입되는 경우가 있다. 주입 후 양생건조과정에서 목재세포와 푸르푸랄알코올 산의 중합반응이 일어나는데 양생건조 시의 건조온도는 푸르푸릴레이션 처리의 중요한 기술인자가 된다. 즉 적정 건조온도는 수종과 목재의 부위 등의 상태에 따라 상이하다. 건조온도가 과도하게 높으면 목재의 열분해가 가속되어 역학적성질이 크게 저하한다. 또한 표면이 변성되고 재색이 짙어진다. 반대로 건조온도가 적정온도보다 낮으면 목재세포와 푸르푸랄알코올 간의 중합반응이 진행되지 않아 목재물성제고효과를 기대하기 어려우며 재색변화도 미미하다.

Furfurylation 처리에 적용되는 고온은 목재 내 친수성 수산기들의 에테르결합을 유도 하여 친수성을 감소시켜 평형함수율이 감소된다. 즉 목재에 포함된 친수성수산기는 높은 온도에서 에테르결합하여 친수성을 일부 상실하기 때문에 목재의 흡습성이 낮아지며 처리목재의 평형함수율은 미처리재보다 훨씬 낮아지며 치수안정성이 향상된다. (그림 4-5-2) 또한 Furfurylation 처리에 의해 고온에서 열처리과정과 복잡한 화학반응을 일으켜 목재 내의 일부 성분을 개변시켜 부패균의 영양분을 제거하므로 균류의 부패저항력이 증가하여 생물학적인 내구성이 향상된다.

Furfuryl alcohol 처리에 의하여 목재의 역학적성질에도 변이가 발생하는데 목재표층의 경 도가 증가하며 정적탄성율, 동적탄성율 등의 역학적성질이 증가한다. 한편, 정적탄성율, 동적탄성율 등의 역학적성질의 증가는 목재의 밀도증가와 함께 나타나는데, 밀도증가에 대한 역학적성질 증가의 비율 즉 처리 전의 탄성율/밀도의 비의 수치와 처리 후의 탄성율/밀도의 비의 수치는 정적탄성율, 동적탄성율 모두 감소하는 경향을 나타낸다. 이는 비중에 대한 탄성율이 클수록 소리발생이 증가하는 현상에서 생각해 보면 푸르푸릴레이션 처리에 의해 목재의 충격음발생이 적어지는 것으로 해석할 수 있다. 따라서 푸르푸릴레이션 처리목재는 역학적성질의 개선과 치수안정성의 개선 그리고 바닥충격음의 저하 등으로 마루바닥재로의 적용이 기대된다.

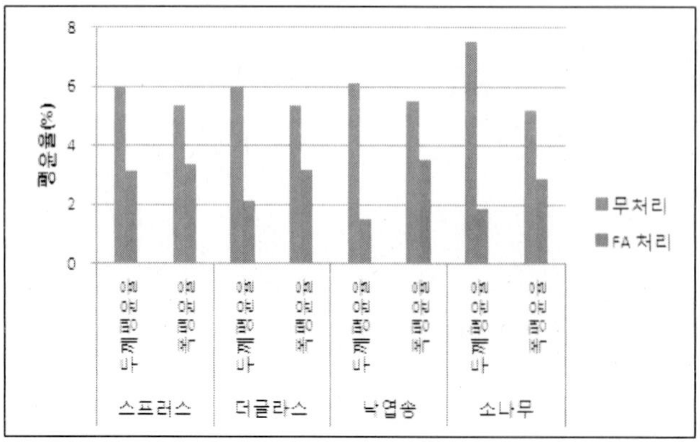

그림 3-5-2. Furfuryl alcohol 처리에 의한 팽윤율 변화

3. 6. 고온열처리

고온열처리는 목재건조방법의 하나로 고온건조가 적용되었는데 고온건조는 건조속도가 증가하여 에너지효율성이 증가하며 제어가 용이해진다. 그러나 고온에 목재가 노출되면 목재의 변성과 재색변화 그리고 역학적성질의 저하가능성이 있다. 목재가 고온에 노출될 때 나타나는 변성으로 주요 목재구성성분인 cellulose, hemicellulose, lignin등이 열화하며 열에 약한 정도는 성분에 따라 다르다. 한편 100℃이상의 가열에 의하여 목재 구성성분 중에 셀룰로오스는 결정영역이 증가하여 수분과의 친화성이 저하하고 헤미셀룰로오스는 열분해가 일어나며 리그닌은 카라멜화 하는 것으로 알려져 있다. 또한 목재 구성주요성분에는 수분과 수소결합 또는 반데르발스결합을 하는 친수성수산기가 존재하는데 셀룰로오스의 비결정영역 그리고 헤미셀룰로오스에 다량의 친수성수산기가 존재하는데 고온열처리에 의해 친수성수산기 들이 에테르결합하여 목재의 친수성이 현저히 저하한다. 따라서 목재의 열에 의한 저하를 허용한도 내에서의 온도로 처리하면서 목재의 친수성을 일부 억제할 수 있는 가능성 때문에 고온열처리에 대한 연구가 진행되고 있다.

목재는 수종에 따라 목재구성성분인 cellulose, hemicellulose, lignin의 비율과 세포구성상태가 상이하므로 열과 수분을 허용하는 정도가 다르며 수종 내 그리고 임목 내에서도 열과 수분에 대한 허용 또는 대응상태가 다르지만 역학적으로는 100℃정도의 온도조건에서 방사방향에서 50%정도의 압축하중이 가해질 때 소성변형이 나타날 수 있다는 보고가 있다.

또한 목재가 고온에 노출되면, 재색변화에 수반하여 역학적거동의 변화가 나타나는데, 吉田등은(1984) 일본산 카라마츠재를 130℃정도의 고온으로 건조할 때 건조속도는 향상되지만 이용 상의 문제가 될 정도의 할렬은 나타나지 않았으며 압축탄성율과 수축율은 변화가 없음을, 三村등은(1984) 카라마츠재를 다양한 건조조건으로 건조하여 고온건조의 경우 수지삼출이 적다고 보고하였다. 또한 吉田등은(1999) 건조온도에 따른 합판재의 건조를 비교하여 건조온도가 낮을수록 밝은 재색의 건조목이 얻어진다고 보고하였다. 그러나 富田등은(2008) 고온건조에 의한 휨강도저하를, 橋爪등은(2008) 고온건조에 의해 탄성율(modulus of elasticity)에는 차이가 없으나 휨사사량과 최대변이가 증가함을 보고하였다.

谷口등(1990)은 스기간벌재를 열풍건조, 제습건조, 고주파감압건조 그리고 천연건조하여 비교한 결과, 최종함수율이 약간 차이를 보이나 강도에는 차이가 없음을, 岡山은(1992) 히노키재를 고온건조하고 색차계로 비교하여 고온처리로 인하여 목재색상이 변화한다고 보고하였다.

金川등은(1991) 스기재를 다양한 처리조건으로 폭쇄처리하여 투과성의 개선을 확인하고 압력조건과 처리시간 그리고 처리회수에 따른 목부세포벽의 막공의 해부학적 특징변화를 전자현미경으로 관찰하고 건조속도에의 영향을 보고하였다. 또한, 金川등은(1992) 스기재를 이용하여 증기폭쇄처리한 후에 고주파감압건조시험을 행하여 무처리재에 비하여 건조속도가 현저하게 증가함을, 小林등은(2008) 고온처리에 의해 목재의 열화 변색 등의 재질의 변화를 보고하였다.

Finland 의 Thermo Wood사는 목재를 3단계에 걸쳐 200℃전후의 온도로 처리하여 내구성과 치수안정성이 뛰어나고 외관이 미려한 고온처리목재를 시판하고 있으며 국내회사가 이 목재를 수입하여 판매하고 있다.

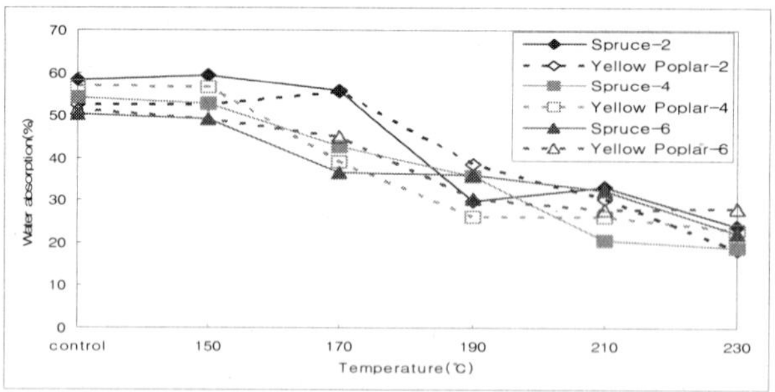

그림 3-6-1. 고온열처리에 의한 수분흡수율 변화

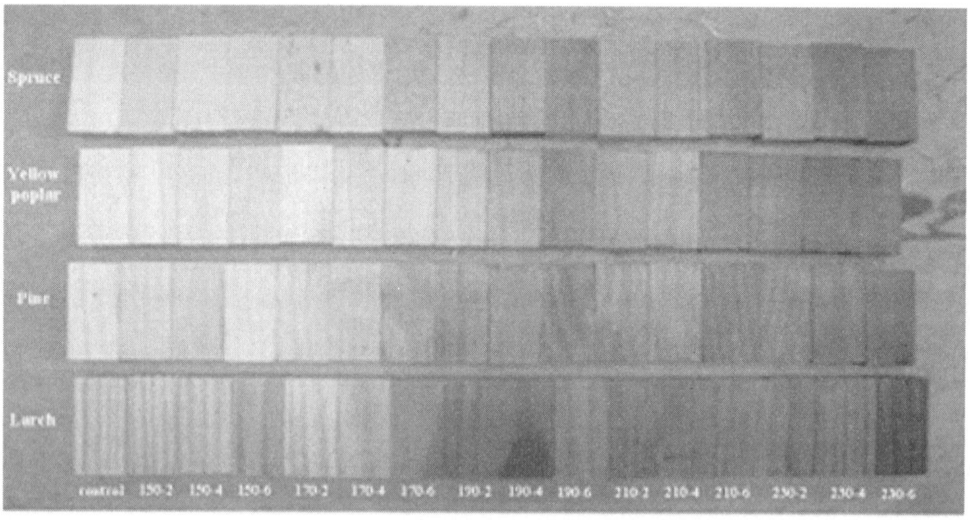

그림 3-6-2. 고온열처리에 의한 목재의 재색변화

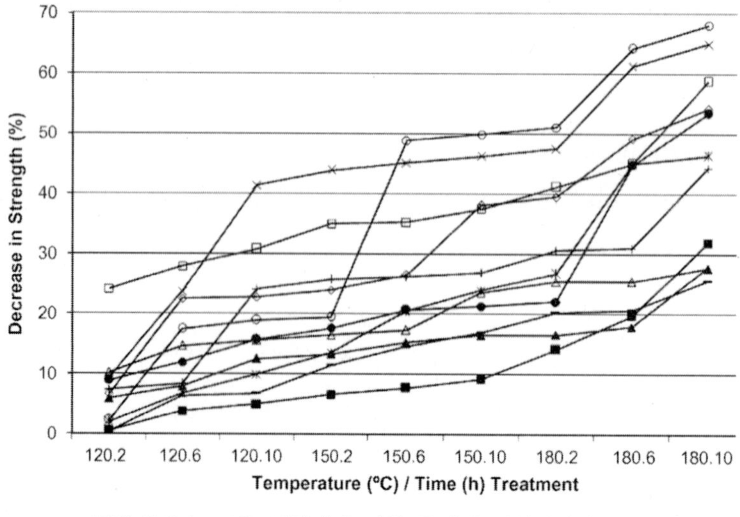

그림 3-6-1. 고온 열처리에 의한 목재의 역학적성질 변화

고온열처리에 의한 목재물성의 변화는 먼저 고온처리에 의한 구성성분의 열분해로 밀도가 감소되며 이에 따라 강도저하가 발생하며 평균 수분 함량 수치를 감소시키는데 가장 높은 온도에서 처리될 때 평균 수분 함량은 미처리된 목재와 비교해 볼 때 40~50%더 낮아진다. 따라서 처리온도가 높을수록 목재내의 흡습성이 강한 반섬유소는 분해되어 목재의 흡습성이 낮아지며 탄화목의 평형함수율은 미처리재보다 40%이상 낮아지며, 실온에서 함수율은 항상 6%를 유지할 수 있다. 열처리한 목재는 목재내의 낮은 평균 수분 함량과 목재의 화학적인 구성의 변화로 목재의 흡습성과 내부응력은 원재료와 비교해 볼 때 현저하게 감소된다. 몇몇 경우에 목재의 부피 변화는 40~50%까지 변화될 수 있다. 또한 미처리 된 목재와 비교하여 열처리목재의 열전도율이 20~25% 낮아지며, 이로 이해 더 우수한 단열 성능을 얻을 수 있으며 목재가 고온에서 열처리과정 복잡한 화학반응을 일으켜 목재내의 일부 성분을 개변시켜 부패균의 영양분을 제거하므로 먹이사슬로부터 부패균의 성장을 억제하고, 화학반응으로부터 부패균에 해로운 독소를 산생하여 부패균을 죽이므로 높은 온도 하에서 목재는 균류의 부패저항력이 증가되어 생물학적인 내구성이 향상된다.

한편, 열처리목재는 더 오래 표면 코팅을 지속시킬 수 있는 뛰어난 특징을 가지고 있다. 따라서 열처리목재는 약간의 강도저하를 제외하면 목재의 단점인 치수안정성이 개선되고 재색이 변화하여 재료가치가 높아지는 것을 알 수 있다. 이렇게 강도저하가 크지 않은 범위 내에서 목재재질을 개량할 수 있는 수종에 따라 달라지는 최적의 고온처리조건으로 처리하면 저급용도로 사용되는 국산재를 고도의 내구성과 치수안정성이 요구되는 건축 외장재, 데크재, 공예재 그리고 고급가구재 등의 용도로 사용될 수 있도록 부가가치를 획기적으로 개선할 수 있다. 고온처리목재는 흡음성능, 동적탄성율, 내부마찰 등의 음향적성질이 변화하는데 정적탄성율, 동적탄성율 등의 역학적성질의 감소는 목재의 밀도감소와 함께 나타나는데, 밀도감소에 대한 역학적성질 감소의 비율 즉 처리 전의 탄성율/밀도의 비의 수치와 처리 후의 탄성율/밀도의 비의 수치는 정적탄성율, 동적탄성율 모두 감소하는 경향을 나타낸다.

참고문헌

강춘원. 2009. 제16차 산학 공동기술개발지원사업 최종보고서. 전북대학교 익산캠퍼스. 151-183

강춘원, 엄영근, 2013. 목재조직과 인테리어. 미디어우드, 서울.

신동소, 안세희. 1996. 목재보존학. 서울대학교 출판부

엄영근. 1999. 목재의 비밀. WIT 컨설팅, 서울.

阿部眞理,藤盛啓治,梶田直孝., 1997. 壓縮木材の質感評價.,디자인學研究(22), pp.769-772

小林功、土川賞、稱垣哲也、林和男., 2008. 過熱蒸氣處理によるスギ材の表面劣化の分光學的把握(2)ー處理條件との關係ー. 第58回木材學會大會研究發表要旨集 479

喜多山 繁, 枥木紀郎, 鷲見博史, 瀧 欽二, 黑須博司, 木下敍幸, 海老原 徹, 太田正光. 1991. 木材の加工. 文永堂出版, 東京.

橋爪丈夫、伊東嘉文、吉田孝久 2008. 過熱蒸氣處理によるスギ材の表面劣化の分光學的把握(2)ー處理條件との關係ー. 第58回木材學會大會研究發表要旨集 479

三村典彦、橋爪丈夫、吉田孝久、奧村俊介、小林大德、向山繁人., 1986. カラマツの乾燥. 長野縣林業總合センタ-業務報告. : 19-43

村田光司, 田中俊成, 高野勉, 藤原勝敏, 林知行, 井上明生, 海老原徹, 瀨戶山幸, 鈴木憲太郎, 上衫三郎, 末吉修三, 神谷文夫, 小松幸平. 1995. 新しい木質建材. 日刊木材新聞社, 東京.

吉田孝久、橋爪丈夫、馬渡榮達., 1984. 地域産針葉樹中徑材を利用した住宅用機能性部材の開發-カラマツの高溫高速乾燥法の確立-長野縣林業總合センタ-業務報告. : 58-59

吉田孝久、橋爪丈夫., 1999. 地域産材を利用した高信賴性構造用材の開發-チョウセンゴヨウ板材の高溫乾燥-長野縣林業總合センタ-業務報告. : 70-71

富田守泰、中通實、瀧口泰弘、河本和義、今西亨, 2008. 高溫乾燥における內部割れがスギ製材品の曲げ强度性能に及ぼす影響. 第58回木材學會大會研究發表要旨集 532

Esteves B, N. Lina and P. Helena 2011 Properties of furfurylated wood (Pinus pinaster). Eur. J. WoodProd. 69:521-525

Finland thermo wood association, 2003. ThermoWood Handbook.

Gonza´lez R, R. Martinez and P. Ortiz 1992 Polymerization of furfuryl alcohol with trifluoroacetic-acid - the influence of experimental conditions. Makromol.Chem. 193:1-9

Gonza´lez R, J. M. Figueroa and H Gonza´lez 2002 Furfuryl alcohol polymerisation by iodine in methylene chloride. Eur.polym.Journal 38:287-297

Hayashi K., Nakamura K., Kanagawa Y., Yasujima M. and Aoki K. 1995. Improvement of dryability of wood and its distribution by local steam explosion (in Japanese). J Soc Mater Sci 44:279-283

Hayashi K., Nagase Y., Kishimoto S., Kanazawa Y. and Yasujima M. 1996. Contribution of Moisture Content on the Occurrence of Effect of Local Steam Explosion. J. Soc. Mat. Sci.

Japan, 45(4):385-389,

Hill, C. A. S. 2006. Wood modification: Chemical, thermal and other processes. John Wiley & Sons, West Sussex.

Hoadley, R. B. 2000. Understanding wood: A craftsman's guide to wood technology. The Taunton Press, Newtown.

Johansson A., Fyh C., Rasmuson A., 1997. High temperature convective drying of wood chips with air and superheated steam. Int. J. Heat Mass Transfer. Vol. 40(12) 2843-2858

Kataoka A. and T. Ono 1975 The relations of experimental factors to the vibration and the measuring values of dynamic mechanical properties of wood I. The experimental errors due to the measuring apparatus. MokuzaiGakkaishi 21:543-550

Kanagawa Y., Hayashi K. and Yasuzima A. 1992. Improvement of dryability by local steam explosion for Japanese cedar. Presented at the 3 rd IUFRO International Wood Drying Conference, Vienna, pp 269-276

Kersavage, P.C., 1973. Moisture content effect on tensile properties of individual Douglas-fir latewood tracheids. Wood Fiber 5(2), 105-117

Kollmann, F. F. P., E. W. Kuenzi, and A. J. Stamm. 1975. Principles of woods science and technology. II. Wood-based materials. Springer-Verlag, Berlin

Korkut S., Hiziroglu S. 2009. Effect of heat treatment on mechanical properties of hazelnut wood (Corylus colurna L.) Materials and Design 30 (2009) 1853 - 1858

Lande S, M. Westin and M. Schneider 2004 Properties of furfurylated wood. Scand.J.For.Res. 19(5):22-30

Lee N. H. and Hayashi K. 1997. The effect of low pressure steam explosion treatment on the improvement of permeability in the softwood disks (in Korean). J Korean Wood Sci Technol 25(3):37-42

Lee N. H., Jung H. S. and Kang C. W. 1998. Improvement of dryability of Korean larch pillar in a RF/V dryer by low pressure steam explosion treatment (in Korean). J Korean Furniture Soc 9(2):55-63

Lee N. H. and Luo J. Y. 2002. Effect of steam explosion treatments on drying rates and moisture distributions during radio-frequency/vacuum drying of larch pillar combined with a longitudinal kerf. J Wood Sci 48:270-276

Lee W-H. and K-H. Hwang 1997 Estimation of the dynamic MOE in woods with resonance frequency. MokchaeKonghak 25(1):42-49

Mark. I. 2013. Chemical input. Wood Based Panels International 2: 82.

Maciel G. E., I. S. Chuang and G. E. Myers 1982 Carbon-13 NMR study of cured furfuryl alcohol resins using cross polarization and magic-angle spinning.

Macromolecules 15:1218-1220

Mitchell, H. L. 1972. How PEG helps the hobbyists who work with wood. USDA For. Ser., Madison, Wisconsin.

Nordstierna L., S. Lande, M. Westin, O. Karlsson and I. Euro 2008 Towards novel wood-based materials: chemical bonds between lignin-like model molecules and poly (furfuryl alcohol) studied by NMR. Holzforsch. 62(6):709-713

Rowell, R. M. and R. L. Youngs. 1981. Dimensional stabilization of wood in use. USDA For. Ser., Res. Note FPL-0243, Madison, Wisconsin.

Rowell, R. M. 1984. Penetration and reactivity of cell wall components. In: Rowell, R. M. ed. Chemistry of wood. Advances in Chemistry Series 207, Chap. 4, American Chemical Soc., Washington, DC.

Rowell, R. M. and P. Konkol. 1987. Treatments that enhance physical properties of wood. USDA For. Ser., Gen. Tech. Rep. FPL-GTR 55, Madison, Wisconsin.

Seborg, R. M., M. A. Millett, and A. J. Stamm. 1945. Heat-stabilized compressed wood: Staypak. Mech. Engin. 67(1): 25~31.

Sibel Yildiz, Engin D. Gezerb,, Umit C. Yildiz 2006. Mechanical and chemical behavior of spruce wood modified by heat. Building and Environment 41:1762 - 1766

Spielman, P. 1980. Working green wood with PEG. Sterling Press, New York.

Stamm, A. J. and R. M. Seborg. 1951. Resin-treated laminated, compressed wood: Compreg. USDA For. Ser., FPL Rep. 1381, Madison, Wisconsin.

Stamm, A. J. and R. M. Seborg. 1962. Resin treated wood: Impreg. USDA For. Ser., FPL Rep. 1380 (Rev.), Madison, Wisconsin.

Todd, F. S. 2011. Stabilizing and bending of wood for the hobbyist. LSU Agricultural Center Pub 2643, Baton Rouge, Louisiana.

USDA. 2007. The encyclopedia of wood. Skyhorse Publishing, New York.

Uhmeier, A., Salmen, L., 1996. Influence of radial strain rate and temperature on the radial compression behavior of wet spruce, ASME JEMT 118, 289-294

Wolfgang Stelte. 2009. Steam explosion for biomass pre-treatment. Danish Technological institute Resultat Kontrakt (RK) Report

찾아보기

(ㅅ)

(ㅇ)

(ㅈ)

(ㅊ)

저자 소개

강춘원(姜春遠, Chun-Won Kang)

- 서울대학교 임산공학과 학사, 석사학위 수여
- 일본 구주대학에서 박사 학위 수여
- 현재 전북대학교 생활과학대학 주거환경학과 교수로 재직 중
- 연구 및 강의 분야: 목재조직과 인테리어, 주거재료역학, 주택목재물성, 인테리어재료학, 조명디자인 등.

◈ 약력

- 1995. 03 ~ 1996. 02 : 일본 구주대학 목질자원과학과 연구교수
- 2011. 08 ~ 2012. 02 : 미국 오레곤주립대학 목재과학과 연구교수
- 2012. 03 ~ 현　　재 : 한국목재공학회 이사

◈ 주요 저역서

- 최신 목재건조학. 서울대학교출판부. 2005
- 새로쓴 목재건조학. 서울대학교출판부. 2008
- 목재물리 및 역학. 향문사. 2008
- 목재조직과 인테리어. 미디어우드. 2013

엄영근(嚴永根, Young-Geun Eom)

- 서울대학교 임산공학과에서 학사, 석사 및 박사 학위 수여
- 2014. 10까지 국민대학교 삼림과학대학 임산공학과 교수로 재직, 작고
- 연구 및 강의 분야: 목재해부 및 식별, 공학목재, 목재접착 및 도장, 목재절삭 등.

◈ 약력

- 1996. 03 ~ 1997. 02 : 뉴질랜드 캔터베리대학교 식물 및 미생물학과 연구교수
- 1999. 09 ~ 2014. 10 : 기술표준원 GR제품 평가,인증 및 규격 제정 위원
- 2001. 03 ~ 2003. 02 : 국민대학교 삼림과학대학 학장
- 2005. 03 ~ 2006. 02 : 미국 뉴욕주립대 건설관리·임산생명공학과 연구교수
- 2007. 06 ~ 2009. 06 : 강원도지방공무원교육원 자문교수
- 2008. 05 ~ 2009. 03 : 한국목재공학회 목재산업기본법 제정 위원회 부위원장
- 2009. 01 ~ 2014. 10 : 한국목조건축협회 자문위원, 한국목재재활용협회 자문위원
- 2012. 03 ~ 2014. 10 : 한국목재공학회 감사, 한국목조건축협회 정책로드맵 제정위원회 위원장

◈ 주요 저역서

- 목재의 비밀. WIT 컨설팅. 1999
- 마루바닥재. WIT 컨설팅. 2000
- 목재의 3차원적 구조. WIT 컨설팅. 2000
- 콘크리트 주택에서는 9년 일찍 죽는다. 한국목재신문사. 2004
- 목조혁명. 한국목재신문사. 2006
- 목재백과사전. 한국목재신문사. 2006
- 목재도장가이드. 한국목재신문사. 2007
- 베이직 우드워킹. 한국목재신문사. 2008
- 건강주택. 미디어우드. 2008
- 목재조직과 인테리어. 미디어우드. 2013

목재가공 및 재질 개량

2015년 5월 20일 초판 인쇄
2015년 5월 30일 초판 발행

공 저 : 강 춘 원 · 엄 영 근
펴낸이 : 이 석 환
펴낸곳 : 도서출판 서우
등 록 : 제8-159호
주 소 : 서울시 은평구 대조동 188-8
전 화 : (02) 383-1696, 1697
팩 스 : (02) 387-9578
ISBN 978-89-97153-70-1 93540

값 18,000원